高等学校通用教材

工程优化

——理论、模型与算法

肖依永　杨军　周晟瀚　杨力　著

北京航空航天大学出版社

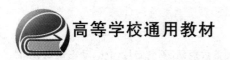

内容简介

本书内容涵盖凸规划、线性规划、二次规划、非线性规划、混合整数规划、不确定性优化、动态规划、多目标规划，以及现代启发式优化等基础内容，梳理了工程优化领域涉及的基础理论和算法，并结合作者长期的理论方法研究和工程实践经验，给出了在工业系统、国防系统等领域的若干工程优化模型和应用案例。

本书可作为工科类高等院校研究生学习和实践最优化理论的教材或教学参考书，也可作为从事工程管理、系统优化、产品设计工作的企业工作人员，以及从事最优化基础理论和模型研究的学界研究人员的技术参考书。

图书在版编目(CIP)数据

工程优化 ：理论、模型与算法 / 肖依永等著. --
北京 ：北京航空航天大学出版社，2022.1
ISBN 978-7-5124-3724-1

Ⅰ. ①工… Ⅱ. ①肖… Ⅲ. ①工程－最优设计 Ⅳ.
①TB21

中国版本图书馆 CIP 数据核字(2022)第 011281 号

工程优化——理论、模型与算法
肖依永　杨　军　周晟瀚　杨　力　著
策划编辑　蔡　喆　　责任编辑　张冀青
*
北京航空航天大学出版社出版发行
北京市海淀区学院路 37 号(邮编 100191)　http://www.buaapress.com.cn
发行部电话:(010)82317024　传真:(010)82328026
读者信箱: goodtextbook@126.com　邮购电话:(010)82316936
北京宏伟双华印刷有限公司印装　各地书店经销
*
开本:787×1 092　1/16　印张:25.25　字数:646 千字
2022 年 1 月第 1 版　2022 年 1 月第 1 次印刷　印数:2 000 册
ISBN 978-7-5124-3724-1　定价:79.00 元

前　　言

在现代工程系统中，涌现出了大量的、新的工程优化问题。这些问题具有更复杂的系统性，构成要素多，作用机理复杂且非线性，给数学规划建模和最优化求解带来了很大的挑战。例如在与设施选址相关的工程优化问题中，特别是当涉及国防军事设施或民用大型工程的选址时，成本经济、效果效能、容量冗余，以及安全风险与稳健性要求等，都成为了选址优化的关键性要素，需要纳入决策模型中。再如在与车辆路径规划(VRP)相关的现代工程优化问题中，实际路况的时变性规律、新能源电动汽车的新特性、碳排放要求与约束、异型道路网络等，都成为决策模型需要考虑的要素。因此，如何梳理工程优化问题中的关键要素，分析其对决策目标的影响方式和规律，以及分析其对计算求解效率的影响等，都是解决现代工程优化问题的关键性难点，是需要经过长期的、系统的学习和训练才能掌握的专业能力。这些能力除了需要掌握最优化理论基础外，还涉及到应用数学、运筹学、系统工程、管理科学和计算科学等学科的综合应用。在人才培养方面，需要培养具备面向复杂工程系统的要素分析与抽象能力、数学描述与建模能力，以及面向大规模问题实例的算法设计与求解计算能力的专业型人才。

最优化理论、模型和算法相关领域的基础研究和工程应用，一直以来都是学术界和工程界的热点。在理论研究方面，通常是对基础线性规划、非线性理论、凸优化、约束优化、多目标优化等基础性理论的发展和完善，为解决工程实际问题提供更多的基础理论和方法。在模型研究方面，一方面是面向传统的经典问题，考虑在不同应用场景下，纳入不同的场景要素，或以更恰当的数学方式来描述已有场景要素，建立新的优化模型；另一方面是面向现代系统中新涌现的优化问题，建立与问题匹配的、符合工程需求且更易于工程求解的优化模型。在算法研究方面，主要区分为小规模精确求解算法和大规模近似求解算法的研究，针对通用问题的算法研究和针对具体问题的算法研究，以及传统启发式算法与现代元启发式算法的研究。

本书面向工程需求，结合作者多年来的基础研究工作和工程应用实践，梳理了相关的基础理论方法、工程应用模型和相关求解算法，并提供了较多的面向经典问题和工程实际问题的建模训练练习题。书中的模型和算法均在建模与求解环境 AMPL/CPLEX 下调试通过。本书可作为工科类高等院校研究生学习和实践最优化理论的教材或教学参考书，也可作为从事工程管理、系统优化、产品设计工作的企业工作人员，以及从事最优化基础理论和模型研究的学界研究人员的技术参考书。

本书的编写得到了北京航空航天大学可靠性与系统工程学院马小兵教授和常文兵研究员的帮助和支持,在这里对他们表示衷心的感谢!

本书受国家自然科学基金项目(基金号:71871003,71971009,71971013)资助出版。

由于作者的水平和学识有限,书中难免有疏漏之处,敬请读者批评指正。

作　者

2021年12月

目　录

第1章 引 言

随着现代社会的快速发展，在各类工程系统中涌现出了大量的新的系统性优化问题。这些问题具有较大的复杂性，影响因素多，作用机理非线性，且问题规模大，因而在数学建模和优化求解方面有较大难度。要解决这些复杂的系统性工程优化问题，除了需要掌握最优化理论基础知识外，还应具备面向复杂系统的系统分析能力、建模能力和大规模求解计算能力。由此而涉及的相关数学规划基础、运筹学基础理论、面向复杂问题的建模技术，以及面向工程应用的大规模求解的计算方法，并结合工程系统中的典型应用案例，共同构成了工程优化这门学科的内容框架。

1.1 工程优化的学科基础

工程优化面向工程实际问题的建模和求解，涉及了多门基础学科的综合应用。这个基础学科可概括为数学基础和计算基础两部分。其中数学基础包括了线性代数、多元微积分、矩阵理论、图论、离散数学、不确定理论等基础学科。计算基础则主要包括计算方法中的基本内容和高级程序设计语言，以及相关计算软件工具的使用。这两大基础支撑了基于数学规划的最优化理论方法体系，为解决工程实际问题提供了基础理论。

解决系统工程中的实际问题，还需要具备基本的运筹学、管理学，以及与系统工程相关的理论和方法，才能对实际问题进行合理的抽象、建模和求解，这些共同构成了工程优化的内容体系。因此，工程优化的核心内容是以数学规划（Mathematical Programming）和最优化理论为基础，属于应用数学、计算数学、运筹与管理学和系统工程学的交叉领域。

图 1-1 所示为与工程优化相关的基础学科逻辑框架图。

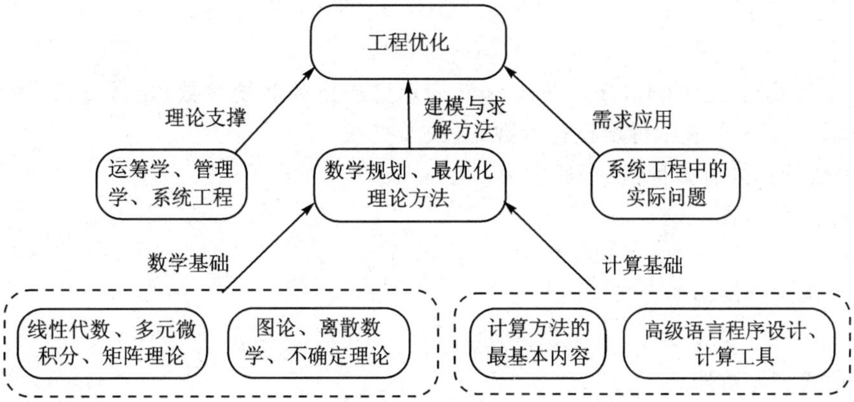

图 1-1 工程优化的学科基础

1.2 最优化问题的形式与分类

工程中的最优化问题通常是追求某个(些)评价指标(如成本、效率、时间等)的最小化(或最大化),基于已知的、固定的系统参数和未知的、待确定的设计变量,使评价指标达到最理想的结果。数学建模是描述最优化问题的主要形式,也是人们统一认识问题的基本语言。通过数学模型可以将实际问题进行准确描述,为人们协同研究一类问题提供一致的认知基础。

1. 最优化问题的形式

数学规划是描述最优化问题的一种主要方式。在历史实践中,人们逐渐形成了描述最优化问题的统一的基本形式。这种形式包括以下几部分:

(1) 用文字语言描述

用文字语言描述问题的基本情况、场景、特征、要求和目标,即使没有掌握数学规划知识的人也能够了解问题,认识问题的总体概况。

(2) 给出数学符号表

数学符号表可以给出描述最优化问题的全部数学符号的定义,通常包括参数符号和变量符号两类。其中,参数是指问题中已知的固定特性;变量是指问题中未知的、对系统有重大影响的、待确定的设计特征。

(3) 最小化或最大化(Minimize/Maximize)目标函数

令目标函数表示为 $F(P,V)$,最小化目标函数表示为

$$\text{minimize}\ F(P,V)$$

或简写为

$$\min F(P,V)$$

对于追求最大化的目标,则统一写为

$$\text{minimize}\ -F(P,V)$$

或简写为

$$\min -F(P,V)$$

其中,P 为参数集合,$P=\{p_1, p_2, p_3, \cdots\}$,表示已确定的系统参数,是常量;$V$ 为变量集合,$V=\{v_1, v_2, v_3, \cdots\}$,表示待定设计参数,是决策变量。

目标函数的形式有多种情况,通常为:

- 线性函数形式:

$$F(P,V)=p_1v_1+p_2v_2+\cdots$$

- 二次指派型函数形式:

$$F(P,V)=(p_1v_1+p_2v_2+\cdots)(p_1'v_1+p_2'v_2+\cdots)$$

- 多项式型函数形式;
- 其他形式如指数、对数、幂函数、组合等。

变量类型:

- 连续实数变量(无值域约束);
- 非负实数变量;

- 整数或非负整数变量；
- 离散型或布尔型{0,1}变量。

(4) 约束条件

基于上述定义的参数、变量和目标函数，按问题的特征和要求，给出变量和参数之间的数学约束关系。形式如下：

s. t.

$$G_i(P,V) \geqslant 0, \qquad i=1,2,\cdots,n \tag{1}$$

$$H_j(P,V) = 0, \qquad j=1,2,\cdots,m \tag{2}$$

V 成员的值域定义

注：式(1)为不等式约束集，$G_i(P,V)\geqslant 0$ 等同于 $-G_i(P,V)\leqslant 0$；式(2)为等式约束集。

(5) 模型解释

模型解释是指对目标函数的构成进行说明。对约束条件逐一解释其功效和设计原理，以及所反映的问题特征或要求。除此之外，有些情况下还需要对问题的规律、模型最优解性质或模型特性，如是否存在上/下界(Upper/Lower bound)，是否为非线性模型，是否为凸规划或非凸规划等，进行说明或提供证明。

例 1.1　下面是一个数学规划的简单例子。

$$\begin{cases} \min\ (x_1-2)^2+(x_2-1)^2 \\ \text{s. t. } x_1^2 - x_2 \leqslant 0 \\ \qquad x_1 + x_2 \leqslant 2 \end{cases}$$

这个例子所描述的问题是，在抛物线 $x_1^2 - x_2 = 0$ 与直线 $x_1 + x_2 = 2$ 所构成的区域内寻找一点，使该点与点 $A(2,1)$之间的欧氏距离最短。问题描述如图 1-2 所示，目标是求距离点 $A(2,1)$最近的点，可行域为阴影区域：抛物线之上且直线之下。

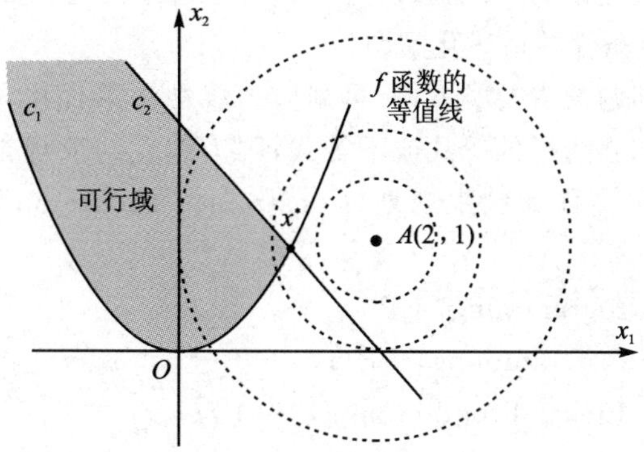

图 1-2　图解法

用图解法求解例 1.1 问题：

① 画出问题的可行域，即抛物线 c_1 之上、直线 c_2 之下的区域；

② 以 A 点为中心，绘制目标函数的圆形等高线；

③ 确定与可行域交汇的、半径最大的等高线，即获得最优目标函数值，交汇点为问题的最优解。

2. 最优化问题的分类

(1) 连续优化与离散优化

根据决策变量类型，最优化问题可划分为连续优化、离散优化和混合优化。

连续优化：问题的决策变量为连续变量，包括单个连续变量或者多个连续变量。各变量的取值范围为实数范围或给定的某一个连续区间。在实际工程中，连续优化问题的求解难度通常不大，计算量不大，最优解易获取。例如线性问题可采用单纯形法，非线性问题可采用最速下降法、牛顿法等。

离散优化：问题的决策变量为离散变量，包括单个、多个离散变量或 0/1 型变量。该类问题令变量仅取整数或取自有限值的离散集，由于离散变量的取值组合较多，计算难度可能较大，多属于 NP－Hard 问题。常用算法包括分支定界算法、割平面算法、启发式算法等。

混合优化：问题的决策变量中，一部分属于连续型，另一部则属于离散型。求解该类问题同样难度很大，多属于 NP－Hard 问题，往往需要针对问题而设计特定的算法。

由于离散变量导致问题求解更困难，通常考虑采用一种简单松弛策略，将离散问题转化为连续问题进行求解。该松弛策略忽略变量的整数要求，当作连续变量来求解问题，然后将结果舍入到最近的整数来获得问题的界，称为 Lagrange 松弛策略。

例 1.2 $\max\{-x^2+1.4x+1\}, x\in I$。

采用简单松弛策略，令 $x\in \mathbf{R}$，可计算得到最优解 $x=0.7$，得到问题的一个上界值 1.49；取整后 $x=1$，得到问题的一个下界值 1.4。最优值则居于[1.4, 1.49]之间。

(2) 约束优化与无约束优化

根据问题有无约束条件，可划分为约束优化与无约束优化。

无约束优化：问题仅有最小化或最大化目标函数、变量之间或变量与参数之间不存在约束条件的优化问题。

无约束优化通常有较复杂的非线性目标函数，可通过经典优化方法或数值计算方法求解。

约束优化：存在约束条件的最优化问题。

约束优化是最优化问题的主要类型，又可划分为线性约束优化和非线性约束优化。若目标函数和所有约束条件均为线性的等式或不等式，则为线性约束规划问题；反之，则为非线性约束规划问题。约束优化又称为约束规划(Constrained Programming)，主要包括以下几种类型：

- 凸规划(Convex Programming, CP)；
- 线性规划(Linear Programming, LP)；
- 非线性规划(Non Linear Programming, NLP)；
- 整数规划(Integer Programming, IP)；
- 混合整数规划(Mixed-Integer Programming, MIP)；
- 混合整数线性规划(Mixed-Integer Linear Programming, MILP)。

(3) 单目标优化与多目标优化

根据优化目标的个数，可划分为单目标优化与多目标优化。最优化理论主要研究的是单目标优化，多目标优化是求解 Perato 最优解(或前沿解)的概念。Perato 最优解的基本要求是：不存在另一个在所有目标函数上都不比该解差且至少有一个目标函数更优的解。求 Perato 最优解的常用方法是转化为求某一目标的单目标优化问题，其余目标转化为约束。

(4) 确定优化与随机优化

当问题的建模特性存在不确定性时，如果参数的取值范围存在随机性（可能存在分布规律），则称之为不确定优化或随机优化；反之，则称之为确定优化。确定优化的目标函数通常是确定的目标函数；而随机优化的目标函数考虑随机因素，又分为期望值为目标函数的均值优化、以最坏情况下目标值最好的稳健性优化、以要求概率为约束的目标值优化等类型。

(5) 全局优化与局部优化

在优化方法方面，还分为全局优化和局部优化两类。前者搜索目标为全部可行值域，以获得全局最优解；后者搜索目标是某个局部值域，以获得该值域的局部优化解。

1.3　最优化问题的建模与求解

1. 最优化问题的建模

问题建模（Modeling）是对问题进行分析、凝练和数学化描述的过程，其主要任务是识别出问题的目标、参量、变量、约束和性质，用数学形式描述问题的特征、关系和要求，实现对问题的统一而准确的刻画。

对复杂优化问题建模，需要一定的数学基础和建模技术，需要具体问题具体分析，目前没有普遍适用的规律或步骤，这是一个需要大量的练习实践才能具备的能力。但建模过程中需要遵循一些基本的原则：

(1) 以实际情况为基础

数学建模要以实际情况为基础，应全面纳入问题所关切的主要因素及其之间的影响方式。模型不能太简化，太简化则不能反映实际问题，所获得的优化结果也不能为实际问题提供参考；同样，模型也不宜太复杂，如变量过多、约束条件过多、非线性等，太复杂的模型不易求解，难以获得具有实用参考价值的可行解。

(2) 逐步递进的原则

当问题过于复杂或所建立模型难以求解时，应先仅考虑问题的最主要因素，或者考虑某种简化场景下的简化问题，建立较为简化的基础数学模型；然后基于基础数学模型的研究结果逐步引入更多的因素，建立扩展模型及求解方法。以此逐步深入，推动问题研究的持续深入。

(3) 基于面向对象的分析方法

问题的各要素相互影响，作用关系复杂。通常遵循面向对象的分析方法来梳理、识别和定义问题域中的对象和关系，分析对象的层次、属性及值域，确定相互作用的关系逻辑，从而为建立属性规划模型提供基础。

(4) 线性化表达

对于问题域中的非线性成分，尽量转化为线性化表达，包括变量对目标函数的影响关系和变量之间的关系。非线性成分的线性化方法一直是数学规划领域研究的重要技术，对求解问题的最优解和提高计算效率起着至关重要的作用。

以例 1.1 的数学规划为例：

$$\begin{cases}\min\ (x_1-2)^2+(x_2-1)^2\\ \text{s.t.}\ x_1^2-x_2\leqslant 0\\ \qquad x_1+x_2\leqslant 2\end{cases}$$

上述规划存在非线性成分，因而是一个非线性规划模型。非线性模型的最优求解一般都是比较难的。若能将其线性化，则可采用成熟的单纯形法直接获取最优解。针对上述问题，引入替代变量将非线性成分线性化。若引入变量：

$$y_1=x_1^2$$

$$y_2=x_2^2$$

则问题转化为

$$\begin{cases}\min\ y_1+y_2-4x_1-2x_2+5\\ \text{s.t.}\ y_1-x_2\leqslant 0\\ \qquad x_1+x_2\leqslant 2\\ \qquad y_1=x_1^2,\ y_2=x_2^2\end{cases}$$

其中，对于增加的等式约束 $y_1=x_1^2$ 和 $y_2=x_2^2$，可以采用曲线的割/切线分段函数法进行无限精度逼近，这是已知的成熟方法。这样就可以将上述非线性模型转化为线性模型，能够从数学角度求解模型的最优解。

(5) 合理设定问题的参数和变量

当问题决策变量较多时，首先须对部分变量进行选取和假定，将其转化为具有固定值的参数，从而简化模型和模型的求解，分析决策变量对决策目标的影响规律。然后，轮流选择和假定其他决策变量进行偏优化分析，从而探测决策变量的最优化区域，降低可行域的区域规模以开展全局优化求解。

2. 最优化问题的求解

最优化问题的求解(Solution)方法是现代优化理论研究的重要内容，目前有多种较为常见的方法：

(1) 迭代法

从最优解的某个初始猜测出发，产生一个依次提高的估计序列，得到精确解或者逼近解，如针对线性规划的单纯形法。

(2) 求导法

计算目标函数的驻点(无约束问题)或者 KKT 点(约束问题的极大点、极小点或鞍点)。

(3) 特定算法

它是针对具体问题而研发的特定算法，该算法仅适用于指定问题而不适用于其他问题，如动态规划等。

(4) 问题分解算法

将复杂大问题分解为若干的子问题求解并保证不失去最优性的一种算法策略，如分支定界法、Benders 分解法、双层规划法等。

(5) 值域搜索法

在连续的凸可行域内，按照一定设定(梯度、试探)搜索最优目标值的方法，如 0.618 法、最速下降法、牛顿法等。

(6) *启发式搜索算法*

遵循一定的启发式规则,在可行值域内(不可行值域内引入惩罚)向着目标改进方向搜索,如 VNS、GA、SA 等元启发式算法。

经典的最优化求解方法的最优化求解工具有:

- MATLAB 优化工具箱;
- Lingo 软件;
- CPLEX(IBM 的集成环境 iLog),Gurobi;
- AMPL(A Mathematical Programming Language);
- 其他如 Mathematical、Minos、Excel 等的优化功能。

1.4 本书的创新内容

本书梳理了相关的最优化基础理论与模型,并结合作者自身研究与工程经验,给出了工程系统中的若干优化模型案例、求解算法和相关技术。本书面向系统工程学科专业的研究生,通过理论学习和实验练习,为学生毕业后从事相关领域的工作或继续深造奠定基础,使其能够熟练地对实际工程中的各类复杂优化问题进行分析、建模和开展优化计算。

本书内容包括四大部分共 13 章。其中,第 1~5 章介绍基础优化理论的概念和线性规划的基本方法和应用。第 6 章结合作者自身研究,梳理了非线性规划的线性化技术。第 7、8 章介绍整数规划的建模方法、求解算法和应用案例。第 9 章介绍不确定性优化的建模和案例。第 10 章介绍动态规划的原理、方法和应用案例。第 11 章介绍现代元启发式算法的基本原理和常用算法。第 12 章介绍多目标优化的基础概念。第 13 章给出了基于混合整数规划的确信决策规则提取方法。

除了一些基本概念和基础理论以外,本书所介绍的多数方法、模型均为作者多年从事教学、理论研究和工程实践的研究成果和经验总结。本书主要的创新与独特之处总结如表 1-1 所列。

表 1-1 本书创新与独特之处

章 节	新概念、方法与模型
4.4	最速下降单纯形法
5.3.2,5.3.3	考虑损失的电网流量优化模型;数据网络流量传输优化模型
6.1.1.1,6.1.1.2,6.1.1.3	幂函数的线性化方法
6.2.1,6.2.2	二维、多维欧氏距离线性化方法
7.9	基于混合整数规划的循环偏优化求解法
8.1,8.2,8.3,8.4,8.6,8.8,8.9	混合变量的区域保障点选址优化模型;中继保障点选择优化模型;面向任务可靠度的导弹部署优化模型;面向时效能力恢复的现场抢修优化模型;多部件联合维修周期优化模型;大规模救灾现场信号覆盖优化模型;价值链优化模型

续表 1-1

章　节	新概念、方法与模型
9.1.2，9.1.3，9.2.2，9.3.1，9.3.2	面向不确定损毁的设施选址优化模型；面向弹性恢复的设施选址优化模型；不确定攻击下设施选址健壮性优化模型；基于指数分布的备件数量优化模型；基于可靠性的设备延寿维修优化模型
10.4，10.5.1	电动汽车固定路线充电问题的数学规划模型和动态规划模型；固定路线中继设计问题的动态规划模型
13	基于数学规划的确信决策规则模型

练习题

结合自己的专业和导师的课题，提炼出一个实际工程中的最优化问题的例子，须包括以下部分：

(1) 工程背景描述；

(2) 最优化问题描述；

(3) 优化目标(成本、收益、时间、可度量性能特征等)；

(4) 决策变量(某些可控的变量特征)；

(5) 系统参数(某些不可控的常量特征)；

(6) 约束条件(变量和参数受到的限制)；

(7) 举一个实例。

第 2 章　凸集、凸函数与凸规划

凸规划(Convex Programming)是最优化理论中的重要部分。凸集和凸函数概念在最优化问题的理论证明和算法研究中具有重要作用。本章仅对凸规划理论作一般性的介绍，使读者对凸规划的基础概念和适用场合有一定的了解。

2.1 凸　集

定义 1　设 S 为 n 维欧氏空间 $\mathbf{R}^n$ 中的一个集合，若对 S 中任意两点，连接它们线段上的任意点仍然属于 S，则称 S 为凸集；换言之，对 S 中的任意两点 x_1 和 x_2，以及每个实数 $\lambda \in [0, 1]$，都有

$$\lambda x_1 + (1-\lambda)x_2 \in S$$

则称 S 为**凸集**，称 $\lambda x_1+(1-\lambda)x_2$ 为关于 x_1 和 x_2 的凸组合，是 x_1 与 x_2 之间连线上靠近 x_1 侧程度为 λ 的一点。

图 2-1 为凸集与非凸集概念示意图。图(a)中，给定集合 S 中任意两点连线上的点都属于 S 集合，则表示 S 为凸集；图(b)中存在两点连线上的点不属于 S 集合的情况，因此是非凸集。

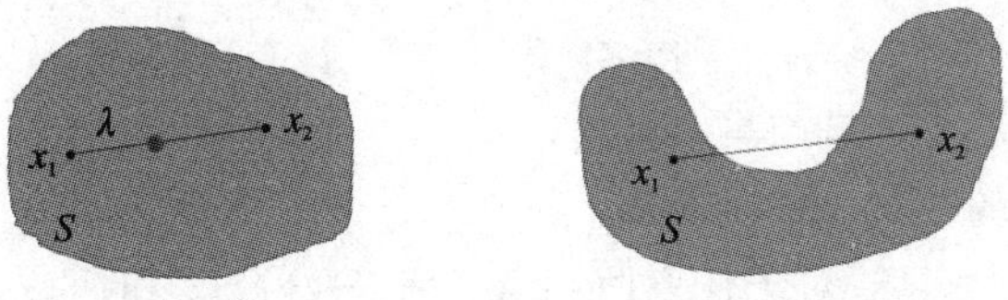

(a) 凸　集　　(b) 非凸集

图 2-1　凸集与非凸集

凸集的实例：

例 2.1　n 维欧氏空间 $\mathbf{R}^n$ 是一个凸集。

证明：对于 $x, y \in \mathbf{R}^n$ 和 $\lambda \in [0,1]$，仍有 $\lambda x + (1-\lambda)y \in \mathbf{R}^n$，得证。

例 2.2　实数域是一个凸集。

同理可证。

例 2.3　非负实数域是一个凸集。

同理可证。

例 2.4　任意实数区间$[a, b]$是一个凸集。

证明：对于 $x, y \in [a, b]$ 和 $\lambda \in [0, 1]$，有

$$\left.\begin{array}{l} a \leqslant x \leqslant b \Rightarrow \lambda a \leqslant \lambda x \leqslant \lambda b \\ a \leqslant y \leqslant b \Rightarrow (1-\lambda)a \leqslant (1-\lambda)y \leqslant (1-\lambda)b \end{array}\right\} \Rightarrow a \leqslant \lambda x + (1-\lambda)y \leqslant b$$

因此，有 $\lambda x+(1-\lambda)y \in [a, b]$，得证。

例 2.5　$L=\{(x,y)|y=kx+b\}$是凸集，即某直线上的所有点的集合是凸集。

证明：对于集合 L 中的任意两点 $a(x_1,y_1)$，$b(x_2,y_2)$和某个实数 $\lambda\in[0,1]$，令 c 点表示为关于 a 和 b 在 λ 处的凸组合：

$$\begin{aligned}c&=\lambda a+(1-\lambda)b\\&=\lambda(x_1,y_1)+(1-\lambda)(x_2,y_2)\\&=(\lambda x_1+(1-\lambda)x_2,\lambda y_1+(1-\lambda)y_2)\end{aligned}$$

下面判断 c 点是否也在直线 L 上，即判断下面的表达式是否成立：

$$\begin{aligned}&k[\lambda x_1+(1-\lambda)x_2]+b\\&=\lambda kx_1+(1-\lambda)kx_2+[\lambda b+(1-\lambda)b]\\&=\lambda(kx_1+b)+(1-\lambda)(kx_2+b)\\&=\lambda y_1+(1-\lambda)y_2\end{aligned}$$

显然，上面的表达式是成立的，即 c 点也在 L 直线上，属于该集合，得证。

例 2.6　超平面 $H=\{\boldsymbol{x}|\boldsymbol{p}^{\mathrm{T}}\boldsymbol{x}=\boldsymbol{b}\}$是一个凸集。

证明：对于集合 H 中的任意两点 $\boldsymbol{x}_1,\boldsymbol{x}_2\in H$ 和某个实数 $\lambda\in[0,1]$，需要判断 $\lambda\boldsymbol{x}_1+(1-\lambda)\boldsymbol{x}_2$ 是否也属于 H。推导如下：

$$\boldsymbol{p}^{\mathrm{T}}[\lambda\boldsymbol{x}_1+(1-\lambda)\boldsymbol{x}_2]=\lambda\boldsymbol{p}^{\mathrm{T}}\boldsymbol{x}_1+(1-\lambda)\boldsymbol{p}^{\mathrm{T}}\boldsymbol{x}_2=\lambda\boldsymbol{b}+(1-\lambda)\boldsymbol{b}=\boldsymbol{b}$$

因此，根据凸集定义，H 是凸集，得证。

例 2.7　半空间 $H^-=\{\boldsymbol{x}|\boldsymbol{p}^{\mathrm{T}}\boldsymbol{x}\leqslant\boldsymbol{b}\}$是一个凸集。

证明：对于集合 H^-中的任意两点 $\boldsymbol{x}_1,\boldsymbol{x}_2\in H^-$ 和某个实数 $\lambda\in[0,1]$，需要判断 $\lambda\boldsymbol{x}_1+(1-\lambda)\boldsymbol{x}_2$ 是否也属于 H^-。推导如下：

$$\boldsymbol{p}^{\mathrm{T}}[\lambda\boldsymbol{x}_1+(1-\lambda)\boldsymbol{x}_2]=\lambda\boldsymbol{p}^{\mathrm{T}}\boldsymbol{x}_1+(1-\lambda)\boldsymbol{p}^{\mathrm{T}}\boldsymbol{x}_2\leqslant\lambda\boldsymbol{b}+(1-\lambda)\boldsymbol{b}=\boldsymbol{b}$$

因此，根据凸集定义，H^-是凸集，得证。

定理 1　两个凸集的交集仍然是凸集。

证明：设 H_1,H_2 为凸集，对于任意两点 $A,B\in H_1\cap H_2$ 和任意 $\lambda\in[0,1]$，有：

因为 $A,B\in H_1\cap H_2$，所以 A，$B\in H_1$，进而有 $\lambda A+(1-\lambda)B\in H_1$；

因为 $A,B\in H_1\cap H_2$，所以 A，$B\in H_2$，进而有 $\lambda A+(1-\lambda)B\in H_2$。

所以，$\lambda A+(1-\lambda)B\in H_1\cap H_2$，$H_1\cap H_2$ 是凸集，得证。

推论 1　多个凸集的交集仍然是凸集。

证明略。

推论 2　设 $S=\{x\}$为 $\mathbf{R}^n$ 中的凸集，β 为实数，则 $\beta S=\{y|y=\beta x,\ x\in S\}$仍是凸集。

推论 3　设 $S_i=\{x_i\}$为 $\mathbf{R}^n$ 中的凸集，β_i 为实数，其中 $i=1,2,3,\cdots,k$，则 $\beta_1S_1+\beta_2S_2+\cdots+\beta_kS_k=\{\beta_1x_1+\beta_2x_2+\cdots+\beta_kx_k|x_1\in S_1,x_2\in S_2,\cdots,\ x_k\in S_k\}$是凸集。

例 2.8　满足一组线性约束的局部 n 维欧氏空间是一个凸集，又被称为多面半空间，即下面的集合

$$S=\{\boldsymbol{x}\mid\boldsymbol{A}\boldsymbol{x}\leqslant\boldsymbol{b},\forall\,\boldsymbol{x}\in\mathbf{R}^n\}$$

属于凸集。其中，$\boldsymbol{x}$，$\boldsymbol{b}$ 为向量；$\boldsymbol{A}$ 为矩阵；$\boldsymbol{b}$ 是常数，$\boldsymbol{x}$ 为变量。

证明：令

$$\boldsymbol{A}=(\boldsymbol{p}_1\quad\boldsymbol{p}_2\quad\cdots\quad\boldsymbol{p}_n)^{\mathrm{T}},\quad\boldsymbol{b}=(b_1\quad b_2\quad\cdots\quad b_n)^{\mathrm{T}}$$

$$H_1^- = \{x \mid p_1^T x \leqslant b_1\},\quad H_2^- = \{x \mid p_2^T x \leqslant b_2\},\ \cdots,\ H_n^- = \{x \mid p_n^T x \leqslant b_n\}$$

因此，$S=H_1^- \cap H_2^- \cap \cdots \cap H_n^-$，$S$ 是有限个半空间的交集，根据推论 1，S 是凸集，得证。

例 2.9　射线上的点集合 $L=\{\boldsymbol{x} \mid \boldsymbol{x}=\boldsymbol{x}_0+\lambda \boldsymbol{d}, \lambda \geqslant 0\}$ 是凸集，其中 $\boldsymbol{x}_0$ 表示射线的定点，$\boldsymbol{d}$ 是给定的非零向量。

证明：对于 L 中的任意两点 $\boldsymbol{x}_1, \boldsymbol{x}_2 \in H^-$ 和某个实数 $\lambda \in [0,1]$，必定有 $\boldsymbol{x}_1=\boldsymbol{x}_0+\lambda_1 \boldsymbol{d}$ 和 $\boldsymbol{x}_2=\boldsymbol{x}_0+\lambda_2 \boldsymbol{d}$，其中 λ_1 和 λ_2 是两个非负数，以及

$$\begin{aligned}\lambda \boldsymbol{x}_1+(1-\lambda)\boldsymbol{x}_2 &= \lambda(\boldsymbol{x}_0+\lambda_1 \boldsymbol{d})+(1-\lambda)(\boldsymbol{x}_0+\lambda_2 \boldsymbol{d}) \\ &= \boldsymbol{x}_0+[\lambda\lambda_1+(1-\lambda)\lambda_2]\boldsymbol{d}\end{aligned}$$

因为 $[\lambda\lambda_1+(1-\lambda)\lambda_2] \geqslant 0$，所以有 $\lambda \boldsymbol{x}_1+(1-\lambda)\boldsymbol{x}_2 \in L$，根据定义知 L 为凸集。

定义 2(凸锥)　设有集合 $C \subset \mathbf{R}^n$，若对 C 中每一点 x，当取任何非负数时，都有 $\lambda x \in C$，则称 C 为锥；又若 C 为凸集，则称 C 为凸锥。

例 2.10　向量集 $\boldsymbol{\alpha}_1, \boldsymbol{\alpha}_2, \cdots, \boldsymbol{\alpha}_k$ 的所有非负线性组合构成的集合

$$\left\{\sum_{i=1}^{k} \lambda_i \boldsymbol{\alpha}_i \mid \lambda_i \geqslant 0, i=1,2,\cdots,k\right\}$$

为凸锥。

定义 3(极点)　设 S 为一个凸集，若对 $x \in S$，不能表示为 $\lambda x+(1-\lambda)x$，则称 x 为凸集的一个极点，其中 x_1 和 x_2 是 S 中的不同的两个点，实数 $\lambda \in (0,1)$。

例 2.11　图 2-2 中的 4 条直线形成的阴影面积是一个闭凸集，极点有 a，b，c，d 四个顶点。可以看出，该凸集中的任何一点都能表示为极点的凸组合。

注意：该结论对于开凸集(无界凸集)是不成立的，需要引入极方向的概念。

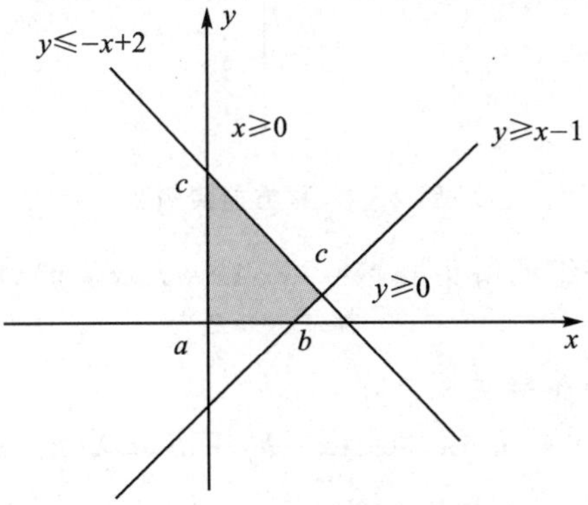

图 2-2　极点实例

定义 4(极方向)　设 S 为 $\mathbf{R}^n$ 上的凸集，$\boldsymbol{d}$ 为非零向量，若对 $\boldsymbol{x} \in S$，都有

$$\{\boldsymbol{x}+\lambda \boldsymbol{d} \mid \lambda \geqslant 0\} \subset S$$

则称 $\boldsymbol{d}$ 为 S 的一个方向。若 $\boldsymbol{d}_1$ 和 $\boldsymbol{d}_2$ 为 S 的两个方向，且对于任何正数 λ 都有 $\lambda \boldsymbol{d}_1 \neq \boldsymbol{d}_2$，则称 $\boldsymbol{d}_1$ 和 $\boldsymbol{d}_2$ 是不同的方向。若 $\boldsymbol{d}$ 不能表示为两个不同方向的线性组合，即对于任何 $\lambda_1, \lambda_2 > 0$，都有 $\boldsymbol{d} \neq \lambda_1 \boldsymbol{d}_1+\lambda_2 \boldsymbol{d}_2$，则称 $\boldsymbol{d}$ 为**极方向**。

有界集不存在极方向，无界集才有极方向，如图 2-3 所示。

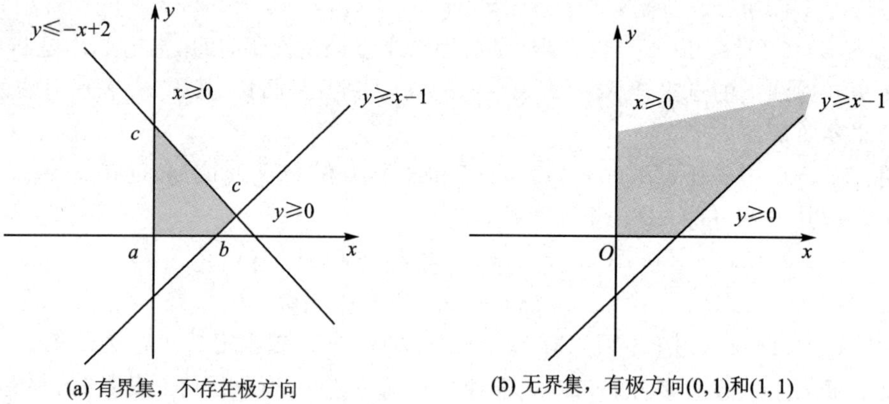

图 2-3 极方向实例 1

例 2.12 对于集合 $S=\{(x_1,x_2)\mid x_2\geqslant|x_1|\}$，凡是与向量 (0,1)夹角在 45°以内的向量，都是集合的方向。极方向则只有两个向量 (1,1)和(−1,1)，如图 2-4 所示。

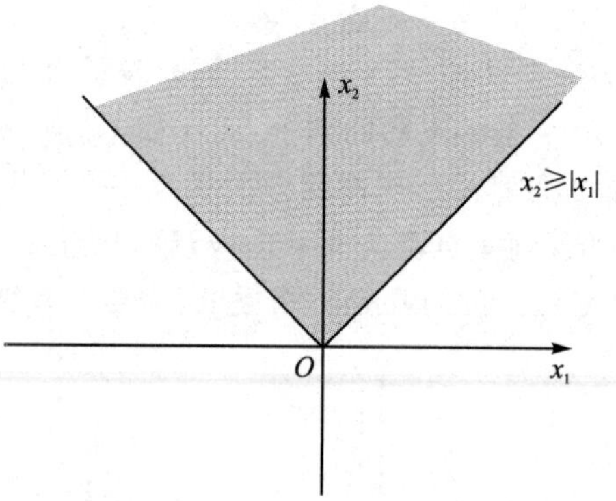

图 2-4 极方向实例 2

定理 2 对于线性方程组的解集合 $S=\{\boldsymbol{x}\mid \boldsymbol{Ax}=\boldsymbol{b},\boldsymbol{x}\geqslant\boldsymbol{0}\}$，向量 $\boldsymbol{d}$ 为其方向的充分必要条件是 $\boldsymbol{d}\geqslant\boldsymbol{0}$ 且 $\boldsymbol{Ad}=\boldsymbol{0}$。

证明：根据定义，有如下推导关系：

$$\boldsymbol{d}\text{ 是 }S\text{ 的方向}\Leftrightarrow\{\boldsymbol{x}+\lambda\boldsymbol{d}\mid\lambda\geqslant0,\boldsymbol{Ax}=\boldsymbol{b}\}\subset S\Leftrightarrow\boldsymbol{A}(\boldsymbol{x}+\lambda\boldsymbol{d})=\boldsymbol{b}\Leftrightarrow\boldsymbol{Ad}=\boldsymbol{0}$$

得证。

定理 3(凸集的表示定理) 对于多面非空凸集 $S=\{\boldsymbol{x}\mid\boldsymbol{Ax}\leqslant\boldsymbol{b},\boldsymbol{x}\in\mathbf{R}^n\}$，

① 存在有限个极点 $\boldsymbol{x}^{(1)},\boldsymbol{x}^{(2)},\cdots,\boldsymbol{x}^{(k)}$，且 $k>0$；

② 若 S 无界，则存在有限个极方向 $\boldsymbol{d}^{(1)},\boldsymbol{d}^{(2)},\cdots,\boldsymbol{d}^{(l)}$；

③ 对于任意 $\boldsymbol{x}$，$\boldsymbol{x}\in S$ 的充分必要条件是

$$\boldsymbol{x}=\sum_{j=1}^{k}\lambda_j\boldsymbol{x}^{(j)}+\sum_{j=1}^{l}\mu_j\boldsymbol{d}^{(j)}$$

式中，$\sum_{j=1}^{k}\lambda_j=1,\lambda_j\geqslant0,\mu_j\geqslant0$。

凸集的表示定理对线性规划有重要意义：

① 凸集中的任意一点，可以由凸集的极点和极方向的线性组合来表示。

② 在凸集值域上求最优解，可以沿着极方向，在极点之间遍历搜索。

③ 它是单纯形法的理论基础。

定理 4(凸集的分离定理)　对于多面非空凸集 $S=\{\boldsymbol{x}\mid \boldsymbol{A}\boldsymbol{x}\leqslant \boldsymbol{b},\boldsymbol{x}\in \mathbf{R}^n\}$，超平面 $H=\{\boldsymbol{x}\mid \boldsymbol{p}^{\mathrm{T}}\boldsymbol{x}=a\}$，将 S 分割为两个集合 S_1 和 S_2，如果 S_1 和 S_2 非空，则有 $S=S_1\cup S_2$ 且 S_1 和 S_2 也是凸集。

凸集的分离定理对线性规划求解有重要意义，是割平面法、分支定界法、拉格朗日松弛等算法维持最优性的理论基础。

2.2 凸函数

定义 5　设 S 为 n 维欧氏空间 $\mathbf{R}^n$ 中的一个凸集，$f(\boldsymbol{x})$ 为定义在 S 上的实函数，如果对于任意 $\boldsymbol{x}_1,\boldsymbol{x}_2\in S$，以及每个实数 $\lambda\in(0,1)$，都有

$$f[\lambda\boldsymbol{x}_1+(1-\lambda)\boldsymbol{x}_2]\leqslant \lambda f(\boldsymbol{x}_1)+(1-\lambda)f(\boldsymbol{x}_2)\qquad (\text{判别式})$$

则称 $f(\boldsymbol{x})$ 为 S 上的凸函数，上式也是凸函数的**判别式**。

如果将定义 5 中的“$\leqslant$”改为“$<$”，则称 $f(\boldsymbol{x})$ 为 S 上的严格凸函数。

如果将定义 5 中的“$\leqslant$”改为“$\geqslant$”(或“$>$”)，则称 $f(\boldsymbol{x})$为 S 上的凹函数(或严格凹函数)。

如果 $f(\boldsymbol{x})$ 为凸函数，则 $-f(\boldsymbol{x})$ 为凹函数；反之亦然。

凸函数和凹函数的几何形状如图 2-5 所示。

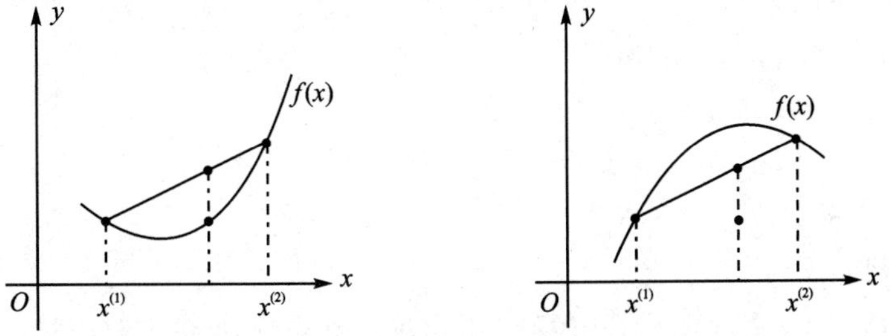

图 2-5　凸函数与凹函数的几何形状

凸函数 $y=f(\boldsymbol{x})$的几何性质：

① 判别式的右侧 $\lambda f(\boldsymbol{x}_1)+(1-\lambda)f(\boldsymbol{x}_2)$表示连接两点之间的线段函数 $y=f'(\boldsymbol{x})$ 在 $\boldsymbol{x}=\lambda\boldsymbol{x}_1+(1-\lambda)\boldsymbol{x}_2$ 处的 y 值。

② 判别式的左侧 $f[\lambda\boldsymbol{x}_1+(1-\lambda)\boldsymbol{x}_2]$表示函数 $y=f(\boldsymbol{x})$ 在 $\boldsymbol{x}=\lambda\boldsymbol{x}_1+(1-\lambda)\boldsymbol{x}_2$ 处的 y 值。

③ 当判别式的右侧总是大于或等于左侧时，函数 $y=f(\boldsymbol{x})$为凸函数。

凸函数的几何性质如图 2-6 所示。

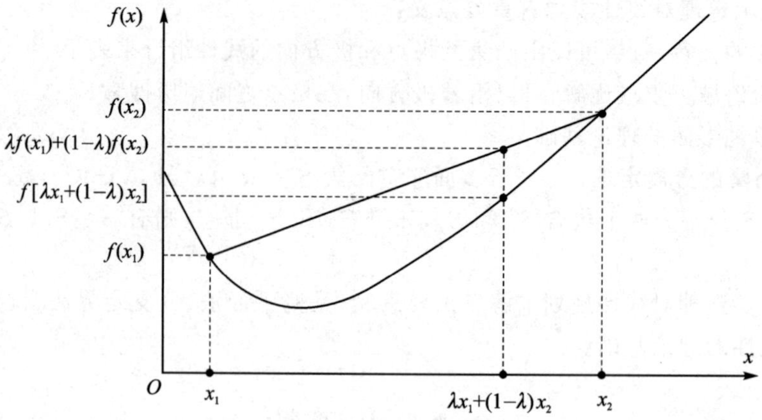

图 2-6 凸函数的几何性质

例 2.13 证明一元函数 $f(x)=|x|$ 是凸函数。

证明：对于任意 $x^{(1)}$，$x^{(2)}\in\mathbf{R}^1$ 及每个实数 $\lambda\in(0,1)$，均有

$$\begin{aligned}f[\lambda x^{(1)}+(1-\lambda)x^{(2)}]&=|\lambda x^{(1)}+(1-\lambda)x^{(2)}|\\&\leqslant|\lambda x^{(1)}|+|(1-\lambda)x^{(2)}|\\&=\lambda|x^{(1)}|+(1-\lambda)|x^{(2)}|\\&=\lambda f(x^{(1)})+(1-\lambda)f(x^{(2)})\end{aligned}$$

根据凸函数定义，可知 $f(x)=|x|$ 是凸函数。

典型的凸函数：

① $f(x)=kx+b$。

② $f(x)=ax^p+b,p\geqslant 1,a>0$。

③ $f(x)=ax^p+b,0\leqslant p\leqslant 1,a<0$。

④ $f(x)=ax^p+b,p\leqslant 0,a>0$。

⑤ $f(x)=-\log x,x>0$。

⑥ $f(x)=x\log x,x>0$。

⑦ $f(x)=\boldsymbol{\alpha x}^{\mathrm{T}}\boldsymbol{Gx}-\boldsymbol{b}^{\mathrm{T}}\boldsymbol{x}+c$，其中 $\boldsymbol{G}$ 是半正定对称矩阵；$\boldsymbol{b}$ 是常数向量；c 是常数。

凸函数的重要性质：

性质 1 凸函数的非负线性组合函数仍然是凸函数。

证明：设 $f_i(x)$ 是在 S 上的凸函数，β_i 是非负实数，$i=1, 2, 3, \cdots, k$。对于 x_1，$x_2\in S$，$\lambda\in(0,1)$，有

$$f_i[\lambda x_1+(1-\lambda)x_2]\leqslant\lambda f_i(x_1)+(1-\lambda)f_i(x_2),\quad\forall i=1,2,3,\cdots,k$$

两边同乘以系数 β_i 可得

$$\beta_i f_i[\lambda x_1+(1-\lambda)x_2]\leqslant\beta_i\lambda f_i(x_1)+\beta_i(1-\lambda)f_i(x_2),\quad\forall i=1,2,3,\cdots,k$$

上述不等式两边相加，仍然成立。因此下面的线性组合函数

$$F(x)=\sum_{i=1}^{k}\beta_i f_i(x)$$

仍然满足凸函数的定义，得证。

性质 2 设 $f(x)$ 是 $\mathbf{R}$ 上的凸函数，则 $S=\{x\mid f(x)\leqslant 0,\ x\in\mathbf{R}\}$ 是凸集。

证明：对于任意两点 x_1，$x_2 \in S$ 及 $\lambda \in (0,1)$，都有

$$f[\lambda x_1 + (1-\lambda)x_2] \leqslant \lambda f(x_1) + (1-\lambda)f(x_2)$$

且

$$\lambda f(x_1) \leqslant 0, \quad (1-\lambda)f(x_2) \leqslant 0$$

因此

$$f[\lambda x_1 + (1-\lambda)x_2] \leqslant 0$$

即有 $\lambda x_1 + (1-\lambda) x_2 \in S$，根据凸集定义，$S$ 为凸集。

性质 2 对于凸规划有重要意义。它意味着由凸函数构成的小于或等于约束所产生的求解值域都是凸集。

性质 3　设 $g_i(x)$是 $\mathbf{R}$ 上的凸函数，$i=1,2,\cdots,k$，则 $S=\{x \mid g_i(x) \leqslant 0, x \in \mathbf{R}, i=1,2,\cdots,k\}$ 是凸集。

证明：由性质 2 及推论 1，可知 S 是凸集。

定理 5(最优性定理)　设 S 为 $\mathbf{R}^n$ 中的一个非空凸集，$f(x)$为定义在 S 上的凸函数，则 $f(x)$在 S 上的局部极小点是全局极小点。

证明：反证法。

令 x'是 f 在 S 上的局部极小点，即存在 x'和 $\varepsilon>0$ 的小领域 $N_\varepsilon(x')$。因此对于小领域内的每一点 $x \in N_\varepsilon(x') \cap S$，都有 $f(x) \geqslant f(x')$成立。

假设 x'不是全局极小点，则存在 $x'' \in S$，使 $f(x'') < f(x')$，因此有

$$\begin{aligned} f[\lambda x' + (1-\lambda)x''] &\leqslant \lambda f(x') + (1-\lambda)f(x'') \\ &< \lambda f(x') + (1-\lambda)f(x') \\ &= f(x') \end{aligned}$$

因此 $f(x')$不是局部最小点(因为 $\lambda x_1 + (1-\lambda) x_2$ 更小)，与假设矛盾。由此可知，$f(x)$在 S 上的局部极小点是全局极小点，得证。

凸函数的判断可通过凸函数定义来判定，即证明对于任意两个值域中的两个点，都满足凸函数判别式。若通过定义来判定一个函数的凸性比较困难，也可以通过下面的一阶判定法和二阶判定法来判断。

首先给出方向导数的定义。

定义 6(方向导数)　设 S 是 $\mathbf{R}^n$ 中的一个集合，f 是定义在 S 上的实函数，对于 S 内部的成员 $\boldsymbol{x}$，f 在 $\boldsymbol{x}$ 处沿着方向 $\boldsymbol{d}$ 的方向导数 $\mathrm{D}f(\boldsymbol{x};\boldsymbol{d})$定义为下列极限：

$$\mathrm{D}\, f(\boldsymbol{x};\boldsymbol{d}) = \lim_{\lambda \to 0} \frac{f(\boldsymbol{x}+\lambda) - f(\boldsymbol{x})}{\lambda}$$

f 在 $\boldsymbol{x}$ 处沿着方向 $\boldsymbol{d}$ 的方向导数 $\mathrm{D}\, f(\boldsymbol{x};\boldsymbol{d})$可由下式计算：

$$\mathrm{D}\, f(\boldsymbol{x};\boldsymbol{d}) = \nabla f(\boldsymbol{x})^{\mathrm{T}} \boldsymbol{d}$$

式中，$\nabla f(\boldsymbol{x})$是 f 在 $\boldsymbol{x}$ 处的梯度。

一阶判定法：设 S 为 $\mathbf{R}^n$ 中的一个非空凸集，$f(\boldsymbol{x})$ 为定义在 S 上的可微函数，则 $f(\boldsymbol{x})$为凸函数的充分必要条件是，对于任意两点 $\boldsymbol{x}_1$，$\boldsymbol{x}_2 \in S$，都有

$$f(\boldsymbol{x}_2) \geqslant f(\boldsymbol{x}_1) + \nabla f(\boldsymbol{x}_1)^{\mathrm{T}}(\boldsymbol{x}_2 - \boldsymbol{x}_1)$$

式中，右侧是 $\boldsymbol{x}_2$ 在 $\boldsymbol{x}_1$ 的一阶多元泰勒展开；$\nabla f(\boldsymbol{x}_1)$ 是一阶偏导函数。

一阶判定法的几何意义：一阶判定利用函数的一阶泰勒展开，在点 $\boldsymbol{x}_1$ 的切平面上，沿着

切平面偏离 $\boldsymbol{x}_1$ 点的任意点 $\boldsymbol{x}_2$，对应的函数值都小于或等于 $f(\boldsymbol{x}_2)$，如图 2-7 所示。

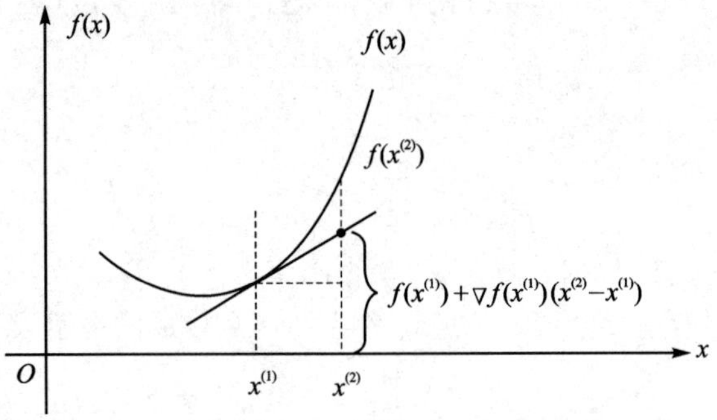

图 2-7 凸函数一阶判定泰勒展开

证明：先证必要性。

设 $f(\boldsymbol{x})$ 为凸函数，根据凸函数的定义，对于任意 $\boldsymbol{x}_1, \boldsymbol{x}_2$ 以及 $\lambda \in (0,1)$，都有

$$f[\lambda \boldsymbol{x}_2 + (1-\lambda)\boldsymbol{x}_1] \leqslant \lambda f(\boldsymbol{x}_2) + (1-\lambda) f(\boldsymbol{x}_1)$$

移项，整理得到

$$\frac{f[\boldsymbol{x}_1 + \lambda(\boldsymbol{x}_2 - \boldsymbol{x}_1)] - f(\boldsymbol{x}_1)}{\lambda} \leqslant f(\boldsymbol{x}_2) - f(\boldsymbol{x}_1)$$

当 λ 取值趋向于 0 时，上式左侧表示 $f(\boldsymbol{x})$ 在 $\boldsymbol{x}_1$ 处沿 $\boldsymbol{x}_2 - \boldsymbol{x}_1$ 方向的方向导数，表示为

$$\nabla f(\boldsymbol{x}_1; \boldsymbol{x}_2 - \boldsymbol{x}_1) = \nabla f(\boldsymbol{x}_1)^{\mathrm{T}}(\boldsymbol{x}_2 - \boldsymbol{x}_1)$$

因此有

$$\nabla f(\boldsymbol{x}_1)^{\mathrm{T}}(\boldsymbol{x}_2 - \boldsymbol{x}_1) \leqslant f(\boldsymbol{x}_2) - f(\boldsymbol{x}_1)$$

$$f(\boldsymbol{x}_2) \geqslant f(\boldsymbol{x}_1) + \nabla f(\boldsymbol{x}_1)^{\mathrm{T}}(\boldsymbol{x}_2 - \boldsymbol{x}_1)$$

得证。

再证充分性。

假设对于任意的 $\boldsymbol{x}_1, \boldsymbol{x}_2 \in S$，有

$$f(\boldsymbol{x}_2) \geqslant f(\boldsymbol{x}_1) + \nabla f(\boldsymbol{x}_1)^{\mathrm{T}}(\boldsymbol{x}_2 - \boldsymbol{x}_1)$$

成立。令 $\boldsymbol{y}$ 是 $\boldsymbol{x}_1$ 与 $\boldsymbol{x}_2$ 连线上的某一点，即对于某个 $\lambda \in (0,1)$，有

$$\boldsymbol{y} = \lambda \boldsymbol{x}_1 + (1-\lambda)\boldsymbol{x}_2$$

根据假设，有

$$f(\boldsymbol{x}_1) \geqslant f(y) + \nabla f(\boldsymbol{y})^{\mathrm{T}}(\boldsymbol{x}_1 - y)$$

$$f(\boldsymbol{x}_2) \geqslant f(y) + \nabla f(\boldsymbol{y})^{\mathrm{T}}(\boldsymbol{x}_2 - y)$$

用 $(1-\lambda)$ 和 λ 分别乘以上面两式的两端，再把得到的两个不等式相加，则得到下面的不等式及推导：

$$\begin{aligned}(1-\lambda) f(\boldsymbol{x}_1) + \lambda f(\boldsymbol{x}_2) &\geqslant (1-\lambda) f(\boldsymbol{y}) + (1-\lambda)\nabla f(\boldsymbol{y})^{\mathrm{T}}(\boldsymbol{x}_1 - \boldsymbol{y}) + \\ &\quad \lambda f(\boldsymbol{y}) + \lambda \nabla f(\boldsymbol{y})^{\mathrm{T}}(\boldsymbol{x}_2 - \boldsymbol{y}) \\ &= f(\boldsymbol{y}) + \nabla f(\boldsymbol{y})^{\mathrm{T}}[(1-\lambda)(\boldsymbol{x}_1 - \boldsymbol{y}) + \lambda(\boldsymbol{x}_2 - \boldsymbol{y})] \\ &= f(\boldsymbol{y}) + \nabla f(\boldsymbol{y})^{\mathrm{T}}[(1-\lambda)\boldsymbol{x}_1 + \lambda \boldsymbol{x}_2 - \boldsymbol{y}] \\ &= f(\boldsymbol{y})\end{aligned}$$

替换 $\boldsymbol{y}$，则得到

$$(1-\lambda)f(\boldsymbol{x}_1)+\lambda f(\boldsymbol{x}_2)\geqslant f[(1-\lambda)\boldsymbol{x}_1+\lambda\boldsymbol{x}_2]$$

即 $f(\boldsymbol{x})$为凸函数，得证。

例 2.14　用一阶判定法判断函数 $f(x,y)=x^3+y^2$ 是在值域 $x\in[0,\infty)$，$y\in(-\infty,+\infty)$上的凸函数。

一阶判定法：先求出一阶偏导 $\nabla f(x,y)=(3x^2,2y)$。对值域上的任意点(x_1,y_1)和(x_2,y_2)，下面的推导式成立：

$$f(x_2,y_2)\geqslant f(x_1,y_1)+(3x_1^2,2y_1)(x_2-x_1,y_2-y_1)$$
$$\Leftrightarrow x_2^3+y_2^2\geqslant x_1^3+y_1^2+3x_1^2x_2-3x_1^2x_1+2y_1y_2-2y_1y_1$$
$$\Leftrightarrow (x_1+2x_2)(x_1-x_2)^2+(y_1-y_2)^2\geqslant 0$$
$$\Leftrightarrow x_1\geqslant 0 \text{ 且 } x_2\geqslant 0$$

即一阶判定成立。因此 $f(x,y)$在值域 $x\in[0,\infty)$，$y\in(-\infty,+\infty)$上是凸函数。

二阶判定法：设 S 为 $\mathbf{R}^n$ 中的一个非空凸集，$f(\boldsymbol{x})$为定义在 S 上的二次可微函数，则：

① $f(x)$为凸函数的充分必要条件是每一点 $\boldsymbol{x}\in S$ 处的二阶偏导矩阵（Hessian 矩阵）半正定；

② $f(x)$为严格凸函数的充分必要条件是每一点 $\boldsymbol{x}\in S$ 处的二阶偏导矩阵（Hessian 矩阵）正定。

Hessian 矩阵：

$$\nabla^2 f(\boldsymbol{x})=\begin{bmatrix}\dfrac{\partial^2 f(\boldsymbol{x})}{\partial x_1\partial x_1} & \dfrac{\partial^2 f(\boldsymbol{x})}{\partial x_1\partial x_2} & \cdots & \dfrac{\partial^2 f(\boldsymbol{x})}{\partial x_1\partial x_k}\\ \dfrac{\partial^2 f(\boldsymbol{x})}{\partial x_2\partial x_1} & \dfrac{\partial^2 f(\boldsymbol{x})}{\partial x_2\partial x_2} & \cdots & \dfrac{\partial^2 f(\boldsymbol{x})}{\partial x_2\partial x_k}\\ \vdots & \vdots & & \vdots\\ \dfrac{\partial^2 f(\boldsymbol{x})}{\partial x_k\partial x_1} & \dfrac{\partial^2 f(\boldsymbol{x})}{\partial x_k\partial x_2} & \cdots & \dfrac{\partial^2 f(\boldsymbol{x})}{\partial x_k\partial x_k}\end{bmatrix}$$

证明：先证必要性。

设 $f(\boldsymbol{x})$ 是 S 上的凸函数，对于任意 $\boldsymbol{x}_1,\boldsymbol{x}_2\in S$ 以及$\lambda\in(0,1)$，把 f 在 $\boldsymbol{x}_1+\lambda\boldsymbol{x}_2$ 处二次展开，得到

$$f(\boldsymbol{x}_1+\lambda\boldsymbol{x}_2)=f(\boldsymbol{x}_1)+\lambda\nabla f(\boldsymbol{x}_1)^{\mathrm{T}}\boldsymbol{x}_2+\frac{\lambda^2}{2}\boldsymbol{x}_2^{\mathrm{T}}\nabla^2 f(\boldsymbol{x}_1)\boldsymbol{x}_2+o(\|\lambda\boldsymbol{x}_2\|^2)$$

其中，$\nabla^2 f(\boldsymbol{x}_1)$是 f 在 $\boldsymbol{x}_1$ 处的 Hessian 矩阵。再根据一阶判定法，有

$$f(\boldsymbol{x}_1+\lambda\boldsymbol{x}_2)\geqslant f(\boldsymbol{x}_1)+\lambda\nabla f(\boldsymbol{x}_1)^{\mathrm{T}}\boldsymbol{x}_2$$

因此，可得到

$$\frac{\lambda^2}{2}\boldsymbol{x}_2^{\mathrm{T}}\nabla^2 f(\boldsymbol{x}_1)\boldsymbol{x}_2+o(\|\lambda\boldsymbol{x}_2\|^2)\geqslant 0$$

$$\frac{1}{2}\boldsymbol{x}_2^{\mathrm{T}}\nabla^2 f(\boldsymbol{x}_1)\boldsymbol{x}_2+o(\|\boldsymbol{x}_2\|^2)\geqslant 0$$

上式两端同除以 λ^2，再令 $\lambda\to 0$，可得

$$\boldsymbol{x}_2^{\mathrm{T}}\nabla^2 f(\boldsymbol{x}_1)\boldsymbol{x}_2\geqslant 0$$

因此$\nabla^2 f(\boldsymbol{x}_1)$是半正定矩阵。

再证充分性。

设 Hessian 矩阵$\nabla^2 f(\boldsymbol{x}_1)$为半正定。对于任意$\boldsymbol{x}_1,\boldsymbol{x}_2\in S$以及$\lambda\in(0,1)$，根据二阶中值定理，有

$$f(\boldsymbol{x}_1+\lambda\boldsymbol{x}_2)=f(\boldsymbol{x}_1)+\lambda\nabla f(\boldsymbol{x}_1)^{\mathrm{T}}\boldsymbol{x}_2+\frac{\lambda^2}{2}\boldsymbol{x}_2^{\mathrm{T}}\nabla^2 f(\boldsymbol{x}^*)\boldsymbol{x}_2$$

其中$\boldsymbol{x}^*=\lambda\boldsymbol{x}_1+(1-\lambda)\boldsymbol{x}_2$，$\lambda\in(0,1)$。由于$S$是凸集，因此$\boldsymbol{x}^*\in S$。根据假设$\nabla^2 f(\boldsymbol{x}_1)$为半正定，有

$$\frac{\lambda^2}{2}\boldsymbol{x}_2^{\mathrm{T}}\nabla^2 f(\boldsymbol{x}^*)\boldsymbol{x}_2\geqslant 0$$

因此可得

$$f(\boldsymbol{x}_1+\lambda\boldsymbol{x}_2)\geqslant f(\boldsymbol{x}_1)+\lambda\nabla f(\boldsymbol{x}_1)^{\mathrm{T}}\boldsymbol{x}_2$$

根据一阶判定法，$f(\boldsymbol{x})$是S上的凸函数，得证。

定义 7(矩阵正定或半正定) 设有实对称矩阵$\boldsymbol{A}$，对于任意的实非零向量$\boldsymbol{x}\neq\boldsymbol{0}$，如果有：

① $\boldsymbol{x}^{\mathrm{T}}\boldsymbol{A}\boldsymbol{x}>\boldsymbol{0}$，则矩阵$\boldsymbol{A}$称为正定的；

② $\boldsymbol{x}^{\mathrm{T}}\boldsymbol{A}\boldsymbol{x}\geqslant\boldsymbol{0}$，则矩阵$\boldsymbol{A}$称为半正定的。

正定矩阵的性质：

① $\boldsymbol{A}$的特征值全部为正数，则正定；

② $\boldsymbol{A}$的特征值全部为非负数(可能部分为 0)，则半正定。

例 2.15 请判定二次函数$f(x_1,x_2)=2x_1^2+x_2^2-2x_1x_2+x_1+1$是否为凸函数。

一阶判定法：设有两点$A(\bar{x}_1,\bar{x}_2)$和$B(\bar{x}_1+\Delta x_1,\bar{x}_2+\Delta x_2)$。函数$f(B)$减去其在$A$点的一阶泰勒展开：

$$\begin{aligned}
&f(\bar{x}_1+\Delta x_1,\bar{x}_2+\Delta x_2)-(f(\bar{x}_1,\bar{x}_2)+\nabla f(\bar{x}_1,\bar{x}_2)^{\mathrm{T}}[\Delta x_1,\Delta x_2])\\
&=2(\bar{x}_1+\Delta x_1)^2+(\bar{x}_2+\Delta x_2)^2-2(\bar{x}_1+\Delta x_1)(\bar{x}_2+\Delta x_2)+(\bar{x}_1+\Delta x_1)+1-\\
&\quad(2\bar{x}_1^2+\bar{x}_2^2-2\bar{x}_1\bar{x}_2+\bar{x}_1+1+[4\bar{x}_1-2\bar{x}_2+1,2\bar{x}_2-2\bar{x}_1]^{\mathrm{T}}[\Delta x_1,\Delta x_2])\\
&=(\Delta x_1-\Delta x_2)^2+(\Delta x_1)^2>0
\end{aligned}$$

因此，$f(x_1,x_2)$是凸函数。

二阶判定法：函数$f(x_1,x_2)$的二阶偏导矩阵(Hessian 矩阵)为

$$\nabla^2 f(x_1,x_2)=\begin{bmatrix}\dfrac{\partial^2 f}{\partial x_1\partial x_1} & \dfrac{\partial^2 f}{\partial x_1\partial x_2}\\ \dfrac{\partial^2 f}{\partial x_2\partial x_1} & \dfrac{\partial^2 f}{\partial x_2\partial x_2}\end{bmatrix}=\begin{bmatrix}4 & -2\\ -2 & 2\end{bmatrix}$$

或直接将$f(x_1,x_2)$写成：

$$\begin{aligned}
f(x_1,x_2)&=2x_1^2+x_2^2-2x_1x_2+x_1+1\\
&=\frac{1}{2}(x_1\quad x_2)\begin{bmatrix}4 & -2\\ -2 & 2\end{bmatrix}\begin{bmatrix}x_1\\ x_2\end{bmatrix}+x_1+1
\end{aligned}$$

通过行列式的秩判定矩阵$\begin{bmatrix}4 & -2\\ -2 & 2\end{bmatrix}$为正定。因此函数$f(x_1,x_2)$为严格凸函数。

2.3　凸规划

凸规划(Convex Programming, CP)是非线性规划中的一种重要特殊情形,它具有很好的性质。凸规划的局部极小点就是全局极小点,如果凸规划的目标函数是严格凸函数,那么它存在的极小点是唯一的。现实中的最优化问题如果不能建立线性规划模型,那么转而描述为凸规划模型也是一种可行的求解方向。

考虑下面的极小化问题:

$$\begin{cases}\min f(\boldsymbol{x}) \\ \text{s. t. } g_i(\boldsymbol{x}) \geqslant 0, \quad i=1,2,\cdots,m \\ \qquad h_i(\boldsymbol{x})=0, \quad i=1,2,\cdots,l\end{cases}$$

如果满足以下条件,则称之为凸规划:

① 求目标函数极小化(如果现实问题的目标是求极大化,则取负号转换为极小化)。

② 目标函数为凸函数(如果是凹函数,则取负号转换为凸函数)。

③ 约束条件的变量值域为凸集。

例 2.16　当 $g_i(\boldsymbol{x})$是凸函数($i=1,2,\cdots,k$)且 $h_i(\boldsymbol{x})$是线性函数($i=1,2,\cdots,l$)时,满足上述极小化问题的约束条件的值域所构成的集合:$S=\{\boldsymbol{x} \mid g_i(\boldsymbol{x})\geqslant 0, i=1,2,\cdots,k; h_i(\boldsymbol{x})=0, i=1,2,\cdots,l\}$是一个凸集。

证明:由凸函数性质 3,值域$\{\boldsymbol{x} \mid g_i(\boldsymbol{x})\geqslant 0,\ i=1,\ 2,\cdots,k\}$是一个凸集,而由多个超平面 $h_i(\boldsymbol{x})=0$ 的值域交集仍然是凸集,因此作为两个凸集的交集,S 也是凸集。

例 2.17　试判断下列的规划问题是凸规划:

$$\begin{cases}\min 2x_1^2+x_2^2-2x_1x_2+x_1+1 \\ \text{s. t. } x_1^2-x_2 \geqslant 0 \\ \qquad x_1 \mathrm{e}^{-(x_1+x_2)} \geqslant 0 \\ \qquad x_1+x_2=0 \\ \qquad x_1, x_1 \in \mathbf{R}\end{cases}$$

判断:可以证明,不等式约束条件的函数 $g_1(x_1,\ x_2)=x_1^2-x_2$ 是凸函数,$g_2(x_1,x_2)=x_1\mathrm{e}^{-(x_1+x_2)}$ 也是凸函数。等式约束函数 $h_1(x_1,\ x_2)=x_1+x_2$ 是线性的,由例 2.16 中的结论,满足规划问题约束条件的可行值域是凸集。

可以证明,目标函数 $f(x_1,\ x_2)=2x_1^2+x_2^2-2x_1x_2+x_1+1$ 是求极小化的凸函数。因此该规划问题是凸规划。

练习题

1. 写出凸集定义。试证明:

(1) 某直线上的所有点的集合 $L=\{(x,y) \mid y=kx+b\}$是凸集;

(2) 超平面 $H=\{\boldsymbol{x} \mid \boldsymbol{p}^{\mathrm{T}}\boldsymbol{x}=\boldsymbol{b}\}$是一个凸集;

(3) 半空间 $H^{-}=\{\boldsymbol{x} \mid \boldsymbol{p}^{\mathrm{T}}\boldsymbol{x}\leqslant \boldsymbol{b}\}$是一个凸集。

2. 用定义验证下列各集合是否为凸集：

(1) $S=\{(x_1,x_2)\mid x_1+2x_2\geqslant 1, x_1-x_2\geqslant 1\}$；

(2) $S=\{(x_1,x_2)\mid x_2\geqslant |x_1|\}$；

(3) $S=\{(x_1,x_2)\mid x_1^2+x_2^2\leqslant 10\}$。

3. 写出凸函数的定义。试判断下列函数是否为凸函数：

(1) $f(\boldsymbol{x})=3x_1^2+2x_2^2+5x_3^2+2x_1x_3-x_1x_2+4x_1+8x_2+9$；

(2) $f(x_1,x_2)=x_1^2+x_2^2-3x_1x_2-2x_2+1$；

(3) $f(x_1,x_2,x_3)=x_1^2+x_2^2+2x_3^2-x_1+2x_2-5x_3+9$；

(4) $f(x_1,x_2)=x_1^2-2x_1x_2+x_2^2+x_1+x_2$；

(5) $f(x_1,x_2)=x_1^2-4x_1x_2+x_2^2+x_1+x_2$；

(6) $f(x_1,x_2,x_3)=x_1x_2+2x_1^2+x_2^2+2x_3^2-6x_1x_3$。

4. 写出凸锥、极点、极方向的定义。

5. 写出凸集的表示定理和分离定理。

6. 试判断下列数学规划是否为凸规划：

$$(1)\ \begin{cases}\min\ 2x_1^2+x_2+1\\ \text{s. t. } x_1^2+x_2^2\geqslant 1\\ \qquad 2x_2\leqslant x_1-1\\ \qquad x_1,x_1\in\mathbf{R}\end{cases} \qquad (2)\ \begin{cases}\min\ x_1-2x_2^2+1\\ \text{s. t. } x_1^2-x_2^2\geqslant 2\\ \qquad x_2-x_1\geqslant -1\\ \qquad x_1,x_1\in\mathbf{R}\end{cases}$$

7. 证明 $f(\boldsymbol{x})=\dfrac{1}{2}\boldsymbol{x}^{\mathrm{T}}\boldsymbol{A}\boldsymbol{x}+\boldsymbol{b}^{\mathrm{T}}\boldsymbol{x}$ 是严格凸函数的充分必要条件是 Hessian 矩阵 $\boldsymbol{A}$ 正定。

第3章　最优性条件

本章介绍优化问题的最优性条件，即判定一个可行解是否为问题的最优解的必要条件和充分条件。这些条件为求解非线性最优化问题提供了基本方法和途径，有必要学习和掌握。

3.1　无约束问题的极值条件

考虑非线性规划问题：

$$\min f(\boldsymbol{x}),\quad x \in \mathbf{R}^n$$

局部极小点判定条件：

- 一阶：设 $f(\boldsymbol{x})$ 是定义在 $\mathbf{R}^n$ 上的可微函数，$\boldsymbol{x} \in \mathbf{R}^n$，则 $\boldsymbol{x}$ 是问题的局部极小点的必要条件是函数 $f(x)$ 在 $\boldsymbol{x}$ 处的梯度 $\nabla f(\boldsymbol{x})=0$。
- 二阶：设 $f(\boldsymbol{x})$ 是定义在 $\mathbf{R}^n$ 上的二次可微函数，$\boldsymbol{x} \in \mathbf{R}^n$，则 $\boldsymbol{x}$ 是问题的局部极小点的充分必要条件是 $f(x)$ 在 $\boldsymbol{x}$ 处的梯度 $\nabla f(\boldsymbol{x})=0$ 且 Hessian 矩阵 $\nabla^2 f(\boldsymbol{x})$ 正定。

证明略。

注意：梯度 $\nabla f(\boldsymbol{x})=0$ 并不是 $\boldsymbol{x}$ 是问题的局部极小点的充分条件，因为可能有鞍点存在的情况。

全局极小点判定条件：

- 一阶：设 $f(\boldsymbol{x})$ 是定义在 $\mathbf{R}^n$ 上的可微**凸**函数，$\boldsymbol{x} \in \mathbf{R}^n$，则 $\boldsymbol{x}$ 是问题的全局极小点的必要条件是函数 $f(x)$ 在 $\boldsymbol{x}$ 处的梯度 $\nabla f(\boldsymbol{x})=0$。
- 二阶：设 $f(\boldsymbol{x})$ 是定义在 $\mathbf{R}^n$ 上的二次可微**凸**函数，$\boldsymbol{x} \in \mathbf{R}^n$，则 $\boldsymbol{x}$ 是问题的全局极小点的充分必要条件是 $f(x)$ 在 $\boldsymbol{x}$ 处的梯度 $\nabla f(\boldsymbol{x})=0$ 且 Hessian 矩阵 $\nabla^2 f(\boldsymbol{x})$ 正定。

证明略。

例 3.1　利用极值判定条件解下列问题：

$$\min f(\boldsymbol{x})=(x_1^2-1)^2+x_1^2+x_2^2-2x_1,\quad x_1,x_2 \in \mathbf{R}$$

解：先求驻点，令梯度函数 $\nabla f(\boldsymbol{x})=0$，得到

$$\begin{cases} \dfrac{\partial f}{\partial x_1}=4x_1^3-2x_1-2=0 \\ \dfrac{\partial f}{\partial x_2}=2x_2=0 \end{cases}$$

解方程，得到驻点(1,0)。

再写出目标函数的 Hessian 矩阵：

$$\nabla^2 f(\boldsymbol{x})=\begin{bmatrix} 12x_1^2-2 & 0 \\ 0 & 2 \end{bmatrix}$$

以及

$$\nabla^2 f(2,0)=\begin{bmatrix} 10 & 0 \\ 0 & 2 \end{bmatrix}$$

正定。因此根据局部极小点二阶判定条件，驻点(1, 0)为局部极小点。

3.2 有约束问题的最优性条件

考虑有约束极小化问题：

$$\begin{cases}\min f(\boldsymbol{x}) \\ \text{s.t.}\ g_i(\boldsymbol{x}) \geqslant 0, \quad i=1,2,\cdots,m \\ \qquad h_j(\boldsymbol{x})=0, \quad j=1,2,\cdots,l \\ \qquad \boldsymbol{x} \in \mathbf{R}^n\end{cases}$$

首先给出一些基本定义。

可行域：满足有约束极小化问题的约束条件 $g_i(\boldsymbol{x}) \geqslant 0$ 和等式约束 $g_j(\boldsymbol{x})=0$ 的所有可行变量组成的集合，称为问题的可行集或可行域。表示为

$$S=\{\boldsymbol{x} \mid g_i(\boldsymbol{x}) \geqslant 0, i=1,2,\cdots,m;\ h_j(\boldsymbol{x})=0, j=1,2,\cdots,l;\ \boldsymbol{x} \in \mathbf{R}^n\}$$

可行方向：设集合 $S \in \mathbf{R}^n$，$\bar{x} \in S$，$\boldsymbol{d}$ 是非零向量，若存在数 $\delta>0$，使得每一个 $\lambda \in (0,\delta)$，都有

$$\bar{\boldsymbol{x}}+\lambda \boldsymbol{d} \in S$$

则称 $\boldsymbol{d}$ 为集合 S 在 $\bar{\boldsymbol{x}}$ 处的可行方向。

可行方向集：集合 S 在 $\bar{\boldsymbol{x}}$ 处的所有可行方向组成的集合，记为 D，称为在 $\bar{\boldsymbol{x}}$ 处的可行方向集，又称为可行方向锥。

下降方向：设 $f(\boldsymbol{x})$是定义在 $\mathbf{R}^n$ 上的实函数，$\bar{\boldsymbol{x}} \in \mathbf{R}^n$，$\boldsymbol{d}$ 是非零向量。若存在数 $\delta>0$，使得每一个 $\lambda \in (0,\delta)$，都有

$$f(\bar{\boldsymbol{x}}+\lambda \boldsymbol{d}) < f(\bar{\boldsymbol{x}})$$

则称 $\boldsymbol{d}$ 为函数 $f(\boldsymbol{x})$ 在 $\bar{\boldsymbol{x}} \in \mathbf{R}^n$ 处的下降方向。

下降方向集：集合 S 在 $\bar{\boldsymbol{x}}$ 处的所有下降方向组成的集合，记为 F_0，称为 $f(\boldsymbol{x})$ 在 $\bar{\boldsymbol{x}}$ 处的下降方向集。

根据上述定义可知，如果 $\bar{\boldsymbol{x}}$ 是 $f(\boldsymbol{x})$在 S 上的局部极小点，则在 $\bar{\boldsymbol{x}}$ 处的可行方向一定不是下降方向。

定理 1 对于有约束极小化问题：

$$\begin{cases}\min f(\boldsymbol{x}) \\ \text{s.t.}\ \boldsymbol{x} \in S\end{cases}$$

设 S 是在 $\mathbf{R}^n$ 中的非空集合，可以是满足若干约束条件构成的值域，$\bar{\boldsymbol{x}} \in S$ 且 $f(\boldsymbol{x})$在 $\bar{\boldsymbol{x}}$ 处可微，D 和 F_0 分别表示 $f(\boldsymbol{x})$在 $\bar{\boldsymbol{x}}$ 处的可行方向集和下降方向集，如果 $\bar{\boldsymbol{x}}$ 是局部最小点，则一定满足

$$D \cap F_0=\varnothing$$

证明：反证法(略)。

当极小化问题的约束条件中仅包含不等式约束而不包含等式约束时，即

$$\begin{cases}\min f(\boldsymbol{x}) \\ \text{s.t.}\ g_i(\boldsymbol{x}) \geqslant 0, \quad i=1,2,\cdots,m \\ \qquad \boldsymbol{x} \in \mathbf{R}^n\end{cases}$$

对于可行值域 $S=\{\boldsymbol{x} \mid g_i(\boldsymbol{x}) \geqslant 0, i=1,2,\cdots,m; \boldsymbol{x} \in \mathbf{R}^n\}$中的任一点 $\bar{\boldsymbol{x}}$，可区分为两种情况：

① **约束条件不起作用**：对于可行域中的某一点 $\bar{\boldsymbol{x}}$，当沿着任何方向稍微离开一点 $\bar{\boldsymbol{x}}$ 时，若该点仍然满足所有的约束条件，那么称**约束条件在 $\bar{\boldsymbol{x}}$ 点处不起作用**。

② **约束条件起作用**：对于可行域中的某一点 $\bar{\boldsymbol{x}}$，当沿着某一方向稍微离开 $\bar{\boldsymbol{x}}$ 时，无论步长多么小，都将会违背至少一项约束条件，那么称**约束条件在 $\bar{\boldsymbol{x}}$ 点起作用**。

对于某一点 $\bar{\boldsymbol{x}}$ 起作用的约束集合用符号 I 来表示，即

$$I=\{i \mid g_i(\bar{\boldsymbol{x}})=0, i=1,2,\cdots,m\}$$

图 3-1 中，约束起作用的点为 A 和 B 点，不起作用的点为 C 点，所以有 $I_A=\{1, 3\}$，$I_B=\{2\}$，$I_C=\{\}$。

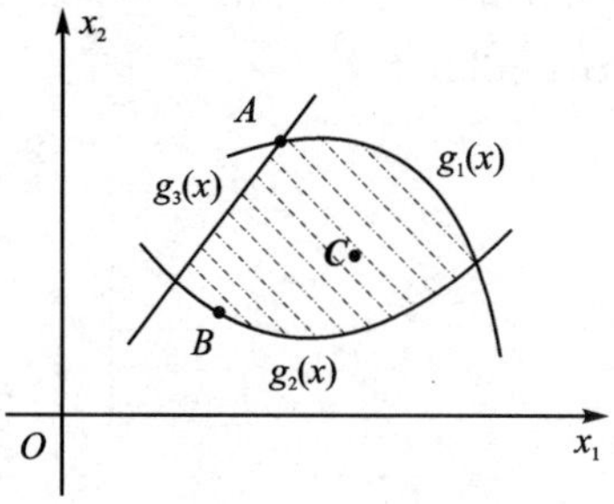

图 3-1　起作用约束集示意图

定理 2　对于某一点 $\bar{\boldsymbol{x}}\in S=\{\boldsymbol{x} \mid g_i(\boldsymbol{x})\geqslant 0, i=1,2,3,\cdots,m \text{ 且 } i\notin I; \boldsymbol{x}\in\mathbf{R}^n\}$，若 $I=\varnothing$，则任意一个非零方向 $\boldsymbol{d}\neq\boldsymbol{0}$ 都是 S 值域上的极小化问题的可行方向。

证明：由于不等式约束条件在 $\bar{\boldsymbol{x}}$ 处不起作用，对于任意非零方向 $\boldsymbol{d}\in\mathbf{R}^n$，存在数 $\delta>0$，按步长 δ 沿着该方向离开 $\bar{\boldsymbol{x}}$ 的点仍然满足约束条件，即

$$\bar{\boldsymbol{x}}+\lambda\boldsymbol{d}\in S$$

即 $\boldsymbol{d}$ 为集合 S 在 $\bar{\boldsymbol{x}}$ 处的可行方向。

因此，若在 $\bar{\boldsymbol{x}}$ 点没有约束条件起作用，则函数 $f(\bar{\boldsymbol{x}})$ 的下降方向都是可行方向，判断 $\bar{\boldsymbol{x}}$ 点是否为极小值点则可采用 3.1 节的无约束极值条件来判断。后面我们研究在一点处的可行方向，都只考虑该点起作用的约束集，即集合 I，而对于不起作用的约束暂不考虑。

定理 3　对于 $\bar{\boldsymbol{x}}\in S=\{\boldsymbol{x} \mid g_i(\boldsymbol{x})\geqslant 0, i=1,2,\cdots,m; \boldsymbol{x}\in\mathbf{R}^n\}$，$\bar{\boldsymbol{x}}$ 可行方向集合为

$$G_0=\{\boldsymbol{d} \mid \nabla g_i(\bar{\boldsymbol{x}})\boldsymbol{d}\geqslant 0; i\in I\}$$

可解释为：因为 $g_i(\boldsymbol{x})\geqslant 0$ 且 $g_i(\bar{\boldsymbol{x}})=0$，如果在 $\bar{\boldsymbol{x}}$ 点处沿着约束条件函数 $g_i(\boldsymbol{x})$ 的梯度方向偏离 $\boldsymbol{d}$ 步长后的点 $\bar{\boldsymbol{x}}'$ 仍然能够满足 $g_i(\bar{\boldsymbol{x}}')\geqslant 0$，其中 $i\in I$，则 $\bar{\boldsymbol{x}}'$ 仍然属于 S，$\boldsymbol{d}$ 即为 S 在 $\bar{\boldsymbol{x}}$ 点的可行方向。

定理 4　对于 $\bar{\boldsymbol{x}}\in S=\{\boldsymbol{x} \mid g_i(\boldsymbol{x})\geqslant 0, i=1,2,\cdots,m; \boldsymbol{x}\in\mathbf{R}^n\}$，$g_i(\boldsymbol{x})$ 可微，$f(\boldsymbol{x})$ 是在 S 上的可微函数，F_0 是 $f(\boldsymbol{x})$ 在 $\bar{\boldsymbol{x}}$ 处的下降方向集合。如果 $\bar{\boldsymbol{x}}$ 是极小化问题 $\min f(\boldsymbol{x}), \boldsymbol{x}\in S$ 的局部最优解，则必然满足：

$$G_0\cap F_0=\varnothing$$

证明：根据定理 1，如果 $\bar{\boldsymbol{x}}$ 是局部最小点，则必然满足 $D\cap F_0=\varnothing$，其中 D 是 $f(\boldsymbol{x})$ 在 $\bar{\boldsymbol{x}}$ 处的可行方向集。当函数 $f(\boldsymbol{x})$ 在 $\bar{\boldsymbol{x}}$ 处所有约束条件都不起作用时，D 为 $\mathbf{R}^n$ 内的所有方向集；由于 $\bar{\boldsymbol{x}}$ 是极小值点，所以 $f(\boldsymbol{x})$ 在 $\bar{\boldsymbol{x}}$ 处不存在可行下降方向，即 $F_0=\varnothing$，因此 $G_0\cap F_0=\varnothing$ 成立。当函数 $f(\boldsymbol{x})$ 在 $\bar{\boldsymbol{x}}$ 处存在起作用的约束时，根据定理 3，有 $D=G_0$，因此 $G_0\cap F_0=\varnothing$ 成立。

将给定点 $\bar{\boldsymbol{x}}$ 的可行方向表示为 $G_0=\{\boldsymbol{d} \mid \nabla g_i(\bar{\boldsymbol{x}})\boldsymbol{d}\geqslant 0; i\in I\}$，下降方向表示为 $F_0=\{\boldsymbol{d} \mid \nabla f(\bar{\boldsymbol{x}})\boldsymbol{d}<0\}$，点 $\bar{\boldsymbol{x}}$ 为极小点的必要条件是不存在非零变量 $\boldsymbol{d}$，使得下式成立：

$$\begin{cases}-\nabla g_i(\bar{\boldsymbol{x}})\boldsymbol{d}\leqslant 0\\ \nabla f(\bar{\boldsymbol{x}})\boldsymbol{d}<0\end{cases}$$

将上式整理表示为 $\boldsymbol{Ad}<\boldsymbol{0}$，其中 $\boldsymbol{A}$ 为常数矩阵，$\boldsymbol{d}$ 为变量。根据 Jordan 定理，不等式方程 $\boldsymbol{Ad}<\boldsymbol{0}$ 不存在非零向量解的充分必要条件是方程 $\boldsymbol{wA}^{\mathrm{T}}=\boldsymbol{0}$ 存在不全为 0 的非负解。这样就把

上式转换为 Fritz-John 条件。

定理 5(Fritz-John 条件) 设 $\bar{x} \in S = \{x \mid g_i(x) \geqslant 0, i=1,2,\cdots,m; x \in \mathbf{R}^n\}$, $I = \{i \mid g_i(\bar{x}) = 0, i=1,2,\cdots,m\}$, $g_i(x)$和$f(x)$在$\bar{x}$处连续且可微。如果$\bar{x}$是极小化问题$\min f(x)$, $x \in S$的局部最小解,则必然存在不全为零的非负数w_0, $w_i (i \in I)$,使得

$$w_0 \nabla f(\bar{x}) - \sum_{i \in I} w_i \nabla g_i(\bar{x}) = 0$$

例 3.2 利用 Fritz-John 条件,判断$x^{(1)} = (2 \quad 1)$和$x^{(2)} = (0 \quad 0)$是否是下面规划问题的 Fritz-John 点:

$$\begin{cases} \min f(x) = (x_1 - 3)^2 + (x_2 - 2)^2 \\ \text{s. t. } g_1(x) = -x_1^2 - x_2^2 + 5 \geqslant 0 \\ \qquad g_2(x) = -x_1 - 2x_2 + 4 \geqslant 0 \\ \qquad g_3(x) = x_1 \geqslant 0 \\ \qquad g_4(x) = x_2 \geqslant 0 \end{cases}$$

解:上述规划问题的值域如图 3-2 所示。

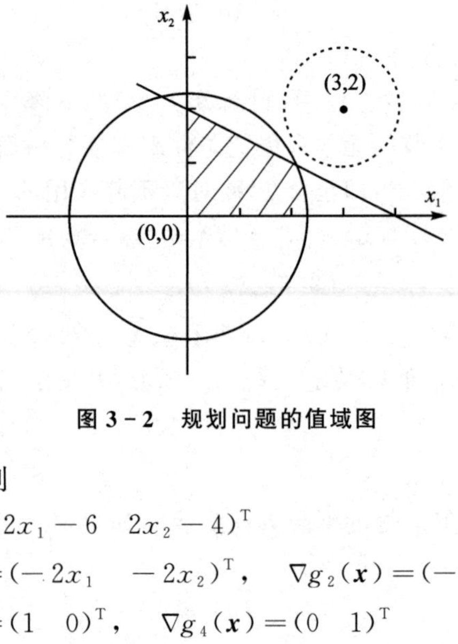

图 3-2 规划问题的值域图

首先计算梯度函数,得到

$$\nabla f(x) = (2x_1 - 6 \quad 2x_2 - 4)^{\mathrm{T}}$$

$$\nabla g_1(x) = (-2x_1 \quad -2x_2)^{\mathrm{T}}, \quad \nabla g_2(x) = (-1 \quad -2)^{\mathrm{T}}$$

$$\nabla g_3(x) = (1 \quad 0)^{\mathrm{T}}, \quad \nabla g_4(x) = (0 \quad 1)^{\mathrm{T}}$$

Fritz-John 条件表达式为

$$w_0 \begin{bmatrix} 2x_1 - 6 \\ 2x_2 - 4 \end{bmatrix} - w_1 \begin{bmatrix} -2x_1 \\ -2x_2 \end{bmatrix} - w_2 \begin{bmatrix} -1 \\ -2 \end{bmatrix} - w_3 \begin{bmatrix} 1 \\ 0 \end{bmatrix} - w_4 \begin{bmatrix} 0 \\ 1 \end{bmatrix} = \begin{bmatrix} 0 \\ 0 \end{bmatrix}$$

在(2, 1)处,$I = \{1, 2\}$,有

$$\begin{cases} -2w_0 + 4w_1 + w_2 = 0 \\ -2w_0 + 2w_1 + 2w_2 = 0 \end{cases} \Rightarrow \text{有非零解}$$

满足 Fritz-John 条件。

在(0, 0)处,$I = \{3,4\}$,有

$$\begin{cases} -6w_0 - w_3 = 0 \\ -4w_0 - w_4 = 0 \end{cases} \Rightarrow \text{无非零解}$$

不满足 Fritz-John 条件。

定理 6(Kuhn-Tucker 条件)　设 $\bar{x}\in S=\{\boldsymbol{x}\mid g_i(\boldsymbol{x})\geqslant 0, i=1,2,\cdots,m;\boldsymbol{x}\in\mathbf{R}^n\}$，$I=\{i\mid g_i(\bar{x})=0, i=1,2,\cdots,m\}$，$g_i(\boldsymbol{x})$和 $f(\boldsymbol{x})$在 $\bar{x}$ 处连续且可微，$\{g_i(\bar{x})\mid i\in I\}$线性无关。如果 $\bar{x}$ 是极小化问题 $\min f(\boldsymbol{x}), \boldsymbol{x}\in S$ 的局部最小解，则必然存在不全为零的非负数 $w_i(i\in I)$，使得

$$\nabla f(\bar{x})-\sum_{i\in I}w_i\nabla g_i(\bar{x})=0$$

满足 KKT 条件的点又称为 KKT 点。如果是凸规划，则 KKT 条件又是全局最优点条件。

例 3.3　判断 $\boldsymbol{x}^{(1)}=(2\quad 1)$ 和 $\boldsymbol{x}^{(2)}=(0\quad 0)$是否是下面规划问题的 KKT 点：

$$\begin{cases}\min f(\boldsymbol{x})=(x_1-3)^2+(x_2-2)^2\\ \text{s.t. } g_1(\boldsymbol{x})=-x_1^2-x_2^2+5\geqslant 0\\ \qquad g_2(\boldsymbol{x})=-x_1-2x_2+4\geqslant 0\\ \qquad g_3(\boldsymbol{x})=x_1\geqslant 0\\ \qquad g_4(\boldsymbol{x})=x_2\geqslant 0\end{cases}$$

解：先计算梯度函数，得到

$$\nabla f(\boldsymbol{x})=(2x_1-6\quad 2x_2-4)^{\mathrm{T}}$$

$$\nabla g_1(\boldsymbol{x})=(-2x_1\quad -2x_2)^{\mathrm{T}},\qquad \nabla g_2(\boldsymbol{x})=(-1\quad -2)^{\mathrm{T}}$$

$$\nabla g_3(\boldsymbol{x})=(1\quad 0)^{\mathrm{T}},\qquad \nabla g_4(\boldsymbol{x})=(0\quad 1)^{\mathrm{T}}$$

KKT 条件表达式为

$$\begin{bmatrix}2x_1-6\\2x_2-4\end{bmatrix}-w_1\begin{bmatrix}-2x_1\\-2x_2\end{bmatrix}-w_2\begin{bmatrix}-1\\-2\end{bmatrix}-w_3\begin{bmatrix}1\\0\end{bmatrix}-w_4\begin{bmatrix}0\\1\end{bmatrix}=\begin{bmatrix}0\\0\end{bmatrix}$$

在(2, 1)处，$I=\{1, 2\}$，$\begin{bmatrix}-4\\-2\end{bmatrix}$和$\begin{bmatrix}-1\\-2\end{bmatrix}$无关，联立方程：

$$\begin{cases}-2+4w_1+w_2=0\\-2+2w_1+2w_2=0\end{cases}$$

求解得到非零解(1/3, 2/3)，满足 KKT 条件。

在(0, 0)处，$I=\{3,4\}$，$\begin{bmatrix}1\\0\end{bmatrix}$和$\begin{bmatrix}0\\1\end{bmatrix}$无关，联立方程：

$$\begin{cases}-6-w_3=0\\-4-w_4=0\end{cases}$$

无非零解，不满足 KKT 条件。

练习题

1. 给定下列规划问题，检验 $\boldsymbol{x}^{(1)}=(0\quad 0)^{\mathrm{T}}$，$\boldsymbol{x}^{(2)}=(1\quad 1)$是否为 KKT 点。

$$\begin{cases}\min f(\boldsymbol{x})=(x_1-2)^2+x_2^2\\ \text{s.t. } g_1(\boldsymbol{x})=x_1-x_2^2\geqslant 0\\ \qquad g_2(\boldsymbol{x})=-x_1+x_2\geqslant 0\end{cases}$$

2. 给定下列规划问题，检验 $\boldsymbol{x}^{(1)}=(2\quad 1)^{\mathrm{T}}$ 是否为 KKT 点。

$$\begin{cases}\min f(\boldsymbol{x})=(x_1-3)^2+(x_2-2)^2\\ \text{s.t. } g_1(\boldsymbol{x})=x_1+x_2^2\leqslant 5\\ \quad\ g_2(\boldsymbol{x})=x_1+2x_2=4\\ \quad\ x_1,x_2\geqslant 0\end{cases}$$

3. 给定下列非线性规划问题，讨论 β 取何值时 $\boldsymbol{x}^{(1)}=(0\quad 0)^{\mathrm{T}}$ 是局部最优解。

$$\begin{cases}\min f(\boldsymbol{x})=\dfrac{1}{2}[(x_1-1)^2+x_2^2]\\ \text{s.t. } g_1(\boldsymbol{x})=-x_1+\beta x_2^2=0\end{cases}$$

第 4 章 线性规划基础

线性规划是数学规划的重要内容，它有比较成熟的求解算法，很多数学规划都需要转化为线性规划来求解。本章介绍线性规划的形式、性质和求解算法。

4.1 线性规划的基本形式

4.1.1 线性规划的一般形式

线性规划是指目标函数是线性的且约束条件也是线性的等式或不等式的数学规划问题。

线性规划的一般形式为

$$\begin{cases} \min\limits_{\boldsymbol{x}\in\mathbf{R}^n}/\max \boldsymbol{c}^{\mathrm{T}}\boldsymbol{x} & \\ \text{s. t. } \boldsymbol{a}^i\boldsymbol{x} \geqslant b_i, & \forall i \in M_1 \\ \quad \boldsymbol{a}^i\boldsymbol{x} \leqslant b_i, & \forall i \in M_2 \\ \quad \boldsymbol{a}^i\boldsymbol{x} = b_i, & \forall i \in M_3 \\ \quad x_j \geqslant b_j, & \forall j \in N_1 \\ \quad x_j \leqslant b_j, & \forall j \in N_2 \\ \quad x_j \text{ 无限制}, & \forall j \in N_3 \end{cases} \tag{4-1}$$

式中，$\boldsymbol{c}$ 是 n 维列向量，$\boldsymbol{a}^i$ 是 n 维行向量；b_i 是实数，均是给定的数据；$\boldsymbol{x}$ 是 n 维的变量；M_1，M_2，M_3 是约束的集合；N_1，N_2，N_3 是变量的集合。

在线性规划的一般形式中，目标函数可以是求最大化，也可以是求最小化。约束条件分为“$\geqslant$”“$\leqslant$”“$=$”三种情况。变量的值域也分为“$\geqslant$”“$\leqslant$”“$=$”三种情况。注意，这里没有“$>$”或“$<$”约束条件。如果实际存在“$>$”或“$<$”的情况，一般引入一个非负变量，将其转化为“$\geqslant$”或“$\leqslant$”。例如：

$$ax > b \Rightarrow \begin{cases} ax - y \geqslant b \\ y \geqslant 0 \end{cases} \tag{4-2}$$

例 4.1 一般形式的线性规划问题：

$$\begin{cases} \min 3x_1 + x_2 \\ \text{s. t. } x_1 + 2x_2 \geqslant 2 \\ \quad 2x_1 + x_2 \geqslant 3 \\ \quad x_1 \geqslant 0, x_2 \geqslant 0 \end{cases}$$

解：引入符号 $\boldsymbol{c} = (3 \quad 1)^{\mathrm{T}}$，$\boldsymbol{x} = (x_1 \quad x_2)^{\mathrm{T}}$，$\boldsymbol{A} = \begin{bmatrix} 1 & 2 \\ 2 & 1 \end{bmatrix}$ 和 $\boldsymbol{b} = (2 \quad 3)^{\mathrm{T}}$，上述一般线性规划问题转化为用向量表示：

$$\begin{cases}\min \boldsymbol{c}^{\mathrm{T}}\boldsymbol{x} \\ \text{s. t. } \boldsymbol{A}\boldsymbol{x} \geqslant \boldsymbol{b} \\ \quad\ \ \boldsymbol{x} \geqslant \boldsymbol{0}\end{cases}$$

用图解的方式，上述线性规划问题的可行域和极点如图 4-1 所示。通过简单比较可获得最优解(0，3)，最小目标值为 3。

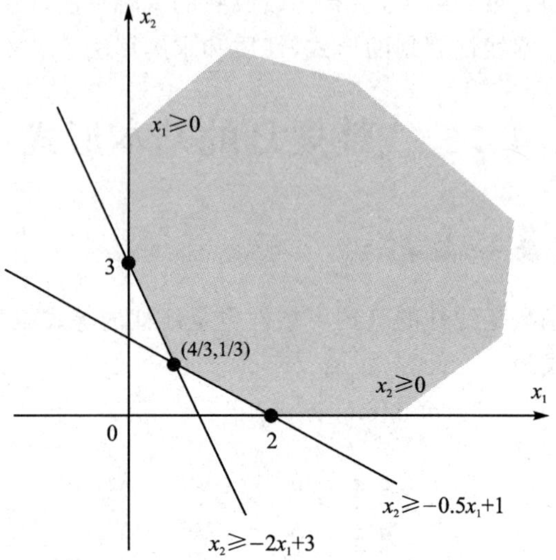

图 4-1　算例的可行域及极点图

4.1.2　线性规划的标准形式

我们研究线性规划的性质和求解，通常是将其转化为统一的标准形式。线性规划的标准形式表示为

$$\begin{cases}\min \boldsymbol{c}^{\mathrm{T}}\boldsymbol{x} \\ \text{s. t. } \boldsymbol{A}\boldsymbol{x} = \boldsymbol{b} \\ \quad\ \ \boldsymbol{x} \geqslant \boldsymbol{0}\end{cases} \tag{4-3}$$

上述线性规划的标准形式的特征如下：

① 目标函数为**极小化**；

② 约束条件全部为**等式**；

③ 变量统一为**非负变量**。

将式(4-1)中的一般形式转化为式(4-3)标准形式的方法如下：

① 对于极大化目标的情况，将目标函数取负，转化为极小化目标：

$$\max \boldsymbol{c}^{\mathrm{T}}\boldsymbol{x} \Rightarrow \min -\boldsymbol{c}^{\mathrm{T}}\boldsymbol{x}$$

② 对于不等式约束，引入非负变量，将不等式约束转化为等式约束：

$$\boldsymbol{a}^{i}\boldsymbol{x} \geqslant b_i,\ \forall i \in M_1 \Rightarrow \boldsymbol{a}^{i}\boldsymbol{x} - y_i = b_i,\ \forall i \in M_1$$

$$\boldsymbol{a}^{i}\boldsymbol{x} \leqslant b_i,\ \forall i \in M_2 \Rightarrow \boldsymbol{a}^{i}\boldsymbol{x} + y_i = b_i,\ \forall i \in M_2$$

③ 对于有不等式约束值域的变量：

- $x_j \geqslant b_j,\ \forall j \in N_1 \Rightarrow y_j \geqslant 0,\ \forall j \in N_1$，并增加约束条件 $y_j = x_j - b_j,\ \forall j \in N_1$；

- $x_j \leqslant b_j, \forall j \in N_2 \Rightarrow y_i \geqslant 0, \forall j \in N_2$，并增加约束条件 $y_j = b_j - x_j, \forall j \in N_2$。

④ 对于无约束变量 x_j，将其转化为 $x_j = u_j - v_j$，其中 u_j 和 v_j 是非负变量，如下：

$$x_j \text{ 无限制}, \forall j \in N_3 \Rightarrow \begin{cases} x_j = u_j - v_j \\ u_j \geqslant 0 \\ v_j \geqslant 0 \end{cases}, \quad \forall j \in N_3$$

⑤ 对于变量有值域范围的情况，如 $a_j \leqslant x_j \leqslant b_j$，处理方式如下：

$$a_j \leqslant x_j \leqslant b_j \Rightarrow \begin{cases} x_j \geqslant a_j \\ x_j \leqslant b_j \end{cases} \Rightarrow \begin{cases} u_j = x_j - a_j \\ v_j = b_j - x_j \\ u_j \geqslant 0, v_j \geqslant 0 \end{cases}$$

按照上述方法，将例 4.1 转化为标准形式：

$$\begin{cases} \min\ 3x_1 + x_2 + 0x_3 + 0x_4 \\ \text{s. t. } x_1 + 2x_2 + x_3 = 2 \\ \qquad 2x_1 + x_2 + x_4 = 3 \\ \qquad x_1 \geqslant 0, x_2 \geqslant 0, x_3 \geqslant 0, x_4 \geqslant 0 \end{cases}$$

4.2　线性规划的性质和基本解

4.2.1　线性规划的性质

对于式(4-3)中的标准形式线性规划问题，有如下性质：

性质 1　目标函数 $f(\boldsymbol{x}) = \boldsymbol{c}^{\mathrm{T}}\boldsymbol{x}$ 必然是一种凸函数或既凸又凹的函数。

证明：对于任意 $\boldsymbol{x}^{(1)}, \boldsymbol{x}^{(2)} \in \mathbf{R}^n$ 及每个实数 $\lambda \in (0,1)$，均有

$$\begin{aligned} f[\lambda \boldsymbol{x}^{(1)} + (1-\lambda)\boldsymbol{x}^{(2)}] &= \boldsymbol{c}^{\mathrm{T}}[\lambda \boldsymbol{x}^{(1)} + (1-\lambda)\boldsymbol{x}^{(2)}] \\ &= \lambda \boldsymbol{c}^{\mathrm{T}}\boldsymbol{x}^{(1)} + (1-\lambda)\boldsymbol{c}^{\mathrm{T}}\boldsymbol{x}^{(2)} \\ &= \lambda f(\boldsymbol{x}^{(1)}) + (1-\lambda) f(\boldsymbol{x}^{(2)}) \end{aligned}$$

因此，总是成立

$$f(\lambda \boldsymbol{x}^{(1)} + (1-\lambda)\boldsymbol{x}^{(2)}) \geqslant \lambda f(\boldsymbol{x}^{(1)}) + (1-\lambda) f(\boldsymbol{x}^{(2)})$$

和

$$f(\lambda \boldsymbol{x}^{(1)} + (1-\lambda)\boldsymbol{x}^{(2)}) \leqslant \lambda f(\boldsymbol{x}^{(1)}) + (1-\lambda) f(\boldsymbol{x}^{(2)})$$

根据凸函数和凹函数的定义，所以 $f(\boldsymbol{x}) = \boldsymbol{c}^{\mathrm{T}}\boldsymbol{x}$ 是一种凸函数或既凸又凹的函数。

性质 2　变量的可行域 $S = \{\boldsymbol{x} \mid \boldsymbol{A}\boldsymbol{x} = \boldsymbol{b}\}$ 是凸集。

证明：对于集合 S 中的任意两点 $\boldsymbol{x}^{(1)}, \boldsymbol{x}^{(2)} \in S$ 和某个实数 $\lambda \in [0, 1]$，需要判断 $\lambda \boldsymbol{x}_1 + (1-\lambda)\boldsymbol{x}_2$ 是否也属于 S。推导如下：

$$\boldsymbol{A}[\lambda \boldsymbol{x}^{(1)} + (1-\lambda)\boldsymbol{x}^{(2)}] = \lambda \boldsymbol{A}\boldsymbol{x}^{(1)} + (1-\lambda)\boldsymbol{A}\boldsymbol{x}^{(2)} = \lambda \boldsymbol{b} + (1-\lambda)\boldsymbol{b} = \boldsymbol{b}$$

因此，根据凸集定义，S 是凸集，得证。

性质 3　若有解，则最优解必然是值域凸集中的极点。也就是说，如果线性规划存在最优解，那么最优值一定是在某极点达到。

证明：因为可行值域是凸集且线性，由凸集的表示定理，值域中的任何一点 $\boldsymbol{x}$ 都可以表

示为

$$x=\sum_{j=1}^{k}\lambda_j x^{(j)}+\sum_{j=1}^{l}\mu_j d^{(j)}$$

满足

$$\sum_{j=1}^{k}\lambda_j=1$$
$$\lambda_j\geqslant 0,\quad \forall j=1,2,\cdots,k$$
$$\mu_j\geqslant 0,\quad \forall j=1,2,\cdots,l$$

式中，$x^{(j)}$ 是凸集的极点，k 为极点个数，$d^{(j)}$ 为极方向，l 为极方向个数，λ_j 和 μ_j 是非负系数。由于表示定理的充分性，上式 x 均为线性规划的解。将 x 代入式(4-3)规划方程中，变量替换为 λ_j 和 μ_j，去掉约束条件，可得到

$$\begin{cases}\min c^{\mathrm{T}}\left(\sum_{j=1}^{k}\lambda_j x^{(j)}+\sum_{j=1}^{l}\mu_j d^{(j)}\right)=\sum_{j=1}^{k}\lambda_j c^{\mathrm{T}}x^{(j)}+\sum_{j=1}^{l}\mu_j c^{\mathrm{T}}d^{(j)}\\ \text{s.t.}\ \sum_{j=1}^{k}\lambda_j=1\\ \lambda_j\geqslant 0,\quad \forall j=1,2,\cdots,k\\ \mu_j\geqslant 0,\quad \forall j=1,2,\cdots,l\end{cases}\tag{4-4}$$

由于上述规划式(4-4)是最小化目标函数，有解的条件则是 $c^{\mathrm{T}}d^{(j)}$ 都必须为非负数(否则 μ_j 可为无穷大，导致无解)。因此，可令 $\mu_j=0$，仅当某 $\lambda_p=1$，函数取得最小值，即最优值在某个极点上达到。

性质 4 若规划式(4-3)存在有限最优解，则 $c^{\mathrm{T}}d^{(j)}$ 都为非负数，其中 $d^{(j)}$ 为可行域 $S=\{x\,|\,Ax=b\}$ 的极方向。

证明：反证法。将规划式(4-3)等价转化为规划式(4-4)，假设存在某个 j' 使 $c^{\mathrm{T}}d^{(j')}$ 为负数，则可令 $\mu_{j'}$ 无穷大，其余 $\mu_{j'}$ 值为 0，则导致目标函数无穷小，规划无解，与假设矛盾。因此 $c^{\mathrm{T}}d^{(j')}$ 都为非负数。

4.2.2 线性规划的解

对于式(4-3)中标准型线性规划的约束条件 $Ax=b$，令 $b\in\mathbf{R}^m$，$A\in\mathbf{R}^{m\times n}$，并设矩阵 A 的秩为 m(满秩假定 $m\leqslant n$)。如果有解，则有两种情况：

① 有唯一解(顶点解)；

② 有多个解(整条边、面，甚至整个可行域)。

无解时，也有两种情况：

① 无界：没有有限最优解(极小化时无下界，极大化时无上界)；

② 不可行：没有可行解(满足约束条件的变量域为空)。

不失一般性，设矩阵 A 的秩为 m(满秩假定 $m\leqslant n$)，因为总是可以消去相关行。

令 $A=(B\quad N)$，$x=\begin{pmatrix}x_B\\x_N\end{pmatrix}$，其中 B 是 A 中 m 个线性无关列组成的矩阵，N 为其余列组成的矩阵，x_B 和 x_N 分别是与 B 和 N 所对应的变量。则有

$$(\boldsymbol{B}\quad \boldsymbol{N})\begin{pmatrix}\boldsymbol{x}_B\\ \boldsymbol{x}_N\end{pmatrix}=\boldsymbol{b}$$

$$\boldsymbol{B}\boldsymbol{x}_B+\boldsymbol{N}\boldsymbol{x}_N=\boldsymbol{b}$$

两边同乘以 $\boldsymbol{B}^{-1}$，并移项，得到

$$\boldsymbol{x}_B=\boldsymbol{B}^{-1}\boldsymbol{b}-\boldsymbol{B}^{-1}\boldsymbol{N}\boldsymbol{x}_N \tag{4-5}$$

上式的 $\boldsymbol{x}_N$ 为自由变量，它取不同的值就得到方程组不同的解。令 $\boldsymbol{x}_N=\boldsymbol{0}$，则得到 $\boldsymbol{x}=(\boldsymbol{x}_B\quad \boldsymbol{x}_N)^{\mathrm{T}}=(\boldsymbol{x}_B\quad \boldsymbol{0})^{\mathrm{T}}$，得到了一个基本解。注意：$\boldsymbol{B}$ 和 $\boldsymbol{x}_B$ 的选择不是唯一的，可能存在多组的情况，对应着多个基本解；并且，上述基本解可能是不可行的，因为 $\boldsymbol{x}_B$ 的分量可能为负数，可行解要求分量全部为非负数。

关于基本解、基本可行解、基矩阵和基变量的定义如下：

基本解：方程组 $\boldsymbol{B}\boldsymbol{x}_B=\boldsymbol{b},\boldsymbol{x}_N=\boldsymbol{0}$ 的解(即$(\boldsymbol{B}^{-1}\boldsymbol{b}_B\quad \boldsymbol{0})$)是 $\boldsymbol{A}\boldsymbol{x}=\boldsymbol{b}$ 的基本解(Basic Solution)。

基本可行解：非负基本解是 $\boldsymbol{A}\boldsymbol{x}=\boldsymbol{b}$ 的基本可行解(Basic Feasible Solution，BFS)。

基矩阵：称 $\boldsymbol{B}$ 是 $\boldsymbol{A}\boldsymbol{x}=\boldsymbol{b}$ 的基矩阵(Basic Matrix)。

基变量：称与 $\boldsymbol{B}$ 的列对应的变量 $\boldsymbol{x}_B$ 为基变量(Basic Variables)。

定理 1　令值域 $S=\{\boldsymbol{x}\mid \boldsymbol{A}\boldsymbol{x}=\boldsymbol{b},\boldsymbol{x}\geqslant\boldsymbol{0}\}$，$\boldsymbol{A}$ 是 $m\times n$ 矩阵，$\boldsymbol{x}$ 为 m 维列向量，那么 S 的极点集与 $\boldsymbol{A}\boldsymbol{x}=\boldsymbol{b},\boldsymbol{x}\geqslant\boldsymbol{0}$ 的基本可行解是等价的。

证明略。

基本可行解的数量不超过 $\begin{pmatrix}n\\ m\end{pmatrix}=\dfrac{n!}{m!\ (n-m)!}$。

例 4.2　试求下列不等式定义的多面集的基本可行解：

$$\begin{cases}x_1+2x_2\leqslant 8\\ x_2\leqslant 2\\ x_1\geqslant 0,x_2\geqslant 0\end{cases}$$

解：引入松弛变量 x_3，x_4 后，将上式转化为标准形式：

$$\begin{cases}x_1+2x_2+x_3=8\\ x_2+x_4=2\\ x_1\geqslant 0,x_2\geqslant 0,x_3\geqslant 0,x_4\geqslant 0\end{cases}$$

上述方程组的系数矩阵为 $\boldsymbol{A}=(\boldsymbol{p}_1\quad \boldsymbol{p}_2\quad \boldsymbol{p}_3\quad \boldsymbol{p}_4)=\begin{bmatrix}1&2&1&0\\0&1&0&1\end{bmatrix}$。令基矩阵为 $\boldsymbol{A}$ 中任意两个线性无关向量的组合，计算对应的基本解：

令 $\boldsymbol{B}=(\boldsymbol{p}_1\quad \boldsymbol{p}_2)=\begin{bmatrix}1&2\\0&1\end{bmatrix}$，$\boldsymbol{x}_B=\boldsymbol{B}^{-1}\boldsymbol{b}=\begin{bmatrix}1&-2\\0&1\end{bmatrix}\begin{bmatrix}8\\2\end{bmatrix}=\begin{bmatrix}4\\2\end{bmatrix}$，基本解 $\boldsymbol{x}^{(1)}=(4\quad 2\quad 0\quad 0)^{\mathrm{T}}$；

令 $\boldsymbol{B}=(\boldsymbol{p}_1\quad \boldsymbol{p}_4)=\begin{bmatrix}1&0\\0&1\end{bmatrix}$，$\boldsymbol{x}_B=\boldsymbol{B}^{-1}\boldsymbol{b}=\begin{bmatrix}1&0\\0&1\end{bmatrix}\begin{bmatrix}8\\2\end{bmatrix}=\begin{bmatrix}8\\2\end{bmatrix}$，基本解 $\boldsymbol{x}^{(2)}=(8\quad 0\quad 0\quad 2)^{\mathrm{T}}$；

令 $\boldsymbol{B}=(\boldsymbol{p}_2\quad \boldsymbol{p}_3)=\begin{bmatrix}2&1\\1&0\end{bmatrix}$，$\boldsymbol{x}_B=\boldsymbol{B}^{-1}\boldsymbol{b}=\begin{bmatrix}0&1\\1&-2\end{bmatrix}\begin{bmatrix}8\\2\end{bmatrix}=\begin{bmatrix}2\\4\end{bmatrix}$，基本解 $\boldsymbol{x}^{(3)}=(0\quad 2\quad 4\quad 0)^{\mathrm{T}}$；

令 $\boldsymbol{B}=(\boldsymbol{p}_2\quad \boldsymbol{p}_4)=\begin{bmatrix}2&0\\1&1\end{bmatrix}$，$\boldsymbol{x}_B=\boldsymbol{B}^{-1}\boldsymbol{b}=\begin{bmatrix}0.50\\-0.51\end{bmatrix}\begin{bmatrix}8\\2\end{bmatrix}=\begin{bmatrix}4\\-2\end{bmatrix}$，基本解 $\boldsymbol{x}^{(4)}=$

$(0\quad 2\quad 0\quad -2)^{\mathrm{T}}$；

令 $\boldsymbol{B}=(\boldsymbol{p}_3\quad \boldsymbol{p}_4)=\begin{bmatrix}1&0\\0&1\end{bmatrix}$，$\boldsymbol{x}_B=\boldsymbol{B}^{-1}\boldsymbol{b}=\begin{bmatrix}1&0\\0&1\end{bmatrix}\begin{bmatrix}8\\2\end{bmatrix}=\begin{bmatrix}8\\2\end{bmatrix}$，基本解 $\boldsymbol{x}^{(5)}=(0\quad 0\quad 8\quad 2)^{\mathrm{T}}$。

上述基本解中，除 $\boldsymbol{x}^{(4)}$ 存在负分量外，其余均为基本可行解。将这些基本可行解逐个代入目标函数，比较目标函数值，可获得对应的最优化问题的最优解。

4.3 单纯形法求解

单纯形法(Simplex Method)是 G. B. Dantzig 在 1947 年提出的，是求解线性规划问题的基础计算方法。现有的最优化计算软件工具都是将单纯形法作为计算线性规划最优解的基础方法，如 CPLEX、Gurobi 等。并且，由于非线性规划问题往往也都需要转换为线性规划问题，利用单纯形法求解，因此可以说单纯形法是整个数学规划的求解基础。

单纯形法适用于标准型线性规划问题。其是从约束集的某个极点/基本可行解(BFS)开始，依次移动到相邻极点/BFS，直到找出最优解或判断问题无界的搜索和比较的过程。这个过程涉及三个问题：

① 初始化：如何找到一个极点/BFS，并以之为起点开始单纯形计算？

② 迭代规则：如何从一个极点/BFS 迭代到相邻极点/BFS，并且使迭代的次数尽量少？

③ 判断准则：如何判断当前的极点/BFS 是否为最优解或如何确定解无界？

本节基于上述三个问题，介绍单纯形法的基本原理和计算过程。

4.3.1 单纯形法的原理

考虑标准型线性规划问题：

$$\begin{cases}\min\ \boldsymbol{c}^{\mathrm{T}}\boldsymbol{x}\\ \text{s.t.}\ \ \boldsymbol{A}\boldsymbol{x}=\boldsymbol{b}\\ \qquad\ \boldsymbol{x}\geqslant\boldsymbol{0}\end{cases}$$

式中，$\boldsymbol{A}$ 是 $m\times n$ 阶常数矩阵，秩为 m 且 $n\geqslant m$；$\boldsymbol{x}$ 为一个 n 维列向量表示的 n 个非负变量；$\boldsymbol{b}$ 为 m 维常数列向量。矩阵 $\boldsymbol{A}$ 可以分解为 n 个 m 维列向量，表示为 $\boldsymbol{A}=(\boldsymbol{p}_1\quad \boldsymbol{p}_2\quad \cdots\quad \boldsymbol{p}_n)$。

选择矩阵 $\boldsymbol{A}$ 中 m 个不线性相关的列向量，组成 $m\times m$ 的基矩阵 $\boldsymbol{B}$，其余向量组成 $m\times(m-n)$ 非基矩阵 $\boldsymbol{N}$。这样矩阵 $\boldsymbol{A}$ 就分解为 $\boldsymbol{A}=(\boldsymbol{B}\quad \boldsymbol{N})$。因此 $\boldsymbol{A}\boldsymbol{x}=\boldsymbol{b}$ 可写为 $(\boldsymbol{B}\quad \boldsymbol{N})\begin{bmatrix}\boldsymbol{x}_B\\ \boldsymbol{x}_N\end{bmatrix}=\boldsymbol{b}$，展开得到

$$\boldsymbol{B}\boldsymbol{x}_B+\boldsymbol{N}\boldsymbol{x}_N=\boldsymbol{b}$$

两边右乘 $\boldsymbol{B}^{-1}$ 并移项，得到

$$\boldsymbol{x}_B=\boldsymbol{B}^{-1}\boldsymbol{b}-\boldsymbol{B}^{-1}\boldsymbol{N}\boldsymbol{x}_N$$

令 $\boldsymbol{x}_N=\boldsymbol{0}$，则得到一个基本解 $\boldsymbol{x}^{(0)}=\begin{pmatrix}\boldsymbol{B}^{-1}\boldsymbol{b}\\ \boldsymbol{0}\end{pmatrix}$。如果 $\boldsymbol{x}^{(0)}$ 是可行的，则找到了一个基本可行解，可以作为单纯形法的起始点。如果 $\boldsymbol{x}^{(0)}$ 是不可行的，例如存在负分量的情况，则需要重新选择列向量组成基矩阵 $\boldsymbol{B}$，重复上述计算，直至得到的基本解是可行的。

下面给出判断一个基本可行解是否为最优解的条件。

对于任意一个解 $\boldsymbol{x}$，在 $\boldsymbol{x}$ 处的目标函数值表示为

$$\begin{aligned} f &= \boldsymbol{c}^{\mathrm{T}}\boldsymbol{x} = (\boldsymbol{c}_B^{\mathrm{T}} \quad \boldsymbol{c}_N^{\mathrm{T}}) \begin{bmatrix} \boldsymbol{x}_B \\ \boldsymbol{x}_N \end{bmatrix} = \boldsymbol{c}_B^{\mathrm{T}}\boldsymbol{x}_B + \boldsymbol{c}_N^{\mathrm{T}}\boldsymbol{x}_N = \boldsymbol{c}_B^{\mathrm{T}}(\boldsymbol{B}^{-1}\boldsymbol{b} - \boldsymbol{B}^{-1}\boldsymbol{N}\boldsymbol{x}_N) + \boldsymbol{c}_N^{\mathrm{T}}\boldsymbol{x}_N \\ &= \boldsymbol{c}_B^{\mathrm{T}}\boldsymbol{B}^{-1}\boldsymbol{b} - \boldsymbol{c}_B^{\mathrm{T}}\boldsymbol{B}^{-1}\boldsymbol{N}\boldsymbol{x}_N + \boldsymbol{c}_N^{\mathrm{T}}\boldsymbol{x}_N \\ &= \boldsymbol{c}_B^{\mathrm{T}}\boldsymbol{B}^{-1}\boldsymbol{b} - (\boldsymbol{c}_B^{\mathrm{T}}\boldsymbol{B}^{-1}\boldsymbol{N} - \boldsymbol{c}_N^{\mathrm{T}})\boldsymbol{x}_N \\ &= f_0 - \sum_{j \in R}(\boldsymbol{c}_B^{\mathrm{T}}\boldsymbol{B}^{-1}\boldsymbol{p}_j - c_j)x_j \\ &= f_0 - \sum_{j \in R}(z_j - c_j)x_j \quad (z_j = \boldsymbol{c}_B^{\mathrm{T}}\boldsymbol{B}^{-1}\boldsymbol{p}_j) \end{aligned} \tag{4-6}$$

式中，$f_0 = \boldsymbol{c}_B^{\mathrm{T}}\boldsymbol{B}^{-1}\boldsymbol{b}$，是选定基矩阵后确定的固定值。由于 $\sum\limits_{j \in R}(z_j - c_j)x_j$（$R$ 为非基变量集合）中的 x_j 是非负变量，当且仅当对于所有的 $j \in R$ 都满足 $z_j - c_j \leqslant 0$ 时，令所有非基变量 $x_j = 0$ 可使 f 取得最小值，即 $f = f_0$。若存在某个 j 有 $z_j - c_j > 0$ 的情况，则总是可以令 x_j 取大于 0 的数，令其他非基变量为 0，使目标函数值能进一步下降。

因此，我们可以将是否存在 $z_j - c_j > 0$ 的情况，作为判断当前基本可行解是否为最优解的条件，$z_j - c_j$ 又称为单纯形判别数。

判断的方法是，从所有非基变量集 R 中找出一个基变量 x_k，满足：

$$z_k - c_k = \max\{z_j - c_j \mid j \in R\} \tag{4-7}$$

若 $z_k - c_k \leqslant 0$，则当前基本可行解 $\begin{pmatrix} \boldsymbol{B}^{-1}\boldsymbol{b} \\ \boldsymbol{0} \end{pmatrix}$ 是问题的最优解，对应的最优目标函数值为 $f_0 = \boldsymbol{c}_B^{\mathrm{T}}\boldsymbol{B}^{-1}\boldsymbol{b}$，计算结束；反之，若 $z_k - c_k > 0$，则表示非基变量 x_k 的增加还可以使目标函数值进一步降低，表示当前极点/FBS 不是最优解。

通常，单纯形判别数又写作 $\boldsymbol{w}\boldsymbol{p}_j - c_j$，其中 $\boldsymbol{w} = \boldsymbol{c}_B\boldsymbol{B}^{-1}$，称为单纯形乘子。

注意：判别数 $\boldsymbol{w}\boldsymbol{p}_j - c_j$ 可以是针对非基变量的，也可以是针对基变量的。针对非基变量，判别数计算式为

$$\{z_j - c_j\} = \boldsymbol{c}_B^{\mathrm{T}}\boldsymbol{B}^{-1}\boldsymbol{N} - \boldsymbol{c}_N^{\mathrm{T}}$$

针对基变量时，将上式的 $\boldsymbol{N}$ 替换为 $\boldsymbol{B}$，将 $\boldsymbol{c}_N$ 替换为 $\boldsymbol{c}_B$。判别数的计算式为

$$\{z_j - c_j\} = \boldsymbol{c}_B^{\mathrm{T}}\boldsymbol{B}^{-1}\boldsymbol{B} - \boldsymbol{c}_B^{\mathrm{T}} = 0$$

因此，无论当前解是否为最优，非基变量的判别数总是为 0。这样得到单纯形法的判别定理。

定理 2　在极小化问题中，对于某个基本可行解，若所有判别数 $z_j - c_j \leqslant 0$，则该基本可行解为最优解；在极大化问题中，对于某个基本可行解，若所有判别数 $z_j - c_j \geqslant 0$，则该基本可行解为最优解。

若当前的极点/FBS 不是最优解，则需要转移到下一个极点/FBS 再判断是否为最优解。下面给出转移的方法。

因为 $z_k - c_k > 0$，表示 x_k 取某个大于 0 的值，会使目标函数值更低，所以我们令 x_k 继续增大，使目标函数值进一步降低。但是 x_k 不能无限制地增大，当增大到令 $\boldsymbol{x}_B$ 中的某个变量（例如 x_r）由正转负变为 0 的时候，则停止。这时，将非基变量 x_k 加入为基变量，而将基变量中的 x_r 移出，构建出新的基变量及对应的基矩阵。

在基变量中查找上述第 r 分量的算法如下：

考虑将 $\boldsymbol{x}_N$ 中的分量 x_k 为正数，其他分量 x_j 仍然为0，则 $\boldsymbol{x}_B$ 的计算式为

$$\boldsymbol{x}_B=\boldsymbol{B}^{-1}\boldsymbol{b}-\boldsymbol{B}^{-1}\boldsymbol{N}\boldsymbol{x}_N=\boldsymbol{B}^{-1}\boldsymbol{b}-\boldsymbol{B}^{-1}\boldsymbol{p}_k x_k$$

令 $\bar{\boldsymbol{b}}=\boldsymbol{B}^{-1}\boldsymbol{b}$，$\boldsymbol{y}_k=\boldsymbol{B}^{-1}\boldsymbol{p}_k$，上式可简化为

$$\boldsymbol{x}_B=\bar{\boldsymbol{b}}-\boldsymbol{y}_k x_k=\begin{bmatrix}\bar{b}_1-y_{1k}x_k\\ \bar{b}_2-y_{2k}x_k\\ \vdots\\ \bar{b}_m-y_{mk}x_k\end{bmatrix}$$

为保证 $\boldsymbol{x}_B$ 的所有分量都大于或等于0，所以有

$$\bar{b}_i-y_{ik}x_k\geqslant 0,\quad \forall i=1,2,\cdots,m \tag{4-8}$$

根据 y_{ik} 值做如下判断：

① 对于 $y_{ik}\leqslant 0$ 的情况，上述不等式自然成立(因为基变量取值非负 $\bar{b}_i\geqslant 0$)。

② 对于 $y_{ik}>0$ 的情况，则有

$$x_k\leqslant\frac{\bar{b}_i}{y_{ik}},\quad \forall i=1,2,\cdots,m:y_{ik}>0$$

因此，当 x_k 增大到 $\min\left\{\frac{\bar{b}_i}{y_{ik}}\middle|i=1,2,\cdots,m:y_{ik}>0\right\}$ 时，就不能再继续增大，因为这时出现了第一个由正转负的基变量。令此时出现的基变量为 x_r，r 的计算式表示如下：

$$r=\arg\min_i\left\{\frac{\bar{b}_i}{y_{ik}}\middle|i=1,2,\cdots,m:y_{ik}>0\right\} \tag{4-9}$$

③ 如果不存在 $y_{ik}>0$ 的情况，则表示 x_k 增大不仅导致目标函数值增大，而且导致基变量增大并始终为正数，说明该最小化问题可以无穷小，问题无界。

获得了新的基变量组之后，再交换 $\boldsymbol{p}_k$ 和 $\boldsymbol{p}_r$ 得到新的基矩阵和非基矩阵。然后再计算新基变量和基矩阵的基本可行解，重复利用式(4-7)判断当前的基本可行解是否为最优解，直到获得最优解或判断问题无界。

上述单纯形算法步骤如下：

① 求解问题为标准型线性规划问题：$\min\ \boldsymbol{c}^{\mathrm{T}}\boldsymbol{x}$，s. t. $\boldsymbol{A}\boldsymbol{x}=\boldsymbol{b}$，$\boldsymbol{x}\geqslant\boldsymbol{0}$，其中 $\boldsymbol{A}$ 是 $m\times n$ 常数矩阵，秩为 m 且 $n\geqslant m$，$\boldsymbol{x}$ 为一个 n 维列向量表示的 n 个非负变量，$\boldsymbol{b}$ 为 m 维常数列向量。令 $\boldsymbol{A}=(\boldsymbol{p}_1\quad \boldsymbol{p}_2\quad\cdots\quad\boldsymbol{p}_n)$。

② 从矩阵 $\boldsymbol{A}$ 中选择 m 个线性无关的列向量，组成基矩阵 $\boldsymbol{B}$ 和非基矩阵 $\boldsymbol{N}$，即 $\boldsymbol{A}=(\boldsymbol{B}\quad\boldsymbol{N})$，同时将变量 $\boldsymbol{x}$ 分解为对应的基变量 $\boldsymbol{x}_B$ 和非基变量 $\boldsymbol{x}_N$，即 $\boldsymbol{x}=(\boldsymbol{x}_B\quad\boldsymbol{x}_N)$，将目标函数的系数对应地分为 $\boldsymbol{c}^{\mathrm{T}}=(\boldsymbol{c}_B^{\mathrm{T}}\quad\boldsymbol{c}_N^{\mathrm{T}})$。

③ 令 $\boldsymbol{x}_N=\boldsymbol{0}$，计算基变量 $\boldsymbol{x}_B=\boldsymbol{B}^{-1}\boldsymbol{b}$ 及目标函数值 $f=\boldsymbol{c}^{\mathrm{T}}\boldsymbol{B}^{-1}\boldsymbol{b}$。判断：若 $\boldsymbol{x}_B$ 的分量存在负数，则重复执行步骤②和③，直到 $\boldsymbol{x}_B$ 的所有分量都非负，再执行下面的步骤。

④ 对于所有非基变量集 R，计算判别数 $\{z_j-c_j\}=\boldsymbol{c}_B\boldsymbol{B}^{-1}\boldsymbol{N}-\boldsymbol{c}_N$，找出其中的最大项，即

$$z_k-c_k=\max\{z_j-c_j\mid j\in R\}$$

⑤ 判断：若 $z_k-c_k\leqslant 0$，则现行基本可行解即为最优解，算法停止；否则，执行第⑥步。

⑥ 计算 $\boldsymbol{y}_k=\boldsymbol{B}^{-1}\boldsymbol{p}^k=(y_{1k}\quad y_{2k}\quad \cdots\quad y_{mk})^{\mathrm{T}}$，若 $\boldsymbol{y}$ 的每个分量均为非正数，则停止计算，得到结论：问题不存在最优解；否则，执行步骤⑦。

⑦ 令 $\bar{\boldsymbol{b}}=\boldsymbol{B}^{-1}\boldsymbol{b}=(\bar{b}_1\quad \bar{b}_2\quad \cdots\quad \bar{b}_m)$，确定下标 r，使

$$\frac{\bar{b}_r}{y_{ir}}=\min\left\{\frac{\bar{b}_i}{y_{ik}}\middle| y_{ik}>0\right\}$$

⑧ 将 x_r 移出基变量集，x_k 移入基变量集，$\boldsymbol{p}_k$ 与 $\boldsymbol{p}_r$ 交换，得到了新的基矩阵和非基矩阵，返回执行步骤④。

下面介绍算法的收敛性。

由于当前基本可行解的每次转换，都令目标函数增加了 $(z_k-c_k)\dfrac{\bar{b}_r}{y_{ir}}$，其中 $z_k-c_k>0$，$y_{ir}>0$，$\bar{b}_r\geqslant 0$。若算法的起始基本可行解的所有基变量都是大于 0 的正数，则必有 $\bar{b}_r>0$，因此可确保每次转换都是令目标函数值下降的。又由于问题的基本可行解/极点的数量是有限的，因此转换的次数不是无限的，算法必然在有限的次数内收敛于最优解。

若算法的起始基本可行解的基变量存在等于 0 的情况，这时称为**退化情形**，当每次转换目标函数的下降幅度都为 0(因为 $\bar{b}_r=0$)时，算法可能陷入无穷循环而不收敛。

对于退化情形，传统处理思路是对规划问题进行转化，转化为一个可以确保起始基本可行解的基变量都是大于 0 的情况。例如在变量中引入正小数的**摄动法**。

对于标准型线性规划问题：

$$\begin{cases}\min\ \boldsymbol{cx}\\ \text{s.t.}\ \ \boldsymbol{Ax}=\boldsymbol{b}\\ \qquad\ \ \boldsymbol{x}\geqslant\boldsymbol{0}\end{cases}$$

令变量替换为 $x_j=x_j-\varepsilon^j$，其中 ε 是一个极小正数的摄动变量，ε^j 是 ε 的 j 次方。原始问题转化成新问题：

$$\begin{cases}\min\ \boldsymbol{cx}-\displaystyle\sum_{j=1}^{n}c_j\varepsilon^j\\ \text{s.t.}\ \boldsymbol{Ax}=\boldsymbol{b}+\displaystyle\sum_{j=1}^{n}\varepsilon^j p_j\\ \qquad \boldsymbol{x}\geqslant\boldsymbol{0}\end{cases}\tag{4-10}$$

用单纯形法求解上述新问题。由于原始问题的起点基本可行解存在基变量为 0 的情况，在新问题中的起点基本可行解中，对应的新变量必然是大于 0 的整数，即 ε^j，如此一来，新问题就不再是退化问题，应用单纯形法求解必然在有限转换次数后收敛于最优解。当 ε 足够小时，获得的最优解去掉摄动变量后就是原始问题的最优解。

4.3.2 单纯形计算表

对于标准型线性规划问题：

$$\begin{cases}\min\ \boldsymbol{c}_B\boldsymbol{x}_B+\boldsymbol{c}_N\boldsymbol{x}_N\\ \text{s.t.}\ (\boldsymbol{B}\quad \boldsymbol{N})\begin{pmatrix}\boldsymbol{x}_B\\ \boldsymbol{x}_N\end{pmatrix}=\boldsymbol{b}\\ \qquad \boldsymbol{x}_B\geqslant\boldsymbol{0}\\ \qquad \boldsymbol{x}_N\geqslant\boldsymbol{0}\end{cases}\tag{4-11}$$

式中，$\boldsymbol{B}$ 为 m 阶满秩的基矩阵；$\boldsymbol{N}$ 为 $m\times(n-m)$ 非基矩阵。令 $f=\boldsymbol{c}_B\boldsymbol{x}_B+\boldsymbol{c}_N\boldsymbol{x}_N$，则将问题转化为

$$\begin{cases}\min f\\ \text{s. t.}\ (\boldsymbol{B}\quad \boldsymbol{N})\begin{pmatrix}\boldsymbol{x}_B\\ \boldsymbol{x}_N\end{pmatrix}=\boldsymbol{b}\\ \qquad \boldsymbol{c}_B\boldsymbol{x}_B+\boldsymbol{c}_N\boldsymbol{x}_N=f\\ \qquad \boldsymbol{x}_B\geqslant \boldsymbol{0},\boldsymbol{x}_N\geqslant \boldsymbol{0},f\ \text{不受约束}\end{cases}\tag{4-12}$$

做行变消元，将基变量 $\boldsymbol{x}_B$ 的系数转化为单位向量矩阵，得到单纯形表，如图 4-2 所示。

	$\boldsymbol{x}_B$	$\boldsymbol{x}_N$	$\bar{\boldsymbol{b}}=\boldsymbol{B}^{-1}\boldsymbol{b}$	x_k值
$\boldsymbol{c}$	$\boldsymbol{c}_B$	$\boldsymbol{c}_N$		
$\boldsymbol{x}_B$	$I_{m\times m}$	$\boldsymbol{y}=\boldsymbol{B}^{-1}\boldsymbol{N}$ $m\times(n-m)$	$\boldsymbol{x}_B=\boldsymbol{B}^{-1}\boldsymbol{b}$	$\bar{b}_i/y_{ik}$
f		$\{z_j-c_j\}=\boldsymbol{c}_B\boldsymbol{B}^{-1}\boldsymbol{N}-\boldsymbol{c}_N$	$f=\boldsymbol{c}_B\boldsymbol{B}^{-1}\boldsymbol{b}$	

判别x_r：$\dfrac{\bar{b}_r}{y_{ir}}=\min\left\{\dfrac{\bar{b}_i}{y_{ir}}\middle|\,y_{ik}>0\right\}$

判别x_k

图 4-2 单纯形计算表

根据图 4-2，单纯形表计算过程如下：

① 计算各项非基变量的单纯形判别数 $\{z_j-c_j\}=\boldsymbol{c}_B\boldsymbol{B}^{-1}\boldsymbol{N}-\boldsymbol{c}_N$。根据法则进行判断：若判别数全部小于或等于 0，则当前的可行基本解 $(\boldsymbol{B}^{-1}\boldsymbol{b}\quad 0)^{\mathrm{T}}$ 为最优解，目标函数值为 $f=\boldsymbol{c}_B\boldsymbol{B}^{-1}\boldsymbol{b}$，算法结束。若判别数有大于 0 的，则根据 $z_k-c_k=\max\{z_j-c_j\mid j\in R\}$，在 $\boldsymbol{x}_N$ 中找出第 k 列分量，即 x_k。

② 找到 $\boldsymbol{y}=\boldsymbol{B}^{-1}\boldsymbol{N}$ 中的第 k 列，对于其中 $y_{ik}>0$ 的 i，计算 $\bar{b}_i/y_{ik}$ 值，在 $\boldsymbol{x}_B$ 中找到第 r 行，满足 $\dfrac{\bar{b}_r}{y_{ir}}=\min\left\{\dfrac{\bar{b}_i}{y_{ik}}\middle|\,y_{ik}>0\right\}$。若 $y_{ik}\leqslant 0,i=1,2,\cdots,m$，则表示问题无界，结束算法。

③ 根据第①、②步找到的 k 和 r，找到 y_{rk}，用消元法将矩阵 $\boldsymbol{y}$ 中的第 k 列除第 r 行外全部变为 0，最后令 y_{rk} 除以自身变为 1。

④ 将 $\boldsymbol{x}_B$ 中的第 r 列和 $\boldsymbol{x}_N$ 中的第 k 列进行交换，得到新的单纯形表。

⑤ 重复上述①～④步，直到找到最优解或判定无界。

例 4.3 用单纯形表求解下面线性规划问题：

$$\begin{cases}\min x_1-2x_2+x_3\\ \text{s. t.}\ x_1+x_2-2x_3\leqslant 10\\ \qquad 2x_1-x_2+4x_3\leqslant 8\\ \qquad -x_1+2x_2-4x_3\leqslant 4\\ \qquad x_1,x_2,x_3\geqslant 0\end{cases}$$

解：引入松弛变量 x_4，x_5，x_6，将原始问题转化为标准型：

$$
\begin{cases}
\min\ x_1 - 2x_2 + x_3 + 0x_4 + 0x_5 + 0x_6 \\
\text{s.t.}\ x_1 + x_2 - 2x_3 + x_4 = 10 \\
\quad 2x_1 - x_2 + 4x_3 + x_5 = 8 \\
\quad -x_1 + 2x_2 - 4x_3 + x_6 = 4 \\
\quad x_1, x_2, x_3, x_4, x_5, x_6 \geqslant 0
\end{cases}
$$

将 x_4，x_5，x_6 作为基变量，得到标准型的初始表格，即第 1 张单纯形表，如图 4 - 3 所示。

	$\boldsymbol{x}_B$			$\boldsymbol{x}_N$			$\bar{\boldsymbol{b}}=\boldsymbol{B}^{-1}\boldsymbol{b}$
	x_4	x_5	x_6	x_1	x_2	x_3	
$\boldsymbol{c}$	0	0	0	1	−2	1	
$\boldsymbol{x}_B$	1			1	1	−2	10
		1		2	−1	4	8
			1	−1	2	−4	4
f				−1	2	−1	$f=\boldsymbol{c}_B\boldsymbol{B}^{-1}\boldsymbol{b}=0$

判别x_r

$$\frac{\bar{b}_r}{y_{ir}}=\min\left\{\frac{\bar{b}_i}{y_{ir}}\middle| y_{ik}>0\right\}$$

判别x_k

$$\{z_j-c_j\}=\boldsymbol{c}_B\boldsymbol{B}^{-1}\boldsymbol{N}-\boldsymbol{c}_N$$

图 4 - 3　第 1 张单纯形表

根据单纯形表算法第①步，计算单纯形系数：

$$
\begin{aligned}
\{z_j - c_j\} &= \boldsymbol{c}_B\boldsymbol{B}^{-1}\boldsymbol{N} - \boldsymbol{c}_N \\
&= (0\quad 0\quad 0)\begin{bmatrix}1 & & \\ & 1 & \\ & & 1\end{bmatrix}\begin{bmatrix}1 & 1 & -2 \\ 2 & -1 & 4 \\ -1 & 2 & -4\end{bmatrix} - (1\quad -2\quad 1) = (-1\quad 2\quad -1)
\end{aligned}
$$

可得：$k=2$。在单纯形表中填入判别数$(-1\quad 2\quad -1)$。

根据单纯形表算法第②步，计算 $\bar{b}_i/y_{ik}$ 值。在 $\boldsymbol{x}_N$ 中找到第 k 列：

$$r = \arg\min_{i\in R}\left\{\frac{\bar{b}_i}{y_{ik}}\middle| y_{ik} > 0\right\} = \arg\min\left\{\frac{10}{1}, \frac{8}{-1}, \frac{4}{2}\right\} = 3$$

可得：$r=3$。选择主元 y_{32}，进行主元消去：第 3 行除以 2；第 3 行乘以 −1 加到第 1 行；第 3 行乘以 1 加到第 2 行，得到图 4 - 4 所示单纯形表。

	$\boldsymbol{x}_B$			$\boldsymbol{x}_N$			$\bar{\boldsymbol{b}}=\boldsymbol{B}^{-1}\boldsymbol{b}$
	x_4	x_5	x_6	x_1	x_2	x_3	
$\boldsymbol{c}$	0	0	0	1	−2	1	
$\boldsymbol{x}_B$	1	0	−0.5	1.5	0	0	8
	0	1	0.5	1.5	0	2	10
	0	0	0.5	−0.5	1	−2	2
f							

判别x_r

$$\frac{\bar{b}_r}{y_{ir}}=\min\left\{\frac{\bar{b}_i}{y_{ir}}\middle| y_{ik}>0\right\}$$

判别x_k

$$\{z_j-c_j\}=\boldsymbol{c}_B\boldsymbol{B}^{-1}\boldsymbol{N}-\boldsymbol{c}_N$$

图 4 - 4　第 2 张单纯形表

将图 4 - 4 中的 x_6 列和 x_2 列进行交换，得到图 4 - 5 所示单纯形表。

	x_B			x_N			$\bar{b}=B^{-1}b$
	x_4	x_5	x_2	x_1	x_6	x_3	
c	0	0	−2	1	0	1	
x_B	1	0	0	1.5	−0.5	0	8
	0	1	0	1.5	0.5	2	10
	0	0	1	−0.5	0.5	−2	2
f				0	−1	3	$f=c_B B^{-1}b=-4$

判别x_r　$\frac{\bar{b}_r}{y_{ir}}=\min\left\{\frac{\bar{b}_i}{y_{ir}}\middle| y_{ik}>0\right\}$

判别x_k　$\{z_j-c_j\}=c_B B^{-1}N-c_N$

图 4-5　第 3 张单纯形表

根据单纯形表算法第①步，计算单纯形系数：

$$\{z_j - c_j\} = \boldsymbol{c}_B\boldsymbol{B}^{-1}\boldsymbol{N} - \boldsymbol{c}_N$$

$$= (0 \quad 0 \quad -2)\boldsymbol{B}^{-1}\begin{bmatrix} 1.5 & -0.5 & 0 \\ 1.5 & 0.5 & 2 \\ -0.5 & 0.5 & -2 \end{bmatrix} - (1 \quad 0 \quad 1)$$

$$= (1 \quad -1 \quad 4) - (1 \quad 0 \quad 1) = (0 \quad -1 \quad 3)$$

可得：$k=3$。在单纯形表中填入判别数$(0 \quad -1 \quad 3)$。

根据单纯形表算法第②步，计算 $\bar{b}_i/y_{ik}$ 值。在 $\boldsymbol{x}_N$ 中找到第 k 列：

$$r = \arg\min_{i\in R}\left\{\frac{\bar{b}_i}{y_{ik}}\middle| y_{ik} > 0\right\} = \arg\min\left\{\frac{8}{0}, \frac{10}{2}, \frac{2}{-2}\right\} = 2$$

可得：$r=2$。选择主元 y_{23}，进行主元消去：第 2 行乘以 1 加到第 3 行，第 2 行除以 2。然后交换 x_5 列和 x_3 列，得到图 4-6 所示单纯形表。

	x_B			x_N			$\bar{b}=B^{-1}b$
	x_4	x_5	x_2	x_1	x_6	x_3	
c	0	1	−2	1	0	0	
x_B	1	0	0	1.5	−0.5	0	8
	0	1	0	0.75	0.25	0.5	5
	0	0	1	1	1	1	12
f				−2.25	−1.75	−1.5	$f=c_B B^{-1}b=-19$

判别x_r　$\frac{\bar{b}_r}{y_{ir}}=\min\left\{\frac{\bar{b}_i}{y_{ir}}\middle| y_{ik}>0\right\}$

判别x_k　$\{z_j-c_j\}=c_B B^{-1}N-c_N$

图 4-6　第 4 张单纯形表

再计算单纯形系数：

$$\{z_j - c_j\} = \boldsymbol{c}_B\boldsymbol{B}^{-1}\boldsymbol{N} - \boldsymbol{c}_N$$

$$=(0 \quad 1 \quad -2)\boldsymbol{B}^{-1}\begin{bmatrix}1.5 & -0.5 & 0\\0.75 & 0.25 & 0.5\\1 & 1 & 1\end{bmatrix}-(1 \quad 0 \quad 0)$$

$$=(-1.25 \quad -1.75 \quad -1.5)-(1 \quad 0 \quad 0)=(-2.25 \quad -1.75 \quad -1.5)$$

因为单纯形系数全部为负数，所以当前解 $x_4=8$，$x_3=5$，$x_2=12$，$x_1=0$，$x_6=0$，$x_5=0$ 为最优解，对应的目标函数值为-19。

4.4　最速下降单纯形法

单纯形法的基本原理可概括为：首先找到一个基本可行解，从非基变量中找到一个令目标函数下降最快的变量 x_k 并将之纳入基变量集；然后从基变量集中移出另一个变量，被移出的变量是随着 x_k 的值上升而最先由正转负的变量，形成新的基变量集并求解基本可行解，完成一次基本可行解/极点的转换。这样的转换重复执行，直到获得最优解或判定问题无界。

单纯形法有两个主要缺点：

① 每一次的极点转换，都是沿着目标函数值下降速率最快的非基变量方向转换，并不能保证目标函数值的降幅能达到最大，因为下降速率最快的方向并不等同于降幅最大的方向，还取决于沿该方向的移动步长。因此，如果更改为按照目标函数值降幅最大的方向转换，单纯形法将加快收敛速度，提高计算的效率。

② 对于退化的情况，单纯形法可能陷入无穷循环，其原因是在特殊情况下，沿着下降速率最快的方向转换，可能目标函数下降幅度为 0(因为该方向的最大可移动步长为 0)。尽管采用摄动法可以避免无穷循环，但是需要事先判断退化情况，并且确定合适的摄动系数。这些需要人工经验和多次尝试，故而导致计算成本增加。

下面给出一种新的最速下降单纯形法，作为单纯形法的一种扩展。主要区别是将单纯形法的极点转换方向更改为令目标函数值降幅最大的方向，从而加快收敛速度，并且适用于退化的情况。

4.4.1　基本原理

对于标准型线性规划问题：

$$\begin{cases}\min \ \boldsymbol{c}_B\boldsymbol{x}_B+\boldsymbol{c}_N\boldsymbol{x}_N\\ \text{s.t.} \ (\boldsymbol{B} \quad \boldsymbol{N})\begin{pmatrix}\boldsymbol{x}_B\\\boldsymbol{x}_N\end{pmatrix}=\boldsymbol{b}\\ \qquad \boldsymbol{x}_B \geqslant \boldsymbol{0}\\ \qquad \boldsymbol{x}_N \geqslant \boldsymbol{0}\end{cases}$$

式中，$\boldsymbol{B}$ 为 m 阶满秩基矩阵；$\boldsymbol{N}$ 为 $m\times(n-m)$非基矩阵。令 $\boldsymbol{A}=(\boldsymbol{B} \quad \boldsymbol{N})=(\boldsymbol{p}_1 \quad \boldsymbol{p}_2 \quad \cdots \quad \boldsymbol{p}_n)$。

基变量的计算式为

$$\boldsymbol{B}\boldsymbol{x}_B+\boldsymbol{N}\boldsymbol{x}_N=\boldsymbol{b}$$

$$\boldsymbol{x}_B=\boldsymbol{B}^{-1}\boldsymbol{b}-\boldsymbol{B}^{-1}\boldsymbol{N}\boldsymbol{x}_N$$

令 $\boldsymbol{x}_N=\boldsymbol{0}$，则得到一个基本解 $\boldsymbol{x}=(\boldsymbol{B}^{-1}\boldsymbol{b} \quad 0)$和目标函数值 $f_0=\boldsymbol{c}_B\boldsymbol{B}^{-1}\boldsymbol{b}$。

计算单纯形判别数：

$$\{z_j - c_j\} = \boldsymbol{c}_B\boldsymbol{B}^{-1}\boldsymbol{N} - \boldsymbol{c}_N$$

令 R 为非基变量的集合，R'为非基变量中判别数大于 0 的子集，即

$$R' = \{z_j - c_j \mid j \in R, z_j - c_j > 0\} \tag{4-13}$$

若当前基本解是不可行的，令 $k \in R$；若是可行的，令 $k \in R'$。下面分析 x_k 变化产生的影响。

对于任意 k，令 R 中除 x_k 之外的其他变量保持为 0，令 x_k 为正数，则 $\boldsymbol{x}_B$ 的计算式为

$$\boldsymbol{x}_B = \boldsymbol{B}^{-1}\boldsymbol{b} - \boldsymbol{B}^{-1}\boldsymbol{p}_k x_k$$

x_k 由 0 变为正数后，导致目标函数值变化为

$$\begin{aligned}\Delta f_k &= f_k - f_0 \\ &= \boldsymbol{c}_B^{\mathrm{T}}\boldsymbol{x}_B + c_k x_k - f_0 \\ &= \boldsymbol{c}_B^{\mathrm{T}}(\boldsymbol{B}^{-1}\boldsymbol{b} - \boldsymbol{B}^{-1}\boldsymbol{p}_k x_k) + c_k x_k - f_0 \\ &= \boldsymbol{c}_B^{\mathrm{T}}\boldsymbol{B}^{-1}\boldsymbol{b} - \boldsymbol{c}_B^{\mathrm{T}}\boldsymbol{B}^{-1}\boldsymbol{p}_k x_k + c_k x_k - f_0 \\ &= f_0 - z_k x_k + c_k x_k - f_0 \\ &= -(z_k - c_k)x_k \end{aligned} \tag{4-14}$$

式中，$f_0 = \boldsymbol{c}_B^{\mathrm{T}}\boldsymbol{B}^{-1}\boldsymbol{b}$，$z_k = \boldsymbol{c}_B^{\mathrm{T}}\boldsymbol{B}^{-1}\boldsymbol{p}_k$

x_k 取非零正数后，基变量 $\boldsymbol{x}_B$ 也随之发生变化。注意：这里不需要 $\boldsymbol{x}_B$ 都为正分量，可以出现负分量的情况。令 $\bar{\boldsymbol{b}} = \boldsymbol{B}^{-1}\boldsymbol{b}$，$\boldsymbol{y}_k = \boldsymbol{B}^{-1}\boldsymbol{p}_k$，基变量 $\boldsymbol{x}_B$ 变化后的计算式为

$$\boldsymbol{x}_B = \boldsymbol{B}^{-1}\boldsymbol{b} - \boldsymbol{B}^{-1}\boldsymbol{p}_k x_k$$

$$= \bar{\boldsymbol{b}} - \boldsymbol{y}_k x_k = \begin{bmatrix} \bar{b}_1 - y_{1k}x_k \\ \bar{b}_2 - y_{2k}x_k \\ \vdots \\ \bar{b}_m - y_{mk}x_k \end{bmatrix}$$

将 x_k 从 0 增大为正数，$\boldsymbol{x}_B$ 中的分量可能跟随上升或下降。当 x_k 增大到某个值（记为 h_k）时，基变量 $\boldsymbol{x}_B$ 出现了第一个由正（或负）下降（或上升）为 0 的分量（分量序号记为 r_k），则停止增大，此时有

$$\bar{b}_{r_k} - y_{r_k,k}x_k = 0, \quad 即\ x_k = \frac{\bar{b}_{r_k}}{y_{r_k,k}}$$

因为 x_k 为正数，因此 h_k 和 r_k 的计算表达式为

$$h_k = \min\left\{\frac{\bar{b}_i}{y_{ik}}\middle| i = 1,2,\cdots,m : y_{ik}\bar{b}_i \geqslant 0\right\} \tag{4-15}$$

$$r_k = \arg\min_i\left\{\frac{\bar{b}_i}{y_{ik}}\middle| i = 1,2,\cdots,m : y_{ik}\bar{b}_i \geqslant 0\right\} \tag{4-16}$$

若对于所有 $i = 1,2,\cdots,m$，都有 $y_{ik}\bar{b}_i < 0$，则 h_k 为空值，记为 $h_k = \phi$，表示该非基变量不能作为进基变量。若对于所有的 k，都有 $h_k = \phi$，则表示问题无界。

若 $h_k \neq \phi$，由式(4-14)，目标函数值降幅为

$$\Delta f_k = -(z_k - c_k)h_k \tag{4-17}$$

找出 R 中(或 R'中)令 Δf_k 最小的 k',即确定令目标函数值降幅最大的非基变量 $x_{k'}$：

$$\Delta f_{k'} = \min\{-(z_k - c_k)h_k \mid h_k \neq \phi, \forall k\} \tag{4-18}$$

将非基变量移入基变量集,同时将基变量集里面的第 $r_{k'}$ 基变量(记为 $x_{r'}$)移出,从而完成一次极点/基本可行解的转移。与传统单纯形法不同,这种转移是按照令目标函数值降幅最大的方向转移,称为**最速下降单纯形法**。重复上述迭代过程,直到当前基本解是可行的且非基变量的单纯形判别数均为非正数时,算法停止。

与传统的各种单纯形法比较,上述算法的优点是：

① 起始点是问题的一个基本解即可,不必是基本可行解；

② 每次迭代的进基变量和出基变量的选择依据是令目标函数值的降幅最大,使目标函数下降最快,因而可能减少迭代步数；

③ 适用于退化的情况,无需采用摄动法。

注意：当起始点为不可行基本解时(含负分量),迭代后目标函数值可能是上升的(但上升幅度最小),其效果是减少了当前基本解中的负分量的个数,即每次减少 1 个。当前基本解变为可行解之后,每次迭代必然令目标函数值下降,直至达到最优解。

在选择进基变量 x_k 时,如果当前解是可行的,则只考虑 $z_j - c_j > 0$ 的情况;如果当前解不可行,则需要考虑全部的非基变量,包括 $z_j - c_j \leqslant 0$ 的情况。

4.4.2　算法步骤

最速下降单纯形算法步骤如下：

① 求解标准型线性规划问题：

$$\begin{cases} \min \boldsymbol{c}_B\boldsymbol{x}_B + \boldsymbol{c}_N\boldsymbol{x}_N \\ \text{s.t.} (\boldsymbol{B} \quad \boldsymbol{N})\begin{pmatrix}\boldsymbol{x}_B \\ \boldsymbol{x}_N\end{pmatrix} = \boldsymbol{b} \\ \qquad \boldsymbol{x}_B \geqslant \boldsymbol{0}, \boldsymbol{x}_N \geqslant \boldsymbol{0} \end{cases}$$

式中,$\boldsymbol{B}$ 为 m 阶满秩基矩阵;$\boldsymbol{N}$ 为 $m\times(n-m)$非基矩阵。令 $\boldsymbol{A}=(\boldsymbol{B} \quad \boldsymbol{N})=(\boldsymbol{p}_1 \quad \boldsymbol{p}_2 \quad \cdots \quad \boldsymbol{p}_n)$,令 $\boldsymbol{x}_N=\boldsymbol{0}$,则基变量 $\boldsymbol{x}_B=\boldsymbol{B}^{-1}\boldsymbol{b}$,获得初始基本解$(\boldsymbol{B}^{-1}\boldsymbol{b} \quad \boldsymbol{0})$及目标函数值 $f=\boldsymbol{c}^{\mathrm{T}}\boldsymbol{B}^{-1}\boldsymbol{b}$。

② 对于所有非基变量集 R,计算单纯形判别数：

$$\{z_j - c_j \mid j \in R\} = \boldsymbol{c}_B\boldsymbol{B}^{-1}\boldsymbol{N} - \boldsymbol{c}_N$$

式中,R 表示非基变量的集合。R'表示非基变量中判别数大于 0 的子集。

③ 判断：如果 R'为空集且当前基本解可行,则当前解为最优解,算法停止;否则,继续执行下面步骤。

④ 若当前基本解可行,则对每一个 $k\in R'$计算下面步骤;若当前解不可行,则对每一个 $k\in R$ 计算：

$$\boldsymbol{y}_k = \boldsymbol{B}^{-1}\boldsymbol{p}^k = (y_{1k} \quad y_{2k} \quad \cdots \quad y_{mk})^{\mathrm{T}}$$

令 $\bar{\boldsymbol{b}}=\boldsymbol{B}^{-1}\boldsymbol{b}=(\bar{b}_1 \quad \bar{b}_2 \quad \cdots \quad \bar{b}_m)$,$z_k=\boldsymbol{c}_B^{\mathrm{T}}\boldsymbol{B}^{-1}\boldsymbol{p}_k$,计算 h_k、r_k 和 Δf_k：

$$h_k = \min\left\{\frac{\bar{b}_i}{y_{ik}}\middle| i=1,2,\cdots,m: y_{ik}\bar{b} \geqslant 0\right\}, \quad \forall k \in R'$$

$$r_k = \arg_i \min\left\{ \frac{\bar{b}_i}{y_{ik}} \middle| i=1,2,\cdots,m : y_{ik}\bar{b} \geqslant 0 \right\}, \quad \forall k \in R'$$

$$\Delta f_k = -(z_k - c_k)h_k, \quad \forall k \in R'$$

判断：若对所有的 k 都有 $h_k = \phi$，则问题无界，算法停止。

⑤ 确定非基变量 $x_{k'}$，即找出令 Δf_k 最小化的 k 值（设为 k'），以及对应的 $r_{k'}$：

$$\Delta f_{k'} = \min\{\Delta f_k \mid h_k \neq \phi, \forall k\}, \quad r' = r_{k'}$$

⑥ 将 $x_{r'}$ 移出基变量，$x_{k'}$ 移入基变量，$\boldsymbol{p}_{k'}$ 与 $\boldsymbol{p}_{r'}$ 交换，得到了新的基矩阵和非基矩阵，完成一次极点的转移。返回执行步骤②。

算法的收敛性：算法中的每次转换都确保了目标函数值是下降的，且基本解的数量是有限的，因此若问题有解，则必然有限次数收敛于最优解。同时，算法中的每次转换都不会增加负分量，因此若起始基本解是可行的，则最后输出的基本解也必然可行且是最优解。若起始基本解存在负分量的情况，且最后输出的解仍然含有负分量，则问题无解；若最后输出解是可行的，则必然是最优解。

下面例 4.4 中的规划问题，如果用传统单纯形法计算，则计算到第 6 张单纯形表时会出现重复，算法陷入无穷循环而无法收敛；如果采用最速下降单纯形法，仅需计算到第 3 张单纯形表，即可获得最优解。

例 4.4 用最速下降单纯形法求解下列线性规划问题：

$$\begin{cases} \min -\dfrac{3}{4}x_4 + 20x_5 - \dfrac{1}{2}x_6 + 6x_7 \\ \text{s.t.}\ x_1 + \dfrac{1}{4}x_4 - 8x_5 - x_6 + 9x_7 = 0 \\ \qquad x_2 + \dfrac{1}{2}x_4 - 12x_5 - \dfrac{1}{2}x_6 + 3x_7 = 0 \\ \qquad x_3 + x_6 = 1 \\ \qquad x_i \geqslant 0, \quad i = 1,2,\cdots,7 \end{cases}$$

解：将问题矩阵化表示为

$$\boldsymbol{A} = (\boldsymbol{p}_1 \quad \boldsymbol{p}_2 \quad \boldsymbol{p}_3 \quad \boldsymbol{p}_4 \quad \boldsymbol{p}_5 \quad \boldsymbol{p}_6 \quad \boldsymbol{p}_7) = \begin{bmatrix} 1 & 0 & 0 & \dfrac{1}{4} & -8 & -1 & 9 \\ 0 & 1 & 0 & \dfrac{1}{2} & -12 & -\dfrac{1}{2} & 3 \\ 0 & 0 & 1 & 0 & 0 & 1 & 0 \end{bmatrix}$$

$$\boldsymbol{c} = (c_1 \quad c_2 \quad c_3 \quad c_4 \quad c_5 \quad c_6 \quad c_7)^{\mathrm{T}} = \left(0 \quad 0 \quad 0 \quad -\frac{3}{4} \quad 20 \quad -\frac{1}{2} \quad 6\right)^{\mathrm{T}}$$

$$\boldsymbol{b} = (b_1 \quad b_2 \quad b_3)^{\mathrm{T}} = (4 \quad 12 \quad 3)^{\mathrm{T}}$$

令 $\boldsymbol{B} = (\boldsymbol{p}_1 \quad \boldsymbol{p}_2 \quad \boldsymbol{p}_3)$，$\boldsymbol{N} = (\boldsymbol{p}_4 \quad \boldsymbol{p}_5 \quad \boldsymbol{p}_6 \quad \boldsymbol{p}_7)$，$\boldsymbol{c}_B = (c_1 \quad c_2 \quad c_3)$，$\boldsymbol{c}_N = (c_4 \quad c_5 \quad c_6 \quad c_7)$，构造图 4-7 所示的第 1 张单纯形表。

	x_B			x_N				$\bar{b}$
	x_1	x_2	x_3	x_4	x_5	x_6	x_7	
c	0	0	0	−3/4	20	−1/2	6	
	1	0	0	1/4	−8	−1	9	0
x_B	0	1	0	1/2	−12	−1/2	3	0
	0	0	1	0	0	1	0	1
f				3/4	−20	1/2	−6	0
Δf					0	−0.5		

图 4-7　第 1 张单纯形表

计算单纯形系数及判断目标值最大降幅：

$$\{z_j - c_j\} = c_B B^{-1} N - c_N$$

$$= (0\quad 0\quad 0)\begin{bmatrix} 1/4 & -8 & -1 & 9 \\ 1/2 & -12 & -1/2 & 3 \\ 0 & 0 & 1 & 0 \end{bmatrix} - (-3/4\quad 20\quad -1/2\quad 6)$$

$$= \{3/4, -20, 1/2, -6\}$$

因为 $z_2 - c_2 < 0$，$z_4 - c_4 < 0$，故忽略。

$$h_1 = \min\left\{\frac{0}{1/4}, \frac{0}{1/2}, \frac{1}{0}\right\} = 0$$

$$r_1 = 1$$

$$\Delta f_1 = -(z_1 - c_1)h_1 = -3/4 \times 0 = 0$$

$$h_3 = \min\left\{\frac{0}{-1}, \frac{0}{-1/2}, \frac{1}{1}\right\} = 1$$

$$r_3 = 3$$

$$\Delta f_3 = -(z_3 - c_3)h_3 = -1/2 \times 1 = -0.5$$

由上比较可见，Δf_3 比 Δf_1 的降幅更大，选择非基变量中的第 3 个变量和基变量中的第 3 个变量进行交换并消元(注意：这里的选择结果与传统单纯形法有所不同)，得到第 2 张单纯形表，如图 4-8 所示。

	x_B			x_N				$\bar{b}$
	x_1	x_2	x_6	x_4	x_5	x_3	x_7	
c	0	0	−1/2	−3/4	20	0	6	
	1	0	0	1/4	−8	1	9	0
x_B	0	1	0	0.5	−12	0.5	3	0.5
	0	0	1	0	0	1	0	1
f				3/4	−20	−1/2	−6	−0.5
Δf								

图 4-8　第 2 张单纯形表

计算单纯形系数及判断目标值最大降幅：

$$\{z_j - c_j\} = \boldsymbol{c}_B\boldsymbol{B}^{-1}\boldsymbol{N} - \boldsymbol{c}_N$$

$$= (0 \quad 0 \quad -1/2)\begin{bmatrix} 1/4 & -8 & 1 & 9 \\ 1/2 & -12 & 1/2 & 3 \\ 0 & 0 & 1 & 0 \end{bmatrix} - (-3/4 \quad 20 \quad 0 \quad 6)$$

$$= \{3/4, -20, -1/2, -6\}$$

因为 $z_2-c_2<0, z_3-c_3<0, z_4-c_4<0$，故忽略。

$$h_1 = \min\left\{\frac{1}{1/4}, \frac{0.5}{1/2}, \frac{1}{0}\right\} = 1$$

$$r_1 = 2$$

$$\Delta f_1 = -(z_1 - c_1)h_1 = -3/4 \times 0 = -3/4$$

由上可知，Δf_1 是唯一的，选择非基变量中的第 1 个变量和基变量中的第 2 个变量进行交换并消元，得到第 3 张单纯形表，如图 4-9 所示。

	x_B			x_N				$\bar{b}$
	x_1	x_4	x_6	x_2	x_5	x_3	x_7	
c	0	−3/4	−1/2	0	20	0	6	
	1	0	0	−0.5	−2	0.75	7.5	0.75
x_B	0	1	0	2	−24	1	6	1
	0	0	1	0	0	1	0	1
f				−3/2	−2	−5/4	−0.5	−1.25
Δf								

图 4-9　第 3 张单纯形表

计算单纯形系数及判断目标值最大降幅：

$$\{z_j - c_j\} = \boldsymbol{c}_B\boldsymbol{B}^{-1}\boldsymbol{N} - \boldsymbol{c}_N$$

$$= (0 \quad -3/4 \quad -1/2)\begin{bmatrix} -0.5 & -2 & 0.75 & 7.5 \\ 2 & -24 & 1 & 6 \\ 0 & 0 & 1 & 0 \end{bmatrix} - (0 \quad 20 \quad 0 \quad 6)$$

$$= \{-3/2, -2, -5/4, -10.5\}$$

单纯形系数都为负数，得到最优解 $\boldsymbol{x} = (0.75 \quad 0 \quad 0 \quad 1 \quad 0 \quad 1 \quad 0)$，目标函数值为 -1.25。

4.5　对偶理论

4.5.1　对偶原理

线性规划中普遍存在对偶现象，即每一个线性规划问题，都存在一个与它有密切关系的对立问题，互称为原始问题和对偶问题。下面看一个例子。

例 4.5　企业购买原材料，生产产品对外销售。产品的销售价格、原料配方和原料供应量均已知且固定，信息如表 4-1 所列。

表 4-1　算例数据

产品配方	产品Ⅰ	产品Ⅱ	原料的库存量
原料 A 用量	1	1	150
原料 B 用量	2	3	240
原料 C 用量	3	2	300
产品售价	2.4	1.8	

$$\begin{cases}\max\ 2.4x_1+1.8x_2 \\ \text{s.t.}\ x_1+x_2\leqslant 150 \\ \quad 2x_1+3x_2\leqslant 240 \\ \quad 3x_1+2x_2\leqslant 300 \\ \quad x_1,x_2\geqslant 0\end{cases}$$

对偶问题：消费者分解产品还原原料，企业从消费者那儿回购原料并恢复库存，追求成本的最小化，决策变量为原料 A,B,C 的定价 y_1，y_2，y_3，受到产品销售价格的约束。由此建立线性规划模型如下：

$$\begin{cases}\min\ 150y_1+240y_2+300y_3 \\ \text{s.t.}\ y_1+2y_2+3y_3\geqslant 2.4 \\ \quad y_1+3y_2+2y_3\geqslant 1.8 \\ \quad y_1,y_2,y_3\geqslant 0\end{cases}$$

在理性的情况下，上述原始问题和对偶问题的最优解是相同的，即产品销售阶段的最大销售价值与原料回购阶段的最小回购成本是相等的。

因此，原始问题可看作正向问题，比如研究某个系统从 A 状态转换到 B 状态所能释放出来的某种量（收益、能量、熵值等）的最大值；而对偶问题可看作逆向问题，是研究该系统从状态 B 还原到状态 A，所需要吸收的某种量（收益、能量、熵值等）的最小值。在没有损耗的情况下（最优值），二者是相等的。在线性规划中，研究对偶问题的意义就在于当分析和求解原始问题比较困难时，可改为分析和求解对偶问题，最终结果一样。

4.5.2　对偶转换

1. 对称形式的对偶转换

在讨论对偶转换时，通常把一个数学规划问题的原始问题和对偶问题写为对称形式。

对于数据 $\mathbf{A}\in\mathbf{R}^{m\times n}$，$\boldsymbol{b}\in\mathbf{R}^m$，$\boldsymbol{c}\in\mathbf{R}^n$，对称形式的原始问题和对偶问题表示如下：

原始问题(Primal Problem)：

$$\begin{cases}\min\ \boldsymbol{c}^{\mathrm{T}}\boldsymbol{x} \\ \text{s.t.}\ \boldsymbol{Ax}\geqslant \boldsymbol{b} \\ \quad \boldsymbol{x}\geqslant \boldsymbol{0}\end{cases}\tag{4-19}$$

式中，$\boldsymbol{x}\in\mathbf{R}^n$ 为原始变量。

对偶问题(Dual Problem)：

$$\begin{cases}\max\ \boldsymbol{y}^{\mathrm{T}}\boldsymbol{b}\\ \text{s. t. } \boldsymbol{y}^{\mathrm{T}}\boldsymbol{A}\leqslant \boldsymbol{c}^{\mathrm{T}}\\ \quad \boldsymbol{y}\geqslant \boldsymbol{0}\end{cases}\tag{4-20}$$

式中，$\boldsymbol{y}\in \mathbf{R}^m$ 为对偶变量。

式(4-19)和式(4-20)又称为对称形式下的对偶转换公式。其中，原始问题的特征是最小化，大于或等于约束；对偶问题的特征是最大化，小于或等于约束；原始变量和对偶变量均为非负实数。

原始问题和对偶问题的对偶表如图 4-10 所示。

x_1	x_2	…	x_n	min	
c_1	c_2	…	c_n		max
a_{11}	a_{12}	…	a_{1n}	b_1	y_1
a_{21}	a_{22}	…	a_{2n}	b_2	y_2
⋮	⋮		⋮	⋮	⋮
a_{m1}	a_{m2}	…	a_{mn}	b_m	y_m

图 4-10　原始问题和对偶问题的对偶表

例 4.6　将下列线性规划问题转化为对偶问题：

$$\begin{cases}\min\ x_1-x_2\\ \text{s. t. } x_1+x_2\geqslant 5\\ \quad x_1-2x_2\geqslant 1\\ \quad x_1\geqslant 3\\ \quad x_1,x_2\geqslant 0\end{cases}$$

解：将原始问题转化为矩阵形式，有

$$\boldsymbol{x}=\begin{bmatrix}x_1\\ x_2\end{bmatrix},\quad \boldsymbol{c}=\begin{bmatrix}1\\ -1\end{bmatrix},\quad \boldsymbol{b}=\begin{bmatrix}5\\ 1\\ 3\end{bmatrix},\quad \boldsymbol{A}=\begin{bmatrix}1 & 1\\ 1 & -2\\ 1 & 0\end{bmatrix}$$

令对偶问题的对偶变量为

$$\boldsymbol{y}=\begin{bmatrix}y_1\\ y_2\\ y_3\end{bmatrix}$$

根据转化公式：

$$\begin{cases}\min\ \boldsymbol{c}^{\mathrm{T}}\boldsymbol{x}\\ \text{s. t. } \boldsymbol{A}\boldsymbol{x}\geqslant \boldsymbol{b}\\ \quad \boldsymbol{x}\geqslant \boldsymbol{0}\end{cases}\rightarrow\begin{cases}\max\ \boldsymbol{y}^{\mathrm{T}}\boldsymbol{b}\\ \text{s. t. } \boldsymbol{y}^{\mathrm{T}}\boldsymbol{A}\leqslant \boldsymbol{c}^{\mathrm{T}}\\ \quad \boldsymbol{y}\geqslant \boldsymbol{0}\end{cases}$$

对偶问题为

$$\begin{cases} \max\ 5y_1 + y_2 + 3y_3 \\ \text{s.t. } y_1 + y_2 + y_3 \leqslant 1 \\ \quad y_1 - 2y_2 \leqslant -1 \\ \quad y_1, y_2, y_3 \geqslant 0 \end{cases}$$

2. 标准形式的对偶转换

对于数据 $\boldsymbol{A} \in \mathbf{R}^{m \times n}$，$\boldsymbol{b} \in \mathbf{R}^m$，$\boldsymbol{c} \in \mathbf{R}^n$，标准形式的原始问题表示为

$$\begin{cases} \min\ \boldsymbol{c}^{\mathrm{T}}\boldsymbol{x} \\ \text{s.t. } \boldsymbol{A}\boldsymbol{x} = \boldsymbol{b} \\ \quad \boldsymbol{x} \geqslant \boldsymbol{0} \end{cases}$$

式中，$\boldsymbol{x} \in \mathbf{R}^n$ 为原始变量。将等式约束转化为不等式约束，并将“$\leqslant$”的不等式取负，符号变为“$\geqslant$”，得到对称形式的原始问题：

$$\begin{cases} \min\ \boldsymbol{c}^{\mathrm{T}}\boldsymbol{x} \\ \text{s.t. } \boldsymbol{A}\boldsymbol{x} \geqslant \boldsymbol{b} \\ \quad -\boldsymbol{A}\boldsymbol{x} \geqslant -\boldsymbol{b} \\ \quad \boldsymbol{x} \geqslant \boldsymbol{0} \end{cases}$$

引入对偶变量 $\boldsymbol{u}$ 和 $\boldsymbol{v}$，按照对称形式的对偶转换公式，将上述对称形式的原始问题转化为对偶问题：

$$\begin{cases} \max\ \boldsymbol{u}\boldsymbol{b} - \boldsymbol{v}\boldsymbol{b} \\ \text{s.t. } \boldsymbol{u}\boldsymbol{A} - \boldsymbol{v}\boldsymbol{A} \leqslant \boldsymbol{c} \\ \quad \boldsymbol{u}, \boldsymbol{v} \geqslant \boldsymbol{0} \end{cases}$$

式中，$\boldsymbol{u}, \boldsymbol{v} \in \mathbf{R}^n$。注意：标准形式的对偶转换导致对偶变量的数量翻倍。降低数量的方法是引入替代变量，令 $\boldsymbol{w} = \boldsymbol{u} - \boldsymbol{v}$，则

$$\begin{cases} \max\ \boldsymbol{w}\boldsymbol{b} \\ \text{s.t. } \boldsymbol{w}\boldsymbol{A} \leqslant \boldsymbol{c} \\ \quad \boldsymbol{w}\ \text{为不受约束的对偶变量} \end{cases}$$

由此可见，标准形式的线性规划问题仍然可以按对称形式的转换公式转化为对偶问题，对偶变量为不受约束的变量。

3. 一般形式的对偶转换

对于数据 $\boldsymbol{A} \in \mathbf{R}^{m \times n}$，$\boldsymbol{b} \in \mathbf{R}^m$，$\boldsymbol{c} \in \mathbf{R}^n$，一般形式的原始问题表示为

$$\begin{cases} \min\ \boldsymbol{c}^{\mathrm{T}}\boldsymbol{x} \\ \text{s.t. } \boldsymbol{A}_1\boldsymbol{x} \geqslant \boldsymbol{b}_1 \\ \quad \boldsymbol{A}_2\boldsymbol{x} = \boldsymbol{b}_2 \\ \quad \boldsymbol{A}_3\boldsymbol{x} \leqslant \boldsymbol{b}_3 \\ \quad \boldsymbol{x} \geqslant \boldsymbol{0} \end{cases}$$

转化为对称形式：

$$
\begin{cases}
\min \boldsymbol{c}^{\mathrm{T}}\boldsymbol{x} \\
\text{s. t. } \boldsymbol{A}_1\boldsymbol{x} \geqslant \boldsymbol{b}_1 \\
\quad \boldsymbol{A}_2\boldsymbol{x} \geqslant \boldsymbol{b}_2 \\
\quad -\boldsymbol{A}_2\boldsymbol{x} \geqslant -\boldsymbol{b}_2 \\
\quad -\boldsymbol{A}_3\boldsymbol{x} \geqslant -\boldsymbol{b}_3 \\
\quad \boldsymbol{x} \geqslant \boldsymbol{0}
\end{cases}
$$

将上面四组不等式定义相应的对偶变量：$\boldsymbol{y}_1 \geqslant \boldsymbol{0}, \boldsymbol{u} \geqslant \boldsymbol{0}, \boldsymbol{v} \geqslant \boldsymbol{0}, \boldsymbol{y}_3 \geqslant \boldsymbol{0}$，转化为对称形式的对偶问题：

$$
\begin{cases}
\max \boldsymbol{b}_1\boldsymbol{y}_1 + \boldsymbol{b}_2\boldsymbol{u} - \boldsymbol{b}_2\boldsymbol{v} - \boldsymbol{b}_3\boldsymbol{y}_3 \\
\text{s. t. } \boldsymbol{y}_1\boldsymbol{A}_1 + \boldsymbol{u}\boldsymbol{A}_2 - \boldsymbol{v}\boldsymbol{A}_2 - \boldsymbol{y}_3\boldsymbol{A}_3 \leqslant \boldsymbol{c}^{\mathrm{T}} \\
\quad \boldsymbol{y}_1 \geqslant \boldsymbol{0}, \boldsymbol{u} \geqslant \boldsymbol{0}, \boldsymbol{v} \geqslant \boldsymbol{0}, \boldsymbol{y}_3 \geqslant \boldsymbol{0}
\end{cases}
$$

令 $\boldsymbol{w}=\boldsymbol{u}-\boldsymbol{v}$，则对偶问题表示为

$$
\begin{cases}
\max \boldsymbol{b}_1\boldsymbol{y}_1 + \boldsymbol{b}_2\boldsymbol{w} - \boldsymbol{b}_3\boldsymbol{y}_3 \\
\text{s. t. } \boldsymbol{y}_1\boldsymbol{A}_1 + \boldsymbol{w}\boldsymbol{A}_2 - \boldsymbol{y}_3\boldsymbol{A}_3 \leqslant \boldsymbol{c}^{\mathrm{T}} \\
\quad \boldsymbol{y}_1 \geqslant \boldsymbol{0}, \boldsymbol{w} \text{ 无限制}, \boldsymbol{y}_3 \geqslant \boldsymbol{0}
\end{cases}
$$

例 4.7 将下列线性规划原始问题转化为对偶问题：

$$
\begin{cases}
\min 2x_1 - 3x_2 - 2x_3 + x_4 \\
\text{s. t. } x_1 + x_2 + 2x_3 - x_4 \geqslant 1 \\
\quad x_1 - 5x_2 + x_3 + x_4 \leqslant -1 \\
\quad x_1 + 6x_2 + 2x_3 + 2x_4 = 12 \\
\quad x_1, x_2, x_4 \geqslant 0
\end{cases}
$$

解：首先，将上述原始问题转换为约束式“$\geqslant$”的对称形式：

$$
\begin{cases}
\min 2x_1 - 3x_2 - 2(u-v) + x_4 \\
\text{s. t. } x_1 + x_2 + 2(u-v) - x_4 \geqslant 1 \\
\quad -x_1 + 5x_2 - (u-v) - x_4 \geqslant 1 \\
\quad x_1 + 6x_2 + 2(u-v) + 2x_4 \geqslant 12 \\
\quad -x_1 - 6x_2 - 2(u-v) - 2x_4 \geqslant -12 \\
\quad x_1, x_2, u \geqslant 0, v \geqslant 0, x_4 \geqslant 0
\end{cases}
$$

然后，将原始问题按标准形式的转换公式转化为对偶矩阵：

$$
\begin{cases}
\max y_1 + y_2 + 12y_3 - 12y_4 \\
\text{s. t. } y_1 - y_2 + y_3 - y_4 \leqslant 2 \\
\quad y_1 + 5y_2 + 6y_3 - 6y_4 \leqslant -3 \\
\quad 2y_1 - y_2 + 2y_3 - 2y_4 \leqslant -2 \\
\quad -2y_1 + y_2 - 2y_3 + 2y_4 \leqslant 2 \\
\quad -y_1 - y_2 + 2y_3 - 2y_4 \leqslant 1 \\
\quad y_1, y_2, y_3, y_4 \geqslant 0
\end{cases}
$$

将上述对偶问题的各项约束条件合并，得到最终形式的对偶问题：

$$\begin{cases} \max y_1 + y_2 + 12y_3 - 12y_4 \\ \text{s.t. } y_1 - y_2 + y_3 - y_4 \leqslant 2 \\ \quad y_1 + 5y_2 + 6y_3 - 6y_4 \leqslant -3 \\ \quad 2y_1 - y_2 + 2y_3 - 2y_4 = -2 \\ \quad -y_1 - y_2 + 2y_3 - 2y_4 \leqslant 1 \\ \quad y_1, y_2, y_3, y_4 \geqslant 0 \end{cases}$$

4.5.3 对偶定理

定理 3 设 $\boldsymbol{x}_1$ 和 $\boldsymbol{y}_1$ 分别是原始问题式(4-19)和对偶问题式(4-20)的可行解，则有 $\boldsymbol{c}^{\mathrm{T}}\boldsymbol{x}_1 \geqslant \boldsymbol{y}_1\boldsymbol{b}$，即原始问题的目标值总是大于或等于对偶问题的目标值(弱对偶定理)。

证明：因为 $\boldsymbol{x}_1$ 是原始问题的可行解，因此必然满足原始问题的约束条件，即

$$\boldsymbol{A}\boldsymbol{x}_1 \geqslant \boldsymbol{b}$$

两边左乘以 $\boldsymbol{y}^{(0)}$，得到

$$\boldsymbol{y}_1\boldsymbol{A}\boldsymbol{x}_1 \geqslant \boldsymbol{y}_1\boldsymbol{b} \tag{4-21}$$

又因为 $\boldsymbol{y}^{(0)}$ 是对偶问题的可行解，因此必然满足对偶问题的约束条件，即

$$\boldsymbol{y}_1\boldsymbol{A} \leqslant \boldsymbol{c}^{\mathrm{T}}$$

两边右乘以 $\boldsymbol{x}^{(0)}$，得到

$$\boldsymbol{y}_1\boldsymbol{A}\boldsymbol{x}_1 \leqslant \boldsymbol{c}^{\mathrm{T}}\boldsymbol{x}_1 \tag{4-22}$$

由于式(4-21)和式(4-22)，因此有 $\boldsymbol{c}^{\mathrm{T}}\boldsymbol{x}_1 \geqslant \boldsymbol{y}_1\boldsymbol{b}$，得证。

定理 4 设 $\boldsymbol{x}_1$ 和 $\boldsymbol{y}_1$ 分别是原始问题式(4-19)和对偶问题式(4-20)的可行解，若二者的目标函数值相同，即 $\boldsymbol{c}^{\mathrm{T}}\boldsymbol{x}_1 = \boldsymbol{y}_1\boldsymbol{b}$，则 $\boldsymbol{x}_1$ 和 $\boldsymbol{y}_1$ 分别是原始问题和对偶问题的最优解。

证明：反证法(略)。

定理 5 原始问题式(4-19)和对偶问题式(4-20)中有一个问题存在最优解，则另一个问题也存在最优解，且两个问题的最优解的目标函数值相等(强对偶定理)。

证明：设原始问题存在最优解，引入松弛变量 $\boldsymbol{v}$，原始问题写成：

$$\begin{cases} \min \boldsymbol{c}^{\mathrm{T}}\boldsymbol{x} \\ \text{s.t. } \boldsymbol{A}\boldsymbol{x} - \boldsymbol{v} = \boldsymbol{b} \\ \quad \boldsymbol{x} \geqslant \boldsymbol{0}, \boldsymbol{v} \geqslant \boldsymbol{0} \end{cases}$$

用单纯形法求解上述问题的最优解，当达到最优解 $\boldsymbol{x}^*$ 时，单纯形判别数都非正(根据定理 2)，即对所有变量都有

$$\boldsymbol{w}^{\mathrm{T}}\boldsymbol{p}_j - c_j \leqslant 0$$

式中，$\boldsymbol{w}^{\mathrm{T}}$ 是此时的单纯形乘子，$\boldsymbol{w}^{\mathrm{T}} = \boldsymbol{c}_B^{\mathrm{T}}\boldsymbol{B}^{-1}$。

若仅考虑其中的原始变量 $\boldsymbol{x}$(不考虑松弛变量 $\boldsymbol{v}$)，将上面不等式写成矩阵形式：

$$\boldsymbol{w}^{\mathrm{T}}\boldsymbol{A} - \boldsymbol{c}^{\mathrm{T}} \leqslant \boldsymbol{0}, \quad \text{即 } \boldsymbol{w}^{\mathrm{T}}\boldsymbol{A} \leqslant \boldsymbol{c}^{\mathrm{T}} \tag{4-23}$$

再仅考虑其中的松弛变量，因为松弛变量对应的 $\boldsymbol{p}_j$ 是负单位向量且 $c_j = 0$，所以有

$$\boldsymbol{w}^{\mathrm{T}}(-I) \leqslant \boldsymbol{0}, \quad \text{即 } \boldsymbol{w}^{\mathrm{T}} \geqslant \boldsymbol{0} \tag{4-24}$$

由式(4-23)和式(4-24)可知，$\boldsymbol{w}^{\mathrm{T}}$ 是对偶问题的一个可行解。

因为 $\boldsymbol{w}^{\mathrm{T}} = \boldsymbol{c}_B^{\mathrm{T}}\boldsymbol{B}^{-1}$ 且 $\boldsymbol{B}^{-1}\boldsymbol{b} = \boldsymbol{x}_B$，所以有

$$\boldsymbol{w}^{\mathrm{T}}\boldsymbol{b}=\boldsymbol{c}_B^{\mathrm{T}}\boldsymbol{B}^{-1}\boldsymbol{b}=\boldsymbol{c}_B^{\mathrm{T}}\boldsymbol{x}_B$$

又因为非基变量的目标函数系数都是 0,因此有

$$\boldsymbol{c}_B^{\mathrm{T}}\boldsymbol{x}_B=\boldsymbol{c}^{\mathrm{T}}\boldsymbol{x}^*$$

$$\boldsymbol{w}^{\mathrm{T}}\boldsymbol{b}=\boldsymbol{c}_B^{\mathrm{T}}\boldsymbol{B}^{-1}\boldsymbol{b}=\boldsymbol{c}_B^{\mathrm{T}}\boldsymbol{x}_B=\boldsymbol{c}^{\mathrm{T}}\boldsymbol{x}^*$$

因此,原始问题的最优解 $\boldsymbol{x}^*$ 与对偶问题的可行解 $\boldsymbol{w}^{\mathrm{T}}$ 的目标函数值相等。根据定理 4,$\boldsymbol{w}^{\mathrm{T}}$ 是对偶问题的最优解。

基于上述对偶定理,下面是原始问题与对偶问题的性质(推论):

性质 5 原始问题与对偶问题互为对方的原始问题和对偶问题。

性质 6 若原始问题有解,则对偶问题也有解;若原始问题无解,则对偶问题也无解。

性质 7 若原始问题存在最优解,则对偶问题存在最优解。

性质 8 若 $\boldsymbol{x}^{(0)}$ 和 $\boldsymbol{w}^{(0)}$ 分别是原始问题和对偶问题的可行解,且它们的目标函数值相等,则 $\boldsymbol{x}^{(0)}$ 和 $\boldsymbol{w}^{(0)}$ 分别是原始问题和对偶问题的最优解。

性质 9 求解原始问题可转化为求解对偶问题。

性质 10 若原始问题存在一个对应基矩阵 $\boldsymbol{B}$ 的最优基本可行解,则其单纯形乘子 $\boldsymbol{w}=\boldsymbol{c}_B\boldsymbol{B}^{-1}$ 是对偶问题的一个最优解。

定理 6 设 $\boldsymbol{x}^{(0)}$ 和 $\boldsymbol{w}^{(0)}$ 分别是原始问题式(4-19)和对偶问题式(4-20)的可行解,那么它们同时是最优解的充分必要条件是以下二者之一:

① 对于所有的 $j=1, 2, \cdots, n$:如果 $x_j^{(0)}>0$,就有 $\boldsymbol{w}^{(0)}\boldsymbol{p}_j=c_j$;如果 $\boldsymbol{w}^{(0)}\boldsymbol{p}_j<c_j$,就有 $x_j^{(0)}=0$。

② 对于所有的 $i=1, 2, \cdots, m$:如果 $w_j^{(0)}>0$,就有 $\boldsymbol{A}_i\boldsymbol{x}^{(0)}=b_i$;如果 $\boldsymbol{A}_i\boldsymbol{x}^{(0)}>b_i$,就有 $w_j^{(0)}=0$。

其中,$\boldsymbol{p}_j$ 是 $\boldsymbol{A}$ 的第 j 列,$\boldsymbol{A}_i$ 是 $\boldsymbol{A}$ 的第 i 行。

证明:

① 充分性:根据单纯形判别数,$\boldsymbol{x}^{(0)}$ 是最优解。必要性:若 $\boldsymbol{x}^{(0)}$ 是最优解,当以单纯形法转换到 $\boldsymbol{x}^{(0)}$ 时,基变量($x_j^{(0)}>0$)的判别数为 0,非基变量的判别数为负且非基变量值为 0。

② 将对偶问题转化为原始问题,同理可证。

练习题

1. 找出下列问题的全部基本可行解,并判断最优解。

(1) $\begin{cases}\min\ x_1-x_2\\ \text{s. t.}\ x_1+x_2+x_3\leqslant 5\\ \quad -x_1+x_2+3x_3\leqslant 6\\ \quad x_1, x_3\geqslant 0\\ \quad x_2\ \text{无约束}\end{cases}$

(2) $\begin{cases}\max\ 5x_1+4x_2\\ \text{s. t.}\ -2x_1+x_2\geqslant -4\\ \quad x_1+2x_2\leqslant 6\\ \quad 5x_1+3x_2\leqslant 15\\ \quad x_1, x_2\geqslant 0\end{cases}$

(3) $\begin{cases}\min\ 2x_1-x_2\\ \text{s. t.}\ x_1+x_2+x_3\leqslant 1\\ \quad -x_1+2x_2+x_3\leqslant 5\\ \quad x_1, x_2, x_3\geqslant 0\end{cases}$

(4) $\begin{cases}\max\ x_1+3x_2\\ \text{s. t.}\ -x_1+2x_2\geqslant -1\\ \quad 2x_1+1x_2\leqslant 6\\ \quad 3x_1+5x_2\leqslant 10\\ \quad x_1, x_2\geqslant 0\end{cases}$

2. 用单纯形表计算下列最优化问题，并写出计算过程。

(1) $\begin{cases} \min\ -4x_1-x_2 \\ \text{s.t.}\ -x_1+2x_2\leqslant 4 \\ \quad 2x_1+3x_2\leqslant 12 \\ \quad x_1-x_2\leqslant 3 \\ \quad x_1,x_2\geqslant 0 \end{cases}$

(2) $\begin{cases} \max\ 3x_1+x_2+3x_3 \\ \text{s.t.}\ 2x_1+x_2+x_3\leqslant 2 \\ \quad x_1+2x_2+3x_3\leqslant 5 \\ \quad 2x_1+2x_2+x_3\leqslant 6 \\ \quad x_1,x_2,x_3\geqslant 0 \end{cases}$

(3) $\begin{cases} \min\ -x_1+2x_2+x_3 \\ \text{s.t.}\ 3x_1-x_2+2x_3\leqslant 6 \\ \quad -2x_1+4x_2\leqslant 8 \\ \quad -4x_1+3x_2+8x_3\leqslant 10 \\ \quad x_1,x_2,x_3\geqslant 0 \end{cases}$

(4) $\begin{cases} \max\ -2x_1-5x_2 \\ \text{s.t.}\ 3x_1+3x_2+x_3=30 \\ \quad 4x_1-4x_2+x_4=12 \\ \quad 2x_1-2x_2\leqslant 8 \\ \quad x_1,x_2,x_3,x_4\geqslant 0 \end{cases}$

3. 用最速下降单纯形法计算下列最优化问题，并写出计算过程。

(1) $\begin{cases} \min\ -2x_4+20x_5-x_6+6x_7 \\ \text{s.t.}\ x_1+0.5x_4-8x_5-x_6+9x_7=0 \\ \quad x_2+0.5x_4-12x_5-0.5x_6+3x_7=0 \\ \quad x_3+x_6=1 \\ \quad x_i\geqslant 0,\quad i=1,2,\cdots,7 \end{cases}$

(2) $\begin{cases} \min\ 2x_1+3x_2 \\ \text{s.t.}\ 2x_1+x_2\geqslant 8 \\ \quad x_1+3x_2\geqslant 9 \\ \quad x_1,x_2\geqslant 0 \end{cases}$

4. 写出下列原始问题的对偶问题，计算原始问题和对偶问题的最优解来验证对偶定理。

(1) $\begin{cases} \max\ 4x_1-3x_2+5x_3 \\ \text{s.t.}\ 3x_1+x_2+2x_3\leqslant 15 \\ \quad -x_1+2x_2-7x_3\geqslant 3 \\ \quad x_1+x_3=1 \\ \quad x_1,x_2,x_3\geqslant 0 \end{cases}$

(2) $\begin{cases} \min\ 4x_1-5x_2-7x_3+x_4 \\ \text{s.t.}\ x_1+x_2+2x_3-x_4\geqslant 1 \\ \quad 2x_1-6x_2+3x_3+x_4\leqslant -3 \\ \quad x_1+4x_2+3x_3+2x_4=-5 \\ \quad x_1,x_2,x_4\geqslant 0 \end{cases}$

第5章　线性规划应用

本章通过典型应用案例分析，介绍如何针对现实问题建立线性规划模型，以及如何利用工具软件对线性规划模型进行求解。

5.1　运输问题

运输问题是研究如何将不同地点的货物，以低的运输成本和高的运输效率，按照要求运输到正确地点的规划问题，它是现代物流行业的基础问题之一。本节首先介绍运输问题的基本情况，建立线性规划模型和对偶模型，并对问题进行求解；然后介绍问题的扩展模型，以考虑更多的实际要素。

5.1.1　单商品运输问题

在一个计划周期内，面对多个客户的订货需求，商家需要将某种商品按订单要求运输至客户指定的地点。不同客户有不同的送货地址，商家也有多个位于不同地点的商品仓库，从不同仓库发货至客户地址的运输费用是不同的。各仓库的商品库存现存量、订单的需求量、仓库到客户地址的运输费用均是已知的。问如何安排配送方案，使得总的运输成本最低。

对上述问题进行数学抽象：设商家有 m 个仓库，表示为集合 M，商品库存量分别为 a_1，a_2，…，a_m；再设有 n 个客户订单，表示为集合 N，订货量分别为 b_1，b_2，…，b_n；把商品从仓库 i 运输到客户 j 的单位货物量的运输成本为c_{ij} 且为已知的。设计 $m \times n$ 个非负变量x_{ij}，表示从仓库 i 发货到客户 j 的运输数量。这样，以运输成本最小化的目标函数为

$$\min \sum_{i=1}^{m} \sum_{j=1}^{n} c_{ij} x_{ij}$$

针对变量 x_{ij} 建立约束条件：

约束 1：每个仓库的总发货量不能超过其库存量，表示为

$$\sum_{j=1}^{n} x_{ij} \leqslant a_i, \quad \forall i = 1,2,\cdots,m$$

约束 2：向每个客户的发货总量等于其订货量，表示为

$$\sum_{i=1}^{m} x_{ij} = b_j, \quad \forall j = 1,2,\cdots,n$$

约束 3：变量的值域约束，表示为

$$x_{ij} \geqslant 0, \quad \forall i = 1,2,\cdots,m; j = 1,2,\cdots,n$$

对一个最优化问题的完整描述，一般需要包括5个部分，分别是问题描述、参数定义、变量定义、优化模型和模型解释。以上述运输问题为例，完整的问题描述如下：

1. 问题描述

设某种商品有 m 个仓库，库存量分别为 a_1，a_2，…，a_m；面向 n 个客户订单，订货量为

$b_1, b_2, \cdots, b_n$;把商品从仓库 i 运输到客户 j 的单位货物量的运费为 c_{ij}。试确定一个运输方案,使总运费最小。

2. 参数定义

M　仓库的集合;

N　客户订单的集合;

a_i　仓库的库存量;

b_i　客户订单的需求量;

c_{ij}　从仓库 i 运输到客户 j 的单位货物的运费。

3. 变量定义

x_{ij}　非负连续变量,表示从仓库 i 发货到客户 j 的货物数量。

4. 优化模型

$$\begin{cases} \min \sum_{i \in M} \sum_{j \in N} c_{ij} x_{ij} & (1) \\ \text{s.t.} \sum_{j \in N} x_{ij} \leqslant a_i, \quad \forall i \in M & (2) \\ \sum_{i \in M} x_{ij} = b_j, \quad \forall j \in N & (3) \\ x_{ij} \geqslant 0, \quad \forall i \in M, j \in N & (4) \end{cases}$$

5. 模型解释

上述优化模型中,目标函数式(1)为目标函数,求运输成本最小化;约束式(2)表示运输方案受到仓库库存量的约束;约束式(3)表示客户的订单量必须满足;约束式(4)定义了变量的值域。

6. 对偶模型

下面将上述问题转化为对偶问题。首先将原始问题转化为对称形式,即目标函数最小化,约束为"≥"不等式,变量值域为非负。转化方式:将优化模型中的式(2)两端取负号,式(3)不失最优性,改为"≥",结果如下:

$$\begin{cases} \min \sum_{i \in M} \sum_{j \in N} c_{ij} x_{ij} \\ \text{s.t.} -\sum_{j \in N} x_{ij} \geqslant -a_i, \quad \forall i \in M \\ \sum_{i \in M} x_{ij} \geqslant b_j, \quad \forall j \in N \\ x_{ij} \geqslant 0, \quad \forall i \in M, j \in N \end{cases}$$

展开:

$$\begin{cases}\min \sum_{i=1}^{m}\sum_{j=1}^{n} c_{ij}x_{ij} \\ \text{s.t.} -x_{11}-x_{12}-\cdots-x_{1n} \geqslant -a_1 \\ \quad -x_{21}-x_{22}-\cdots-x_{2n} \geqslant -a_2 \\ \quad \vdots \\ \quad -x_{m1}-x_{m2}-\cdots-x_{mn} \geqslant -a_m \\ \quad x_{11}+x_{21}+\cdots+x_{m1} \geqslant b_1 \\ \quad x_{12}+x_{22}+\cdots+x_{m2} \geqslant b_2 \\ \quad \vdots \\ \quad x_{1n}+x_{2n}+\cdots+x_{mn} \geqslant b_n \\ \quad x_{ij} \geqslant 0, \quad \forall i=1,2,\cdots,m; j=1,2,\cdots,n \end{cases}$$

将上述模型向量/矩阵化表示，引入向量 $\boldsymbol{c}$、向量 $\boldsymbol{x}$、向量 $\boldsymbol{b}$ 和矩阵 $\boldsymbol{A}$：

$$\boldsymbol{c}=[c_{11},c_{12},\cdots,c_{1n};c_{21},c_{22},\cdots,c_{2n};\cdots;c_{m1},c_{m2},\cdots,c_{mn}]^{\mathrm{T}}$$

$$\boldsymbol{x}=[x_{11},x_{12},\cdots,x_{1n};x_{21},x_{22},\cdots,x_{2n};\cdots;x_{m1},x_{m2},\cdots,x_{mn}]^{\mathrm{T}}$$

$$\boldsymbol{A}=\begin{bmatrix} \underbrace{\begin{bmatrix} \underbrace{-1,-1,\cdots,-1}_{n\text{项}} & \boldsymbol{0} & \cdots & \boldsymbol{0} \\ \boldsymbol{0} & -1,-1,\cdots,-1 & \cdots & \boldsymbol{0} \\ \vdots & \vdots & & \vdots \\ \boldsymbol{0} & \boldsymbol{0} & \cdots & -1,-1,\cdots,-1 \end{bmatrix}}_{\text{共}m\times m\text{组}} \\ \underbrace{\begin{bmatrix} \underbrace{1,0,\cdots,0}_{m\text{项}} & 1,0,\cdots,0 & \cdots & 1,0,\cdots,0 \\ 0,1,\cdots,0 & 0,1,\cdots,0 & \cdots & 0,1,\cdots,0 \\ \vdots & \vdots & & \vdots \\ 0,0,\cdots,1 & 0,0,\cdots,1 & \cdots & 0,0,\cdots,1 \end{bmatrix}}_{\text{共}n\times n\text{组}} \end{bmatrix}_{(m+n)\times(mn)}$$

$$\boldsymbol{b}=[-a_1,-a_2,\cdots,-a_m;b_1,b_2,\cdots,b_n]$$

这样，原始问题的向量化数学规划模型的向量/矩阵化表示为

$$\begin{cases}\min \boldsymbol{c}^{\mathrm{T}}\boldsymbol{x} \\ \text{s.t. } \boldsymbol{A}\boldsymbol{x} \geqslant \boldsymbol{b} \\ \quad \boldsymbol{x} \geqslant \boldsymbol{0}\end{cases}$$

根据对偶转换公式，引入 $n+m$ 维的对偶变量 $\boldsymbol{y}$，对偶模型表示为

$$\begin{cases}\max \boldsymbol{y}^{\mathrm{T}}\boldsymbol{b} \\ \text{s.t. } \boldsymbol{y}^{\mathrm{T}}\boldsymbol{A} \leqslant \boldsymbol{c}^{\mathrm{T}} \\ \quad \boldsymbol{y} \geqslant \boldsymbol{0}\end{cases}$$

令 $\boldsymbol{y}=\begin{pmatrix}\boldsymbol{u}\\ \boldsymbol{v}\end{pmatrix}$，$\boldsymbol{u}=(u_1 \quad u_2 \quad \cdots \quad u_m)$，$\boldsymbol{v}=(v_1 \quad v_2 \quad \cdots \quad v_n)$，上述对偶模型表示为

$$\begin{cases} \max -\sum_{i=1}^{m} a_i u_i + \sum_{j=1}^{n} b_j v_j \\ \text{s.t.} -u_i + v_j \leqslant c_{ij}, \quad \forall i=1,2,\cdots,m; j=1,2,\cdots,n \\ \quad u_i, v_j \geqslant 0, \quad \forall i=1,2,\cdots,m; j=1,2,\cdots,n \end{cases}$$

对偶模型中，令 v_j 表示销售给客户 j 的商品销售单价，u_i 表示采购自仓库 i 的商品采购单价，约束条件则表示销售单价不能高于“单位运输成本＋采购单价”，目标函数为总销售收入减去总采购成本后的利润。

对比原始模型和对偶模型，可以看出，原始模型描述的是数量约束下成本最小化的定数量问题，而对偶模型描述的是价格约束下追求利润最大化的定价格问题，两个模型是对同一问题的对立描述。

7. AMPL 代码模型

上述运输问题的线性规划模型有 $m\times n$ 个非负变量，可用单纯形法进行最优求解。现有的优化软件，如 CPLEX，Gurobi，Lingo 等软件，都具有线性规划模型的求解功能。下面用 AMPL 语言建立上述运输问题的优化模型，用 CPLEX 软件进行求解。关于 AMPL 语言语法参见本书的附录 A。

下面用 AMPL 建立原始问题的模型文件 trans. mod。

```
# --------------------------模型文件 trans.mod--------------------------
#参数定义
set M;              #仓库的集合
set N;              #客户的集合
param a{M};         #仓库的库存量
param b{N};         #客户的需求量
param c{M,N};       #从仓库到客户的单位运输成本
#变量定义
var x{M,N}>=0;      #从仓库到客户的商品运输数量
#目标函数
minimize Total_cost:
    sum{i in M, j in N}x[i,j] * c[i,j];
#约束条件
subject to WarehouseCapacity{i in M}:
    sum{j in N}x[i,j] <= a[i];
subject to MeetDemand{j in N}:
    sum{i in M}x[i,j] = b[j];
```

假设问题实例的规模为 $m=8, n=10$，建立数据文件 trans. dat。

```
# --------------------------------数据文件 trans.dat--------------------------
param: M: a: =                 #仓库容量
1         28
2         29
3         82
4         199
```

```
5          89
6          140
7          81
8          93;
param: N: b: =                        #客户需求
1          41
2          64
3          83
4          95
5          17
6          97
7          94
8          84
9          52
10         42;
#单位运输成本矩阵
param c:   1    2    3    4    5    6    7    8    9    10: =
1          7.4  5.1  2.8  7.3  7.7  3.4  2.5  1.2  5.9  1.5
2          9.7  5.5  0.2  3    3.4  4.8  9.8  7.6  9.6  0.6
3          8.5  7.8  6.6  0.1  3.4  7.3  3.3  0.5  6.9  2.3
4          6.5  9.4  3.5  7.6  4.9  1.1  6.5  2.1  2.3  3.9
5          1.9  5.5  4.7  8.6  9.1  3.3  8.1  7.9  4    1.3
6          0.7  0.4  1.5  1.4  9.9  4    8.3  8.4  2    0.7
7          6    2.5  6.7  6    0.4  6    8.1  3    0.2  2.9
8          3.7  7.8  8.6  6    5.1  4.4  5.5  1.5  3.4  3.7;
```

下面用 AMPL 建立脚本文件 trans. sh，用 CPLEX 求解最优解。

```
model trans.mod;
data trans.dat;
option solver cplex;
option cplex_options 'mipdisplay = 2';
objective Total_cost;
solve;
display x;
display Total_cost;
```

在 Linux 环境下，执行脚本文件，获得问题的最优目标函数值（运输成本）974.9。程序执行结果如图 5-1 所示。

根据输出结果，最优运输方案如下：

客户 1：从仓库 1 发货 28；

客户 2：从仓库 2 发货 29；

客户 3：从仓库 2 和 6 分别发货 29 和 54；

客户 4：从仓库 3 和 6 分别发货 73 和 22；

客户 5：从仓库 7 发货 17；

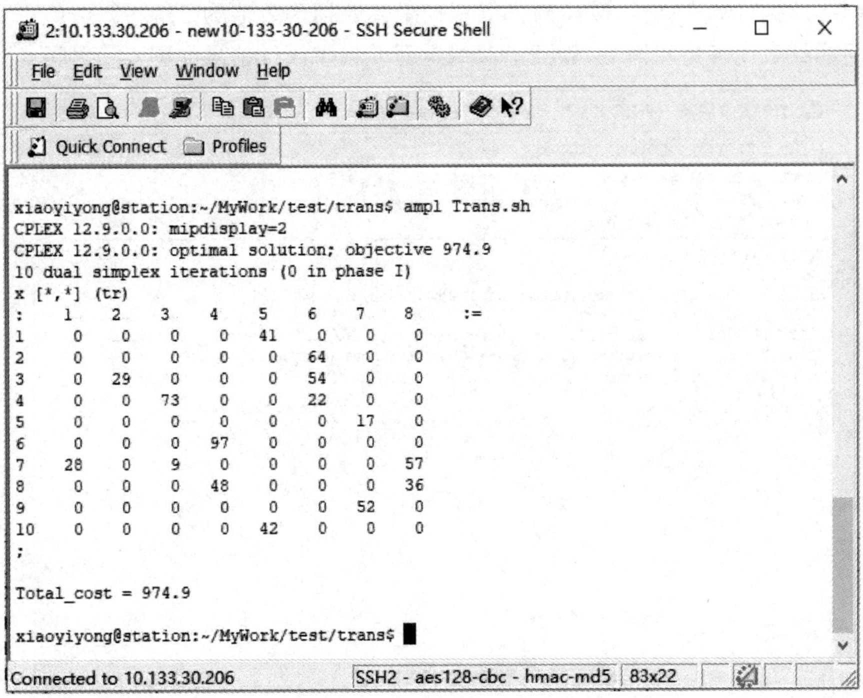

图 5-1　原始模型求解结果

客户 6：从仓库 4 发货 97；

客户 7：从仓库 1 和 8 分别发货 29 和 57；

客户 8：从仓库 4 和 8 分别发货 48 和 36；

客户 9：从仓库 7 发货 52；

客户 10：从仓库 5 发货 42。

接下来，用 AMPL 建立对偶问题的模型文件 trans_dual.mod，对同样的问题进行求解，以验证对偶定理的正确性。

```
#-------------------------模型文件 trans_dual.mod---------------------
#参数定义
set M;            #仓库的集合
set N;            #客户的集合
param a{M};       #仓库的库存量
param b{N};       #客户的需求量
param c{M,N};     #从仓库到客户的单位运输成本
#变量定义
var u{M}>=0;      #仓库的产品采购单价
var v{N}>=0;      #客户的产品销售单价
#目标函数
maximize Obj_dual: - sum{i in M}a[i]*u[i] + sum{j in N}b[j]*v[j];
#约束条件
subject to Con{i in M, j in N}:
    -u[i] + v[j] <= c[i,j];
```

建立同样的执行脚本文件，获得对偶问题的最优目标函数值为 974.9。由此可见，原始问题和对偶问题的最优解是相等的，验证了对偶定理。程序执行结果如图 5－2 所示。

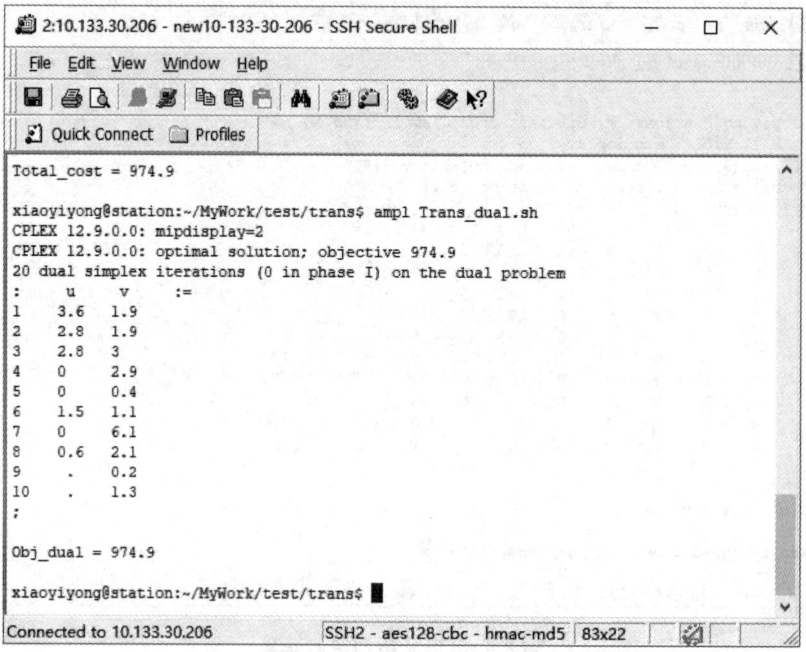

图 5－2 对偶模型求解结果

5.1.2 多商品运输问题

基于 5.1.1 小节中的单商品运输问题，拓展考虑多种商品情况下，引入更多的实际因素的影响，如运输方式选择、运输容量约束、订单时间要求等，建立更符合实际情况的数学规划模型。

面向对象分析方法

实际应用中的优化问题通常要考虑的影响因素比较多，关系也比较复杂。一般可采用**面向对象分析方法**，分析和梳理问题域中的各种对象、实体、属性以及它们之间的作用关系；然后再从中筛选出对决策有较大影响的因素，确定参数和决策变量，建立目标函数和约束条件。

面向对象分析方法的主要步骤如下：

① 识别对象：分析和识别问题域中有哪些对象，并将每一类对象定义为一个有限集合。以多商品运输问题为例，该问题域的对象分析结果如表 5－1 所列。

表 5－1 对象分析表

序 号	对 象	符 号	说 明
1	仓库	M	表示仓库集合，用下标 i 表示不同的商品，$i \in M$
2	商品	C	表示被运输的对象集合，用下标 c 表示不同商品，$c \in C$
3	客户	N	表示客户集合，用下标 j 表示不同的客户，$j \in N$
4	车辆	K	表示车辆的集合，用下标 k 表示不同的车辆，$k \in K$

② 梳理属性：对每一类对象，梳理出对所研究问题有影响的属性。针对上述运输问题域

中的对象，梳理其中对优化问题产生作用的属性，结果如表 5-2 所列。

表 5-2　属性分析表

对　象	属　性	符　号	说　明
仓库 M	位置	(X_i, Y_i)	仓库的位置坐标，用以计算与客户之间的距离
商品 C	体积	v_c	单位量商品的体积，$c \in C$
	重量	w_c	单位量商品的重量，$c \in C$
客户 N	位置	(X_i', Y_i')	客户的位置坐标，用以计算与客户之间的距离
车辆 K	运费/体积	p_k	每单位体积、每单位距离的运输费用
	运费/重量	q_k	每单位重量、每单位距离的运输费用
	体积上限	V_k	运输容量上限(体积)
	载重上限	W_k	车辆载重上限(重量)

③ 确定关系：分析每两两(多)对象之间的关系，确定其中对优化问题产生作用的关系。针对上述运输问题域中的 4 个对象，按两两映射分析方法，建立关系组合，如图 5-3 所示。

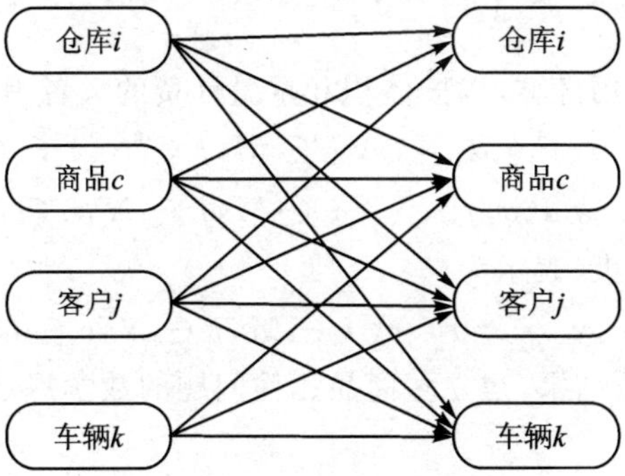

图 5-3　对象关系的矩阵映射

关系分析如表 5-3 所列。

表 5-3　关系分析表

两两映射	关　系	符　号	说　明
已知参数			
仓库 i—商品 c	库存量	s_{ic}	仓库 i 中的商品 c 的存量，$i \in M, c \in C$
客户 j—商品 c	订货量	o_{jc}	客户 j 订购商品 c 的数量，$j \in N, c \in C$
商品 c—车辆 k	是否允许	δ_{ck}	商品 c 能否用车辆 k 运输，$c \in C, k \in K$
仓库 i—客户 j	运输距离	d_{ij}	仓库 i 到客户 j 的距离，$i \in M, j \in N$
决策变量			
仓库 i—客户 j—运输方式 k—商品 c	运输方案	x_{ijkc}	以运输方式 k 将商品 c 自仓库 i 运输到客户 j 的数量，$i \in M, j \in N, c \in C, k \in K$
仓库 i—客户 j—运输方式 k—商品 c	运输成本	y_{ijkc}	上述运输方案的运输成本

④ 建立目标和约束：根据问题要求，建立目标函数，建立对象的属性之间、属性与关系之间，以及关系与关系之间的定量约束。

目标函数：总运输成本最小化，表示为

$$\min \sum_{i\in M}\sum_{j\in N}\sum_{k\in K}\sum_{c\in C} y_{ijkc}$$

约束 1：对于每个仓库的每类商品，总发货量不能超过其库存量，表示为

$$\sum_{j\in N}\sum_{k\in K} x_{ijkc} \leqslant s_{ic}, \quad \forall i \in M, c \in C$$

约束 2：对于每个客户的每类商品，发货总量等于其订货量，表示为

$$\sum_{i\in M}\sum_{k\in K} x_{ijkc} = o_{jc}, \quad \forall j \in N, c \in C$$

约束 3：运输方案受可运输车辆的约束，并且不超过车辆的体积容量和重量容量，表示为

$$\begin{cases} x_{ijkc}v_c \leqslant V_k\delta_{ck}, & \forall i \in M, j \in N, c \in C, k \in K \\ x_{ijkc}w_c \leqslant W_k\delta_{ck}, & \forall i \in M, j \in N, c \in C, k \in K \\ \sum\limits_{c\in C} x_{ijkc}v_c \leqslant V_k, & \forall i \in M, j \in N, c \in C, k \in K \\ \sum\limits_{c\in C} x_{ijkc}w_c \leqslant W_k, & \forall i \in M, j \in N, c \in C, k \in K \end{cases}$$

约束 4：运输方案的费用计算，以按体积和重量计费的大者为实际费用，表示为

$$\begin{cases} y_{ijkc} \geqslant x_{ijkc}v_c p_k d_{ij}, & \forall i \in M, j \in N, c \in C, k \in K \\ y_{ijkc} \geqslant x_{ijkc}w_c q_k d_{ij}, & \forall i \in M, j \in N, c \in C, k \in K \end{cases}$$

约束 5：变量的值域约束，表示为

$$x_{ijkc} \geqslant 0, y_{ijkc} \geqslant 0, \quad \forall i \in M, j \in N, c \in C, k \in K$$

基于上述面向对象分析结果，建立多商品运输问题的数学规划模型。

1. 问题描述

在一个计划期内，商家面向多家客户的订单，可选择从多个仓库发货和选择相应的运输车辆，将客户需要的商品运输到客户地点。考虑仓库商品的库存量约束、客户的送货时间要求、运输车辆的运费费率、运输容量等约束条件，试确定一个最佳运输方案，使总运费最小。

2. 参数定义

对象集合：

M 仓库的集合；

C 商品种类的集合；

N 客户的集合；

K 车辆的集合。

对象属性：

v_c 单位商品的体积，$c \in C$；

w_c 单位商品的重量，$c \in C$；

a_j 客户要求的最迟到达时间，$j \in N$；

p_k 车辆 k 的每单位体积、每单位距离的运输费用，$k \in K$；

q_k 车辆 k 的每单位重量、每单位距离的运输费用，$k \in K$；

V_k　车辆 k 的运输容量上限(体积),$k \in K$;

W_k　车辆 k 的运输容量上限(重量),$k \in K$。

对象关系:

s_{ic}　仓库 i 中的商品 c 的存量,$i \in M, c \in C$;

o_{ic}　客户 j 订购商品 c 的数量,$j \in N, c \in C$;

δ_{ck}　0/1 参数,表示商品 c 是否允许采用的车辆 k,$c \in C, k \in K$;

d_{ij}　仓库 i 到客户 j 的距离,$i \in M, j \in N$;

t_{ijk}　采用车辆 k 时仓库 i 到客户 j 的运输时间,$i \in M, j \in N, k \in K$。

3. 变量定义

x_{ijkc}　非负连续变量,采用车辆 k 将商品 c 自仓库 i 运输到客户 j 的数量,$i \in M, j \in N, k \in K, c \in C$;

y_{ijkc}　非负连续变量,采用 x_{ijkc} 运输方案的运输成本,$i \in M, j \in N, k \in K, c \in C$。

4. 优化模型

$$\min \sum_{i \in M} \sum_{j \in N} \sum_{k \in K} \sum_{c \in C} y_{ijkc} \tag{1}$$

$$\text{s.t.} \quad \sum_{j \in N} \sum_{k \in K} x_{ijkc} \leqslant s_{ic}, \quad \forall i \in M, c \in C \tag{2}$$

$$\sum_{i \in M} \sum_{k \in K} x_{ijkc} = o_{jc}, \quad \forall j \in N, c \in C \tag{3}$$

$$\begin{cases} x_{ijkc} v_c \leqslant V_k \delta_{ck}, & \forall i \in M, j \in N, c \in C, k \in K \quad (4) \\ x_{ijkc} w_c \leqslant W_k \delta_{ck}, & \forall i \in M, j \in N, c \in C, k \in K \quad (5) \\ \sum_{c \in C} x_{ijkc} v_c \leqslant V_k, & \forall i \in M, j \in N, k \in K \quad (6) \\ \sum_{c \in C} x_{ijkc} w_c \leqslant W_k, & \forall i \in M, j \in N, k \in K \quad (7) \\ a_j \geqslant x_{ijkc} t_{ijk}, & \forall i \in M, j \in M, c \in C, k \in K \quad (8) \end{cases}$$

$$\begin{cases} y_{ijkc} \geqslant x_{ijkc} v_c p_k d_{ij}, & \forall i \in M, j \in N, c \in C, k \in K \quad (9) \\ y_{ijkc} \geqslant x_{ijkc} w_c q_k d_{ij}, & \forall i \in M, j \in N, c \in C, k \in K \quad (10) \end{cases}$$

$$x_{ijkc} \geqslant 0, y_{ijkc} \geqslant 0, \quad \forall i \in M, j \in N, c \in C, k \in K \tag{11}$$

5. 模型解释

上述优化模型中,目标函数式(1)为求总运输成本最小化;约束式(2)表示运输方案 x_{ijkc} 受到仓库库存量的约束;约束式(3)表示客户的订单需求量必须满足;约束式(4)和(5)表示运输方案 x_{ijkc} 受到商品的可运输车辆要求约束;约束式(6)和(7)表示运输方案 x_{ijkc} 分别受到体积和重量运输容量的约束;约束式(8)表示运输方案 x_{ijkc} 的时间满足客户的要求;约束式(9)和(10)分别表示按体积和重量计算运输费用,且实际运输费用取二者之大者;约束式(11)定义了变量的值域。

6. AMPL 代码模型

用 AMPL 实现上述数学规划模型。该模型在 AMPL/CPLEX 环境(版本:12.10.0.0)调试通过。

```
#对象集合:
set M;                      #仓库的集合
set C;                      #商品种类的集合
set N;                      #客户的集合
set K;                      #车辆的集合
#对象属性:
param v{C};                 #单位商品的体积
param w{C};                 #单位商品的重量
param a{N};                 #客户要求的最迟到达时间
param p{K};                 #车辆k的每单位体积、每单位距离的运输费用
param q{K};                 #车辆k的每单位重量、每单位距离的运输费用
param V{K};                 #车辆k的运输容量上限(体积)
param W{K};                 #车辆k的运输容量上限(重量)
#对象关系:
param s{M,C};               #仓库i中的商品c的存量
param o{N,C};               #客户j订购商品c的数量
param delta{C,K};           #0/1参数,表示商品c是否允许采用车辆k
param d{M,N};               #仓库i到客户j的距离
#变量定义
var x{M,N,K,C}>=0;          #非负变量,车辆k将商品c自仓库i运输到j的数量
var y{M,N,K,C}>=0;          #非负变量,运输方案的运输成本
#目标函数
minimize Total_cost: sum{i in M, j in N, k in K, c in C}y[i,j,k,c];
#约束条件
subject to Con2{i in M, c in C}:
    sum{j in N, k in K}x[i,j,k,c] <= s[i,c];
subject to Con3{j in N,c in C}:
    sum{i in M, k in K}x[i,j,k,c]=o[j,c];
subject to Con4{i in M,j in N,k in K, c in C}:
    x[i,j,k,c]*v[c] <= V[k]*delta[c,k];
subject to Con5{i in M,j in N,k in K, c in C}:
    x[i,j,k,c]*w[c] <= W[k]*delta[c,k];
subject to Con6{i in M,j in N,k in K}:
    sum{c in C}x[i,j,k,c]*v[c] <= V[k];
subject to Con7{i in M,j in N,k in K}:
    sum{c in C}x[i,j,k,c]*w[c] <= W[k];
subject to Con8{i in M,j in N,k in K, c in C}:
    y[i,j,k,c] >= x[i,j,k,c]*v[c]*p[k]*d[i,j];
subject to Con9{i in M,j in N,k in K, c in C}:
    y[i,j,k,c] >= x[i,j,k,c]*w[c]*q[k]*d[i,j];
```

5.2 营养配餐问题

1. 问题描述

设有 m 种食物,下标记为 i,单价分别为 $a_1, a_2, \cdots, a_m$。人体需要 n 种营养成分,下标

记为 j，每日需求量分别为 $b_1, b_2, \cdots, b_n$。设第 i 种食物每单位量含第 j 种营养成分的量为 c_{ij}。试确定一个营养配餐方案，在满足人体营养需求的同时总费用最小，且配餐的总重量不超过 C。

基于问题域中的对象、属性和关系，建立数学线性规划模型。

2. 参数定义

M　食物的集合，$m=\text{card}(M)$；

a_i　第 i 种食物的单价，$i\in M$；

N　营养成分的集合，$n=\text{card}(N)$；

b_j　人体对第 j 种营养成分的每日需求量，$j\in N$；

c_{ij}　单位量的第 i 种食物所含第 j 种营养成分的量，$i\in M, j\in N$；

C　营养配餐的总量上限。

3. 变量定义

c_{ij}　非负连续变量，配餐中第 i 种食物的量，$i\in M, j\in N$。

4. 优化模型

$$\begin{cases}\min \sum\limits_{i\in M} a_i x_i & (1)\\ \text{s. t.}\ \sum\limits_{i\in M} c_{ij}x_i \geqslant b_j, \quad \forall j\in N & (2)\\ \quad\ \sum\limits_{i\in M} x_i \leqslant C & (3)\\ \quad\ x_i \geqslant 0, \quad \forall i\in M & (4)\end{cases}$$

5. 模型解释

上述优化模型中，目标函数式(1)为组成配餐的食物的总成本最小化；约束式(2)表示全部食物所含的每种营养成分均不低于人体每日需求量；约束式(3)表示配餐食物的总重量不超过 C；约束式(4)定义变量的值域。

将上述优化问题转化为对偶模型。转化过程如下：

① 对原始模型中约束式(3)两边取负号，将模型转化为对称型线性规划：

$$\begin{cases}\min \sum\limits_{i=1}^{m} a_i x_i \\ \text{s. t.}\ \sum\limits_{i=1}^{m} c_{ij}x_i \geqslant b_j, \quad \forall j=1,2,\cdots,n\\ \quad -\sum\limits_{i=1}^{m} x_i \geqslant -C\\ \quad\ x_i \geqslant 0, \quad \forall i=1,2,\cdots,m\end{cases}$$

② 将模型改写为向量/矩阵的形式：

$$\begin{cases}\min\ (a_1\quad a_2\quad \cdots\quad a_m)^{\mathrm{T}}(x_1\quad x_2\quad \cdots\quad x_m)\\ \text{s.t.}\ \begin{bmatrix} c_{11} & c_{21} & \cdots & c_{m1}\\ c_{12} & c_{22} & \cdots & c_{m2}\\ \vdots & \vdots & & \vdots\\ c_{1n} & c_{2n} & \cdots & c_{mn}\\ -1 & -1 & \cdots & -1\end{bmatrix}\begin{bmatrix}x_1\\x_2\\ \vdots\\ x_m\end{bmatrix}\geqslant\begin{bmatrix}b_1\\b_2\\ \vdots\\ b_n\\ -C\end{bmatrix}\\ x_i\geqslant 0,\quad \forall i=1,2,\cdots,m\end{cases}$$

③ 根据对偶转换公式，直接将上述模型转化为对偶模型：

$$\begin{cases}\max\ (b_1\quad b_2\quad \cdots\quad b_n\quad -C)^{\mathrm{T}}(y_1\quad y_2\quad \cdots\quad y_n\quad z)\\ \text{s.t.}\ \begin{bmatrix} c_{11} & c_{12} & \cdots & c_{1n} & -1\\ c_{21} & c_{22} & \cdots & c_{2n} & -1\\ \vdots & \vdots & & \vdots & \vdots\\ c_{m1} & c_{m2} & \cdots & c_{mn} & -1\end{bmatrix}\begin{bmatrix}y_1\\y_2\\ \vdots\\ y_n\\ z\end{bmatrix}\leqslant\begin{bmatrix}a_1\\a_2\\ \vdots\\ a_m\end{bmatrix}\\ y_j\geqslant 0,\quad \forall j=1,2,\cdots,n;z\geqslant 0\end{cases}$$

④ 将对偶模型写为向量/矩阵形式，得到原始问题的对偶问题模型：

$$\begin{cases}\max\ \sum_{j=1}^{n} b_j y_j - Cz\\ \text{s.t.}\ \sum_{j=1}^{n} c_{ij} y_j - z\leqslant a_i,\quad \forall i=1,2,\cdots,m\\ y_j\geqslant 0, z\geqslant 0,\quad \forall j=1,2,\cdots,n\end{cases}$$

分析上述对偶问题模型的物理意义，可以发现：该问题是以价格 z（变量）和数量 C（参数）采购成品，并将成品分解，以价格 y_i 出售营养成分，以获得最大利润的定价问题，并且销售和采购价格变量受到食品价格的约束。因此原始问题是在营养成分满足需求和总量的约束下，面向成本最小化的食品数量确定问题（定数量问题）；而对偶问题则是将采购成品分解为营养成分出售，面向利润最大化的定价策略，且受到食品价格约束。若针对同一问题实例求解，两个模型的最优目标函数值将是相等的，在下一节的计算中这一结论将再次得到验证。

6. AMPL 代码模型

下面用 AMPL 编写营养配餐问题的原始模型文件和对偶模型文件。

```
#文件 food.mod（原始模型）
#参数定义
set M;              #食物的集合
set N;              #营养成分的集合
param a{M};         #食物的单价（元/千克）
param b{N};         #人体对营养成分的每日需求量（克）
param c{M,N};       #食物的营养成分含量（克/千克）
param C;            #营养配餐的总量上限（千克）
#变量定义
var x{M}>=0;        #非负连续变量，表示配餐的各种食物量（千克）
#目标函数
minimize Total_cost:
```

```
        sum{i in M}a[i] * x[i];
#约束条件
subject to NutritionNeed{j in N}:
        sum{i in M}x[i] * c[i,j] >= b[j];          #配餐满足营养成分要求
subject to CapacityLimit:
        sum{i in M}x[i] <= C;                      #配餐总重量不超过上限 C

#文件 food_dual.mod（对偶模型）
#参数定义
set M;              #食物的集合
set N;              #营养成分的集合
param a{M};         #食物的单价（元/千克）
param b{N};         #人体每日所需营养成分
param c{M,N};       #食物的营养成分含量(g/kg)
param C;            #营养配餐的总量上限(一天)
#变量定义
var y{N}>=0;        #营养成分的销售价格
var z>=0;           #成品的采购价格
#目标函数和约束条件
maximize Obj_dual:
        sum{j in N}b[j] * y[j] - C * z;            #利润最大化
subject to Con1{i in M}:
        sum{j in N}(c[i,j] * y[j]) - z <= a[i];    #定价不超过食物单价
```

7. 算　例

令可选食物 $m=20$ 种，人体所需营养成分 $n=20$，食物的单价 a_i（元/kg）、营养成分含量 c_{ij}（g/kg），以及人体每日所需营养成分 b_j 均由表 5-4～表 5-6 数据（foods.dat）所设定，试确定满足人体需求的成本最低的最优营养配餐，且配餐总量不超过 $C=2$ kg。

表 5-4　食物单价

元/千克

i	1	2	3	4	5	6	7	8	9	10	11	12	13	14	15	16	17	18	19	20
a_i	1.58	2	2.68	2.67	1.8	9.6	1.44	15.7	1.31	2.14	2.53	6.9	2.01	1.34	2.77	2.36	7.8	1.71	1.1	5.6

表 5-5　人体每日所需营养成分

j	1	2	3	4	5	6	7	8	9	10	11	12	13	14	15	16	17	18	19	20
b_j	76	33	64	36	27	14	2	55	89	92	3	98	12	21	28	40	76	58	34	31

表 5-6　食物营养成分含量

g/kg

c_{ij}	1	2	3	4	5	6	7	8	9	10	11	12	13	14	15	16	17	18	19	20
1	0	0	0	0	156	0	100	136	0	112	0	178	0	28	0	0	0	0	190	0
2	0	0	0	96	146	62	0	0	84	0	90	160	0	160	0	0	0	0	118	0
3	0	0	138	92	0	50	0	0	0	0	0	0	0	0	0	0	0	196	0	184
4	0	0	0	0	0	0	0	0	54	0	58	168	0	0	0	0	0	162	0	170
5	30	0	0	0	0	0	46	0	0	0	0	0	0	0	112	30	90	0	0	110

续表 5-6

c_{ij}	1	2	3	4	5	6	7	8	9	10	11	12	13	14	15	16	17	18	19	20
6	126	0	0	0	24	134	46	0	166	60	0	0	0	116	160	0	0	34	0	0
7	0	0	0	0	0	0	0	0	66	0	0	72	0	0	194	72	32	0	0	0
8	0	0	0	0	0	0	88	0	26	0	0	184	0	0	104	0	0	0	0	118
9	0	0	0	0	0	118	0	0	0	0	0	0	144	20	0	0	0	0	22	0
10	0	0	0	0	68	0	0	0	62	166	0	122	0	0	0	0	0	0	0	114
11	0	0	110	0	0	0	0	34	0	0	0	0	0	0	114	0	0	0	0	0
12	0	0	186	136	0	116	0	20	0	78	0	58	0	0	0	0	190	0	0	0
13	0	0	124	0	0	194	0	0	0	0	0	0	0	0	4	54	0	168	0	0
14	0	0	0	148	0	180	0	80	76	22	70	40	0	0	0	0	0	0	0	0
15	0	0	138	0	0	188	32	0	0	140	158	0	130	0	0	0	100	0	0	0
16	0	0	52	0	0	0	0	0	42	26	0	164	0	0	0	36	0	76	116	154
17	200	0	160	42	0	0	0	0	0	24	0	128	0	74	62	0	0	0	0	0
18	0	0	0	0	0	30	0	0	0	0	0	0	122	0	104	0	156	0	0	0
19	190	150	0	0	0	184	0	0	0	0	2	0	106	0	2	0	0	126	0	0
20	0	0	0	0	0	0	0	0	0	0	16	0	0	84	0	0	0	0	0	0

编写上述问题实例的数据文件，在 AMPL/CPLEX 环境(版本：12.10.0.0)中分别对原始模型和对偶模型求解，均获得相同目标函数值 5.907 93 的最优解。计算结果如图 5-4、图 5-5 所示。

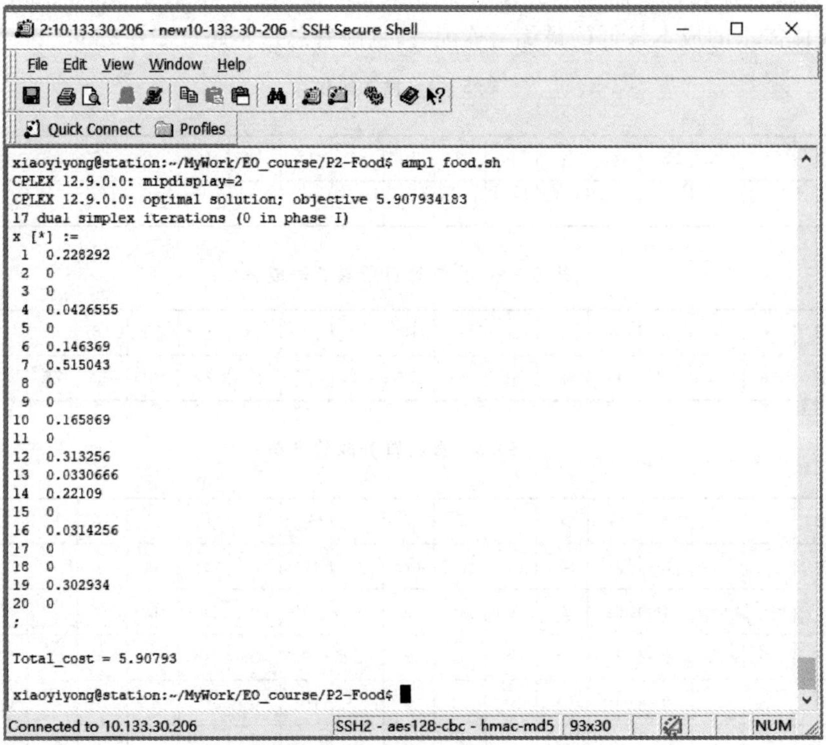

图 5-4　营养配餐问题原始模型计算结果图

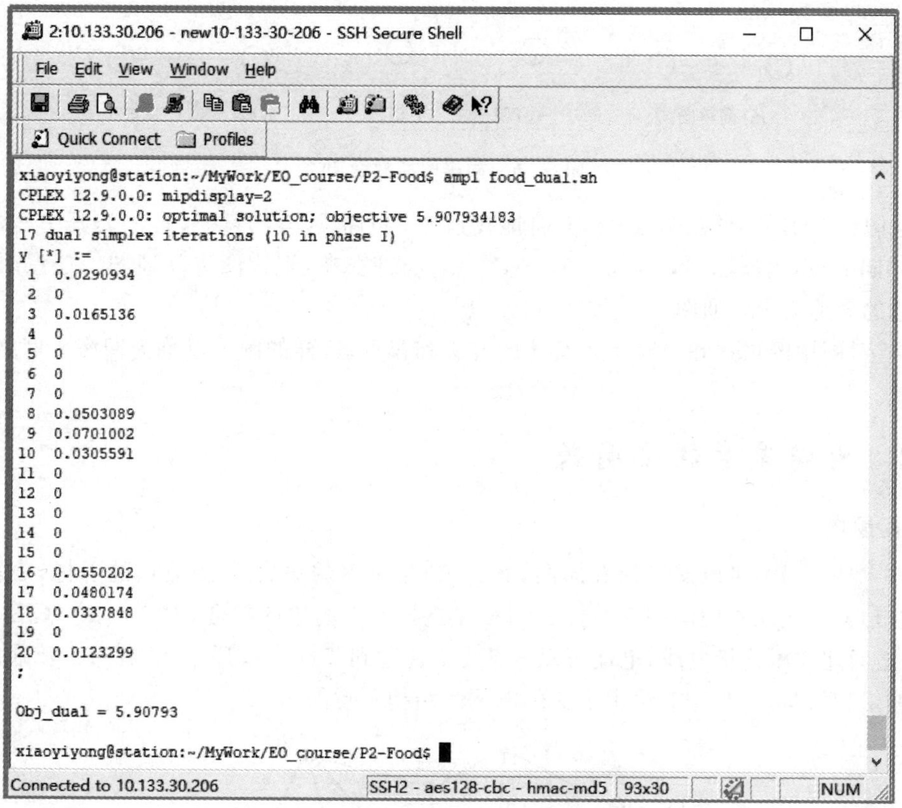

图 5-5　营养配餐问题对偶模型计算结果图

5.3　网络流量问题

网络流量问题是一类基于网络的流量规划问题，比较典型的有电网流量问题、水/气网络流量问题、计算机网络流量问题等。这类问题比较适合用线性规划建模和求解。

5.3.1　网络基本概念

许多事物以及它们之间的联系可以用图（Graph）来表示。其中，事物用“点（Vertex）”来表示，事物之间的联系用“无向边（Edge）”或“有向弧（Arc）”来表示。

图的定义：有若干不同的“点”以及连接其中某些顶点的“边”组成的图形，称为图（Graph）。

图的二要素：“点”和“边”。其中“点”表示对象，“边”反映了对象之间的联系。

图的表示：$G\ (V, E)$。其中 V 是点的集合，E 是边的集合，且 V 和 E 都是有限集，也称为有限图。若不加特殊说明，图论讨论的都是有向图。

简单图：任意两点之间，最多只有 1 条边，且不存在自环情况，这样的图称为简单图。

有向图（Directed Graph）：若简单图的边是有方向性的，则称为有向图，有向边常用“弧”表示；若简单图的边是无方向性的，则称为无向图（Undirected Graph），无向边英文称为 Edge。

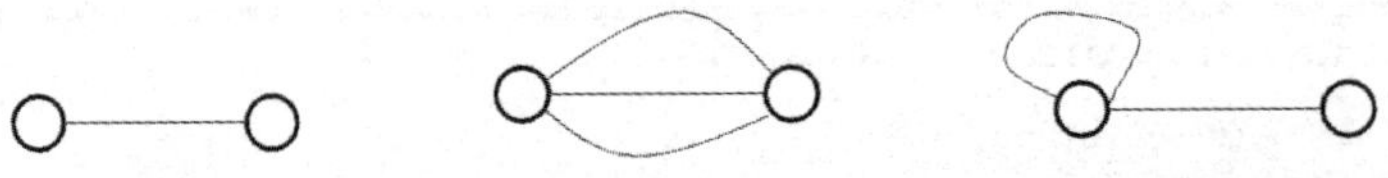

图 5-6 简单图和复杂图

联通图：若对图的任意两点 i 和 j，都能找到一个链路$(i, i_1, i_2, \cdots, i_k, j)$，其中 $i_1, i_2, \cdots, i_k$ 是不相同的点，边(i, i_1)，(i_1, i_2)，…，(i_k, j)都存在，则称图为联通图。任意两点都存在一条边的图称为全联通图。

网络：对图中的顶点和边赋予了具体的含义和权重，这样的图可以称为网络。网络的基础结构是图。

5.3.2 电网流量优化问题

1. 问题描述

设 $G=(V,E)$为供电网络的有向图，其中，V 是节点的集合，i 是节点的下标，表示电厂、用户(城市)或者电能并网的中继站，$i\in V$；E 是连接节点的边的集合，对于$(i, j)\in E$，表示节点(i,j)之间建立了连接电线，电能可以从节点 i 传输到节点 j(或反之)。各边上流通的电能，称为电网络的流量。图 5-7 给出了一个电网络结构示意图。

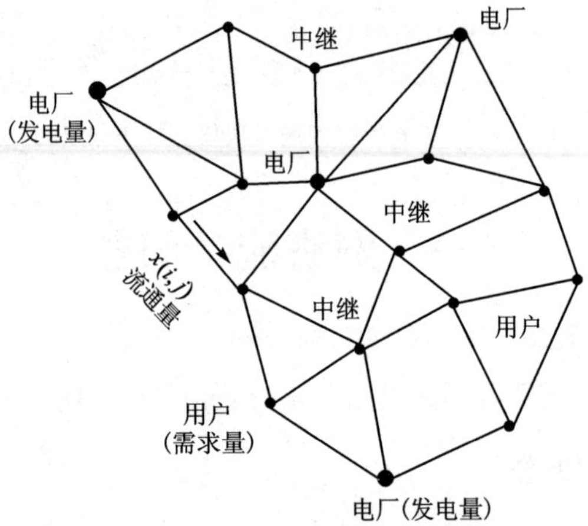

图 5-7 电网结构示意图

对于 G 中的每个节点 i $(i\in V)$，关联了一个标识数 a_i，表示该节点所产生的流量值：

① 当 $a_i>0$ 时，表示节点 i 产生电能，属于电厂节点，且 a_i 值代表该节点所能产生的最大流量上限；

② 当 $a_i<0$ 时，表示节点 i 消耗电能，属于用户节点，且$|a_i|$值代表该节点需要消耗的流量值；

③ 当 $a_i=0$ 时，表示节点 i 是中继节点，既不产生电能，也不消耗电能。

对于 G 中的每条边$(i, j)\in E$，用数值 c_{ij} 表示边(i, j)的单位流通费用，即每流通一单位流量所需要支付给电网公司的费用；用 C_{ij} 表示边(i, j)允许承载的最大流量。因此，在满足用户用电需求的前提下，如何优化设计网络流量，使支付给电网公司的总流通费用最小化，就是这里讨论的电网流量优化问题。

2. 参数定义

V　节点的集合；

a_i　节点 i 产生的流量，$i \in V$；

E　边的集合，$(i, j) \in E$；

c_{ij}　边 (i, j) 的单位流通费用，$(i, j) \in E$；

C_{ij}　边 (i, j) 的最大流通容量，$(i, j) \in E$。

3. 变量定义

x_{ij}　非负连续变量，表示从 i 到 j 的设计流量，$(i, j) \in E$。

4. 优化模型

$$
\begin{cases}
\min \sum\limits_{(i,j)\in E}^{m} c_{ij} x_{ij} & (1) \\
\text{s.t.} \sum\limits_{(j,i)\in E} x_{ji} - \sum\limits_{(i,j)\in E} x_{ij} = -a_i, \quad \forall i \in V: a_i \leqslant 0 & (2) \\
\sum\limits_{(i,j)\in E} x_{ij} - \sum\limits_{(j,i)\in E} x_{ji} \leqslant a_i, \quad \forall i \in V: a_i > 0 & (3) \\
x_{ij} \leqslant C_{ij}, \quad \forall (i,j) \in E & (4) \\
x_{ij} \geqslant 0, \quad \forall (i,j) \in E & (5)
\end{cases}
$$

5. 模型解释

上述优化模型中，目标函数式(1)为使所有边上的流量总费用最小化；约束式(2)表示对于用户节点($a_i<0$)或中继节点($a_i=0$)，所有流入该节点的流量减去所有自该节点流出的流量恰好等于该节点消耗的流量(即 $-a_i$)；约束式(3)表示对于发电厂节点($a_i>0$)，流出该节点的流量减去流入该节点的流量不能超过发电厂生产的最大流量；约束式(4)表示边上的流量值不能超过传输容量上限值；约束式(5)定义了变量的值域。

6. 算　例

考虑一个有 20 个节点的输电网络，网络节点的坐标(x_i, y_i)产生的流量值 a_i 如表 5-7 所列。

表 5-7　网络节点坐标及流量值

i	1	2	3	4	5	6	7	8	9	10	11	12	13	14	15	16	17	18	19	20
x_i	10	20	12	75	44	30	56	12	22	45	59	80	98	78	92	77	64	92	83	99
y_i	5	18	35	9	24	48	30	95	75	67	45	28	22	64	60	82	98	81	92	93
a_i	66	−24	0	−25	0	−14	−9.5	70	0	−20	0	−10	−5.5	50	−10	0	−20	0	0	−21

网络的边 (i, j) 的最大流通容量均为 $C_{ij}=30$，各边的单位流通费用 c_{ij} 如表 5-8 所列。

表 5-8　网络的边及流通费用

(i, j)	c_{ij}	(i, j)	c_{ij}	(i, j)	c_{ij}	(i, j)	c_{ij}
(1, 3)	2.7	(4, 12)	2.1	(8, 17)	5.0	(13, 15)	3.5
(1, 2)	1.3	(4, 13)	2.7	(9, 10)	2.0	(14, 15)	1.2

续表 5-8

(i, j)	c_{ij}	(i, j)	c_{ij}	(i, j)	c_{ij}	(i, j)	c_{ij}
(1, 4)	6.8	(5, 6)	2.6	(10, 17)	3.6	(14, 16)	2.1
(2, 3)	2.3	(5, 7)	1.4	(10, 11)	2.8	(15, 18)	2.1
(2, 4)	5.6	(6, 9)	2.7	(10, 16)	3.8	(16, 17)	1.7
(2, 5)	2.1	(6, 10)	2.1	(11, 12)	2.9	(16, 18)	1.1
(2, 6)	3.5	(6, 11)	3.0	(11, 14)	2.3	(17, 19)	1.8
(3, 8)	6.5	(7, 11)	1.6	(12, 13)	1.6	(18, 19)	1.7
(3, 9)	4.5	(7, 12)	2.1	(12, 14)	4.0	(18, 20)	1.9
(4, 5)	3.4	(8, 9)	1.7	(12, 15)	3.4	(19, 20)	1.1

实例电网的结构图如图 5-8 所示。

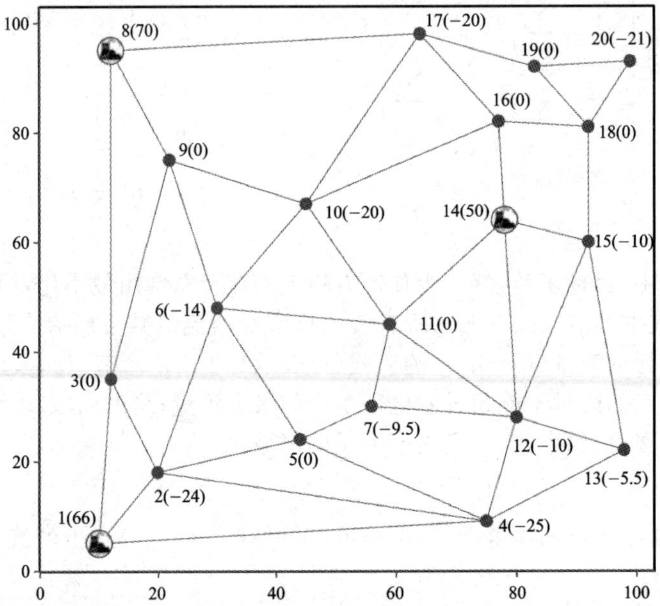

图 5-8 实例电网结构图

下面用 AMPL 建立电网流量问题模型文件。

```
#定义参数
set V;                    #节点的集合
set E in {V, V};          #边的集合(有向)
param a{V};               #节点产生的流量
param c{E};               #有向边的单位流通成本
param C: = 30;            #边的容量
#定义变量
var x{E}> = 0;            #边上的设计流量
#目标函数
minimize Total_cost: sum{(i,j) in E}c[i,j] * x[i,j];
#约束条件
subject to InOutBalance1{i in V: a[i]< = 0}:                    #对于用户或中继节点
```

```
    sum{(j,i) in E}x[j,i] - sum{(i,j) in E}x[i,j] =- a[i];  # 流入 - 流出 = 用户需求
subject to InOutBalance2{i in V: a[i]>0}:                   # 对于电厂节点
    sum{(i,j) in E}x[i,j] - sum{(j,i) in E}x[j,i]<= a[i];   # 流出 - 流入≤发电能力
subject to CapacityLimit{(i,j) in E}:                       # 对于所有的边
    x[i,j] <= C;                                            # 设计流量不能超过最大值
```

用 AMPL 建立电网流量优化问题实例的数据文件，调用 CPLEX 软件对模型求解，得到的最优目标函数值为 673.4，网络各边(i,j)的设计流量值 x_{ij} 如表 5-9 所列。

表 5-9　网络各边的设计流量

(i,j)	设计流量值 x_{ij}	(i,j)	设计流量值 x_{ij}
(1, 2)	30	(14, 15)	15.5
(1, 4)	25	(14, 16)	17
(2, 5)	2	(14, 11)	7.5
(2, 6)	4	(14, 12)	10
(5, 7)	2	(15, 13)	5.5
(8, 9)	30	(16, 18)	17
(8, 17)	24	(17, 19)	4
(9, 6)	10	(18, 20)	17
(9, 10)	20	(19, 20)	4
(11, 7)	7.5	其余边	0
最优目标函数值 673.4			

将设计流量绘制于网络图上，如图 5-9 所示。

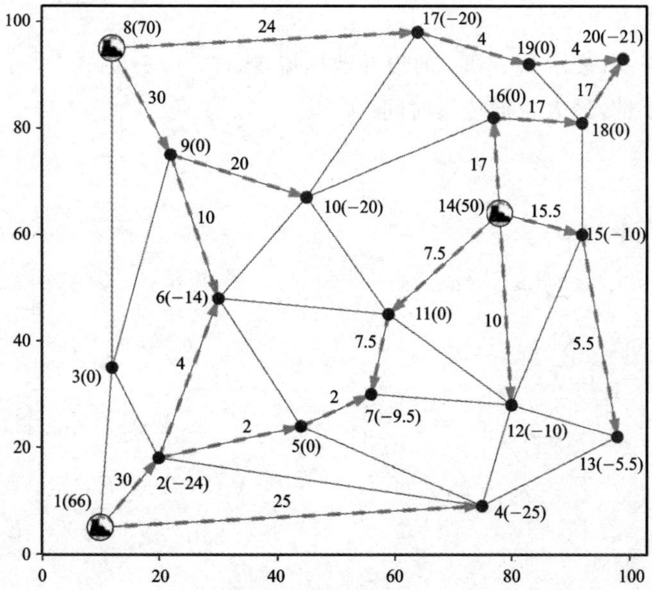

图 5-9　电网流量优化设计结果图(箭头为流量方向)

5.3.3 数据传输优化问题

1. 问题描述

设 $G=(V, E)$ 为数据传输网络图，其中，V 是节点的集合，i 是节点的下标，$i\in V$；E 是连接节点的边的集合，对于 $(i, j)\in E$，表示节点 (i, j) 之间建立了连接电线，数据可以从节点 i 传输到节点 j（或反之）。假设在当前网络状态下，任意边 (i, j) 的数据传输速度为 c_{ij} 且为已知。现在需要将数据量大小为 a 的数据，从节点 s 传输至节点 t，试确定网络数据的路径与流量设计，使数据传输完毕所需时间最短。

数据传输网络示意图如图 5-10 所示，数据包从节点 s 分包发出，经网络传输后，到达节点 t，经任意边 (i, j) 的传输数据量为 a 的传输时间为 a/c_{ij}。由于数据传输各路径是并行传输的，且数据到达某节点后即开始向下一节点传输，数据传输时间最长的边（瓶颈边）即为数据传输完毕所需时间。

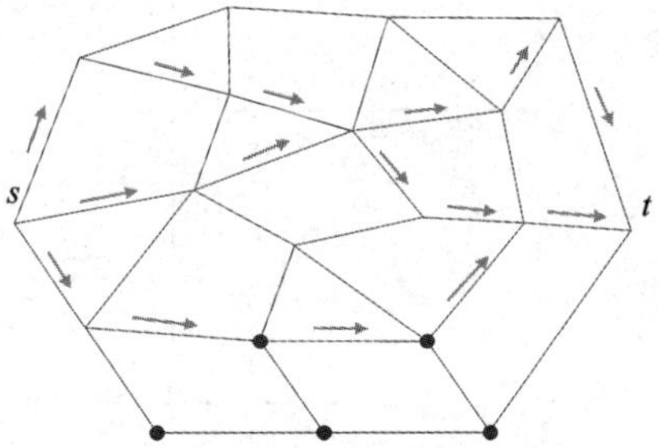

图 5-10 数据传输网络示意图

2. 参数定义

V 节点的集合；

E 边的集合，$(i, j)\in E$；

c_{ij} 边 (i, j) 的数据传输速度，$(i, j)\in E$；

s 数据发出节点，$s\in E$；

t 数据接收节点，$t\in E$；

a 从 s 向 t 传输的数据量。

3. 变量定义

x_{ij} 非负连续变量，表示从 i 到 j 的设计数据流量，$(i, j)\in E$；

T 非负连续变量，最大数据传输时间。

4. 优化模型

$$
\begin{cases}
\min T & (1)\\
\text{s.t.}\ \sum\limits_{(s,j)\in E} x_{sj}=a & (2)\\
\sum\limits_{(i,t)\in E} x_{it}=a & (3)\\
\sum\limits_{(j,i)\in E;j\neq t} x_{ji}=\sum\limits_{(i,j)\in E;j\neq s} x_{ij}, \quad \forall i\in V:i\neq s,i\neq t & (4)\\
T\geqslant x_{ij}/c_{ij}, \quad \forall (i,j)\in E & (5)\\
T\geqslant 0, x_{ij}\geqslant 0, \quad \forall (i,j)\in E & (6)
\end{cases}
$$

5. 模型解释

上述优化模型中，目标函数式(1)为所有边中传输时间的最大值；约束式(2)表示从节点 s

发出的数据量为 a；约束式(3)表示节点 t 接收的数据量也为 a；约束式(4)表示除了 s 和 t 点之外的其他节点，其发出数据量与接收数据链相等；约束式(5)表示变量 T 取最大传输时间；约束式(6)定义了变量的值域。

6. 算　例

随机构造图 5－11 所示数据传输网络，节点数为 18，网络的边 (i, j) 及数据传输速度 c_{ij}（双向）如表 5－10 所列。

表 5－10　网络的边及数据传输速度

(i, j)	c_{ij}	(i, j)	c_{ij}	(i, j)	c_{ij}	(i, j)	c_{ij}
(1, 18)	1.8	(3, 6)	2.3	(6, 12)	2.6	(10, 18)	4.2
(1, 10)	1.2	(3, 16)	1.6	(6, 17)	3.2	(12, 17)	4.1
(1, 4)	2.6	(3, 17)	2.9	(7, 9)	1.7	(12, 18)	2.9
(1, 5)	4.8	(4, 11)	4.8	(7, 12)	3	(13, 15)	2.7
(1, 11)	3.3	(4, 8)	4.1	(8, 13)	4.7	(14, 15)	3.5
(1, 12)	3.9	(4, 5)	2.5	(8, 14)	2.2	(14, 16)	2.4
(2, 7)	4.5	(5, 8)	3	(8, 15)	2.5	(14, 17)	2.8
(2, 9)	1.6	(5, 12)	2.9	(9, 10)	4.3	(15, 16)	3
(2, 12)	1	(5, 14)	3.2	(9, 18)	1.8	(16, 17)	3
(2, 18)	3.1	(6, 7)	4.6	(10, 11)	1.5		

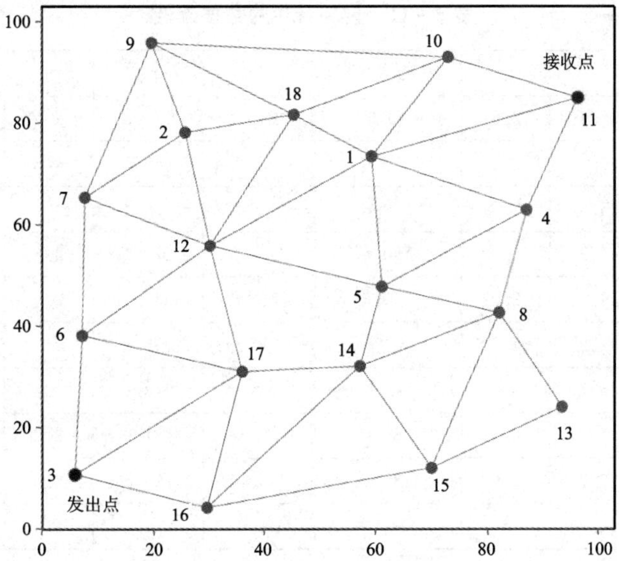

图 5－11　数据传输网络实例

现要将数据从 $s=3$ 传输到 $t=11$，数据传输的大小 $a=1\ 024$。对上述数据传输问题建立 AMPL 模型代码：

```
#定义参数
set V;                  #节点的集合
set E in {V,V};         #边的结合
param c{E};             #边的数据传输速度
param s: = 3;           #数据发出节点
param t: = 11;          #数据接收节点
param a: = 1024;        #从 s 传输到 t 的数据量
#变量定义
var x{E}>= 0;           #各边的数据流量
var T>= 0;              #最大传输时间
#目标函数
minimize Trans_T: T;
#约束条件
subject to Con1:
    sum{(s,j) in E}x[s,j] = a;                       #从 s 点输出总量为 a
subject to Con2:
    sum{(i,t) in E}x[i,t] = a;                       #输入 t 点的总量为 a
subject to Con3{i in V: i<>s and i<>t}:              #其他节点的输入、输出保持平衡
    sum{(j,i) in E:j<>t}x[j,i] = sum{(i,j) in E:j<>s}x[i,j];
subject to Con4{(i,j) in E}:                         #获取所有传输边的最大传输时间
    T >= x[i,j]/c[i,j];
```

用 AMPL 建立数据传输优化问题实例的模型文件、数据文件和脚本文件，调用 CPLEX 软件对模型求解，得到的最优目标函数值为 150.6，网络各边的数据流量如表 5-11 所列。

表 5-11 网络各边的数据流量

(i, j)	x_{ij}	c_{ij}	传输时间	(i, j)	x_{ij}	c_{ij}	传输时间
(1, 4)	105.4	2.6	40.5	(8, 4)	195.8	4.1	47.7
(1, 11)	496.9	3.3	150.6	(9, 10)	225.9	4.3	52.5
(3, 6)	346.4	2.3	150.6	(10, 11)	225.9	1.5	150.6
(3, 16)	240.9	1.6	150.6	(12, 18)	271.1	2.9	93.5
(3, 17)	436.7	2.9	150.6	(12, 1)	331.3	3.9	84.9
(4, 11)	301.2	4.8	62.7	(14, 8)	195.8	2.2	89.0
(6, 7)	436.7	4.6	94.9	(16, 17)	240.9	3	80.3
(6, 12)	391.5	2.6	150.6	(17, 6)	481.9	3.2	150.6
(7, 9)	225.9	1.7	132.9	(17, 14)	195.8	2.8	69.9
(7, 12)	210.8	3	70.3	(18, 1)	271.1	1.8	150.6

将设计流量绘制于网络图上，如图 5-12 所示。

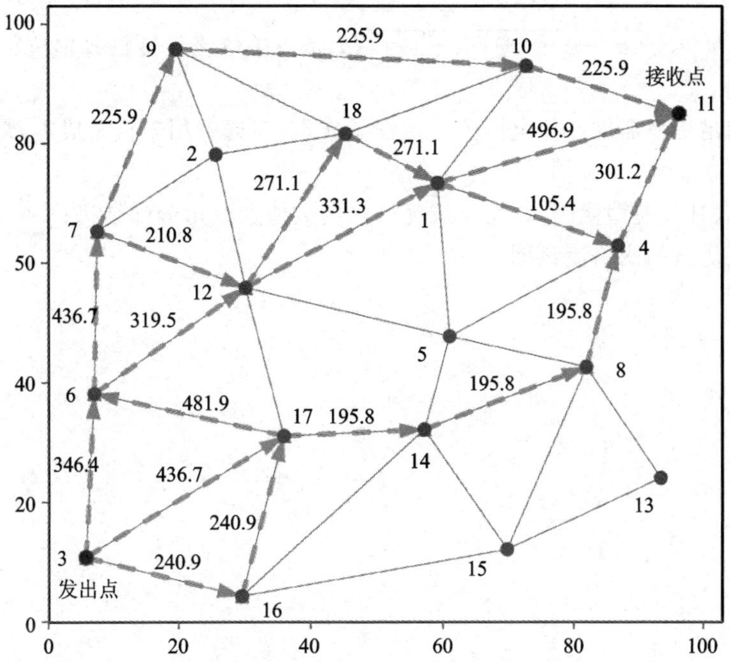

图 5-12　数据传输流量优化设计结果图(箭头为传输方向)

练习题

1. 考虑带约束的单商品运输问题：某种产品在 m 个仓库中有货，库存量分别为 $a_1, a_2, \cdots, a_m$；有 n 个客户订单，订货量分别为 $b_1, b_2, \cdots, b_n$；把产品从仓库 i 运输到客户 j 的单位货物运费为 c_{ij}。由于货车容量限制，从任意一个仓库到任意一个客户的运输量不能超过 C。试确定一个运输方案，使总运费最少。

(1) 建立该问题的数学线性规划模型；

(2) 建立上述模型的对偶模型；

(3) 令 $C=40$，以 5.1.1 节中的数据，在 AMPL/CPLEX 环境下求解原始模型和对偶模型的最优解，编写 AMPL 模型代码并给出求解结果。

2. 考虑 5.2 节中的营养配餐问题，再增加约束条件：配餐的营养成分还需要不超过给定的最高值 d_j，$j=1, 2, \cdots, n$。

(1) 建立该问题的数学线性规划模型；

(2) 建立上述模型的对偶模型；

(3) 在 AMPL/CPLEX 环境下求解上述模型的最优解，编写 AMPL 模型代码并给出求解结果。

营养成分最高值 d_j 的取值如下：

j	1	2	3	4	5	6	7	8	9	10	11	12	13	14	15	16	17	18	19	20
d_j	100	50	100	100	50	150	50	100	100	100	50	200	100	100	200	100	100	100	100	100

3. 考虑5.3.2节中的算例，增加(x_i, y_i)表示节点i的位置坐标，D_{ij}表示节点i和j之间的欧氏距离，即$D_{ij}=\sqrt{(x_i-x_j)^2+(y_i-y_j)^2}$，$d$是每单位流量传输每单位距离的损耗，$e$是流量的成本单价。

(1) 建立满足用户需求并使电网流量传输总成本(流通费用+损失成本)最低的数学线性规划模型；

(2) 编写AMPL模型代码，计算出最优目标函数值及流量分配结果；

(3) 绘制最优解的网络流量图。

第 6 章　非线性规划

本章介绍非线性规划技术。

线性规划要求目标函数和约束条件均为线性函数,其所能解决的工程实际问题类型是有限的,而现实应用中,很多最优化问题都含有非线性成分。例如:

① 二次关系。在约束或目标函数中,某变量 x 有二次项:x^2。

② 倒数关系。在约束或目标函数中,某两个变量 x_1 和 x_2 是倒数关系:$x_1=1/x_2$。

③ 对数关系。在约束或目标函数中,变量 x_1 和 x_2 是对数关系:$x_1=\lg x_2$。

④ 乘积关系。在约束或目标函数中,两个变量 x_1 和 x_2 有乘积项:x_1x_2。

⑤ 欧氏距离。平面坐标变量 x 和 y 的欧氏距离:$d=\sqrt{x_1^2+x_2^2}$。

⑥ 绝对值函数、"或关系"等。

处理这些非线性成分,通常采用近似线性化来取代这些非线性成分。本章介绍一些常用到的非线性处理方法。

6.1　单变量非线性函数线性化

6.1.1　幂函数线性化

考虑数学规划问题:

$$\begin{cases}\min -x_1+x_2\\ \text{s.t.} -2x_1+x_2\leqslant 1\\ \quad -x_1^a+x_2\geqslant 0\\ \quad x_1,x_2\geqslant 0,a\ \text{为常数}\end{cases}\tag{6-1}$$

上述规划中,当 $a\neq 1$ 时,$-x_1^a$ 即为幂函数式非线性成分,它的存在导致该数学规划问题无法采用单纯形法求最优解。

先给出一般性的幂函数 $y=x^a$ 的函数形状:当指数 a 取值范围不同时,函数曲线的凹凸方向也不同。

- 当 $a<0$ 或 $a>1$ 时,函数曲线为凹形;
- 当 $0<a<1$ 时,函数曲线为凸形。

幂函数的凹凸方向如图 6-1 所示。

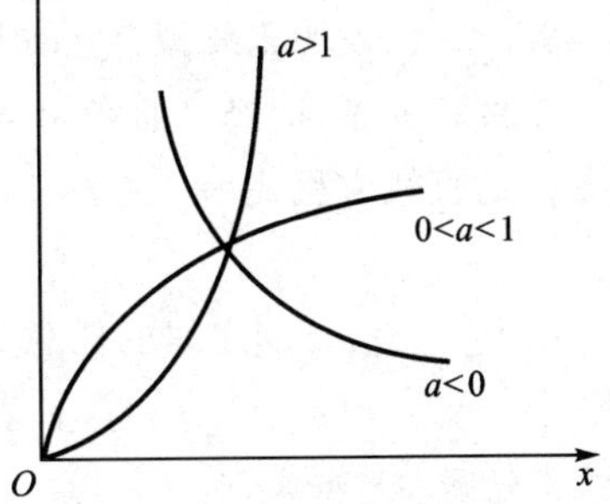

图 6-1　幂函数的凹凸方向

因此,当 $a<0$ 或 $a>1$ 时,$y=x^a$ 是凹形曲线,规划问题式(6-1)的约束条件确定的值域为直线 $-2x_1+x_2=1$ 和 $-x_1^a+x_2=0$ 包络的区域,如图 6-2 所示。

对于 $a>1$ 和 $a<0$ 的情况,均可以将约束条件 $-x_1^a+x_2\leqslant 0$ 对值域的包络转化为一组割线(或者切线)来线性

化近似表示，即

$$x_2 \geqslant k_p x_1 + b_p, \quad \forall p = 1,2,\cdots$$

式中，k_p 和 b_p 分别是直线方程 $y=k_p x + b_p$ 的斜率和截距；p 是直线方程的序号。

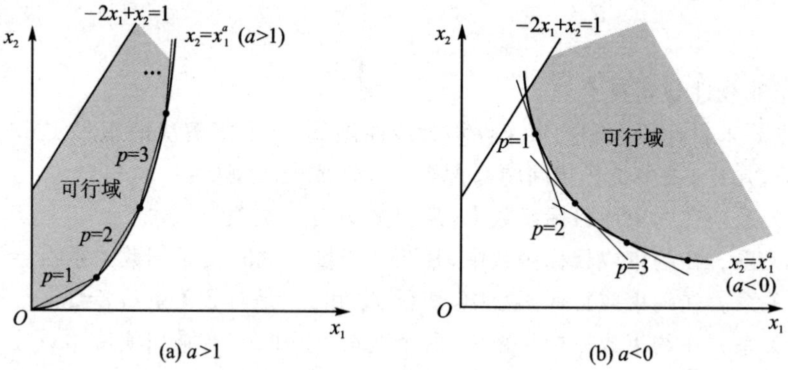

图 6-2 算例规划问题的可行值域

这样，规划问题式(6-1)可以转化为近似等价的线性规划：

$$\begin{cases} \min -x_1 + x_2 \\ \text{s.t.} -2x_1 + x_2 \leqslant 1 \\ \quad x_2 \geqslant k_p x_1 + b_p, \quad \forall p = 1,2,\cdots \\ \quad x_1, x_2 \geqslant 0 \end{cases} \tag{6-2}$$

式(6-2)中使用的割线/切线越多，它拟合规划式(6-1)的精度就越高，误差就越小，这里称为非线性函数的分段拟合逼近法。一般需要根据指数 a 的值，具体分析误差控制公式。

6.1.1.1 幂函数 $y=x^2$

下面考虑 $a=2$ 的情况，即 $y=x^2$ 时，如何控制分段拟合逼近法的误差范围。

问题描述：令非负变量 x 取值范围是$[x_{\min}, x_{\max}]$，确定拟合直线的数量 η，使得下面的线性拟合逼近曲线 $y \geqslant x^2$ 的最大误差率不高于给定的小数 ε：

$$y \geqslant k_p x + b_p, \quad \forall p = 1,2,\cdots,\eta \tag{6-3}$$

1. 割线逼近法

k_p 和 b_p 分别表示曲线 $y=x^2$ 的 η 条割线中第 p 条的斜率和截距，$\varepsilon=0.1\%$。(切线方法请读者自行推导。)

从 $x_{\min}$ 出发的割线拟合法如图 6-3 所示。

考虑第 p 条，即经过曲线 $y=x^2$ 上两点(x_{p-1}, x_{p-1}^2)和(x_p, x_p^2)的割线。过这两个点的直线 p 的直线方程式为

$$y = (x_p + x_{p-1})x - x_p x_{p-1} \tag{6-4}$$

对于$[x_{p-1}, x_p]$之间的任意点 x'，令 $y'=x'^2$，y'表示与自变量 x'对应的函数精确值；令 $y''=(x_p+x_{p-1})x'-x_p x_{p-1}$，$y''$表示由割线方程产生的与自变量 x'对应的拟合值。拟合值 y''的相对误差 ε 定义为

$$\varepsilon(x') = \frac{y''-y'}{y'} \tag{6-5}$$

割线拟合法的误差定义如图 6－4 所示。

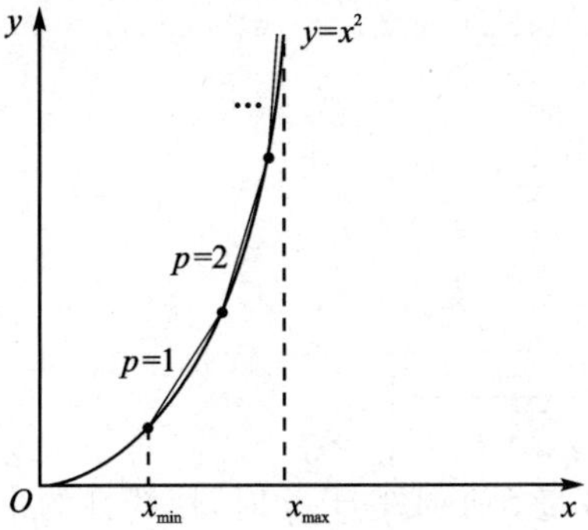

图 6－3　从 $x_{\min}$ 出发的割线拟合法

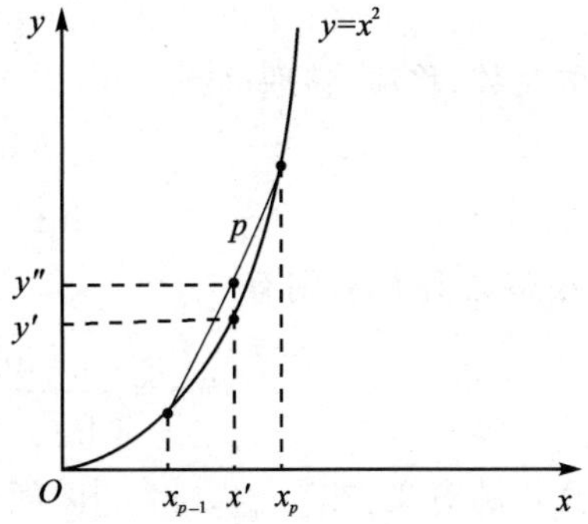

图 6－4　割线拟合法的误差定义

将 $y'=x'^2$ 和 $y''=(x_p+x_{p-1})x'-x_px_{p-1}$ 代入式(6－5)，可得

$$\varepsilon(x')=\frac{(x_p+x_{p-1})x'-x_px_{p-1}-x'^2}{x'^2}=(x_p+x_{p-1})(x')^{-1}-x_px_{p-1}(x')^{-2}-1$$

对函数 $\varepsilon(x')$ 求导，令导函数等于 0 并计算极值：

$$\varepsilon'(x')=-(x_p+x_{p-1})(x')^{-2}+2x_px_{p-1}(x')^{-3}=0$$

因为 x' 不为 0，所以由上式可以得到

$$x'=\frac{2x_px_{p-1}}{x_p+x_{p-1}}$$

即 x' 处是误差最大的位置。代入函数 $\varepsilon(x')$，可以得到

$$\varepsilon(x')=(x_p+x_{p-1})\left(\frac{2x_px_{p-1}}{x_p+x_{p-1}}\right)^{-1}-x_px_{p-1}\left(\frac{2x_px_{p-1}}{x_p+x_{p-1}}\right)^{-2}-1=\frac{(x_p-x_{p-1})^2}{4x_px_{p-1}}$$

得到关于 x_p 的一元二次方程：

$$x_p^2-(2x_{p-1}+4\varepsilon x_{p-1})x_p+x_{p-1}^2=0$$

根据求根公式：

$$x_p=\frac{-b\pm\sqrt{b^2-4ac}}{2a}=\frac{(2x_{p-1}+4\varepsilon x_{p-1})+\sqrt{(2x_{p-1}+4\varepsilon x_{p-1})^2-4x_{p-1}^2}}{2}$$

整理，得到递推公式：

$$x_p=(1+2\varepsilon+2\sqrt{\varepsilon+\varepsilon^2})x_{p-1} \tag{6-6}$$

根据上述递推公式，递推覆盖从 $x_{\min}$ 到 $x_{\max}$ 的其他全部割线：

$$x_1=(1+2\varepsilon+2\sqrt{\varepsilon+\varepsilon^2})x_0$$

$$x_2=(1+2\varepsilon+2\sqrt{\varepsilon+\varepsilon^2})x_1$$

$$x_3=(1+2\varepsilon+2\sqrt{\varepsilon+\varepsilon^2})x_2$$

$$\vdots$$

$$x_p=(1+2\varepsilon+2\sqrt{\varepsilon+\varepsilon^2})x_{p-1}$$

两端相乘，得到

$$x_p=(1+2\varepsilon+2\sqrt{\varepsilon+\varepsilon^2})^px_0$$

令 $0\leqslant x_0\leqslant x_{\min}$ 且 $x_{\max}=x_p$，得到

$$x_{\max}=(1+2\varepsilon+2\sqrt{\varepsilon+\varepsilon^2})^p x_0\leqslant(1+2\varepsilon+2\sqrt{\varepsilon+\varepsilon^2})^p x_{\min}$$

上式两边取对数，移项、整理得到

$$p\geqslant\frac{\ln x_{\max}-\ln x_{\min}}{\ln(1+2\varepsilon+2\sqrt{\varepsilon+\varepsilon^2})}$$

令 p 的最小整数值为 η，则有

$$\eta=\left\lceil\frac{\ln x_{\max}-\ln x_{\min}}{\ln(1+2\varepsilon+2\sqrt{\varepsilon+\varepsilon^2})}\right\rceil \tag{6-7}$$

上述公式的意义：在$[x_{\min},\ x_{\max}]$区间的割线数量大于或等于 η 时，用线性约束式(6-3)代替非线性约束 $y\geqslant x^2$，产生的误差不超过给定的误差率 ε。

下面推导第 p 条割线的斜率和截距。已知第 p 条割线的表达式为

$$y=(x_p+x_{p-1})x-x_p x_{p-1}$$

式中，斜率为 $k_p=x_p+x_{p-1}$，截距为 $b_p=x_p x_{p-1}$。根据式(6-5)，令 $\mu=1+2\varepsilon+2\sqrt{\varepsilon+\varepsilon^2}$，有

$$x_p=\mu x_{p-1}$$

因此，第 p 条割线的截距和斜率表示为

$$\begin{aligned}k_p&=x_p+x_{p-1}=\mu x_{p-1}+x_{p-1}\\&=(\mu+1)x_{p-1}=(\mu+1)\mu x_{p-2}=(\mu+1)\mu^2 x_{p-3}=\cdots=(\mu+1)\mu^{p-1}x_{\min}\\b_p&=-x_p x_{p-1}=-\mu x_{p-1}^2=-\mu^3 x_{p-2}^2=\cdots=-\mu^{2p-1}x_{\min}^2\end{aligned}$$

综合整理，得到从 $x_{\min}$ 出发的割线组的斜率和截距：

$$\begin{cases}k_p=(\mu+1)\mu^{p-1}x_{\min}\\b_p=-\mu^{2p-1}x_{\min}^2\end{cases},\quad \forall\, p=1,2,\cdots,\eta \tag{6-8}$$

式中，

$$\mu=1+2\varepsilon+2\sqrt{\varepsilon+\varepsilon^2},\quad \eta=\left\lceil\frac{\ln x_{\max}-\ln x_{\min}}{\ln\mu}\right\rceil$$

上面公式给出了各条割线的计算公式，对 $y=x^2$ 进行线性化，并且误差率不超过 ε。注意，此处 $x_{\min}$ 不能为 0，割线编号从 $x_{\min}$ 开始到 $x_{\max}$。

下面推导从 $x_{\max}$ 出发（$p=1$）的割线组的斜率和截距计算公式，令第 p 条割线的表达式为

$$y=(x_p+x_{p-1})x-x_p x_{p-1}$$

从 $x_{\max}$ 出发的割线拟合法如图 6-5 所示。

同样，可以推导出 x_p 和 x_{p-1} 互换位置的公式(6-6)，得到

$$x_p=x_{p-1}/(1+2\varepsilon+2\sqrt{\varepsilon+\varepsilon^2}) \tag{6-9}$$

令 $\mu=1+2\varepsilon+2\sqrt{\varepsilon+\varepsilon^2}$，简化式(6-8)得到 $x_p=x_{p-1}/\mu$。第 p 条割线的截距 k_p 和斜率 b_p 分别表示为

$$\begin{aligned}k_p&=x_p+x_{p-1}=x_{p-1}/\mu+x_{p-1}\\&=\frac{1+\mu}{\mu}x_{p-1}=\frac{1+\mu}{\mu^2}x_{p-2}=\frac{1+\mu}{\mu^3}x_{p-3}=\cdots=\frac{1+\mu}{\mu^p}x_{\max}\end{aligned}$$

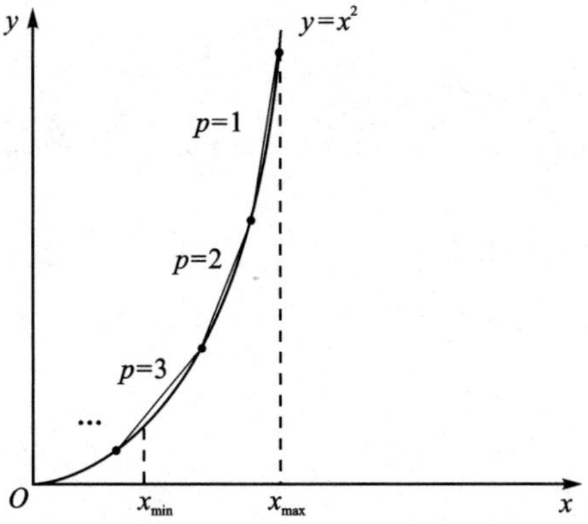

图 6-5　从 x_{max} 出发的割线拟合法

$$b_p = -x_p x_{p-1} = -x_{p-1}^2/\mu = -x_{p-2}^2/\mu^3 = \cdots = -x_{max}^2/\mu^{2p-1}$$

整理得到

$$\begin{cases} k_p = \dfrac{\mu+1}{\mu^p} x_{max} \\ b_p = -\dfrac{1}{\mu^{2p-1}} x_{max}^2 \end{cases}, \quad \forall p = 1,2,\cdots,\eta \tag{6-10}$$

式中，

$$\mu = 1 + 2\varepsilon + 2\sqrt{\varepsilon + \varepsilon^2}, \quad \eta = \left\lceil \frac{\ln x_{max} - \ln x_{min}}{\ln \mu} \right\rceil$$

下面基于 AMPL/CPLEX 环境对规划问题式(6-2)进行求解，代码如下：

```
#定义求解器
option solver cplex;
option cplex_options 'mipdisplay = 2';
param epsilon: = 0.001;                                            #令精度 ε = 0.1 %
param miu;
let miu: = 1 + 2 * epsilon + 2 * sqrt(epsilon + epsilon * epsilon);
param x_max: = 100;                                                #x1 的取值范围
param x_min: = 0.1;                                                #x1 的取值范围
param n;
let n: = round(0.49999 + (log (x_max) - log (x_min))/log (miu));   #计算割线的数量
param k{1..n};                    #割线的斜率
param b{1..n};                    #割线的截距
param pl;
param x_p;
param x_pl;
#计算割线的斜率和截距,从 x_max 出发到 x_min 截止
let x_p: = x_max;
let pl: = 0;
repeat
{
```

```
    let x_p1: = x_p/miu;
    let pl: = pl + 1;
    let k[pl]: = (miu + 1)/(miu^pl) * x_max;
    let b[pl]: = -1/(miu^(2 * pl - 1)) * x_max * x_max;
    let x_p: = x_p1;
} while x_p > x_min;
#定义变量
var x1 > = 0;
var x2 > = 0;
#定义规划模型
minimize Obj: -x1 + x2;
subject to Con1: -2 * x1 + x2 < = 1;
subject to Con2{p in 1..n}: x2 > = k[p] * x1 + b[p];
#开始求解
objective Obj;
solve;
#输出结果
display x1, x2, Obj;
```

令 x 的取值范围为 $[0.1, 100]$，近似精度 $\varepsilon = 0.1\%$，在 CPLEX 默认设置环境下得到最优解：$x_1 = 0.493\,333$，$x_2 = 0.243\,377$，目标函数值为 $-0.249\,956$。

2. 切线逼近法

采用一组切线也可以实现对函数 $y \geqslant x^2$ 的线性化逼近，如图 $6-6(a)$ 所示。

(a) 切线组线性化　　　　　(b) 线性化的误差

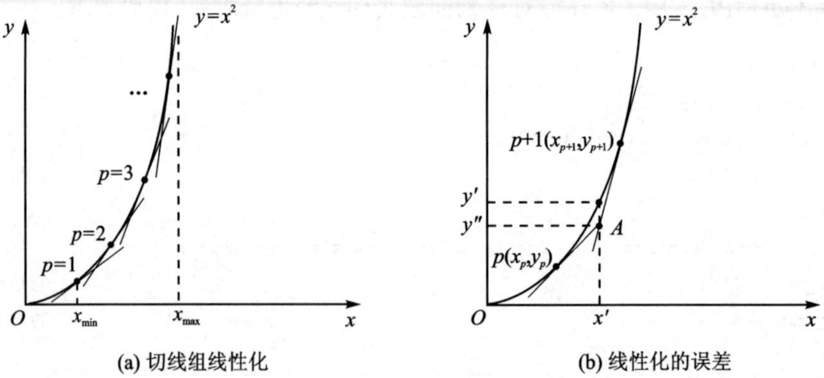

图 6 - 6　从 x_{max} 出发的切线拟合法

令第 p 条切线的方程为 $y = k_p x + b_p = -2x_p x + y_p + 2x_p^2$，第 $p+1$ 条切线的方程为 $y = k_{p+1} x + b_{p+1} = -2x_{p+1} x + y_{p+1} + 2x_{p+1}^2$。这两条相邻切线的最大误差点为其交点 A 处，如图 $6-6(b)$ 所示。令 A 点处变量 x 的值为 x'，变量 y 的线性拟合值为 y''，精确值为 y'。由此产生的拟合误差率为

$$\varepsilon(x') = \frac{y' - y''}{y'} \tag{6-11}$$

计算交点 A 的坐标 $x' = (x_p + x_{p+1})/2$，$y'' = x_p x_{p+1}$，$y' = x'^2 = (x_p + x_{p+1})^2/4$，可以得到

$$\varepsilon=\frac{y'-y''}{y'}=\frac{(x_p+x_{p+1})^2/4-x_px_{p+1}}{(x_p+x_{p+1})^2/4}=\frac{(x_p-x_{p+1})^2}{(x_p+x_{p+1})^2}$$

得到

$$x_{p+1}=\frac{1+\sqrt{\varepsilon}}{1-\sqrt{\varepsilon}}x_p$$

其中，ε 为给定的精度要求。令 $\mu=\frac{1+\sqrt{\varepsilon}}{1-\sqrt{\varepsilon}}$，得到如下切点递推公式：

$$\begin{cases}x_p=\mu^{p-1}x_{\min}\\ y_p=x_p^2\end{cases},\quad \forall p=1,2,\cdots,\eta \tag{6-12}$$

式中，$\eta=\left\lceil\frac{\ln v_{\max}-\ln v_{\min}}{\ln\mu}+1\right\rceil$，为切线的数量。

切线 p 的斜率 k_p 和截距 b_p 的计算公式为

$$\begin{cases}k_p=2x_p=2\mu^{p-1}x_{\min}\\ b_p=-x_p^2=-\mu^{2(p-1)}x_{\min}^2\end{cases},\quad \forall p=1,2,\cdots,\eta \tag{6-13}$$

需要注意的是，切线法的近似逼近值总是略小于精确真实值（在 $\varepsilon\%$ 误差范围之内），而割线法总的近似逼近值总是略大于精确真实值（也在 $\varepsilon\%$ 误差范围之内）。

6.1.1.2　幂函数 $y=x^{-1}$

下面考虑 $a=-1$ 的情况，即 $y=x^{-1}$ 或 $xy=1$。在很多应用优化问题中，都会涉及这种非线性关系，如：

① 在行驶距离 D 一定的情况下，行驶时间 t 和车速变量 v 的关系为 $tv=D$；

② 在网络流量 a 一定的情况下，传输时间 t 和传输速率 r 的关系为 $tr=a$；

③ 在面积 S 要求一定的情况下，矩形的长 w 和宽 h 的关系为 $wh=S$。

因此 $y=x^{-1}$ 的线性化方法具有广泛的用途。

问题描述：x 取值范围是$[x_{\min},x_{\max}]$，确定拟合线段的数量 η，使下面的线性拟合逼近曲线 $y=x^{-1}$ 的误差率不高于给定的小数 ε：

$$y\geqslant k_px+b_p,\quad \forall p=1,2,\cdots,\eta$$

1. 割线逼近法

用一组割线(k_p, b_p)，$p=1, 2, \cdots$来线性化 $y=x^{-1}$，其中 k_p 和 b_p 表示直线的斜率和截距。割线的编号 $p=1, 2, \cdots$表示从 $x_{\min}$ 出发到覆盖 $x_{\max}$，如图 6-7 所示。

推导原理和方法与 6.1.1.1 小节一样，有兴趣的读者自行推导，可得到割点的递推公式如下：

$$\begin{cases}x_p=\mu^px_{\min}\\ y_p=1/(\mu^px_{\min})\end{cases},\quad \forall p=0,1,2,\cdots,\eta \tag{6-14}$$

式中，$\eta=\left\lceil\frac{\ln x_{\max}-\ln x_{\min}}{\ln\mu}\right\rceil$，$\mu=1+2\varepsilon+2\sqrt{\varepsilon+\varepsilon^2}$，$\varepsilon$ 是精度要求。

割线组直线的斜率和截距计算式如下：

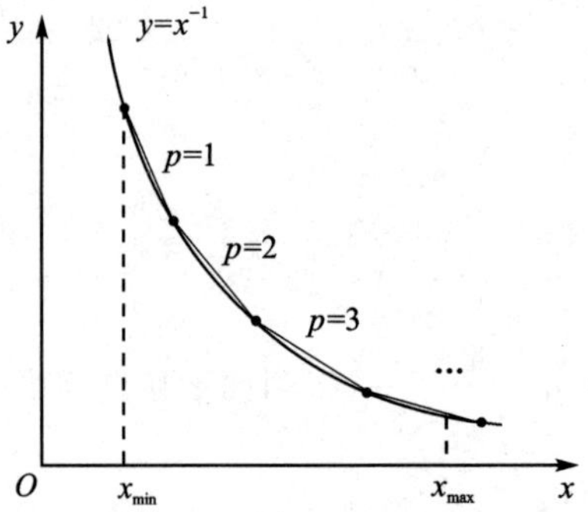

图 6-7 从 x_{min} 出发的割线法线性化曲线 $y=x^{-1}$

$$\begin{cases} k_p = -\dfrac{1}{\mu^{2p-1}\cdot x_{min}^2} \\ b_p = \dfrac{\mu+1}{\mu^p \cdot x_{min}} \end{cases}, \quad \forall p=1,2,\cdots,\eta \tag{6-15}$$

式(6-15)是从 x_{min} 出发的,斜率和截距均依赖于 x_{min}。同样,若从 x_{max} 出发(到 x_{min}),计算式将依赖于 x_{max}。这里给出一种从中间点(1,1)出发,分别向 x_{min} 和 x_{max} 方向递推的割线计算方法,将不依赖于 x_{min} 或 x_{max}。

对于非线性约束式 $y\geqslant\beta x^{-1}$,令第一条割线的起点为$(\sqrt{\beta}, \sqrt{\beta})$,斜率和截距的计算式为

$$\begin{cases} k_p = -\mu^{-(2p-1)} \\ b_p = \mu^{-p}(1+\mu) \end{cases}, \quad \forall p=1,2,\cdots,\eta \tag{6-16}$$

① 当计算向 x_{min} 方向的割线时,令 $\mu=(1-\sqrt{\varepsilon})/(1+\sqrt{\varepsilon})$,$\eta\geqslant\lceil \ln x_{min}/\ln\mu \rceil$。

② 当计算向 x_{max} 方向的割线时,令 $\mu=(1+\sqrt{\varepsilon})/(1-\sqrt{\varepsilon})$,$\eta\geqslant\lceil \ln x_{max}/\ln\mu \rceil$。

上述式(6-16)可用于将非线性约束式 $y\geqslant\beta x^{-1}$ 转换为如下的线性约束,并控制误差精度在给定的小数 ε 范围之内:

$$y\geqslant k_p x+\sqrt{\beta}b_p, \quad \forall p=1,2,\cdots,\eta \tag{6-17}$$

式中,β 为正数常数。

2. 切线逼近法

当采用切线组来线性化 $y=x^{-1}$ 时,切点的递推公式(从 x_{min} 点开始)如下:

$$\begin{cases} x_p = \mu^{p-1}x_{min} \\ y_p = 1/(\mu^{p-1}x_{min}) \end{cases}, \quad \forall p=1,2,\cdots,\eta \tag{6-18}$$

式中,$\eta=\left\lceil \dfrac{\ln x_{max}-\ln x_{min}}{\ln\mu}+1 \right\rceil$,$\mu=(1+\sqrt{\varepsilon})/(1-\sqrt{\varepsilon})$,$\varepsilon$ 为给定的精度要求。

切线组的斜率和截距计算式如下:

$$\begin{cases} k_p = -\mu^{2-2p}/x_{min}^2 \\ b_p = 2\mu^{1-p}/x_{min} \end{cases}, \quad \forall p=1,2,\cdots,\eta \tag{6-19}$$

同样,上式可以令第一条切线的切点为曲线 $y=\beta x^{-1}$ 的中点$(\sqrt{\beta}, \sqrt{\beta})$,所得到切线组为对称方式。对称的斜率和截距的计算式可改进为

$$\begin{cases}k_p=-\mu^{2-2p} \\ b_p=2\mu^{1-p}\end{cases},\quad \forall p=1,2,\cdots,\eta \tag{6-20}$$

① 当计算向 $x_{\min}$ 方向的切线时，令 $\mu=(1-\sqrt{\varepsilon})/(1+\sqrt{\varepsilon})$，$\eta \geqslant \lceil \ln x_{\min}/\ln \mu \rceil$。

② 当计算向 $x_{\max}$ 方向的切线时，令 $\mu=(1+\sqrt{\varepsilon})/(1-\sqrt{\varepsilon})$，$\eta \geqslant \lceil \ln x_{\max}/\ln \mu \rceil$。

切线组线性化的约束条件表达式为

$$y \geqslant k_p x+\sqrt{\beta} b_p,\quad \forall p=1,2,\cdots,\eta$$

例 6.1　考虑数学规划问题：

$$\begin{cases}\min x_1+\sqrt{3} x_2 \\ \text{s.t. } 2x_1+x_2 \leqslant 4 \\ \quad x_1 x_2 \geqslant 2 \\ \quad 0.3 \leqslant x_1, x_2 \leqslant 5\end{cases} \tag{6-21}$$

解：用切线组线性化约束条件 $x_1 \geqslant 2x_2^{-1}$，考虑线性化的精度为 $\varepsilon=1\%$。根据式(6-20)，从$(\sqrt{2},\sqrt{2})$出发计算得到切线组的斜率和截距，如表 6-1 所列。

表 6-1　曲线 $y=x^{-1}$ 的切线组($\varepsilon=1\%$)

向左 p	斜率 k_b	截距 b_p	切点坐标		向右 p'	斜率 $k_{p'}$	截距 $b_{p'}$	切点坐标	
			x_p	y_p				$x_{p'}$	$y_{p'}$
1	−1	2	1.414 214	1.414 214	1	−1	2	1.414 214	1.414 214
2	−1.493 83	2.444 444	1.157 084	1.728 483	2	−0.669 42	1.636 364	1.728 483	1.157 084
3	−2.231 52	2.987 654	0.946 705	2.112 591	3	−0.448 13	1.338 843	2.112 591	0.946 705
4	−3.333 5	3.651 578	0.774 577	2.582 055	4	−0.299 98	1.095 417	2.582 055	0.774 577
5	−4.979 68	4.463 039	0.633 745	3.155 845	5	−0.200 82	0.896 25	3.155 845	0.633 745
6	−7.438 78	5.454 826	0.518 518	3.857 144	6	−0.134 43	0.733 296	3.857 144	0.518 518
7	−11.112 3	6.667 009	0.424 242	4.714 287	7	−0.089 99	0.599 969	4.714 287	0.424 242
8	−16.599 8	8.148 567	0.347 107	5.761 907	8	−0.060 24	0.490 884	5.761 907	0.347 107
9	−24.797 2	9.959 359	0.283 997	7.042 331	$x_{\max}=5$				
$x_{\min}=0.3$									

规划问题转化为

$$\begin{cases}\min x_1+\sqrt{3} x_2 \\ \text{s.t. } 2x_1+x_2 \leqslant 4 \\ \quad x_2 \geqslant k_p x_1+\sqrt{2} b_p, \quad \forall p=1,2,\cdots,9 \\ \quad x_2 \geqslant k_p{}' x_1+\sqrt{2} b_{p'}, \quad \forall p'=1,2,\cdots,8 \\ \quad x_1, x_2 \geqslant 0\end{cases}$$

式中，k_p，b_p，$k_{p'}$，$b_{p'}$ 的取值如表 6-1 所列。使用 AMPL/CPLEX 求解上述线性规划问题，得到最优解：$x_1=1.072\ 83$，$x_2=1.854\ 34$，目标函数值为 4.284 64。线性化的误差范围控制在 1%之内。

6.1.1.3　幂函数 $y=x^{1/2}$

下面考虑 $a=\frac{1}{2}$ 的情况，即 $y\leqslant x^{1/2}$，将其转化为一组割线进行分段化线性拟合，如图 6－8 所示。

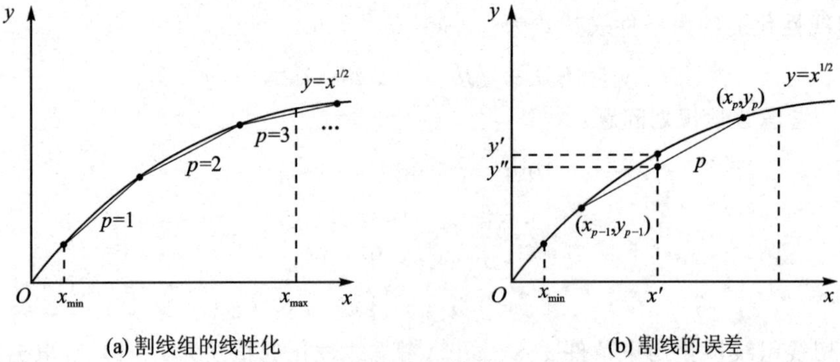

(a) 割线组的线性化　　(b) 割线的误差

图 6－8　从 x_{min} 出发的割线法线性化曲线 $y=x^{1/2}$

对于其中的任意第 p 条割线，其拟合误差精度 ε 定义为

$$\varepsilon=\frac{y''-y'}{y'} \tag{6-22}$$

由此可以推导出，满足精度要求的割线点的计算公式为

$$\begin{cases} x_p=\mu^p x_{\min} \\ y_p=\sqrt{\mu^p x_{\min}} \end{cases},\quad \forall p=0,1,2,\cdots,\eta \tag{6-23}$$

式中，

$$\eta=\left\lceil\frac{\ln x_{\max}-\ln x_{\min}}{\ln \mu}\right\rceil$$

$$\mu=\frac{8+(1+\varepsilon)^4-8(1+\varepsilon)^2\pm[8-4(1+\varepsilon)^2]\sqrt{1-(1+\varepsilon)^2}}{(1+\varepsilon)^4}$$

切线方程的斜率和截距计算式为

$$\begin{cases} k_p=\dfrac{1}{(\sqrt{\mu}+1)(\sqrt{\mu})^{p-1}\sqrt{x_0}} \\ b_p=\dfrac{1}{(1+\mu^{-1/2})(\mu^{-1/2})^{p-1}x_0^{-1/2}} \end{cases},\quad \forall p=0,1,2,\cdots,\eta \tag{6-24}$$

6.1.1.4　综合应用算例

对于规划问题：

$$\begin{cases} \min f(\boldsymbol{x}) \\ \text{s.t. } g(\boldsymbol{x})-x_1^{a_1}\geqslant 0 \\ \quad h(\boldsymbol{x})-x_2^{a_2}\geqslant 0 \\ \quad u(\boldsymbol{x})+x_3^{a_3}\geqslant 0 \\ \quad \boldsymbol{x}\geqslant \boldsymbol{0} \\ \quad a_1,a_2,a_3 \text{ 为常数，且 } a_1>1,a_2<0,0<a_3<1 \end{cases}$$

式中，$f(\boldsymbol{x})$，$g(\boldsymbol{x})$，$h(\boldsymbol{x})$，$u(\boldsymbol{x})$是关于 $\boldsymbol{x}$ 的线性函数，$\boldsymbol{x}$ 是变量组$(x_1, x_2, x_3, \cdots)$，a_1，a_2，a_3 是参数。

引入变量 $y_1=g(\boldsymbol{x})$，$y_2=h(\boldsymbol{x})$，$y_3=-u(\boldsymbol{x})$，将规划问题转化为

$$\begin{cases} \min f(\boldsymbol{x}) \\ \text{s.t.}\ y_1 \geqslant x_1^{a_1} & (1) \\ \quad y_2 \geqslant x_2^{a_2} & (2) \\ \quad y_3 \leqslant x_3^{a_3} & (3) \\ \quad y_1 = g(\boldsymbol{x}) & (4) \\ \quad y_2 = h(\boldsymbol{x}) & (5) \\ \quad y_3 = -u(\boldsymbol{x}) & (6) \\ \quad \boldsymbol{x} \geqslant \boldsymbol{0}; y_1, y_2, y_3 \text{ 无限制} & (7) \\ \quad a_1, a_2, a_3 \text{ 为常数，且 } a_1 > 1, a_2 < 0, 0 < a_3 < 1 \end{cases}$$

上述规划问题中的非线性约束式(1)、(2)、(3)都可以采用各自的一组幂函数分段拟合割线(或切线)，将非线性约束转化为线性约束。

例 6.2　考虑下列非线性规划问题：

$$\begin{cases} \min x_1 - x_2 - x_3 \\ \text{s.t.} -2x_1^2 + x_2 + x_3 + 9 \geqslant 0 \\ \quad 2x_1 - x_2^{-1} - x_3 + 4 \geqslant 0 \\ \quad x_1 - x_2 + 2\sqrt{x_3} - 2 \geqslant 0 \\ \quad 0.1 \leqslant x_1, x_2, x_3 \leqslant 10 \end{cases}$$

将规划问题整理为

$$\begin{cases} \min x_1 - x_2 - x_3 \\ \text{s.t.}\ 0.5x_2 + 0.5x_3 + 4.5 \geqslant x_1^2 \\ \quad 2x_1 - x_3 + 4 \geqslant x_2^{-1} \\ \quad 1 - 0.5x_1 + 0.5x_2 \leqslant \sqrt{x_3} \\ \quad 0.1 \leqslant x_1, x_2, x_3 \leqslant 10 \end{cases}$$

引入变量 $y_1=0.5x_2+0.5x_3+4.5$，$y_2=2x_1-x_3+4$，$y_3=1-0.5x_1+0.5x_2$，将规划问题转化为

$$\begin{cases} \min x_1 - x_2 - x_3 & (1) \\ \text{s.t.}\ y_1 \geqslant x_1^2 & (2) \\ \quad y_2 \geqslant x_2^{-1} & (3) \\ \quad y_3 \leqslant \sqrt{x_3} & (4) \\ \quad y_1 = 0.5x_2 + 0.5x_3 + 4.5 & (5) \\ \quad y_2 = 2x_1 - x_3 + 4 & (6) \\ \quad y_3 = 1 - 0.5x_1 + 0.5x_2 \\ \quad 0.1 \leqslant x_1, x_2, x_3 \leqslant 10; y_1, y_2, y_3 \text{ 无限制} & (7) \end{cases}$$

对上述规划问题中的非线性约束式(1)、(2)、(3)，分别采用 6.1.1.1 小节中的式(6-8)、

6.1.1.2 小节中的式(6 - 15)、6.1.1.3 小节中的式(6 - 24)计算割线组，以多段割线拟合非线性项，将规划问题近似转化为线性规划问题，如下：

$$\begin{cases}\min x_1 - x_2 - x_3 \\ \text{s.t. } y_1 \geqslant k_p^{(1)} x_1 + b_p^{(1)}, \quad \forall p = 1,2,\cdots,\eta^{(1)} \\ \quad y_2 \geqslant k_p^{(2)} x_2 + b_p^{(2)}, \quad \forall p = 1,2,\cdots,\eta^{(2)} \\ \quad y_3 \leqslant k_p^{(3)} x_3 + b_p^{(3)}, \quad \forall p = 1,2,\cdots,\eta^{(3)} \\ \quad y_1 = 0.5x_2 + 0.5x_3 + 4.5 \\ \quad y_2 = 2x_1 - x_3 + 4 \\ \quad y_3 = 1 - 0.5x_1 + 0.5x_2 \\ \quad 0.1 \leqslant x_1, x_2, x_3 \leqslant 10; y_1, y_2, y_3 \text{ 无限制}\end{cases}$$

式中，$k_p^{(1)}, b_p^{(1)}, k_p^{(2)}, b_p^{(2)}, k_p^{(3)}, b_p^{(3)}$ 分别是式(6 - 8)、式(6 - 15)、式(6 - 24)计算的斜率和截距，参数 $\eta^{(1)}, \eta^{(2)}, \eta^{(3)}$ 是对应的割线数量。

基于 AMPL/CPLEX 环境对上述线性规划问题进行求解，令精度 $\varepsilon = 0.1\%$，代码如下：

```
option solver cplex;
option cplex_options'mipdisplay = 2';
param epsilon: = 0.001;
param miu1;
param miu2;
param miu3;
let miu1: = 1 + 2 * epsilon + 2 * sqrt(epsilon + epsilon * epsilon);
let miu2: = 1 + 2 * epsilon + 2 * sqrt(epsilon + epsilon * epsilon);
param e;
let e: = 1 - epsilon;
let miu3: = (8 + e^4 - 8 * e * e + (8 - 4 * e * e) * (1 - e * e)^0.5)/e^4;
param x_max: = 10;
param x_min: = 0.1;
param n1;
param n2;
param n3;
let n1: = round(0.49999 + (log (x_max) - log (x_min))/log (miu1));
let n2: = round(0.49999 + (log (x_max) - log (x_min))/log (miu2));
let n3: = round(0.49999 + (log (x_max) - log (x_min))/log (miu3));
param k1{1..n1};
param b1{1..n1};
param k2{1..n2};
param b2{1..n2};
param k3{1..n3};
param b3{1..n3};
for{p in 1..n1}
{
    let k1[p]: = (miu1 + 1) * (miu1^(p - 1)) * x_min;
    let b1[p]: = - (miu1^(2 * p - 1)) * x_min * x_min;
```

```
}
for{p in 1..n2}
{
    let k2[p]:= -1/ (miu2^(2*p-1)*x_min*x_min);
    let b2[p]:= (miu2+1)/(miu2^p * x_min);
}
for{p in 1..n3}
{
    let k3[p]:= 1/((sqrt(miu3)+1)*(sqrt(miu3))^(p-1) * sqrt(x_min));
    let b3[p]:= 1/((1+miu3^(-0.5))*(miu3^(-0.5))^(p-1)*x_min^(-0.5));
}
var x1>=0.1 <=10;
var x2>=0.1 <=10;
var x3>=0.1 <=10;
var y1;
var y2;
var y3;
minimize Obj: x1 - x2 - x3;
subject to Con1{p in 1..n1}:  y1 >= k1[p]*x1 + b1[p];
subject to Con2{p in 1..n2}:  y2 >= k2[p]*x2 + b2[p];
subject to Con3{p in 1..n3}:  y3 <= k3[p]*x3 + b3[p];
subject to Con4:  y1=0.5*x2 + 0.5*x3 + 4.5;
subject to Con5:  y2=2*x1 - x3 +4;
subject to Con6:  y3=1- 0.5*x1 + 0.5*x2;
objective Obj;
solve;
display x1, x2, x3;
display Obj;
```

运行上述代码,获得最优解 $x_1=3.067\ 69$,$x_2=7.387\ 3$,$x_3=10$,最优目标函数值为$-14.319\ 6$。

6.1.2　指数与对数函数

考虑含指数成分的非线性规划问题:

$$\begin{cases}\min\ \boldsymbol{c}^{\mathrm{T}}\boldsymbol{x}\\ \text{s.t.}\ \boldsymbol{A}\boldsymbol{x}\geqslant\boldsymbol{b}\\ \qquad\boldsymbol{g}^{\mathrm{T}}\boldsymbol{x}-a^{x_1}\geqslant 0\\ \qquad\boldsymbol{x}\geqslant\boldsymbol{0},a\ \text{为常数且}\ a>0\end{cases}\tag{6-25}$$

式中,$\boldsymbol{c}$,$\boldsymbol{g}$,$\boldsymbol{b}$ 是向量化的常数;$\boldsymbol{A}$ 是系数矩阵;$\boldsymbol{x}=(x_1\quad x_2\quad\cdots)$是向量化的变量;$a^{x_1}$ 是指数型非线性成分。

对于上述规划问题,可将指数非线性转化为对数非线性,再针对对数函数采用分段线性拟合的方式进行近似线性化处理。引入变量 $y_1=\boldsymbol{g}^{\mathrm{T}}\boldsymbol{x}$,将上述规划问题转化为

$$\begin{cases} \min \boldsymbol{c}^{\mathrm{T}}\boldsymbol{x} \\ \mathrm{s.\,t.}\,\boldsymbol{Ax} \geqslant \boldsymbol{b} \\ \quad y_1 \geqslant a^{x_1} \\ \quad y_1 = \boldsymbol{g}^{\mathrm{T}}\boldsymbol{x} \\ \quad \boldsymbol{x} \geqslant \boldsymbol{0}, y_1\ 无限制 \end{cases} \qquad (6-26)$$

对式(6-26)中的第 2 约束式两边取对数,得到

$$\begin{cases} \min \boldsymbol{c}^{\mathrm{T}}\boldsymbol{x} \\ \mathrm{s.\,t.}\,\boldsymbol{Ax} \geqslant \boldsymbol{b} \\ \quad \ln y_1 \geqslant x_1 \ln a \\ \quad y_1 = \boldsymbol{g}^{\mathrm{T}}\boldsymbol{x} \\ \quad \boldsymbol{x} \geqslant \boldsymbol{0}, y_1\ 无限制 \end{cases} \qquad (6-27)$$

对于非线性约束 $\ln y_1 \geqslant x_1 \ln a$,若 $a>1$,可转化为 $x_1 \leqslant \ln y_1/\ln a$;若 $0<a<1$,可转化为 $x_1 \geqslant \ln y_1/\ln a$。这是一个对数函数的不等式约束,可采用一组割线(或切线)来线性化替代原约束(如图 6-9(a)所示),将非线性规划转化为线性规划(对于 $0<a<1$ 的情况,按 x 轴对称处理)。

(a) 割线组线性化　　　　　　　　　　　　(b) 割线的误差

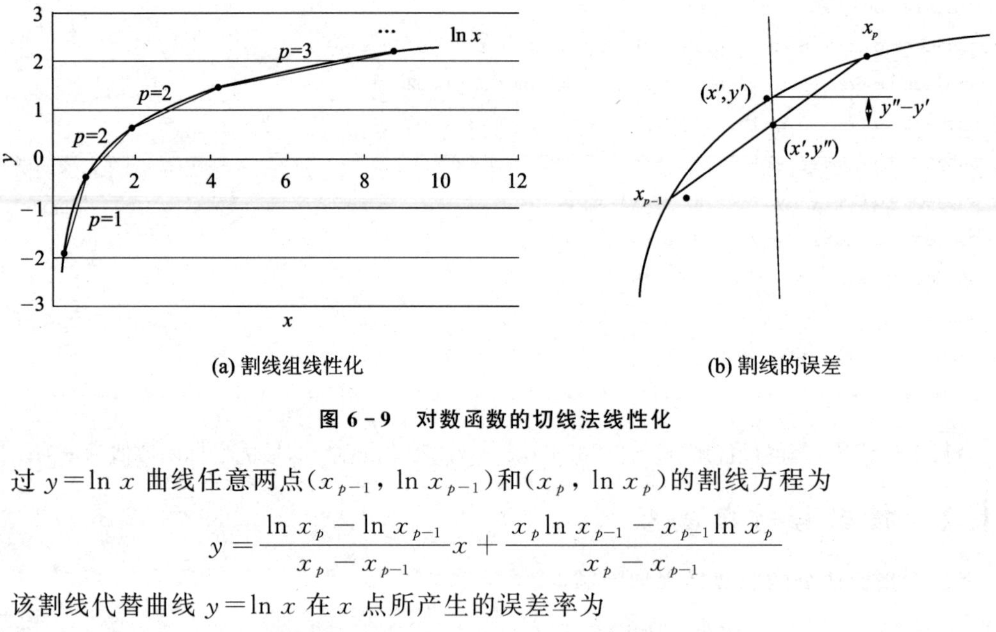

图 6-9　对数函数的切线法线性化

过 $y = \ln x$ 曲线任意两点 $(x_{p-1},\ \ln x_{p-1})$ 和 $(x_p,\ \ln x_p)$ 的割线方程为

$$y = \frac{\ln x_p - \ln x_{p-1}}{x_p - x_{p-1}} x + \frac{x_p \ln x_{p-1} - x_{p-1} \ln x_p}{x_p - x_{p-1}}$$

该割线代替曲线 $y = \ln x$ 在 x 点所产生的误差率为

$$\varepsilon(y') = \frac{y''-y'}{y'} = \frac{\ln x_p - \ln x_{p-1}}{x_p - x_{p-1}}\ \frac{x}{\ln x} + \frac{x_p \ln x_{p-1} - x_{p-1} \ln x_p}{x_p - x_{p-1}}\ \frac{1}{\ln x} - 1$$

对 $\varepsilon(y')$ 求导并令导函数为 0,获得最大误差点 x^* 必然满足:

$$(\ln x^* - 1)x^* = \frac{x_p \ln x_{p-1} - x_{p-1} \ln x_p}{\ln x_p - \ln x_{p-1}}$$

上式与 $\varepsilon(x^*)$ 联立求解,可得到以下表达式:

$$x^* = \frac{[\varepsilon(x^*)+1](x_p - x_{p-1})}{(\ln x_p - \ln x_{p-1})}$$

考虑 $x^*=\frac{1}{2}(x_p+x_{p-1})$ 近似最大误差率，得到

$$\varepsilon=\frac{(x_p+x_{p-1})(\ln x_p-\ln x_{p-1})}{2(x_p-x_{p-1})}=\frac{(x_p/x_{p-1}+1)\ln(x_p/x_{p-1})}{2(x_p/x_{p-1}-1)}$$

将 $\mu=x_p/x_{p-1}$ 代入上式，根据具体给定的 ε 值，求解下面的方程获得 μ 值：

$$2(\mu-1)\varepsilon-(\mu+1)\ln\mu=0 \tag{6-28}$$

因此，获得割点的递推公式：

$$x_p=\mu x_{p-1} \tag{6-29}$$

以及割线的斜率和截距公式：

$$\begin{cases} k_p=\dfrac{\ln\mu(\varepsilon)}{[\mu(\varepsilon)-1]\mu(\varepsilon)^{p-1}x_0} \\ b_p=-(p-1)\ln\mu-\ln x_0-\dfrac{\ln\mu}{\mu-1} \end{cases},\quad \forall p=1,2,\cdots,\eta \tag{6-30}$$

式中

$$\eta=\left\lceil\frac{\ln x_{\max}-\ln x_{\min}}{\ln\mu}\right\rceil$$

为避免点(1，0)处误差率分母为 0 的情况，不失一般性，可令第 1 条割线从(1,0)出发，分别向 $x_{\max}$ 和 $x_{\min}$ 递推获得割线方程组，从而避开这样的奇点。

基于上述对数函数的割线方程，可将非线性规划问题(6-27)转换为线性规划问题进行求解：

$$\begin{cases}\min \boldsymbol{c}^{\mathrm{T}}\boldsymbol{x} \\ \text{s.t. } \boldsymbol{A}\boldsymbol{x}\geqslant\boldsymbol{b} \\ \quad x_1\ln a\leqslant\ln y_1 \\ \quad y_1=\boldsymbol{g}^{\mathrm{T}}\boldsymbol{x} \\ \quad \boldsymbol{x}\geqslant\boldsymbol{0},y_1\text{ 无限制}\end{cases} \Rightarrow \begin{cases}\min \boldsymbol{c}^{\mathrm{T}}\boldsymbol{x} \\ \text{s.t. } \boldsymbol{A}\boldsymbol{x}\geqslant\boldsymbol{b} \\ \quad x_1\ln a\leqslant(k_p y_1+b_p),\quad \forall p=1,2,\cdots,\eta \\ \quad y_1=\boldsymbol{g}^{\mathrm{T}}\boldsymbol{x} \\ \quad \boldsymbol{x}\geqslant\boldsymbol{0},y_1\text{ 无限制}\end{cases}$$

6.1.3　目标函数非线性成分

考虑目标函数中含非线性成分的规划问题：

$$\begin{cases}\min \boldsymbol{c}^{\mathrm{T}}\boldsymbol{x}+a^{x_1}+x_2^b+x_3^c-x_4^d-\log_u x_5+\log_v x_5 \\ \text{s.t. } \boldsymbol{A}\boldsymbol{x}\geqslant\boldsymbol{b} \\ \quad \boldsymbol{x}\geqslant\boldsymbol{0}\end{cases} \tag{6-31}$$

式中，a,b,c,d,u,v 为常数且满足 $a>0,b>1,c<0,0<d<1,u>1,0<v<1$。

引入变量 $y_1=a^{x_1},y_2=x_2^b,y_3=x_3^c,y_4=x_4^d,y_5=\log_u x_5,y_6=\log_v x_6$，根据函数的凹凸形状，增加相应的约束条件，将规划问题式(6-31)转化为规划问题：

$$
\begin{cases}
\min \boldsymbol{c}^{\mathrm{T}}\boldsymbol{x} + y_1 + y_2 + y_3 - y_4 - y_5 + y_y \\
\mathrm{s.t.}\ \boldsymbol{Ax} \geqslant \boldsymbol{b} \\
\quad y_1 \geqslant a^{x_1} \\
\quad y_2 \geqslant x_2^b \\
\quad y_3 \geqslant x_3^c \\
\quad y_4 \leqslant x_4^d \\
\quad y_5 \leqslant \log_u x_5 \\
\quad y_6 \geqslant \log_v x_6 \\
\quad \boldsymbol{x} \geqslant \boldsymbol{0};\ y_1, y_2, y_3, y_4, y_5, y_6\ \text{无限制}
\end{cases}
\tag{6-32}
$$

式中，a,b,c,d,u,v 为常数且满足 $a>0,b>1,c<0,0<d<1,u>1,0<v<1$。

针对新增加的非线性约束条件，采用前面介绍的线性化方法，分别转化为相应的割线（切线）组线性约束，从而将非线性规划转化为线性规划。

需要注意的是，上述方法仅适用于非线性约束所产生的可行值域是凹形内侧的情况，如图 6-10(a)所示。若可行值域是在凸形外侧，如图 6-10(b)所示，则不适用于上述方法，这种情况需要引入分段 0/1 变量来线性化，具体参见 6.1.4 小节。

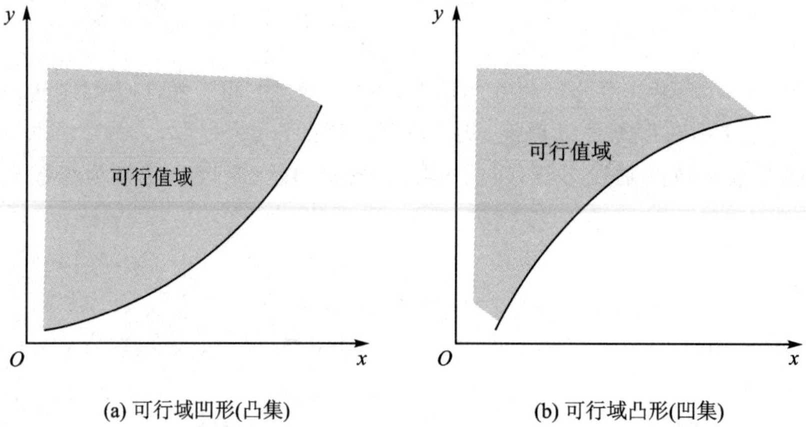

(a) 可行域凹形(凸集)　　(b) 可行域凸形(凹集)

图 6-10　凸形与凹形值域

6.1.4　分段函数线性化

假设有约束表达式：$\boldsymbol{c}^{\mathrm{T}}\boldsymbol{x}+f(x_1)\leqslant b$，其中 b 是常量，$\boldsymbol{c}$ 是 n 维常数向量，$\boldsymbol{x}$ 为 n 个变量组成的向量 $\boldsymbol{x}=(x_1\quad x_2\quad \cdots\quad x_n)$。$f(x_1)$是关于变量 x_1 的分段函数，表达式如下：

$$
f(x_1)=\begin{cases}
f_1(x_1), & \forall x_1 \in (a_0,a_1] \\
f_2(x_1), & \forall x_1 \in (a_1,a_2] \\
\vdots & \\
f_m(x_1), & \forall x_1 \in (a_{m-1},a_m]
\end{cases}
$$

式中，$f_1(x_1),f_2(x_1),\cdots,f_m(x_1)$为线性函数。

引入连续变量 y，令 $y=f(x_1)$，因此原约束表达式转化为

$$\begin{cases} \boldsymbol{c}^{\mathrm{T}}\boldsymbol{x} + y \leqslant b \\ y = f(x_1) \end{cases}$$

再引入 m 个 0/1 变量 $z_1, z_2, \cdots, z_m \in \{0,1\}$，变量个数与分段数一致。变量 z_k 表示变量 x_1 的值是否属于第 k 分段区间 $[a_{k-1}, a_k]$，若是则 $z_k = 1$，否则 $z_k = 0$，其中 $k = 1, 2, \cdots, m$。变量 z_k 与 x_1 之间的关系可约束如下：

$$\begin{cases} x_1 \geqslant a_{k-1} + \varepsilon + M(z_k - 1), & \forall k = 1, 2, \cdots, m \\ x_1 \leqslant a_k + M(1 - z_k), & \forall k = 1, 2, \cdots, m \\ z_1 + z_2 + \cdots + z_m = 1 \end{cases}$$

式中，ε 是一个小正数；M 是一个大正数，表示当 x_1 属于 $(a_{k-1}, a_k]$ 时，$z_k = 1$，且 z_k 中必然有唯一一个 1。

变量 y 与 $f_k(x_1)$ 之间的关系可约束如下：

$$\begin{cases} y \geqslant f_k(x_1) - M(1 - z_k), & \forall k = 1, 2, \cdots, m \\ y \leqslant f_k(x_1) + M(1 - z_k), & \forall k = 1, 2, \cdots, m \end{cases}$$

上式表示，仅当 $z_k = 1$ 时，函数关系 $y = f_k(x_1)$ 关系成立。

综上所述，含分段函数 $f(x_1)$ 的约束式 $\boldsymbol{c}^{\mathrm{T}}\boldsymbol{x} + f(x_1) \leqslant b$ 转化为线性约束如下：

$$\begin{cases} \boldsymbol{c}^{\mathrm{T}}\boldsymbol{x} + y \leqslant b \\ y \geqslant f_k(x_1) - M(1 - z_k), & \forall k = 1, 2, \cdots, m \\ y \leqslant f_k(x_1) + M(1 - z_k), & \forall k = 1, 2, \cdots, m \\ x_1 \geqslant a_k + \varepsilon + M(z_k - 1), & \forall k = 1, 2, \cdots, m \\ x_1 \leqslant a_{k+1} + M(1 - z_k), & \forall k = 1, 2, \cdots, m \\ z_1 + z_2 + \cdots + z_m = 1 \end{cases}$$

式中，y 为引入的连续变量；$z_1, z_2, \cdots, z_m$ 为引入的 0/1 型变量；ε 是一个小正数；M 是一个大正数。

需要注意的是，如果 $f_k(x_1)$ 是非线性函数，则需要将 $f_k(x_1)$ 继续线性化。具体方法参见 6.1.5 小节。

例 6.3　将 $f(x) + t \geqslant 1$ 转化为线性约束，其中 $f(x)$ 为如下分段函数：

$$f(x) = \begin{cases} -1, & x \in (-\infty, -1] \\ x, & x \in [-1, +1] \\ 1, & x \in [1, +\infty) \end{cases}$$

引入连续变量 y 并令 $y = f(x)$，引入 0/1 变量 z_1, z_2, z_3，$f(x) + t \geqslant 1$ 转化为

$$\begin{cases} \delta_1 + \delta_2 + \delta_3 = 1 \\ x \leqslant -1 + M(1 - \delta_1) \\ x \geqslant -1 - M(1 - \delta_2) \\ x \leqslant 1 + M(1 - \delta_2) \\ x \geqslant 1 - M(1 - \delta_3) \\ y \geqslant -1 - M(1 - \delta_1) \\ y \leqslant -1 + M(1 - \delta_1) \\ y \geqslant x - M(1 - \delta_2) \\ y \leqslant x + M(1 - \delta_2) \\ y \geqslant 1 - M(1 - \delta_3) \\ y \leqslant 1 + M(1 - \delta_3) \end{cases}$$

例 6.4 电动车的电池电量(State Of Charging, SOC)与充电时间之间是非线性函数关系,其典型特征是期初充入电量速度较快,但随着充电时间的延长,其充入电量的速度逐渐降低,如图 6-11 所示。

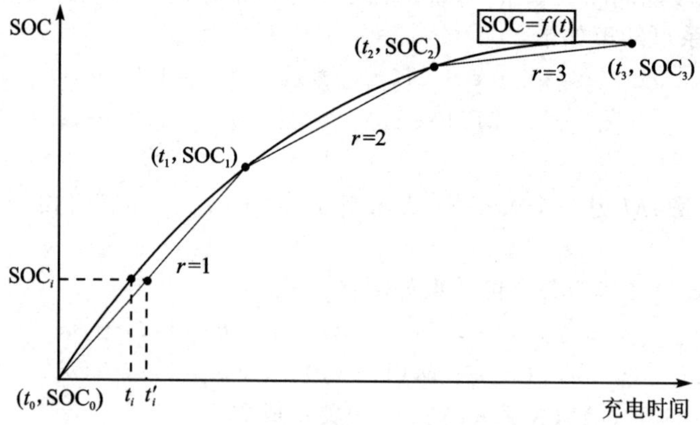

图 6-11 充电曲线的分段表示

在涉及电动车路径规划问题(Electric Vehicle Routing Problem)中,往往需要将非线性的充电函数曲线进行分段线性化。若采用三段割线代替上述非线性函数,则充电函数可分段线性表示为

$$S(t)=\begin{cases}a_1t+b_1, & \forall t\in[t_0,t_1]\\ a_2t+b_2, & \forall t\in[t_1,t_2]\\ a_3t+b_3, & \forall t\in[t_2,t_3]\end{cases}$$

令电动车现有电量为 S,充电时间为 x,充入电量为 y,试建立 S,x,y 之间的线性约束关系式。

解:① 引入连续变量 τ,表示从 0 开始充电到电量为 S 时所需充电时间。再引入 3 个0/1 变量 z_1, z_2, z_3,表示 τ 所属的时间区间,即若 $z_k=1$ 则表示 $\tau\in[t_{k-1}, t_k]$。因为 x 仅能属于唯一一个时间区间,可建立 τ 与 z_1, z_2, z_3 之间的线性约束关系:

$$\begin{cases}\tau\geqslant t_{k-1}-M(1-z_k), & \forall k=1,2,3\\ \tau\leqslant t_k+M(1-z_k), & \forall k=1,2,3\\ z_1+z_2+z_3=1\end{cases}$$

式中,M 是一个大数。

显然,当变量 τ 落入第 1 段,则有:$z_1=1, z_2=0, z_3=0$;当变量 τ 落入第 2 段,则有:$z_1=0, z_2=1, z_3=0$;当变量 τ 落入第 3 段,则有:$z_1=0, z_2=0, z_3=1$。

② 以 $z_k=1$ 的时间区间 k 内的线性函数 $S=a_k\tau+b_k$ 建立 S 与 τ 之间的线性等式关系:

$$\begin{cases}S\geqslant a_k\tau+b_k-M(1-z_k), & \forall k=1,2,3\\ S\leqslant a_k\tau+b_k+M(1-z_k), & \forall k=1,2,3\end{cases}$$

③ 建立$(\tau+x)$与$(S+y)$之间的线性约束关系。引入 3 个 0/1 变量 h_1, h_2, h_3,用以确定$(\tau+x)$的所属时间区间,因此有

$$\begin{cases}\tau+x\geqslant t_{k-1}-M(1-h_k), & \forall k=1,2,3\\ \tau+x\leqslant t_k+M(1-h_k), & \forall k=1,2,3\\ h_1+h_2+h_3=1\end{cases}$$

④ 以 $h_k=1$ 确定的时间区间建立 x,t,y,S 之间的线性约束关系式：

$$\begin{cases}S+y\geqslant a_k(\tau+x)+b_k-M(1-h_k), & \forall k=1,2,3\\ S+y\leqslant a_k(\tau+x)+b_k+M(1-h_k), & \forall k=1,2,3\end{cases}$$

上述 4 个步骤建立的约束关系联立起来，即为 S,x,y 之间的线性约束关系式。

6.1.5　一般非线性函数

考虑非线性约束式 $\boldsymbol{c}^{\mathrm{T}}\boldsymbol{x}+f(x_1)\leqslant b$，其中 b 是常量，$\boldsymbol{c}$ 是 n 维常数向量，$\boldsymbol{x}$ 为 n 个变量组成的向量 $\boldsymbol{x}=(x_1\quad x_2\quad\cdots\quad x_n)$，$f(x_1)$ 是变量 x_1 的一般性非线性函数，函数曲线为任意连续的或不连续的任意形状，如图 6-12(a)所示。将 $f(x_1)$ 函数分段化，各段折线的分割点横坐标分别为(s_0, s_1, s_2, …, s_m)，斜率和截距分别表示为(a_1, b_1), (a_2, b_2), …, (a_m, b_m)，如图 6-12(b)所示。

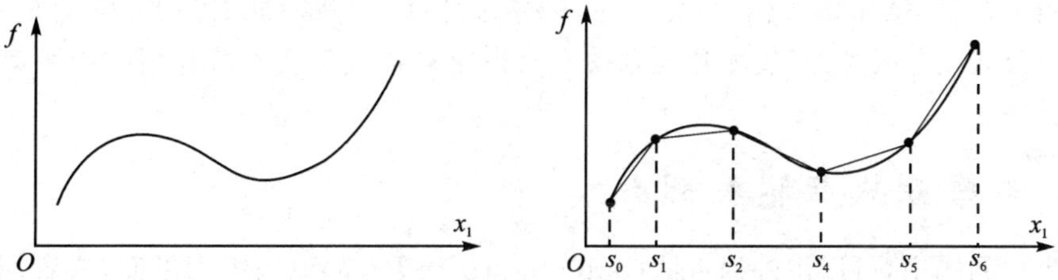

(a) 任意连续函数　　(b) 连续函数分段化表示

图 6-12　任意单变量非线性函数分段线性化

引入 m 个 0/1 变量：z_1, z_2, …, z_m。变量个数与 $f(x_1)$ 函数的线性化分段数一致，表示当前自变量的值所属的函数分段。对于自变量 x_1 的任意值，用下面约束式确定其所属的值域分段：

$$\begin{cases}x_1\geqslant s_k+M(z_k-1), & \forall k=1,2,\cdots,m\\ x_1\leqslant s_{k+1}+M(1-z_k), & \forall k=1,2,\cdots,m\\ z_1+z_2+\cdots+z_m=1\end{cases}$$

上式确定了变量 x_1 属于其值域分段的那一段。再引入连续变量 $y=f(x_1)$，将非线性约束式 $\boldsymbol{c}^{\mathrm{T}}\boldsymbol{x}+f(x_1)\leqslant b$ 转化为

$$\begin{cases}\boldsymbol{c}^{\mathrm{T}}\boldsymbol{x}+y\leqslant b\\ y=f(x_1)\end{cases}$$

对于第 2 项的等式约束，采用大 M 法等价转化为两个联立的不等式约束，如下：

$$\begin{cases}y\geqslant a_kx_1+b_k-M(1-z_k), & \forall k=1,2,\cdots,m\\ y\leqslant a_kx_1+b_k+M(1-z_k), & \forall k=1,2,\cdots,m\end{cases}$$

式中，M 是一个大的正数，其作用是令不等式在 $z_k=1$ 的情况下恒成立。也就是说，当 x_1 的值属于第 k 段时，y 值必须满足线性方程 $y=a_kx_1+b_k$。

这样，就得到了将非线性约束式 $\boldsymbol{c}^{\mathrm{T}}\boldsymbol{x}+f(x_1)\leqslant b$ 完整线性化表达：

$$\begin{cases} \boldsymbol{c}^{\mathrm{T}}\boldsymbol{x}+y\leqslant b \\ x_1\geqslant s_k+M(z_k-1), & \forall k=1,2,\cdots,m \\ x_1\leqslant s_{k+1}+M(1-z_k), & \forall k=1,2,\cdots,m \\ z_1+z_2+\cdots+z_m=1 \\ y\geqslant a_kx_1+b_k-M(1-z_k), & \forall k=1,2,\cdots,m \\ y\leqslant a_kx_1+b_k+M(1-z_k), & \forall k=1,2,\cdots,m \end{cases}$$

注意：当一般性非线性函数 $f(x_1)$ 出现在目标函数中时，可采用同样的方法来进行分段线性化。当有多项非线性函数时，可重复采用上述方法进行线性化。

6.2 多变量非线性函数线性化

欧氏距离在很多实际问题中都会用到，例如选址问题、路径规划问题、设施布局问题等。但欧氏距离公式是非线性的，使所建规划模型难以求得最优解。本节介绍欧氏距离的可控精度线性化方法。

6.2.1 二维欧氏距离线性化

在最小化问题中，可以用外逼近法(outer-approximation)以一组切平面，或者用内逼近法(inner-approximation)以一组割平面，来线性逼近二维欧氏距离公式。

6.2.1.1 外逼近法(切平面法)

二维欧氏距离实际上是一个圆锥面曲面方程式：

$$f(x,y,z)=z-\sqrt{x^2+y^2}=0 \tag{6-33}$$

式中，变量 x 和 y 分别是两点的二维轴向距离，和变量 z 一起构成一个三维曲线图，如图 6-13 所示。

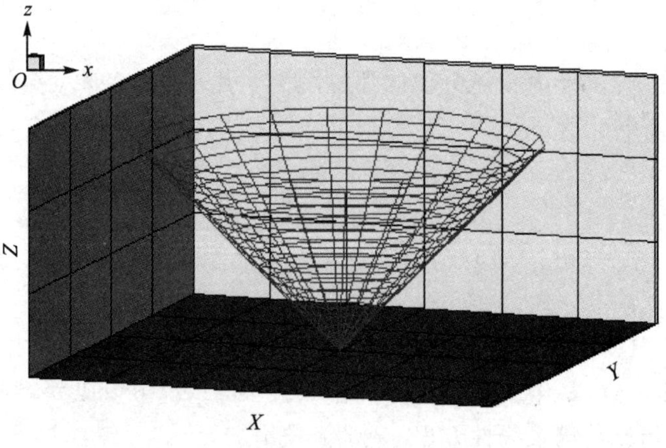

图 6-13 二维欧氏距离圆锥曲面图 $z=\sqrt{x^2+y^2}$

对方程式(6-33)求偏导，得到

$$f'_x=\frac{x}{\sqrt{x^2+y^2}},\quad f'_y=\frac{y}{\sqrt{x^2+y^2}},\quad f'_z=-1$$

过任意点$(a,b,\sqrt{a^2+b^2})$且垂直于该点切平面的法向量为

$$\left(\frac{a}{\sqrt{a^2+b^2}},\frac{b}{\sqrt{a^2+b^2}},-1\right)$$

因此，该点切平面的方程式为

$$z=\frac{a}{\sqrt{a^2+b^2}}x+\frac{b}{\sqrt{a^2+b^2}}y \tag{6-34}$$

令 $r=\sqrt{a^2+b^2}$，$\sin\theta=\frac{a}{r}$，$\cos\theta=\frac{b}{r}$，则切平面方程可改写为

$$z=x\cos\theta+y\sin\theta \tag{6-35}$$

因为圆锥面上的点都高于切平面（z 方向为上），因此可使用多个切平面来包络整个圆锥面上的 z。令第 1 个切平面从 $\theta=0$ 开始，相邻间隔夹角为 θ，则圆锥面的切平面约束组为

$$z\geqslant x\cos(k\theta)+y\sin(k\theta),\quad \forall k=0,1,2,\cdots,\eta-1 \tag{6-36}$$

式中，η 表示切平面的个数。从 $-z$ 方向的视图中，切平面围绕 360°，可以对圆锥面完整包围，所以 η 的取值为

$$\begin{cases}\eta=\left\lceil\dfrac{2\pi}{\theta}\right\rceil, & x,y\ \text{不受限制}\\ \eta=\left\lceil\dfrac{\pi}{2\theta}\right\rceil, & x\geqslant0,y\geqslant0\end{cases} \tag{6-37}$$

式中，$\lceil\cdot\rceil$表示向上取整，θ 为给定常数。

显然，θ 越小，η 值越大，切平面数就越多，用线性式(6-36)来逼近式(6-33)的精度就越高。那么问题是，当要求相对误差率不超过给定数 ε 时，θ 的最小取值应该是多少？

显然，相邻两个切平面的交线，如图 6-14 中的 A 点处，是误差最大点所在。

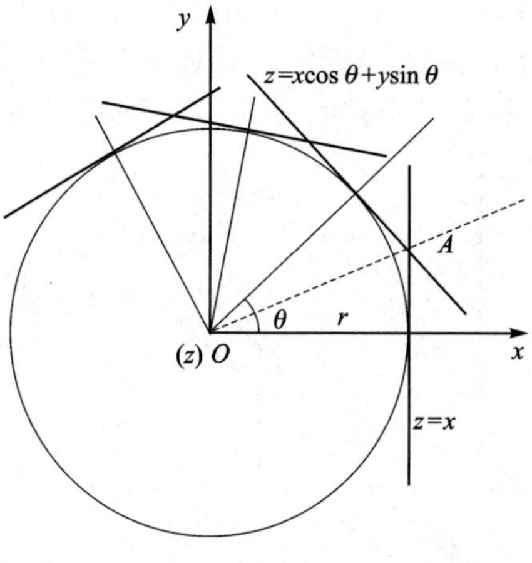

图 6-14　圆锥曲面 $z=\sqrt{x^2+y^2}$ 的俯视图

对于任意半径 r，A 点投影的(x, y)坐标为

$$\begin{cases} x = r \\ y = r/\tan(\theta/2) = r(1-\cos\theta)/\sin\theta \end{cases}$$

A 点在 z 轴方向上投影于圆锥面上的 z 坐标为

$$z = \sqrt{x^2+y^2} = \sqrt{r^2+[r(1-\cos\theta)/\sin\theta]^2}$$

A 点的 z 轴方向坐标为：$z'=x=r$，其误差率计算式为

$$\varepsilon\% = \frac{z'-z}{z}\times 100\% = \frac{r-\sqrt{r^2+[r(1-\cos\theta)/\sin\theta]^2}}{\sqrt{r^2+[r(1-\cos\theta)/\sin\theta]^2}} = \frac{\sin\theta}{\sqrt{2-2\cos\theta}} - 1$$

求解上述方程的 θ 值，可得到 θ 的最小取值为

$$\theta = \arccos(1+4\varepsilon+2\varepsilon^2) \tag{6-38}$$

综上可以得到结论：对于非线性欧氏距离 $z=\sqrt{x^2+y^2}$，若能根据最小化目标函数转化为约束式 $z\geqslant\sqrt{x^2+y^2}$，则可将该约束式线性化表达为

$$z \geqslant x\cos(p\theta) + y\sin(p\theta), \quad \forall p = 0,1,2,\cdots,\eta-1 \tag{6-39}$$

式中，$\theta=\arccos(1+4\varepsilon+2\varepsilon^2)$，$\eta=\left\lceil\frac{\pi}{2\theta}\right\rceil$，$\varepsilon$ 是给定的最大误差率。

表 6-2 是根据式(6-37)和式(6-38)计算的最大误差率 ε 与 θ 和 η 值的对照表。

表 6-2 欧氏距离线性化参数表

ε/%	−5.00	−1.00	−0.50	−0.1	−0.05	−0.01
θ/rad	0.635 1	0.283 1	0.200 1	0.089 5	0.063 2	0.028 3
θ/(°)	36.39	16.22	11.46	5.13	3.62	1.62
η	3	6	8	18	25	56

切平面逼近法(外逼近法)的缺点是线性逼近的最小距离(记为 z')永远比真实欧氏距离 z 略小，最大误差率为 ε，即 $z'\leqslant z=\sqrt{x^2+y^2}$。展开图 6-14 的垂直虚线 OA 的截面图，可得到图 6-15 所示的截面图。其中，切平面逼近值 z' 总是小于或等于(仅在切线位置)真实欧氏距离 z，尽管当切平面数量足够多时，这个差值 $z'-z$ 可无限缩小并由参数 ε 人工控制。

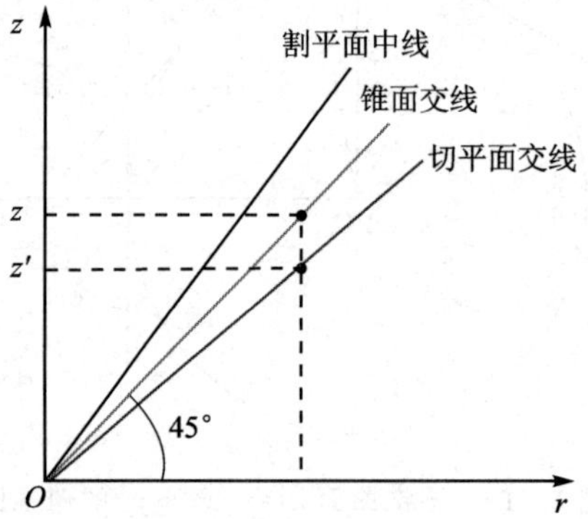

图 6-15 圆锥截面图

6.2.1.2 内逼近法(割平面法)

割平面法(内逼近法)的基本原理是:采用割平面替代切平面,这样就保证线性近似距离 z' 永远大于或等于真实欧氏距离 z,即确保 $z' \geqslant z = \sqrt{x^2+y^2}$,且最大误差由给定值 ε 来控制。方法的推导过程如下:

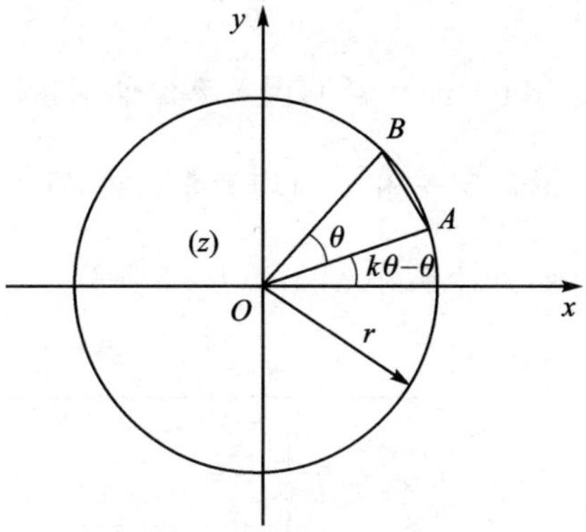

图 6-16 圆锥水平截面图

考虑平面 $z=r$ 与 $z=\sqrt{x^2+y^2}$ 的截面,如图 6-16 所示。令 A,B 为交线圆上的两点,O 为坐标原点,$\angle AOB$ 为 θ,$\angle xOA$ 为 $(k-1)\theta$。令过三点(O, A, B)的第 k 个割平面的方程式表示为

$$z = ax + by \qquad (6-40)$$

将 O、A、B 坐标 $O(0,0,0)$,$A(r\cos(k\theta), r\sin(k\theta), r)$,$B(r\cos(k\theta+\theta), r\sin(k\theta+\theta), r)$ 代入式(6-40),联立求解关于 a,b 的二元一次方程组,可以得到

$$a = \frac{\sin(k\theta) - \sin(k\theta-\theta)}{\sin\theta}, \quad b = \frac{\cos(k\theta-\theta) - \cos(k\theta)}{\sin\theta}$$

令欧氏距离值 $z=\sqrt{x^2+y^2}$ 由割平面 z 轴方向正侧的值来近似,可以转换为下面的线性约束:

$$z \geqslant \frac{\sin(k\theta) - \sin(k\theta-\theta)}{\sin\theta}x + \frac{\cos(k\theta-\theta) - \cos(k\theta)}{\sin\theta}y, \quad \forall k = 1,2,\cdots,\eta \qquad (6-41)$$

式中,θ 为给定的角度;η 为割平面的数量且 $\eta=\left\lceil \frac{\pi}{2\theta} \right\rceil$。

下面对割平面法的精度进行分析。经过 O、A、B 三点的平面表达式为

$$z = \frac{\sin(k\theta) - \sin(k\theta-\theta)}{\sin\theta}x + \frac{\cos(k\theta-\theta) - \cos(k\theta)}{\sin\theta}y$$

令 $k=1$,考虑第一个割平面,经过 O、A、B 三点的平面表达式为

$$z = x + \frac{1-\cos\theta}{\sin\theta}y = x + y\tan(\theta/2)$$

可以观测,误差率 ε 最大点为 AB 弧中点,即坐标 $(z\cos(\theta/2), z\sin(\theta/2), z)$,对应在 OAB 平面上的点的坐标为 $(z\cos(\theta/2), z\sin(\theta/2), z')$。因此有

$$z' = x + \tan(\theta/2)y = z\cos(\theta/2) + \tan(\theta/2)z\sin(\theta/2)$$

误差率为

$$\varepsilon = \frac{z'-z}{z} = \cos(\theta/2) + \tan(\theta/2)\sin(\theta/2) - 1$$

求解上述 θ 值,可获得

$$\theta = \arccos(1 + 4\varepsilon + 2\varepsilon^2) \qquad (6-42)$$

式(6-42)给出了保证误差不大于 ε 的最小角度值。再根据式(6-37),可计算割平面的最小数量。

综上,将欧氏距离 $z=\sqrt{x^2+y^2}$ 以内逼近法转换为下面的线性约束:

$$z \geqslant a_k x + b_k y, \quad \forall k = 1,2,\cdots,\eta$$

式中，$a_k=\dfrac{\sin(k\theta)-\sin(k\theta-\theta)}{\sin\theta}$，$b_k=\dfrac{\cos(k\theta-\theta)-\cos(k\theta)}{\sin\theta}$，$\theta$ 为给定的角度，$\eta=\left\lceil\dfrac{2\pi}{\theta}\right\rceil$，$\theta=\arccos(1+4\varepsilon+2\varepsilon^2)$，误差率保证不超过给定参数 ε。

若限定 x 和 y 值均为非负数，则平面数可降低为 $\eta=\left\lceil\dfrac{\pi}{2\theta}\right\rceil$。下面给出外逼近法和内逼近法的数据计算对比，如表 6-3 所列。

表 6-3 欧氏距离线性化参数比较

外逼近法	$\varepsilon=-0.1\%$		内逼近法	$\varepsilon=0.1\%$	
	$\theta=0.0894502$			$\theta=0.0894502$	
	$\eta=18$			$\eta=18$	
p	$\cos(p\theta)$	$\sin(p\theta)$	k	a_k	b_k
0	1	0	1	1	0.044 733
1	0.996 002	0.089 331	2	0.992 012	0.133 84
2	0.984 04	0.177 948	3	0.976 1	0.221 879
3	0.964 21	0.265 141	4	0.952 39	0.308 145
4	0.936 669	0.350 215	5	0.921 073	0.391 95
5	0.901 639	0.432 488	6	0.882 399	0.472 624
6	0.859 4	0.511 304	7	0.836 676	0.549 522
7	0.810 289	0.586 03	8	0.784 269	0.622 031
8	0.754 699	0.656 071	9	0.725 598	0.689 572
9	0.693 074	0.720 866	10	0.661 13	0.751 603
10	0.625 907	0.779 897	11	0.591 382	0.807 631
11	0.553 736	0.832 692	12	0.516 909	0.857 208
12	0.477 137	0.878 829	13	0.438 308	0.899 937
13	0.396 723	0.917 938	14	0.356 205	0.935 478
14	0.313 137	0.949 708	15	0.271 257	0.963 546
15	0.227 046	0.973 884	16	0.184 142	0.983 917
16	0.139 141	0.990 273	17	0.095 556	0.996 429
17	0.050 122	0.998 743	18	0.006 207	1.000 981

例 6.5 中心问题(the Weber Problem)：平面上有 n 个已知坐标位置的客户点，求选址一个服务中心点，使该点到所有客户点的欧氏距离之和最小。线性化精度要求 0.1%。客户的坐标位置见表 6-4。

表 6-4　客户坐标位置

客户 i	x	y	客户 i	x	y
1	75	63	11	73	57
2	54	47	12	58	74
3	80	63	13	38	73
4	23	1	14	3	94
5	47	69	15	70	13
6	36	95	16	99	26
7	9	73	17	50	75
8	53	64	18	73	95
9	47	66	19	42	52
10	44	54	20	25	76

解：针对上述问题建立数学规划模型。

1. 参数定义

N　　客户节点的集合；

(X_i, Y_i)　节点 i 的坐标值，$i \in N$。

2. 变量定义

x　非负连续变量，服务中心的 x 坐标；

y　非负连续变量，服务中心的 y 坐标；

d_i^x　客户节点 i 到服务中心的 x 轴向距离；

d_i^y　客户节点 i 到服务中心的 y 轴向距离；

d_i　客户节点到服务中心的欧氏距离。

3. 优化模型

$$
\begin{cases}
\min \sum_{i \in N} d_i & (1) \\
\text{s.t.} & \\
\begin{cases} d_i^x \geqslant x - X_i, & \forall i \in N \\ d_i^x \geqslant X_i - x, & \forall i \in N \end{cases} & \begin{matrix}(2)\\(3)\end{matrix} \\
\begin{cases} d_i^y \geqslant y - Y_i, & \forall i \in N \\ d_i^y \geqslant Y_i - y, & \forall i \in N \end{cases} & \begin{matrix}(4)\\(5)\end{matrix} \\
d_i \geqslant \sqrt{(d_i^x)^2 + (d_i^y)^2}, \quad \forall i \in N & (6) \\
x, y \geqslant 0, d_i^x \geqslant 0, d_i^y \geqslant 0, \quad \forall i \in N & (7)
\end{cases}
$$

利用外逼近法公式(6-39)，将模型中的约束式(6)转化为线性模型：

$$d_i \geqslant d_i^x \cos(p\theta) + d_i^y \sin(p\theta), \quad \forall i \in N, p = 0, 1, 2, \cdots, \eta - 1$$

式中，$\theta = 0.089\,450\,2$，$\eta = 18$。

4. 模型求解

基于 AMPL/CPLEX 环境建立优化模型,代码如下:

```
#参数定义
set N;                        #客户节点集合
param X{N};                   #客户 x 坐标
param Y{N};                   #客户 y 坐标
param cita: = 0.0894502;      #根据进度要求 - 0.1 % 计算的角度值
param n: = 18;                #根据进度要求 - 0.1 % 计算的切平面数量
#变量定义
var x> = 0;                   #服务点 x 坐标
var y> = 0;                   #服务点 y 坐标
var dx{N}> = 0;               #x 轴向距离
var dy{N}> = 0;               #y 轴向距离
var d{N}> = 0;                #欧氏距离
#目标函数
minimize Weighted_Dis: sum{i in N}d[i];
#约束条件
subject to Con1a{i in N}:
    dx[i] > = x - X[i];
subject to Con1b{i in N}:
    dx[i] > = X[i] - x;
subject to Con2a{i in N}:
    dy[i] > = y - Y[i];
subject to Con2b{i in N}:
    dy[i] > = Y[i] - y;
subject to Con3{i in N, p in 0..n-1}:
    d[i] > = dx[i] * cos(p * cita) + dy[i] * sin(p * cita);
```

求解上述优化模型,可获得选址设施最优坐标为:$x=49.0994$,$y=65.5348$,目标函数值为 556.095。更换采用内逼近法(割平面法),获得的最优坐标值为: $x=49.3262$,$y=65.5019$,目标函数值为 556.635。

6.2.2 多维欧氏距离线性化

考虑 m 维欧氏距离约束:

$$z \geqslant \sqrt{x_1^2+x_2^2+\cdots+x_m^2}$$
$$x_1,x_2,\cdots,x_m \geqslant 0$$

基本原理:采用维度逐步累加方法,引入连续非负变量 y_2, y_3, …, y_m,重复利用二维欧氏距离线性化约束。

二维度累加,增加约束:

$$y_2 \geqslant x_1\cos(k\theta)+x_2\sin(k\theta), \quad \forall k=0,1,2,\cdots,\eta-1$$

完成二维累加:

$$y_2 \Leftarrow \sqrt{x_1^2+x_2^2}$$

三维度累加,增加约束:

$$y_3 \geqslant y_2\cos(k\theta) + x_3\sin(k\theta), \quad \forall k = 0,1,2,\cdots,\eta-1$$

完成三维累加：

$$y_3 \Leftarrow \sqrt{y_2^2 + x_3^2} \Leftarrow \sqrt{x_1^2 + x_2^2 + x_3^2}$$

四维度累加，增加约束：

$$y_4 \geqslant y_3\cos(k\theta) + x_4\sin(k\theta), \quad \forall k = 0,1,2,\cdots,\eta-1$$

完成四维累加：

$$y_4 \Leftarrow \sqrt{y_3^2 + x_4^2} \Leftarrow \sqrt{x_1^2 + x_2^2 + x_3^2 + x_4^2}$$

……

m 维度累加，增加约束：

$$y_m \geqslant y_{m-1}\cos(k\theta) + x_m\sin(k\theta), \quad \forall k = 0,1,2,\cdots,\eta-1$$

完成 m 维累加：

$$y_m \Leftarrow \sqrt{y_{m-1}^2 + x_m^2} \Leftarrow \sqrt{x_1^2 + x_2^2 + x_3^2 + \cdots + x_m^2} \tag{6-43}$$

综上所述，对于多维欧氏距离约束即 $z \geqslant \sqrt{x_1^2 + x_2^2 + \cdots + x_m^2}$ 的线性化，需要：

- 引入 $m-1$ 个连续非负变量 $y_2, y_3, \cdots, y_m$；
- 再增加 $m-1$ 组约束：

$$\begin{cases} y_2 \geqslant a_k x_1 + b_k x_2, & \forall k = 1,2,\cdots,\eta \\ y_3 \geqslant a_k y_2 + b_k x_3, & \forall k = 1,2,\cdots,\eta \\ y_4 \geqslant a_k y_3 + b_k x_4, & \forall k = 1,2,\cdots,\eta \\ \quad\vdots \\ y_m \geqslant a_k y_{m-1} + b_k x_m, & \forall k = 1,2,\cdots,\eta \end{cases} \tag{6-44}$$

式中，a_k 和 b_k 的取值按外逼近法和内逼近法分别为

$$\begin{cases} a_k = \cos(k\theta - \theta) \\ b_k = \sin(k\theta - \theta) \end{cases} \quad (\text{外逼近法})$$

$$\begin{cases} a_k = \dfrac{\sin(k\theta) - \sin(k\theta - \theta)}{\sin\theta} \\ b_k = \dfrac{\cos(k\theta - \theta) - \cos(k\theta)}{\sin\theta} \end{cases} \quad (\text{内逼近法})$$

$$\theta = \arccos(1 + 4\varepsilon + 2\varepsilon^2), \quad \eta = \left\lceil \frac{\pi}{2\theta} \right\rceil$$

下面对上述叠加方法所得误差进行估算。根据二维欧氏距离外逼近法的线性化误差精度 ε，用 $y'_2, y'_3, \cdots, y'_m$ 表示多重叠加后的约束逼近值，可以得到以下推导过程：

$$y'_2 \leqslant (1+\varepsilon)\sqrt{x_1^2 + x_2^2}$$

$$y'_3 \leqslant (1+\varepsilon)\sqrt{(y'_2)^2 + x_3^2} \leqslant (1+\varepsilon)\sqrt{(1+\varepsilon)^2(x_1^2 + x_2^2) + x_3^2} \leqslant (1+\varepsilon)^2\sqrt{x_1^2 + x_2^2 + x_3^2}$$

$$y'_4 \leqslant (1+\varepsilon)\sqrt{(y'_3)^2 + x_4^2} \leqslant (1+\varepsilon)\sqrt{(1+\varepsilon)^4(x_1^2 + x_2^2 + x_3^2) + x_4^2} \leqslant (1+\varepsilon)^3\sqrt{x_1^2 + x_2^2 + x_3^2 + x_4^2}$$

$$\vdots$$

$$y'_m \leqslant (1+\varepsilon)\sqrt{(1+\varepsilon)^{2(m-2)}(x_1^2 + x_2^2) + \sum_{i=3}^{m}(1+\varepsilon)^{2(m-i)}x_i^2} \leqslant (1+\varepsilon)^{m-1}\sqrt{x_1^2 + x_2^2 + \cdots + x_m^2}$$

$$y'_m \leqslant (1+\varepsilon)^{m-1}\sqrt{x_1^2 + x_2^2 + \cdots + x_m^2}$$

因此，可以得到

$$\frac{y'_m}{\sqrt{x_1^2+x_2^2+\cdots+x_m^2}} \leqslant (1+\varepsilon)^{m-1} \tag{6-45}$$

即经过 $m-1$ 重叠加后，误差精度仍然控制在 $(1+\varepsilon)^{m-1}$ 范围之内。

6.2.3 欧氏距离线性紧约束

在对欧氏距离函数有最大化要求或有最低值约束的优化问题中，需要建立距离的紧约束，即不能任由距离值无上限取值。

以外逼近法（切线组）为例，需要引入 η 个 0/1 变量 $\delta_1, \delta_2, \cdots, \delta_\eta$。当 $\delta_p=1$ 时，表示坐标 (x, y) 恰好处于第 p 切平面之上，因此可仅保留第 p 切平面起约束作用，其他切平面不起作用，有 $\delta_1+\delta_2+\cdots+\delta_\eta=1$。判断坐标 (x, y) 是否处于第 p 切平面的条件是满足：

$$\tan[(p-1)\theta] \leqslant y/x \leqslant \tan(p\theta)$$

这样，把欧氏距离 $z=\sqrt{x^2+y^2}$ 转化为下面的线性约束：

$$\begin{cases} z \geqslant x\cos(p\theta)+y\sin(p\theta)-M(1-\delta_p), & \forall p=1,2,\cdots,\eta \\ z \leqslant x\cos(p\theta)+y\sin(p\theta)+M(1-\delta_p), & \forall p=1,2,\cdots,\eta \\ \delta_1+\delta_2+\cdots+\delta_\eta=1 \\ y \geqslant x\tan((p-1)\theta)-M(1-\delta_p), & \forall p=1,2,\cdots,\eta \\ y \leqslant x\tan(p\theta)+M(1-\delta_p), & \forall p=1,2,\cdots,\eta-1 \\ x, y \geqslant 0 \end{cases} \tag{6-46}$$

式中，$a_p=\cos(p\theta-\theta)$，$b_p=\sin(p\theta-\theta)$，θ 为给定的角度，$\theta=\arccos(1+4\varepsilon+2\varepsilon^2)$，$\eta=\lceil \pi/2\theta \rceil$，误差率保证不超过给定参数 ε。

例 6.6 连续选址问题（the Weber Problem）：平面上有 n 个已知坐标位置的客户点，求选址 m 个服务中心点，使所有客户点到每个服务中心的欧氏距离之和最小，并且服务中心之间的距离不低于给定值 H。令 $n=20$，$m=3$，$H=25$，线性化精度要求 0.1%。表 6-5 是客户坐标位置数据。

表 6-5 客户坐标位置

客户 i	x	y	客户 i	x	y
1	75	63	11	73	57
2	54	47	12	58	74
3	80	63	13	38	73
4	23	1	14	3	94
5	47	69	15	70	13
6	36	95	16	99	26
7	9	73	17	50	75
8	53	64	18	73	95
9	47	66	19	42	52
10	44	54	20	25	76

解：针对上述问题建立数学规划模型。

1. 参数定义

N　客户节点的集合；

(X_i, Y_i)　节点 i 的坐标值，$i \in N$；

K　服务中心的集合。

2. 变量定义

(x_j, y_j)　非负连续变量，服务中心的坐标，$j \in K$；

d_{ij}　客户节点到服务中心的欧氏距离，$i \in N, j \in K$；

D_{jk}　服务中心 j 到服务中心 k 的距离，$j \in K, k \in K: j < k$。

3. 优化模型

$$\begin{cases} \min \sum_{i \in N} \sum_{j \in K} d_{ij} & & (1) \\ \text{s.t. } d_{ij} = \sqrt{(x_j - X_i)^2 + (x_j - X_i)^2}, & \forall i \in N, j \in K & (2) \\ D_{jk} = \sqrt{(x_j - x_k)^2 + (x_j - x_k)^2}, & \forall j \in K, k \in K: j < k & (3) \\ D_{jk} \geqslant H, & \forall j \in K, k \in K: j < k & (4) \\ x_j, y_j \geqslant 0, d_{ij} \geqslant 0, D_{jk} \geqslant 0, & \forall i \in N, j \in K, k \in K: j < k & (5) \end{cases}$$

利用外逼近法公式(6-39)，将上述优化模型中的约束式(2)转化为线性约束：

$$d_i \geqslant (x_j - X_i)\cos(p\theta) + (y_j - Y_i)\sin(p\theta), \quad \forall i \in N, p = 0,1,2,\cdots,\eta - 1$$

式中，$\theta = 0.089\,450\,2$，$\eta = 71$。

再根据式(6-46)，将约束式(3)替换为以下线性约束组：

$$\begin{cases} M(1 - \sigma_{jk}^x) \geqslant x_j - x_k, & \forall j \in K, k \in K: j < k \\ M\sigma_{jk}^x \geqslant x_k - x_j, & \forall j \in K, k \in K: j < k \\ M(1 - \sigma_{jk}^y) \geqslant y_j - y_k, & \forall j \in K, k \in K: j < k \\ M\sigma_{jk}^y \geqslant y_k - y_j, & \forall j \in K, k \in K: j < k \end{cases}$$

$$\begin{cases} D_{jk}^x \geqslant x_j - x_k - M(1 - \sigma_{jk}^x), & \forall j \in K, k \in K: j < k \\ D_{jk}^x \leqslant x_j - x_k + M(1 - \sigma_{jk}^x), & \forall j \in K, k \in K: j < k \\ D_{jk}^x \geqslant x_k - x_j - M\sigma_{jk}^x, & \forall j \in K, k \in K: j < k \\ D_{jk}^x \leqslant x_k - x_j + M\sigma_{jk}^x, & \forall j \in K, k \in K: j < k \end{cases}$$

$$\begin{cases} D_{jk}^y \geqslant y_j - y_k - M(1 - \sigma_{jk}^y), & \forall j \in K, k \in K: j < k \\ D_{jk}^y \leqslant y_j - y_k + M(1 - \sigma_{jk}^y), & \forall j \in K, k \in K: j < k \\ D_{jk}^y \geqslant y_k - y_j - M\sigma_{jk}^y, & \forall j \in K, k \in K: j < k \\ D_{jk}^y \leqslant y_k - y_j + M\sigma_{jk}^y, & \forall j \in K, k \in K: j < k \end{cases}$$

$$\begin{cases} D_{jk} \geqslant D_{jk}^x \cos(p\theta) + D_{jk}^y \sin(p\theta) - M(1-\delta_{jkp}), & \forall j \in K, k \in K, p=1,2,\cdots,\eta' : j<k \\ D_{jk} \leqslant D_{jk}^x \cos(p\theta) + D_{jk}^y \sin(p\theta) + M(1-\delta_{jkp}), & \forall j \in K, k \in K, p=1,2,\cdots,\eta' : j<k \\ \delta_{jk1} + \delta_{jk2} + \cdots + \delta_{jk\eta} = 1, & \forall j \in K, k \in K : j<k \\ D_{jk}^y \geqslant D_{jk}^x \tan((p-1)\theta) - M(1-\delta_{jkp}), & \forall j \in K, k \in K, p=1,2,\cdots,\eta' : j<k \\ D_{jk}^y \leqslant D_{jk}^x \tan(p\theta) + M(1-\delta_{jkp}), & \forall j \in K, k \in K, p=1,2,\cdots,\eta' : j<k \end{cases}$$

式中，σ_{jk}^x，σ_{jk}^y，δ_{jkp} 是 0/1 变量；D_{jk}^x，D_{jk}^y 是非负连续变量；$\theta=0.089\,450\,2$；$\eta'=18$。

5. 模型求解

基于 AMPL/CPLEX 环境建立优化模型，代码如下：

```
#参数定义
set N;                          #客户节点集合
param X{N};                     #客户 x 坐标
param Y{N};                     #客户 y 坐标
param a{N};                     #客户需求
param cita:= 0.0894502;         #根据进度要求 - 0.1%计算的角度值
param n:= 71;                   #根据进度要求 - 0.1%计算的切平面数量
param M:= 999;                  #一个大数
param cita1:= 0.0894502;
param n1:= 18;
set K;
var x{K}>= 0;
var y{K}>= 0;
var d{N,K}>= 0;
var sigma_x{K,K} binary;
var sigma_y{K,K} binary;
var delta{K,K,1..n1} binary;
var Dx{K,K}>= 0;
var Dy{K,K}>= 0;
var D{K,K}>= 0;
minimize Weighted_Dis: sum{i in N, k in K}d[i,k];
subject to Con1{i in N, k in K, p in 0..n-1}:
    d[i,k]>= (x[k]-X[i])*cos(p*cita)+(y[k]-Y[i])*sin(p*cita);
subject to Con2{j in K, k in K: j<k}: sigma_x[j,k]*M >= x[j] - x[k];
subject to Con3{j in K, k in K: j<k}: (1-sigma_x[j,k])*M >= x[k] - x[j];
subject to Con8{j in K, k in K: j<k}: sigma_y[j,k]*M >= y[j] - y[k];
subject to Con9{j in K, k in K: j<k}: (1-sigma_y[j,k])*M >= y[k] - y[j];
subject to Con4{j in K, k in K: j<k}: Dx[j,k] <= x[j] - x[k] + M*(1-sigma_x[j,k]);
subject to Con5{j in K, k in K: j<k}: Dx[j,k] >= x[j] - x[k] - M*(1-sigma_x[j,k]);
subject to Con6{j in K, k in K: j<k}: Dx[j,k] <= x[k] - x[j] + M*sigma_x[j,k];
subject to Con7{j in K, k in K: j<k}: Dx[j,k] >= x[k] - x[j] - M*sigma_x[j,k];
subject to Con10{j in K, k in K: j<k}: Dy[j,k] <= y[j] - y[k] + M*(1-sigma_y[j,k]);
subject to Con11{j in K, k in K: j<k}: Dy[j,k] >= y[j] - y[k] - M*(1-sigma_y[j,k]);
subject to Con12{j in K, k in K: j<k}: Dy[j,k] <= y[k] - y[j] + M*sigma_y[j,k];
```

```
subject to Con13{j in K, k in K: j<k}: Dy[j,k] >= y[k] - y[j] - M*sigma_y[j,k];
subject to Con14{j in K, k in K: j<k}: sum{p in 1..n1}delta[j,k,p] = 1;
subject to Con15{j in K, k in K, p in 1..n1: j<k}:
    D[j,k] >= Dx[j,k]*cos(p*cita1)+Dy[j,k]*sin(p*cita1) - M*(1-delta[j,k,p]);
subject to Con16{j in K, k in K, p in 1..n1: j<k}:
    D[j,k] <= Dx[j,k]*cos(p*cita1)+Dy[j,k]*sin(p*cita1) + M*(1-delta[j,k,p]);
subject to Con17{j in K, k in K,p in 1..n1: j<k}:
    Dy[j,k] >= Dx[j,k]*tan(p*cita1-cita1) - M*(1-delta[j,k,p]);
subject to Con18{j in K, k in K,p in 1..n1: j<k}:
    Dy[j,k] <= Dx[j,k]*tan(p*cita1) + M*(1-delta[j,k,p]);
subject to Con19{j in K, k in K:j<k}: D[j,k]>=25;
```

在 AMPL/CPLEX 环境下求解上述模型,可获得选址设施最优坐标如下:

ID	x	y
1	42.112 9	52.107 4
2	65.529 7	60.862 8
3	46.235 5	76.773 7

最优目标函数值为 1 885.35。

6.2.4　多变量乘积项的线性化

6.2.4.1　多变量乘积关系

考虑约束式中有多个变量的乘积关系式:

$$\boldsymbol{c}^{\mathrm{T}}\boldsymbol{x}+x_1x_2x_3\leqslant b$$

引入变量 $y=x_1x_2x_3$,将约束式转化为

$$\begin{cases}\boldsymbol{c}^{\mathrm{T}}\boldsymbol{x}+y\leqslant b\\ y=x_1x_2x_3\end{cases}$$

对等式约束两边取对数:

$$\begin{cases}\boldsymbol{c}^{\mathrm{T}}\boldsymbol{x}+y\leqslant b\\ \ln y=\ln x_1+\ln x_2+\ln x_3\end{cases}$$

引入变量 $y_0=\ln y, y_1=\ln x_1, y_2=\ln x_2, y_3=\ln x_3$,将约束式转化为

$$\begin{cases}\boldsymbol{c}^{\mathrm{T}}\boldsymbol{x}+y\leqslant b\\ y_0=y_1+y_2+y_3\\ y_0=\ln y\\ y_1=\ln x_1\\ y_2=\ln x_2\\ y_3=\ln x_3\end{cases}$$

最后根据对数函数值与目标函数值的变化方向,将上面的对数等式约束转化为"≤"不等式约束,或者利用单变量一般非线性函数分段线性化方法,引入分段选择变量进行线性化,从而达到线性化处理。

6.2.4.2　多变量一般非线性

考虑约束式中有多个变量的综合情况,例如:

$$c^{\mathrm{T}}x + 2^{x_1}x_2^3\sqrt{x_3} \leqslant b$$

一般线性化处理的基本方法和步骤是：

① 将约束式中的线性项移项合并，引入变量 y 来代替线性合并项：

$$2^{x_1}x_2^3\sqrt{x_3} \leqslant b - c^{\mathrm{T}}x = y$$

② 对不等式两边取对数，将乘积关系转化为线性加和关系：

$$x_1\ln 2 + 3\ln x_2 + \frac{1}{2}\ln x_3 \leqslant \ln y$$

③ 针对约束式中的每一非线性项，采取相应的线性化方法，将其替代为线性约束。

需要注意的是，要考虑目标函数与变量的方向，以采用适当的凹/凸约束。对于分解后的非线性项，至少可以采用分段函数拟合的方式来线性化，因此理论上总是可以实现线性化。另外，线性化误差的界定往往是一个难点，目前还没有统一的界定方法，需要具体问题具体分析。

6.3 基于大 M 法的条件约束

在一些应用中，有些约束条件仅在特定条件下成立，这种情况称为**条件约束**。

6.3.1 单条件约束

单条件约束是指仅满足单一条件即成立的约束关系。

6.3.1.1 基于 0/1 判断函数的条件约束

一般情况下，条件是否成立可通过 0/1 函数 $f(x)$来确定：即 $\delta(x)=1$ 表示条件成立，而 $\delta(x)=0$ 表示条件不成立。引入一个大常数 M，基本形式如下：

① 对于一般不等式约束 $G(x)\geqslant b$，若仅在条件 $\delta(x)=1$ 成立，则可写为

$$G(x) \geqslant b - M[1-\delta(x)]$$

② 对于一般不等式约束 $G(x)\leqslant b$，若仅在条件 $\delta(x)=1$ 成立，则可写为

$$G(x) \leqslant b + M[1-\delta(x)]$$

③ 对于一般等式约束 $G(x)=b$，若仅在条件 $\delta(x)=1$ 成立，则可写为

$$\begin{cases} G(x) \geqslant b - M[1-\delta(x)] \\ G(x) \leqslant b + M[1-\delta(x)] \end{cases}$$

例 6.7 两个非负连续变量 x 和 y 以及 0/1 整数变量 z 存在以下关系：当 $z=1$ 时，需要满足 $x\geqslant y$；而当 $z=0$ 时，则需要满足 $x\leqslant 2y-3$。试写出 x，y，z 之间的条件约束。

解：引入一个大常数 M，建立条件约束如下：

$$\begin{cases} x \geqslant y - M(1-z) & (1) \\ x \leqslant 2y - 3 + Mz & (2) \end{cases}$$

式中，当 $z=1$ 时，因为 M 为大数，所以约束式(1)起作用而约束式(2)不起作用；当 $z=0$ 时，约束式(1)不起作用而约束式(2)起作用。

6.3.1.2 基于不等式条件的条件约束

当约束成立的判断条件为一般不等式时，需要引入 0/1 变量来确定不等式条件是否成立，然后基于判断变量建立条件约束。

考虑一般约束 $G(\boldsymbol{x})\geqslant b$、$G(\boldsymbol{x})\leqslant b$ 或 $G(\boldsymbol{x})=b$，仅在条件 $h(\boldsymbol{x})\geqslant a$ 时成立，试建立条件约束。

首先引入一个大数 M、一个小数 S 和 0/1 变量 δ，建立条件约束判断是否成立：

$$\begin{cases}M\delta \geqslant h(\boldsymbol{x})-a+S \\ M(1-\delta) \geqslant a-h(\boldsymbol{x})\end{cases}$$

小数 S 的作用是确保当 $h(\boldsymbol{x})=a$ 时，仍然有 $\delta=1$。

对于一般不等式约束 $G(\boldsymbol{x})\geqslant b$，建立：

$$G(\boldsymbol{x}) \geqslant b-M(1-\delta)$$

对于一般不等式约束 $G(\boldsymbol{x})\leqslant b$，建立：

$$G(\boldsymbol{x}) \leqslant b+M(1-\delta)$$

对于一般等式约束 $G(\boldsymbol{x})=b$，建立：

$$\begin{cases}G(\boldsymbol{x}) \geqslant b-M(1-\delta) \\ G(\boldsymbol{x}) \leqslant b+M(1-\delta)\end{cases}$$

例 6.8　平面坐标系中的两个点，其位置坐标为变量(x_1, y_1)和(x_2, y_2)，引入变量 d^x 和 d^y 表示两点在 x 轴向和 y 轴向的距离。试写出 x_1, y_1, x_2, y_2, d^x 和 d^y 之间的条件约束。

解：分析题意，需要建立如下条件约束：

① 当 $x_1\geqslant x_2$ 时，有 $d^x=x_1-x_2$；

② 当 $x_1\leqslant x_2$ 时，有 $d^x=x_2-x_1$；

③ 当 $y_1\geqslant y_2$ 时，有 $d^y=y_1-y_2$；

④ 当 $y_1\leqslant y_2$ 时，有 $d^y=y_2-y_1$。

首先，引入 0/1 判断变量 δ^x 和 δ^y，分别用于判断 $x_1\geqslant x_2$ 是否成立，$y_1\geqslant y_2$ 是否成立。引入一个大数 M 和一个小数 S，建立判断约束式：

$$\begin{cases}M\delta^x \geqslant x_1-x_2+S \\ M(1-\delta^x) \geqslant x_2-x_1\end{cases}$$

$$\begin{cases}M\delta^y \geqslant y_1-y_2+S \\ M(1-\delta^y) \geqslant y_2-y_1\end{cases}$$

然后，基于判断变量 δ^x 和 δ^y，建立等式条件约束：

$$\begin{cases}d^x \geqslant x_1-x_2-M(1-\delta^x) \\ d^x \leqslant x_2-x_1+M(1-\delta^x)\end{cases}$$

$$\begin{cases}d^y \geqslant y_1-y_2-M(1-\delta^y) \\ d^y \leqslant y_2-y_1+M(1-\delta^y)\end{cases}$$

6.3.2　多条件“与”约束

多条件“与”约束是指同时满足多个条件才成立的约束关系。

考虑一般约束 $G(\boldsymbol{x})\geqslant b$、$G(\boldsymbol{x})\leqslant b$ 或 $G(\boldsymbol{x})=b$，在条件 $h_i(\boldsymbol{x})\geqslant a_i$, $i=1, 2, \cdots, m$ 均满足时成立。

首先引入 m 个 0/1 变量，即 δ_1, δ_2, $\cdots$, δ_m，用大 M 法判断对应的 m 个条件是否成立，建

立条件约束：

$$\begin{cases} M\delta_i \geqslant h_i(\boldsymbol{x}) - a_i + S \\ M(1-\delta_i) \geqslant a_i - h_i(\boldsymbol{x}) \end{cases}, \quad \forall i = 1,2,\cdots,m$$

然后，基于所引入的 0/1 变量，针对约束 $G(\boldsymbol{x}) \geqslant b$、$G(\boldsymbol{x}) \leqslant b$ 或 $G(\boldsymbol{x}) = b$，分别建立条件约束如下：

$$G(\boldsymbol{x}) \geqslant b - M(m - \delta_1 - \delta_2 - \cdots - \delta_m)$$

或

$$G(\boldsymbol{x}) \leqslant b + M(m - \delta_1 - \delta_2 - \cdots - \delta_m)$$

或

$$\begin{cases} G(\boldsymbol{x}) \geqslant b - M(m - \delta_1 - \delta_2 - \cdots - \delta_m) \\ G(\boldsymbol{x}) \leqslant b + M(m - \delta_1 - \delta_2 - \cdots - \delta_m) \end{cases}$$

例 6.9 有非负连续变量 x，y，z，u，存在以下关系：当 $z \geqslant 1$ 且 $u \geqslant 2$ 时，具有约束关系 $x \geqslant y$。试写出 x，y，z，u 之间的条件约束。

解：引入 0/1 变量 δ_1 和 δ_2，分别用于判断 $z \geqslant 1$ 和 $u \geqslant 2$ 是否成立。然后基于 δ_1 和 δ_2 建立条件约束 $x \geqslant y$，结果如下：

$$\begin{cases} M\delta_1 \geqslant z - 1 + S \\ M(1-\delta_1) \geqslant 1 - z \\ M\delta_2 \geqslant u - 2 + S \\ M(1-\delta_2) \geqslant 2 - u \\ x \geqslant y - M(2 - \delta_1 - \delta_2) \end{cases}$$

6.3.3 多条件“或”约束

多条件“或”约束是指仅需要满足多个条件中的一个就必须成立的约束关系。

考虑一般不等式约束 $G(\boldsymbol{x}) \geqslant b$、$G(\boldsymbol{x}) \leqslant b$ 或 $G(\boldsymbol{x}) = b$，以及满足“或”条件 $h_i(\boldsymbol{x}) \geqslant a_i$，$i = 1, 2, \cdots, m$。

首先引入 m 个 0/1 变量，即 δ_1，δ_2，$\cdots$，δ_m，用大 M 法判断对应的 m 个条件是否成立，建立条件约束：

$$\begin{cases} M\delta_i \geqslant h_i(\boldsymbol{x}) - a_i + S \\ M(1-\delta_i) \geqslant a_i - h_i(\boldsymbol{x}) \end{cases}, \quad \forall i = 1,2,\cdots,m$$

然后，基于所引入的 0/1 变量，对约束 $G(\boldsymbol{x}) \geqslant b$、$G(\boldsymbol{x}) \leqslant b$ 或 $G(\boldsymbol{x}) = b$ 分别建立条件约束如下：

$$G(\boldsymbol{x}) \geqslant b - M(1 - \delta_i), \quad \forall i = 1,2,\cdots,m$$

或

$$G(\boldsymbol{x}) \leqslant b + M(1 - \delta_i), \quad \forall i = 1,2,\cdots,m$$

或

$$\begin{cases} G(\boldsymbol{x}) \geqslant b - M(1 - \delta_i) \\ G(\boldsymbol{x}) \leqslant b + M(1 - \delta_i) \end{cases}, \quad \forall i = 1,2,\cdots,m$$

例 6.10 将下面约束转化为线性表达：

$$h_1(\boldsymbol{x}) \geqslant 0,\ h_2(\boldsymbol{x}) \geqslant 0,\ \cdots \text{或}\ h_m(\boldsymbol{x}) \geqslant 0$$

解：引入 0/1 变量 $\delta_1, \delta_2, \cdots, \delta_m$，将“或”条件约束转化为

$$\begin{cases} M\delta_i \geqslant h_i(\boldsymbol{x}) + S \\ M(1-\delta_i) \geqslant -h_i(\boldsymbol{x}) \end{cases}, \quad \forall i = 1,2,\cdots,m$$

添加约束：

$$\delta_1 + \delta_2 + \cdots + \delta_m \geqslant 1$$

或者直接写为

$$\begin{cases} g_1(\boldsymbol{x}) \geqslant M(\delta_1 - 1) \\ g_2(\boldsymbol{x}) \geqslant M(\delta_2 - 1) \\ \qquad\vdots \\ g_m(\boldsymbol{x}) \geqslant M(\delta_m - 1) \\ \delta_1 + \delta_2 + \cdots + \delta_m \geqslant 1 \end{cases}$$

如果 $m=2$，则只需引入一个 0/1 决策变量 δ，“或”条件约束可转化为

$$\begin{cases} g_1(\boldsymbol{x}) \geqslant M(\delta - 1) \\ g_2(\boldsymbol{x}) \geqslant -M\delta \end{cases}$$

例 6.11　将下面约束转化为线性表达：

如果 $h_1(\boldsymbol{x}) \geqslant 0,\ h_2(\boldsymbol{x}) \geqslant 0, \cdots$或 $h_m(\boldsymbol{x}) \geqslant 0$，则必然有 $g(\boldsymbol{x}) \geqslant 1$。

解：引入 0/1 变量 $\delta_1, \delta_2, \cdots, \delta_m$，将“或”条件约束转化为

$$\begin{cases} M\delta_i \geqslant h_i(\boldsymbol{x}) + S \\ M(1-\delta_i) \geqslant -h_i(\boldsymbol{x}) \end{cases}, \quad \forall i = 1,2,\cdots,m$$

再添加约束：

$$g(\boldsymbol{x}) \geqslant 1 - M(1-\delta_i), \quad \forall i = 1,2,\cdots,m$$

6.4　绝对值表达的线性化

在实际问题的建模中，可能遇到表达式中含绝对值运算的情况。绝对值运算属于非线性，在线性规划求解中往往需要转换为线性表达。本节介绍几种常见情况下绝对值表达的线性化方法。

6.4.1　单项绝对值

下面给出几种形式下单项绝对值表达的线性化方法。

形式 1　将绝对值 $|x| \leqslant a$ 转化为线性约束，其中 x 为连续变量，常数 $a>0$。

转化方法：

$$|x| \leqslant a \Rightarrow \begin{cases} x \geqslant -a \\ x \leqslant a \end{cases}$$

例如：$|x| \leqslant 2 \Rightarrow -2 \leqslant x \leqslant 2$。

形式 2　将绝对值 $|x| \geqslant a$ 转化为线性约束，其中 x 为连续变量，常数 $a>0$。

转化方法：

$$|x| \geqslant a \Rightarrow x \geqslant a \text{ 或 } x \leqslant -a$$

引入 0/1 变量 δ，仅让两个约束中的一个起作用，建立约束：

$$\begin{cases} x \geqslant a - M\delta \\ x \leqslant -a + M(1-\delta) \end{cases}$$

式中，M 为一个大数。

例如：$|x| \geqslant 2 \Rightarrow x \leqslant -2$ 或 $x \geqslant 2 \Rightarrow \begin{cases} x \geqslant 2 - M\delta \\ x \leqslant -2 + M(1-\delta) \end{cases}$。其中，$M$ 为一个大数，δ 为 0/1 变量。

形式 3 将绝对值 $|x_1| \leqslant f(\boldsymbol{x})$ 转化为线性约束，其中 x_1 为连续变量，$\boldsymbol{x} = (x_1, x_2, \cdots)$ 表示一组变量，$f(\boldsymbol{x})$ 为线性函数。

转化方法：

① 由于右端 $f(\boldsymbol{x})$ 必须非负，所以有 $f(\boldsymbol{x}) \geqslant 0$。

② 打开不等式 $|x_1| \leqslant f(\boldsymbol{x})$，转化为

$$\begin{cases} f(\boldsymbol{x}) \geqslant 0 \\ \boldsymbol{x} \geqslant - f(\boldsymbol{x}) \\ \boldsymbol{x} \leqslant f(\boldsymbol{x}) \end{cases}$$

例 6.12 将约束条件 $|x| - 3y + 2z \leqslant 25$ 转化为线性约束。

解：根据转化方法，移项得到 $|x| \leqslant 25 + 3y - 2z$，建立线性约束如下：

$$\begin{cases} 25 + 3y - 2z \geqslant 0 \\ x \geqslant -(25 + 3y - 2z) \\ x \leqslant 25 + 3y - 2z \end{cases}$$

式中，M 为一个大数。

形式 4 将绝对值 $|x_1| \geqslant f(\boldsymbol{x})$ 转化为线性约束，其中 x_1 为连续变量，$\boldsymbol{x} = (x_1, x_2, \cdots)$ 表示一组变量，$f(\boldsymbol{x})$ 为线性函数。

转化方法：

① 引入 0/1 变量 δ_1，用于判断右端 $f(\boldsymbol{x})$ 是否为正数，判断约束：

$$\begin{cases} f(\boldsymbol{x}) \leqslant \delta_1 M \\ f(\boldsymbol{x}) \geqslant (\delta_1 - 1)M \end{cases}$$

式中，M 为一个大数。

② 忽略 $\delta_1 = 0$ 的情况；对于 $\delta_1 = 1$，结合形式 2 的方法，再引入 0/1 变量 δ_2，可将不等式 $|x_1| \geqslant a - f(\boldsymbol{x})$ 转化为

$$\begin{cases} f(\boldsymbol{x}) \leqslant \delta_1 M \\ f(\boldsymbol{x}) \geqslant (\delta_1 - 1)M \\ x \geqslant f(\boldsymbol{x}) - M(1-\delta_1) - M\delta_2 \\ x \leqslant - f(\boldsymbol{x}) + M(1-\delta_1) + M(1-\delta_2) \end{cases}$$

式中，M 为一个大数。

例 6.13 将约束条件 $|x| - 3y + 2z \geqslant 25$ 转化为线性约束。

解：根据转化方法，移项得到 $|x| \geqslant 25 + 3y - 2z$。引入 0/1 变量 δ_1 和 δ_2，建立线性约束如下：

$$\begin{cases}25+3y-2z\leqslant\delta_1 M\\25+3y-2z\geqslant(\delta_1-1)M\\x\geqslant 25+3y-2z-M(1-\delta_1)-M\delta_2\\x\leqslant-(25+3y-2z)+M(1-\delta_1)+M(1-\delta_2)\end{cases}$$

式中,M 是一个大数。

6.4.2　多项绝对值

形式 5　将绝对值$|x_1|+|x_2|\leqslant a$ 转化为线性约束,其中 x_1 和 x_2 为连续变量,常数 $a>0$。

转化方法:

① 利用形式 3 的方法,令 $f(\boldsymbol{x})=a-|x_2|$,打开绝对值项$|x_1|$,得到

$$\begin{cases}a-|x_2|\geqslant 0\\x_1\geqslant-(a-|x_2|)\\x_1\leqslant(a-|x_2|)\end{cases}$$

移项整理得

$$\begin{cases}|x_2|\leqslant a & (1)\\|x_2|\leqslant a+x_1 & (2)\\|x_2|\leqslant a-x_1 & (3)\end{cases}$$

② 利用形式 1 的方法对上式(1)进行转化,利用形式 3 对上式(2)和(3)进行转化,可得到如下线性约束组:

$$-a\leqslant x_2\leqslant a \qquad (1)$$

$$\begin{cases}a+x_1\geqslant 0\\x_2\geqslant-(a+x_1)\\x_2\leqslant a+x_1\end{cases} \qquad (2)$$

$$\begin{cases}a-x_1\geqslant 0\\x_2\geqslant-(a-x_1)\\x_2\leqslant a-x_1\end{cases} \qquad (3)$$

移项整理得

$$\begin{cases}-a\leqslant x_2\leqslant a\\-a\leqslant x_1\leqslant a\\-a\leqslant x_2+x_1\leqslant a\\-a\leqslant x_2-x_1\leqslant a\end{cases}$$

例 6.14　将约束条件$|x_1|+|x_2|\leqslant 2$ 转化为线性约束。

解:直接利用形式 5 的转化方法,可得到

$$\begin{cases}-2\leqslant x_2\leqslant 2\\-2\leqslant x_1\leqslant 2\\-2\leqslant x_2+x_1\leqslant 2\\-2\leqslant x_2-x_1\leqslant 2\end{cases}$$

形式 6　将绝对值$|x_1|-|x_2|\leqslant a$ 转化为线性约束,其中 x_1 和 x_2 为连续变量,a 为

常数。

转化方法：

① 利用形式 3 的方法，令 $f(\boldsymbol{x})=a+|x_2|$，打开绝对值项 $|x_1|$，得到

$$\begin{cases} a+|x_2|\geqslant 0 \\ x_1\geqslant -(a+|x_2|) \\ x_1\leqslant (a+|x_2|) \end{cases}$$

移项整理得

$$\begin{cases} |x_2|\geqslant -a & (1) \\ |x_2|\geqslant -x_1-a & (2) \\ |x_2|\geqslant x_1-a & (3) \end{cases}$$

② 利用形式 2 的方法对上式(1)进行转化，利用形式 4 的方法，对式(2)、(3)进行转化，可得到如下线性约束组：

$$\begin{cases} x_2\geqslant -a-M\delta \\ x_2\leqslant +a+M(1-\delta) \end{cases} \quad (1)$$

$$\begin{cases} -x_1-a\leqslant \delta_1 M \\ -x_1-a\geqslant (\delta_1-1)M \\ x_2\geqslant -x_1-a-M(1-\delta_1)-M\delta_2 \\ x_2\leqslant -(-x_1-a)+M(1-\delta_1)+M(1-\delta_2) \end{cases} \quad (2)$$

$$\begin{cases} x_1-a\leqslant \delta_3 M \\ x_1-a\geqslant (\delta_3-1)M \\ x_2\geqslant x_1-a-M(1-\delta_3)-M\delta_4 \\ x_2\leqslant -(x_1-a)+M(1-\delta_3)+M(1-\delta_4) \end{cases} \quad (3)$$

上面的不等式约束中，$\delta, \delta_1, \delta_2, \delta_3, \delta_4$ 是引入的 5 个 0/1 变量，M 为一个大数。

例 6.15 将约束条件 $|x_1|-|x_2|\leqslant 1$ 转化为线性约束。

解：直接利用形式 6 的转化方法，可得到

$$\begin{cases} x_2\geqslant -1-M\delta \\ x_2\leqslant 1+M(1-\delta) \\ -x_1-1\leqslant \delta_1 M \\ -x_1-1\geqslant (\delta_1-1)M \\ x_2\geqslant -x_1-1-M(1-\delta_1)-M\delta_2 \\ x_2\leqslant -(-x_1-1)+M(1-\delta_1)+M(1-\delta_2) \\ x_1-1\leqslant \delta_3 M \\ x_1-1\geqslant (\delta_3-1)M \\ x_2\geqslant x_1-1-M(1-\delta_3)-M\delta_4 \\ x_2\leqslant -x_1-1+M(1-\delta_3)+M(1-\delta_4) \end{cases}$$

形式 7 将绝对值 $|x_1|+|x_2|\leqslant f(\boldsymbol{x})$ 值转化为线性约束，其中 x_1 和 x_2 为连续变量，$\boldsymbol{x}=(x_1, x_2, \cdots)$ 表示其一组变量，$f(\boldsymbol{x})$ 为线性函数。

转化方法：

① 利用形式 3 的转化方法,可得到

$$\begin{cases} f(\boldsymbol{x})-|x_2|\geqslant 0 \\ x_1\geqslant -f(\boldsymbol{x})+|x_2| \\ x_1\leqslant f(\boldsymbol{x})-|x_2| \end{cases}$$

移项整理得

$$\begin{cases} |x_2|\leqslant f(\boldsymbol{x}) & (1) \\ |x_2|\leqslant f(\boldsymbol{x})+x_1 & (2) \\ |x_2|\leqslant f(\boldsymbol{x})-x_1 & (3) \end{cases}$$

② 利用形式 3 的转化方法对上式(1)、(2)、(3)进行线性化,可得到如下线性约束组:

$$\begin{cases} f(\boldsymbol{x})\geqslant 0 \\ x_2\geqslant -f(\boldsymbol{x}) \\ x_2\leqslant f(\boldsymbol{x}) \end{cases} \quad (1)$$

$$\begin{cases} f(\boldsymbol{x})+x_1\geqslant 0 \\ x_2\geqslant -f(\boldsymbol{x})-x_1 \\ x_2\leqslant f(\boldsymbol{x})+x_1 \end{cases} \quad (2)$$

$$\begin{cases} f(\boldsymbol{x})-x_1\geqslant 0 \\ x_2\geqslant -f(\boldsymbol{x})+x_1 \\ x_2\leqslant f(\boldsymbol{x})-x_1 \end{cases} \quad (3)$$

移项整理得

$$\begin{cases} f(\boldsymbol{x})\geqslant 0 \\ f(\boldsymbol{x})\geqslant x_1 \\ f(\boldsymbol{x})\geqslant -x_1 \\ -f(\boldsymbol{x})\leqslant x_2\leqslant f(\boldsymbol{x}) \\ -f(\boldsymbol{x})\leqslant x_1+x_2\leqslant f(\boldsymbol{x}) \\ -f(\boldsymbol{x})\leqslant x_2-x_1\leqslant f(\boldsymbol{x}) \end{cases}$$

形式 8　将绝对值$|x_1|+|x_2|\geqslant f(\boldsymbol{x})$值转化为线性约束,其中 x_1 和 x_2 为连续变量,$\boldsymbol{x}=(x_1, x_2, \cdots)$表示其一组变量,$f(\boldsymbol{x})$为线性函数。

转化方法:

① 利用形式 4 的转化方法,可得到

$$\begin{cases} f(\boldsymbol{x})-|x_2|\leqslant \delta_1 M \\ f(\boldsymbol{x})-|x_2|\geqslant (\delta_1-1)M \\ x_1\geqslant f(\boldsymbol{x})-|x_2|-M(1-\delta_1)-M\delta_2 \\ x_1\leqslant -f(\boldsymbol{x})+|x_2|+M(1-\delta_1)+M(1-\delta_2) \end{cases}$$

移项整理得

$$\begin{cases} |x_2|\geqslant f(\boldsymbol{x})-\delta_1 M & (1) \\ |x_2|\leqslant f(\boldsymbol{x})-(\delta_1-1)M & (2) \\ |x_2|\geqslant -x_1-M(1-\delta_1)-M\delta_2+f(\boldsymbol{x}) & (3) \\ |x_2|\geqslant x_1-M(1-\delta_1)-M(1-\delta_2)+f(\boldsymbol{x}) & (4) \end{cases}$$

② 利用形式 3 的转化方法对上式(2)进行线性化,利用形式 4 的转化方法对上式(1)、(3)、(4)进行线性化,可得到如下线性约束组

$$\begin{cases} f(\boldsymbol{x})-\delta_1 M \leqslant \delta_5 M \\ f(\boldsymbol{x})-\delta_1 M \geqslant (\delta_5-1)M \\ x \geqslant f(\boldsymbol{x})-\delta_1 M-M(1-\delta_5)-M\delta_6 \\ x \leqslant -f(\boldsymbol{x})+\delta_1 M+M(1-\delta_5)+M(1-\delta_6) \end{cases} \tag{1}$$

$$\begin{cases} f(\boldsymbol{x})-(\delta_1-1)M \geqslant 0 \\ x \geqslant -f(\boldsymbol{x})+(\delta_1-1)M \\ x \leqslant f(\boldsymbol{x})-(\delta_1-1)M \end{cases} \tag{2}$$

$$\begin{cases} -x_1-M(1-\delta_1)-M\delta_2+f(\boldsymbol{x}) \leqslant \delta_7 M \\ -x_1-M(1-\delta_1)-M\delta_2+f(\boldsymbol{x}) \geqslant (\delta_7-1)M \\ x \geqslant -x_1-M(1-\delta_1)-M\delta_2+f(\boldsymbol{x})-M(1-\delta_7)-M\delta_8 \\ x \leqslant x_1+M(1-\delta_1)+M\delta_2-f(\boldsymbol{x})+M(1-\delta_7)+M(1-\delta_8) \end{cases} \tag{3}$$

$$\begin{cases} x_1-M(1-\delta_1)-M(1-\delta_2)+f(\boldsymbol{x}) \leqslant \delta_9 M \\ x_1-M(1-\delta_1)-M(1-\delta_2)+f(\boldsymbol{x}) \geqslant (\delta_9-1)M \\ x \geqslant x_1-M(1-\delta_1)-M(1-\delta_2)+f(\boldsymbol{x})-M(1-\delta_9)-M\delta_{10} \\ x \leqslant -x_1+M(1-\delta_1)+M(1-\delta_2)-f(\boldsymbol{x})+M(1-\delta_9)+M(1-\delta_{10}) \end{cases} \tag{4}$$

6.4.3 目标函数绝对值

考虑目标函数中含有绝对值项的情况:min $f(\boldsymbol{x})+|g(\boldsymbol{x})|-|h(\boldsymbol{x})|$,其中 $\boldsymbol{x}=(x_1, x_2, \cdots)$ 表示其一组变量,$f(\boldsymbol{x})$, $g(\boldsymbol{x})$, $h(\boldsymbol{x})$为线性函数。

引入变量 $y_1=|g(\boldsymbol{x})|$, $y_2=|h(\boldsymbol{x})|$,将目标函数转化为 min $f(\boldsymbol{x})+y_1-y_2$,并添加约束条件:

$$\begin{cases} y_1 \geqslant |g(\boldsymbol{x})| \\ y_2 \leqslant |h(\boldsymbol{x})| \end{cases}$$

利用形式 3 和形式 4 的转化方法,将上面含绝对值的不等式约束分别转化为

$$\begin{cases} y_1 \geqslant 0 \\ g(\boldsymbol{x}) \geqslant -y_1 \\ g(\boldsymbol{x}) \leqslant y_1 \end{cases}$$

$$\begin{cases} y_2 \leqslant \delta_1 M \\ y_2 \geqslant (\delta_1-1)M \\ h(\boldsymbol{x}) \geqslant y_2-M(1-\delta_1)-M\delta_2 \\ h(\boldsymbol{x}) \leqslant -y_2+M(1-\delta_1)+M(1-\delta_2) \end{cases}$$

6.5 0/1 变量线性化

本节介绍当非线性项中包含 0/1 变量时,进行线性转化的一些技巧。

例 6.16 将 $y \geqslant x_1 x_2 \cdots x_m$ 转化为线性约束,其中 x_1, x_2, $\cdots$, x_m, y 均为 0/1 变量。

解：直接转化得到

$$1-y \leqslant m-x_1-x_2-\cdots-x_m$$

例 6.17　将 $y \leqslant x_1 x_2 \cdots x_m$ 转化为线性约束,其中 $x_1, x_2, \cdots, x_m, y$ 均为 0/1 变量。

解：直接转化得到

$$y \leqslant x_i, \quad \forall i=1,2,\cdots,m$$

例 6.18　将 $y=x_1 x_2 \cdots x_m$ 转化为线性约束,其中 $x_1, x_2, \cdots, x_m, y$ 均为 0/1 变量。

解：直接转化得到

$$\begin{cases} 1-y \leqslant m-\sum_{i=1}^{m} x_i \\ y \leqslant x_i, \quad \forall i=1,2,\cdots,m \end{cases}$$

例 6.19　将约束 $f(\boldsymbol{x})+x_1 x_2 \cdots x_m \geqslant 0$ 转化为线性约束,其中 $x_1, x_2, \cdots, x_m$ 为 0/1 变量,$g(\boldsymbol{x})$为线性函数。

解：令 $y=x_1 x_2 \cdots x_m$,将约束转化为

$$\begin{cases} g(\boldsymbol{x})+y \geqslant 0 \\ y=x_1 x_2 \cdots x_m \end{cases} \Rightarrow \begin{cases} g(\boldsymbol{x})+y \geqslant 0 \\ 1-y \leqslant m-\sum_{i=1}^{m} x_i \\ y \leqslant x_i, \quad \forall i=1,2,\cdots,m \end{cases}$$

例 6.20　将 $f=\sum_{i \in N, j \in M} x_i y_j$ 转化为线性约束,x_i, y_j 为 0/1 变量。

解：引入变量 $z_{ij}=x_i y_j, \ \forall i \in N, j \in M$,将约束转化为

$$\begin{cases} f=\sum_{i \in N, j \in M} z_{ij} \\ z_{ij} \geqslant x_i+y_j-1, \quad \forall i \in N, j \in M \\ z_{ij} \leqslant x_i, \quad \forall i \in N, j \in M \\ z_{ij} \leqslant y_j, \quad \forall i \in N, j \in M \end{cases}$$

例 6.21　将 $x_1 x_2 \geqslant x_2 x_3$ 转化为线性约束,其中 x_1, x_2, x_3 为 0/1 变量。

解：引入变量 $y_1=x_1 x_2, y_2=x_2 x_3$,将约束转化为

$$\begin{cases} y_1 \geqslant y_2 \\ y_1=x_1 x_2 \\ y_2=x_2 x_3 \end{cases} \Rightarrow \begin{cases} y_1 \geqslant y_2 \\ 1-y_1 \leqslant 2-x_1-x_2 \\ y_1 \leqslant x_i, \quad \forall i=1,2 \\ 1-y_2 \leqslant 2-x_2-x_3 \\ y_2 \leqslant x_i, \quad \forall i=2,3 \end{cases}$$

6.6　二次规划问题

在非线性问题中,有一类特殊情况:目标函数是二次的,约束条件是线性的等式约束或不等式约束。这样的非线性规划称为二次规划(Quadratic Programming, QP)。二次规划的基本形式如下：

$$\begin{cases}\min\ f(\boldsymbol{x})=\dfrac{1}{2}\boldsymbol{x}^{\mathrm{T}}\boldsymbol{Q}\boldsymbol{x}+\boldsymbol{c}^{\mathrm{T}}\boldsymbol{x}\\ \text{s. t. }\boldsymbol{A}\boldsymbol{x}=\boldsymbol{b}\\ \qquad \boldsymbol{B}\boldsymbol{x}\geqslant\boldsymbol{d}\\ \qquad \boldsymbol{x}\in\mathbf{R}^n\end{cases}\tag{6-47}$$

式中,$\boldsymbol{Q}$ 是 n 阶对称矩阵,$\boldsymbol{A}$ 是 $m\times n$ 矩阵,$\boldsymbol{B}$ 是 $p\times n$ 矩阵,$\boldsymbol{b}$ 是 n 维向量,$\boldsymbol{c}$ 是 m 维向量,$\boldsymbol{d}$ 为 p 维向量。

二次规划是少数的在特定情况下可以最优求解的非线性规划问题,具有成熟的求解方法。

6.6.1 等式约束二次规划求解

考虑等式约束的二次规划:

$$\begin{cases}\min\ f(\boldsymbol{x})=\dfrac{1}{2}\boldsymbol{x}^{\mathrm{T}}Qx+\boldsymbol{c}^{\mathrm{T}}x\\ \text{s. t. }\boldsymbol{A}\boldsymbol{x}=\boldsymbol{b}\\ \qquad \boldsymbol{x}\in\mathbf{R}^n\end{cases}\tag{6-48}$$

求解方法有直接消元法和拉格朗日乘子法。

6.6.1.1 直接消元法

令 $\boldsymbol{A}=(\boldsymbol{B}\quad\boldsymbol{N})$,其中 $\boldsymbol{B}$ 为 m 阶满秩基矩阵,$\boldsymbol{N}$ 为$(n-m)\times m$ 自由基矩阵。相应地,令

$$\boldsymbol{x}=\begin{pmatrix}\boldsymbol{x}_B\\ \boldsymbol{x}_N\end{pmatrix},\quad \boldsymbol{c}=\begin{pmatrix}\boldsymbol{c}_B\\ \boldsymbol{c}_N\end{pmatrix},\quad \boldsymbol{Q}=\begin{pmatrix}\boldsymbol{Q}_{11} & \boldsymbol{Q}_{12}\\ \boldsymbol{Q}_{21} & \boldsymbol{Q}_{22}\end{pmatrix}$$

式中,$\boldsymbol{Q}_{11}$ 是 m 阶对称矩阵。

根据等式约束,可将基变量 $\boldsymbol{x}_B$ 表达为

$$\boldsymbol{A}\boldsymbol{x}=\boldsymbol{b}$$

$$(\boldsymbol{B}\quad\boldsymbol{N})\begin{pmatrix}\boldsymbol{x}_B\\ \boldsymbol{x}_N\end{pmatrix}=\boldsymbol{b}$$

$$\boldsymbol{x}_B=\boldsymbol{B}^{-1}\boldsymbol{b}-\boldsymbol{B}^{-1}\boldsymbol{N}\boldsymbol{x}_N$$

将 $\boldsymbol{x}_B$ 代入目标函数 $f(\boldsymbol{x})$,得到

$$\begin{aligned}f(\boldsymbol{x})&=\frac{1}{2}\boldsymbol{x}^{\mathrm{T}}\boldsymbol{Q}\boldsymbol{x}+\boldsymbol{c}^{\mathrm{T}}\boldsymbol{x}\\ &=\frac{1}{2}(\boldsymbol{x}_B^{\mathrm{T}}\quad\boldsymbol{x}_N^{\mathrm{T}})\begin{pmatrix}\boldsymbol{Q}_{11} & \boldsymbol{Q}_{12}\\ \boldsymbol{Q}_{21} & \boldsymbol{Q}_{22}\end{pmatrix}\begin{pmatrix}\boldsymbol{x}_B\\ \boldsymbol{x}_N\end{pmatrix}+(\boldsymbol{c}_B^{\mathrm{T}}\quad\boldsymbol{c}_N^{\mathrm{T}})\begin{pmatrix}\boldsymbol{x}_B\\ \boldsymbol{x}_N\end{pmatrix}\\ &=\frac{1}{2}\boldsymbol{x}_N^{\mathrm{T}}\hat{\boldsymbol{Q}}_2\boldsymbol{x}_N+\hat{\boldsymbol{c}}_N^{\mathrm{T}}\boldsymbol{x}_N+\frac{1}{2}\boldsymbol{b}^{\mathrm{T}}(\boldsymbol{B}^{-1})^{\mathrm{T}}\boldsymbol{Q}_{11}\boldsymbol{B}^{-1}\boldsymbol{b}+\boldsymbol{c}_B^{\mathrm{T}}\boldsymbol{B}^{-1}\boldsymbol{b}\end{aligned}\tag{6-49}$$

式中,

$$\hat{\boldsymbol{Q}}_2=\boldsymbol{N}^{\mathrm{T}}(\boldsymbol{B}^{-1})^{\mathrm{T}}\boldsymbol{Q}_{11}\boldsymbol{B}^{-1}\boldsymbol{N}-\boldsymbol{Q}_{21}\boldsymbol{B}^{-1}\boldsymbol{N}-\boldsymbol{N}^{\mathrm{T}}\boldsymbol{Q}_{12}(\boldsymbol{B}^{-1})^{\mathrm{T}}+\boldsymbol{Q}_{22}$$

$$\hat{\boldsymbol{c}}_N=\boldsymbol{c}_N-\boldsymbol{N}^{\mathrm{T}}(\boldsymbol{B}^{-1})^{\mathrm{T}}\boldsymbol{Q}_{11}\boldsymbol{B}^{-1}\boldsymbol{b}+\boldsymbol{Q}_{21}\boldsymbol{B}^{-1}\boldsymbol{b}-\boldsymbol{N}^{\mathrm{T}}(\boldsymbol{B}^{-1})^{\mathrm{T}}\boldsymbol{c}_B$$

这样,就把等式约束优化问题式(6-48)转化为无约束优化问题式(6-49)。可以看出,这是一个关于 $\boldsymbol{x}_N$ 的二次函数,共有 $n-m$ 个变量。如果矩阵 $\hat{\boldsymbol{Q}}_2$ 正定,则存在唯一最优解。此

时令$\nabla_x f(\boldsymbol{x})=\hat{\boldsymbol{Q}}_2\boldsymbol{x}_N+\hat{\boldsymbol{c}}_N^{\mathrm{T}}=0$，可得到最优解：

$$\boldsymbol{x}_N^*=-\hat{\boldsymbol{Q}}_2^{-1}\hat{\boldsymbol{c}}_N^{\mathrm{T}}$$

进而求得

$$\boldsymbol{x}_B^*=\boldsymbol{B}^{-1}\boldsymbol{b}-\boldsymbol{B}^{-1}\boldsymbol{N}\boldsymbol{x}_N^*=\boldsymbol{B}^{-1}\boldsymbol{b}-\boldsymbol{B}^{-1}\boldsymbol{N}(-\hat{\boldsymbol{Q}}_2^{-1}\hat{\boldsymbol{c}}_N^{\mathrm{T}})$$

如果 $\hat{\boldsymbol{Q}}_2$ 半正定且式(6-49)无下界，或 $\hat{\boldsymbol{Q}}_2$ 有负特征根，则不存在有限解。

例 6.22　求解下列的二次规划问题：

$$\begin{cases}\min f(\boldsymbol{x})=x_1^2+x_2^2+x_3^2\\ \text{s. t. } x_1+2x_2-x_3=4\\ \qquad x_1-x_2+x_3=-2\\ \qquad x_1,x_2,x_3\in\mathbf{R}\end{cases}$$

解：将约束写成

$$\begin{cases}x_1+2x_2=4+x_3\\ x_1-x_2=-2-x_3\end{cases}$$

用高斯消元法，得到

$$\begin{cases}x_1=-x_3/3\\ x_2=2+2x_3/3\end{cases}$$

代入 $f(\boldsymbol{x})$，得到

$$\begin{aligned}f(\boldsymbol{x})&=x_1^2+x_2^2+x_3^2\\&=(-x_3/3)^2+(2+2x_3/3)^2+x_3^2\\&=\frac{14}{9}x_3^2+\frac{8}{3}x_3+4\end{aligned}$$

检验 Hessian 矩阵$\nabla^2 f(\boldsymbol{x})=\dfrac{28}{9}>0$，所以正定，有全局唯一最优解。

令$\nabla f(\boldsymbol{x})=\dfrac{28}{9}x_3+\dfrac{8}{3}=0$，得到 $x_3=-\dfrac{6}{7}$。

代回，得到

$$\begin{cases}x_1=-x_3/3=2/7\\ x_2=2+2x_3/3=10/7\end{cases}$$

得到最优目标函数值 20。

6.6.1.2　拉格朗日乘子法

考虑式(6-48)中的等式约束二次规划问题：

$$\begin{cases}\min f(\boldsymbol{x})=\dfrac{1}{2}\boldsymbol{x}^{\mathrm{T}}\boldsymbol{Q}\boldsymbol{x}+\boldsymbol{c}^{\mathrm{T}}\boldsymbol{x}\\ \text{s. t. } \boldsymbol{A}\boldsymbol{x}=\boldsymbol{b}\\ \qquad \boldsymbol{x}\in\mathbf{R}^n\end{cases}$$

令 $\boldsymbol{Q}$ 为正定或半正定。

引入 m 维的拉格朗日乘子 $\boldsymbol{\lambda}$，建立拉格朗日函数：

$$L(\boldsymbol{x},\boldsymbol{v})=\frac{1}{2}\boldsymbol{x}^{\mathrm{T}}\boldsymbol{Q}\boldsymbol{x}+\boldsymbol{c}^{\mathrm{T}}\boldsymbol{x}-\boldsymbol{\lambda}^{\mathrm{T}}(\boldsymbol{A}\boldsymbol{x}-\boldsymbol{b})$$

二次规划最优解的一阶条件是$\nabla L(\boldsymbol{x},\boldsymbol{\lambda})=0$或$\nabla_x L(\boldsymbol{x},\boldsymbol{\lambda})=0$，$\nabla_\lambda L(\boldsymbol{x},\boldsymbol{\lambda})=0$，得到

$$\begin{cases}\boldsymbol{Q}\boldsymbol{x}+\boldsymbol{c}-\boldsymbol{A}^{\mathrm{T}}\boldsymbol{\lambda}=\boldsymbol{0}\\ \boldsymbol{A}\boldsymbol{x}-\boldsymbol{b}=\boldsymbol{0}\end{cases} \tag{6-50}$$

即

$$\begin{bmatrix}\boldsymbol{Q} & -\boldsymbol{A}^{\mathrm{T}}\\ -\boldsymbol{A} & \boldsymbol{0}\end{bmatrix}\begin{bmatrix}\boldsymbol{x}\\ \boldsymbol{\lambda}\end{bmatrix}=-\begin{bmatrix}\boldsymbol{c}\\ \boldsymbol{b}\end{bmatrix} \tag{6-51}$$

上述方程中，$\boldsymbol{x}$中有n个变量，$\boldsymbol{v}$中有m个变量，共$n+m$个变量，对应$n+m$个线性方程。若方程有唯一解$(\boldsymbol{x}^*,\boldsymbol{\lambda}^*)$，则$\boldsymbol{x}^*$为二次规划问题的最优解。

求解方法是对系数矩阵求逆(当$\boldsymbol{Q}^{-1}$存在时)，令

$$\begin{bmatrix}\boldsymbol{Q} & -\boldsymbol{A}^{\mathrm{T}}\\ -\boldsymbol{A} & \boldsymbol{0}\end{bmatrix}^{-1}=\begin{bmatrix}\boldsymbol{H} & -\boldsymbol{R}\\ -\boldsymbol{R}^{\mathrm{T}} & \boldsymbol{0}\end{bmatrix}^{-1}$$

则最优解为

$$\begin{cases}\boldsymbol{x}^*=-\boldsymbol{H}\boldsymbol{c}+\boldsymbol{R}\boldsymbol{b}\\ \boldsymbol{v}^*=\boldsymbol{R}^{\mathrm{T}}\boldsymbol{c}-\boldsymbol{G}\boldsymbol{b}\end{cases} \tag{6-52}$$

式中，

$$\begin{cases}\boldsymbol{H}=\boldsymbol{Q}^{-1}-\boldsymbol{Q}^{-1}\boldsymbol{A}^{\mathrm{T}}(\boldsymbol{A}\boldsymbol{Q}^{-1}\boldsymbol{A}^{\mathrm{T}})^{-1}\boldsymbol{A}\boldsymbol{Q}^{-1}\\ \boldsymbol{R}=\boldsymbol{Q}^{-1}\boldsymbol{A}^{\mathrm{T}}(\boldsymbol{A}\boldsymbol{Q}^{-1}\boldsymbol{A}^{\mathrm{T}})^{-1}\\ \boldsymbol{G}=-(\boldsymbol{A}\boldsymbol{Q}^{-1}\boldsymbol{A}^{\mathrm{T}})^{-1}\end{cases}$$

另外，如果已知$\boldsymbol{x}_0$是二次规划问题式(6-48)的任意可行解，即有$\boldsymbol{A}\boldsymbol{x}_0=\boldsymbol{b}$，且此点处的目标函数的梯度为$\nabla f(\boldsymbol{x}_0)=\boldsymbol{Q}\boldsymbol{x}_0+\boldsymbol{c}$，那么将$\boldsymbol{c}$和$\boldsymbol{b}$代入式(6-52)，利用$\boldsymbol{R}$和$\boldsymbol{H}$表达式，可得最优解的另一种计算式：

$$\begin{cases}\boldsymbol{x}^*=-\boldsymbol{H}(\nabla f(\boldsymbol{x}_0)-\boldsymbol{Q}\boldsymbol{x}_0)+\boldsymbol{R}(\boldsymbol{A}\boldsymbol{x}_0)=-\boldsymbol{H}\,\nabla f(\boldsymbol{x}_0)+\boldsymbol{x}_0\\ \boldsymbol{\lambda}^*=\boldsymbol{R}^{\mathrm{T}}(\nabla f(\boldsymbol{x}_0)-\boldsymbol{Q}\boldsymbol{x}_0)-\boldsymbol{G}(\boldsymbol{A}\boldsymbol{x}_0)=\boldsymbol{R}^{\mathrm{T}}\,\nabla f(\boldsymbol{x}_0)\end{cases} \tag{6-53}$$

例 6.23 用拉格朗日乘子法求解下面二次规划问题：

$$\begin{cases}\min\ f(\boldsymbol{x})=x_1^2+2x_2^2+x_3^2+x_3-2x_1x_2\\ \text{s. t. } x_1+x_2+x_3=4\\ \qquad 2x_1-x_2+x_3=2\end{cases}$$

解：

$$\boldsymbol{Q}=\begin{bmatrix}2 & -2 & 0\\ -2 & 4 & 0\\ 0 & 0 & 2\end{bmatrix},\quad \boldsymbol{c}=\begin{bmatrix}0\\ 0\\ 1\end{bmatrix},\quad \boldsymbol{A}=\begin{bmatrix}1 & 1 & 1\\ 2 & -1 & 1\end{bmatrix},\quad \boldsymbol{b}=\begin{bmatrix}4\\ 2\end{bmatrix}$$

$\boldsymbol{Q}$可逆且

$$\boldsymbol{Q}^{-1}=\begin{bmatrix}1 & 1/2 & 0\\ 1/2 & 1/2 & 0\\ 0 & 0 & 1/2\end{bmatrix}$$

$$H=\frac{4}{11}\begin{bmatrix}1/2 & 1/4 & -3/4\\ 1/4 & 1/8 & -3/8\\ -3/4 & -3/8 & 9/8\end{bmatrix},\quad R=\frac{4}{11}\begin{bmatrix}3/4 & 3/4\\ 7/4 & -1\\ 1/4 & 1/4\end{bmatrix},\quad G=-\frac{4}{11}\begin{bmatrix}3 & -5/2\\ -5/2 & 3\end{bmatrix}$$

$$x^*=-Hc+Rb=(21/11\quad 43/22\quad 3/22)$$

若已知 $x_0=(0\quad 1\quad 3)^{\mathrm T}$ 为已知可行解，则利用式(6-53)可得

$$\nabla f(x)^{\mathrm T}=(2x_1-2x_2\quad 4x_2-2x_1\quad 2x_3+1)^{\mathrm T}=(-2\quad 4\quad 7)^{\mathrm T}$$

$$x^*=-\frac{4}{11}\begin{bmatrix}1/2 & 1/4 & -3/4\\ 1/4 & 1/8 & -3/8\\ -3/4 & -3/8 & 9/8\end{bmatrix}\begin{bmatrix}-2\\ 4\\ 7\end{bmatrix}+\begin{bmatrix}0\\ 1\\ 3\end{bmatrix}=\begin{bmatrix}21/11\\ 43/22\\ 3/22\end{bmatrix}$$

6.6.2 序列二次规划求解

考虑含等式和不等式约束的正定二次规划问题，将约束展开表示：

$$\begin{cases}\min\ f(x)=\dfrac{1}{2}x^{\mathrm T}Qx+c^{\mathrm T}x\\ \text{s. t. } a_i^{\mathrm T}x=b_i, & \forall i=1,2,\cdots,m\\ \qquad a_j^{\mathrm T}x\geqslant b_j, & \forall j=m+1,2,\cdots,L\\ \qquad x\in \mathbf{R}^n\end{cases}\tag{6-54}$$

式中，Q 是 n 阶对称正定矩阵，c 和 x 均是 n 维向量，a_i 和 a_j 均为 n 维向量(分别是系数矩阵 A 的第 i 行和第 j 行)。

引入起作用约束集(active constraint)的概念，表示在某个可行点恰好能令集合中的约束条件以等式关系成立。

起作用约束集**定义**：设有可行点 $x^{(0)}$，令 $J^{(0)}=\{i\mid a_i^{\mathrm T}x^{(0)}=b_i, i=1,2,\cdots,m,m+1,\cdots,L\}$ 表示在 $x^{(0)}$ 点起作用约束集合。

引入拉格朗日函数：

$$L(x,v,u)=\frac{1}{2}x^{\mathrm T}Qx+c^{\mathrm T}x-\sum_{i=1}^{m}\lambda_i(a_i^{\mathrm T}x-b_i)-\sum_{j=m+1}^{L}\gamma_j(a_j^{\mathrm T}x-b_j)\tag{6-55}$$

式中，λ_i，γ_j 为拉格朗日乘子。

根据 KKT 条件，某点 x^* 是上述问题的全局最优解的充分必要条件是：x^* 是 KKT 点，即存在乘子向量 $\lambda^*=(\lambda_1^*\quad \lambda_2^*\quad \cdots\quad \lambda_m^*)$ 和 $\gamma^*=(\gamma_{m+1}^*\quad \cdots\quad \gamma_L^*)$，使得

$$\begin{cases}Qx^*+c^{\mathrm T}-\sum\limits_{i=1}^{m}\lambda_i^*a_i^{\mathrm T}-\sum\limits_{j=m+1}^{L}\gamma_j^*a_j^{\mathrm T}=\mathbf{0}\\ a_i^{\mathrm T}x^*-b_i=0, & \forall i=1,2,\cdots,m\\ a_j^{\mathrm T}x^*-b_j\geqslant 0, & \forall j=m+1,2,\cdots,L\\ \gamma_j^*\geqslant 0, & \forall j\in m+1,2,\cdots,L\\ \gamma_j^*=0, & \forall j\in m+1,2,\cdots,L\backslash J^*\end{cases}\tag{6-56}$$

式中，J^* 为 x^* 处的起作用约束集。

KKT 条件的通俗解释就是，在最优 x^* 点拉格朗日函数的梯度函数必须为 0，不等式约束的拉格朗日乘子 γ_j 为非负，且起作用不等式约束的拉格朗日乘子为 0。

令 $\boldsymbol{x}^*$ 是上述问题的全局最优解，J^* 是 $\boldsymbol{x}^*$ 点处的起作用约束集合，则上述问题的求解转化为下述等式约束二次规划问题：

$$\begin{cases}\min f(\boldsymbol{x})=\dfrac{1}{2}\boldsymbol{x}^{\mathrm{T}}\boldsymbol{Q}\boldsymbol{x}+\boldsymbol{c}^{\mathrm{T}}\boldsymbol{x}\\ \text{s.t. } \boldsymbol{a}_i^{\mathrm{T}}\boldsymbol{x}-b_i=0, \quad \forall i\in J^*\end{cases} \tag{6-57}$$

因此式(6-54)转化为求解只含有等式约束的正定二次规划。该问题有唯一解并且为全局最优解 $\boldsymbol{x}^*$，求解方程组如下：

$$\begin{cases}\boldsymbol{Q}\boldsymbol{x}^*+\boldsymbol{c}-\sum\limits_{i\in J^*}\lambda_i^*\boldsymbol{a}_i=\boldsymbol{0}\\ \boldsymbol{A}\boldsymbol{x}^*-\boldsymbol{b}=\boldsymbol{0}\end{cases} \tag{6-58}$$

但是如何确定 J^* 是一个难点。可采用基于**起作用约束集**的**序列二次规划方法**，即从任意可行解开始 $\boldsymbol{x}^{(1)}$，作为当前解 $\boldsymbol{x}^{(k)}$，并令 $k\leftarrow 1$；然后确定 $\boldsymbol{x}^{(k)}$ 的起作用约束集 $J^{(k)}$，再基于约束集 $J^{(k)}$ 计算最优解 $\hat{\boldsymbol{x}}^{(k)}$；然后再根据 $\hat{\boldsymbol{x}}^{(k)}$ 和 $\boldsymbol{x}^{(k)}$ 比较，调整 $J^{(k)}$ 为 $J^{(k+1)}$；重复计算，直到获得 J^* 同时得出最优解。该方法称为起作用约束集方法(Activate Set Method)。由于整个求解过程就是求解一系列的二次规划问题，产生了收敛于原始问题的最优解和拉格朗日乘子的迭代序列 $\{\boldsymbol{x}^{(k)}\}$ 和 $\{\boldsymbol{\lambda}^{(k)}\}$，因此也称为**序列二次规划**(Sequence Quadratic Programming, SQP)。

序列二次规划具体原理及步骤如下：

① 令 $k\leftarrow 1$，设 $\boldsymbol{x}^{(k)}$ 是问题的一个任意可行解，确定 $\boldsymbol{x}^{(k)}$ 处的起作用约束集 $J^{(k)}$。

② 基于起作用约束集 $J^{(k)}$，求下面的等式约束 QP 问题：

$$\begin{cases}\min f(\boldsymbol{x})=\dfrac{1}{2}\boldsymbol{x}^{\mathrm{T}}\boldsymbol{Q}\boldsymbol{x}+\boldsymbol{c}^{\mathrm{T}}\boldsymbol{x}\\ \text{s.t. } \boldsymbol{a}_i^{\mathrm{T}}\boldsymbol{x}-b_i=0, \quad \forall i\in J^{(k)}\end{cases} \tag{6-59}$$

设上述等式约束 QP 问题的最优解和乘子向量为 $\hat{\boldsymbol{x}}^{(k)}$ 和 $\boldsymbol{\lambda}^{(k)}$，必然是下面线性方程组的唯一解：

$$\begin{cases}\boldsymbol{Q}\boldsymbol{x}^{(k)}+\boldsymbol{c}-\sum\limits_{i\in J^{(k)}}\lambda_i^{(k)}\boldsymbol{a}_i=\boldsymbol{0}\\ \boldsymbol{A}\boldsymbol{x}^{(k)}-\boldsymbol{b}=\boldsymbol{0}\end{cases} \tag{6-60}$$

令 $\boldsymbol{P}^{(k)}=\hat{\boldsymbol{x}}^{(k)}-\boldsymbol{x}^{(k)}$，即 $\boldsymbol{P}^{(k)}$ 是从 $\boldsymbol{x}^{(k)}$ 出发至 $\hat{\boldsymbol{x}}^{(k)}$ 的方向，有 $\hat{\boldsymbol{x}}^{(k)}=\boldsymbol{P}^{(k)}+\boldsymbol{x}^{(k)}$。$\hat{\boldsymbol{x}}^{(k)}$ 处的目标函数的计算式如下：

$$\begin{aligned}f(\hat{\boldsymbol{x}}^{(k)})&=f(\boldsymbol{P}^{(k)}+\boldsymbol{x}^{(k)})\\&=\frac{1}{2}(\hat{\boldsymbol{x}}^{(k)})^{\mathrm{T}}\boldsymbol{Q}(\hat{\boldsymbol{x}}^{(k)})+\boldsymbol{c}^{\mathrm{T}}(\hat{\boldsymbol{x}}^{(k)})\\&=\frac{1}{2}(\boldsymbol{P}^{(k)}+\boldsymbol{x}^{(k)})^{\mathrm{T}}\boldsymbol{Q}(\boldsymbol{P}^{(k)}+\boldsymbol{x}^{(k)})+\boldsymbol{c}^{\mathrm{T}}(\boldsymbol{P}^{(k)}+\boldsymbol{x}^{(k)})\\&=\frac{1}{2}(\boldsymbol{P}^{(k)})^{\mathrm{T}}\boldsymbol{Q}\boldsymbol{P}^{(k)}+\frac{1}{2}(\boldsymbol{x}^{(k)})^{\mathrm{T}}\boldsymbol{Q}\boldsymbol{P}^{(k)}+\frac{1}{2}(\boldsymbol{P}^{(k)})^{\mathrm{T}}\boldsymbol{Q}\boldsymbol{x}^{(k)}+\\&\quad\ \frac{1}{2}(\boldsymbol{x}^{(k)})^{\mathrm{T}}\boldsymbol{Q}\boldsymbol{x}^{(k)}+\boldsymbol{c}^{\mathrm{T}}\boldsymbol{P}^{(k)}+\boldsymbol{c}^{\mathrm{T}}\boldsymbol{x}^{(k)}\end{aligned}$$

$$=\frac{1}{2}(\boldsymbol{P}^{(k)})^{\mathrm{T}}\boldsymbol{Q}\boldsymbol{P}^{(k)}+(\boldsymbol{Q}\boldsymbol{x}^{(k)}+\boldsymbol{c})^{\mathrm{T}}\boldsymbol{P}^{(k)}+\frac{1}{2}(\boldsymbol{x}^{(k)})^{\mathrm{T}}\boldsymbol{Q}\boldsymbol{x}^{(k)}+\boldsymbol{c}^{\mathrm{T}}\boldsymbol{x}^{(k)}$$

$$=\frac{1}{2}(\boldsymbol{P}_k)^{\mathrm{T}}\boldsymbol{Q}\boldsymbol{P}^{(k)}+\nabla f(\boldsymbol{x}^{(k)})^{\mathrm{T}}\boldsymbol{P}^{(k)}+f(\boldsymbol{x}^{(k)})$$

因此,求解 $\hat{\boldsymbol{x}}^{(k)}$ 就转化为最小化下述问题:

$$\begin{cases}\min\ f_1(\boldsymbol{P}_k)=\dfrac{1}{2}(\boldsymbol{P}^{(k)})^{\mathrm{T}}\boldsymbol{Q}\boldsymbol{P}^{(k)}+\nabla f(\boldsymbol{x}^{(k)})^{\mathrm{T}}\boldsymbol{P}^{(k)}\\ \text{s.t.}\ \ \boldsymbol{a}_i^{\mathrm{T}}(\boldsymbol{P}^{(k)}+\boldsymbol{x}^{(k)})-b_i=0,\quad \forall i\in J^{(k)}\end{cases}\tag{6-61}$$

因为 $\boldsymbol{a}_i^{\mathrm{T}}\boldsymbol{x}^{(k)}-b_i=0,\forall i\in J^{(k)}$,所以式(6-60)可转化为

$$\begin{cases}\min\ f_1(\boldsymbol{P}^{(k)})=\dfrac{1}{2}(\boldsymbol{P}^{(k)})^{\mathrm{T}}\boldsymbol{Q}\boldsymbol{P}^{(k)}+\nabla f(\boldsymbol{x}^{(k)})^{\mathrm{T}}\boldsymbol{P}^{(k)}\\ \text{s.t.}\ \ \boldsymbol{a}_i^{\mathrm{T}}\boldsymbol{P}^{(k)}=0,\quad \forall i\in J^{(k)}\end{cases}\tag{6-62}$$

求解式(6-62),即求解下面方程组,且有唯一全局最优解:

$$\begin{cases}\boldsymbol{Q}\boldsymbol{P}^{(k)}+\nabla f(\boldsymbol{x}^{(k)})-\sum\limits_{i\in J^{(k)}}\lambda_i^{(k)}\boldsymbol{a}_i^{\mathrm{T}}=0\\ \boldsymbol{a}_i^{\mathrm{T}}\boldsymbol{P}^{(k)}=0,\quad \forall i\in J^{(k)}\end{cases}\tag{6-63}$$

得到 $\boldsymbol{P}^{(k)}$。

③ 根据 $\hat{\boldsymbol{x}}^{(k)},\boldsymbol{x}^{(k)},\boldsymbol{\lambda}^{(k)}$ 的取值进行判断:

判断 1:若 $\hat{\boldsymbol{x}}^{(k)}=\boldsymbol{x}^{(k)}$,则分以下两种情况:

- 若不等式部分的乘子均非负,即 $\lambda_i^{(k)}\geqslant 0,i\in J^{(k)}\backslash 1,2,\cdots,m$,由 KKT 条件可知,$\hat{\boldsymbol{x}}^{(k)}$ 已是最优解,算法终止,输出结果;
- 若不等式部分的乘子有负值,则令 $\lambda_q^{(k)}=\min\{\lambda_i^{(k)}\mid i\in J^{(k)}\backslash 1,2,\cdots,m\}$,显然有 $\lambda_q^{(k)}<0$,再令 $\boldsymbol{x}^{(k+1)}\leftarrow\hat{\boldsymbol{x}}^{(k)},J^{(k+1)}\leftarrow J^{(k)}\backslash\{q\},k\leftarrow k+1$,转步骤②重新计算 $\hat{\boldsymbol{x}}^{(k)},\boldsymbol{x}^{(k)},\boldsymbol{\lambda}^{(k)}$。

判断 2:若 $\hat{\boldsymbol{x}}^{(k)}\neq\boldsymbol{x}^{(k)}$,因为 $\hat{\boldsymbol{x}}^{(k)}$ 和 $\boldsymbol{x}^{(k)}$ 分别是式(6-59)的最优解和可行解,所以有 $f(\hat{\boldsymbol{x}}^{(k)})\leqslant f(\boldsymbol{x}^{(k)})$;再判断 $\hat{\boldsymbol{x}}^{(k)}$ 是否为式(6-55)的可行解(代入约束检验):

- 如果是其可行解,则令 $\boldsymbol{x}^{(k+1)}\leftarrow\hat{\boldsymbol{x}}^{(k)}$,确定 $\boldsymbol{x}^{(k+1)}$ 处的起作用约束集 $J^{(k+1)}$,令 $k\leftarrow k+1$,转步骤②重新计算 $\hat{\boldsymbol{x}}^{(k)},\boldsymbol{x}^{(k)},\boldsymbol{\lambda}^{(k)}$;
- 如果不是其可行解,则表示 $\boldsymbol{x}^{(k)}$ 沿着 $\boldsymbol{P}_k$ 方向走出的 $\hat{\boldsymbol{x}}^{(k)}=\boldsymbol{x}^{(k)}+\boldsymbol{P}^{(k)}$ 已经走出了可行域,即违反了不等式约束 $\boldsymbol{a}_i^{\mathrm{T}}\boldsymbol{x}\geqslant b_i,\forall i\in m+1,2,\cdots,L\backslash J^{(k)}$ 中至少 1 条约束。

设 $\boldsymbol{x}^{(k)}$ 沿着 $\boldsymbol{P}^{(k)}$ 方向遇到第 1 条不等式约束时,走出的步长为正数 $\hat{a}^{(k)}$,此时的解记为 $\boldsymbol{x}^{(k+1)}$,有 $\boldsymbol{x}^{(k+1)}=\boldsymbol{x}^{(k)}+\hat{a}^{(k)}\boldsymbol{P}^{(k)}$。因为 $\boldsymbol{x}^{(k+1)}$ 仍然满足不等式约束,所以有

$$\boldsymbol{a}_i^{\mathrm{T}}\boldsymbol{x}^{(k+1)}-b_i\geqslant 0,\quad \forall i\in m+1,2,\cdots,L\backslash J^{(k)}$$

代入 $\boldsymbol{x}^{(k+1)}=\boldsymbol{x}^{(k)}+\hat{a}^{(k)}\boldsymbol{P}^{(k)}$,移项,得到

$$\hat{a}^{(k)}\geqslant\frac{b_i-\boldsymbol{a}_i^{\mathrm{T}}\boldsymbol{x}^{(k)}}{\boldsymbol{a}_i^{\mathrm{T}}\boldsymbol{P}^{(k)}},\quad \forall i\in m+1,2,\cdots,L\backslash J^{(k)}$$

$$\begin{cases}\hat{a}^{(k)}\geqslant\dfrac{b_i-\boldsymbol{a}_i^{\mathrm{T}}\boldsymbol{x}^{(k)}}{\boldsymbol{a}_i^{\mathrm{T}}\boldsymbol{P}^{(k)}},\quad \forall i\in m+1,2,\cdots,L\backslash J^{(k)}:\boldsymbol{a}_i^{\mathrm{T}}\boldsymbol{P}^{(k)}>0\\ \hat{a}^{(k)}\leqslant\dfrac{b_i-\boldsymbol{a}_i^{\mathrm{T}}\boldsymbol{x}^{(k)}}{\boldsymbol{a}_i^{\mathrm{T}}\boldsymbol{P}^{(k)}},\quad \forall i\in m+1,2,\cdots,L\backslash J^{(k)}:\boldsymbol{a}_i^{\mathrm{T}}\boldsymbol{P}^{(k)}<0\end{cases}$$

因为，$b_i - \boldsymbol{a}_i^{\mathrm{T}}\boldsymbol{x}^{(k)} \leqslant 0$，所以有

$$\hat{a}^{(k)} = \min\left\{\frac{b_i - \boldsymbol{a}_i^{\mathrm{T}}\boldsymbol{x}^{(k)}}{\boldsymbol{a}_i^{\mathrm{T}}\boldsymbol{P}^{(k)}} \middle| i \in m+1, 2, \cdots, L \backslash J^{(k)}, \boldsymbol{a}_i^{\mathrm{T}}\boldsymbol{P}^{(k)} < 0\right\} \tag{6-64}$$

再以 $\hat{a}^{(k)}$ 计算出 $\boldsymbol{x}^{(k+1)} = \boldsymbol{x}^{(k)} + \hat{a}^{(k)}\boldsymbol{P}^{(k)}$，确定 $\boldsymbol{x}^{(k+1)}$ 处的起作用约束集 $J^{(k+1)}$，令 $k \leftarrow k+1$，转步骤②重新计算 $\hat{\boldsymbol{x}}^{(k)}, \boldsymbol{x}^{(k)}, \boldsymbol{\lambda}^{(k)}$。

例 6.24 用起作用约束集方法求解下列二次规划问题：

$$\begin{cases} \min f(\boldsymbol{x}) = x_1^2 - x_1x_2 + 2x_2^2 - x_1 - 10x_2 \\ \text{s.t.}\ -3x_1 - 2x_2 \geqslant -6 & (1) \\ \qquad x_1 \geqslant 0 & (2) \\ \qquad x_2 \geqslant 0 & (3) \end{cases}$$

解：将目标函数写成二次函数标准形式：

$$\begin{cases} \min f(\boldsymbol{x}) = \dfrac{1}{2}\boldsymbol{x}^{\mathrm{T}}\boldsymbol{Q}\boldsymbol{x} + \boldsymbol{c}^{\mathrm{T}}\boldsymbol{x} \\ \text{s.t.}\ -3x_1 - 2x_2 \geqslant -6 & (1) \\ \qquad x_1 \geqslant 0 & (2) \\ \qquad x_2 \geqslant 0 & (3) \end{cases}$$

式中，

$$\boldsymbol{Q} = \begin{bmatrix} 2 & -1 \\ -1 & 4 \end{bmatrix},\quad \boldsymbol{c} = \begin{bmatrix} -1 \\ -10 \end{bmatrix},\quad \boldsymbol{x} = [x_1 \quad x_2]$$

$k=1$：构造初始可行解 $\boldsymbol{x}^{(1)} = (0 \quad 0)^{\mathrm{T}}$，$J^{(1)} = \{2 \quad 3\}$。

求解起作用约束集 $J^{(1)}$ 下的二次规划问题：

$$\begin{aligned} &\min f(\boldsymbol{x}) = x_1^2 - x_1x_2 + 2x_2^2 - x_1 - 10x_2 \\ &\text{s.t.}\ x_1 = 0 && (2) \\ &\qquad x_2 = 0 && (3) \end{aligned}$$

利用式(6-60)，求解联立方程：

$$\begin{cases} \begin{bmatrix} 2 & -1 \\ -1 & 4 \end{bmatrix}\hat{\boldsymbol{x}}^{(1)} + \begin{bmatrix} -1 \\ -10 \end{bmatrix} - \lambda_1^{(1)}\begin{bmatrix} 1 \\ 0 \end{bmatrix} - \lambda_2^{(1)}\begin{bmatrix} 0 \\ 1 \end{bmatrix} = \begin{bmatrix} 0 \\ 0 \end{bmatrix} \\ \begin{bmatrix} 1 & 0 \\ 0 & 1 \end{bmatrix}\hat{\boldsymbol{x}}^{(1)} = \begin{bmatrix} 0 \\ 0 \end{bmatrix} \end{cases}$$

得到：$\hat{\boldsymbol{x}}^{(1)} = (0 \quad 0)^{\mathrm{T}}$，$\lambda_1^{(1)} = -1$，$\lambda_2^{(1)} = -10$。

判断 1：因为 $\hat{\boldsymbol{x}}^{(1)} = \boldsymbol{x}^{(1)}$，但是乘子 $\boldsymbol{\Lambda}^{(1)} = (-1 \quad -10)^{\mathrm{T}}$ 有负值，取最小负值对应约束式(3)，令 $J^{(2)} \leftarrow J^{(1)} \backslash \{3\} = \{2\}$，$\boldsymbol{x}^{(2)} \leftarrow \boldsymbol{x}^{(1)}$。

$k=2$：$\boldsymbol{x}^{(2)} = (0 \quad 0)^{\mathrm{T}}$，$J^{(2)} = \{2\}$，求解起作用约束集 $J^{(2)}$ 下的二次规划问题：

$$\begin{cases} \min f(\boldsymbol{x}) = x_1^2 - x_1x_2 + 2x_2^2 - x_1 - 10x_2 \\ \text{s.t.}\ x_1 = 0 & (2) \end{cases}$$

利用式(6-60)，求解联立方程：

$$\begin{cases} \begin{bmatrix} 2 & -1 \\ -1 & 4 \end{bmatrix}\hat{\boldsymbol{x}}^{(2)} + \begin{bmatrix} -1 \\ -10 \end{bmatrix} - \lambda_1^{(2)}\begin{bmatrix} 1 \\ 0 \end{bmatrix} = \begin{bmatrix} 0 \\ 0 \end{bmatrix} \\ (1 \quad 0)^{\mathrm{T}}\hat{\boldsymbol{x}}^{(2)} = 0 \end{cases} \Rightarrow \begin{cases} 2x_1 - x_2 - 1 - \lambda_1^{(2)} = 0 \\ -x_1 + 4x_2 - 10 = 0 \\ x_1 = 0 \end{cases}$$

得到:$\hat{\boldsymbol{x}}^{(2)}=(0\quad 2.5)^{\mathrm{T}}$，$\lambda_1^{(2)}=-3.5$。

判断 2：因为 $\hat{\boldsymbol{x}}^{(2)}\neq\boldsymbol{x}^{(2)}$ 且为可行解，故令 $\boldsymbol{x}^{(3)}\leftarrow\hat{\boldsymbol{x}}^{(2)}$。将 $\boldsymbol{x}^{(3)}$ 代入检验约束式(1)、(2)、(3)，确定在 $\boldsymbol{x}^{(3)}$ 处的起作用约束集 $J^{(3)}=\{2\}$。

$k=3$：$\boldsymbol{x}^{(3)}=(0\quad 2.5)^{\mathrm{T}}$，$J^{(3)}=\{2\}$，求解得到(与 $k=2$ 相同)：$\hat{\boldsymbol{x}}^{(3)}=(0\quad 2.5)^{\mathrm{T}}$，$\lambda_1^{(3)}=-3.5$。

判断 1：因为 $\hat{\boldsymbol{x}}^{(3)}=\boldsymbol{x}^{(3)}$，但是乘子 $\lambda_1^{(3)}=-3.5$ 为负值，令 $J^{(4)}\leftarrow J^{(3)}\backslash\{2\}=\phi$，$\boldsymbol{x}^{(4)}\leftarrow\boldsymbol{x}^{(3)}$。

$k=4$：$\boldsymbol{x}^{(4)}=(0\quad 2.5)^{\mathrm{T}}$，$J^{(4)}=\phi$，求解二次目标函数最优值：

$$\min f(\boldsymbol{x})=x_1^2-x_1x_2+2x_2^2-x_1-10x_2$$

利用式(6－60)，求解联立方程：

$$\begin{bmatrix}2 & -1\\-1 & 4\end{bmatrix}\hat{\boldsymbol{x}}^{(4)}+\begin{bmatrix}-1\\-10\end{bmatrix}=\begin{bmatrix}0\\0\end{bmatrix}\Rightarrow\begin{cases}2x_1-x_2-1=0\\-x_1+4x_2-10=0\end{cases}$$

得到：$\hat{\boldsymbol{x}}^{(4)}=(2\quad 3)^{\mathrm{T}}$。

判断 2：因为 $\hat{\boldsymbol{x}}^{(4)}\neq\boldsymbol{x}^{(4)}$ 且为不可行解，则求解式(6－62)，利用式(6－63)：

$$\begin{cases}\boldsymbol{Q}\boldsymbol{P}^{(k)}+\nabla f(\boldsymbol{x}^{(k)})-\sum\limits_{i\in J^{(k)}}\lambda_i^{(k)}\boldsymbol{a}_i^{\mathrm{T}}=0\\\boldsymbol{a}_i^{\mathrm{T}}\boldsymbol{P}^{(k)}=0,\quad\forall i\in J^{(k)}\end{cases}$$

式中，

$$\nabla f(\boldsymbol{x}^{(4)})=\begin{bmatrix}2x_1^{(4)}-x_2^{(4)}-1\\-x_1^{(4)}+4x_2^{(4)}-10\end{bmatrix}=\begin{bmatrix}-3.5\\0\end{bmatrix}$$

列出方程组：

$$\begin{bmatrix}2 & -1\\-1 & 4\end{bmatrix}\boldsymbol{P}^{(k)}+\begin{bmatrix}-3.5\\0\end{bmatrix}=0\Rightarrow\begin{bmatrix}2p_1^{(k)}-p_2^{(k)}-3.5\\-p_1^{(k)}+4p_2^{(k)}\end{bmatrix}=\begin{bmatrix}0\\0\end{bmatrix}\Rightarrow\begin{cases}p_2^{(k)}=1/2\\p_1^{(k)}=2\end{cases}$$

利用式(6－64)，计算最短步长：

$$\begin{aligned}\hat{a}^{(4)}&=\min\left\{\frac{b_i-\boldsymbol{a}_i^{\mathrm{T}}\boldsymbol{x}^{(4)}}{\boldsymbol{a}_i^{\mathrm{T}}\boldsymbol{P}^{(4)}}\,\middle|\,i\in m+1,\cdots,L\backslash J^{(4)}:\boldsymbol{a}_i^{\mathrm{T}}\boldsymbol{P}^{(4)}<0\right\}\\&=\min\left\{\frac{b_1-\boldsymbol{a}_1^{\mathrm{T}}\boldsymbol{x}^{(4)}}{\boldsymbol{a}_1^{\mathrm{T}}\boldsymbol{P}^{(4)}},\frac{b_2-\boldsymbol{a}_2^{\mathrm{T}}\boldsymbol{x}^{(4)}}{\boldsymbol{a}_2^{\mathrm{T}}\boldsymbol{P}^{(4)}},\frac{b_3-\boldsymbol{a}_3^{\mathrm{T}}\boldsymbol{x}^{(4)}}{\boldsymbol{a}_3^{\mathrm{T}}\boldsymbol{P}^{(4)}}:\boldsymbol{a}_i^{\mathrm{T}}\boldsymbol{P}^{(4)}<0\right\}\\&=\min\left\{\frac{-6-[-3,-2][0,2.5]}{[-3,-2][2,0.5]},\frac{0-[1,0][0,2.5]}{(1,0)[2,0.5]},\frac{0-(0,1)[0,2.5]}{(0,1)[2,0.5]}\right\}\\&=\min\left\{\frac{-6+5}{-7},\frac{0-0}{2},\frac{0-2.5}{0.5}\right\}=\frac{1}{7}\end{aligned}$$

因此，

$$\hat{\boldsymbol{x}}^{(4)}=\boldsymbol{x}^{(4)}+\hat{a}^{(4)}\boldsymbol{P}^{(4)}=(0\quad 2.5)^{\mathrm{T}}+\frac{1}{7}(2\quad 1/2)^{\mathrm{T}}=\left(\frac{2}{7}\quad 2\frac{8}{14}\right)^{\mathrm{T}}$$

令 $\boldsymbol{x}^{(5)}\leftarrow\boldsymbol{x}^{(4)}$，确定 $\boldsymbol{x}^{(5)}$ 处的起作用约束集 $J^{(5)}=\{1\}$。

$k=5$：$\boldsymbol{x}^{(5)}=\left(\frac{2}{7}\quad 2\frac{8}{14}\right)^{\mathrm{T}}$，$J^{(5)}=\{1\}$，求解二次目标函数最优值：

$$\begin{cases}\min f(\boldsymbol{x})=x_1^2-x_1x_2+2x_2^2-x_1-10x_2\\\text{s.t.}\ -3x_1-2x_2=-6\end{cases}\tag{1}$$

利用式(6－60)，求解联立方程：

$$\begin{cases}\begin{bmatrix}2 & -1\\ -1 & 4\end{bmatrix}\hat{\boldsymbol{x}}^{(5)}+\begin{bmatrix}-1\\ -10\end{bmatrix}-\lambda_1^{(5)}\begin{bmatrix}-3\\ -2\end{bmatrix}=\begin{bmatrix}0\\ 0\end{bmatrix}\\ (-3\quad -2)^{\mathrm{T}}\hat{\boldsymbol{x}}^{(5)}=-6\end{cases}$$

$$\Rightarrow\begin{cases}2x_1-x_2-1+3\lambda_1^{(5)}=0\\ -x_1+4x_2-10+2\lambda_1^{(5)}=0\\ -3x_1-2x_2=-6\end{cases}\Rightarrow\begin{cases}x_1=1/2\\ x_2=9/4\\ \lambda_1^{(5)}=3/4\end{cases}$$

得到：$\hat{\boldsymbol{x}}^{(5)}=(1/2\quad 9/4)^{\mathrm{T}}$，$\lambda_1^{(5)}=3/4$。

判断 2：因为 $\hat{\boldsymbol{x}}^{(5)}\neq\boldsymbol{x}^{(5)}$ 且为可行解，则令 $\boldsymbol{x}^{(6)}\leftarrow\hat{\boldsymbol{x}}^{(5)}$。将 $\boldsymbol{x}^{(6)}$ 代入检验约束式(1)、(2)、(3)，确定在 $\boldsymbol{x}^{(6)}$ 处的起作用约束集 $J^{(6)}=\{1\}$。

$k=6$：$\boldsymbol{x}^{(6)}=\left(\frac{1}{2}\quad\frac{9}{4}\right)^{\mathrm{T}}$，$J^{(5)}=\{1\}$，求解二次目标函数最优值：

$$\begin{cases}\min\ f(\boldsymbol{x})=x_1^2-x_1x_2+2x_2^2-x_1-10x_2\\ \text{s.t.}\ -3x_1-2x_2=-6\end{cases}\tag{1}$$

因与 $k=5$ 时相同，故得到：$\hat{\boldsymbol{x}}^{(6)}=(1/2\quad 9/4)^{\mathrm{T}}$，$\lambda_1^{(6)}=3/4$。

判断 1：因为 $\hat{\boldsymbol{x}}^{(6)}=\boldsymbol{x}^{(6)}$ 且乘子均为正，即 $\boldsymbol{x}^{(6)}$ 为原始问题的最优解。

6.6.3 二次规划应用

6.6.3.1 "城市-工厂"离散选址问题

有 n 个城市，设为集合 N，城市之间两两距离设为 d_{ij} 且为已知，其中 $i,j\in N$。现在要建立 m 个工厂($m\leqslant n$)，设为集合 K，工厂之间的物流量为 t_{kl} 且为已知，其中 $k,l\in K$。假定每个城市最多只能设置 K 中的一个工厂，问如何设置工厂才能使工厂之间的总运输费用最小。

1. 参数定义

N 城市的集合；

d_{ij} 城市之间的距离，$i\in N$，$j\in N$；

K 工厂的集合；

t_{kl} 工厂之间的物流量，$k\in K$，$l\in K$。

2. 变量定义

x_{ik} 0/1 变量，表示是否在第 i 个城市中设置第 k 个工厂。

3. 优化模型

$$\begin{cases}\min\ \sum\limits_{i,j\in N}\sum\limits_{k,l\in K}d_{ij}t_{kl}x_{ik}x_{jl} & (1)\\ \text{s.t.}\ \sum\limits_{i\in N}x_{ik}=1,\quad\forall k\in K & (2)\\ \qquad\sum\limits_{k\in K}x_{ik}\leqslant 1,\quad\forall i\in N & (3)\\ \qquad x_{ik}\in\{0,1\},\ \forall i\in N,k\in K & (4)\end{cases}$$

4. 模型解释

上述优化模型中，目标函数式(1)表示物流量加权的总运输距离最小化；约束式(2)表示每个工厂需设置到某一个城市；约束式(3)表示一个城市最多只能设置一个工厂；约束式(4)定义变量的值域。

5. 模型求解

采用分支定界算法(参见 7.6 节)结合连续变量的二次规划求解，可求解整数二次规划问题的最优解。利用 AMPL 语言建立模型文件：

```
#模型文件 FL.mod
#参数
set N;                    #城市的集合
set K;                    #工厂的集合
param d{N,N};             #城市之间的距离
param t{K,K};             #工厂之间的物流传输量
#决策变量
var x{N, K} binary;       #城市 - 工厂设置
#目标函数
minimize Total_Dis:
    sum{i in N, j in N, k in K, l in K}d[i,j] * t[k,l] * x[i,k] * x[j,l];
#约束条件
subject to Con1{k in K}:
    sum{i in N}x[i,k] = 1;
subject to Con2{i in N}:
    sum{k in K}x[i,k] <= 1;
```

考虑 10 个城市、5 个工厂的问题算例，建立数据文件：

```
#数据文件 FL.dat
set N: = 1,2,3,4,5,6,7,8,9,10;      #城市的集合
set K: = 1,2,3,4,5;                 #工厂的集合
param d: 1    2    3    4    5    6    7    8    9    10 : =
  1     14   36   90   3    83   79   21   32   1    36
  2     84   56   48   19   13   66   87   65   77   99
  3     81   97   31   11   7    55   20   41   47   80
  4     97   13   16   7    26   40   90   70   91   8
  5     79   92   89   99   34   93   42   14   36   18
  6     15   6    75   31   94   86   26   97   40   70
  7     39   69   42   30   74   25   82   38   43   69
  8     88   15   39   54   9    90   47   46   8    26
  9     80   43   56   25   28   73   86   9    7    83
  10    53   27   94   53   33   44   85   88   15   89;
param t: 1    2    3    4    5 : =
  1     43   49   23   38   4
  2     81   38   66   46   40
  3     18   96   36   87   92
  4     37   12   60   48   3
  5     90   54   18   82   15;
```

建立脚本文件并调用 CPLEX 中的 MIQP 算法求解：

```
#脚本文件 FL.sh
model FL.mod;
data FL.dat;
option solver cplex;
option cplex_options 'mipdisplay = 2';
objective Total_Dis;
solve;
display x;
```

由于该问题算例的目标函数 Hessian 矩阵正定,模型可以求解,输出最优解:$x_{35}=1$,$x_{41}=1$,$x_{54}=1$,$x_{83}=1$,$x_{92}=1$(其余为 0),目标函数值为 33 741。

6.6.3.2 投资组合问题

假设有 n 个可投资项目,第 i 种投资项目的预期收益均值和方差分别是 μ_i 和 ρ_i,第 i 和第 j 种项目投资收益率的相关系数为 σ_{ij}。当要求组合投资的期望收益不低于 R 时,求令风险(即投资组合的方差值)最小的投资组合比例。

1. 参数定义

N 投资项目的集合,$n=\text{card}(N)$;

μ_i 投资项目的期望收益,其中 $i\in N$;

ρ_i 投资项目的方差,其中 $i\in N$;

σ_{ij} 投资项目之间的相关系数,其中 $i\in N$,$j\in N$。

2. 决策变量

w_j 第 i 个项目的投资占比,其中 $i\in N$。

3. 优化模型

$$
\begin{cases}
\min \sum\limits_{i,j\in N} \sigma_{ij}\rho_i\rho_j w_i w_j & (1)\\
\text{s. t.} \sum\limits_{i\in N} w_i = 1 & (2)\\
\qquad \sum\limits_{i\in N} \mu_i w_i \geqslant R & (3)\\
\qquad w_i \geqslant 0, \quad \forall i\in N & (4)
\end{cases}
$$

6.6.3.3 服务设施连续选址问题

在某个区域有 n 个需求点,设为集合 N,每个点的需求量为 a_i,坐标为(X_i, Y_i),其中 $i\in N$。考虑在该区域建立 m 个服务设施点,为这些需求点提供服务,每个服务设施点的容量为 C。求服务设施点的最优化选址,使加权服务欧氏距离之和最小。

1. 参数定义

N 需求点的集合,$n=\text{card}(N)$;

a_i 需求点的需求量,其中 $i\in N$;

K 服务设施的集合,$k=\text{card}(K)$;

C 服务设施的容量上限;

ε　人工给定的误差精度；

θ　一个弧度值，计算公式为 $\theta=\arccos(1-4\varepsilon+2\varepsilon^2)$；

η　一个整数，计算公式为 $\eta=\lceil 2\pi/\theta \rceil$；

M　一个大数。

2. 决策变量

(x_j, y_j)　非负连续变量，设施 j 的位置坐标，$j \in K$；

z_{ji}　非负连续变量，设施 j 向需求 i 提供的服务量，$j \in K, i \in N$；

d_{ji}　非负连续变量，设施 j 与需求 i 之间的欧氏距离，$j \in K, i \in N$。

3. 优化模型

$$
\begin{cases}
\min \sum_{j \in K} \sum_{i \in N} z_{ji} \cdot d_{ji} & (1) \\
\text{s.t.} \sum_{j \in K} z_{ji} = a_i, \quad \forall i \in N & (2) \\
\sum_{i \in N} z_{ji} \leqslant C, \quad \forall j \in K & (3) \\
d_{ji} \geqslant (x_j - X_i)\cos(p\theta) + (y_j - Y_i)\sin(p\theta), & \\
\qquad \forall j \in K; i \in N; p = 0,1,2,\cdots,\eta-1 & (4) \\
x_j \in \{0,1\}, y_{ji} \geqslant 0, \quad \forall j \in K, i \in N & (5)
\end{cases}
$$

6.6.3.4　最小二乘回归拟合问题

假设有 n 个数据样本，样本属性为 $y_i, x_{i1}, x_{i2}, \cdots, x_{im}$，其中 $i=1, 2, \cdots, n$，试用最小二乘法建立回归方程 $y=a_1x_1+a_2x_2+a_3x_3+\cdots+a_mx_m$，使方程拟合样本的方差之和最小。

1. 参数定义

N　样本的集合，$n=\text{card}(N)$；

K　样本属性集合，$m=\text{card}(K)$；

y_i　样本 i 的决策属性值，$i \in N$；

x_{ij}　样本 i 的属性 j 的值，$i \in N, j \in K$。

2. 决策变量

a_i　回归方差的系数，$i \in N$；

δ_i　样本的拟合误差，$i \in N$。

3. 优化模型

$$
\begin{cases}
\min \sum_{i \in N} \delta_i^2 & (1) \\
\text{s.t.}\ \delta_i = y_i - \sum_{j \in K} a_j x_{ij}, \quad \forall i \in N & (2) \\
a_j \in R, \delta_i \in R, \quad \forall j \in K, i \in N & (3)
\end{cases}
$$

6.7 一般非线性约束规划

6.7.1 等式约束非线性规划

考虑仅含等式约束的一般非线性规划：

$$\begin{cases}\min f(\boldsymbol{x}) \\ \text{s.t. } \boldsymbol{h}(\boldsymbol{x})=\boldsymbol{0} \\ \quad\quad \boldsymbol{x}\in\mathbf{R}^n\end{cases} \tag{6-65}$$

式中，$\boldsymbol{x}$ 是 n 维向量，$\boldsymbol{h}(\boldsymbol{x})$为 m 个约束方程组。

引入拉格朗日乘子向量 $\boldsymbol{\lambda}$，建立拉格朗日函数：

$$L(\boldsymbol{x},\boldsymbol{v})=f(\boldsymbol{x})-\boldsymbol{\lambda}^{\mathrm{T}}\boldsymbol{h}(\boldsymbol{x}) \tag{6-66}$$

设存在极值点 $\boldsymbol{x}^*$，则有$\nabla L(\boldsymbol{x},\boldsymbol{\lambda})=\boldsymbol{0}$，即在 $\boldsymbol{x}^*$ 点处 $f(\boldsymbol{x})$的梯度方向与 $\boldsymbol{h}(\boldsymbol{x})$的梯度方向相同，满足方程：

$$\nabla L(\boldsymbol{x}^*,\boldsymbol{\lambda}^*)=0$$

或

$$\begin{cases}\nabla f(\boldsymbol{x}^*)-\nabla \boldsymbol{h}(\boldsymbol{x}^*)^{\mathrm{T}}\boldsymbol{\lambda}^*=0 \\ \boldsymbol{h}(\boldsymbol{x}^*)=\boldsymbol{0}\end{cases} \tag{6-67}$$

上式共有 $n+m$ 个未知数和 $n+m$ 个等式方程，可联立求解获得极值点。如果求得唯一解，或者证明规划问题为凸规划，则所获得极值点为最优解。

例 6.25 求解下列等式约束非线性规划：

$$\begin{cases}\min f(\boldsymbol{x})=x_1^2+2x_2^2 \\ \text{s.t. } g(\boldsymbol{x})=x_1^2x_2-3=0\end{cases}$$

解：引入拉格朗日乘子 λ，建立等梯度方程并求解：

$$\begin{cases}\nabla f(\boldsymbol{x})=\lambda\,\nabla g(\boldsymbol{x}) \\ g(\boldsymbol{x})=0\end{cases} \Rightarrow \begin{cases}\begin{pmatrix}2x_1 \\ 4x_2\end{pmatrix}=\lambda\begin{pmatrix}2x_1x_2 \\ x_1^2\end{pmatrix} \\ x_1^2x_2-3=0\end{cases}$$

$$\Rightarrow\begin{cases}2x_1=2\lambda x_1x_2 \\ 4x_2=\lambda x_1^2 \\ x_1^2x_2-3=0\end{cases} \Rightarrow \begin{cases}x_2=\sqrt[3]{3/4} \\ \lambda=1/\sqrt[3]{3/4} \\ x_1=\pm\sqrt{3/\sqrt[3]{3/4}}\end{cases}$$

代入目标函数，可求解最优目标值≈4.953。

当遇到高阶及变量数较多时，求解方程组(6-67)可采用牛顿法或最速下降法。

6.7.1.1 牛顿法

先介绍求解一般非线性方程组的牛顿法。

设有一般非线性方程组：

$$g_i(\boldsymbol{x})=0,\quad i=1,2,\cdots,m \tag{6-68}$$

式中，$g_i(\boldsymbol{x})$均连续可微。

令 $\boldsymbol{F}(\boldsymbol{x})=[g_1(\boldsymbol{x})\quad g_2(\boldsymbol{x})\quad\cdots\quad g_m(\boldsymbol{x})]^{\mathrm{T}}$，在 $\boldsymbol{x}^{(k)}$ 处一阶泰勒展开：

$$\boldsymbol{F}(\boldsymbol{x}^{(k+1)})=\boldsymbol{F}(\boldsymbol{x}^{(k)}+\boldsymbol{d}^{(k)})\approx\boldsymbol{F}(\boldsymbol{x}^{(k)})+\nabla\boldsymbol{F}(\boldsymbol{x}^{(k)})\boldsymbol{d}^{(k)}\tag{6-69}$$

由式(6-68)，可令式(6-69)右端为 **0**，移项得到线性方程组：

$$\boldsymbol{d}^{(k)}=-\nabla\boldsymbol{F}(\boldsymbol{x}^{(k)})^{-1}\boldsymbol{F}(\boldsymbol{x}^{(k)})\tag{6-70}$$

式(6-70)也为 $\phi(\boldsymbol{x})=\dfrac{1}{2}\boldsymbol{F}(\boldsymbol{x})^{\mathrm{T}}\boldsymbol{F}(\boldsymbol{x})$ 的下降梯度方向。其中，$\nabla\boldsymbol{F}(\boldsymbol{x}^{(k)})$ 称为雅可比(Jacobi)矩阵，即向量函数 $\boldsymbol{F}(\boldsymbol{x})$ 的梯度，表示为

$$J(\boldsymbol{x})=\nabla\boldsymbol{F}(\boldsymbol{x})=\begin{bmatrix}\dfrac{\partial g_1(\boldsymbol{x})}{\partial x_1} & \dfrac{\partial g_1(\boldsymbol{x})}{\partial x_2} & \cdots & \dfrac{\partial g_1(\boldsymbol{x})}{\partial x_n}\\ \dfrac{\partial g_2(\boldsymbol{x})}{\partial x_1} & \dfrac{\partial g_2(\boldsymbol{x})}{\partial x_2} & \cdots & \dfrac{\partial g_2(\boldsymbol{x})}{\partial x_n}\\ \vdots & \vdots & & \vdots\\ \dfrac{\partial g_m(\boldsymbol{x})}{\partial x_1} & \dfrac{\partial g_m(\boldsymbol{x})}{\partial x_2} & \cdots & \dfrac{\partial g_m(\boldsymbol{x})}{\partial x_n}\end{bmatrix}\tag{6-71}$$

因此对于给定的 $\boldsymbol{x}^{(k)}$，可用式(6-70)计算，令函数 $\phi(\boldsymbol{x})=\dfrac{1}{2}\boldsymbol{F}(\boldsymbol{x})^{\mathrm{T}}\boldsymbol{F}(\boldsymbol{x})$ 下降最大的方向 $\boldsymbol{d}^{(k)}$，然后确定下一个点 $\boldsymbol{x}^{(k+1)}$，即

$$\boldsymbol{x}^{(k+1)}=\boldsymbol{x}^{(k)}+\boldsymbol{d}^{(k)}\tag{6-72}$$

式中，

$$\boldsymbol{d}^{(k)}=-J(\boldsymbol{x}^{(k)})^{-1}\boldsymbol{F}(\boldsymbol{x}^{(k)})$$

重复利用上述迭代计算，直到下降方向接近于 **0**，即 $\|\boldsymbol{d}^{(k)}\|\approx 0$，获得方程组在初始给定值 $\boldsymbol{x}^{(1)}$ 附近的一个解。

例 6.26　用牛顿法求解方程组在(1, 1, 1)附近的一个解：

$$\begin{cases}3x_1-x_2^3-0.5x_1x_3=0\\ x_1^2-(x_2+0.1)^2+2x_3+0.9=0\\ \mathrm{e}^{-x_1}+1/x_2+1.5x_3+2=0\end{cases}$$

解：建立牛顿法迭代公式：

$$\boldsymbol{x}^{(k+1)}=\boldsymbol{x}^{(k)}+\boldsymbol{d}^{(k)}$$

式中，

$$\boldsymbol{d}^{(k)}=-J(\boldsymbol{x}^{(k)})^{-1}\boldsymbol{F}(\boldsymbol{x}^{(k)})$$

$$\boldsymbol{F}(\boldsymbol{x})=\boldsymbol{F}(x_1,x_2,x_3)=[g_1(x_1,x_2,x_3)\quad g_2(x_1,x_2,x_3)\quad g_3(x_1,x_2,x_3)]^{\mathrm{T}}=\begin{bmatrix}3x_1-x_2^3-0.5x_1x_3\\ x_1^2-(x_2+0.1)^2+2x_3+0.9\\ \mathrm{e}^{-x_1}+1/x_2+1.5x_3+2\end{bmatrix}$$

$$J(\boldsymbol{x})=\nabla\boldsymbol{F}(\boldsymbol{x})=\begin{bmatrix}3-0.5x_3 & -3x_2^2 & -0.5x_1\\ 2x_1 & -2(x_2+0.1) & 2\\ -\mathrm{e}^{-x_1} & -1/x_2^2 & 1.5\end{bmatrix}$$

令 $\boldsymbol{x}^{(1)}=(1\quad 1\quad 1)$，迭代至 $k=6$ 达到精度要求结束，计算过程如表 6-6 所列。

表 6-6　牛顿法迭代计算过程

$k=1$		$k=2$		$k=3$	
$\boldsymbol{x}^{(1)}$	$\boldsymbol{d}^{(1)}$	$\boldsymbol{x}^{(2)}$	$\boldsymbol{d}^{(2)}$	$\boldsymbol{x}^{(3)}$	$\boldsymbol{d}^{(3)}$
1	2.463 37	3.463 37	−0.349 81	3.113 56	−0.264 29
1	2.693 69	3.693 69	−0.935 19	2.758 51	−0.441 65
1	−0.845 31	0.154 69	−1.742 40	−1.587 71	−0.063 46
$\Vert\boldsymbol{d}^{(1)}\Vert=2.693\ 69$		$\Vert\boldsymbol{d}^{(2)}\Vert=1.742\ 40$		$\Vert\boldsymbol{d}^{(3)}\Vert=0.441\ 65$	
$k=4$		$k=5$		$k=6$	
$\boldsymbol{x}^{(4)}$	$\boldsymbol{d}^{(4)}$	$\boldsymbol{x}^{(5)}$	$\boldsymbol{d}^{(5)}$	$\boldsymbol{x}^{(6)}$	$\boldsymbol{d}^{(6)}$
2.849 27	−0.060 91	2.788 36	−0.003 04	2.785 32	−0.000 01
2.316 86	−0.107 73	2.209 13	−0.006 11	2.203 01	−0.000 02
−1.651 16	−0.024 24	−1.675 40	−0.001 69	−1.677 09	−0.000 01
$\Vert\boldsymbol{d}^{(4)}\Vert=0.107\ 73$		$\Vert\boldsymbol{d}^{(5)}\Vert=0.006\ 11$		$\Vert\boldsymbol{d}^{(6)}\Vert=0.000\ 02$	

用上述牛顿法求解一般非线性方程组有一定条件：①所有 $g_i(\boldsymbol{x})$ 连续可导；②对所有点 $\boldsymbol{x}$ 雅可比矩阵非奇异；③初始点 $\boldsymbol{x}^{(1)}$ 离最优解 $\boldsymbol{x}^*$ 足够近。

用式(6-72)中的牛顿迭代法求解二次规划的拉格朗日梯度方程式(6-67)，将式(6-72)中的变量替换为$(\boldsymbol{x}^{(k)}\quad \boldsymbol{\lambda}^{(k)})^{\mathrm{T}}$，将等式函数 $\boldsymbol{F}(\boldsymbol{x})$ 替换为$\nabla L(\boldsymbol{x}^{(k)},\boldsymbol{\lambda}^{(k)})$，得到

$$\begin{pmatrix}\boldsymbol{x}^{(k+1)}\\ \boldsymbol{\lambda}^{(k+1)}\end{pmatrix}=\begin{pmatrix}\boldsymbol{x}^{(k)}\\ \boldsymbol{\lambda}^{(k)}\end{pmatrix}-(\nabla^2 L(\boldsymbol{x}^{(k)},\boldsymbol{\lambda}^{(k)}))^{-1}\nabla L(\boldsymbol{x}^{(k)},\boldsymbol{\lambda}^{(k)}) \tag{6-73}$$

可以得到迭代公式：

$$\begin{pmatrix}\boldsymbol{x}^{(k+1)}\\ \boldsymbol{\lambda}^{(k+1)}\end{pmatrix}=\begin{pmatrix}\boldsymbol{x}^{(k)}\\ \boldsymbol{\lambda}^{(k)}\end{pmatrix}+\begin{pmatrix}\mathrm{d}\boldsymbol{x}^{(k)}\\ \mathrm{d}\boldsymbol{\lambda}^{(k)}\end{pmatrix} \tag{6-74}$$

式中，

$$\begin{pmatrix}\mathrm{d}\boldsymbol{x}^{(k)}\\ \mathrm{d}\boldsymbol{\lambda}^{(k)}\end{pmatrix}=-(\nabla^2 L(\boldsymbol{x}^{(k)},\boldsymbol{\lambda}^{(k)}))^{-1}\nabla L(\boldsymbol{x}^{(k)},\boldsymbol{\lambda}^{(k)}) \tag{6-75}$$

式(6-75)即为计算点$(\boldsymbol{x}^{(k)},\boldsymbol{\lambda}^{(k)})$的迭代步长$(\mathrm{d}\boldsymbol{x}^{(k)},\mathrm{d}\boldsymbol{\lambda}^{(k)})$的计算公式。

因此，牛顿法迭代的算法概括为：

① 给定任意初始值$(\boldsymbol{x}^{(1)}\quad \boldsymbol{\lambda}^{(1)})^{\mathrm{T}}$，令 $k=1$。

② 计算步长$(\mathrm{d}\boldsymbol{x}^{(k)},\mathrm{d}\boldsymbol{\lambda}^{(k)})$，如果 $\Vert(\mathrm{d}\boldsymbol{x}^{(k)},\mathrm{d}\boldsymbol{\lambda}^{(k)})\Vert$ 小于预先设定的小数 ε，则算法停止，输出最优解；否则继续。

③ 令 $\boldsymbol{x}^{(k+1)}\leftarrow\boldsymbol{x}^{(k)}+\mathrm{d}\boldsymbol{x}^{(k)}$，$\boldsymbol{\lambda}^{(k+1)}\leftarrow\boldsymbol{\lambda}^{(k)}+\mathrm{d}\boldsymbol{\lambda}^{(k)}$，转步骤②。

例 6.27　用牛顿法求解等式约束非线性规划问题在(1, 1, 1)附近的局部最优解：

$$\begin{cases}\min\ f(\boldsymbol{x})=x_1^2+x_2^2+2x_3^2\\ \text{s.t.}\ \ h_1(\boldsymbol{x})=x_1x_2^2-2x_3+5=0\\ \qquad\ \ h_2(\boldsymbol{x})=x_1^2-2x_2^2-2x_3+7=0\end{cases}$$

解：规划问题的拉格朗日函数、梯度函数和雅可比矩阵分别为

$$L(\boldsymbol{x},\boldsymbol{\lambda})=x_1^2+x_2^2+2x_3^2-\lambda_1(x_1x_2^2-2x_3+5)-\lambda_2(x_1^2-2x_2^2-2x_3+7)$$

$$F=\nabla L(\boldsymbol{x},\boldsymbol{\lambda})=\begin{bmatrix}2x_1-\lambda_1x_2^2-2\lambda_2x_1\\2x_2-2\lambda_1x_1x_2+4\lambda_2x_2\\4x_3+2\lambda_1+2\lambda_2\\x_1x_2^2-2x_3+5\\x_1^2-2x_2^2-2x_3+7\end{bmatrix}$$

$$J=\nabla^2L(\boldsymbol{x},\boldsymbol{\lambda})=\begin{bmatrix}2-2\lambda_2 & -2\lambda_1x_2 & 0 & -x_2^2 & -2x_1\\-2\lambda_1x_2 & 2-2\lambda_1x_1+4\lambda_2 & 0 & -2x_1x_2 & 4x_2\\0 & 0 & 4 & 2 & 2\\x_2^2 & 2x_1x_2 & -2 & 0 & 0\\2x_1 & -4x_2 & -2 & 0 & 0\end{bmatrix}$$

令 $\boldsymbol{x}^{(1)}=(1\quad 1\quad 1)$，$\boldsymbol{\lambda}^{(1)}=(1\quad 1)$，利用式(6-75)和式(6-74)迭代计算，至 $k=8$ 达到精度要求结束，计算过程如表 6-7 所列。

表 6-7　牛顿法迭代计算过程

$k=1$		$k=2$		$k=3$		$k=4$	
$(\boldsymbol{x}^{(1)},\boldsymbol{\lambda}^{(1)})$	$(\mathrm{d}\boldsymbol{x}^{(1)},\mathrm{d}\boldsymbol{\lambda}^{(1)})$	$(\boldsymbol{x}^{(2)},\boldsymbol{\lambda}^{(2)})$	$(\mathrm{d}\boldsymbol{x}^{(2)},\mathrm{d}\boldsymbol{\lambda}^{(2)})$	$(\boldsymbol{x}^{(3)},\boldsymbol{\lambda}^{(3)})$	$(\mathrm{d}\boldsymbol{x}^{(3)},\mathrm{d}\boldsymbol{\lambda}^{(3)})$	$(\boldsymbol{x}^{(4)},\boldsymbol{\lambda}^{(4)})$	$(\mathrm{d}\boldsymbol{x}^{(4)},\mathrm{d}\boldsymbol{\lambda}^{(4)})$
1	−8.454 55	−7.454 55	3.990 58	−3.463 96	2.227 12	−1.236 84	0.157 16
1	−1.409 09	−0.409 09	−0.376 60	−0.785 69	−0.826 54	−1.612 23	−0.304 29
1	−3.636 36	−2.636 36	3.698 02	1.061 66	−1.192 94	−0.131 29	0.621 30
1	4.727 27	5.727 27	−8.162 97	−2.435 69	2.583 80	0.148 11	−1.087 39
1	−1.454 55	−0.454 55	0.766 92	0.312 38	−0.197 91	0.114 46	−0.155 22
$\Vert\boldsymbol{d}^{(1)}\Vert=8.454\ 55$		$\Vert\boldsymbol{d}^{(2)}\Vert=8.162\ 97$		$\Vert\boldsymbol{d}^{(3)}\Vert=2.583\ 80$		$\Vert\boldsymbol{d}^{(4)}\Vert=1.087\ 39$	
$k=5$		$k=6$		$k=7$		$k=8$	
$(\boldsymbol{x}^{(5)},\boldsymbol{\lambda}^{(5)})$	$(\mathrm{d}\boldsymbol{x}^{(5)},\mathrm{d}\boldsymbol{\lambda}^{(5)})$	$(\boldsymbol{x}^{(6)},\boldsymbol{\lambda}^{(6)})$	$(\mathrm{d}\boldsymbol{x}^{(6)},\mathrm{d}\boldsymbol{\lambda}^{(6)})$	$(\boldsymbol{x}^{(7)},\boldsymbol{\lambda}^{(7)})$	$(\mathrm{d}\boldsymbol{x}^{(7)},\mathrm{d}\boldsymbol{\lambda}^{(7)})$	$(\boldsymbol{x}^{(8)},\boldsymbol{\lambda}^{(8)})$	$(\mathrm{d}\boldsymbol{x}^{(8)},\mathrm{d}\boldsymbol{\lambda}^{(8)})$
−1.079 68	−0.047 79	−1.127 46	0.001 91	−1.125 55	0.000 01	−1.125 54	3.6E-11
−1.916 53	−0.018 14	−1.934 67	0.001 82	−1.932 84	0.000 01	−1.932 84	3.1E-11
0.490 02	−0.098 18	0.391 84	0.005 70	0.397 54	0.000 01	0.397 56	6.9E-11
−0.939 28	0.273 04	−0.666 23	−0.008 71	−0.674 94	−0.000 02	−0.674 96	−9.5E-11
−0.040 75	−0.076 69	−0.117 45	−0.002 70	−0.120 14	−0.000 01	−0.120 15	−4.3E-11
$\Vert\boldsymbol{d}^{(5)}\Vert=0.273\ 04$		$\Vert\boldsymbol{d}^{(6)}\Vert=0.008\ 71$		$\Vert\boldsymbol{d}^{(7)}\Vert=0.000\ 02$		$\Vert\boldsymbol{d}^{(8)}\Vert=9.5\text{E-}11$	

获得极值点(−1.125 54，−1.932 84，0.397 56)，代入目标函数，获得目标函数值 5.160 76。根据 KKT 条件检验，不等式拉格朗日乘子均非负，故该点为局部最优点。

牛顿法计算出的最优步长 $\boldsymbol{d}^{(k)}$ 是建立在忽略掉高阶成分的目标函数二阶泰勒展开基础上的，这个步长可以使目标函数下降程度最大。对迭代公式(6-72)增加阻尼因子 α，得到

$$\boldsymbol{x}^{(k+1)}=\boldsymbol{x}^{(k)}+\alpha\boldsymbol{d}^{(k)}\tag{6-76}$$

α 的最优值是令函数 $\phi(\boldsymbol{x}^{(k)}+\alpha\boldsymbol{d}^{k})$ 最小的值。令 $\phi(\boldsymbol{x})$ 函数对 α 的一阶导函数为 0，可推

导出：

$$\frac{\partial}{\partial\alpha}\phi(\boldsymbol{x}^{(k)}+\alpha\boldsymbol{d}^{k})=\boldsymbol{F}(\boldsymbol{x}^{(k)}+\alpha\boldsymbol{d}^{k})^{\mathrm{T}}\boldsymbol{d}^{k}\approx[\boldsymbol{F}(\boldsymbol{x}^{(k)})+\nabla\boldsymbol{F}(\boldsymbol{x}^{(k)})\alpha\boldsymbol{d}^{k}]^{\mathrm{T}}\boldsymbol{d}^{k}=0$$

得到

$$\alpha\approx\frac{-\boldsymbol{F}(\boldsymbol{x}^{(k)})^{\mathrm{T}}\boldsymbol{d}^{k}}{(\boldsymbol{d}^{k})^{\mathrm{T}}J(\boldsymbol{x}^{(k)})\boldsymbol{d}^{k}}=1$$

可见在仅考虑二阶泰勒展开时，牛顿法中令 $\alpha=1$ 是最优的。但在某些特殊情况下，二次泰勒展开的高阶成分影响较大时，按完整步长 $\boldsymbol{d}^{(k)}$ 获得的下一个 $\boldsymbol{x}^{(k+1)}$ 可能会使 $\phi(\boldsymbol{x}^{k+1})>\phi(\boldsymbol{x}^{k})$，从而导致迭代过程不收敛。

解决的方法是令阻尼因子 $\alpha<1$ 来减少实际移动步长。因为 $\boldsymbol{d}^{(k)}$ 是令函数下降的方向，因此总可以找到一个足够小的 α 值，使 $\phi(\boldsymbol{x}^{(k)}+\alpha\boldsymbol{d}^{(k)})<\phi(\boldsymbol{x}^{(k)})$。比较简单且有效的处理方式就是对 α 持续半分，直到 $\phi(\boldsymbol{x}^{(k)}+\alpha\boldsymbol{d}^{(k)})<\phi(\boldsymbol{x}^{(k)})$ 成立。

因此，改进的阻尼牛顿法迭代算法（牛顿下山法）概括为：

① 给定任意初始值 $\boldsymbol{x}^{(1)}$，令 $k=1$。

② 计算步长 $\boldsymbol{d}^{(k)}$，如果 $\|\boldsymbol{d}^{(k)}\|$ 小于预先设定的小数 ε，则算法停止，输出最优解；否则继续。

③ $\alpha_{\max}\leftarrow\max\{a\mid\phi(\boldsymbol{x}^{(k)}+\alpha\boldsymbol{d}^{(k)})<\phi(\boldsymbol{x}^{(k)},a=1,1/2,1/2^{2},1/2^{3},\cdots\}$。

④ 令 $\boldsymbol{x}^{(k+1)}\leftarrow\boldsymbol{x}^{(k)}+\alpha_{\max}\boldsymbol{d}^{(k)}$，转至步骤②。

6.7.1.2 序列二次规划法

式(6-74)的牛顿迭代计算方法还可以转化为序列二次规划进行求解，优点是可以利用现有的二次规划求解工具进行求解。

将式(6-75)移项后变为

$$\nabla^{2}L(\boldsymbol{x}^{(k)},\boldsymbol{\lambda}^{(k)})\begin{pmatrix}\mathrm{d}\boldsymbol{x}^{(k)}\\\mathrm{d}\boldsymbol{\lambda}^{(k)}\end{pmatrix}=-\nabla L(\boldsymbol{x}^{(k)},\boldsymbol{\lambda}^{(k)})\tag{6-77}$$

对其中的 $\nabla L(\boldsymbol{x}^{(k)},\boldsymbol{\lambda}^{(k)})$ 和 $\nabla^{2}L(\boldsymbol{x}^{(k)},\boldsymbol{\lambda}^{(k)})$ 展开：

$$L(\boldsymbol{x}^{(k)},\boldsymbol{\lambda}^{(k)})=f(\boldsymbol{x}^{(k)})-(\boldsymbol{\lambda}^{(k)})^{\mathrm{T}}\boldsymbol{h}(\boldsymbol{x}^{(k)})\Rightarrow$$

$$\nabla L(\boldsymbol{x}^{(k)},\boldsymbol{\lambda}^{(k)})=\begin{pmatrix}\nabla_{x}L(\boldsymbol{x}^{(k)},\boldsymbol{\lambda}^{(k)})\\-\boldsymbol{h}(\boldsymbol{x}^{(k)})\end{pmatrix}\Rightarrow$$

$$\nabla^{2}L(\boldsymbol{x}^{(k)},\boldsymbol{\lambda}^{(k)})=\begin{pmatrix}\nabla^{2}_{xx}L(\boldsymbol{x}^{(k)},\boldsymbol{\lambda}^{(k)})&-\nabla\boldsymbol{h}(\boldsymbol{x}^{(k)})\\-\nabla\boldsymbol{h}(\boldsymbol{x}^{(k)})&\boldsymbol{0}\end{pmatrix}$$

得到

$$\begin{pmatrix}\nabla^{2}_{xx}L(\boldsymbol{x}^{(k)},\boldsymbol{\lambda}^{(k)})&-\nabla\boldsymbol{h}(\boldsymbol{x}^{(k)})\\-\nabla\boldsymbol{h}(\boldsymbol{x}^{(k)})&\boldsymbol{0}\end{pmatrix}\begin{pmatrix}\mathrm{d}\boldsymbol{x}^{(k)}\\\mathrm{d}\boldsymbol{\lambda}^{(k)}\end{pmatrix}=\begin{pmatrix}-\nabla_{x}L(\boldsymbol{x}^{(k)},\boldsymbol{\lambda}^{(k)})\\\boldsymbol{h}(\boldsymbol{x}^{(k)})\end{pmatrix}$$

利用 $\boldsymbol{\lambda}^{(k+1)}=\boldsymbol{\lambda}^{(k)}+\mathrm{d}\boldsymbol{\lambda}^{(k)}$ 和 $\nabla_{x}L(\boldsymbol{x}^{(k)},\boldsymbol{\lambda}^{(k)})=\nabla f(\boldsymbol{x}^{(k)})-\nabla\boldsymbol{h}(\boldsymbol{x}^{(k)})^{\mathrm{T}}\boldsymbol{\lambda}^{(k)}$，上式改写为

$$\begin{pmatrix}\nabla^{2}_{xx}L(\boldsymbol{x}^{(k)},\boldsymbol{\lambda}^{(k)})&-\nabla\boldsymbol{h}(\boldsymbol{x}^{(k)})^{\mathrm{T}}\\-\nabla\boldsymbol{h}(\boldsymbol{x}^{(k)})&\boldsymbol{0}\end{pmatrix}\begin{pmatrix}\mathrm{d}\boldsymbol{x}^{(k)}\\\boldsymbol{\lambda}^{(k+1)}\end{pmatrix}=-\begin{pmatrix}\nabla f(\boldsymbol{x}^{(k)})\\-\boldsymbol{h}(\boldsymbol{x}^{(k)})\end{pmatrix}\tag{6-78}$$

令 $\boldsymbol{g}(\boldsymbol{x}^{(k)})=\nabla f(\boldsymbol{x}^{(k)})$，$\boldsymbol{A}(\boldsymbol{x}^{(k)})=\nabla\boldsymbol{h}(\boldsymbol{x}^{(k)})$，将 $\mathrm{d}\boldsymbol{x}^{(k)}$ 代替为 $\boldsymbol{d}^{(k)}$，再对比式(6-51)，可发现式(6-78)恰好是求解下面二次规划问题

$$\begin{cases}\min q(\boldsymbol{d}^{(k)})=\dfrac{1}{2}(\boldsymbol{d}^{(k)})^{\mathrm{T}}\nabla_{xx}^{2}L(\boldsymbol{x}^{(k)},\boldsymbol{\lambda}^{(k)})\boldsymbol{d}^{(k)}+\boldsymbol{g}(\boldsymbol{x}^{(k)})^{\mathrm{T}}\boldsymbol{d}^{(k)}\\ \text{s.t. } \boldsymbol{A}(\boldsymbol{x}^{(k)})\boldsymbol{d}^{(k)}+\boldsymbol{h}(\boldsymbol{x}^{(k)})=0\end{cases} \tag{6-79}$$

的一阶必要条件。若$\nabla_{xx}^{2}L(\boldsymbol{x}^{(k)},\boldsymbol{\lambda}^{(k)})$正定，则可求得全局唯一最优解。再按完整步长$\boldsymbol{d}^{(k)}$获得的下一个$\boldsymbol{x}^{(k+1)}$，重复求解二次规划式(6－79)，直到$\|\boldsymbol{d}^{(k)}\|$小于预先设定的小数$\varepsilon$。

序列二次规划法求解等式约束非线性规划问题的步骤如下：

① 对于等式约束非线性规划问题：

$$\begin{cases}\min f(\boldsymbol{x})\\ \text{s.t. } \boldsymbol{h}(\boldsymbol{x})=\boldsymbol{0}\\ \qquad \boldsymbol{x}\in\mathbf{R}^{n}\end{cases}$$

令$L(\boldsymbol{x},\boldsymbol{\lambda})=f(\boldsymbol{x})-\boldsymbol{\lambda}^{\mathrm{T}}\boldsymbol{h}(\boldsymbol{x})$，设定$\boldsymbol{x}^{(1)}$为给定的某一个出发点，$\boldsymbol{\lambda}=\boldsymbol{0}$，令$k\leftarrow 1$。

② 计算$\boldsymbol{g}(\boldsymbol{x}^{(k)})=\nabla f(\boldsymbol{x}^{(k)})$，$\boldsymbol{A}(\boldsymbol{x}^{(k)})=\nabla\boldsymbol{h}(\boldsymbol{x}^{(k)})$，$\nabla_{xx}^{2}L(\boldsymbol{x}^{(k)},\lambda)$以及$\boldsymbol{h}(\boldsymbol{x}^{(k)})$，利用二次规划式(6－79)，求解出$\boldsymbol{d}^{(k)}$。

③ 判断：如果泛函$\|\boldsymbol{d}^{(k)}\|$足够小，则停止算法，输出$\boldsymbol{x}^{(k)}$为最优解。

④ 令$\boldsymbol{x}^{(k+1)}\leftarrow\boldsymbol{x}^{(k)}+\boldsymbol{d}^{(k)}$，令$k\leftarrow k+1$，转至步骤②。

例 6.28　用序列二次规划法求解等式约束非线性规划问题在(1，1，1)附近的局部最优解：

$$\begin{cases}\min f(\boldsymbol{x})=x_1^2+x_2^2+2x_3^2\\ \text{s.t. } h_1(\boldsymbol{x})=x_1x_2^2-2x_3+5=0\\ \qquad h_2(\boldsymbol{x})=x_1^2-2x_2^2-2x_3+7=0\end{cases}$$

解：令

$$\begin{aligned}L(\boldsymbol{x},\boldsymbol{\lambda})&=f(\boldsymbol{x})-\boldsymbol{\lambda}^{\mathrm{T}}\boldsymbol{h}(\boldsymbol{x})\\&=x_1^2+x_2^2+2x_3^2-\lambda_1(x_1x_2^2-2x_3+5)-\\&\quad\ \lambda_2(x_1^2-2x_2^2-2x_3+7)\end{aligned}$$

计算

$$\boldsymbol{g}(\boldsymbol{x})=\nabla f(\boldsymbol{x})=(2x_1\quad 2x_2\quad 4x_3)^{\mathrm{T}}$$

$$\boldsymbol{A}(\boldsymbol{x})=\nabla\boldsymbol{h}(\boldsymbol{x})=\begin{pmatrix}x_2^2 & 2x_1x_2 & -2\\ 2x_1 & -4x_2 & -2\end{pmatrix}$$

$$\nabla_{xx}^{2}L(\boldsymbol{x},\boldsymbol{\lambda})=\begin{pmatrix}2-2\lambda_2 & -2\lambda_1x_2 & 0\\ -2\lambda_1x_2 & 2-2\lambda_1x_1+4\lambda_2 & 0\\ 0 & 0 & 4\end{pmatrix}$$

$$\boldsymbol{h}(\boldsymbol{x})=\begin{pmatrix}x_1x_2^2-2x_3+5\\ x_1^2-2x_2^2-2x_3+7\end{pmatrix}$$

令$\boldsymbol{x}^{(1)}=(1\quad 1\quad 1)^{\mathrm{T}}$，$\boldsymbol{\lambda}=(0\quad 0)^{\mathrm{T}}$，令$k\leftarrow 1$，$\alpha\leftarrow 1$。计算

$$\boldsymbol{g}(\boldsymbol{x}^{(k)})=\nabla f(\boldsymbol{x}^{(k)})=(2x_1\quad 2x_2\quad 4x_3)^{\mathrm{T}}=(2\quad 2\quad 4)^{\mathrm{T}}$$

$$\boldsymbol{A}(\boldsymbol{x}^{(k)})=\nabla\boldsymbol{h}(\boldsymbol{x}^{(k)})=\begin{pmatrix}x_2^2 & 2x_1x_2 & -2\\ 2x_1 & -4x_2 & -2\end{pmatrix}=\begin{pmatrix}1 & 2 & -2\\ 2 & -4 & -2\end{pmatrix}$$

$$\nabla_{xx}^2 L(\boldsymbol{x}^{(k)},\boldsymbol{\lambda})=\begin{pmatrix}2-2\lambda_1 & -2\lambda_1 x_2 & 0\\ -2\lambda_1 x_2 & 2-2\lambda_1 x_1+4\lambda_2 & 0\\ 0 & 0 & 4\end{pmatrix}=\begin{pmatrix}2 & 0 & 0\\ 0 & 2 & 0\\ 0 & 0 & 4\end{pmatrix}$$

$$\boldsymbol{h}(\boldsymbol{x}^{(k)})=\begin{pmatrix}x_1x_2^2-2x_3+5\\ x_1^2-2x_2^2-2x_3+7\end{pmatrix}=\begin{pmatrix}4\\4\end{pmatrix}$$

求解下面关于变量 $\boldsymbol{d}^{(k)}$ 的二次规划：

$$\begin{cases}\min q(\boldsymbol{d}^{(k)})=\dfrac{1}{2}(\boldsymbol{d}^{(k)})^{\mathrm T}\nabla_{xx}^2 L(\boldsymbol{x}^{(k)},\boldsymbol{\lambda}^{(k)})\boldsymbol{d}^{(k)}+[\boldsymbol{g}(\boldsymbol{x}^{(k)})]^{\mathrm T}\boldsymbol{d}^{(k)}\\ \qquad\qquad\quad =\dfrac{1}{2}(\boldsymbol{d}^{(k)})^{\mathrm T}\begin{pmatrix}2 & 0 & 0\\ 0 & 2 & 0\\ 0 & 0 & 4\end{pmatrix}\boldsymbol{d}^{(k)}+(2\quad 2\quad 4)\boldsymbol{d}^{(k)}\\ \text{s.t. } \boldsymbol{A}(\boldsymbol{x}^{(k)})\boldsymbol{d}^{(k)}+\boldsymbol{h}(\boldsymbol{x}^{(k)})=\begin{pmatrix}1 & 2 & -2\\ 2 & -4 & -2\end{pmatrix}\boldsymbol{d}^{(k)}+\begin{pmatrix}4\\4\end{pmatrix}=0\end{cases}$$

得到

$$\boldsymbol{d}^{(1)}=(-2.695\,65\quad -0.449\,275\quad 0.202\,899)$$

$$\boldsymbol{x}^{(2)}\leftarrow \boldsymbol{x}^{(1)}+\boldsymbol{d}^{(1)}=(-1.695\,65\quad 0.550\,725\quad 1.202\,9)$$

令 $k\leftarrow k+1$，重复上述计算，得到如表 6-8 所列的计算过程。

表 6-8　序列规划法迭代计算过程

$k=1$		$k=2$		$k=3$		$k=4$	
$\boldsymbol{x}^{(1)}$	$\boldsymbol{d}^{(1)}$	$\boldsymbol{x}^{(2)}$	$\boldsymbol{d}^{(2)}$	$\boldsymbol{x}^{(3)}$	$\boldsymbol{d}^{(3)}$	$\boldsymbol{x}^{(4)}$	$\boldsymbol{d}^{(4)}$
1	−2.695 65	−1.695 65	1.163 99	−0.531 66	−0.560 67	−1.092 34	−0.030 47
1	−0.449 275	0.550 725	1.439 17	1.989 9	−0.122 39	1.867 5	0.059 145
1	0.202 899	1.202 9	−0.127 48	1.075 42	−0.608 59	0.466 834	−0.045 42
$\Vert\boldsymbol{d}^{(1)}\Vert=2.695\,65$		$\Vert\boldsymbol{d}^{(2)}\Vert=1.439\,17$		$\Vert\boldsymbol{d}^{(3)}\Vert=0.608\,59$		$\Vert\boldsymbol{d}^{(4)}\Vert=0.059\,145$	
$k=5$		$k=6$		$k=7$		$k=8$	
$\boldsymbol{x}^{(5)}$	$\boldsymbol{d}^{(5)}$	$\boldsymbol{x}^{(6)}$	$\boldsymbol{d}^{(6)}$	$\boldsymbol{x}^{(7)}$	$\boldsymbol{d}^{(7)}$	$\boldsymbol{x}^{(8)}$	$\boldsymbol{d}^{(8)}$
−1.122 81	−0.002 39	−1.125 19	−0.000 31	−1.125 51	−3.45E-05	−1.125 54	−3.79E-06
1.926 65	0.005 562	1.932 21	0.000 561	1.932 77	6.13E-05	1.932 83	6.72E-06
0.421 414	−0.021 79	0.399 625	−0.001 85	0.397 778	−0.000 198 3	0.397 58	−2.17E-05
$\Vert\boldsymbol{d}^{(5)}\Vert=0.021\,79$		$\Vert\boldsymbol{d}^{(6)}\Vert=0.001\,85$		$\Vert\boldsymbol{d}^{(7)}\Vert=0.000\,198\,3$		$\Vert\boldsymbol{d}^{(8)}\Vert=0.000\,021\,7$	

得到原始问题在(1,1,1)附近的极小值点为(−1.125 54，1.932 83，0.397 58)，目标函数值为 5.160 76。

用序列二次规划求解等式约束非线性规划问题时，要注意由起始点 $\boldsymbol{x}^{(1)}$ 和 $\boldsymbol{\lambda}$ 构造的二次规划问题，需要确保 $\nabla_{xx}^2 L(\boldsymbol{x}^{(1)},\boldsymbol{\lambda}^{(1)})$ 为正定或半正定矩阵。

6.7.1.3　最速下降法

对于含等式约束的一般非线性规划问题 $\min f(\boldsymbol{x})$，s. t. $\boldsymbol{h}(\boldsymbol{x})=\boldsymbol{0}$，引入拉格朗日乘子向量 $\boldsymbol{\lambda}$，建立拉格朗日函数 $L(\boldsymbol{x},\boldsymbol{v})=f(\boldsymbol{x})-\boldsymbol{\lambda}^{\mathrm{T}}\boldsymbol{h}(\boldsymbol{x})$。问题的最优解的一阶条件为

$$\nabla L(\boldsymbol{x},\boldsymbol{\lambda})=0$$

或

$$\begin{cases}\nabla f(\boldsymbol{x})-(\nabla \boldsymbol{h}(\boldsymbol{x}))^{\mathrm{T}}\boldsymbol{\lambda}=0\\ \boldsymbol{h}(\boldsymbol{x})=\boldsymbol{0}\end{cases}\tag{6-80}$$

求解上述方程组，可获得规划问题的极值点，然后根据实际情况判断其中的最优点。下面介绍可求解上述方程组的最速下降法。

考虑连续可微的方程组 $\boldsymbol{F}(\boldsymbol{x})=[g_1(\boldsymbol{x})\quad g_2(\boldsymbol{x})\quad \cdots\quad g_m(\boldsymbol{x})]^{\mathrm{T}}=\boldsymbol{0}$，令 $\phi(\boldsymbol{x})=\dfrac{1}{2}(\boldsymbol{F}(\boldsymbol{x}))^{\mathrm{T}}\boldsymbol{F}(\boldsymbol{x})$，最速下降求解法步骤如下：

① 初始给定某一点 $\boldsymbol{x}^{(1)}$，令 $k\leftarrow 1$。

② 计算 $\phi(\boldsymbol{x})$ 在 $\boldsymbol{x}^{(k)}$ 处的梯度方向，即 $\nabla\phi(\boldsymbol{x}^{(k)})=(\boldsymbol{F}(\boldsymbol{x}^{(k)}))^{\mathrm{T}}\nabla f(\boldsymbol{x}^{(k)})$。

③ 用一维搜索法确定 $\alpha^{(k)}$ 的取值，使得

$$\phi\left[\boldsymbol{x}^{(k)}-\alpha^{(k)}\nabla\phi(\boldsymbol{x}^{(k)})\right]=\min_{\alpha>0}\{\phi\left[\boldsymbol{x}^{(k)}-\alpha\nabla\phi(\boldsymbol{x}^{(k)})\right]\}\tag{6-81}$$

令

$$\boldsymbol{x}^{(k+1)}\leftarrow\boldsymbol{x}^{(k)}-\alpha^{(k)}\nabla\phi(\boldsymbol{x}^{(k)})\tag{6-82}$$

④ 判断结束条件 $\phi(\boldsymbol{x}^{(k+1)})\leqslant\varepsilon$ 是否成立，其中 ε 是预先设定的一个正小数。若成立，则算法停止；否则转至步骤②。

例 6.29　用最速下降法求解下列等式约束规划问题：

$$\begin{cases}\min f(\boldsymbol{x})=x_1^2+x_2^2+2x_3^2\\ \text{s. t. } h_1(\boldsymbol{x})=x_1x_2^2-2x_3+5=0\\ \qquad h_2(\boldsymbol{x})=x_1^2-2x_2^2-2x_3+7=0\end{cases}$$

解：规划问题的拉格朗日函数为

$$L(\boldsymbol{x},\boldsymbol{\lambda})=x_1^2+x_2^2+2x_3^2-\lambda_1(x_1x_2^2-2x_3+5)-\lambda_2(x_1^2-2x_2^2-2x_3+7)$$

上述拉格朗日函数的梯度函数为

$$F(\boldsymbol{x},\boldsymbol{\lambda})=\nabla L(\boldsymbol{x},\boldsymbol{\lambda})=\begin{bmatrix}2x_1-\lambda_1x_2^2-2\lambda_2x_1\\ 2x_2-2\lambda_1x_1x_2+4\lambda_2x_2\\ 4x_3+2\lambda_1+2\lambda_2\\ x_1x_2^2-2x_3+5\\ x_1^2-2x_2^2-2x_3+7\end{bmatrix}$$

上述梯度函数的雅可比矩阵为

$$\nabla f(\boldsymbol{x},\boldsymbol{\lambda})=\begin{bmatrix}2-2\lambda_2 & -2\lambda_1x_2 & 0 & -x_2^2 & -2x_1\\ -2\lambda_1x_2 & 2-2\lambda_1x_1+4\lambda_2 & 0 & -2x_1x_2 & 4x_2\\ 0 & 0 & 4 & 2 & 2\\ x_2^2 & 2x_1x_2 & -2 & 0 & 0\\ 2x_1 & -4x_2 & -2 & 0 & 0\end{bmatrix}$$

令 $\phi(\boldsymbol{x},\boldsymbol{\lambda})=\frac{1}{2}\boldsymbol{F}(\boldsymbol{x},\boldsymbol{\lambda})^{\mathrm{T}}\boldsymbol{F}(\boldsymbol{x},\boldsymbol{\lambda})$，有 $\nabla\phi(\boldsymbol{x},\boldsymbol{\lambda})=\boldsymbol{F}(\boldsymbol{x},\boldsymbol{\lambda})^{\mathrm{T}}\nabla\boldsymbol{F}(\boldsymbol{x},\boldsymbol{\lambda})$。

令 $\boldsymbol{x}^{(0)}=[1\quad 1\quad 1]$，$\boldsymbol{\lambda}^{(0)}=[1\quad 1]$，$k\leftarrow 0$，计算 $\phi(\boldsymbol{x}^{(0)})$。

令 $k\leftarrow k+1$，计算 $F(\boldsymbol{x}^{(k)},\boldsymbol{\lambda}^{(k)})$，$\nabla F(\boldsymbol{x}^{(k)},\boldsymbol{\lambda}^{(k)})$，$\phi(\boldsymbol{x}^{(k)})$。采用 0.618 一维搜索法，计算式(6-81)的最优 $\alpha^{(k)}$，根据式(6-82)计算($\boldsymbol{x}^{(k+1)}$，$\boldsymbol{\lambda}^{(k+1)}$)，直到 $\phi(\boldsymbol{x}^{(k)})\leqslant 1.0\text{E-}6$。

得到迭代计算过程如表 6-9 所列。

表 6-9 最速下降法迭代计算过程

k	$x_1^{(k)}$	$x_2^{(k)}$	$x_3^{(k)}$	$\lambda_1^{(k)}$	$\lambda_2^{(k)}$	$\phi(\boldsymbol{x}^{(k)})$	$\alpha^{(k)}$
0	1	1	1	1	1	56.5	
1	0.870 307	0.675 768	0.481 228	0.708 191	−0.102 39	33.352 236	0.032 423
2	−0.306 847	1.593 501	1.093 473	0.309 974	−0.416 528	12.459 714	0.075 705
3	−0.301 133	1.566 399	0.795 979	0.002 66	−0.707 356	6.687 805	0.023 03
4	−0.445 043	1.843 547	0.764 896	−0.259 536	−0.427 157	4.056 776	0.053 897
5	−0.577 558	1.749 014	0.663 618	−0.356 57	−0.503 748	2.746 179	0.019 907
6	−0.704 818	1.895 717	0.657 558	−0.452 946	−0.334 522	1.759 267	0.041 254
7	−0.788 358	1.826 381	0.591 351	−0.505 858	−0.369 742	1.159 963	0.016 851
8	−0.862 647	1.913 166	0.572 019	−0.553 573	−0.256 359	0.737 304	0.035 362
9	−0.916 784	1.868 483	0.530 277	−0.583 954	−0.277 531	0.475 848	0.015 367
10	−0.962 865	1.920 399	0.513 599	−0.606 368	−0.204 223	0.299 931	0.032 067
11	−0.996 936	1.892 7	0.486 812	−0.625 007	−0.217 817	0.190 775	0.014 549
12	−1.025 054	1.924 278	0.473 977	−0.635 94	−0.171 406	0.119 597	0.030 196
13	−1.046 331	1.907 3	0.456 83	−0.647 431	−0.180 193	0.075 426	0.014 08
14	−1.063 488	1.926 767	0.447 602	−0.652 815	−0.151 213	0.047 166	0.029 097
15	−1.076 716	1.916 385	0.436 638	−0.659 857	−0.156 87	0.029 62	0.013 805
16	−1.087 197	1.928 511	0.430 224	−0.662 487	−0.138 911	0.018 514	0.028 437
17	−1.095 405	1.922 158	0.423 216	−0.666 77	−0.142 542	0.011 61	0.013 642
18	−1.101 821	1.929 772	0.418 843	−0.668 013	−0.131 456	0.007 264	0.028 034
19	−1.106 913	1.925 875	0.414 36	−0.670 603	−0.133 786	0.004 557	0.013 546
20	−1.110 847	1.930 684	0.411 413	−0.671 147	−0.126 953	0.002 856	0.027 788
21	−1.114 01	1.928 287	0.408 543	−0.672 706	−0.128 449	0.001 794	0.013 49
22	−1.116 426	1.931 339	0.406 571	−0.672 907	−0.124 238	0.001 127	0.027 64
23	−1.118 393	1.929 861	0.404 731	−0.673 843	−0.125 201	0.000 709	0.013 458
24	−1.119 879	1.931 804	0.403 419	−0.673 883	−0.122 603	0.000 447	0.027 553
25	−1.121 104	1.930 889	0.402 238	−0.674 444	−0.123 225	0.000 282	0.013 44
26	−1.122 019	1.932 131	0.401 368	−0.674 416	−0.121 621	0.000 178	0.027 504
27	−1.122 783	1.931 563	0.400 609	−0.674 751	−0.122 023	0.000 112	0.013 431
28	−1.123 348	1.932 358	0.400 034	−0.674 7	−0.121 031	0.000 071	0.027 48

续表 6-9

k	$x_1^{(k)}$	$x_2^{(k)}$	$x_3^{(k)}$	$\lambda_1^{(k)}$	$\lambda_2^{(k)}$	$\phi(\boldsymbol{x}^{(k)})$	$\alpha^{(k)}$
29	−1.123 826	1.932 004	0.399 546	−0.674 9	−0.121 292	0.000 045	0.013 428
30	−1.124 174	1.932 514	0.399 166	−0.674 847	−0.120 677	0.000 029	0.027 472
31	−1.124 473	1.932 293	0.398 852	−0.674 967	−0.120 847	0.000 018	0.013 427
32	−1.124 688	1.932 621	0.398 602	−0.674 921	−0.120 465	0.000 012	0.027 472
33	−1.124 876	1.932 482	0.398 4	−0.674 992	−0.120 576	0.000 007	0.013 429
34	−1.125 008	1.932 693	0.398 236	−0.674 955	−0.120 338	0.000 005	0.027 479
35	−1.125 127	1.932 606	0.398 105	−0.674 997	−0.120 411	0.000 003	0.013 431
36	−1.125 209	1.932 742	0.397 997	−0.674 969	−0.120 263	0.000 002	0.027 488
37	−1.125 283	1.932 687	0.397 913	−0.674 994	−0.120 31	0.000 001	0.013 434
38	−1.125 334	1.932 775	0.397 842	−0.674 973	−0.120 218	0.000 001	0.027 5

可见上述最速下降法经过了 38 次迭代，获得了点(1，1，1)附近的极值点(−1.125 54，1.932 83，0.397 58)，目标函数值为 5.160 76。结果与前面的牛顿法和序列二次规划法所得结果一致。比较牛顿法和最速下降法，后者的收敛速度较慢，但优点是无须对雅可比矩阵进行求逆计算，从而避免了因雅可比矩阵奇异无法求解的情况，因此适用范围更广。

6.7.2　不等式约束非线性规划

对于一般约束规划问题：

$$\begin{cases}\min\ f(\boldsymbol{x})\\ \text{s.t.}\ \ \boldsymbol{h}(\boldsymbol{x})=\boldsymbol{0}\\ \qquad \boldsymbol{g}(\boldsymbol{x})\geqslant\boldsymbol{0}\\ \qquad \boldsymbol{x}\in\mathbf{R}^n\end{cases}\tag{6-83}$$

式中，$f(\boldsymbol{x})$，$\boldsymbol{h}(\boldsymbol{x})$，$\boldsymbol{g}(\boldsymbol{x})$均二阶可微。

构造拉格朗日函数：

$$L(\boldsymbol{x},\boldsymbol{\lambda},\boldsymbol{\mu})=f(\boldsymbol{x})-\boldsymbol{\lambda}^{\mathrm{T}}\boldsymbol{h}(\boldsymbol{x})-\boldsymbol{\mu}^{\mathrm{T}}\boldsymbol{g}^{*}(\boldsymbol{x})\tag{6-84}$$

$$\nabla L(\boldsymbol{x},\boldsymbol{\lambda},\boldsymbol{\mu})=\begin{pmatrix}\nabla_x L(\boldsymbol{x},\boldsymbol{\lambda},\boldsymbol{\mu})\\ \nabla_\lambda L(\boldsymbol{x},\boldsymbol{\lambda},\boldsymbol{\mu})\\ \nabla_\mu L(\boldsymbol{x},\boldsymbol{\lambda},\boldsymbol{\mu})\end{pmatrix}=\begin{pmatrix}\nabla f(\boldsymbol{x})-(\nabla\boldsymbol{h}(\boldsymbol{x}))^{\mathrm{T}}\lambda-(\nabla\boldsymbol{g}^{*}(\boldsymbol{x}))^{\mathrm{T}}\boldsymbol{\mu}\\ -\boldsymbol{h}(\boldsymbol{x})\\ -\boldsymbol{g}^{*}(\boldsymbol{x})\end{pmatrix}$$

式中，$\boldsymbol{g}^{*}(\boldsymbol{x})$表示在 $\boldsymbol{x}$ 处起作用的不等式约束条件。

如果目标函数达到极值点，则有$\nabla L(\boldsymbol{x},\boldsymbol{\lambda},\boldsymbol{\mu})=\boldsymbol{0}$。当目标函数为凸函数且约束条件为凸域时，极值点为全局极小点。

令 $\boldsymbol{r}=(\boldsymbol{x}\quad\boldsymbol{\lambda}\quad\boldsymbol{\mu})^{\mathrm{T}}$，$L(\boldsymbol{x},\boldsymbol{\lambda},\boldsymbol{\mu})=L(\boldsymbol{r})$，将 $L(\boldsymbol{r})$在 $\boldsymbol{r}^{(k)}$ 处二阶泰勒展开：

$$\begin{aligned}L(\boldsymbol{r}^{(k+1)})&=L(\boldsymbol{r}^{(k)}+\Delta\boldsymbol{r}^{(k)})\\ &\approx L(\boldsymbol{r}^{(k)})+\nabla L(\boldsymbol{r}^{(k)})\Delta\boldsymbol{r}^{(k)}+\frac{1}{2}(\Delta\boldsymbol{r}^{(k)})^{\mathrm{T}}\nabla^2L(\boldsymbol{r}^{(k)})\Delta\boldsymbol{r}^{(k)}\end{aligned}$$

对函数 $L(\boldsymbol{r}^{(k)}+\Delta\boldsymbol{r}^{(k)})$中的 $\Delta\boldsymbol{r}^{(k)}$ 求导，令导函数为 0，得到令 $L(\boldsymbol{r}^{(k)}+\Delta\boldsymbol{r}^{(k)})$下降梯度的

方向：

$$\Delta \boldsymbol{r}^{(k)}=-(\nabla^2 L(\boldsymbol{r}^{(k)}))^{-1}\nabla L(\boldsymbol{r}^{(k)}) \tag{6-85}$$

移项整理得到

$$\nabla^2 L(\boldsymbol{r}^{(k)})\Delta \boldsymbol{r}^{(k)}=-\nabla L(\boldsymbol{r}^{(k)})$$

令 $\boldsymbol{r}^{(k)}=(\boldsymbol{x}^{(k)}\quad \boldsymbol{\lambda}^{(k)}\quad \boldsymbol{\mu}^{(k)})^{\mathrm{T}}$，$\Delta\boldsymbol{r}^{(k)}=(\boldsymbol{d}^{(k)}\quad \Delta\boldsymbol{\lambda}^{(k)}\quad \Delta\boldsymbol{\mu}^{(k)})^{\mathrm{T}}$，展开上式得到

$$\begin{pmatrix}\nabla_{xx}^2 L(\boldsymbol{x}^{(k)},\boldsymbol{\lambda}^{(k)},\boldsymbol{\mu}^{(k)}) & -(\nabla \boldsymbol{h}(\boldsymbol{x}^{(k)}))^{\mathrm{T}} & -(\nabla \boldsymbol{g}^*(\boldsymbol{x}^{(k)}))^{\mathrm{T}} \\ -\nabla \boldsymbol{h}(\boldsymbol{x}^{(k)}) & 0 & 0 \\ -\nabla \boldsymbol{g}^*(\boldsymbol{x}^{(k)}) & 0 & 0\end{pmatrix}\begin{pmatrix}\boldsymbol{d}^{(k)} \\ \Delta\boldsymbol{\lambda}^{(k)} \\ \Delta\boldsymbol{\mu}^{(k)}\end{pmatrix}=-\begin{pmatrix}\nabla_x L(\boldsymbol{x}^{(k)},\boldsymbol{\lambda}^{(k)},\boldsymbol{\mu}^{(k)}) \\ -\boldsymbol{h}(\boldsymbol{x}^{(k)}) \\ -\boldsymbol{g}^*(\boldsymbol{x}^{(k)})\end{pmatrix}$$

利用 $\nabla_x L(\boldsymbol{x}^{(k)},\boldsymbol{\lambda}^{(k)},\boldsymbol{\mu}^{(k)})=\nabla f(\boldsymbol{x}^{(k)})-(\nabla \boldsymbol{h}(\boldsymbol{x}^{(k)}))^{\mathrm{T}}\boldsymbol{\lambda}^{(k)}-(\nabla \boldsymbol{g}^*(\boldsymbol{x}^{(k)}))^{\mathrm{T}}\boldsymbol{\mu}^{(k)}$，$\boldsymbol{\lambda}^{(k+1)}=\boldsymbol{\lambda}^{(k)}+\Delta\boldsymbol{\lambda}^{(k)}$ 和 $\boldsymbol{\mu}^{(k+1)}=\boldsymbol{\lambda}^{(k)}+\Delta\boldsymbol{\mu}^{(k)}$，上式改写为

$$\begin{pmatrix}\nabla_{xx}^2 L(\boldsymbol{x}^{(k)},\boldsymbol{\lambda}^{(k)},\boldsymbol{\mu}^{(k)})\boldsymbol{d}^{(k)}-(\nabla \boldsymbol{h}(\boldsymbol{x}^{(k)}))^{\mathrm{T}}\boldsymbol{\lambda}^{(k+1)}-(\nabla \boldsymbol{g}^*(\boldsymbol{x}^{(k)}))^{\mathrm{T}}\boldsymbol{\mu}^{(k+1)} \\ -(\nabla \boldsymbol{h}(\boldsymbol{x}^{(k)}))^{\mathrm{T}}\boldsymbol{d}^{(k)} \\ -(\nabla \boldsymbol{g}^*(\boldsymbol{x}^{(k)}))^{\mathrm{T}}\boldsymbol{d}^{(k)}\end{pmatrix}=-\begin{pmatrix}\nabla f(\boldsymbol{x}^{(k)}) \\ -\boldsymbol{h}(\boldsymbol{x}^{(k)}) \\ -\boldsymbol{g}^*(\boldsymbol{x}^{(k)})\end{pmatrix}$$

$$\Rightarrow\begin{pmatrix}\nabla_{xx}^2 L(\boldsymbol{x}^{(k)},\boldsymbol{\lambda}^{(k)},\boldsymbol{\mu}^{(k)}) & -(\nabla \boldsymbol{h}(\boldsymbol{x}^{(k)}))^{\mathrm{T}} & -(\nabla \boldsymbol{g}^*(\boldsymbol{x}^{(k)}))^{\mathrm{T}} \\ -\nabla \boldsymbol{h}(\boldsymbol{x}^{(k)}) & 0 & 0 \\ -\nabla \boldsymbol{g}^*(\boldsymbol{x}^{(k)}) & 0 & 0\end{pmatrix}\begin{pmatrix}\boldsymbol{d}^{(k)} \\ \boldsymbol{\lambda}^{(k+1)} \\ \boldsymbol{\mu}^{(k+1)}\end{pmatrix}=-\begin{pmatrix}\nabla f(\boldsymbol{x}^{(k)}) \\ -\boldsymbol{h}(\boldsymbol{x}^{(k)}) \\ -\boldsymbol{g}^*(\boldsymbol{x}^{(k)})\end{pmatrix} \tag{6-86}$$

上面等式恰好是下面二次规划问题的一阶极值条件：

$$\begin{cases}\min q(\boldsymbol{d}^{(k)})=(\nabla f(\boldsymbol{x}^{(k)}))^{\mathrm{T}}\boldsymbol{d}^{(k)}+\dfrac{1}{2}(\boldsymbol{d}^{(k)})^{\mathrm{T}}\nabla_{xx}^2 L(\boldsymbol{x}^{(k)},\boldsymbol{\lambda}^{(k)},\boldsymbol{\mu}^{(k)})\boldsymbol{d}^{(k)} \\ \text{s. t. } \boldsymbol{h}(\boldsymbol{x}^{(k)})+(\nabla h(\boldsymbol{x}^{(k)}))^{\mathrm{T}}\boldsymbol{d}^{(k)}=0 \\ \qquad \boldsymbol{g}(\boldsymbol{x}^{(k)})+(\nabla \boldsymbol{g}(\boldsymbol{x}^{(k)}))^{\mathrm{T}}\boldsymbol{d}^{(k)}\geqslant 0\end{cases} \tag{6-87}$$

因此，给定一个初始点 $\boldsymbol{x}^{(k)}$，求解式(6-86)或求解式(6-87)，得到该点的下降梯度方向 $\boldsymbol{d}^{(k)}$，$\boldsymbol{\lambda}^{(k+1)}$，$\boldsymbol{\mu}^{(k+1)}$。然后设定一个步长因子 α，获得下一个点 $\boldsymbol{x}^{(k+1)}$，即

$$\boldsymbol{x}^{(k+1)}=\boldsymbol{x}^{(k)}+\alpha\boldsymbol{d}^{(k)} \tag{6-88}$$

再基于 $\boldsymbol{x}^{(k+1)}$，$\boldsymbol{\lambda}^{(k+1)}$，$\boldsymbol{\mu}^{(k+1)}$，令 $k\leftarrow k+1$，重复迭代上述计算，直到 $\|\Delta\boldsymbol{d}^{(k)}\|\approx 0$ 或 $\boldsymbol{x}^{(k+1)}-\boldsymbol{x}^{(k)}\leqslant\varepsilon$，其中 ε 是给定的一个足够小常量。若 $f(\boldsymbol{x})$，$\boldsymbol{h}(\boldsymbol{x})$，$\boldsymbol{g}(\boldsymbol{x})$ 均为凸函数，则最后收敛的 $\boldsymbol{x}^{(k)}$ 为全局极小值点。

例 6.30 求解非线性约束最优化问题：

$$\begin{cases}\min f(\boldsymbol{x})=\mathrm{e}^{-3x_1-4x_2} \\ \text{s. t. } h_1(\boldsymbol{x})=x_1^2+x_2^2-1=0 & (1) \\ \qquad g_1(\boldsymbol{x})=x_1\geqslant 0 & (2) \\ \qquad g_2(\boldsymbol{x})=x_2\geqslant 0 & (3)\end{cases}$$

解：拉格朗日函数为

$$L(\boldsymbol{x},\boldsymbol{\lambda},\boldsymbol{\mu})=\mathrm{e}^{-3x_1-4x_2}-\lambda_1(x_1^2+x_2^2-1)-\mu_1 x_1-\mu_2 x_2$$

式中，λ_1，μ_1，μ_2 为拉格朗日乘子。

在 $\boldsymbol{x}^{(k)}=(x_1\quad x_2)$ 点处，写出相关函数：

$$\nabla f(\boldsymbol{x}^{(k)})=(-3\mathrm{e}^{-3x_1-4x_2}\quad -4\mathrm{e}^{-3x_1-4x_2})^{\mathrm{T}}$$

$$\nabla_{xx}^2 L(,\boldsymbol{\lambda}^{(k)},\boldsymbol{\mu}^{(k)})=\begin{pmatrix}9e^{-3x_1-4x_2}-2\lambda_1 & 12e^{-3x_1-4x_2}\\ 12e^{-3x_1-4x_2} & 16e^{-3x_1-4x_2}-2\lambda_1\end{pmatrix}$$

$$h_1(\boldsymbol{x}^{(k)})=x_1^2+x_2^2-1,\quad \nabla h_1(\boldsymbol{x}^{(k)})^{\mathrm{T}}=(2x_1\quad 2x_2)^{\mathrm{T}}$$

$$g_1(\boldsymbol{x}^{(k)})=x_1,\quad \nabla g_1(\boldsymbol{x}^{(k)})^{\mathrm{T}}=(1\quad 0)^{\mathrm{T}}$$

$$g_2(\boldsymbol{x}^{(k)})=x_2,\quad \nabla g_2(\boldsymbol{x}^{(k)})^{\mathrm{T}}=(0\quad 1)^{\mathrm{T}}$$

初始化令 $k=0,\boldsymbol{x}^{(1)}=(1\quad 0)^{\mathrm{T}},\alpha=1$。

根据式(6-86)计算得 $\lambda_1^{(k)}=-0.074\,680\,603,\mu_1^{(k)}=0,\mu_2^{(k)}=0$。

计算 $\nabla f(\boldsymbol{x}^{(k)})$，$\nabla_{xx}^2 L(\boldsymbol{x}^{(k)},\boldsymbol{\lambda}^{(k)},\boldsymbol{\mu}^{(k)})$，$h_1(\boldsymbol{x}^{(k)})$，$\nabla h_1(\boldsymbol{x}^{(k)})$，$g_1(\boldsymbol{x}^{(k)})$，$\nabla g_1(\boldsymbol{x}^{(k)})$，$g_2(\boldsymbol{x}^{(k)})$，$\nabla g_2(\boldsymbol{x}^{(k)})$，求解下面二次规划问题：

$$\begin{cases}\min q(\boldsymbol{d}^{(k)})=(\nabla f(\boldsymbol{x}^{(k)}))^{\mathrm{T}}\boldsymbol{d}^{(k)}+\dfrac{1}{2}(\boldsymbol{d}^{(k)})^{\mathrm{T}}\nabla_{xx}^2 L(\boldsymbol{x}^{(k)},\boldsymbol{\lambda}^{(k)},\boldsymbol{\mu}^{(k)})\boldsymbol{d}^{(k)}\\ \text{s.t. } \boldsymbol{h}(\boldsymbol{x}^{(k)})+(\nabla \boldsymbol{h}(\boldsymbol{x}^{(k)}))^{\mathrm{T}}\boldsymbol{d}^{(k)}=0\\ \qquad \boldsymbol{g}(\boldsymbol{x}^{(k)})+(\nabla \boldsymbol{g}(\boldsymbol{x}^{(k)}))^{\mathrm{T}}\boldsymbol{d}^{(1)}\geqslant 0\end{cases}$$

得到

$$\boldsymbol{d}^{(1)}=(0\quad 0.210\,526),\quad \lambda_1^{(2)}=-0.011\,791\,7$$

令 $\boldsymbol{x}^{(2)}=\boldsymbol{x}^{(1)}+\alpha\boldsymbol{d}^{(1)}=(1\quad 0.210\,526)$，重复上述计算，直到 $\|\boldsymbol{d}^{(k)}\|\leqslant 0.000\,01$。算法计算至 $k=8$ 结束，结果如表 6-10 所列。

表 6-10　迭代计算过程

$k=1$		$k=2$		$k=3$		$k=4$	
$\boldsymbol{x}^{(1)}$	$\boldsymbol{d}^{(1)}$	$\boldsymbol{x}^{(2)}$	$\boldsymbol{d}^{(2)}$	$\boldsymbol{x}^{(3)}$	$\boldsymbol{d}^{(3)}$	$\boldsymbol{x}^{(4)}$	$\boldsymbol{d}^{(4)}$
1	0	1	−0.082 603 6	0.917 396	−0.261 369	0.656 027	−0.036 507 5
0	0.210 526	0.210 526	0.287 104	0.497 63	0.392 165	0.889 795	−0.097 892
$\lambda_1^{(1)}=-0.074\,680\,6$		$\lambda_1^{(2)}=-0.011\,791\,7$		$\lambda_1^{(3)}=-0.004\,171\,82$		$\lambda_1^{(4)}=-0.004\,258\,6$	
$k=5$		$k=6$		$k=7$		$k=8$	
$\boldsymbol{x}^{(5)}$	$\boldsymbol{d}^{(5)}$	$\boldsymbol{x}^{(6)}$	$\boldsymbol{d}^{(6)}$	$\boldsymbol{x}^{(7)}$	$\boldsymbol{d}^{(7)}$	$\boldsymbol{x}^{(8)}$	$\boldsymbol{d}^{(8)}$
0.619 52	−0.022 763 5	0.596 756	0.003 259 71	0.600 016	−1.567 01E-05	0.6	5.165 76E-10
0.791 904	0.010 916 2	0.802 82	−0.002 819 9	0.8	1.416 51E-07	0.8	−5.409 14E-10
$\lambda_1^{(5)}=-0.013\,886\,5$		$\lambda_1^{(6)}=-0.016\,794\,3$		$\lambda_1^{(7)}=-0.016\,843\,9$		$\lambda_1^{(8)}=-0.016\,844\,9$	

得到局部最优解为 $x_1=0.6$，$x_2=0.8$。

6.7.3　罚函数法

罚函数法是一种求解约束优化问题的通用方法。它的基本思想是，将约束条件转化为罚函数加入到目标函数中，从而将约束优化问题转化为无约束优化问题进行求解。罚函数法主要分为内点法和外点法两类，这里对其基本原理进行介绍。

6.7.3.1　内点法(障碍函数法)

内点法主要针对不等式约束的一般约束规划问题：

$$\begin{cases} \min f(\boldsymbol{x}) \\ \text{s.t. } g_i(\boldsymbol{x}) \geqslant 0, \quad i=1,2,\cdots,m \\ \quad \boldsymbol{x} \in \mathbf{R}^n \end{cases} \tag{6-89}$$

对每一个 $g_i(\boldsymbol{x})$ 定义罚函数 $\Phi_i(\boldsymbol{x})$，使其在可行域内当 $g_i(\boldsymbol{x})\to 0$ 时，有 $\Phi_i(\boldsymbol{x})\to+\infty$。再引入一个正的小数 λ_i，称为惩罚因子。将罚函数乘以惩罚因子加到目标函数上去，这样，当 λ_i 足够小，且满足 $\lim\limits_{\lambda_i\to 0, g_i(\boldsymbol{x})\to 0} \lambda_i \Phi_i(\boldsymbol{x})=0$ 时，上述约束优化问题转化为无约束优化问题：

$$\min F(\boldsymbol{x},\boldsymbol{\lambda})=f(\boldsymbol{x})+\sum_{i=1}^{m}\lambda_i\Phi_i(\boldsymbol{x}) \tag{6-90}$$

这样，就可以用求解无约束最优化问题的方法来求解。比较常用的罚函数有采取约束函数倒数或对数的形式，即

$$\Phi_i(\boldsymbol{x})=\frac{1}{g_i(\boldsymbol{x})} \text{ 或 } \Phi_i(\boldsymbol{x})=-\ln g_i(\boldsymbol{x})$$

上述 $\Phi_i(\boldsymbol{x})$ 函数又称为障碍函数(Barrier Function)，其作用是在可行域内靠近边界的地方形成层障碍，变量 $\boldsymbol{x}$ 越靠近边界，障碍函数值越大，直到趋近无穷大，从而保障在最小化目标函数时变量 $\boldsymbol{x}$ 始终保持在可行域一侧。

例 6.31 用障碍函数法求解下列约束优化问题：

$$\begin{cases} \min f(x_1,x_2)=x_1^2+x_2^2 \\ \text{s.t. } x_1+x_2 \geqslant 1 \end{cases}$$

解：构造障碍函数 $\Phi(x_1,x_2)=-\ln(x_1+x_2-1)$，引入惩罚因子 λ 将约束优化问题转化为无约束优化问题：$\min x_1^2+x_2^2-\lambda\ln(x_1+x_2-1)$。求极值点

$$\begin{cases} 2x_1-\lambda\dfrac{1}{x_1+x_2-1}=0 \\ 2x_2-\lambda\dfrac{1}{x_1+x_2-1}=0 \end{cases}$$

得到

$$\begin{cases} 2x_1(2x_1-1)=\lambda \\ 2x_2(2x_2-1)=\lambda \end{cases}$$

令 $\lambda\to 0$，可得到极小值点 $x_1=1/2, x_2=1/2$。

然而在很多较复杂的情况下，需要采用迭代法(牛顿法、最速下降法)来求解无约束优化问题。惩罚因子 λ 从一开始也不能设置为过小的值，而是多轮迭代逐渐变小的过程，形成一个序列 $\lambda^{(1)}, \lambda^{(2)}, \cdots, \lambda^{(k)}, \cdots$。对于每一次迭代 k，计算无约束优化问题 $\min f(\boldsymbol{x})+\sum\limits_{i=1}^{m}\lambda_i^{(k)}\Phi_i(\boldsymbol{x})$ 的最优解和目标值，记为 $\boldsymbol{x}^{(k)*}$ 和 $F^{(k)*}$，直到 $\|\boldsymbol{x}^{(k)*}-\boldsymbol{x}^{(k-1)*}\|\leqslant\varepsilon_1$ 或 $[F^{(k)*}-F^{(k-1)*}]/F^{(k)*}\leqslant\varepsilon_2$，其中 ε_1 和 ε_2 是给定误差率小数。在这个过程中，令 $\lambda_i^{(k+1)}=\sigma\lambda_i^{(k)}$，其中下降系数 $\sigma\in(0, 1)$。该方法又称为序列无约束极小化方法(Sequential Unconstrained Minimization Technique, SUMT)。在该过程中，$\boldsymbol{x}^{(k)*}$ 始终保持在可行域内。具体算法如下：

① 对于约束最小化问题：

$$\begin{cases} \min f(\boldsymbol{x}) \\ \text{s.t. } g_i(\boldsymbol{x}) \geqslant 0, \quad i=1,2,\cdots,m \\ \quad \boldsymbol{x} \in \mathbf{R}^n \end{cases}$$

构造罚函数 $\Phi_i(\boldsymbol{x})$，将问题转化为无约束最小化问题：

$$\min F(\boldsymbol{x},\boldsymbol{\lambda})=f(\boldsymbol{x})+\sum_{i=1}^{m}\lambda_i\Phi_i(\boldsymbol{x})$$

② 选取一个初始可行解 $\boldsymbol{x}^{(0)}$，满足 $g_i(\boldsymbol{x}^{(0)})\geqslant 0\ (i=1,\ 2,\ \cdots,\ m)$。

③ 选取适当的惩罚因子初值 $\boldsymbol{\lambda}^{(0)}$、下降系数 σ，计算精度要求 ε_1 和 ε_2，并令 $k\leftarrow 0$。

④ 调用无约束优化方法，以 $\boldsymbol{x}^{(0)}$ 为初始解，求解 $\min F(\boldsymbol{x},\boldsymbol{\lambda}^{(k)})$，得到最优解 $\boldsymbol{x}^{(k)*}$ 和目标值 $F^{(k)*}$。

⑤ 判断：$\|\boldsymbol{x}^{(k)*}-\boldsymbol{x}^{(k-1)*}\|\leqslant\varepsilon_1$ 或 $[F^{(k)*}-F^{(k-1)*}]/F^{(k)*}\leqslant\varepsilon_2$ 是否成立。若成立，则认为当前解 $\boldsymbol{x}^{(k)*}$ 是最优解，算法结束；若不成立，则执行下一步。

⑥ 令 $\lambda_i{}^{(k+1)}\leftarrow\sigma\lambda_i{}^{(k)}$，$\boldsymbol{x}^{(0)}\leftarrow\boldsymbol{x}^{(k)*}$，$k\leftarrow k+1$，转而执行步骤④。

6.7.3.2　外点法

相对于内点法，外点法是将罚函数定义于约束可行域之外，将违反约束的程度作为惩罚增加到目标函数中，从而将约束优化转化为无约束优化。具体做法如下：

考虑等式或不等式最小化问题：

$$\begin{cases}\min f(\boldsymbol{x})\\ \text{s. t. } g_i(\boldsymbol{x})\geqslant 0,\quad i=1,2,\cdots,m\\ \qquad h_j(\boldsymbol{x})=0,\quad j=1,2,\cdots,q\\ \qquad \boldsymbol{x}\in\mathbf{R}^n\end{cases}\tag{6-91}$$

对于不等式约束 $g_i(\boldsymbol{x})\geqslant 0$ 和等式约束 $h_i(\boldsymbol{x})=0$，分别引入对应的罚函数：

$$\Phi_i(\boldsymbol{x})=\max\{-g_i(\boldsymbol{x}),0\},\quad i=1,2,\cdots,m$$

$$\Omega_j(\boldsymbol{x})=|h_j(\boldsymbol{x})|,\quad j=1,2,\cdots,q$$

再引入惩罚因子 λ_i 和 γ_j，将约束优化问题转化为无约束优化问题：

$$\begin{aligned}\min F(\boldsymbol{x},\boldsymbol{\lambda})&=f(\boldsymbol{x})+\sum_{i=1}^{m}\lambda_i\Phi_i(\boldsymbol{x})+\sum_{j=1}^{q}\gamma_j\Omega_j(\boldsymbol{x})\\&=f(\boldsymbol{x})+\sum_{i=1}^{q}\lambda_i\max\{-g_i(\boldsymbol{x}),0\}+\sum_{j=1}^{q}\gamma_j\,|h_j(\boldsymbol{x})|\end{aligned}\tag{6-92}$$

对上述无约束优化问题求得最优 $\boldsymbol{x}^*$，代入罚函数如果满足条件 $\Phi_i(\boldsymbol{x}^*)=0,i=1,2,\cdots,m$ 且 $\Omega_j(\boldsymbol{x}^*)=0,j=1,2,\cdots,q$，则 $\boldsymbol{x}^*$ 是原约束优化问题的最优解；反之，则增大不满足条件罚函数对应的惩罚因子（即 λ_i 和 γ_j），重新求解无约束优化问题的最优解，直到所有条件都满足为止。

在该过程中，惩罚因子由小变大形成一个序列 $(\lambda_i^{(0)},\ \gamma_j^{(0)})$，$(\lambda_i^{(1)},\ \gamma_j^{(1)})$，$(\lambda_i^{(2)},\ \gamma_j^{(2)})$，…，$(\lambda_i^{(k)},\ \gamma_j^{(k)})$，…，直到最后最优解产生之前，$\boldsymbol{x}^{(k)*}$ 始终保持在可行域之外，因此上述方法又称为 SUMT 外点法。具体算法如下：

① 对于约束最小化问题，构造罚函数，将问题转化为无约束最小化问题式(6-91)。

② 选取适当的初始解 $\boldsymbol{x}^{(0)}$，选取惩罚因子初值 $\boldsymbol{\lambda}^{(0)}$、$\boldsymbol{\gamma}^{(0)}$，倍增系数 $\sigma>1$，并令 $k\leftarrow 0$。

③ 调用无约束优化方法，以 $\boldsymbol{x}^{(0)}$ 为初始解，求解 $\min F(\boldsymbol{x},\boldsymbol{\lambda}^{(k)})$，得到最优解 $\boldsymbol{x}^{(k)*}$ 及目标值 $F^{(k)*}$。

④ 判断：是否满足条件 $\Phi_i(\boldsymbol{x}^{(k)*})=0,i=1,2,\cdots,m$ 且 $\Omega_j(\boldsymbol{x}^{(k)*})=0,j=1,2,\cdots,q$。如

果满足，则认为当前解 $\boldsymbol{x}^{(k)*}$ 是最优解，算法结束；若不成立，则执行下一步。

⑤ 对不满足条件的罚函数 $\Phi_i(\boldsymbol{x})$ 或 $\Omega_j(\boldsymbol{x})$，令 $\lambda_i^{(k+1)} \leftarrow \sigma\lambda_i^{(k)}, \gamma_j^{(k+1)} \leftarrow \sigma\gamma_j^{(k)}, \boldsymbol{x}^{(0)} \leftarrow \boldsymbol{x}^{(k)*}$，$k \leftarrow k+1$，转而执行步骤③。

当惩罚因子较大时，求解无约束最优化问题的目标函数并非凸函数，可能存在多个极值点，导致求解结果陷入局部最优。采用惩罚因子由小变大的过程有助于结果收敛于全局最优。

练习题

1. 求解下列非线性规划问题：

(1) $\begin{cases} \min -x_1+x_2 \\ \text{s.t. } 2x_1+x_2 \leqslant 1 \\ \quad -x_1^2+x_2 \geqslant 0.5 \\ \quad x_1, x_2 \geqslant 0, a \text{ 为常数} \end{cases}$

(2) $\begin{cases} \min 2x_1+x_2 \\ \text{s.t. } 2x_1+x_2 \leqslant 5 \\ \quad x_1x_2 \geqslant \sqrt{3} \\ \quad 0.2 \leqslant x_1, x_2 \leqslant 5 \end{cases}$

(3) $\begin{cases} \min 2x_1-2x_2-3x_3 \\ \text{s.t. } -x_1^2+1.1x_2+x_3+9 \geqslant 0 \\ \quad 2x_1-x_2^{-1}-x_3+4 \geqslant 0 \\ \quad x_1-x_2+\sqrt{x_3}-2 \geqslant 0 \\ \quad 0.1 \leqslant x_1, x_2, x_3 \leqslant 10 \end{cases}$

2. 将下列分段函数转化为线性约束：

$$f(x)=\begin{cases} -x-1, & x \in (-\infty, -1] \\ 0, & x \in [-1, +1] \\ x-1, & x \in [1, +\infty) \end{cases}$$

3. 加权中心问题(the weighted weber problem)：平面上有 n 个已知坐标位置的客户点及其服务需求量 a_i，求选址一个服务中心点，使该点到所有客户点的欧氏距离按需求加权之和最小。线性化精度要求 0.1%。客户坐标位置及服务需求量如表 6-11 所列。

表 6-11 客户坐标位置及服务需求量

客户 i	x	y	a_i	客户 i	x	y	a_i
1	75	63	5	11	73	57	11
2	54	47	3	12	58	74	3
3	80	63	6	13	38	73	9
4	23	1	7	14	3	94	14
5	47	69	4	15	70	13	8
6	36	95	9	16	99	26	3
7	9	73	4	17	50	75	13
8	53	64	7	18	73	95	9
9	47	66	8	19	42	52	10
10	44	54	2	20	25	76	5

4. x，y，z 为连续变量，试用大 M 法实现下列线性条件约束：

(1) 当 $x \geqslant y$ 时，$z \geqslant 0$。

(2) 当 $x \geqslant y$ 时，$z=1$；反之，$z \geqslant 0$。

(3) 当 $x \geqslant 0$ 且 $y \geqslant 0$ 时，$z \geqslant x+y$。

(4) 当 $x \geqslant 0$ 或 $y \geqslant 0$ 时，$z \geqslant x+y$。

5. 将下列含绝对值的表达式线性化：

(1) $|x|-1 \geqslant 0$；

(2) $|x|-y-1 \leqslant 0$；

(3) $|x|-y-1 \geqslant 0$；

(4) $|x|-y-1 \geqslant 0$ 或 $x=0$；

(5) $|x|-|y| \leqslant 1+z$；(选做)

(6) $|x|-|y|-|z| \leqslant 1$。(选做)

6. 将下列目标函数转化为线性：

(1) $x_1x_2=x_2x_3$，其中，$x_1,x_2,x_3 \in \{0,1\}$；

(2) $x_1x_2-x_2x_3=y$，其中，$x_1,x_2,x_3,y \in \{0,1\}$。

7. 将下列目标函数转化为线性：

(1) $\min \sum\limits_{i,j \in N} c_{ij}x_ix_j$，$x_i,x_j \in \{0,1\}$；

(2) $\min \sum\limits_{i \in N, j \in M, k \in K} x_iy_jz_k$，$x_i,x_j,x_k \in \{0,1\}$。

8. 求解下列二次规划问题：

(1) $\begin{cases} \min\ x_1^2+3x_2^2+x_3^2-x_1x_2-x_2x_3 \\ \text{s.t. } x_1+x_2-x_3 \geqslant 9 \\ \qquad -x_1+2x_2+x_3 \geqslant 12 \\ \qquad x_1,x_2,x_3 \in R \end{cases}$　　(2) $\begin{cases} \min\ 2x_1^2+x_2^2-x_1x_2 \\ \text{s.t. } 3x_1-x_2 \geqslant 5 \\ \qquad x_1,x_2 \geqslant 0 \end{cases}$

(3) $\begin{cases} \min\ 0.5x_1^2+x_2^2-x_1x_2-x_1-6x_2 \\ \text{s.t. } x_1+x_2 \leqslant 2 \\ \qquad -x_1+2x_2 \leqslant 2 \\ \qquad 2x_1+x_2 \leqslant 3 \\ \qquad x_1,x_2,x_3 \geqslant 0 \end{cases}$　　(4) $\begin{cases} \min\ 3x_1^2+2x_2^2-x_1x_2+0.6x_2 \\ \text{s.t. } 1.2x_1+0.8x_2 \geqslant 1.3 \\ \qquad x_1+x_2=1 \\ \qquad x_2 \leqslant 0.8 \\ \qquad x_1,x_2 \in R \end{cases}$

9. 已知样本数据，如表 6-12 所列，试建立二次规划模型，建立线性函数关系 $y=ax_1+bx_2+cx_3+d$，使函数拟合样本的方差最小。

表 6-12　样本数据

样　本	y	x_1	x_2	x_3
1	47.4	2.6	6.9	1.7
2	11.9	3.9	4.9	6.8
3	35.1	6.4	9.9	5.5

续表 6-12

样　本	y	x_1	x_2	x_3
4	41.7	8.2	6.2	4.7
5	47.9	5.3	0.8	1.6
6	−0.2	1.4	5.3	7.3
7	28.9	6.3	4.4	4.8
8	27.3	9.7	3.3	6
9	11.9	4.6	5.6	7
10	−4.0	0.9	6.6	8
11	15.3	2.9	4.5	5.6
12	43.2	2.8	4.7	2.5
13	−8.6	5.3	2.2	9.3
14	−5.8	10	0.6	9.5
15	−11.8	0.4	7.1	8.6
16	17.0	1.5	4	5.2
17	61.1	7	6.3	1.8
18	−5.1	5	0.7	7.9
19	55.3	6.7	4.3	1.6

10. 分别用牛顿法和最速下降法求解下列等式约束非线性规划：

$$\begin{cases}\min\ f(\boldsymbol{x})=2x_1^2+x_2^2+x_3^2\\ \text{s.t.}\ \ h_1(\boldsymbol{x})=x_1x_2^2-x_3+3=0\\ \qquad\ h_2(\boldsymbol{x})=x_1^2-x_2^2-2x_3+5=0\end{cases}$$

第7章　整数规划建模与求解

整数规划(Integer Programming,IP)是带整数变量的最优化问题,在很多实际优化问题中,决策变量要求是整数,如机械产品的产量、仓库的数量、0 /1 逻辑关系等。当变量中同时存在整数变量和连续变量时,称为混合整数规划(Mixed-Integer Programming, MIP)问题。

7.1　基本形式

混合整数规划的基本形式:

1. 线性混合整数规划

线性混合整数规划(Mixed-Integer Linear Programming,MILP)的一般形式如下:

$$\begin{cases}\min\ \boldsymbol{c}^{\mathrm{T}}\boldsymbol{x}^{\mathrm{T}}+\boldsymbol{h}^{\mathrm{T}}\boldsymbol{y}\\ \text{s.t.}\ \ \boldsymbol{A}\boldsymbol{x}+\boldsymbol{G}\boldsymbol{y}\leqslant \boldsymbol{b}\\ \qquad \boldsymbol{x}\geqslant \boldsymbol{0},\boldsymbol{y}\in \mathbf{Z}^{+}\cup\{0\}\end{cases}\tag{7-1}$$

上述规划式中,$\boldsymbol{x}$ 表示实数型连续变量组成的向量,$\boldsymbol{y}$ 是整数变量组成的向量,$\boldsymbol{c}$ 和 $\boldsymbol{h}$ 是常数向量,$\boldsymbol{A}$ 和 $\boldsymbol{G}$ 是常数矩阵。

2. 非线性混合整数规划

非线性混合整数规划(Mixed-Integer Nonlinear Programming, MINP)的一般形式如下:

$$\begin{cases}\min\ f(\boldsymbol{x},\boldsymbol{y})\\ \text{s.t.}\ \ g_i(\boldsymbol{x},\boldsymbol{y})\leqslant b_i,\quad \forall i=1,2,\cdots,m\\ \qquad \boldsymbol{x}\geqslant \boldsymbol{0},\boldsymbol{y}\in \mathbf{Z}^{+}\cup\{0\}\end{cases}\tag{7-2}$$

上述规划式中,$\boldsymbol{x}$ 和 $\boldsymbol{y}$ 分别表示实数型连续变量组成的向量和整数变量组成的向量;$f(\boldsymbol{x},\boldsymbol{y})$ 是线性的或非线性的目标函数;$g_i(\boldsymbol{x},\boldsymbol{y})\leqslant b_i$ 表示线性或非线性的约束条件。

非线性混合整数规划模型很难直接求解,通常我们将之转化为线性模型求解。但即使是线性模型,整数规划也需要考虑整数变量的各种组合情况,因此其求解难度要比连续变量规划困难许多。图 7-1 示意对比了连续(变量)规划和整数规划的求解难度。

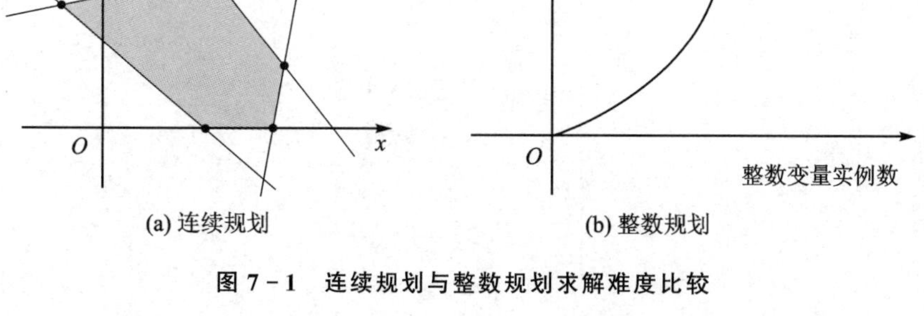

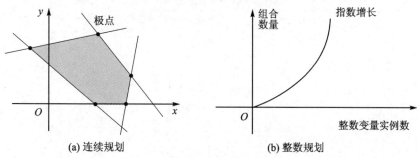

图 7-1　连续规划与整数规划求解难度比较

连续(变量)线性规划的最优解必定存在于值域的极点位置,因此只需要遍历搜索有限个数的极点位置即可,并且存在着通用的最优求解方法,如单纯形法。而整数规划则需要考虑整数变量的每一组取值组合,将其转化为连续规划,比较每种情况下的解,并将其中的最好解作为问题的最优解。

例 7.1 求下列混合整数规划问题:

$$\begin{cases} \min x_1 - x_2 + 2x_3 - 0.5x_4 \\ \text{s.t.}\ x_1 + x_2 + x_3 \leqslant 5 \\ \quad -x_1 + x_2 + 2x_4 \leqslant 6 \\ \quad x_1 + x_3 + x_4 \geqslant 1 \\ \quad x_1, x_2 \in \mathbf{R}^+ \\ \quad x_3, x_4 \in \{0,1\} \end{cases}$$

解:对应上述混合整数规划问题,考虑整数变量 x_3 和 x_4 的四种取值组合,将原始问题分解为四个子问题:

① 当 $x_3=0, x_4=0$ 时

$$\begin{cases} \min x_1 - x_2 \\ \text{s.t.}\ x_1 + x_2 \leqslant 5 \\ \quad -x_1 + x_2 \leqslant 6 \\ \quad x_1 \geqslant 1 \\ \quad x_1, x_2 \geqslant 0 \end{cases}$$

② 当 $x_3=0, x_4=1$ 时

$$\begin{cases} \min x_1 - x_2 - 0.5 \\ \text{s.t.}\ x_1 + x_2 \leqslant 5 \\ \quad -x_1 + x_2 \leqslant 4 \\ \quad x_1 \geqslant 0 \\ \quad x_1, x_2 \geqslant 0 \end{cases}$$

③ 当 $x_3=1, x_4=0$ 时

$$\begin{cases} \min x_1 - x_2 + 2 \\ \text{s.t.}\ x_1 + x_2 \leqslant 4 \\ \quad -x_1 + x_2 \leqslant 6 \\ \quad x_1 \geqslant 0 \\ \quad x_1, x_2 \geqslant 0 \end{cases}$$

④ 当 $x_3=1, x_4=1$ 时

$$\begin{cases} \min x_1 - x_2 + 1.5 \\ \text{s.t.}\ x_1 + x_2 \leqslant 4 \\ \quad -x_1 + x_2 \leqslant 4 \\ \quad x_1 \geqslant -1 \\ \quad x_1, x_2 \geqslant 0 \end{cases}$$

利用单纯形法计算出上述四个子问题，得到的最优解分别为 $x_1=1$，$x_2=4$；$x_1=0$，$x_2=4$；$x_1=0$，$x_2=4$；$x_1=-1$，$x_2=3$。目标函数值分别为-3，-4.5，-2，-2.5。因此原始问题的最优解为 $x_1=0$，$x_2=4$，$x_3=0$，$x_4=1$；最低目标函数值为-4.5。

上例中，我们用遍历的方式求解了整数值的全部组合情况而获得最优解。在很多实际情况下，整数变量可能较多，这种方法的计算效率是不可接受的。更高计算效率的算法还有割平面法、分支定界法、现代启发式算法，以及针对具体问题而设计的特定算法等，后面将分别介绍。

7.2　整数规划建模技术

7.2.1　0/1 整数变量

0/1 整数变量是指取值仅为 0 或 1 的变量，常见于各类指派问题(assignment problem)，如订单选址、任务调度、路径优化等问题，形式上有一维、二维或多维的指派问题。

7.2.1.1　一维指派变量

一维指派变量主要用于描述某个对象或因素的两种状态，例如：

$$x_i=\begin{cases}1, & \text{表示选中、有效、发生等肯定状态(positive)}\\0, & \text{表示未选中、未生效、未发生等否定状态(negative)}\end{cases}$$

典型的应用场景包括订单接受、方案选择、参数选择、有效/完成判定等。

7.2.1.2　二维指派变量

二维指派变量通常用于描述两个对象或元素之间作用的两种状态，例如：

$$x_{ij}=\begin{cases}1, & \text{表示有效}\\0, & \text{表示无效}\end{cases}\quad i,j\ \text{属于不同的元素 / 对象}$$

典型场景：

1. 图问题的描述

对于一般的简单图 $G(N,E)$，其中 N 表示顶点的集合，E 表示边的集合，通常用二维指派变量描述图中边的存在，如图 7-2 所示。

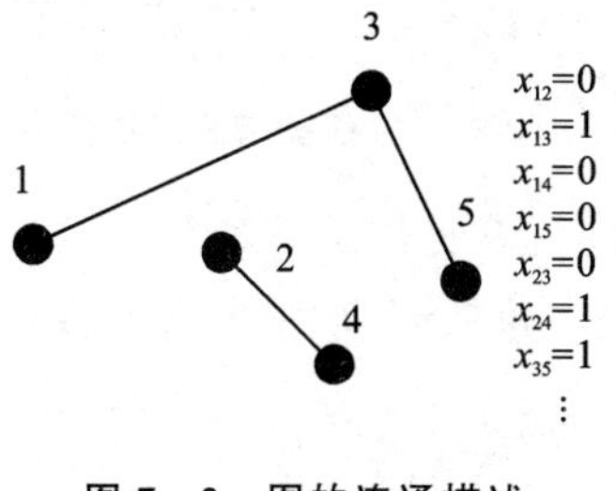

图 7-2　图的连通描述

对于图 7-2 中的边，用 $x_{ij}=1$(或 0)表示某边(i,j)存在(或不存在)，其中 $i,j\in N$。因此上面的图例中，有

$$x_{12}=0,\ x_{13}=1,\ x_{14}=0,\ x_{15}=0,\ x_{23}=0,\ x_{24}=1,\ x_{35}=1,\ \cdots$$

图问题中的二维指派变量 x_{ij} 常见用法：

① 若为无向图，则须满足约束：

$$x_{ij}=x_{ji},\quad \forall i,j\in N:i<j$$

② 若为单向图，则须满足约束：

$$x_{ij}+x_{ji}\leqslant 1,\quad \forall i,j\in N:i<j$$

③ 若某顶点 j 的连通度为 1，则须满足约束：

$$\sum_{i\in N,i\neq j}x_{ij}+\sum_{i\in N,i\neq j}x_{ji}=1,\quad \forall j\in N$$

④ 若某顶点 j 的输入、输出流量平衡，则须满足约束：

$$\sum_{i\in N,i\neq j}a_{ij}x_{ij}=\sum_{i\in N,i\neq j}a_{ji}x_{ji},\quad \forall j\in N$$

式中，a_{ij} 表示边(i,j)上的流量。

⑤ 若要求从顶点 a 到顶点 b 是连通的，则须满足一组约束：

$$\begin{cases}\sum_{j\in N}x_{aj}=1 & //\text{从 } a \text{ 点流出}\\ \sum_{i\in N}x_{ij}=\sum_{i\in N}x_{ji},\quad \forall j\in N\backslash a\backslash b & //\text{其余点的流入、流出次数相等}\\ \sum_{i\in N}x_{ib}=1, & //\text{流入 } b \text{ 点}\end{cases}$$

2. 调度问题的描述

二维指派变量还常用于描述调度问题中的任务分配状态。如图 7－3 所示，当将 n 个任务(表示为集合 N)分配到 m 个加工机器(表示为集合 M)，可用二维 0/1 指派变量 x_{ij} 来表示分配关系，即当 $x_{ij}=1$ 时，表示任务 i 分配给机器 j，其中 $i\in N$，$j\in M$。

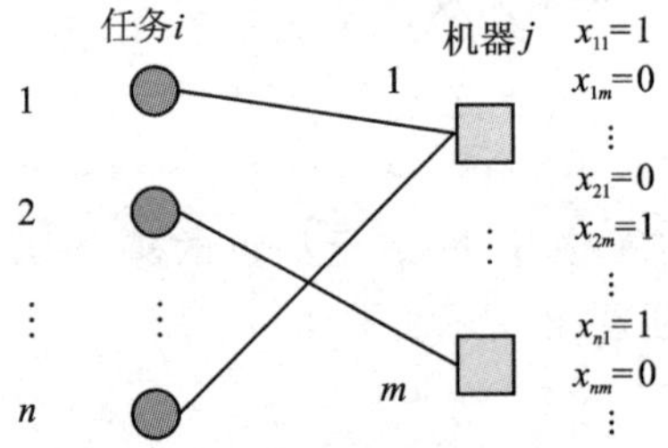

图 7－3　任务指派的描述

调度问题中的二维指派变量 x_{ij} 常见用法：

① 若每个任务可以分配给多台机器完成，则须满足约束：

$$\sum_{j\in M}x_{ij}\geqslant 1,\quad \forall i\in N$$

② 若每个任务仅能且必须分配给 1 台机器，则须满足约束：

$$\sum_{j\in M}x_{ij}=1,\quad \forall i\in N$$

③ 若每台机器的处理能力有限，仅能最多接受 c 个任务，则须满足约束：

$$\sum_{i \in N, i \neq a} x_{ij} \leqslant c, \quad \forall j \in M$$

④ 若每台机器的最大处理时间为 8 小时，任务的处理时间为 p_i，则须满足约束：

$$\sum_{i \in N} p_i x_{ij} \leqslant 8, \quad \forall j \in M$$

⑤ 若任务 a 和 b 必须分配到同一机器，则须满足约束：

$$x_{aj} = x_{bj}, \quad \forall j \in M$$

⑥ 若任务 a 和 b 不能分配到同一机器，则须满足约束：

$$x_{aj} + x_{bj} \leqslant 1, \quad \forall j \in M$$

3. 排序问题的描述

二维指派变量还常用于描述排序问题中的元素先后顺序。如图 7－4 所示，当对 n 个元素（表示为集合 N）进行排序时，可用二维 0/1 变量 x_{ij} 来表示先后次序，即当 $x_{ij}=1$ 时，表示元素 i 排在元素 j 的前面，其中 $i, j \in N, i \neq j$。

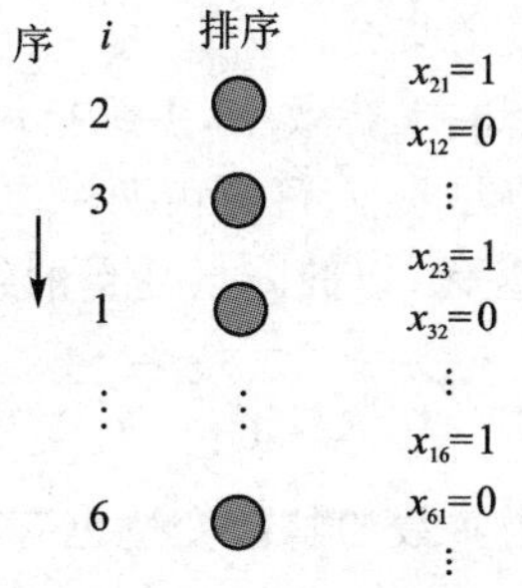

图 7－4　元素排序的描述

排序问题的二维指派变量 x_{ij} 的常见用法：

① 当所有元素参加排序时，其先后关系必然满足约束：

$$x_{ij} + x_{ji} = 1, \quad \forall i, j \in N: i < j$$

② 若元素 a 必须排在元素 b 的前面，则须满足约束：

$$x_{ab} = 1$$

③ 若元素 a 必须固定排在第 k 位，则须满足约束：

$$\sum_{i \in N, i \neq a} x_{ia} = k$$

④ 若元素 a 和 b 必须相邻，则须满足约束：

$$\begin{cases} x_{ai} + x_{ib} \leqslant 1, & \forall i \in N: i \neq a, i \neq b \\ x_{bi} + x_{ia} \leqslant 1, & \forall i \in N: i \neq a, i \neq b \end{cases}$$

⑤ 若令 s_{ij} 为表示 i 和 j 是否顺序相邻的 0/1 变量，则须满足约束：

$$\begin{cases} \displaystyle\sum_{i, j \in N: i \neq j} s_{ij} = n - 1 \\ x_{ii'} + x_{i'j} \leqslant 1 + (1 - s_{ij}), \quad \forall i', i, j \in N: i' \neq i, i' \neq j \end{cases}$$

⑥ 不允许存在循环情况，例如元素 1 排在元素 2 之前，元素 2 排在元素 3 之前，元素 3 排在元素 1 之前的情况（即 $x_{12}=1$, $x_{23}=1$, $x_{31}=1$）：

方法一：

$$\sum_{i' \in N, i' \neq j} x_{i'j} - \sum_{i' \in N, i' \neq i} x_{i'i} \geqslant 1 - M(1 - x_{ij}), \quad \forall i, j \in N: i \neq j$$

注：如果 $x_{ij}=1$，那么排在 j 之前的总数与 i 之前的总数之差大于或等于 1。

方法二：引入整数变量 y_i（排队位置）

$$\begin{cases} y_j - y_i \geqslant 1 - n(1 - x_{ij}), & \forall i \in N \\ 1 \leqslant y_i \leqslant n, & \forall i \in N \end{cases}$$

7.2.1.3 多维度指派变量

多维度指派变量是从多个维度元素的角度描述系统的 0/1 状态，表示如下：

$$x_{ijk\cdots} = \begin{cases} 1, & \text{有效} \\ 0, & \text{无效} \end{cases}, \quad i, j, k, \cdots \text{表示多维元素}$$

例如，在作业调度问题场景中，人员、机器和工件可定义为三个维度元素。$x_{ijk}=1$ 表示操作员 i、操作机器 j、加工处理工件 k 的系统状态，其中 $i \in N$，$j \in M$，$k \in K$ 且 N，M，K 分别是人员、机器和工件三个维度的元素的集合。

在问题建模应用中，为提高模型的求解效率，多维指派变量可以降维为二维指派变量。如上述的人员、机器和工件三维指派变量 x_{ijk}，可以由两个二维指派变量 y_{ij} 和 z_{jk} 替代。而条件 $x_{ijk}=1$ 则可用 $y_{ij}=1$ 和 $z_{jk}=1$ 来替代，以此降低变量的组合空间规模。

7.2.2 整数决策变量

除 0/1 整数变量外，取值范围为实数的整数变量也有较多的应用场景。

场景 1：非负整数变量

在该场景下，要求变量取值范围为非负整数。例如有关人员、机器、工件数量的决策变量，必须为整数才有意义。在该类问题中，可直接将变量定义为非负整数，从而转化为在非负整数值域空间求解问题的最优解。

场景 2：连续变量的均匀离散化

在某些场景下，变量的可行域仅为实数值域中的均匀离散值的集合。例如：在生产计划规划中，令某产品 i 按批整数量 s 进行规模化生产，因此其在某期间 t 内的计划产量（表示为变量 x_{it}）必须是批量 s 的整数倍。该场景下可引入非负整数变量 y_i，为决策问题添加约束：

$$x_i = s y_i, \quad \forall i$$

场景 3：连续变量的非均匀离散化

在该场景下，要求变量取值仅允许为有限的离散值集合。例如：车辆的允许行驶速度为给定集合 $V=\{v_1, v_2, \cdots, v_n\}$，可定义如下变量：

x_i 速度选择变量，0/1 型；

v 速度变量，连续型。

添加约束：

$$\begin{cases} v = \sum_{i \in V} x_i v_i \\ \sum_{i=1}^{n} x_i = 1 \end{cases}$$

7.2.3　约束转换为惩罚

在优化问题建模过程中，对于具有复杂约束的规划问题，可将约束转化为目标函数的惩罚项，从而降低模型的求解复杂度。

对于原始问题：

$$\begin{cases}\min\ f(\boldsymbol{x}) \\ \text{s.t.}\ g_1(\boldsymbol{x}) \leqslant b_1 \\ \quad\ \ g_2(\boldsymbol{x}) \leqslant b_2 \\ \quad\quad \vdots \\ \quad\ \ x \in \mathbf{R}\end{cases}$$

引入非负连续变量 L_1，L_2，…，将原始问题转化为

$$\begin{cases}\min\ f(\boldsymbol{x}) + \alpha_1 L_1 + \alpha_2 L_2 + \cdots \\ \text{s.t.}\ g_1(\boldsymbol{x}) - b_1 \leqslant L_1 \\ \quad\ \ g_2(\boldsymbol{x}) - b_2 \leqslant L_2 \\ \quad\quad \vdots \\ \quad\ \ x \in \mathbf{R}, L_1 \geqslant 0, L_2 \geqslant 0, \cdots\end{cases}$$

式中，α_1，α_2，…为取值较大的正的常系数。

上述模型转化的优点是值域中的任何 $\boldsymbol{x}$ 都是可行解，从而易于获得问题的初始可行解，为应用某些启发式优化提供可行解。

7.2.4　条件约束（大 M 法）

条件约束是指某些约束仅在一定条件下生效，是一种广泛应用于整数规划建模的技术。

例 7.2　在图 7－5 中车辆的行驶路线由 0/1 变量 x_{ij} 决定。令从节点 i 到 j 的行驶时间为已知常数 t_{ij}，到达节点 i 的时间为变量 a_i。

① 试设计变量 x_{ij} 和 a_i 之间的约束关系。

② 令到达节点 i 时的车辆载重为变量 f_i，卸货量为常数 b_i，试设计变量 x_{ij} 和 f_i 之间的约束关系。

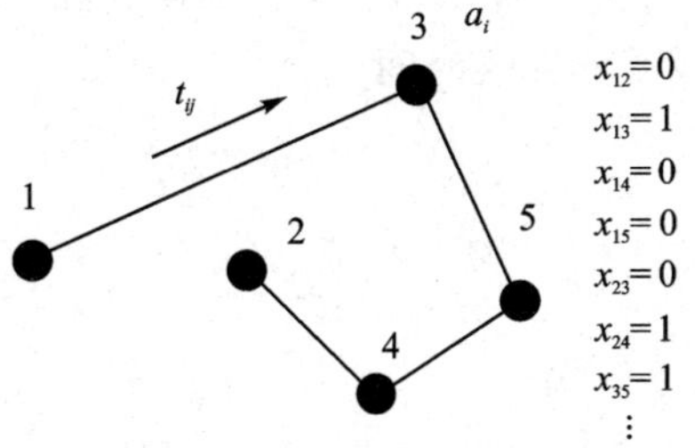

图 7－5　路径的规划

解：① 引入大 M 常数，建立如下约束：

$$\begin{cases}a_j - a_i \geqslant t_{ij} - M(1 - x_{ij}), & \forall i \neq j \\ a_j - a_i \leqslant t_{ij} + M(1 - x_{ij}), & \forall i \neq j\end{cases}$$

② 引入大 M 常数,建立如下约束:

$$\begin{cases} f_i \geqslant b_i, & \forall i \in N \\ f_i - f_j \geqslant b_j - M(1-x_{ij}), & \forall i \neq j \\ f_i - f_j \leqslant b_j + M(1-x_{ij}), & \forall i \neq j \end{cases}$$

例 7.3 排队问题的任务先后关系由变量 x_{ij} 确定。令任务 i 的加工时间为常数 p_i,完成时间为变量 c_i。试设计它们之间的约束关系。

解:引入大 M 常数,建立如下约束:

$$\begin{cases} c_j - c_i \geqslant p_j - M(1-x_{ij}), & \forall i \neq j \\ c_i \geqslant p_i, & \forall i \in N \end{cases}$$

7.3 几个典型的整数(混合)规划实例

7.3.1 单机订单排序问题

1. 问题描述

某单机被分派了多项订单,记为订单集合 N;每项订单的处理时间为 p_i,权重为 w_i,其中 $i \in N$;机器需要依次处理这批订单,前后订单之间的搬运、清理时间为常数 a。如何安排订单的处理顺序,使所有订单的加权完成时间之和最小化。

针对该问题的整数规划模型如下:

2. 参数定义

N 订单的集合,$n = \text{card}(N)$;

i, j 订单的下标,其中 $i, j \in N$;

p_i 订单 i 的处理时间,其中 $i \in N$;

w_i 订单 i 的权重,其中 $i \in N$;

M 一个大数。

3. 决策变量

s_{ij} 0/1 决策变量,表示订单 i 排在订单 j 之前被处理;

c_j 非负连续变量,订单 i 的完成时间。

4. 优化模型

$$\begin{cases} \min \sum_{i \in N} w_i \cdot c_i & & (1) \\ \text{s.t. } s_{ij} + s_{ji} = 1, & \forall i, j \in N: i < j & (2) \\ \quad c_i \geqslant p_i, & \forall i \in N & (3) \\ \quad c_j - c_i \geqslant p_j - M(1 - s_{ij}), & \forall i, j \in N: i < j & (4) \\ \quad s_{ij} \in \{0,1\}, c_i \geqslant 0, q_i \geqslant 0, & \forall i, j \in N & (5) \end{cases}$$

5. 模型解释

上述优化模型中,目标函数式(1)为所有订单完成时间的加权总和;约束式(2)确定订单对的先后关系;约束式(3)和(4)递推订单的最迟完成时间;约束式(5)定义变量的值域。

6. 模型求解

用 AMPL 建立优化模型文件 order.mod:

```
# ------------模型文件 order.mod--------------
set N;                          #订单集合
param p{N}>=0;                  #订单的处理时间
param w{N};                     #订单的权重
var s{N,N} binary;              #0/1 决策变量,订单 i 是否排在订单 j 的前面
var c{N}>=0;                    #非负连续变量,订单的完成时间
param M:=999;                   #一个大数
minimize objective_WT: sum{j in N}w[j]*c[j];        #总加权完成时间最小
subject to JobSequence{i in N, j in N: i<>j}:       #订单的排序规则
    s[i,j] + s[j,i]=1;
subject to FinishTime{i in N, j in N: i<>j}:        #递推完成时间
    c[j] - c[i] >= p[j] - M*(1 - s[i,j]);
subject to FinishTime1{i in N}:                     #最小完成时间
    c[i] >= p[i];
```

考虑 10 个订单排序问题,建立数据文件 order.dat,其中 N 是订单的 ID 集合,w 和 p 是订单的权重和处理时间。

```
# ------------数据文件 order.dat--------------
set N:=1  2  3  4  5  6  7  8  9  10;
param: w    p:=
1      1.1  4
2      1.2  1
3      1.4  4
4      0.9  2
5      1.5  2
6      0.8  5
7      1    4
8      0.9  2
9      0.8  7
10     3    2;
```

用 AMPL 建立脚本文件 order.sh,该脚本文件装入上述模型文件 order.mod 和数据文件 order.dat,并调用 CPLEX 求解器对模型进行求解,然后输出结果。

```
# ------------脚本文件 order.sh--------------
modelorder.mod;                 #装入模型文件
dataorder.dat;                  #装入数据文件
option solver cplex;            #设定 CPLEX 为整数规划求解器
objective objective_WT;         #设定目标函数
solve;                          #开始求解
#输出订单的排序号:
param sn{N};                    #订单的排序号
param ps{N};                    #位置上的订单号
```

```
for{i in N} let sn[i]: = 1 + sum{j in N: j<>i}s[j,i];
for{i in N} let ps[sn[i]]: = i;
for{i in N}
{
    printf "i = %d, orderID = %d\n", i, ps[i];
}
display objective_WT;
```

在 Linux 环境运行 AMPL 程序执行上述脚本文件，得到订单排序结果：10，2，5，4，8，3，1，7，6，9。目标函数值为 136.6。CPLEX 求解器所采用的算法为分支定界算法（branch & bound）。算法原理参见 7.6 节。

上述订单排序问题的目标函数为总加权完成时间，适用于加权处理时间最短优先规则（Weighted Shortest Processing Time，WSPT），即按 p_i/w_i 对订单进行从小到大排序，排序结果则为最优解。该规则的最优性可通过反证法证明（略）。

考虑订单有最晚完成时间 d_i（合同交期）要求，目标函数一般更改为"带权重的总延期惩罚（weighted total tardiness）"最小化：

$$\min \sum_{i \in N} w_i \cdot t_i$$

式中，t_i 为订单 i 延期交货的时间，为非负连续变量，且满足约束：

$$\begin{cases} c_j - d_i \leqslant t_i, & \forall i \in N \\ t_i \geqslant 0, & \forall i \in N \end{cases}$$

若要求订单必须在交付期之前完成（不允许延迟完工），则添加约束：

$$c_j \leqslant d_i, \quad \forall i \in N$$

7.3.2 订单接受与排序问题

订单接受与排序问题（order acceptance and sequencing problem）是考虑订单接受决策和处理排序决策的联合优化问题。

1. 问题描述

有 n 个市场订单请求，记为订单集合 N；每个订单的收益 r_i、处理时间 p_i、交付时间 d_i 均为已知，其中 $i \in N$；每接受一个订单，则获得该订单的收益；接受的订单需要排序执行处理，如果完成时间晚于交付时间，则产生一个延迟时长相关的罚金，罚金系数为 w_i。试问如何最优地接受哪些订单并排序，使实际收益最大化。

针对该问题的整数规划模型如下：

2. 参数定义

N　订单的集合，$n = \text{card}(N)$；

i，j　订单的下标，其中 i，$j \in N$；

r_i　订单 i 的收益，其中 $i \in N$；

p_i　订单 i 的处理时间，其中 $i \in N$；

d_i　订单 i 的要求交付时间，其中 $i \in N$；

w_i　订单 i 的延迟交付罚金系数，其中 $i \in N$；

M　一个大数。

3. 决策变量

x_i　0/1 决策变量，表示订单 i 是否被接受；

s_{ij}　0/1 决策变量，表示订单 i 是排在订单 j 之前被处理；

c_i　非负连续变量，订单 i 的完成时间；

t_i　非负连续变量，订单 i 的延迟交付时间。

4. 优化模型

$$
\begin{cases}
\max \sum_{i \in N} (x_i r_i - w_i t_i) & (1) \\
\text{s.t.} & \\
\quad \begin{cases} s_{ij} + s_{ji} \geqslant 1 - (2 - x_i - x_j), & \forall i,j \in N: i < j \\ s_{ij} + s_{ji} \leqslant 1 + (2 - x_i - x_j), & \forall i,j \in N: i < j \\ s_{ij} + s_{ji} \leqslant (x_i + x_j)/2, & \forall i,j \in N: i < j \end{cases} & (2) \\
\quad \begin{cases} c_j - c_i \geqslant p_j - M(1 - s_{ij}), & \forall i,j \in N: i \neq j \\ c_i \geqslant x_i p_i, & \forall i \in N \end{cases} & (3) \\
\quad t_i \geqslant c_i - d_i x_i \quad \forall i \in N & (4) \\
\quad x_i, s_{ij} \in \{0,1\}; c_i \geqslant 0; t_i \geqslant 0, \quad \forall i,j \in N & (5)
\end{cases}
$$

5. 模型解释

上述优化模型中，目标函数式(1)为所接受订单带来的收益扣除罚金之后的总和最大化；约束式(2)确定被接受的订单之间的排序关系；约束式(3)递推计算订单的完成时间；约束式(4)界定了订单的延迟时间；约束式(5)定义变量的值域。

7.3.3　多机流程性排序问题

1. 问题描述

有一批 n 个订单，记为集合 N，订单收益为 r_i，交付时间为 d_i，延期交付罚金系数为 w_i，其中 $i \in N$；每个订单都需要按经过 m 台机器加工处理，机器的集合记为 K，订单 i 在机器 k 上的处理时间为 p_{ik}，$i \in N$，$k \in K$。若订单需要先在机器 k 上加工完成后才能在机器 l 上加工，则令参数 $h_{kl}=1$；反之，若无此要求，则令参数 $h_{kl}=0$，其中 $k \in K$，$l \in K$。问题是选择接受哪些订单以及如何安排已接受订单在每台机器上的处理顺序，使被接受订单的收益扣除延迟罚金后的总实际收益最大化。

分析：上述问题中，若每个订单经过 m 台机器的顺序是固定的，即对于所有 $k \in K$ 且 $k > 1$，都有 $h_{k-1,k}=1$，则该问题称为流程性排序问题(Flow-Shop Scheduling Problem，FSSP)。对于 FSSP 问题，若要求订单在每台机器上的处理顺序是一样的，则称为阵列型流程性排序问题(Permutation FSSP)；反之，若无此要求，则称为非阵列型流程性排序问题(Non-Permutation FSSP)，后者的可行解空间巨大，求解更困难。

针对非阵列型流程性排序问题的整数规划模型如下：

2. 参数定义

N　订单的集合，$n=\text{card}(N)$；

i, j　订单的下标，$i, j \in N$；

K　机器的集合，$m = \text{card}(K)$；

k, l　机器的下标，$k, l \in K$；

r_i　订单 i 的收益，$i \in N$；

d_i　订单 i 的要求交付时间，$i \in N$；

w_i　订单 i 的延迟交付罚金系数，$i \in N$；

p_{ik}　订单 i 在机器 k 上的处理时间，$i \in N, k \in K$；

h_{kl}　机器处理顺序的 0/1 参数，$h_{kl} = 1$ 表示订单需先经机器 k 处理后再经机器 l 处理，$k \in N, l \in K$；

M　一个大数。

3. 决策变量

y_i　0/1 变量，表示订单 i 是否被接受；

s_{ijk}　0/1 变量，表示在机器 k 的作业排序上，订单 i 是否排在订单 j 之前；

t_{ik}　非负连续变量，订单 i 在机器 k 上的完成时间；

c_i　非负连续变量，订单 i 的最后完成时间；

τ_i　非负连续变量，订单 i 的延迟交付时间长度。

4. 优化模型

$$
\begin{cases}
\max \sum_{i \in N} (y_i r_i - w_i \tau_i) & (1) \\
\text{s.t.} & \\
\begin{cases}
s_{ijk} + s_{jik} \geqslant 1 - (2 - y_i - y_j), & \forall k \in K; i,j \in N: i < j \\
s_{ijk} + s_{jik} \leqslant 1 + (2 - y_i - y_j), & \forall k \in K; i,j \in N: i < j \\
s_{ijk} + s_{jik} \leqslant (y_i + y_j)/2, & \forall k \in K; i,j \in N: i \neq j
\end{cases} & (2) \\
\begin{cases}
t_{ik} \geqslant y_i p_{ik}, & \forall i \in N, k \in K \\
t_{jk} - t_{ik} \geqslant p_{jk} - M(1 - s_{ijk}), & \forall i,j \in N, k \in K: i \neq j \\
t_{il} - t_{ik} \geqslant p_{il} - M(1 - y_i), & \forall i \in N; k,l \in K: h_{kl} = 1
\end{cases} & (3) \\
\begin{cases}
c_i \geqslant t_{ik} y_i, & \forall i \in N, k \in K \\
\tau_i \geqslant c_i - d_i y_i, & \forall i \in N
\end{cases} & (4) \\
\begin{cases}
y_i, s_{ijk} \in \{0,1\} \\
t_{ik} \geqslant 0; c_i \geqslant 0; \tau_i \geqslant 0
\end{cases}, \quad \forall i,j \in N, k \in K & (5)
\end{cases}
$$

5. 模型解释

上述优化模型中，目标函数式(1)为所接受订单带来的收益扣除罚金之后的总和最大化；约束式(2)确定被接受订单在每台机器处理的先后关系；约束式(3)递推订单的最迟完成时间；约束式(4)计算订单的最后完成时间和延迟交付时间长度；约束式(5)定义变量的值域。

7.3.4 作业分派问题

作业分派问题(Job Shop Problem, JSP)，又称作业调度问题，考虑的是面对多个作业和能处理该作业的多个机器(或工作组),如何将作业分配给合适的机器,使总的作业完成时间最短,或总完成成本最低。

1. 问题描述

当前有一批作业需要分配给多台机器进行加工处理,作业的集合记为 N,机器的集合记为 K;机器对作业的处理时间 p_{ij} 是已知的,其中 $i\in N$, $j\in K$;每台机器的可用总时间有上限,记为 C_j。问如何分派作业给机器,使该批作业的总处理时间最短,且各机器承担的总处理时间的最大偏差不超过一个常数值 a。

针对该问题的整数规划模型如下:

2. 参数定义

N　作业的集合;

i　作业的下标,$i\in N$;

K　机器的集合;

j　机器的下标,$j\in K$;

p_{ij}　作业 i 在机器 j 上的处理时间,$i\in N$, $j\in K$;

C_j　机器 j 的最大可用时间, $j\in K$;

b　机器之间的总处理时间的最大偏差。

3. 决策变量

x_{ij}　0/1 决策变量,表示是否将作业 i 分配给机器 j 来完成;

c_j　机器 j 的总作业时间。

4. 优化模型

$$
\begin{cases}
\min \sum_{i\in N}\sum_{j\in K} p_{ij}\cdot x_{ij} & (1)\\
\text{s.t.} & \\
\quad \sum_{j\in K} x_{ij}=1, \quad \forall i\in N & (2)\\
\quad \begin{cases}\sum_{i\in N} p_{ij}x_{ij}=c_j, & \forall j\in K\\ c_j-c_{j'}\leqslant b, & \forall j',j\in K\end{cases} & (3)\\
\quad c_j\leqslant C_j, \quad \forall j\in K & (4)\\
\quad x_{ij}\in\{0,1\}, c_j\geqslant 0, \quad \forall i\in N, j\in K & (5)
\end{cases}
$$

5. 模型解释

上述优化模型中,目标函数式(1)为所有作业的处理时间总和最小化;约束式(2)表示每项作业仅且必须分配给一台机器;约束式(3)计算每台机器的总作业时间且满足总时间最大偏差不超过给定常数 b;约束式(4)要求满足机器最大可用时间约束;约束式(5)定义了变量值域。

7.3.5　旅行者问题

1. 问题描述

在一个二维坐标平面上,旅行者从起点 0 出发,访问 $n-1$ 个村子后再返回起点。起点与村子以及村子之间的两两距离是已知的，求旅行者的最短访问路线。

针对该问题的整数规划模型如下：

2. 参数定义

N 所有节点的集合，$n=\text{card}(N)$；

D_{ij} 从节点 i 到节点 j 的距离，$(i,j)\in N$。

3. 决策变量

x_{ij} 0/1 变量，表示旅行者是否经过边 (i,j)；

u_i 非负整数变量，表示节点的被访问顺序。

4. 优化模型

$$
\begin{cases}
\min \sum\limits_{i,j\in N,i\neq j} x_{ij}\cdot D_{ij} & (1)\\
\text{s.t.} & \\
\begin{cases}
\sum\limits_{i\in N,i\neq j} x_{ij}=1, & \forall j\in N\\
\sum\limits_{j\in N,i\neq j} x_{ij}=1, & \forall i\in N
\end{cases} & (2)\\
\begin{cases}
u_j-u_i\geqslant 1-n(1-x_{ij}), & \forall i,j\in N: i\neq j, j>0\\
u_i\leqslant n-1, & \forall i\in N
\end{cases} & (3)\\
x_{ij}\in\{0,1\}, u_i\geqslant 0 \quad \forall i,j\in N & (4)
\end{cases}
$$

5. 模型解释

上述优化模型中，目标函数式(1)为旅行者经过路线的总距离；约束式(2)表示每个节点必须仅且被访问 1 次；约束式(3)确定节点的访问顺序，并且消除了循环现象；约束式(4)定义了变量值域。

6. 模型求解

下面用 AMPL 建立模型文件 TSP. mod。

```
# ------------模型文件 TSP.mod--------------
set NODE;                     #节点集合
Param  Node_X{NODE};          #节点 x 坐标
Param  Node_Y{NODE};          #节点 y 坐标
param  D{NODE,NODE};          #节点之间的距离
Param  n: = card(NODE) - 1;
var    x{NODE,NODE} binary;                                      #0/1 路径选择变量
var    u{NODE} >= 0;                                             #访问顺序变量
minimize Total_Distance:
    sum{i in NODE, j in NODE:i<>j}x[i,j] * D[i,j];               #总行驶距离最短
subject to MoveInOnce{i in NODE}:                                #每个节点进入 1 次
    sum{j in NODE: i<>j}x[j,i] = 1;
subject to MoveOutOnce{i in NODE}:                               #每个节点出来 1 次
    sum{j in NODE:i<>j}x[i,j] = 1;
subject to VisitingSN{i in NODE, j in NODE: j>0 and i<>j}:       #产生访问顺序
    u[j] - u[i] >= 1 - n*(1-x[i,j]);
```

```
subject to MaxSN{i in NODE:i>0}:                              #最大顺序号
    u[i]<=n - 1;
```

考虑 10 个节点的旅行者问题(TSP)实例,建立数据文件 TSP.dat,其中 Node_X 和 Node_Y 是节点的二维坐标位置。

```
# ------------数据文件 TSP.dat--------------
param:  NODE:  Node_X   Node_Y:=
0    0       0
1    25.1    36.3
2    13.9    29.2
3    3.5     10.4
4    5.2     38.5
5    7.5     21.7
6    35.6    6.3
7    37.8    2.4
8    1.6     37.3
9    11.4    36.3
10   32.6    12.5;
```

用 AMPL 建立脚本文件 TSP.sh,该脚本文件装入上述模型文件 TSP.mod 和数据文件 TSP.dat,并调用 CPLEX 求解器对模型进行求解,然后输出旅行者的最优访问路线。

```
# ------------脚本文件 TSP.sh--------------
model TSP.mod;
data tsp.dat;
for{i in NODE,j in NODE}
    let D[i,j]:= sqrt((Node_X[i] - Node_X[j])^2 + (Node_Y[i] - Node_Y[j]) * ^2);
option solver cplex;
objective Total_Distance;
solve;
#输入访问路径:
param cur_i;
param next_i;
for{i in NODE: x[0,i] = 1}
{
    let cur_i:= 0;
    printf "%f %f\n", Node_X[cur_i], Node_Y[cur_i];
    printf "%f %f\n", Node_X[i], Node_Y[i];
    let cur_i:= i;
    repeat
    {
        for{jin NODE: x[cur_i,j] = 1}
        {
            printf "%f %f\n", Node_X[j], Node_Y[j];
            let cur_i:= j;
        }
```

```
        if(cur_i = 0)then break;
        }
    }
```

在 Linux 环境运行 AMPL 程序执行上述脚本文件,得到旅行者的最短路径距离值为 145.00,路径绘图如图 7-6 所示。

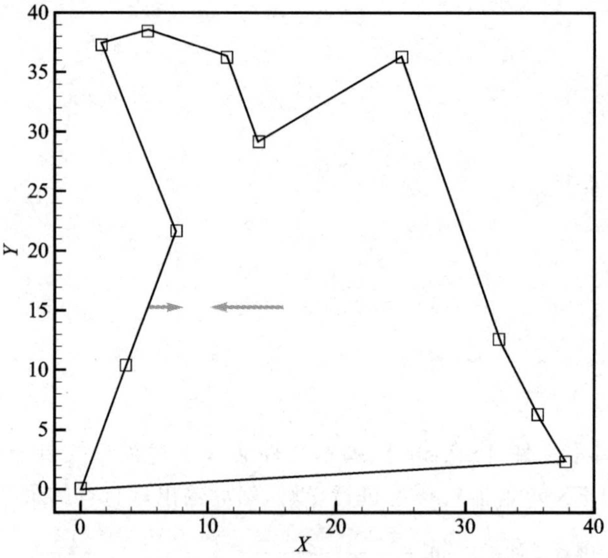

图 7-6 TSP 算例结果图

7.3.6 车辆路径问题

1. 问题描述

在一个欧氏二维平面上,m 辆车都从仓库点 0 出发,需要访问 $n-1$ 个客户,然后再返回仓库点,每个客户至少且只能要访问一次,仓库到各客户以及各客户之间的两两距离是已知的,求车辆的最短访问路线,并要求各车辆分派的客户数均衡。

针对该问题的整数规划模型如下:

2. 参数定义

N 全部节点的集合,$N=\{0, 1, 2, 3, \cdots, n\}$;

D_{ij} 从节点 i 到节点 j 的距离。

3. 决策变量

x_{ij} 0/1 变量,表示边(i, j)是否选车辆的行驶路线,$i \in N, j \in N$;

u_i 非负整数变量,表示节点的访问顺序,$i \in N$。

4. 优化模型

$$\min \sum_{i,j \in N, i \neq j} x_{ij} \cdot D_{ij} \tag{1}$$

s. t.

$$\sum_{i \in N, i>0} x_{0i} = m \tag{2}$$

$$\sum_{j \in N, i \neq j} x_{ji} = 1, \quad \forall i \in N : i > 0 \tag{3}$$

$$\sum_{j \in N, i \neq j} x_{ij} = 1, \quad \forall i \in N : i > 0 \tag{4}$$

$$\begin{cases} u_j - u_i \geqslant 1 - n(1 - x_{ij}), & \forall i,j \in N : i \neq j, j > 0 \\ u_j - u_i \leqslant 1 + n(1 - x_{ij}), & \forall i,j \in N : i \neq j, j > 0 \\ u_i \leqslant \lceil n/m \rceil, & \forall i \in N : i > 0 \\ u_0 = 0, & \end{cases} \tag{5}$$

$$x_{ij} \in \{0,1\}, u_i \geqslant 0, \quad \forall i,j \in N \tag{6}$$

5. 模型解释

上述优化模型中，目标函数式(1)为最小化车辆行驶的总距离；约束式(2)表示一共有 m 辆车从仓库出发；约束式(3)和(4)分别表示每个客户节点有且仅有 1 条进入的边和 1 条离开的边；约束式(5)确定节点的访问顺序，消除了循环现象，并且确定了各车辆分配的客户数均衡；约束式(6)定义了变量值域。

例 7.4　在 AMPL 环境下，求解 3 辆车从仓库出发访问 20 个客户再返回仓库的实例。仓库和车辆的坐标如表 7－1 所列。

表 7－1　节点坐标位置

节　点	坐　标		节　点	坐　标		节　点	坐　标	
	X	Y		X	Y		X	Y
0	50	50	7	55	33	14	36	48
1	61	59	8	26	81	15	5	31
2	19	20	9	35	64	16	76	60
3	92	25	10	41	75	17	45	39
4	96	53	11	67	49	18	17	96
5	11	17	12	58	08	19	79	59
6	71	13	13	94	65	20	84	76

用 AMPL 建立上述模型文件 VRP. mod：

```
# ------------模型文件 VRP.mod--------------
set NODE;                    # set of nodes
param Node_X{NODE};          # coordinate x of nodes
param Node_Y{NODE};          # coordinate y of nodes
param D{NODE,NODE};          # distance matrix of nodes
param n: = card(NODE) - 1;
param m: = 3;
var x{NODE,NODE} binary;
```

```
var u{NODE} >= 0;            #visiting sequence
minimize Total_Distance:
    sum{i in NODE, j in NODE:i<>j}x[i,j]*D[i,j];
subject to Con1:
    sum{i in NODE: i>0}x[0,i]=m;
subject to Con2{i in NODE:i>0}:
    sum{j in NODE:i<>j}x[j,i]=1;
subject to Con3{i in NODE:i>0}:
    sum{j in NODE:i<>j}x[i,j]=1;
subject to Con4{i in NODE, j in NODE: j>0 and i<>j}:
    u[j] - u[i] >= 1 - n*(1-x[i,j]);
subject to Con5{i in NODE, j in NODE: j>0 and i<>j}:
    u[j] - u[i] <= 1 + n*(1-x[i,j]);
subject to Con6:
    u[0]=0;
subject to Con7{i in NODE: i>0}:
    u[i] <= ceil(n/m);
```

在 Linux 环境下运行 AMPL 程序，调用 CPLEX 优化软件对算例进行求解，得到 3 辆车访问 20 个客户的最短路径值为 465.425，路径绘图示如图 7-7 所示。

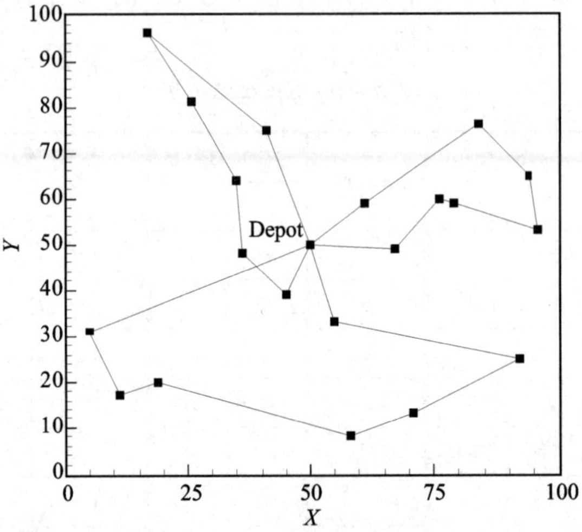

图 7-7 VRP 算例结果图

7.4 最优化问题的上界和下界

考虑一般线性整数规划(IP)问题：

$$\begin{cases}\min f(\boldsymbol{x},\boldsymbol{y})\\ \text{s.t. } g_i(\boldsymbol{x},\boldsymbol{y})\leqslant b_i, \quad \forall i=1,2,\cdots,m\\ \qquad \boldsymbol{x}\in\mathbf{R}^+,\boldsymbol{y}\in\mathbf{Z}^+\end{cases}$$

定义 1 上界(Upper Bound)：令 $\bar{f}$ 表示上述 IP 问题的一个目标函数值，若能证明该

(IP)问题的最优目标函数值 f^* 必然满足 $\bar{f} \geqslant f^*$，则将 $\bar{f}$ 称为该 IP 问题的一个上界。

定义 2　下界(Lower Bound)：令 $\underline{f}$ 表示上述 IP 问题的一个目标函数值，若能证明该 IP 问题的最优目标函数值 f^* 必然满足 $\underline{f} \leqslant f^*$，则将 $\underline{f}$ 称为该 IP 问题的一个下界。

具体问题实例的上界或下界可以是具体的数值，但一类问题的上界和下界通常是用表达式来表示的，或者是某具体算法所能获得的值。针对某个优化问题，建立了 IP 模型之后，一个重要的研究内容就是分析其上界和下界，性质如下：

性质 1　问题的上界(或下界)不一定存在，存在也不一定唯一。

性质 2　不同的分析方法，针对同一个问题可以得出不同的上界或下界。

性质 3　对于最小化问题，任何一个可行解都是该问题的一个上界；而对于最大化问题，任何一个可行解都是该问题的一个下界。

如果其中一个上界(或下界)比另一个上界(或下界)总是更靠近最优解，则称该上界为更紧界(Tighter Bound)。正如某些经典的 NP-hard 最优化问题，如果能够提出一种更紧的上界(或下界)，也是重要的学术贡献。因为上界(或下界)可以作为大规模问题求解的对比标杆，以对比和验证不同算法获得的解的优化程度。

例 7.5　TSP 问题中，旅行者从仓库 D 出发，如图 7-8 所示，需访问 n 个节点各 1 次，最后回到仓库 D，求最短的总行走距离，即 $\min \sum_{i,j \in N} x_{ij} D_{ij}$。试分析 TSP 问题的下界和上界。

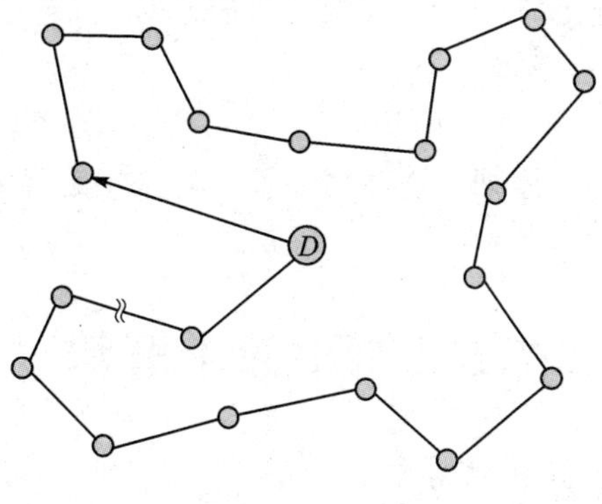

图 7-8　TSP 示例图

TSP 问题下界分析：

令 s^* 为问题的最优值，即最短总行走距离，因为任何可行解都需要经历了 $n+1$ 条边，总距离必然大于所有边中最短边的 $n+1$ 倍，因此有下界：

$$\underline{s'} = (n+1)\min\{D_{ij} \mid i,j \in N\} \tag{7-3}$$

进一步分析，由于每条边仅能行走一次，因此可行解必须是由 $n+1$ 条不同的边组成。

对所有边进行从小到大排序，则最短的 $n+1$ 条边构成了最优解的一个更紧下界：

$$\underline{s''} = \sum_{i=1}^{n+1} d^i \tag{7-4}$$

式中，d^i 是按升序排序的第 i 短边的长度值。

进一步分析解的性质，可以发现，由于每个节点都必须被访问，因此由与 $n+1$ 个节点相连的最短边所组成的总距离，构成最优解的一个更紧下界：

$$\underline{s'''} = \sum_{i=0}^{n} d_i^{\min} \tag{7-5}$$

式中，$d_i^{\min}$ 表示与节点 i 链接的最短边的长度值。

再进一步分析，由于每个节点都由两条不同的边相连（进入和出去），因此最优解的更紧下界可表示为

$$\underline{s''''} = \frac{1}{2}\sum_{i=1}^{n+1}(d_i^1 + d_i^2) \tag{7-6}$$

式中，d_i^1 和 d_i^2 分别表示与节点 i 链接的最短边和次短边的长度值。

显然，上述上界与最优解存在如下关系：$\underline{s'} \leqslant \underline{s''} \leqslant \underline{s'''} \leqslant \underline{s''''} \leqslant s^*$。

TSP 问题上界分析：

对一个最小化问题，任何一个可行解都是该问题的一个上界，因此产生上界的常用方法就是快速构造一个可行解，其目标函数值即为一个上界。常见构造方法有很多种，其中贪心算法是比较快速的方法：

贪心算法（探 1 步）：从仓库 D 出发，连接距离最近的 1 个未被访问的节点，重复直到全部节点均被访问，然后回到仓库，获得一个解 s'。

贪心算法（探 2 步）：从仓库 D 出发，连接距离最近的 2 个未被访问的节点，重复直到全部节点均被访问，然后回到仓库，获得一个解 s''。

贪心算法（探 3 步）：从仓库 D 出发，连接距离最近的 3 个未被访问的节点，重复直到全部节点均被访问，然后回到仓库，获得一个解 s'''。

如果有 $s^* \leqslant \bar{s}''' \leqslant \bar{s}'' \leqslant \bar{s}'$，并结合下界 $\underline{s'} \leqslant \underline{s''} \leqslant \underline{s'''} \leqslant s^*$，那么这两组数值（上界和下界）是分别从上、下逼近最优解的两个序列。该序列为著名的分支定界算法提供了搜寻最优解的理论基础。

7.5 割平面求解法

7.5.1 割平面法的原理

割平面法是求解整数规划的一种重要方法。在介绍割平面之前，先了解整数规划的线性规划松弛（Linear Programming Relaxation）。

考虑如下一般线性整数规划（IP）问题，将其中的整数变量的整数性要求去掉，转换为实数变量，则将 IP 问题转化为了线性规划问题（LP）：

$$(\mathrm{IP})\begin{cases}\min \boldsymbol{c}^{\mathrm{T}}\boldsymbol{x}^{\mathrm{T}} \\ \text{s. t. } \boldsymbol{A}\boldsymbol{x} \leqslant \boldsymbol{b} \\ \qquad \boldsymbol{x} \in \mathbf{Z}^{+} \cup \{0\}\end{cases} \qquad (\mathrm{LP})\begin{cases}\min \boldsymbol{x}^{\mathrm{T}} \\ \text{s. t. } \boldsymbol{A}\boldsymbol{x} \leqslant \boldsymbol{b} \\ \qquad \boldsymbol{x} \geqslant \mathbf{0}\end{cases}$$

用线性规划求解方法（单纯形法）求解上述 LP 松弛规划，得到最优解 $x^* = (x_1, x_2, \cdots, x_n)$，称 x^* 为线性规划松弛解，且 x^* 有如下判断：

① x^* 是上述 IP 规划的一个下界；

② 若 x^* 的分量都是整数，则 x^* 是上述 IP 规划的最优解；

③ 若 x^* 的分量有部分不是整数，则 x^* 不是上述 IP 规划的可行解（需要进一步加强约束

处理，如直接取整、割平面、分支定界等，以获得可行解）。

1958 年，R. E. Gomory 创立了解线性整数规划的割平面法。这种方法的基本思路是：首先求解整数规划问题的线性松弛问题，如果得到的最优解满足整数要求，则该解为整数规划的最优解；否则，选择一个不满足整数要求的基变量，定义一个新约束，增加到原来的约束集中去。这个约束的作用是：切割掉一部分不满足整数要求的可行解空间，但保留了全部的整数可行解，然后解新的松弛线性规划。重复以上过程，直到获得的解都是整数分项为止。

上述方法的关键是如何定义切割约束，下面以实际例子来说明割平面求解法原理。

例 7.6　求解下面 IP 最优化问题：

$$\begin{cases} \min -x_2 \\ \text{s.t. } 3x_1 + 2x_2 \leqslant 6 \\ \quad -3x_1 + 2x_2 \leqslant 0 \\ \quad x_1, x_2 \text{ 是非负整数} \end{cases}$$

解：首先，去掉 x_1，x_2 的整数性要求，即令 x_1，x_2 的值域松弛为整个非负实数域，将 IP 问题转换为 LP 问题。用图解法绘出 IP 问题和 LP 问题的可行域，如图 7-9(a)所示。其中，阴影区域为 LP 问题的可行域，阴影区域中的整数点即为 IP 问题的可行域，即解集{(0, 0), (0, 1), (0, 2), (1, 1)}。

然后，求解 LP 问题，如采用单纯形法，得到最优解 $\boldsymbol{x}' = (1, 1.5)$。由于解中分量 $x_2 = 1.5$ 不满足整数性要求，因此 $\boldsymbol{x}'$ 不是原 IP 问题的可行解。这时需要在 LP 问题上增加约束，目的是“割去”LP 问题的部分可行域，同时保留 IP 问题的可行域不受影响，使 LP 问题的求解结果满足整数性要求。因此为 LP 问题增加割平面约束 $x_2 \leqslant 1$，对其可行域进行切割，如图 7-9(b)所示。

若再次求解 LP 问题，可得最优解为(2/3, 1)和(3/2, 1)，会发现仍然不满足整数性要求。分析 LP 问题和 IP 问题的可行域，可以发现，若再继续增加 2 个割平面约束 $x_1 + x_2 \leqslant 2$ 和 $x_2 \leqslant x_1$，则 LP 问题的可行域极点与 IP 问题的可行域完全重合，如图 7-9(d)所示，此时求解 LP 问题得到的最优解，就是 IP 问题的最优解。

因此，上述 IP 问题就转换为求解下面 LP 问题，且结果为整数解。

$$\begin{cases} \min -x_2 \\ \text{s.t. } 3x_1 + 2x_2 \leqslant 6 \\ \quad -3x_1 + 2x_2 \leqslant 0 \\ \left.\begin{array}{l} x_2 \leqslant 1 \\ x_1 + x_2 \leqslant 2 \\ x_2 \leqslant x_2 \end{array}\right\} \text{割平面} \\ \quad x_1, x_2 \geqslant 0 \end{cases}$$

总结上述方法，得到割平面法基本原理如下：

① 对于整数规划(IP)问题，去掉对变量的整数性要求，建立整数规划松弛问题(LP)。

② 为 LP 问题增加割平面约束，在保持原 IP 问题的可行域保持不受影响的情况下，割掉 LP 问题的一部分可行域，使 LP 问题的最优解变量都满足整数性要求。

③ 割平面法的关键问题是构造有效的割平面约束，使得每次能尽可能地多地割去线性规

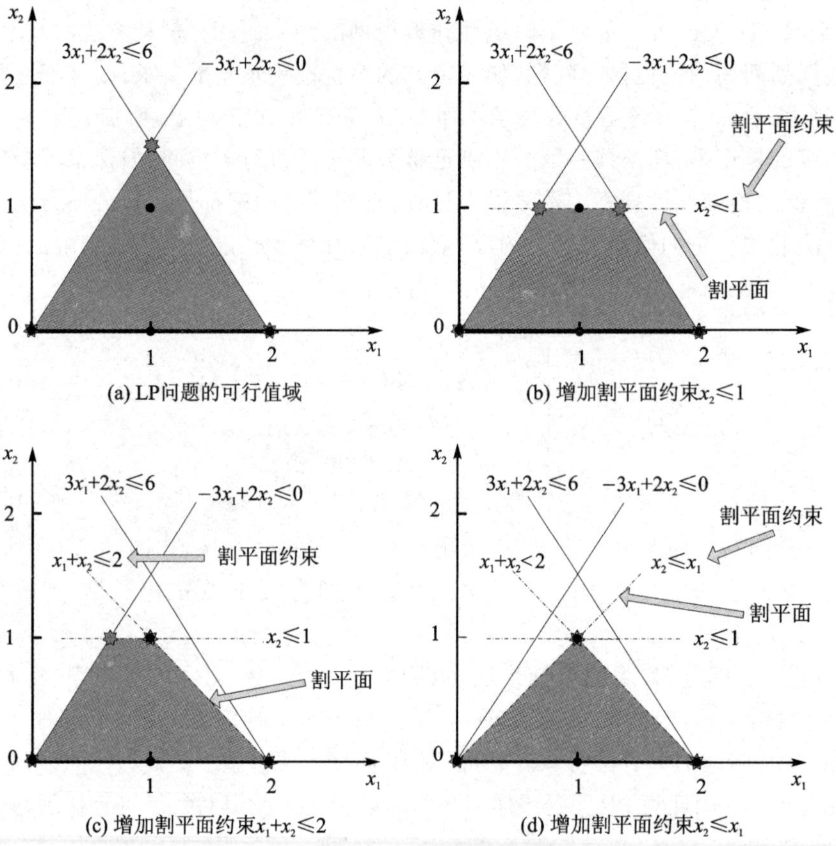

图 7-9 割平面原理示例图

划松弛问题的可行域且不失最优解。

7.5.2 割平面法的步骤

下面考虑线性整数规划问题的松弛问题(LP)：

$$\begin{cases} \min \boldsymbol{c}^{\mathrm{T}}\boldsymbol{x}^{\mathrm{T}} \\ \text{s. t. } \boldsymbol{A}\boldsymbol{x}=\boldsymbol{b} \\ \qquad \boldsymbol{x}\geqslant \boldsymbol{0} \end{cases}$$

用线性规划求解方法(如单纯形法)求解上述 LP 松弛规划，得到最优解最优基矩阵 $\boldsymbol{B}_{\mathrm{mxm}}$ 和 $\boldsymbol{x}^{*}=(x_1 \quad x_2 \quad \cdots \quad x_m \quad 0 \quad \cdots \quad 0)$满足：

$$\boldsymbol{A}\boldsymbol{x}^{*}=(\boldsymbol{B} \quad 0)\boldsymbol{x}^{*}=b, \quad \boldsymbol{x}^{*}=\begin{pmatrix}\boldsymbol{B}^{-}\boldsymbol{b} \\ 0\end{pmatrix}=\begin{pmatrix}\bar{\boldsymbol{b}} \\ 0\end{pmatrix}$$

假设 $\boldsymbol{x}^{*}$ 的分量中存在非整数情况，则取其中任意一个非整数项 $x_i(1\leqslant i\leqslant m)$，该项的约束方程为

$$x_i+\sum_{j=m+1}^{n} y_{ij}x_j=\bar{b}_i$$

式中，y_{ij} 是 $\boldsymbol{B}^{-1}\boldsymbol{p}_j$ 的第 i 个分量，$\boldsymbol{A}=(\boldsymbol{p}_1 \quad \boldsymbol{p}_2 \quad \cdots \quad \boldsymbol{p}_n)$。

上述约束方程推导：

对于 $\boldsymbol{Ax}=\boldsymbol{b}$，令 $\boldsymbol{A}=(\boldsymbol{B}\quad \boldsymbol{N})$，$\boldsymbol{x}=(\boldsymbol{x}_B\quad \boldsymbol{x}_N)^{\mathrm{T}}$，则有

$$(\boldsymbol{B}\quad \boldsymbol{N})(\boldsymbol{x}_B\quad \boldsymbol{x}_N)^{\mathrm{T}}=\boldsymbol{b}\Rightarrow \boldsymbol{Bx}_B+\boldsymbol{Nx}_N=\boldsymbol{b}\Rightarrow \boldsymbol{x}_B+\boldsymbol{B}^{-}\boldsymbol{Nx}_N=\boldsymbol{B}^{-}\boldsymbol{b}=\bar{\boldsymbol{b}}$$

对于 x_i 的约束方程，有

$$x_i+\sum_{j=m+1}^{n}y_{ij}x_j=\bar{b}_i$$

将 y_{ij} 和 $\bar{b}_i$ 的整数部分和小数部分分开，令 $y_{ij}=[y_{ij}]+f_{ij}$，$\bar{b}_i=[\bar{b}_i]+f_i$，则有

$$x_i+\sum_{j=m+1}^{n}[y_{ij}]x_j+\sum_{j=m+1}^{n}f_{ij}x_j=[\bar{b}_i]+f_i$$

$$\Rightarrow x_i+\sum_{j=m+1}^{n}[y_{ij}]x_j-[\bar{b}_i]=f_i-\sum_{j=m+1}^{n}f_{ij}x_j \tag{7-7}$$

式(7-7)等号右端，因为 f_i 是小数，f_{ij} 是小数，且 x_j 是非负数，所以有 $f_i-\sum_{j=m+1}^{n}f_{ij}x_j<1$。

式(7-7)等号左端，因为都是整数，所以将右端的不等式 $f_i-\sum_{j=m+1}^{n}f_{ij}x_j<1$ 改为下式：

$$f_i-\sum_{j=m+1}^{n}f_{ij}x_j\leqslant 0 \tag{7-8}$$

不影响整数最优解。

式(7-8)即为割平面约束条件！对 LP 问题增加上述割平面条件，不影响整数最优解。该特点是基于有效不等式的一个基本性质：

$$\begin{cases}a\leqslant b\\ a\ 为整数\end{cases}\Rightarrow a\leqslant\lfloor b\rfloor$$

因此，引入上述的约束条件，切割了原 LP 问题的部分非整数可行解空间，但是没有切割整数可行解空间，整数最优解仍然得到保留。然后求解新的 LP 规划模型，重复上述步骤，直到最优解中要求为整数的变量全部为整数，结束求解。

例 7.7　用割平面法求解下列整数规划问题：

$$(\mathrm{IP})\begin{cases}\min\ x_1-2x_2\\ \text{s. t.}\ -x_1+3x_2\leqslant 2\\ \qquad x_1+x_2\leqslant 4\\ \qquad x_1,x_2\in\mathbf{Z}^{+}\cup\{0\}\end{cases}$$

解：通过图解的方法，可获得松弛最优解目标值为 $-4/3$，位置为 $x_1=0$ 和 $x_2=2/3$，如图 7-10 所示。但该解不满足整数性要求。

引入松弛变量 x_3，x_4 且令 x_1，x_2 为非负连续变量，转化为松弛问题：

$$(\mathrm{LP})\begin{cases}\min\ x_1-2x_2\\ \text{s. t.}\ -x_1+3x_2+x_3=2\\ \qquad x_1+x_2+x_4=4\\ \qquad x_1,x_2,x_3,x_4\geqslant 0\end{cases}$$

采用单纯形表计算，得到标准型的初始表格，计算单纯形系数：

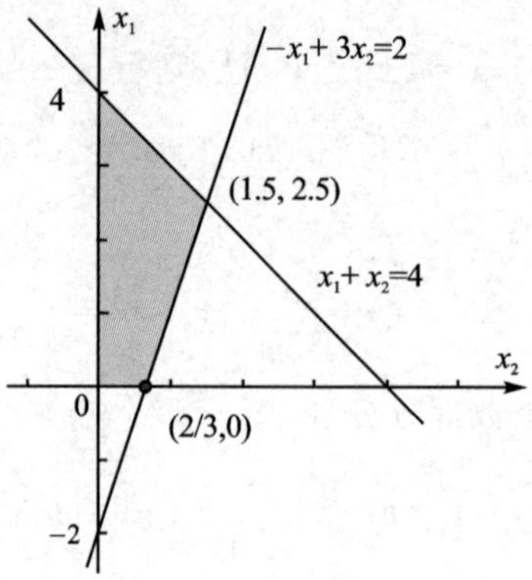

图 7-10　图解法

$$\boldsymbol{c}_N=[1\quad -2],\quad \boldsymbol{c}_B=[0\quad 0]$$

$$\boldsymbol{B}=\begin{bmatrix}1&0\\0&1\end{bmatrix},\qquad \boldsymbol{B}^{-}=\begin{bmatrix}1&0\\0&1\end{bmatrix}$$

$$\{z_j-c_j\}=\boldsymbol{c}_B\boldsymbol{B}^{-1}\boldsymbol{N}-\boldsymbol{c}_N=[0\quad 0]\begin{bmatrix}1&0\\0&1\end{bmatrix}\begin{bmatrix}-1&3\\1&1\end{bmatrix}-[1\quad -2]=[-1\quad 2]$$

得到第 1 张单纯形表，如图 7-11 所示。

	x_1	x_2	x_3	x_4	$\bar{\boldsymbol{b}}=\boldsymbol{B}^{-1}\boldsymbol{b}$
x_3	−1	3	1	0	2
x_4	1	1	0	1	4
	−1	2			$\boldsymbol{c}_B\boldsymbol{B}^{-1}\boldsymbol{b}=0$

图 7-11　第 1 张单纯形表

可得到：$z_2-c_2=\max\{z_j-c_j\}$。

再计算：$r=\arg\min\limits_{i\in R}\left\{\dfrac{\bar{b}_i}{y_{ik}}\,\middle|\,y_{ik}>0\right\}=\arg\min\left\{\dfrac{2}{3},\dfrac{4}{1}\right\}=1$，得到：$k=2$，$r=1$。

因此选择主元 y_{12}，进行主元消去：第 1 行除以 3；第 1 行乘以 −1 加到第 2 行，交换 x_2 列和 x_3 列，再次计算单纯形系数，得到第 2 张单纯形表，如图 7-12 所示。

	x_1	x_2	x_3	x_4	$\bar{\boldsymbol{b}}=\boldsymbol{B}^{-1}\boldsymbol{b}$
x_3	−1/3	1/3	1	0	2/3
x_4	4/3	−1/3	0	1	10/3
	−1/3	−2/3			$\boldsymbol{c}_B\boldsymbol{B}^{-1}\boldsymbol{b}=-4/3$

图 7-12　第 2 张单纯形表

因为单纯形系数均为负数，因此可判断最优解为 $(x_1, x_2, x_3, x_4)=(0, 2/3, 0, 10/3)$，最优目标函数为 $-4/3$。由此可以看出最优解中的 x_2 和 x_4 不满足整数性要求。

① 选取 x_2，考虑 x_2 的约束条件（上表第 1 行）为

$$-\frac{1}{3}x_1+\frac{1}{3}x_3+x_2=\frac{2}{3}$$

将非基变量 x_1 和 x_3 的整数部分和小数部分分开，得到

$$\left(-1+\frac{2}{3}\right)x_1+\left(0+\frac{1}{3}\right)x_3+x_2=\left(0+\frac{2}{3}\right)$$

将整数部分移项到左边，小数部分移到右边，得到

$$-x_1+x_2=\frac{2}{3}-\frac{2}{3}x_1-\frac{1}{3}x_3$$

因为上式右边总是小于 1，因此有

$$\frac{2}{3}-\frac{2}{3}x_1-\frac{1}{3}x_3<1$$

又因为上式左边总是为整数，因此有

$$\frac{2}{3}-\frac{2}{3}x_1-\frac{1}{3}x_3\leqslant 0\Rightarrow 2-2x_1-x_3\leqslant 0$$

将上式加入约束条件，切割了非整数解空间，但是保留了整数解空间。

② 选取 x_4，考虑 x_4 的约束条件(上表第 2 行)为

$$\begin{aligned}&\frac{4}{3}x_1-\frac{1}{3}x_3+x_4=\frac{10}{3}\\&\Rightarrow\left(1+\frac{1}{3}\right)x_1+\left(-1+\frac{2}{3}\right)x_3+x_4=3+\frac{1}{3}\\&\Rightarrow x_1-x_3+x_4-3=-\frac{1}{3}x_1-\frac{2}{3}x_3+\frac{1}{3}\end{aligned}$$

得到第二个割平面约束条件：

$$-x_1-2x_3+1\geqslant 0$$

先加入第一个约束条件，再引入松弛变量 x_5，LP 松弛问题变为

$$\begin{cases}\min\ x_1-2x_2\\ \text{s.t.}\ -\frac{1}{3}x_1+\frac{1}{3}x_3+x_2=2/3\\ \qquad\frac{4}{3}x_1-\frac{1}{3}x_3+x_4=10/3\\ \qquad 2-2x_1-x_3\leqslant 0\\ \qquad x_1,x_2,x_3,x_4\geqslant 0\end{cases}\xrightarrow{\text{引入松弛变量 }x_5}\begin{cases}\min\ x_1-2x_2\\ \text{s.t.}\ -\frac{1}{3}x_1+\frac{1}{3}x_3+x_2=2/3\\ \qquad\frac{4}{3}x_1-\frac{1}{3}x_3+x_4=10/3\\ \qquad 2-2x_1-x_3+x_5=0\\ \qquad x_1,x_2,x_3,x_4,x_5\geqslant 0\end{cases}$$

继续用单纯形法求解上述 LP 问题，得到最优解：$x_1=1$，$x_2=1$，最优目标函数值-1。由于解满足整数性要求，因此也是原 IP 问题的整数最优解。

值得注意的是，本例中未用到第二个割平面约束条件。实际上，将第一、第二割平面约束条件同时加入，也可获得同样结果。

7.6　分支定界求解法

分支定界(Branch and Bound，简称为 BB 或 B&B)算法是一种分解算法，它是通过增加割平面约束的方式将原始问题的可行域空间分解为若干的子空间，求解各子空间中的局部整数最优解，然后通过比较得到全局整数最优解的过程。分支定界法是求解整数规划的一种精确

算法,可利用计算机的并行搜索计算功能,目前被广泛应用于各种整数规划求解软件包。

7.6.1 分支定界的原理

分支定界算法涉及三个基本概念:

松弛:将整数规划(IP)去掉整数型约束(即允许变量为连续非负实数),得到整数规划松弛问题(P_0)。

分支:将松弛问题(P_0)分解为若干的子问题(P_1)…(P_k),各子问题具有相同的目标函数,且对(P_0)问题的可行域全覆盖,不损失任何整数可行解。

探测:探测各子问题的松弛可行解,并和已经获得的上界、下界做比较,以确定对该子问题是否裁剪或展开下一级子问题。

分支定界算法的基本步骤如下:

步骤 1:对原始问题(IP)去掉整数性约束,得到松弛问题(P_0)。

$$(\mathrm{IP})\begin{cases}\min\ \boldsymbol{c}^{\mathrm{T}}\boldsymbol{x}^{\mathrm{T}}\\ \mathrm{s.t.}\ \ \boldsymbol{A}\boldsymbol{x}\leqslant\boldsymbol{b}\\ \qquad \boldsymbol{x}\in\mathbf{Z}^{+}\cup\{0\}\end{cases}\xrightarrow{\text{松弛}}(\mathrm{P}_0)\begin{cases}\min\ \boldsymbol{c}^{\mathrm{T}}\boldsymbol{x}^{\mathrm{T}}\\ \mathrm{s.t.}\ \ \boldsymbol{A}\boldsymbol{x}=\boldsymbol{b}\\ \qquad \boldsymbol{x}\leqslant\boldsymbol{0}\end{cases}$$

步骤 2:求解松弛问题(P_0),得到最优解 S_0^*,令原问题的下界 $\underline{S_0}$ 初始化为 S_0^*,上界 $\bar{S}_0$ 初始化为无穷大。

步骤 3(分支):任选一个不满足整数性要求的变量 x_j,设其取值为 $\bar{b}_j$,用$[\bar{b}_j]$表示其整数部分,则将(P_0)分解为两个子问题(P_1)和(P_2),如图 7-13 所示。

$$(\mathrm{P}_1)\begin{cases}\min\ \boldsymbol{c}\boldsymbol{x}^{\mathrm{T}}\\ \mathrm{s.t.}\ \ \boldsymbol{A}\boldsymbol{x}\leqslant\boldsymbol{b}\\ \qquad x_j\leqslant[\bar{b}_j]\\ \qquad \boldsymbol{x}\in\mathbf{Z}^{+}\cup\{0\}\end{cases}\qquad(\mathrm{P}_2)\begin{cases}\min\ \boldsymbol{c}\boldsymbol{x}^{\mathrm{T}}\\ \mathrm{s.t.}\ \ \boldsymbol{A}\boldsymbol{x}\leqslant\boldsymbol{b}\\ \qquad x_j\geqslant[\bar{b}_j]+1\\ \qquad \boldsymbol{x}\in\mathbf{Z}^{+}\cup\{0\}\end{cases}$$

说明 1:上述子问题(P_1)和(P_2)的可行整数值域完全覆盖原始问题(P_0),全部子问题的整数最优解必然是原始问题的整数最优解。

说明 2:也可以选择多个(例如 m 个)不满足整数性要求的变量,同时分解出更多子问题,子问题个数为 2^m。例如选择 k, j 两个变量,可分解出子问题 4 个 P_1, P_2, P_2, P_4,如图 7-14 所示。

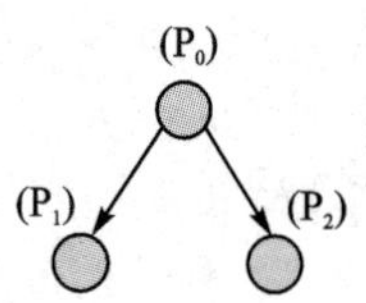

图 7-13 分解为两个子问题

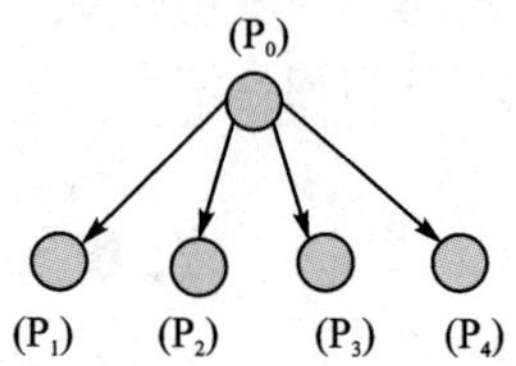

图 7-14 分解为 4 个子问题

$$(P_1)\begin{cases}\min \boldsymbol{cx}^T \\ \text{s.t. } \boldsymbol{Ax} \leqslant \boldsymbol{b} \\ \quad x_j \leqslant [\bar{b}_j] \\ \quad x_k \leqslant [\bar{b}_k] \\ \quad \boldsymbol{x} \in \mathbf{Z}^+ \cup \{0\}\end{cases} \qquad (P_3)\begin{cases}\min \boldsymbol{cx}^T \\ \text{s.t. } \boldsymbol{Ax} \leqslant \boldsymbol{b} \\ \quad x_j \geqslant [\bar{b}_j]+1 \\ \quad x_k \leqslant [\bar{b}_k] \\ \quad \boldsymbol{x} \in \mathbf{Z}^+ \cup \{0\}\end{cases}$$

$$(P_2)\begin{cases}\min \boldsymbol{cx}^T \\ \text{s.t. } \boldsymbol{Ax} \leqslant \boldsymbol{b} \\ \quad x_j \leqslant [\bar{b}_j] \\ \quad x_k \geqslant [\bar{b}_k]+1 \\ \quad \boldsymbol{x} \in \mathbf{Z}^+ \cup \{0\}\end{cases} \qquad (P_4)\begin{cases}\min \boldsymbol{cx}^T \\ \text{s.t. } \boldsymbol{Ax} \leqslant \boldsymbol{b} \\ \quad x_j \geqslant [\bar{b}_j]+1 \\ \quad x_k \geqslant [\bar{b}_k]+1 \\ \quad \boldsymbol{x} \in \mathbf{Z}^+ \cup \{0\}\end{cases}$$

步骤 4(计算)：用单纯形法(或其他线性规划求解方法)分别求解子问题(P_1)和(P_2)的松弛问题，得松弛解 S_1 和 S_2。

说明 3：由于每个子问题都是独立问题，可以采用多线程独立计算，满足并行求解计算要求。

步骤 5(定界)：更新原始问题 P_0 的上下界($\underline{S}_0$，$\overline{S}_0$)，判断方法如下：

① 若 $\min\{S_1, S_2\} > \underline{S}_0$，则更新 P_0 问题的下界 $\underline{S}_0 \leftarrow \min\{S_1, S_2\}$。注意：$\underline{S}_0$ 是顶层问题 P_0 的下界，若不是顶层，则需逐层向上传递计算下界，传递计算的公式为

$$\underline{S}^{上层} \leftarrow \min\{\underline{S}_1^{下层}, \underline{S}_1^{下层}, \cdots, \underline{S}_k^{下层}\}$$

② 如果 S_1 或 S_2 是可行解，且比原始问题 P_0 的当前上界 $\overline{S}_0$ 更小，则更新原始问题 P_0 的上界：

$$\overline{S}_0 \leftarrow \min\{S_1, S_2\}$$

步骤 6：分别针对子问题 P_1 和 P_2 进行分支、计算和界定，即重复执行前面的步骤三、四、五，将原始问题按树形展开为多层级的子问题。

步骤 7：终止判断。算法终止条件有 2 个：

① 算法过程就是 P_0 问题的上下界($\underline{S}_0$，$\overline{S}_0$)趋于一致的过程。当满足下面的判别式时，算法停止，输出最优解：

$$\overline{S} - \underline{S}_0 \leqslant \varepsilon$$

式中，ε 是预先设定的一个小数。

② 当所有分支都被裁剪掉，算法终止，当前上界 $\overline{S}_0$ 即为最优解；若当前上界仍然保持无穷大，则问题无界。

上述算法中，分支和裁剪策略是影响算法效率比较关键的环境。其中分支策略包括深度优先和广度优先。

深度优先：在对含有非整数解的子问题进行分解时，优先选择最下层子问题进行分解，快速向下展开树形结构的深度。该策略的优点是可快速获得原始(IP)问题的整数可行解，由此产生第一个上界。然后可利用上界对后续分支进行裁剪，降低总搜索节点数。如图 7-15 所示，当将(P_0)问题分解为(P_1)和(P_2)后，优先选择下级节点(P_1)或(P_2)继续分解展开。

缺点是易陷入较差可行解分支，导致上界下降速度较慢。

广度优先：在子问题分解时，优先选择同级子问题进行分解展开，快速横向展开树形结构的广度。该策略的优点是能最大效率地利用现代计算机的多线程并行计算能力——求解速度快，有利于找到目标值较低的可行解作为下界，从而在算法后期加速收敛。如图 7-16 所示，当将(P_0)问题分解为(P_1)和(P_2)后，优先选择同级问题(P_0)继续展开，产生下级子节点(P_3)和(P_4)。该算法的缺点是对计算机的内存需求大，堆栈节点容量大，在算法初始阶段对分支的裁剪比较慢。

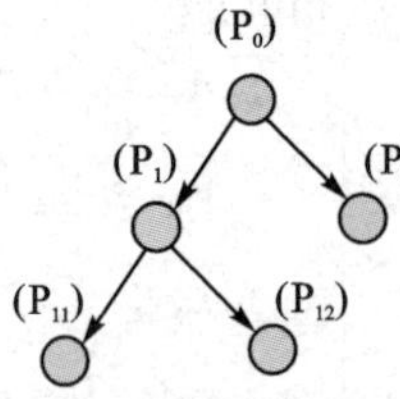

图 7-15　深度优先分解图

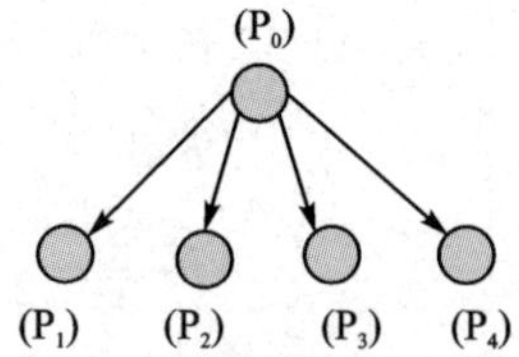

图 7-16　广度优先分解图

判断当前分支(P_i)是否裁剪的策略，有以下方法：首先用单纯形法(或其他线性规划求解方法)求解 (P_i) 的松弛问题，并做如下判断：

① 若没有可行解，则表示子问题(P_i)也没有可行解，可将(P_i)分支裁剪掉。

② 若获得了可行的最优解 S_i^*，但 S_i^* 比原始问题(P_0)的当前已知上界 $\overline{S}_0$ 还要大或相等，则表示在(P_i)分支上继续分解(增加约束条件)不能获得更好解，可以裁剪掉。

③ 若获得了可行的最优解 S_i^*，且 S_i^* 的各项分量均为整数，则停止对(P_i)分支，且若 S_i^* 小于已知上界 $\overline{S}_0$，则将已知上界更换为 S_i^*。

7.6.2　分支定界算例

例 7.8　用分支定界算法求解下面整数规划问题：

$$(P_0)\begin{cases}\min\ x_1+2x_2\\ \qquad \text{s.t.}\ \ 4x_1+2x_2\geqslant 5\\ \qquad\qquad x_1,x_2\geqslant 0\text{ 且为整数}\end{cases}$$

解：① 用单纯形法求解 P_0 的松弛问题，得到最优解：$\boldsymbol{x}=(1.25\quad 0)^{\mathrm{T}}$，目标函数值为 $f=1.25$。初始设定 P_0 问题的下界、上界：$\underline{S}_0=1.25$，$\overline{S}_0=$无穷大。因为 $\boldsymbol{x}$ 不全为整数，因此不是 P_0 的可行解，可继续分支。选择分量 $x_1=1.25$，分别增加分支约束 $x_1\leqslant 1$ 和 $x_1\geqslant 2$，产生分支子问题(P_1)和(P_2)，如下：

$$(P_1)\begin{cases}\min\ x_1+2x_2\\ \text{s.t.}\ \ 4x_1+2x_2\geqslant 5\\ \qquad x_1\leqslant 1\\ \qquad x_1,x_2\geqslant 0\text{ 且为整数}\end{cases}\qquad (P_2)\begin{cases}\min\ x_1+2x_2\\ \text{s.t.}\ \ 4x_1+2x_2\geqslant 5\\ \qquad x_1\geqslant 2\\ \qquad x_1,x_2\geqslant 0\text{ 且为整数}\end{cases}$$

② 用单纯形法求解(P_1)的松弛问题，得到最优解：$\boldsymbol{x}=(1\quad 0.5)^{\mathrm{T}}$，目标函数值 $f=2$。更新(P_0)问题的下界为 2，得到 $\underline{S}_0=2$，$\overline{S}_0=$无穷大。采用深度递归策略，因为 $\boldsymbol{x}$ 不全为整数，因此不是(P_1)的可行解，可继续分支。选择分量 $x_2=0.5$，分别增加分支约束 $x_2\leqslant 0$ 和 $x_2\geqslant 1$，产生分支子问题(P_3)和(P_4)，如下：

$$(P_3)\begin{cases}\min\ x_1+2x_2\\ \text{s.t.}\ \ 4x_1+2x_2\geqslant 5\\ \qquad x_1\leqslant 1\\ \qquad x_2\leqslant 0\\ \qquad x_1,x_2\geqslant 0\ \text{且为整数}\end{cases}\qquad (P_4)\begin{cases}\min\ x_1+2x_2\\ \text{s.t.}\ \ 4x_1+2x_2\geqslant 5\\ \qquad x_1\leqslant 1\\ \qquad x_2\geqslant 1\\ \qquad x_1,x_2\geqslant 0\ \text{且为整数}\end{cases}$$

③ 用单纯形法求解(P_3)的松弛问题,无可行解,该分支裁剪掉。

④ 用单纯形法求解(P_4)的松弛问题,得到最优解:$\boldsymbol{x}=(0.75\quad 1)^{\mathrm{T}}$,目标函数值 $f=2.75$。因为目标值大于现有上界值 2,该分支可裁剪掉。

⑤ 用单纯形法求解(P_2)的松弛问题,得到:$\boldsymbol{x}=(2\quad 0)^{\mathrm{T}}$,目标函数值 $f=2$。因为是可行解,更新(P_0)问题的上界为 2,得到:$\underline{S}_0=2$,$\overline{S}_0=2$。判断:因为(P_0)问题已经满足“上界=下界”,且 $\boldsymbol{x}$ 为整数可行解,因此即为原始问题的最优解。计算完毕。

将本算例的所有分支展开,可得到如图 7-17 所示的树形图。

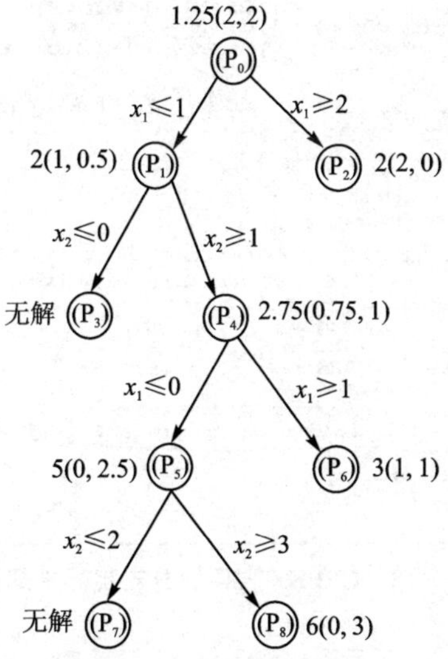

图 7-17　分支定界算例

分支定界算法的性质和特点:

① 是对可行域的全遍历搜索,因此所得解为全局最优解,是一种精确算法。

② 同层分支问题相互独立,可利用现代计算机的多处理器、多线程、网络云等计算资源,开展并行求解计算。

③ 分支搜索策略对计算效率有很大影响,包括如何选择变量进行分支,如何平衡搜索的深度和广度,以及堆栈(Stack 先进后出)方法合理应用等。一般的商用求解器都可设置搜索偏好,并且可结合启发式算法获得的可行解,给定初始上界,加速上界(或下界)的收敛。

④ 算法需要维持一个庞大的搜索树,对内存要求非常高,若设置硬盘为虚拟内存则会大幅降低计算速度。

⑤ 算法的计算规模体现为整数变量实例(variable instances)的数量,普通的 PC 服务器计算环境通常只能求解小规模问题,如 500 个以下整数变量实例。

⑥ 针对具体的问题,可设计具体的分支和裁剪策略,可加快算法的收敛速度。商用软件

(如 CPLEX 等)具有较好的通用性，但计算效率通常较低。

图 7-18 所示截图是 AMPL 软件调用 CPLEX 求解器(V12.6)求解一个小规模算例整数规划问题的屏幕输出和解释。

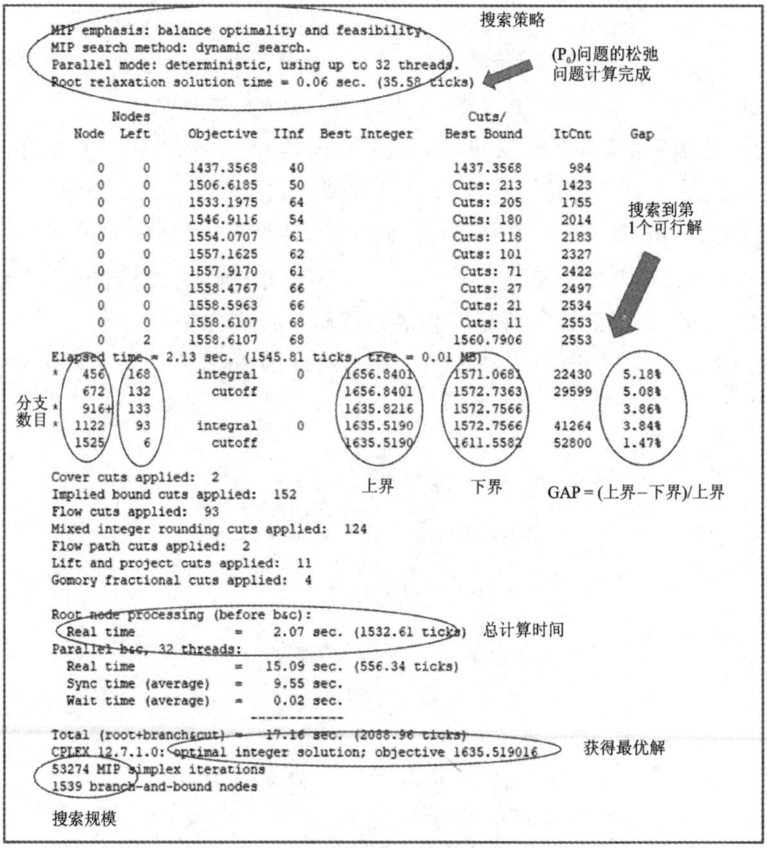

图 7-18 CPLEX 软件的分支定界求解图例

7.7 0/1 隐枚举算法

在整数规划中，当决策变量全部为 0/1 变量时，也没有连续变量，采用 0/1 隐枚举算法搜寻最优解，具有更好的搜索计算效率。该算法只需要检查变量取 0 或 1 的部分组合，就能求得最优解，无须求解松弛问题和单纯形算法，甚至允许整数规划中存在非线性约束条件。常见应用场景包括指派问题、TSP、网络最短路径问题、订单选择等。

下面介绍 0/1 隐枚举算法的原理。

考虑线性 0/1 规划：

$$\begin{cases} \min \sum_{j=1}^{n} c_j x_j \\ \text{s.t.} \sum_{j=1}^{n} a_{ij} x_j \geqslant b_i, \quad i=1,2,\cdots,m \\ x_j \in \{0,1\}, \quad j=1,2,\cdots,n \end{cases} \tag{7-9}$$

式中，a_{ij}，b_i 和 c_j 是参数，x_j 是 0/1 变量。

不失一般性，对上述规划做如下两点假设：

① $c_j \geqslant 0$ $(j=1, 2, \cdots, n)$，如果某个 $c_j<0$，则作变量替换，令 $x'_j=1-x_j$，变换后的 x'_j，必定有系数 $-c_j \geqslant 0$。

② $c_1 \leqslant c_2 \leqslant \cdots \leqslant c_n$，如果某个系数不满足，则更改变量的下标，使假设成立。

0/1 隐枚举算法的基本思路：

① 把原始问题(P_0)分解为树形层次结构的若干子问题；

② 按照一定的规则检查各子问题，直至找到最优解。

具体如下：

先按照 x_1 取 1 或 0，把(P_0)分解为(P_1)和(P_2)两个子问题；(P_1)记作{0}，(P_2)记作{1}；x_1 称为固定变量，x_2，…，x_n 称为自由变量。若同时选择 x_1 和 x_2 作为固定变量，则 x_3，…，x_n 为自由变量，可分解得到 4 个子问题，分别记作{0, 0}，{0, 1}，{1, 0}，{1, 1}。这里我们以每次分解仅选择 1 个变量为例进行说明。

继续分解，选择 x_2 变量，对{0}和{1}进行分解，形成 4 个下层子问题：{0, 0}，{0, 1}，{1, 0}和{1, 1}。如此递进，可将所有变量进行分解，并形成代表了固定变量取值状态的子问题编码，如图 7 - 19 所示。

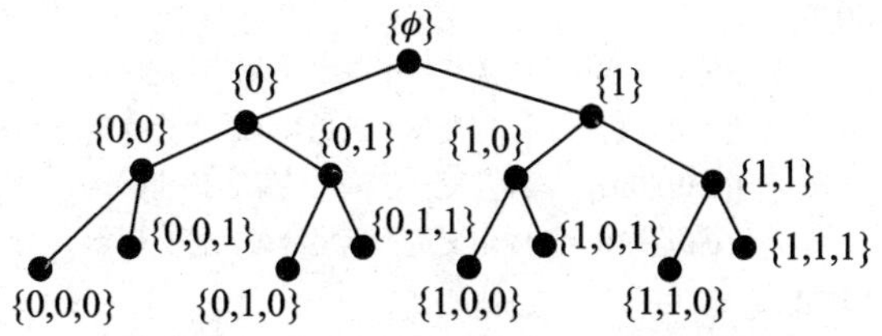

图 7 - 19　0/1 隐枚举问题编码

然后，对树形子问题进行探测。探测规则是：从左到右，探测子问题的自由变量组合对于目标函数值的影响。以子问题 $P_x=\{\mathbf{0}, \mathbf{1}, 0, 0, 0, 0, 0\}$(其中，粗体是固定变量，斜体是自由变量)为例，按以下规则进行判断：

① 如果 P_x 是可行解，则后续的子问题 $P'_x=\{\mathbf{0}, \mathbf{1}, ?, ?, ?, ?, ?\}$ 中不会存在比有更好的可行解(其中"?"代表 0 或 1)，因此可以剪切掉，不必展开搜索。

② 如果 P_x 不是可行解，则继续检查后续的子问题。

③ 如果 P_x 中的固定变量已经不满足约束，则停止检查后续子问题。

重复利用上述三条判断规则，直到搜索完全部的树形子问题。

例 7.9(TSP 问题)　从仓库 0 出发，访问 2 个客户回到仓库，求最短行驶距离。3 个节点的距离矩阵为

$$\boldsymbol{d}_{ij}=\begin{bmatrix}0.0 & 2.8 & 3.4\\2.8 & 0.0 & 1.1\\3.4 & 1.1 & 0.0\end{bmatrix}$$

解：建立上述问题的一般 IP 规划模型：

$$\begin{cases}\min \sum\limits_{i=1,j=1,i\neq j}^{3} \boldsymbol{d}_{ij}x_{ij} \\ \text{s.t.} \sum\limits_{j=1,j\neq i}^{3} x_{ij}=1, \quad i=1,2,3 \\ \quad \sum\limits_{i=1,i\neq j}^{3} x_{ij}=1, \quad j=1,2,3 \\ \quad x_{ij}\in\{0,1\}\end{cases}$$

按 0/1 隐枚举对系数排序要求进行整理：

$$\begin{cases}\min 1.1(x_{32}+x_{23})+2.8(x_{21}+x_{21})+3.4(x_{31}+x_{13}) \\ \text{s.t.} \sum\limits_{j=1,j\neq i}^{3} x_{ij}=1, \quad i=1,2,3 \\ \quad \sum\limits_{i=1,i\neq j}^{3} x_{ij}=1, \quad j=1,2,3 \\ \quad x_{ij}\in\{0,1\}\end{cases}$$

探测 0/1 变量：$[(x_{32},x_{23}),(x_{21},x_{21}),(x_{31},x_{13})]$，得到如图 7－20 所示过程，其中子问题 P_{11} 处获得最优解。

P_1:[(0,0)]
  P_5:[(0,0),(0,0)] 固定变量不满足约束，停止探索
  P_6:[(0,0),(1,0)] 固定变量不满足约束，停止探索
  P_7:[(0,0),(0,1)] 固定变量不满足约束，停止探索
  P_8:[(0,0),(1,1)] 固定变量不满足约束，停止探索
P_2:[(1,0)]
  P_5:[(1,0),(0,0)] 固定变量不满足约束，停止探索
  P_6:[(1,0),(1,0)]
    P_9:[(1,0),(1,0),(0,0)] 不可行解
    P_{10}:[(1,0),(1,0),(1,0)] 不可行解
    P_{11}:[(1,0),(1,0),(0,1)] 可行解，目标函数值：7.3
    P_{12}:[(1,0),(1,0),(1,1)] 不可行解
  P_7:[(1,0),(0,1)] 固定变量不满足约束，停止探索
  P_8:[(1,0),(1,1)] 固定变量不满足约束，停止探索
P_3:[(0,1)]
  P_5:[(0,1),(0,0)] 固定变量不满足约束，停止探索
  P_6:[(0,1),(1,0)] 固定变量不满足约束，停止探索
  P_7:[(0,1),(0,1)] 固定变量不满足约束，停止探索
    P_9:[(0,1),(0,1),(0,0)] 不可行解
    P_{10}:[(0,1),(0,1),(1,0)] 可行解，目标函数值：7.3
    P_{11}:[(0,1),(0,1),(0,1)] 不可行解
    P_{12}:[(0,1),(0,1),(1,1)] 不可行解
  P_8:[(0,1),(1,1)] 固定变量不满足约束，停止探索
P_4:[(1,1)] 固定变量不满足约束，停止探索

图 7－20　0/1 隐枚举算例

7.8 Benders 分解算法

7.8.1 Benders 分解的原理

1962 年，J. F. Benders 在论文《Partitioning Procedures for Solving Mixed Variables Programming Problems》中发表了他的开创性理论——Benders Theory (BT)，目的用于求解混合整数优化问题，即当离散变量和连续变量同时出现于线性规划模型中的最优化问题。该方法被称为 Benders 分解算法。

Benders 分解算法的基本原理是将变量分为两部分：一部分是复杂变量，可能涉及较为复杂的约束、非线性或整数性要求等；另一部分是线性规划变量，分析复杂变量的可行值域空间，将复杂变量固定为其中的每一组值后（作为参数）求解另一部分变量的线性规划问题，通过比较获得所有可能组合下的最优目标值，从而完成对原始问题的最优求解。

Benders 分解的核心在于如何定义主问题（Master Problem）和子问题（Slave Problem）。

下面考虑混合整数规划问题：

$$\begin{cases} \min \ \boldsymbol{c}^{\mathrm{T}}\boldsymbol{x} + f(\boldsymbol{y}) \\ \text{s.t.} \ \ \boldsymbol{A}\boldsymbol{x} + \boldsymbol{F}(\boldsymbol{y}) \geqslant \boldsymbol{b} \\ \qquad \boldsymbol{x} \geqslant \boldsymbol{0}^{n}, \boldsymbol{y} \in S \end{cases} \tag{7-10}$$

式中，$\boldsymbol{c}$ 和 $\boldsymbol{b}$ 是常数向量，$\boldsymbol{A}$ 是常数矩阵，$\boldsymbol{x}$ 和 $\boldsymbol{y}$ 是变量向量，$f(\boldsymbol{y})$ 和 $\boldsymbol{F}(\boldsymbol{y})$ 是已知函数，S 是变量 $\boldsymbol{y}$ 的可行值域。

令 R 表示变量 $\boldsymbol{y}$ 相对于 MIP 问题的可行值域，有

$$R = \{\boldsymbol{y} \mid \boldsymbol{y} \in S, \boldsymbol{A}\boldsymbol{x} + \boldsymbol{F}(\boldsymbol{y}) \geqslant \boldsymbol{b}, \boldsymbol{x} \geqslant \boldsymbol{0}\} \tag{7-11}$$

对于 R 中的某一个值 $\bar{\boldsymbol{y}} \in R$，式(7-10)问题转化为线性规划问题：

$$\begin{cases} \min\limits_{x} \ \boldsymbol{c}^{\mathrm{T}}\boldsymbol{x} + f(\bar{\boldsymbol{y}}) \\ \text{s.t.} \ \ \boldsymbol{A}\boldsymbol{x} \geqslant \boldsymbol{b} - \boldsymbol{F}(\bar{\boldsymbol{y}}) \\ \qquad \boldsymbol{x} \geqslant \boldsymbol{0} \end{cases} \tag{7-12}$$

式(7-12)问题也称为式(7-10)问题的一个子问题，将其转化为线性对偶问题：

$$\begin{cases} \max\limits_{u} \ \boldsymbol{u}^{\mathrm{T}}[\boldsymbol{b} - \boldsymbol{F}(\bar{\boldsymbol{y}})] + f(\bar{\boldsymbol{y}}) \\ \text{s.t.} \ \ \boldsymbol{u}^{\mathrm{T}}\boldsymbol{A} \leqslant \boldsymbol{c}^{\mathrm{T}} \\ \qquad \boldsymbol{u} \geqslant \boldsymbol{0}^{m} \end{cases} \tag{7-13}$$

式中，$\boldsymbol{u}$ 是与 $\boldsymbol{x}$ 和 $\boldsymbol{y}$ 无关的对偶变量。令 u_i^p，$(i=1,2,\cdots,n^p)$ 表示上述式(7-13)对偶问题的 n^p 个极点，而线性规划问题的最优值必定在其极点上达到。

这样，式(7-10)原始问题就等价转化为

$$\min_{y \in S}\{f(\boldsymbol{y}) + \min_{x}\{\boldsymbol{c}^{\mathrm{T}}\boldsymbol{x} \mid \boldsymbol{A}\boldsymbol{x} + \boldsymbol{F}(\boldsymbol{y}) \geqslant \boldsymbol{b}, \boldsymbol{x} \geqslant \boldsymbol{0}^{n}\}\} \Leftrightarrow$$

$$\min_{y \in R}\{f(\boldsymbol{y}) + \max_{u}\{\boldsymbol{u}^{\mathrm{T}}[\boldsymbol{b} - \boldsymbol{F}(\boldsymbol{y})] \mid \boldsymbol{u}^{\mathrm{T}}\boldsymbol{A} \leqslant \boldsymbol{c}, \boldsymbol{u} \geqslant \boldsymbol{0}^{m}\}\} \Leftrightarrow$$

$$\min_{y \in R}\{f(\boldsymbol{y}) + \max_{u}\{(\boldsymbol{u}_i^p)^{\mathrm{T}}[\boldsymbol{b} - \boldsymbol{F}(\boldsymbol{y})] \mid i = 1,2,\cdots,n^p\}\} \Leftrightarrow$$

$$\begin{cases}\min z \\ \text{s.t. } z \geqslant f(\boldsymbol{y})+\boldsymbol{u}_i^p[\boldsymbol{b}-\boldsymbol{F}(\boldsymbol{y})]^{\mathrm{T}}, \quad \forall i=1,2,\cdots,n^p \\ \quad \boldsymbol{y}\in\mathbf{R}\end{cases} \tag{7-14}$$

令式(7-12)子问题及其式(7-13)对偶问题中的 $\boldsymbol{c}^{\mathrm{T}}$ 为零，即有

$$\begin{cases}\min\limits_{x} f(\bar{\boldsymbol{y}}) \\ \text{s.t. } \boldsymbol{Ax}\geqslant\boldsymbol{b}-\boldsymbol{F}(\bar{\boldsymbol{y}}) \\ \quad \boldsymbol{x}\geqslant\boldsymbol{0}\end{cases} \quad 和 \quad \begin{cases}\max\limits_{u} \boldsymbol{u}^{\mathrm{T}}[\boldsymbol{b}-\boldsymbol{F}(\bar{\boldsymbol{y}})]+f(\bar{\boldsymbol{y}}) \\ \text{s.t. } \boldsymbol{u}^{\mathrm{T}}\boldsymbol{A}\leqslant\boldsymbol{0} \\ \quad \boldsymbol{u}\geqslant\boldsymbol{0}^m\end{cases}$$

由于对偶性质，原始问题目标函数值总是大于或等于对偶问题的目标函数值，因此必然满足 $\boldsymbol{u}^{\mathrm{T}}[\boldsymbol{b}-\boldsymbol{F}(\bar{\boldsymbol{y}})]+f(\bar{\boldsymbol{y}})\leqslant f(\bar{\boldsymbol{y}})$。因此，对于 $\bar{\boldsymbol{y}}\in S$，约束 $\begin{cases}\boldsymbol{Ax}\geqslant\boldsymbol{b}-\boldsymbol{F}(\bar{\boldsymbol{y}})\\ \boldsymbol{x}\geqslant\boldsymbol{0}\end{cases}$ 有可行解的充分必要条件是 $\begin{cases}\boldsymbol{u}^{\mathrm{T}}(\boldsymbol{b}-\boldsymbol{F}(\bar{\boldsymbol{y}}))\leqslant\boldsymbol{0}\\ \boldsymbol{u}^{\mathrm{T}}\boldsymbol{A}\leqslant\boldsymbol{0}\\ \boldsymbol{u}\geqslant\boldsymbol{0}^m\end{cases}$ 也有可行解，即原始问题有可行解与对偶问题有可行解是互为充分必要条件，也称为 Farkas-Minkowski 定理。

令 $\boldsymbol{u}_i^r(i=1,2,\cdots,n^r)$ 表示对偶问题的 n^r 个极方向(极线)，根据 Farkas 推论，上述条件可改写为

$$\boldsymbol{u}_i^r[\boldsymbol{b}-\boldsymbol{F}(\bar{\boldsymbol{y}})]^{\mathrm{T}}\leqslant\boldsymbol{0}, \quad \forall i=1,2,\cdots,n^r$$

这样式(7-10)可改写为

$$\begin{cases}\min z \\ \text{s.t. } z\geqslant f(\boldsymbol{y})+\boldsymbol{u}_i^p[\boldsymbol{b}-\boldsymbol{F}(\boldsymbol{y})]^{\mathrm{T}}, & \forall i=1,2,\cdots,n^p \\ \quad \boldsymbol{u}_i^r(\boldsymbol{b}-\boldsymbol{F}(\boldsymbol{y}))^{\mathrm{T}}\leqslant\boldsymbol{0}, & \forall i=1,2,\cdots,n^r \\ \quad \boldsymbol{y}\in S\end{cases} \tag{7-15}$$

上述式(7-15)问题又称为 Benders 分解的主问题。综合上述推导，Benders 分解法的概况描述如下：

原问题 $\quad$ 子问题(固定 $\bar{\boldsymbol{y}}$) $\quad$ 一个 Benders 子问题

$$\begin{cases}\min \boldsymbol{c}^{\mathrm{T}}\boldsymbol{x}+f(\boldsymbol{y}) \\ \text{s.t. } \boldsymbol{Ax}+\boldsymbol{F}(\boldsymbol{y})\geqslant\boldsymbol{b} \\ \quad \boldsymbol{x}\geqslant\boldsymbol{0}^n, \boldsymbol{y}\in S\end{cases} \Rightarrow \begin{cases}\min\limits_{x} \boldsymbol{c}^{\mathrm{T}}\boldsymbol{x}+f(\bar{\boldsymbol{y}}) \\ \text{s.t. } \boldsymbol{Ax}\geqslant\boldsymbol{b}-\boldsymbol{F}(\bar{\boldsymbol{y}}) \\ \quad \boldsymbol{x}\geqslant\boldsymbol{0}\end{cases} \overset{对偶}{\Rightarrow} \begin{cases}\max\limits_{u} \boldsymbol{u}^{\mathrm{T}}[\boldsymbol{b}-\boldsymbol{F}(\bar{\boldsymbol{y}})]+f(\bar{\boldsymbol{y}}) \\ \text{s.t. } \boldsymbol{u}^{\mathrm{T}}\boldsymbol{A}\leqslant\boldsymbol{c}^{\mathrm{T}} \\ \quad \boldsymbol{u}\geqslant\boldsymbol{0}^m\end{cases}$$

原问题 $\quad$ Benders 主问题

$$\begin{cases}\min \boldsymbol{c}^{\mathrm{T}}\boldsymbol{x}+f(\boldsymbol{y}) \\ \text{s.t. } \boldsymbol{Ax}+\boldsymbol{F}(\boldsymbol{y})\geqslant\boldsymbol{b} \\ \quad \boldsymbol{x}\geqslant\boldsymbol{0}^n \\ \quad \boldsymbol{y}\in S\end{cases} \overset{等价}{\Longleftrightarrow} \begin{cases}\min z \\ \text{s.t. } z\geqslant f(\boldsymbol{y})+\boldsymbol{u}_i^p[\boldsymbol{b}-\boldsymbol{F}(\boldsymbol{y})]^{\mathrm{T}}, \quad \forall i=1,2,\cdots,n^p \\ \quad \boldsymbol{u}_i^r[\boldsymbol{b}-\boldsymbol{F}(\boldsymbol{y})]^{\mathrm{T}}\leqslant\boldsymbol{0}, \quad \forall i=1,2,\cdots,n^r \\ \quad \boldsymbol{y}\in S\end{cases}$$

其中，$\boldsymbol{u}_i^p(i=1,2,\cdots,n^p)$ 表示 Benders 子问题的 n^p 个极点；$\boldsymbol{u}_i^r(i=1,2,\cdots,n^r)$ 表示 Benders 子问题的 n^r 个极方向。

Benders 主问题的第一组约束表示目标函数值必须大于 $f(\boldsymbol{y})$ 与子问题的任何一个极点

的函数值之和；第二组约束保持 $\boldsymbol{y}$ 的取值必须是在原始问题的可行域之内，即方程组

$$\begin{cases}\boldsymbol{Ax}-\boldsymbol{s}=\boldsymbol{b}-\boldsymbol{F}(\boldsymbol{y})\\ \boldsymbol{x}\geqslant \boldsymbol{0}\\ \boldsymbol{s}\geqslant \boldsymbol{0}\\ \boldsymbol{y}\in S\end{cases}$$

有可行解。

当原始问题为线性混合整数规划问题时，有 $\boldsymbol{F}(\boldsymbol{y})$ 转为 $\boldsymbol{Fy}$，$\boldsymbol{f}(\boldsymbol{y})$ 转为 $\boldsymbol{fy}$，Benders 分解的基本形式更改为

原问题

$$\begin{cases}\min\quad \boldsymbol{c}^{\mathrm{T}}\boldsymbol{x}+\boldsymbol{f}^{\mathrm{T}}\boldsymbol{y}\\ \text{s.t.}\quad A\boldsymbol{x}+\boldsymbol{Fy}\geqslant\boldsymbol{b}\\ \qquad \boldsymbol{x}\geqslant\boldsymbol{0}^{n}\\ \qquad \boldsymbol{y}\in S\end{cases}$$

去掉 $\boldsymbol{x}$　　　　固定 $\bar{\boldsymbol{y}}$

Benders主问题

$$\begin{cases}\min\quad z\\ \text{s.t.}\quad z\geqslant\boldsymbol{f}^{\mathrm{T}}\boldsymbol{y}+\boldsymbol{u}_i^{p}(\boldsymbol{b}-\boldsymbol{Fy})^{\mathrm{T}},\quad \forall i=1,2,\cdots,n^{p}\\ \qquad \boldsymbol{u}_i^{r}(\boldsymbol{b}-\boldsymbol{Fy})^{\mathrm{T}}\leqslant 0,\quad \forall i=1,2,\cdots,n^{r}\\ \qquad \boldsymbol{y}\in S\end{cases}$$

一个Benders子问题

$$\begin{cases}\max\limits_{\boldsymbol{u}}\quad \boldsymbol{u}^{\mathrm{T}}(\boldsymbol{b}-\boldsymbol{F}\bar{\boldsymbol{y}})+\boldsymbol{f}^{\mathrm{T}}\boldsymbol{y}\\ \text{s.t.}\quad \boldsymbol{u}^{\mathrm{T}}\boldsymbol{A}\leqslant\boldsymbol{c}^{\mathrm{T}}\\ \qquad \boldsymbol{u}\geqslant\boldsymbol{0}^{m}\end{cases}$$

原始问题经过上述 Benders 分解为主问题和子问题两部分，消去了 $\boldsymbol{x}$ 变量，仅留下 $\boldsymbol{y}$ 变量，从而简化问题求解复杂度。值得注意的是，无论 $\boldsymbol{y}$ 取什么值，对偶问题式(7－7)的极点和极方向是不变的，它们仅与 $\boldsymbol{x}$ 的分量变量选取相关。因此，一旦 $\boldsymbol{x}$ 确定后，可求解 Benders 子问题得到极点和极方向，从而构建出 Benders 主问题的第一组(极点)和第二组(极方向)约束，然后直接求解主问题可获得原始问题的最优解。

7.8.2　Benders 分解算法的步骤

当 $\boldsymbol{x}$ 包含较多分量变量时，Benders 子问题的极点或者极方向可能数量非常庞大。而求解主问题时，有时只需要根据一部分极点和极方向建立约束，称为受限主问题(Restricted Master Problem)，通过最优条件判断就可以获得最优解，这种方法称为 Benders 分解算法。以原始问题为线性混合整数规划问题为例，其具体步骤如下：

步骤 1：将原始问题的变量划分为 $\boldsymbol{x}$ 和 $\boldsymbol{y}$ 两部，定义相应的 Benders 主问题和 Benders 子问题(对偶形式)。

步骤 2：初始化极点集合 $P_0\leftarrow\phi$ 和极方向集合 $R_0\leftarrow\phi$，给出受限主问题的一个初始可行解 $\boldsymbol{y}_0$，计算 $z_0=\boldsymbol{f}\boldsymbol{y}_0$。设置迭代次数 $l\leftarrow 1$。

步骤 3：求解 Benders 子问题，若无可行解，则原始问题无界或无可行解，算法终止；若目标函数值有界，得到极点 $\boldsymbol{u}_l^{p}$，则进入步骤 4；若目标函数值无界，得到极方向 $\boldsymbol{u}_l^{r}$，则进入步骤 5。

步骤 4(判断)：子问题得到的解若满足 $\boldsymbol{f}^{\mathrm{T}}\boldsymbol{y}_{l-1}+\boldsymbol{u}_l^{p}(\boldsymbol{b}-\boldsymbol{F}\boldsymbol{y}_{l-1})^{\mathrm{T}}\leqslant z_{l-1}$，则算法停止，当前得到的 $\boldsymbol{y}_{l-1}$ 是主问题的最优解，求解子问题式(7－6)得到决策变量 $\boldsymbol{x}_l$。

步骤 5：若从步骤 3 得到的是新的极点，则将该极点添加到集合 $P_l\leftarrow P_{l-1}\cup l$，并在受限

主问题中增加约束条件 $z \geqslant \boldsymbol{f}^{\mathrm{T}}\boldsymbol{y}+\boldsymbol{u}_l^p(\boldsymbol{b}-\boldsymbol{F}\boldsymbol{y})^{\mathrm{T}}$，令 $R_l \leftarrow R_{l-1}$。若从步骤 3 中得到新的极方向，则令 $R_l \leftarrow R_{l-1} \cup l$，并在受限主问题中增加约束条件 $\boldsymbol{u}_i^r(\boldsymbol{b}-\boldsymbol{F}\boldsymbol{y})^{\mathrm{T}} \leqslant 0$，令 $P_l \leftarrow P_{l-1}$。

步骤 6：精确或近似求解受限主问题，得到解 $\boldsymbol{y}_l$ 和目标函数值 z_l。令 $l \leftarrow l+1$，返回步骤 3。

例 7.10 用 Benders 分解算法求解下列混合整数规划：

$$\begin{cases}\min\ 2x_1+x_2-2y_1+y_2\\ \text{s.t.}\ -2x_1+x_2-2y_1-y_2 \geqslant 4\\ \qquad x_1-3x_2+y_1+2y_1 \geqslant 4\\ \qquad x_1,x_2 \geqslant 0;y_1,y_2 \geqslant 0\ \text{且为整数}\end{cases}$$

解：对应算法中的各矩阵和向量为

$$\boldsymbol{c}=[2\quad 1]^{\mathrm{T}},\quad \boldsymbol{f}=[-2\quad 1]^{\mathrm{T}},\quad \boldsymbol{A}=\begin{bmatrix}-2 & 2\\ 1 & -3\end{bmatrix},\quad \boldsymbol{F}=\begin{bmatrix}-1 & -1\\ 1 & 2\end{bmatrix},\quad \boldsymbol{b}=\begin{bmatrix}4\\4\end{bmatrix}$$

初始 0

初始还没有找到对偶问题的极点或极方向，因此初始的受限主问题为

$$\begin{cases}\min\ z\\ \text{s.t.}\ \ y_1,y_2 \geqslant 0\ \text{且为整数}\end{cases}$$

该问题无界，最优值和其中一个可行(最优)解为

$$(z_0,\boldsymbol{y}_0)=\left(-\infty,\begin{bmatrix}1\\1\end{bmatrix}\right)$$

迭代 1

根据主问题的最优解 $\boldsymbol{y}_0$，构造 Benders 对偶子问题：

$$\begin{cases}\max\limits_{\boldsymbol{u}}\ \boldsymbol{u}^{\mathrm{T}}(\boldsymbol{b}-\boldsymbol{F}\boldsymbol{y}_0)+\boldsymbol{f}^{\mathrm{T}}\boldsymbol{y}_0\\ \text{s.t.}\ \boldsymbol{u}^{\mathrm{T}}\boldsymbol{A} \leqslant \boldsymbol{c}^{\mathrm{T}}\\ \qquad \boldsymbol{u} \geqslant \boldsymbol{0}^m\end{cases}$$

$$\Rightarrow\begin{cases}\max\ [u_1\quad u_2]\left(\begin{bmatrix}4\\4\end{bmatrix}-\begin{bmatrix}-1 & -1\\ 1 & 2\end{bmatrix}\begin{bmatrix}1\\1\end{bmatrix}\right)+[-2\quad 1]\begin{bmatrix}1\\1\end{bmatrix}\\ \text{s.t.}\ [u_1\quad u_2]\begin{bmatrix}-2 & 2\\ 1 & -3\end{bmatrix} \leqslant \begin{bmatrix}2\\1\end{bmatrix}\\ \qquad u_1,u_2 \geqslant 0\end{cases}$$

$$\Rightarrow\begin{cases}\max\ 6u_1+u_2-1\\ \text{s.t.}\ -2u_1+u_2 \leqslant 2\\ \qquad 2u_1-3u_2 \leqslant 1\\ \qquad u_1,u_2 \geqslant 0\end{cases}$$

用图解法绘制上述对偶子问题的可行值域，如图 7-21 所示。可见该问题无界，得到一个极方向 $\boldsymbol{u}_1^r=(1\quad 2)^{\mathrm{T}}$，由此更新受限主问题(增加约束)。

迭代 2

更新受限主问题：

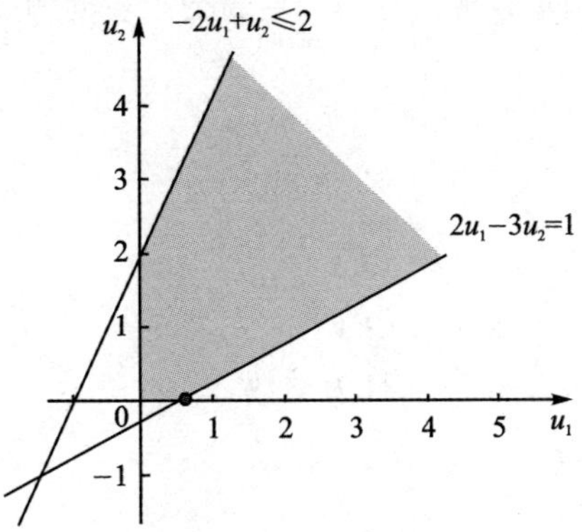

图 7 - 21　图解法

$$\begin{cases}\min z \\ \text{s. t. } 0 \geqslant \boldsymbol{u}_1^r(\boldsymbol{b}-\boldsymbol{F}\boldsymbol{y}) \\ \quad y_1, y_2 \geqslant 0 \text{ 且为整数}\end{cases}$$

$$\Rightarrow\begin{cases}\min z \\ \text{s. t. } 0 \geqslant [1 \quad 2]\left(\begin{bmatrix}4\\4\end{bmatrix}-\begin{bmatrix}-1 & -1\\ 1 & 2\end{bmatrix}\begin{bmatrix}y_1\\y_2\end{bmatrix}\right) \\ \quad y_1, y_2 \geqslant 0 \text{ 且为整数}\end{cases}$$

$$\Rightarrow\begin{cases}\min z \\ \text{s. t. } 0 \geqslant 12 - y_1 - 3y_2 \\ \quad y_1, y_2 \geqslant 0 \text{ 且为整数}\end{cases}$$

上述受限主问题仍然无界，最优值和其中一个可行解为

$$(z_1, \boldsymbol{y}_1) = \left(-\infty, \begin{bmatrix}0\\4\end{bmatrix}\right)$$

构造对偶子问题：

$$\begin{cases}\max\limits_{\boldsymbol{u}} \boldsymbol{u}^{\mathrm{T}}(\boldsymbol{b}-\boldsymbol{F}\boldsymbol{y}_0)+\boldsymbol{f}^{\mathrm{T}}\boldsymbol{y}_0 \\ \text{s. t. } \boldsymbol{u}^{\mathrm{T}}\boldsymbol{A} \leqslant \boldsymbol{c}^{\mathrm{T}} \\ \quad \boldsymbol{u} \geqslant \boldsymbol{0}^m\end{cases}$$

$$\Rightarrow\begin{cases}\max\ [u_1 \quad u_2]\left(\begin{bmatrix}4\\4\end{bmatrix}-\begin{bmatrix}-1 & -1\\ 1 & 2\end{bmatrix}\begin{bmatrix}0\\4\end{bmatrix}\right)+[-2 \quad 1]\begin{bmatrix}0\\4\end{bmatrix} \\ \text{s. t. } [u_1 \quad u_2]\begin{bmatrix}-2 & 2\\ 1 & -3\end{bmatrix} \leqslant \begin{bmatrix}2\\1\end{bmatrix} \\ \quad u_1, u_2 \geqslant 0\end{cases}$$

$$\Rightarrow\begin{cases}\max 8u_1 - 4u_2 + 4 \\ \text{s. t. } -2u_1 + u_2 \leqslant 2 \\ \quad 2u_1 - 3u_2 \leqslant 1 \\ \quad u_1, u_2 \geqslant 0\end{cases}$$

问题无界，得到一个极方向 $\boldsymbol{u}_2^r=(3\quad 2)^{\mathrm{T}}$，更新受限主问题(增加约束)。

迭代 3

更新受限主问题：

$$
\begin{cases}
\min z \\
\text{s.t. } 0 \geqslant \boldsymbol{u}_1^r(\boldsymbol{b}-\boldsymbol{F}\boldsymbol{y}) \\
\quad\ \ 0 \geqslant \boldsymbol{u}_2^r(\boldsymbol{b}-\boldsymbol{F}\boldsymbol{y}) \\
\quad\ \ y_1, y_2 \geqslant 0 \text{ 且为整数}
\end{cases}
$$

$$
\Rightarrow
\begin{cases}
\min z \\
\text{s.t. } 0 \geqslant [1\quad 2]\left(\begin{bmatrix}4\\4\end{bmatrix}-\begin{bmatrix}-1 & -1\\ 1 & 2\end{bmatrix}\begin{bmatrix}y_1\\y_2\end{bmatrix}\right) \\
\quad\ \ 0 \geqslant [3\quad 2]\left(\begin{bmatrix}4\\4\end{bmatrix}-\begin{bmatrix}-1 & -1\\ 1 & 2\end{bmatrix}\begin{bmatrix}y_1\\y_2\end{bmatrix}\right) \\
\quad\ \ y_1, y_2 \geqslant 0 \text{ 且为整数}
\end{cases}
$$

$$
\Rightarrow
\begin{cases}
\min z \\
\text{s.t. } 0 \geqslant 12 - y_1 - 3y_2 \\
\quad\ \ 0 \geqslant 20 + y_1 - y_2 \\
\quad\ \ y_1, y_2 \geqslant 0 \text{ 且为整数}
\end{cases}
$$

上述受限主问题仍然无界，最优值和其中一个可行解(最优)为

$$
(z_2, \boldsymbol{y}_2) = \left(-\infty, \begin{bmatrix}0\\20\end{bmatrix}\right)
$$

构造对偶子问题：

$$
\begin{cases}
\max\limits_{\boldsymbol{u}} \boldsymbol{u}^{\mathrm{T}}(\boldsymbol{b}-\boldsymbol{F}\boldsymbol{y}_0)+\boldsymbol{f}^{\mathrm{T}}\boldsymbol{y}_0 \\
\text{s.t. } \boldsymbol{u}^{\mathrm{T}}\boldsymbol{A} \leqslant \boldsymbol{c}^{\mathrm{T}} \\
\quad\ \ \boldsymbol{u} \geqslant \boldsymbol{0}^m
\end{cases}
$$

$$
\Rightarrow
\begin{cases}
\max [u_1\quad u_2]\left(\begin{bmatrix}4\\4\end{bmatrix}-\begin{bmatrix}-1 & -1\\ 1 & 2\end{bmatrix}\begin{bmatrix}0\\20\end{bmatrix}\right)+[-2\quad 1]\begin{bmatrix}0\\20\end{bmatrix} \\
\text{s.t. } [u_1\quad u_2]\begin{bmatrix}-2 & 2\\ 1 & -3\end{bmatrix} \leqslant \begin{bmatrix}2\\1\end{bmatrix} \\
\quad\ \ u_1, u_2 \geqslant 0
\end{cases}
$$

$$
\Rightarrow
\begin{cases}
\max 24u_1 - 36u_2 + 20 \\
\text{s.t. } -2u_1 + u_2 \leqslant 2 \\
\quad\ \ 2u_1 - 3u_2 \leqslant 1 \\
\quad\ \ u_1, u_2 \geqslant 0
\end{cases}
$$

问题有界，得到最优极点为 $\boldsymbol{u}_1^p=(1/2\quad 0)^{\mathrm{T}}$，最优目标值为 32。对偶子问题的目标值 32 与受限主问题的下界($-\infty$)不相等，因此还没有达到最优解。

迭代 4

加入新的极点更新限制主问题：

$$\begin{cases}\min z \\ \text{s.t. } z \geqslant \boldsymbol{f}^{\mathrm{T}} y + \boldsymbol{u}_1^p(\boldsymbol{b} - \boldsymbol{F}\boldsymbol{y}) \\ \quad 0 \geqslant \boldsymbol{u}_1^r(\boldsymbol{b} - \boldsymbol{F}\boldsymbol{y}) \\ \quad 0 \geqslant \boldsymbol{u}_2^r(\boldsymbol{b} - \boldsymbol{F}\boldsymbol{y}) \\ \quad y_1, y_2 \geqslant 0 \text{ 且为整数} \end{cases}$$

$$\Rightarrow \begin{cases}\min z \\ \text{s.t. } z \geqslant [-2 \quad 1]\begin{bmatrix} y_1 \\ y_2 \end{bmatrix} + \begin{bmatrix} 1/2 \\ 0 \end{bmatrix}\left(\begin{bmatrix} 4 \\ 4 \end{bmatrix} - \begin{bmatrix} -1 & -1 \\ 1 & 2 \end{bmatrix}\begin{bmatrix} y_1 \\ y_2 \end{bmatrix}\right) \\ \quad 0 \geqslant [1 \quad 2]\left(\begin{bmatrix} 4 \\ 4 \end{bmatrix} - \begin{bmatrix} -1 & -1 \\ 1 & 2 \end{bmatrix}\begin{bmatrix} y_1 \\ y_2 \end{bmatrix}\right) \\ \quad 0 \geqslant [3 \quad 2]\left(\begin{bmatrix} 4 \\ 4 \end{bmatrix} - \begin{bmatrix} -1 & -1 \\ 1 & 2 \end{bmatrix}\begin{bmatrix} y_1 \\ y_2 \end{bmatrix}\right) \\ \quad y_1, y_2 \geqslant 0 \text{ 且为整数} \end{cases}$$

$$\Rightarrow \begin{cases}\min z \\ \text{s.t. } z \geqslant -1.5y_1 + 1.5y_2 + 2 \\ \quad 0 \geqslant 12 - y_1 - 3y_2 \\ \quad 0 \geqslant 20 + y_1 - y_2 \\ \quad y_1, y_2 \geqslant 0 \text{ 且为整数} \end{cases}$$

上述受限主问题的最优解和最优值为

$$(z_3, \boldsymbol{y}_3) = \left(32, \begin{bmatrix} 0 \\ 20 \end{bmatrix}\right)$$

由于 $\boldsymbol{y}_3$ 与 $\boldsymbol{y}_2$ 相同，子问题的最优目标值不会变化（仍然是 32），且与受限主问题目标值相等，满足判断条件，达到最优解。

基于 $\bar{\boldsymbol{y}} = [0 \quad 20]^{\mathrm{T}}$，求解子问题：

$$\begin{cases}\min\limits_{\boldsymbol{x}} \boldsymbol{c}^{\mathrm{T}}\boldsymbol{x} + \boldsymbol{f}^{\mathrm{T}}\bar{\boldsymbol{y}} \\ \text{s.t. } \boldsymbol{A}\boldsymbol{x} \geqslant \boldsymbol{b} - \boldsymbol{F}\bar{\boldsymbol{y}} \\ \quad \boldsymbol{x} \geqslant \boldsymbol{0} \end{cases}$$

得到 $\bar{\boldsymbol{x}} = [0 \quad 12]^{\mathrm{T}}$。算法停止。

7.9　循环偏优化求解法

7.9.1　循环偏优化的原理

循环偏优化(Iterative Partial Optimization，IPO)是求解（混合）整数规划模型的一种通用方法，适用于求解大规模问题实例。循环偏优化算法的基本原理：针对较大规模的优化问题，构造一个可行解作为当前解，循环使用局部优化方法，对当前解进行持续的改进，直至获得满意的解或者满足时间终止条件。相关论文可见参考文献[2-3]。

循环偏优化算法可视为一种元启发式算法(meta-heuristics)，其算法特点如下：

① 可用于求解较大规模的最优化模型；

② 计算时间可控，时间越长，解的质量越好；

③ 算法具有全局性 (globality)；

④ 所获得解不能保证最优性(optimality)；

⑤ 需要设计针对问题的实施方法(problem-specified)。

下面给出 IPO 算法的基本框架：

(1) 准备阶段

① 定义问题，建立问题的 MILP 模型；

② 确定偏优化目标变量，例如路径问题中的路径选址变量 x_{ij}；

③ 确定局部区域产生方法或算子，例如随机产生法、带偏好选择法、记忆选择法；

④ 确定局部优化方法/算法，例如 local search，直接调用求解器 CPLEX。

(2) 初始化

① 构造一个随机可行解作为初始解 S_0；

② 令初始解 S_0 为当前解 S，无改进计数器为 0：$C \leftarrow 0$，$S \leftarrow S_0$。

(3) 循环执行下面步骤，直到满足终止条件：

① 根据局部区域产生方法/算子，选择当前解 S 目标变量的一个局部区域，记为 Δ。

② 对当前解 S 目标变量的 Δ 区域进行局部优化，固定 Δ 区域之外的值不变。

③ 如果获得了更优解，则更新当前解 S；否则 $C \leftarrow C+1$。

④ 判断终止条件($C \geqslant C_{max}$或计算时间大于给定值)，如果满足则终止算法。

7.9.2 TSP 问题算例

下面以求解 7.3.5 小节中 TSP 问题来说明 IPO 算法原理。

例 7.11　旅行者从起点 0 出发，访问 400 个节点，然后再返回起始点，节点之间的距离是已知的，求旅行者的最短访问路线。

基于 7.3.5 小节所建立的 MILP 模型，选择 0/1 决策变量 x_{ij} 为偏优化目标变量。

下面考虑 3 种局部偏优化算子。

偏优化算子 1：面向变量矩阵的局部偏优化

该算子随机选择变量矩阵$\{x_{ij}\}$的局部区域开展循环偏优化。具体方法：在变量矩阵$\{x_{ij}\}$内随机选择边长为 w 的正方形区域，对选中区域的 x_{ij} 变量实施偏优化，未选中区域的变量则固定不变。

图 7-22(a)中算子随机选择了区域 $x_{23} \sim x_{45}$ 开展偏优化，其余变量则固定为原值不变；而图 7-22(b)中算子选中了区域 $x_{76} \sim x_{98}$，其余部分固定。由于选择的随机性，经过多轮选择后，变量矩阵$\{x_{ij}\}$的全部区域都将进行多次的偏优化，从而不断地改进当前解，逼近于全局最优解。

$$\{x_{ij}\}=\begin{bmatrix} 0&0&1&0&0&0&0&0&0&0&\cdots\\ 0&0&0&0&1&0&0&1&0&0&\cdots\\ 0&0&0&1&0&0&1&0&0&0&\cdots\\ 0&0&0&0&0&0&0&0&0&0&\cdots\\ 0&0&1&0&0&0&0&0&1&0&\cdots\\ 0&0&0&0&0&0&0&0&0&0&\cdots\\ 0&0&0&0&0&0&0&0&0&0&\cdots\\ 0&0&1&0&0&0&1&0&0&1&\cdots\\ 0&0&0&0&0&1&0&0&0&0&\cdots\\ 1&0&0&1&0&0&0&0&0&0&\cdots\\ \vdots&\vdots&\vdots&\vdots&\vdots&\vdots&\vdots&\vdots&\vdots&\vdots& \end{bmatrix}$$

(a) 偏优化区域x_{23}~x_{45}

$$\{x_{ij}\}=\begin{bmatrix} 0&0&1&0&0&0&0&0&0&0&\cdots\\ 0&0&0&0&1&0&0&1&0&0&\cdots\\ 0&0&0&1&0&0&1&0&0&0&\cdots\\ 0&0&0&0&0&0&0&0&0&0&\cdots\\ 0&0&1&0&0&0&0&0&1&0&\cdots\\ 0&0&0&0&0&0&0&0&0&0&\cdots\\ 0&0&0&0&0&0&0&0&0&0&\cdots\\ 0&0&1&0&0&0&1&0&0&1&\cdots\\ 0&0&0&0&0&1&0&0&0&0&\cdots\\ 1&0&0&1&0&0&0&0&0&0&\cdots\\ \vdots&\vdots&\vdots&\vdots&\vdots&\vdots&\vdots&\vdots&\vdots&\vdots& \end{bmatrix}$$

(b) 偏优化区域x_{76}~x_{98}

图 7-22　面向局部变量的 *TSP* 问题偏优化算子

偏优化算子 2：面向物理区域的局部偏优化

该算子按节点（客户）的物理位置随机选择某个区域内的一部分节点，优化它们的被访问顺序。具体方法：在位置分布图上，随机产生一个种子位置，以该位置为中心、w 为半径的圆内的节点，均被选中为实施偏优化的对象。对未选中区域的节点，则固定其被访问顺序。

绘制出 400 个被访问节点（客户）的位置分布图，如图 7-23 所示。以算子 2 随机选中一部分区域，将该区域内节点的被访问顺序变量设为偏优化对象，其余变量则固定为原值不变。

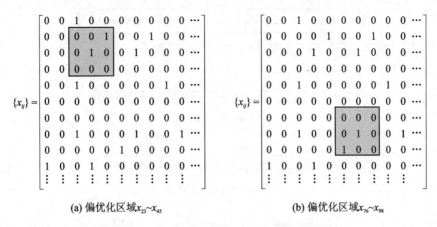

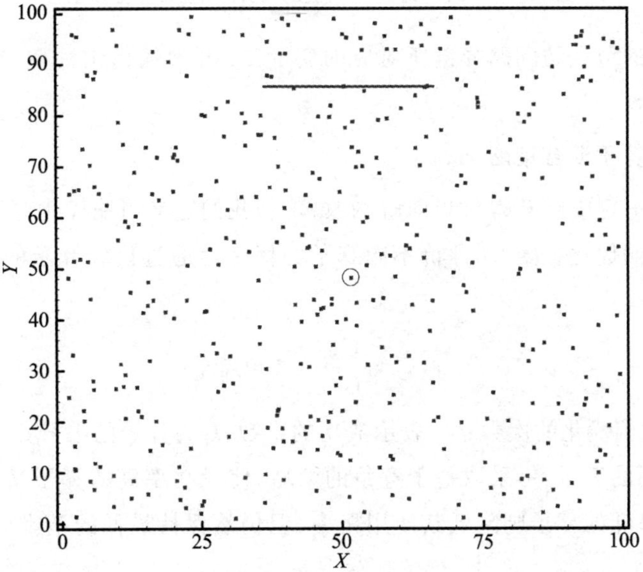

图 7-23　面向物理区域的 TSP 问题偏优化算子

偏优化算子 3：面向访问路径链的局部偏优化算子

该算子首先构造当前解的节点访问路径链，面向路径链选择局部路径开展循环局部偏优化。TSP 问题当前解的节点访问路径链形式表示为

0 →	2 →	4 →	6 →	…	2 →	7 →	0

参考文献[4]给出了三种局部选取方法,如图 7-24 所示。

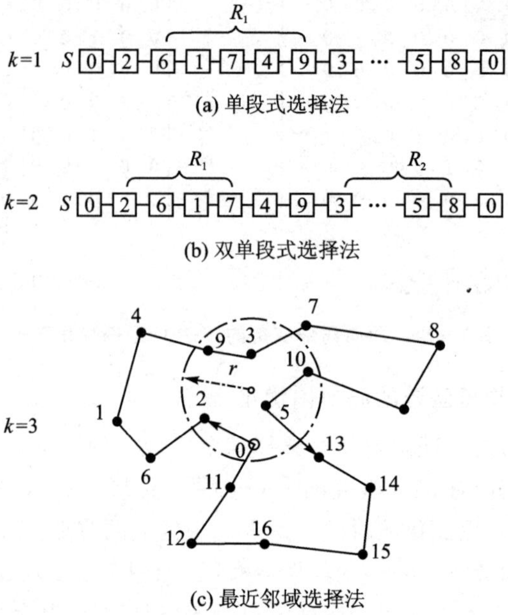

(a) 单段式选择法

(b) 双单段式选择法

(c) 最近邻域选择法

图 7-24 面向访问路径链的 TSP 问题偏优化算子

对被算子选择的节点访问路径链所对应的变量 x_{ij} 开展偏优化,而对未选择的部分,则固定为原值不变。

基于竞争的多算子混合策略

每次偏优化不一定能够获得对当前解的改善,若我们定义当偏优化对当前解进行了改善,则称为一次成功的偏优化。因此,评价不同算子的优劣性通过比较算子的成功率来实现。算子的成功率定义为

$$r_k = \frac{C_S}{C_T} \times 100\% \tag{7-16}$$

式中,C_T 表示尝试偏优化的次数;C_S 表示成功的次数;k 为算子的编号。

这样,对于不同的算子,可采取基于竞争的策略,使成功率高的算子又更频繁地被用于实施偏优化,而成功率低的算子则降低其使用概率,但仍然保持最低的基本概率。因此,不同算子的使用概率设定为

$$p_k = p_0 + (1 - p_0)\frac{r_k}{R} \times 100\% \tag{7-17}$$

式中,p_0 表示基本使用概率(如 20%);R 为全部算子的成功概率之和,即 $R = \sum_k r_k$。

动态 IPO——偏优化范围的动态调整策略

在对 MILP 模型进行偏优化时,目标变量的偏优化范围一般需要采用动态调节的策略。

当范围较大时，每次局部优化所采用的时间可能非常大，影响总体求解效率；当范围较小时，优化成功率偏低。动态 IPO 策略随着计算过程，动态调节偏优化范围。例如：

$$w_{t+1}=\begin{cases}w_t(1-\varepsilon), & u_t>u_{\max}\\ w_t(1+\varepsilon), & u_t<u_{\min}\\ w_t, & u_{\min}\leqslant u_t\leqslant u_{\min}\end{cases} \tag{7-18}$$

式中，w_t 和 w_{t+1} 分别为上一次和下一次的偏优化范围；u_t 为上一次偏优化的 CPU 计算时间；$[u_{\min}, u_{\max}]$是动态控制单次偏优化的计算时间范围；ε 为动态调整的百分比幅度，如 5% 或 10%等。

下面给出 TSP 算例的循环偏优化 AMPL 程序脚本。出于简化程序的目的，脚本中仅采用偏优化算子 2。

```
model TSP.mod;
data TSP400.dat;
option solver cplex;
option cplex_options 'mipdisplay = 2';
for{i in NODE, j in NODE}
    let D[i,j]: = sqrt((Node_X[i] - Node_X[j])^2 + (Node_Y[i] - Node_Y[j])^2);

#步骤1:构造一个可行解
for{i in NODE, j in NODE}let x[i,j]: = 0;
for{i in NODE:i>0}let x[i-1,i]: = 1;
let x[card(NODE) - 1,0]: = 1;
fix x;
objective Total_Distance;
solve;
printf "初始构造解: % f\n", Total_Distance >> out.txt;

#步骤2:偏优化循环
param last_obj;                    #上次解
param wd;                          #偏优化范围
param icount;                      #计数器
param cur_i;
let last_obj: = Total_Distance;
let icount: = 0;
let wd: = 30;
repeat
{
    fix x;
    #选择分布图的wd*wd区域,执行偏优化
    let cur_i: = round(Uniform(0,card(NODE) - 1),0);   #起始点
    for{i in NODE, j in NODE: i<>j and D[i,cur_i]< = wd and D[j,cur_i]< = wd}
    {
        unfix x[i,j];
```

```
        unfix x[j,i];
    }
    for{i in NODE, j in NODE: i<>j and D[i,cur_i]<= wd and (x[i,j] = 1 or x[j,i] = 1)}
    {
        unfix x[i,j];
        unfix x[j,i];
    }

    solve;                          #调用 CPLEX 实施偏优化计算
    printf "icount = %d, w = %d, obj = %f\n", icount, wd,Total_Distance >> out.txt;
    if(_solve_elapsed_time<0.2)then let wd: = wd + 2;
    if(_solve_elapsed_time>2 and wd>= 5)then let wd: = wd - 2;
    if (Total_Distance<last_obj) then
    {
        let last_obj: = Total_Distance;
        let icount: = 0;            #计数器清零
    }
    else
    {
        let icount: = icount + 1;
    }
} until icount>50;

#输出访问路径绘图坐标
for{i in NODE: x[0,i] = 1}
{
    let cur_i: = 0;
    printf "%f %f\n", Node_X[cur_i], Node_Y[cur_i];
    printf "%f %f\n", Node_X[i], Node_Y[i];
    let cur_i: = i;
    repeat
    {
        for{j in NODE: x[cur_i,j] = 1}
        {
            printf "%f %f\n", Node_X[j], Node_Y[j];
            let cur_i: = j;
        }
        if(cur_i = 0)then break;
    }
}
```

图 7-25 绘制了上述脚本文件求解 400 个节点 TSP 问题实例的计算收敛过程:当前解的目标函数随着偏优化次数增多而降低的趋势曲线。

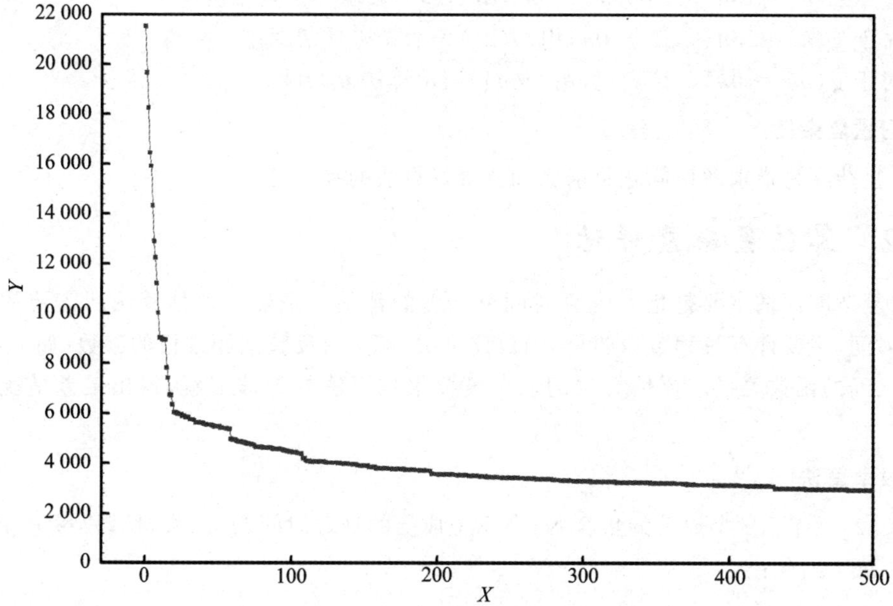

图 7-25　当前解的收敛过程

7.10　算法复杂度判断

7.10.1　复杂度概念

1. 算法复杂度

算法的计算复杂度一般从“计算时间”和“存储要求”两方面来衡量，分别称为时间复杂度和空间复杂度。在计算机内存量快速发展的今天，较少部分的算法（如分支定界算法）空间复杂度仍然是其一个瓶颈，此外，评价一个算法的计算复杂度更多是体现在时间复杂度上。

评价算法的时间复杂度，主要依据计算所需时间（或关键运算的计算次数）与所求解问题实例的规模之间的关系。通常，当问题实例的规模越大时，计算所需时间必然增加。但是，当计算时间随着问题实例规模的增大而缓慢增加时（如按多项式函数增加），我们就称其为一个“好的”算法；反之，当计算时间随着问题实例规模的增大而急剧增加时（如按指数函数增加），就称其为一个“不好的”算法。

假设问题实例的规模用参数 n 来表示，那么不同类型的问题，其规模评价方式可能是不同的，需要具体问题具体分析。例如：

- TSP 问题，n 表示被访问的节点数；
- VRP 问题，$n=m+v$，表示“客户数＋车辆数”；
- 经济批量问题，$n=mT$，表示“产品数量×周期数”；
- 调度指派问题，$n=\max\{m, s\}$，表示“任务、机器之间的最大者”。

对于规模为 n 的问题，令某算法的计算时间随着规模增加的函数为 $g(n)$，一般用 $O(g(n))$来表示函数 $g(n)$中的主要/高阶成分，即复杂度。例如：

- 对于 $g(n)=10n^3+1\,000n^2+10n$，用 $O(n^3)$ 表示算法复杂度；
- 对于 $g(n)=10n^3+2^n+10n$，用 $O(2^n)$ 表示算法复杂度；
- 对于 $g(n)=10n^3+2^n+n!$，用 $O(n!)$ 表示算法复杂度。

2. 问题复杂度

问题复杂度是指求解该问题目前已知的最好算法的复杂度。

7.10.2 算法复杂度评估

算法复杂度评估主要是指对计算时间复杂度的评估。主要是评估算法所需要的计算量(如计算时间、主要计算过程数量、目标函数评价次数等)与反映问题规模的参数(如节点数、变量数等)之间的函数关系。评估算法的复杂度要根据算法的具体流程，得出最差情况下的计算量。

1. 枚举算法

例 7.12 对于 n 个成员的集合 N，令每个成员的处理时间为 t（常量），枚举 n 个成员的总时间为 nt。因此：

$$g(n)=nt$$

$$O(g(n))=O(n)$$

所以，枚举算法的复杂度为表示为 $O(n)$。

2. 查找算法

例 7.13 从 $x_1,\ x_2,\ \cdots,\ x_n$ 数列中找出某个给定数 y 的所在位置。

算法：

```
for i = 1 to n
    if xi = y then return i
next i
```

假定做一次比较的计算时间为 t，则最短搜索时间为 t，最长搜索时间为 nt，平均时间为 $0.5nt$。因此，算法平均复杂度为 $O(0.5nt)$。因为 0.5 和 t 都是常数，简写为 $O(n)$。

但一般定义算法复杂度是考虑最坏情况。最坏情况下，上述算法复杂度为 $O(nt)$，简写为 $O(n)$，与平均情况一样。

3. 冒泡算法

例 7.14 将 $x_1,\ x_2,\ \cdots,\ x_n$ 数列从大到小排序。

算法：

```
for i = 1 to n
    for j = i + 1 to n
        if xi < xj then
            y ← xi
            xi ← xj
            xj ← y
        end if
    next j
```

```
next i
```

考虑最坏情况下,需要做$(n-1)+(n-2)+\cdots+2+1$次“比较+交换”计算,次数为$n(n-1)/2$。去掉次要/低阶成分,该算法的复杂度为$O(n^2)$。

4. 指派问题

例 7.15　将n项作业分配给m个人/机器处理,x_{ij}为0/1分配变量,c_{ij}为成本参数,有约束条件$G(X)\geqslant 0$,最小化成本目标函数$\sum_{i=1}^{n} c_{ij}x_{ij}$。

采用枚举算法:评估变量x_{ij}取值全组合,一共需要做$2^{n\times m}$次枚举计算目标函数,因此算法复杂度为$O(2^{nm})$。

对问题进行扩展:增加条件“每项作业只能分配给1台机器”。每项作业枚举m次,共n项作业,需要做m^n次枚举计算目标函数,算法的复杂度为$O(m^n)$。

再对问题进行扩展:增加条件“每个机器只能接受1项作业”。一共需要做$m(m-1)(m-2)\cdot\cdots\cdot(m-n+1)$次枚举,算法复杂度为$m!/(m-n)!$。

5. TSP 问题

例 7.16　从0节点出发,访问n个节点,回到0节点。

遍历算法:

```
for i1 = 1 to n
    for i2 = 2 to n
    …
        for in = n to n
        计算路线 i1→ i2→ …, → in 的距离
        Next in
    …
    Next i2
Next i1
```

该算法一共做了$n(n-1)(n-2)\cdots 3\times 2\times 1=n!$次路径计算,算法复杂度为$O(n!)$。

7.10.3　P、NP、NP-Complete 与 NP-Hard

一种算法按其复杂度通常分为多项式算法(简称P算法)或非多项式算法(简称NP算法)。

1. 多项式算法——P 算法

如果$g(n)$是多项式(Polynomial)函数:$g(n)=a_0+a_1n+a_2n^2+a_3n^3+\cdots$,那么称这种算法为多项式算法。多项式算法的计算时间随问题规模增长而变长的速度较慢,大规模问题也能在可接受时间范围内求解。

2. 非多项式算法——NP 算法

如果函数$g(n)$是指数(Exponential)函数:$g(n)=f(k^n)$,或更高(如阶乘函数),那么这种算法一般是非多项式的算法。多数非多项式算法的计算时间将随问题规模呈几何级数增长,最终导致大规模问题不可解。下面给出了$g(n)=2^n$和$g(n)=n^5$随着规模上升的曲线趋势图,如图7-26所示。可以看出,当参数n较小时,2^n比n^5增长的速度要慢,但当n继续

增大时,指数规模的急速增长趋势就体现出来了。

(a) 幂函数$g(n)=2^n$

(b) 指数函数$g(n)=n^5$

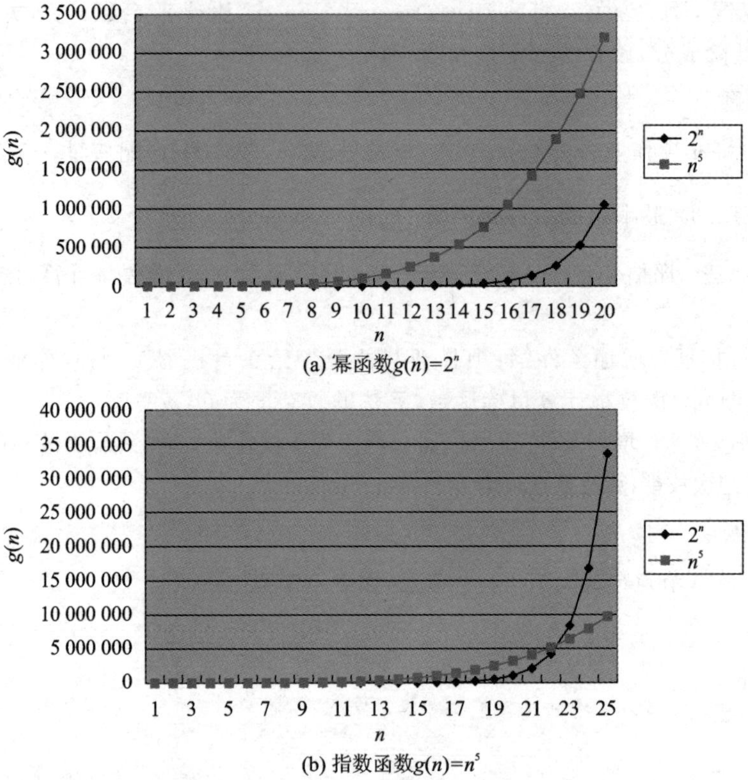

图 7 - 26　幂函数与指数函数对比

　　TSP 问题的枚举算法所消耗的时间与问题参数 n 是阶乘函数。阶乘函数是比指数函数增长还要快的 NP 成分,它们之间的关系如图 7 - 27 所示。

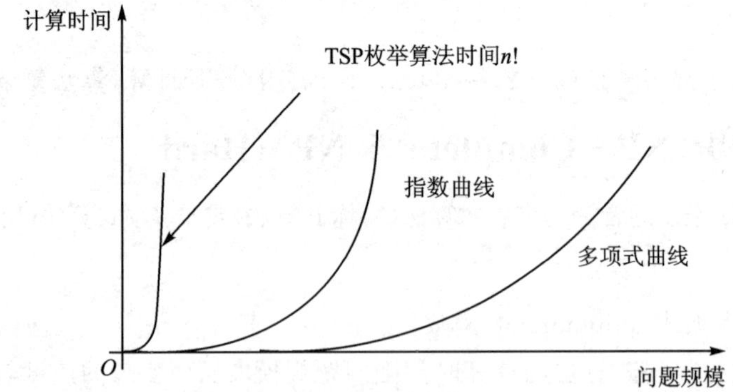

图 7 - 27　算法复杂度对比

3. P 问题

　　如果一个问题可以用一个多项式算法(P 算法)来求解它,则称其为 P 问题(polynomial time solved problem)。P 问题通常被认为是已经得到解决的问题,一般不是研究的重点问题。

4. NP 问题

如果一个问题，对于它的一个任意解，都存在一个多项式算法来验证/排除这个解是否是最优解，则称该问题为 NP 问题(non-deterministic polynomial time solved problem)。

可见，对于 P 问题，则一定有多项式算法来求解它的最优解。对于 NP 问题，可能不存在多项式算法(也可能不存在)，但是对于任意一个解，可以在多项式时间内验证它是不是最优解。

5. NP - Complete 问题

如果一个问题，所有 NP 问题都可以在多项式时间内归约(reduce)为该问题，则称该问题为 NP - Complete，即 NP -完备，或 NP -基本。

NP - Complete 要求满足两个条件：

① 它是一个 NP 问题；

② 其他属于 NP 的问题都可以以 P 算法归纳成它。

6. NP - Hard 问题

当上述问题只满足条件②而不满足条件①时，则称该问题为 NP - Hard，即 NP -难问题。

对 NP - Complete 和 NP - Hard 的比较解释：

① NP - Complete 问题是 NP 问题集中最难求解的一组基本问题，是标杆性的问题。可以解释为：如果攻克了一个 NP - Complete 问题(即发现一种 P 算法)，那么就解决了所有的 NP 问题，也就解决了经典的 NP＝P？悬赏问题。

② NP - Hard 问题是指：至少和 NP - Complete 问题一样难的问题。因为 NP - Hard 问题不一定是 NP 问题，即不可验证性，是更难的问题。

7. 如何证明一个问题是 NP - Complete/Hard

① 第一种方法，根据定义，证明所有 NP 问题都可以归约为该问题，并证明该问题是 NP 问题(即可验证)。该方法比较难。

② 第二种方法，证明该问题可归约为一个已知的 NP - Complete/Hard 问题，间接证明该问题是同级别难的问题。例如：若证明该问题的子问题、特例问题、等价问题是某一种 NP - Hard 问题，则该问题是 NP - Hard。

图 7 - 28 是 P，NP，NP - Complete，NP - Hard 的关系图。

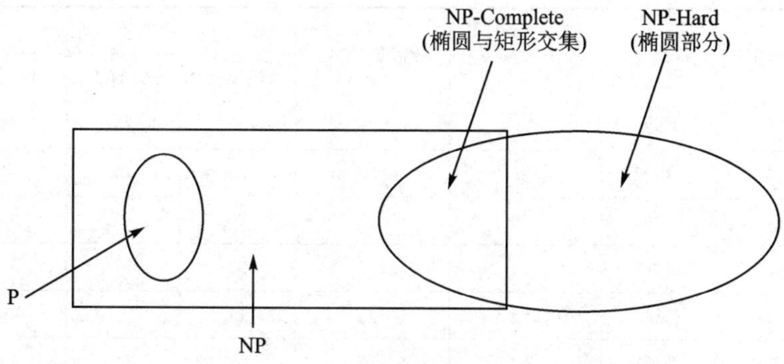

图 7 - 28　P，NP，NP - Complete，NP - Hard 关系图

练习题

1. 某工厂收到 n 个订单请求，集合为 N，见表 7-2；每个订单 $i(i\in N)$ 的收益 r_i、要求完成时间 d_i、处理时间 p_i 均为已知；当订单延迟完成时，会产生一个罚金 $w_i(c_i-d_i)$，其中 w_i 为罚金系数，c_i 为完成时间。试建立数学规划模型并求解，确定最优的接受订单和排序结果，使总收益（延迟扣除罚金）最大化（7 490.2）。

表 7-2 订单数据

订单 ID	收益 r_i	处理时间 p_i	要求交期 d_i	惩罚系数 w_i
1	609	55.8	470	0.8
2	309	93.0	316	0.9
3	174	80.8	334	2.0
4	299	61.4	555	0.5
5	647	98.8	469	1.9
6	448	63.4	239	1.7
7	300	41.8	300	1.4
8	952	15.4	287	1.3
9	666	58.8	114	1.0
10	678	50.5	334	0.5
11	981	57.2	571	0.5
12	389	54.8	136	1.3
13	855	15.0	466	1.6
14	531	17.5	136	2.0
15	194	18.8	399	1.9

2. 对于 7.3.3 小节中的非阵列流程性排序问题，某问题实例数据如表 7-3 所列，求该问题的最优订单接受及排序结果，求出最优目标函数值（2 684.1）。

表 7-3 问题数据

订单 ID	收益 r_i	要求交期 d_i	惩罚系数 w_i	处理时间 p_i		
				机器 1	机器 2	机器 3
1	199	445	0.9	35	74	75
2	100	385	1.3	74	74	14
3	196	570	1.5	20	27	68
4	448	121	1.5	92	37	52
5	314	288	1.1	11	91	20
6	143	33	1.2	52	66	44

续表 7-3

订单 ID	收益 r_i	要求交期 d_i	惩罚系数 w_i	处理时间 p_i		
				机器 1	机器 2	机器 3
7	448	265	0.8	69	9	8
8	449	474	1.2	7	2	35
9	452	259	0.9	31	70	14
10	286	253	0.8	39	6	68

3. 对于 7.3.4 小节中的作业指派问题，某问题实例数据表如表 7-4 所列，考虑如下额外因素：

(1) 某些作业对(集合为 H)必须指派给同一台机器处理，且某些作业对(集合为 D)不能指派给同一台机器处理。

(2) 对 H 和 D 中的作业对指派不做限制，但若将 H 中的一对作业分派给同一机器处理，则会产生一个节省时间 $\alpha=10$(如切换时间)，若 D 中的一对作业分派给不同机器来处理，则产生一个额外时间 $\beta=15$。

针对上述两种情况，分别建立整数规划模型，并求取最优解。令机器最大可用时间 $C=300$，机器之间的作业时间最大偏差 $b=50$。

表 7-4 问题数据

作 业	处理时间				作业对	
	机器 1	机器 2	机器 3	机器 4	H	D
1	93	107	119	101	(2, 5)	(1, 9)
2	97	116	91	108	(7, 9)	(3, 12)
3	82	97	90	99	(7, 16)	(10, 14)
4	17	12	14	21	(8, 11)	
5	77	70	80	82	(15, 18)	
6	74	75	80	66		
7	46	37	36	26		
8	96	82	96	95		
9	46	47	55	59		
10	47	57	63	73		
11	38	33	24	34		
12	53	47	39	36		
13	60	67	76	77		
14	38	25	32	34		
15	61	53	69	60		
16	28	25	32	30		
17	44	48	39	35		
18	32	27	25	22		

4. 订单指派与排序问题：有 m 台机器可加工同一种工序；有 n 个订单待加工，可把订单指派给任意一台机器来加工；不同机器对同一订单的加工时间可能不同，但均为已知；每个订单有一个权重系数。问：如何分配订单及安排各机器的订单加工顺序，使订单带权重的完工时间之和最小。问题数据如表 7-5 所列。

表 7-5 问题数据

订单ID	订单权重	加工时间		
		机器 1	机器 2	机器 3
1	1.1	4	6	7
2	1.3	1	3	2
3	1.3	4	5	3
4	1.1	2	2	3
5	1.0	2	3	1
6	0.8	5	4	5
7	1.1	4	4	2
8	0.7	2	2	3
9	1.8	7	5	7
10	3	2	5	4

5. 对于 7.3.6 小节中的 VRP 问题实例，取消分派客户数在车辆之间均衡的要求，增加设定：

(1) 车辆的最大行驶距离均为 200；

(2) 可派遣的 3 辆车的车载容量分别为 300，400，500；客户的需求量如表 7-6 所列。

表 7-6 客户需求

节 点	需 求	节 点	需 求	节 点	需 求
0	0	7	73	14	59
1	63	8	50	15	57
2	81	9	57	16	34
3	50	10	84	17	70
4	20	11	97	18	51
5	37	12	17	19	46
6	80	13	85	20	48

试建立带容量约束的 VRP 模型，并对上述问题实例进行求解，给出最优计算结果。

6. 用割平面法求解下列问题。

(1) $\begin{cases} \min\ x_1-2x_2 \\ \text{s. t.}\ \ x_1+x_2\leqslant 10 \\ \qquad -x_1+x_2\leqslant 5 \\ \qquad x_1,x_2\geqslant 0\ \text{且为整数} \end{cases}$

(2) $\begin{cases} \min\ 5x_1+3x_2 \\ \text{s. t.}\ \ 2x_1+x_2\geqslant 10 \\ \qquad x_1+3x_2\geqslant 9 \\ \qquad x_1,x_2\geqslant 0\ \text{且为整数} \end{cases}$

7. 用分支定界算法求解下列问题。

(1) $\begin{cases} \min\ 2x_1+x_2-3x_3 \\ \text{s. t.}\ \ x_1+x_2+2x_3\leqslant 5 \\ \qquad 2x_1+2x_2-x_3\leqslant 1 \\ \qquad x_1,x_2,x_3\geqslant 0\ \text{且为整数} \end{cases}$

(2) $\begin{cases} \min\ 4x_1+7x_2+3x_3 \\ \text{s. t.}\ \ x_1+3x_2+x_3\geqslant 5 \\ \qquad 3x_1+x_2+2x_3\geqslant 8 \\ \qquad x_1,x_2,x_3\geqslant 0\ \text{且为整数} \end{cases}$

8. 用偏优化算法求解访问 400 个节点的 TSP 问题。所有节点的坐标均为[1, 100]之间的随机数,仓库位于坐标[50, 50]。

(1) 试分别采用“偏优化算子 1:面向变量矩阵的局部偏优化”和“偏优化算子 2:面向物理区域的局部偏优化”来求解该问题,并比较两个算子的收敛曲线。

(2) 试采用算子 1 和算子 2 的竞争策略,比较算法的计算结果。

第 8 章　混合整数规划应用

8.1　区域保障选址优化问题

8.1.1　问题描述与建模

目标海域存在各种海上安全事故的可能，如海上救援、军事冲突等，因此需要在海岸陆上或海域岛礁上建立保障设施点，以确保目标海域一旦发生海上安全事故，救援人员可以在最短时间从最近保障设施点出发进行救援。对于远海区域无岛礁可选的情况，考虑采用设置移动保障点，如浮岛、保障船等，以满足这些区域的快速支援需求。问题的目标是在满足要求（如成本预算）的前提下，使所建立的保障设施提供保障服务时间最小化。

该问题的典型应用场景如东海、南海等经济开发海域和航线热点海域，如图 8－1 所示。保障设施点的选建方案可以在海岸陆上（岸基型）、已有岛礁上（岛礁型），或基于移动浮岛/保障船提供服务（移动型）。其中，岸基型保障点的建造位置为连续坐标（经纬度）变量，但受到海岸包络线的约束；岛礁型受到岛礁固有位置的约束；移动型则可以在海面任意位置，但受到包络边界线的约束。

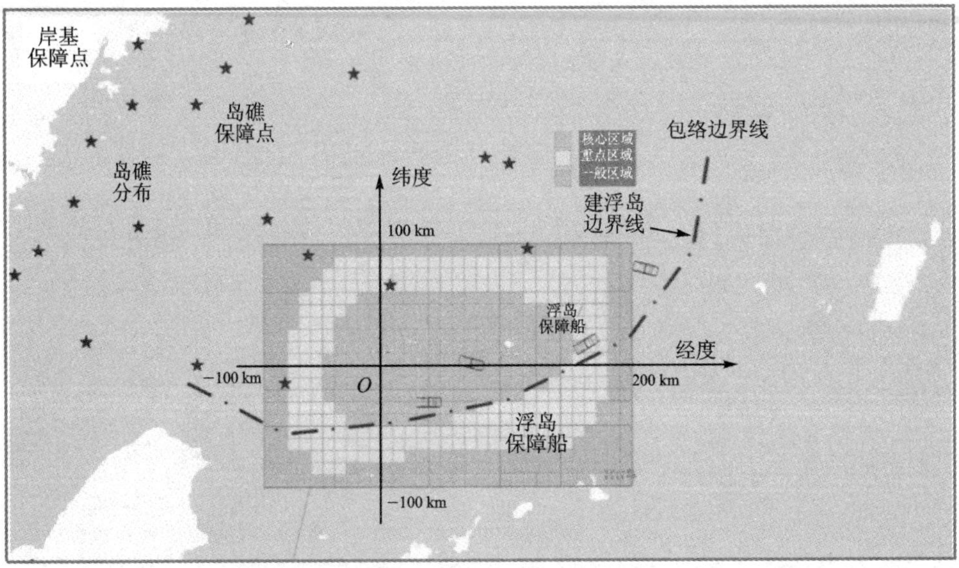

图 8－1　海域保障设施选址示例

保障设施选址的基本要求如下：

① 覆盖全部目标保障区域；

② 考虑不同保障区域的需求量（面积、权重和物资需求量）；

③ 考虑保障点容量约束；

④ 考虑保障点数量上限。

决策变量：

① 离散选址变量：选择海域内现有岛礁群为设施建造地址；

② 连续选址变量 1：在指定海域区域设置移动型(浮岛/保障船)保障点；

③ 连续选址变量 2：在内陆海岸线内设置岸基型保障点。

针对上述问题进行数学抽象，并建立整数规划模型。参数和变量设计如下：

1. 岛礁选址参数与变量(0/1 离散型)

参数定义：

R　适合建立保障点的海域现有岛礁群集合；

j　可选岛礁的下标，$j \in R$；

X_j, Y_j　岛礁的坐标位置；

C_j　岛礁建为保障点后的最大容量；

e　岛礁型保障点的数量上限。

变量定义：

r_j　0/1 变量，表示是否在岛礁 j 建立保障节点，$j \in R$。

变量约束条件：

$$\sum_{j \in R} r_j \leqslant e$$

2. 浮岛选址参数与变量(连续型 1)

参数定义：

Q　可建浮岛集合；

k　浮岛的下标，$k \in Q$；

F_k　浮岛的最大容量；

f　浮岛型保障点的数量上限，$f = \text{card}(Q)$；

k_p　浮岛的可行区域凹型包络线段中第 p 条线段的斜率；

b_p　浮岛的可行区域凹型包络线段中第 p 条线段的截距。

变量定义：

q_k　0/1 变量，表示是否在浮岛 k 建立保障节点，$k \in R$；

x_k, y_k　非负连续变量，表示浮岛的坐标位置，$k \in R$。

变量约束条件：

$$\begin{cases} \sum_{k \in Q} q_k \leqslant f \\ y_k \geqslant k_p x_k + b_p, \quad \forall k \in Q, p = 1, 2, \cdots \end{cases}$$

3. 岸基选址参数与变量(连续型 2)

参数定义：

L　可建岸基保障点集合；

l　岸基保障点下标，$l \in L$；

K_p　海岸线凹型包络线段中第 p 条线段的斜率；

B_p　海岸线凹型包络线段中第 p 条线段的截距；

g　岸基保障点数量上限。

变量定义：

s_l　0/1 变量，表示是否建立岸基保障点，$l \in L$；

x'_l, y'_l　非负连续变量，表示节点的坐标位置，$l \in L$。

变量约束条件：

$$\begin{cases} y'_l \geqslant K_p x'_l + B_p, & \forall l \in L, p = 1, 2, \cdots \\ \sum_{l \in L} s_l \leqslant g \end{cases}$$

4. 保障分配变量

参数定义：

N　保障区域(子区域)的集合；

i　保障区域的下标，$i \in N$；

a_i　区域的需求(代表面积、权重、物资需求量等)。

变量定义：

u_{ij}　0/1 变量，表示区域 i 是否由岛礁保障点 j 来保障；

v_{ik}　0/1 变量，表示区域 i 是否由浮岛保障点 k 来保障；

w_{il}　0/1 变量，表示区域 i 是否由岸基保障点 l 来保障。

变量约束条件：

$$\begin{cases} \sum_{j \in R} u_{ij} + \sum_{k \in Q} v_{ik} + \sum_{l \in L} w_{il} = 1, & \forall i \in N \text{ 每区域必须被覆盖} \\ \sum_{i \in N} a_i u_{ij} \leqslant C_j, & \forall j \in R \text{ 受到岛礁容量约束} \\ \sum_{i \in N} a_i v_{ik} \leqslant F_k, & \forall k \in Q \text{ 受到浮岛容量约束} \end{cases}$$

变量取值约束(建了保障点才能分配服务)：

$$\begin{cases} u_{ij} \leqslant r_j, & \forall i \in N, j \in R \\ v_{ik} \leqslant q_k, & \forall i \in N, k \in Q \\ w_{il} \leqslant s_l, & \forall i \in N, l \in L \end{cases}$$

5. 岛礁型保障距离参数

参数定义：

D_{ij}　保障区域 i 与岛礁 j 之间的距离；

$D_{\max}$　最大保障半径(保障点到保障区域中心的直线距离)。

变量约束(距离不能超过最大保障半径)条件：

$$D_{ij} \leqslant D_{\max} - M(2 - r_j - u_{ij}), \quad \forall i \in N, j \in R$$

6. 浮岛型动态保障距离

参数定义：

W_i, H_i　保障区域的中心位置坐标，$i \in N$；

$D_{\max}$　最大保障半径(保障点到保障区域中心的直线欧氏距离)。

变量定义：

x_k，y_k　非负连续变量，表示浮岛的坐标位置；

d_{ik}^x　非负连续变量，表示 i 与保障点 j 的 x 轴向距离；

d_{ik}^y　非负连续变量，表示 i 与保障点 j 的 y 轴向距离；

d_{ik}　非负连续变量，表示 i 与保障点 j 的直线距离(欧氏距离)。

变量约束条件：

$$\begin{cases} d_{ik}^x \geqslant x_k - W_i - M(1-v_{ik}), & \forall i \in N, k \in Q \\ d_{ik}^x \geqslant W_i - x_k - M(1-v_{ik}), & \forall i \in N, k \in Q \\ d_{ik}^y \geqslant y_k - H_i - M(1-v_{ik}), & \forall i \in N, k \in Q \\ d_{ik}^y \geqslant H_i - y_k - M(1-v_{ik}), & \forall i \in N, k \in Q \\ d_{ik} \geqslant d_{ik}^x \sin(p\theta) + d_{ik}^y \cos(p\theta), & \forall i \in N, k \in Q, p=1,2,\cdots \end{cases}$$

$$d_{ik} \leqslant D_{\max} + M(1-v_{ik}), \quad \forall i \in N, k \in Q$$

上述同样约束也可应用于岸基型保障。由于岸基型保障同样适用于类似的变量约束条件，因此本规划中不再重复相似情况。

7. 目标函数：保障区域的总加权距离之和最小

$$\min \underset{(\text{岛礁型})}{\sum_{i \in N, j \in R} a_i D_{ij} u_{ij}} + \underset{(\text{浮岛型})}{\sum_{i \in N, k \in Q} a_i d_{ik}} + \underset{(\text{岸基型})}{\sum_{i \in N, l \in L} a_i d'_{il}}$$

模型特点：

① 离散选址与连续选址的混合优化；

② 模型是线性的混合整数规划；

③ 小规模问题可直接求解最优解；

④ 大规模问题可设计启发式算法求解，如 IPO 算法。

8.1.2 AMPL 代码模型

将上述数学规划模型用 AMPL 语言代码实现(未考虑岸基型)：

```
set N;                    #保障区域集合
param N_X{N};             #保障区域的位置 X 经度
param N_Y{N};             #保障区域的位置 Y 纬度
param a{N};               #保障区域的需求量(权重)
set R;                    #可选岛礁集合
param R_X{R};             #岛礁 x 经度
param R_Y{R};             #岛礁 y 纬度
param C{R};               #岛礁建为保障点后的最大容量
param D{N,R};             #保障区域 与保障点之间的距离矩阵
param e;                  #岛礁保障点的个数
param f;                  #浮岛保障节点的个数
set Q;                    #人工浮岛保障点集合
param Cf;                 #人工浮岛的最大容量
param Dmax;               #最大保障半径
```

```
param M;                  #一个大数 9999
set L;                    #浮岛边界线集合
param Kx{L};
param Ky{L};
param KB{L,1..2};         #浮岛边界线的斜率和截距
param cita;
param nn;                 #欧氏距离精度
var r{R} binary;          #岛礁是否建为保障点:1—是;0—否
var q_x{Q};               #人工浮岛保障点位置 x
var q_y{Q};               #人工浮岛保障点位置 y
var q{Q} binary;          #浮岛是否建设:1—是;0—否
var u{N,R} binary;        #保障区域与岛礁保障点的关系
var v{N,Q} binary;        #保障区域与浮岛保障点的关系
var dx{N,Q}>=0;           #保障区域与浮岛保障点的 x 轴向距离
var dy{N,Q}>=0;           #保障区域与浮岛保障点的 y 轴向距离
var d{N,Q}>=0;            #保障区域与浮岛保障点的欧氏距离
#目标函数:保障区总加权距离最短
minimize Total_Weighted_Dis:
    sum{i in N, k in R}u[i,k]*D[i,k]*a[i] + sum{i in N, k in Q}d[i,k]*a[i];
subject to Con0a: sum{k in R}r[k] <= e;
subject to Con0b:  sum{k in Q}q[k] <= f;
subject to Con2{i in N}:
    sum{k in R}u[i,k] + sum{k in Q}v[i,k]=1;
subject to Con3{i in N, k in R}:
    u[i,k]<=r[k];
subject to Con4a{i in N, k in Q}:
    v[i,k]<=q[k];
subject to Con5{k in R}:
    sum{i in N}u[i,k]*a[i] <= C[k];
subject to Con6{k in Q}:
    sum{i in N}v[i,k]*a[i] <= Cf;
subject to Con7{i in N, k in R}:
    u[i,k] * D[i,k] <= Dmax;
subject to Con8{i in N, k in Q}:
    d[i,k] <= Dmax;
subject to Con8a{k in Q, p in L}:
    q_y[k] >= KB[p,1]*q_x[k] + KB[p,2];
subject to Con9a{i in N, k in Q}:
    dx[i,k]>=N_X[i]-q_x[k] - M*(1-v[i,k]);
subject to Con9b{i in N, k in Q}:
    dx[i,k]>=q_x[k]-N_X[i] - M*(1-v[i,k]);
ubject to Con10a{i in N, k in Q}:
    dy[i,k]>=N_Y[i]-q_y[k] - M*(1-v[i,k]);
subject to Con10b{i in N, k in Q}:
    dy[i,k]>=q_y[k]-N_Y[i] - M*(1-v[i,k]);
```

```
subject to Con11{i in N, k in Q, p in 1..nn}:
    d[i,k]>= dx[i,k] * cos(p * cita) + dy[i,k] * sin(p * cita);
subject to cons8a{k in 2..card(Q)}:                # 打破对称解：求解时间降低
    q_x[k-1] <= q_x[k];
```

应用上述 AMPL 代码模型求解图 8-1 中的算例，调试通过并获得最优解。

8.2　中继保障点选址优化问题

8.2.1　问题描述与建模

经军事专家分析，我国某海域有多个区域（集合 T）存在与他国发生战事的可能，概率为 p_t，$t \in T$。若区域 t 发生战事，则需要 w_{hst} 架 h 型战机从基地 s 起飞支援，r_h 为 h 型战机的最大航程，其中 $h \in H$，$s \in S$，H 和 S 分别为机型集合和基地集合。由于从机场到战事区域距离较远，在基地和被支援区域之间需要建立中继保障点，以便战机途中降落加油和战斗后返回降落。中继保障点的数量不超 e，候选地点的集合为 K。试设计中继保障点的选择方案，使战机的期望加权飞行总距离最短。

中继保障点选址如图 8-2 所示。

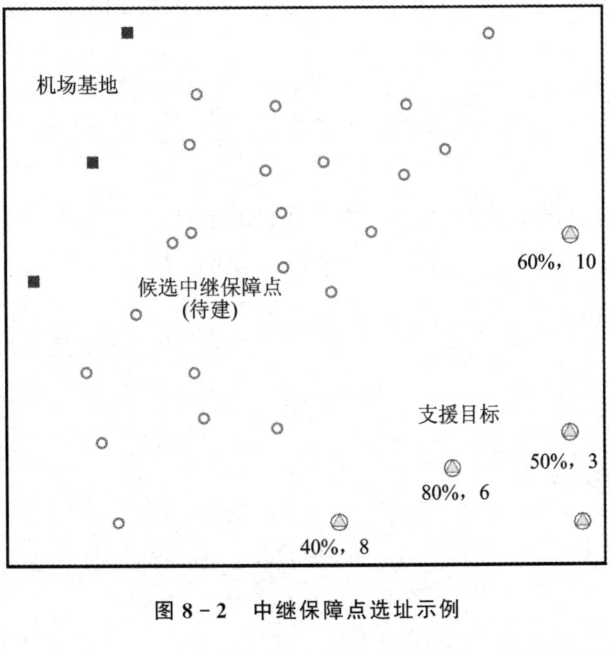

图 8-2　中继保障点选址示例

支援战机自机场基地起飞，经过中继保障点补给后(加油)后，再飞至目标区域实时支援作战，因此：

① 战机到达目标点后，需剩余至少 50%航程，以备确保能顺利返回。

② 各目标区域对应有预测的发生战事的期望概率和战机需求数量。

③ 目标函数是战机的期望加权总飞行距离最短。

针对上述问题，建立线性混合整数规划模型。

1. 定义参数和变量

参数定义：

T　　目标区域的集合，下标为 t，$t \in T$；

p_t　　目标区域 t 发生战事的概率；

S　　基地的集合，下标为 s，$s \in S$；

K　　候选中继保障点的集合，下标为 k，$k \in K$；

e　　中继保障点的最大数量；

N　　所有节点的集合，$N = T \cup S \cup K$；

(X_i, Y_i)　节点的坐标位置，其中 $i, j \in N$；

D_{ij}　　节点之间的直线距离，其中 $i, j \in N$；

H　　机型的集合，下标为 h，$h \in H$；

r_h　　机型 h 的最大航程；

L　　支援方案集合，$(h, s, t) \in L$，表示机型 h 从基地 s 起飞支援目标区域 t；

w_{hst}　　从基地 s 起飞支援目标区域 t 的机型 h 的需求数量，$(h, s, t) \in L$。

变量定义：

z_k　　0/1 变量，是否在候选点 k 建立中继保障点(即允许飞机起降)；

y_i　　0/1 变量，节点 i 是否允许战机中继起降；

x_{hstij}　　0/1 变量，机型 h 从基地 s 起飞支援目标区域 t 时是否经历弧线(i, j)。

2. 目标函数

$$\min \sum_{(h,s,t)\in L} \sum_{i,j\in N; i\neq j} x_{hstij} D_{ij} w_{hst} p_t$$

3. 约束条件

① 战机飞行线包含出发节点、经停中继点和目的节点：

$$\begin{cases} \sum_{j\in N, j\neq s} x_{hstsj} = 1, & \forall (h,s,t) \in L \\ \sum_{j\in N} x_{hstji} = \sum_{j\in N} x_{hstij}, & \forall (h,s,t) \in L, i \neq s, i \neq t \\ \sum_{i\in N, i\neq t} x_{hstit} = 1, & \forall (h,s,t) \in L \end{cases}$$

② 设定中继保障点及数量：

$$\begin{cases} y_i = 1, & \forall i \in N: a_i = 1 \\ y_i = 0, & \forall i \in N: a_i = 3 \\ y_i = z_i, & \forall i \in K \\ \sum_{i\in K} z_i = \mathrm{e} \end{cases}$$

③ 战机经停约束：

$$x_{hstij} \leqslant y_i, \quad \forall (h,s,t) \in L, i \in N, j \in N: i \neq j$$

④ 战机飞行距离约束(单程约束)：

$$\begin{cases} x_{hstij} D_{ij} \leqslant r_h, & \forall (h,s,t) \in L, i \in N, j \in N: a_j \neq 3 \\ x_{hstij} D_{ij} \leqslant r_h/2, & \forall (h,s,t) \in L, i \in N, j \in N: a_j = 3 \end{cases}$$

⑤ 定义变量的值域：

$$x_{hstij}, z_i \in \{0,1\}, \quad \forall (h,s,t) \in L, i \in N, j \in N$$

4. AMPL 代码模型

用 AMPL 代码实现上述数学规划模型：

```
#模型文件 DVD.dat
set T;                          #保障目标集合
set S;                          #机场节点集合
set K;                          #候选中继点集合
set N;                          #全部节点集合,N= T union S union K
set H;                          #机型集合
set L within {H,S,T};           #既定的支援路线
param N_X{N};                   #节点的位置 X 经度
param N_Y{N};                   #节点的位置 Y 纬度
param w{L};                     #需求战机数量,从 s 起飞到达 t
param r{H};                     #机型的最大飞行距离
param p{T};                     #保障目标发生战事的可能性概率(权重)
param D{N,N};                   #节点之间的直线欧氏距离
param a{N};                     #节点的类型：1—机场;2—中继;3—目标
param e;                        #可建造的中继保障点最大数量
param M:= 9999;                 #一个大数
var z{K} binary;                #中继选择变量,是否选为建立中继点
var y{N} binary;                #节点是否允许飞机起降
var x{L,N,N} binary;            #战机路径选择变量
#目标函数：
minimize Total_Weighted_Dis:
    sum{(h,s,t) in L, i in N, j in N:i<>j}x[h,s,t,i,j] * D[i,j] * w[h,s,t] * p[t];
subject to Con1_1{(h,s,t) in L}:
    sum{j in N:j<>s}x[h,s,t,s,j] = 1;
subject to Con1_2{(h,s,t) in L, i in N:i<>s and i<>t}:
    sum{j in N:j<>i}x[h,s,t,j,i] = sum{j in N:j<>i}x[h,s,t,i,j];
subject to Con1_3{(h,s,t) in L}:
    sum{j in N:j<>t}x[h,s,t,j,t] = 1;
subject to Con2_1{i in N: a[i] = 1}: y[i] = 1;
subject to Con2_2: sum{i in N: a[i] = 3}y[i] = 0;
subject to Con2_3{i in K}: y[i] = z[i];
subject to Con2_4: sum{i in K}y[i] <= e;
subject to Con3{(h,s,t) in L, i in N, j in N: i<>j}:
    x[h,s,t,i,j] <= y[i];
subject to Con4_1{(h,s,t) in L, i in N, j in N: i<>j and a[j]<>3}:
    x[h,s,t,i,j] * D[i,j] <= r[h];
subject to Con4_2{(h,s,t) in L, i in N, j in N: i<>j and a[j] = 3}:
    x[h,s,t,i,j] * D[i,j] <= 0.5 * r[h];
```

8.2.2 算　例

基于图 8-2 示例构造算例，各节点的数据如表 8-1 所列。

表 8-1 节点的位置坐标与类型

节点	位置坐标		类型	说明	节点	位置坐标		类型	说明
$i\in N$	X_i	Y_i	a_i		$i\in N$	X_i	Y_i	a_i	
1	2	83.3	1	机场 1 号	16	17.2	66.7	2	岛礁
2	8.8	110	1	机场 2 号	17	62	95	2	岛礁
3	−9.5	58.8	1	机场 3 号	18	20.8	68.8	2	岛礁
4	48.6	9	3	目标 1 号	19	3.4	25.5	2	岛礁
5	70.5	20	3	目标 2 号	20	36.9	28.4	2	岛礁
6	93.2	27.3	3	目标 3 号	21	21.2	39.9	2	岛礁
7	95.5	8.9	3	目标 4 号	22	0.5	40	2	岛礁
8	93.5	68	3	目标 5 号	23	22	97.3	2	岛礁
9	78	109.5	2	岛礁	24	46.1	83.2	2	岛礁
10	20.6	86.9	2	岛礁	25	55.1	68.8	2	岛礁
11	69.5	85.7	2	岛礁	26	10.1	51.9	2	岛礁
12	23	30.5	2	岛礁	27	38.3	61.5	2	岛礁
13	61.5	80.5	2	岛礁	28	38	72.8	2	岛礁
14	37	94.8	2	岛礁	29	35	81.5	2	岛礁
15	47.4	56.4	2	岛礁	30	6.5	9	2	岛礁

目标节点集合 $T=\{4, 5, 6, 7, 8\}$,发生战事的可能性概率分别为 0.7, 0.9, 0.8, 0.6, 0.5。

机场集合 $S=\{1, 2, 3\}$。设有两种机型,集合为 $H=\{1,2\}$,最大飞行单程距离(单位:km)分别为 $r_1=185$, $r_2=150$。

既定的支援线路如表 8-2 所列。

表 8-2 飞机支援路线方案

路线 ID	机型	起飞机场	目标节点	数量	路线 ID	机型	起飞机场	目标节点	数量
1	1	2	4	5	8	2	1	6	2
2	1	1	4	3	9	1	3	7	6
3	2	3	4	3	10	2	1	7	2
4	1	2	5	6	11	2	1	8	6
5	2	1	5	3	12	1	3	8	2
6	1	1	5	5	13	2	2	8	4
7	1	3	6	4					

设定岛礁型保障点的最大建造数量 $e=4$。

为上述算例建立数据文件 DVD.dat:

```
#DVD.dat
param: N: N_X  N_Ya: =
1    2.0    83.3    1
2    8.8    110.0   1
3    -9.5   58.8    1
4    48.6   9.0     3
5    70.5   20.0    3
6    93.2   27.3    3
7    95.5   8.9     3
8    93.5   68.0    3
9    78.0   109.5   2
10   20.6   86.9    2
11   69.5   85.7    2
12   23.0   30.5    2
13   61.5   80.5    2
14   37.0   94.8    2
15   47.4   56.4    2
16   17.2   66.7    2
17   62.0   95.0    2
18   20.8   68.8    2
19   3.4    25.5    2
20   36.9   28.4    2
21   21.2   39.9    2
22   0.5    40.0    2
23   22.0   97.3    2
24   46.1   83.2    2
25   55.1   68.8    2
26   10.1   51.9    2
27   38.3   61.5    2
28   38.0   72.8    2
29   35.0   81.5    2
30   6.5    9.0     2;
set T: = 4,5,6,7,8;
set S: = 1,2,3;
set H: = 1,2;
param r: =
1    185
2    150;
param p: =
4    0.7
5    0.9
6    0.8
7    0.6
8    0.5;
param: L: w: =
```

```
1   2   4   5
1   1   4   3
2   3   4   3
1   2   5   6
2   1   5   3
1   1   5   5
1   3   6   4
2   1   6   2
1   3   7   6
2   1   7   2
2   1   8   6
1   3   8   2
2   2   8   4;
param e: = 4;
```

建立 AMPL 脚本文件 DYD. sh，装入上述模型文件 DYD. mod 和数据文件 DYD. dat，调用 CPLEX 求解器进行求解，然后输出求解结果。脚本文件如下：

```
model DYD.mod;
data DYD.dat;
option solver cplex;
option cplex_options 'mipdisplay = 2';
for{i in N, j in N}let D[i,j]: = sqrt((N_X[i] - N_X[j])^2 + (N_Y[i] - N_Y[j])^2);
let K: = N diff T;
let K: = K diff S;
objective Total_Weighted_Dis;
solve;
display Total_Weighted_Dis, solve_result >> result.out;
#输出全部节点
for{i in N:a[i] = 1} printf "机场:i= %d, x= %f, y= %f\n", i, N_X[i], N_Y[i] >> result.out;
for{i in N:a[i] = 2} printf "岛礁:i= %d, x= %f, y= %f\n", i, N_X[i], N_Y[i] >> result.out;
for{i in N:a[i] = 3} printf "目标:i= %d, x= %f, y= %f\n", i, N_X[i], N_Y[i] >> result.out;
#输出中继点
for{i in N:a[i] = 2 and y[i] = 1} printf "中继:i= %d, x= %f, y= %f\n", i, N_X[i], N_Y[i] >> 
result.out;
printf "\n" >> result.out;
#输出飞行路线
param cur_i;
param found;
for{(h,s,t) in L}
{
    printf "线路(机型: %d, 出发: %d, 到达: %d)\n",h,s,t >> result.out;
    let cur_i: = s;
    printf "节点: %d\n",cur_i >> result.out;
    repeat
    {
```

```
        let found: = 0;
        for{i in N: x[h,s,t,cur_i,i] = 1}
        {
            printf "节点: %d\t 距离: %f\n",i, D[cur_i,i] >> result.out;
            let cur_i: = i;
            let found: = 1;
        }
        if(found = 0)then break;
    }
}
#绘图输出
for{i in N:a[i] = 1} printf " %f %f\n", N_X[i], N_Y[i] >> result.out;
printf "\n" >> result.out;
for{i in N:a[i] = 2} printf " %f %f\n", N_X[i], N_Y[i] >> result.out;
printf "\n" >> result.out;
for{i in N:a[i] = 3} printf " %f %f\n", N_X[i], N_Y[i] >> result.out;
printf "\n" >> result.out;
printf "\n" >> result.out;
for{(h,s,t) in L}
{
    let cur_i: = s;
    printf " %f\t %f\n",N_X[cur_i], N_Y[cur_i] >> result.out;
    repeat
    {
        let found: = 0;
        for{i in N: x[h,s,t,cur_i,i] = 1}
        {
            printf " %f\t %f\n", N_X[i], N_Y[i] >> result.out;
            let cur_i: = i;
            let found: = 1;
        }
        if(found = 0)then break;
    }
    printf "\n" >> result.out;
}
```

执行脚本文件求解算例,得到中继建造选址结果如下：

```
中继:i = 13, x = 61.5, y = 80.5
中继:i = 15, x = 47.4, y = 56.4
中继:i = 18, x = 20.8, y = 68.8
中继:i = 21, x = 21.2, y = 39.9
```

战机的支援路线如下：

```
线路(1, 2, 4):2→18→4
线路(1, 1, 4):1→4
```

线路(2, 3, 4):3→21→4
线路(1, 2, 5):2→15→5
线路(2, 1, 5):1→18→5
线路(1, 1, 5):1→18→5
线路(1, 3, 6):3→21→6
线路(2, 1, 6):1→15→6
线路(1, 3, 7):3→21→7
线路(2, 1, 7):1→15→7
线路(2, 1, 8):1→13→8
线路(1, 3, 8):3→15→8
线路(2, 2, 8):2→13→8

将上述结果绘图,如图 8-3 所示。

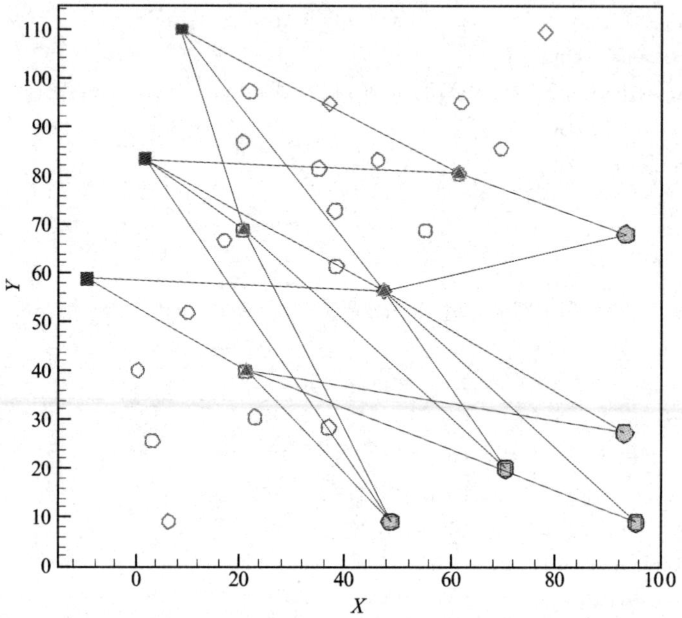

图 8-3 中继保障算例结果图示

8.3 面向任务可靠度的导弹部署优化问题

8.3.1 问题描述与建模

考虑不同型号的导弹装备具有不同的射程、用途、命中率/突防率和制造成本,面对既定任务要求,如何配置和部署导弹装备,在系统满足任务要求和军费预算的前提下,使任务完成可靠度最大化。

1. 任务完成概率计算

若假定摧毁某目标的任务需要命中 m 枚以上(含)的某型导弹,且准备向该目标发射 n 枚该型导弹,评估任务完成概率按概率统计方法计算。涉及的符号参数定义如下:

参数定义：

λ　导弹的基本命中概率，假定为 0/1 型离散随机事件；

γ　导弹突防概率，即导弹突破对方防空、干扰、拦截的概率；

θ　导弹的可靠度，即导弹使用过程中的平均无故障概率；

z　发射的导弹枚数；

n　任务完成要求命中的最少导弹枚数；

ρ_{zx}　发射 z 枚导弹命中 $x(x\leqslant z)$ 枚的概率，

$$\rho_{zx}=(\lambda\gamma\theta)^x\ \frac{z!}{x!\ (z-x)!}$$

σ_{zn}　完成任务，即发射 z 枚命中 n 枚及以上的概率，

$$\sigma_{zn}=\sum_{x=n}^{z}P_x=\sum_{x=n}^{z}\left[(\lambda\gamma\theta)^x\ \frac{z!}{x!\ (z-x)!}\right]$$

2. 任务目标和部署设计

假定任务有多个打击目标，每个目标可以有多个可选的打击方案，导弹部署位置有多个可选的位置，考虑导弹可用数量和总成本约束，优化导弹部署，使任务完成概率最大化。涉及的符号定义如下：

参数定义：

N　导弹型号的集合，用 i 表示目标下标，$i\in N$；

A_i　导弹型号 i 的近射程范围；

B_i　导弹型号 i 的远射程范围；

λ_{it}　导弹型号 i 对目标 t 的基本命中概率；

γ_{it}　导弹型号 i 对目标 t 的突防概率，即导弹突破对方防空、电磁干扰和被拦截的概率；

θ_i　导弹的可靠度，即导弹使用过程中的平均无故障概率；

m_i　表示导弹型号 i 的可用数量；

c_i　表示导弹型号 i 的成本单价；

C　总成本上限；

T　任务的目标集合，用 t 表示目标下标，$t\in T$；

P_t　目标的权重(重要程度)，$t\in T$；

K_t　目标 t 的打击方案集合，用 k 表示方案下标，$k\in K_t$；

Π　打击方案的详细配置，$(\pi,t,k,i,n,p)\in\Pi$，其中 π 为序号，$t\in T$，$k\in K_t$，$i\in N$，$p\in[0,1]$，表示“目标 t 的第 k 打击方案采用导弹 i，命中 n 枚可完成率为 p”；

L　可选部署位置的集合，用 l 表示下标，$l\in L$；

D_{lt}　从可选部署位置 l 到目标 t 的距离；

ρ_{itzx}　发射 z 枚 i 型导弹打击目标 t 并命中 x 枚的概率，

$$\rho_{itzx}=(\lambda_{it}\gamma_{it}\theta_i)^x\ \frac{z!}{x!\ (z-x)!}$$

σ_{itzn}　发射 z 枚 i 型导弹打击目标 t 并命中 n 枚(含)以上的概率，

$$\sigma_{itzn}=\sum_{x=n}^{z}P_x=\sum_{x=n}^{z}\left[(\lambda_{it}\gamma_{it}\theta_i)^x\ \frac{z!}{x!\ (z-x)!}\right]$$

变量定义：

x_{ilt} 0/1 变量，表示是否将导弹 i 部署于位置 l 并用于打击目标 t；

y_{ilt} 连续非负整数变量，表示导弹 i 部署于位置 l 并用于打击目标 t 的数量；

z_{it} 连续非负整数变量，表示导弹 i 用于打击目标 t 的总数量；

f_{tk} 0/1 变量，表示目标 t 是否以方案 k 打击；

e_π 连续非负变量，表示打击方案中序号 π 的完成概率，$\pi \in \Pi$；

E_t 连续非负变量，表示打击目标 t 的完成概率；

o_{ita} 0/1 变量，表示 $z_{it} \geqslant a$ 是否成立，其中 $a = 1, 2, \cdots, m_i$。

3. 目标函数

目标函数为任务完成概率最大化：

$$\max \sum_{t \in T} P_t E_t$$

4. 约束条件

① 导弹部署数量关系：

$$\begin{cases} y_{lit} \geqslant x_{lit}, & \forall l \in L, i \in N, t \in T \\ y_{lit} \leqslant M x_{lit}, & \forall l \in L, i \in N, t \in T \\ z_{it} = \sum_{l \in L} y_{lit}, & \forall i \in N, t \in T \end{cases}$$

② 导弹部署总数量不超过可用数量：

$$\sum_{t \in T} z_{it} \leqslant m_i, \quad \forall i \in N$$

③ 导弹部署总成本不超过上限：

$$\sum_{i \in N, t \in T} z_{it} c_i \leqslant C$$

④ 确保瞄准的目标在导弹有效射程范围：

$$\begin{cases} D_{lt} \geqslant A_i - M(1 - x_{lit}), & \forall l \in L, i \in N, t \in T \\ D_{lt} \leqslant B_i + M(1 - x_{lit}), & \forall l \in L, i \in N, t \in T \end{cases}$$

⑤ 为每个目标确定一种最佳打击方案：

$$\sum_{k \in K_t} f_{tk} = 1, \quad \forall t \in T$$

⑥ 分配于打击目标的导弹数量需要满足打击方案的设计要求：

$$z_{it} \geqslant n - M(1 - f_{tk}), \quad \forall (\pi, t, k, i, n, p) \in \Pi$$

⑦ 评估任务完成概率：

用 0/1 变量 o_{ita} 来判断 z_{it} 是否大于或等于 a：

$$\begin{cases} o_{ita} M \geqslant a - z_{it} + 1, & \forall i \in N; t \in T; a = 1, 2, \cdots, m_i \\ (1 - o_{ita}) M \geqslant z_{it} - a - 1, & \forall i \in N; t \in T; a = 1, 2, \cdots, m_i \end{cases}$$

计算打击方案中序号 π 的完成概率(即命中 n 枚以上的概率)：

$$\begin{cases} e_\pi \leqslant p\sigma_{ian} + 2 - f_{tk} - o_{ita}, & \forall (\pi, t, k, i, n, p) \in \Pi; a = 1, 2, \cdots, m_i : a \geqslant n \\ e_\pi \leqslant p f_{tk}, & \forall (\pi, t, k, i, n, p) \in \Pi \end{cases}$$

计算目标的完成概率：

$$E_t = \sum_{\pi \in \Pi} e_\pi, \quad t \in T$$

8.3.2 AMPL 代码模型及算例验证

用 AMPL 代码实现上述数学规划模型：

```
#模型文件 DDBS.mod
#参数
set L;                                   #部署位置集合
set T;                                   #目标集合
set N;                                   #导弹型号集合
param namda{N, T};                       #导弹平均命中概率(综合基本命中率、突发概率和可靠度)
param rou{N,T, 1..100, 1..100};          #多枚导弹命中概率,服从二项式分布
param sigma{N,T, 1..100, 1..100};        #多枚导弹累计命中概率
param A{N};                              #导弹有效射程范围下限
param B{N};                              #导弹有效射程范围上限
param m{N};                              #导弹可用数量(库存数量)
param c{N};                              #导弹成本单价
param cita{N};                           #导弹可靠度
param P{T};                              #目标重要程度(或发生概率)
set K{T};                                #目标 t 的打击方案集合
set PI in {t in T, K[t], N, 1..100, 0..1 by 0.01};
param D{L,T};                            #部署位置与目标之间的距离
param C: = 800;                          #总成本上限
param M: = 99999;                        #一个大数
#模型变量
var x{L,N,T} binary;
var y{L,N,T} integer> = 0;
var z{N, T} integer> = 0;
var f{t in T, K[t]} binary;
var o{i in N, T, a in 1..m[i]} binary;
var e{PI}> = 0;
var E{T}> = 0;
#目标函数
maximize Total_succ_rate: sum{t in T}P[t] * E[t];
#约束条件
subject to Con1{j in L, i in N, t in T}:
    y[j,i,t] > = x[j,i,t];
subject to Con2{j in L, i in N, t in T}:
    y[j,i,t] < = M * x[j,i,t];
subject to Con3{i in N, t in T}:
    sum{j in L}y[j,i,t] = z[i,t];
subject to Con4{i in N}:
    sum{t in T}z[i,t] < = m[i];
subject to Con5:
```

```
    sum{j in L, i in N, t in T}y[j,i,t] * c[i] <= C;
subject to Con6{j in L, i in N, t in T}:
    D[j,t] >= A[i] - M*(1-x[j,i,t]);
subject to Con7{j in L, i in N, t in T}:
    D[j,t] <= B[i] + M*(1-x[j,i,t]);;
subject to Con8{t in T}:
    sum{k in K[t]}f[t,k] = 1;
subject to Con9{(t,k,i,n,p) in PI}:
    z[i,t] >= n - M*(1-f[t,k]);
subject to Con10{i in N, t in T, a in 1..m[i]}:
    o[i,t,a]*M >= a - z[i,t] + 1;
subject to Con11{i in N, t in T, a in 1..m[i]}:
    (1-o[i,t,a])*M >= z[i,t] - a - 1;
subject to Con12{(t,k,i,n,p) in PI, a in 1..m[i]: a>=n}:
    e[t,k,i,n,p] <= p*sigma[i,t,a,n] + (2-f[t,k]-o[i,t,a]);
subject to ConA13{(t,k,i,n,p) in PI}:
    e[t,k,i,n,p]<=f[t,k]*p;
subject to Con14{t in T}:
    E[t] = sum{(t,k,i,n,p) in PI}e[t,k,i,n,p];
```

构造小规模问题算例：考虑 4 类导弹类型、3 个打击目标和 3 个可选部署位置的场景。其数据文件如下：

```
#数据文件 DDBS.dat
param: T: P: =
1    1
2    2
3    1.5;
set L: = 1,2,3,4;
param D: 1 2 3 : =
1    870    720    840
2    480    580    460
3    790    870    460
4    620    860    810;
param: N: A B m c cita: =
1    800    1200    20    60    0.1
2    500    800     40    15    0.3
3    400    600     20    10    0.2
4    700    900     30    8     0.4;
param namda:1 2 3: =
1    0.9    0.7    0.8
2    0.7    0.7    0.7
3    0.8    0.8    0.85
4    0.5    0.6    0.65;
set K[1]: = 1,2,3;
set K[2]: = 1,2;
```

```
set K[3]: = 1,2;
set PI: =
(1,1,1,4,1),
(1,2,2,10,1),
(1,3,4,6,1),
(2,1,1,6,1),
(2,2,3,14,1),
(3,1,3,5,0.6),
(3,1,4,10,0.4),
(3,2,3,5,0.6),
(3,2,2,8,0.4);
```

求解脚本文件如下：

```
#求解脚本文件 DDBS.sh
model DDBS.mod;
data DDBS.dat;
option solver cplex;
option cplex_options 'mipdisplay = 2';
#计算命中率二项式分布
param factorial{i in integer[0, Infinity)} = if i = 0 then 1 else if i<2 then i else i * factorial[i - 1];
for{i in N, t in T}
{
    for{mg1 in 1..m[i], ma1 in 1..m[i]: mg1> = ma1}
      let rou[i,t,mg1,ma1]: = (namda[i,t]^ma1) * ((1 - namda[i,t])^(mg1 - ma1)) * factorial[mg1]/
factorial[mg1 - ma1]/factorial[ma1];
    for{mg1 in 1..m[i], ma1 in 1..m[i]: mg1> = ma1}
      let sigma[i,t,mg1,ma1]: = sum{aa in ma1..mg1}rou[i,t,mg1,aa];
}
objective Total_succ_rate;
solve;
displayTotal_succ_rate;
#输出部署和目标
for{j in L, i in N, t in T: x[j,i,t] = 1}
        printf "L = %d, DD = %d, TT = %d, y = %d \n", j, i, t, y[j,i,t];
#输出打击方案完成率
for{(t,k,i,n,p) in PI: f[t,k] = 1}
        printf "t = %d, k = %d, i = %d, n = %d, z = %d, e = %f\n", t, k, i, n, z[i,t], e[t,k,i,n,p];
#输出任务完成率
for{t in T}
        printf "t = %d, E = %f\n", t, E[t];
#输出总成本
printf "cost = %f\n", sum{j in L, i in N, t in T}sum{i in N, t in T}z[i,t] * c[i];
```

上述脚本文件 DDBS.sh、模型文件 DDBS.mod 和数据文件 DDBS.dat 在 AMPL/CPLEX 环境下运行，求解得到最优解 3.185 25，如图 8-4 所示。通过该算例，验证了模型的正确性和可求解性。

```
CPLEX 12.9.0.0: optimal integer solution; objective 3.185243105
819 MIP simplex iterations
0 branch-and-bound nodes
Total_succ_rate = 3.18524

L=1, DD=4, TT=1, y=14
L=1, DD=4, TT=3, y=16
L=3, DD=1, TT=2, y=8
L=3, DD=3, TT=3, y=8
t=1, k=3, i=4, n=6, z=14, e=0.788025
t=2, k=1, i=1, n=6, z=8, e=0.551774
t=3, k=1, i=3, n=5, z=8, e=0.587189
t=3, k=1, i=4, n=10, z=16, e=0.275259
t=1, E=0.788025
t=2, E=0.551774
t=3, E=0.862447
cost=800.000000
```

图 8-4 导弹部署与目标优化结果输出

8.4 面向时效能力恢复最大化的现场抢修问题

8.4.1 问题描述与建模

在一个现场区域，分布有多个作战单元系统，记为集合 S。其中每个单元具有独立的任务执行能力值，记为常数 C_s，其中下标 $s \in S$。在组成该区域的全部单元系统中，共有 n 个装备出现了故障(或损伤)，需进行紧急维修，记为集合 N。当某个作战单元的故障装备均被修复时，表示恢复了任务执行能力。作战单元与故障装备之间的依赖关系用 0/1 参数 r_{si} 表示：若 $r_{si}=1$，则表示单元 s 与故障装备 i 相关；$r_{si}=0$ 则表示无关。

故障装备的位置坐标为(x_i, y_i)，所需修复时间为 τ_i，并对维修人员的专业和专业等级有要求。可分派的维修人员记为集合 P，分布于现场区域的不同位置，记为坐标(x'_i, y'_i)。维修人员具有已知的专业和专业等级。仅当维修人员的专业等级与故障装备要求相符时，才能被派遣去维修该装备。每个维修人员可以被指派前往维修一处或多处故障。当维修多处故障时，维修人员则按顺序依次维修。故障装备之间的距离为已知，记为 d_{ij}；维修人员的当前位置与故障装备之间的距离为已知，记为 d'_{ij}；维修人员的移动速度记为 v_p，其中 $i, j \in S, p \in P$。

假定现场抢修时间长度是限定的，记为 h，即抢修活动的总时长不超过 h。在抢修期间$[0, h]$内，以 $F(t)$表示全部单元系统的总能力的恢复程度与时间 t 的函数关系，其中 $t \in [0, h]$，$F(t) \in [F_0, 1]$，F_0 是全部系统在 $t=0$ 时刻的可用能力率。

该问题的目标函数是全部系统在$[0, h]$期间的时效能力恢复率最大化，计算公式为

$$E = \int_0^h F(t)\,\mathrm{d}t$$

上式表示系统能力恢复曲线在时间轴上的积分，即曲线与时间轴之间的面积。不同的维修分配与路径方案，可能导致系统在最后时刻的能力恢复率是一样的，但是对应着不同的时效能力恢复率。如图 8-5 所示，尽管 A 和 B 两种方案最后都恢复了相同的系统能力，但从时效能力恢复率的角度看，图(b)中的维修过程优于图(a)。

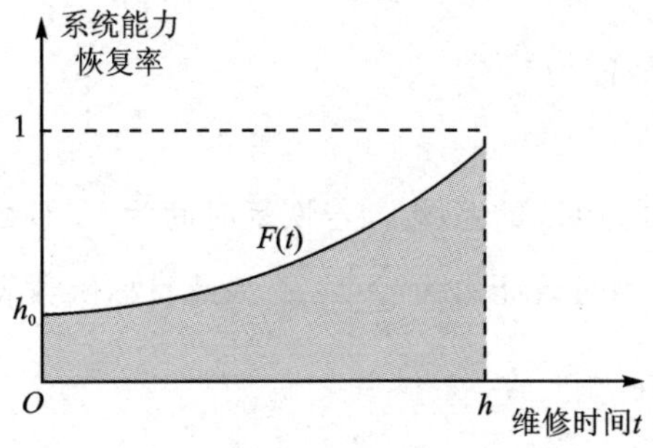

(a) A方案

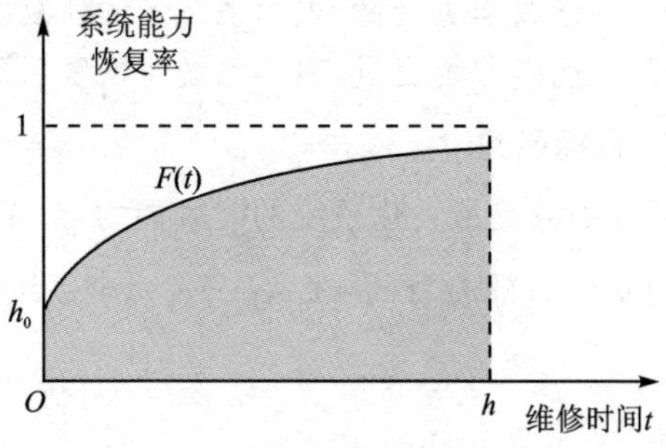

(b) B方案

图 8－5 时效能力恢复率示意图

以时效能力恢复率为优化目标，有利于系统在维修期间继续输出较高的任务执行能力。在某些实时系统中，如军事上的战场装备修复、区域防空预警，以及区域灾区装备抢修等现场作业场景中，都具有实用意义。

针对上述问题，建立混合整数规划模型。

1. 参数定义

S 作战单元的集合；

s 作战单元的下标，$s \in S$；

C_s 作战单元 s 的能力值；

N 故障装备(以下简称装备)的集合；

i, j 装备的下标，$i, j \in N$；

τ_i 装备 i 所需的维修时间；

d_{ij} 装备 i 和 j 之间的距离；

r_{si} 0/1 参数，表示单元 s 是否依赖于装备 i；

P 可用维修人员(以下简称人员)的集合；

p 人员的下标，$p \in P$；

d'_{pi} 人员 p 与装备 i 之间的距离；

v_p 人员 p 的移动速度；

h 维修过程的截止时间节点；

M 一个大数。

2. 变量定义

独立变量，与任务分配与维修路径相关：

x_i 0/1 变量，表示装备 i 是否修复；

y_{ip} 0/1 变量，表示是否将装备 i 的维修任务分配给人员 p；

y'_{ip} 0/1 变量，表示装备 i 是否为人员 p 的维修第一站；

y''_{ip} 0/1 变量，表示装备 i 是否为人员 p 的维修最后一站；

z_{ij} 0/1 变量，$z_{ij}=1$ 表示(由同一人员)先维修装备 i 再维修装备 j。

依赖变量，与维修效果相关：

o_s 0/1 变量，表示系统 s 的能力是否被恢复；

e_s 连续非负变量,表示系统 s 的恢复时间;

e'_s 连续非负变量,表示系统 s 恢复后的时效能力。

3. 目标函数

目标函数是最大化系统的时效能力,对于能力为 C_s 的系统 s,若恢复时间为 e,那么到截止时间 h 的时效能力 $e'_s=C_s(h-e_s)$,全系统恢复的时效能力为 $\sum_{s\in S}e'_s$。因此目标函数表示为

$$\min \sum_{s\in S}e'_s$$

4. 约束条件

① 被修复的装备(即 $x_i=1$)必须分配给 1 名人员:

$$\sum_{p\in P}y_{ip}=x_i, \quad \forall i\in N$$

② 选择某个装备作为人员 p 出发后的第一站:

$$\begin{cases} y'_{ip}\leqslant y_{ip}, & \forall i\in N, p\in P \\ \sum_{i\in N}y'_{ip}=1, & \forall p\in P \end{cases}$$

③ 选择某个装备作为人员 p 的最后一站:

$$\begin{cases} y''_{ip}\leqslant y_{ip}, & \forall i\in N, p\in P \\ \sum_{i\in N}y''_{ip}=1, & \forall p\in P \end{cases}$$

④ 建立人员的装备维修路径:

$$\begin{cases} \sum_{p\in P}y'_{ip}+\sum_{j\in N, j\neq i}z_{ji}=x_i, & \forall i\in N \\ y_{ip}-y_{jp}\leqslant 1-z_{ij}, & \forall i,j\in N; p\in P: i\neq j \\ \sum_{p\in P}y''_{ip}+\sum_{j\in N, j\neq i}z_{ij}=x_i, & \forall i\in N \\ x_i+x_j\geqslant 2z_{ij}, & \forall i,j\in N: i\neq j \end{cases}$$

⑤ 计算人员到达装备的时间:

$$\begin{cases} a_i\geqslant 60d'_{pi}/v_p-M(1-y_{ip}), & \forall i\in N, p\in P \\ a_j\geqslant a_i+\tau_i+60d_{ij}/v_p-M(1-z_{ij}), & \forall i\in N, j\in N: i\neq j \end{cases}$$

⑥ 维修截止时间约束:

$$\begin{cases} a_i+\tau_i\leqslant h+M(1-x_i), & \forall i\in N \\ a_i\leqslant Mx_i, & \forall i\in N \end{cases}$$

⑦ 系统的所有故障均被修复,系统能力才能恢复:

$$o_s\leqslant x_i, \quad \forall s\in D, i\in N: r_{si}=1$$

⑧ 计算系统的恢复时间和时效能力:

$$\begin{cases} e_s\geqslant a_i+\tau_i-M(1-x_i), & \forall s\in S, i\in N: r_{si}=1 \\ e'_s\leqslant C_s(h-e_s), & \forall s\in S \\ e'_s\leqslant M\cdot o_s, & \forall s\in S \end{cases}$$

⑨ 定义变量的值域:

$$\begin{cases} y_{ip}, y'_{ip}, y''_{ip}, z_{ij}, x_i, o_s \in \{0,1\} \\ e_s \geqslant 0; e'_s \geqslant 0 \end{cases}, \quad \forall i,j \in N; s \in S; p \in P$$

8.4.2 AMPL 代码模型及算例验证

用 AMPL 代码实现上述数学规划模型：

```
#模型文件 SVRPIII.mod
set S;                         #系统集合
set N;                         #设备集合
set P;                         #人员集合
param v: = 60;                 #人员移动速度
param C{S};                    #系统的能力
param tao{N};                  #设备的预估修复时间
param d{N,N};                  #设备之间的距离
param d1{P,N};                 #维修人员与设备之间的距离
param r{S,N} binary;           #系统是否包含设备
param LX{N};                   #故障设备的坐标(x,y)
param LY{N};                   #故障设备的坐标(x,y)
param LP{P,1..2};              #维修人员的坐标(x,y)
param h: = 120;                #维修截止的时间
param M: = 9999;               #一个大数
var x{N} binary;               #设备是否修复
var y{N,P} binary;             #设备由谁来修复
var y1{N,P} binary;            #是否为维修路径第 1 站
var y2{N,P} binary;            #是否为维修路径最后一站
var z{N,N} binary;             #维修顺序先后关系
var a{N}> = 0;                 #到达时间
var o{S} binary;               #系统是否恢复能力
var e{S}> = 0;                 #系统恢复时间
var e1{S}> = 0;                #设备恢复后的时效能力值
maximize Total_eff_C: sum{s in S}e1[s];
#若决定修复,则分派给某一个人去修复
subject to Con1{i in N}:sum{p in P}y[i,p] = x[i];
#维修第 1 站
subject to Con2_1{i in N, p in P}: y1[i,p] < = y[i,p];
subject to Con2_2{p in P}: sum{i in N}y1[i,p] < = 1;
#维修最后一站
subject to Con3_1{i in N, p in P}: y2[i,p] < = y[i,p];
subject to Con3_2{p in P}: sum{i in N}y2[i,p] < = 1;
#确定进站次数(最多仅 1 次)
subject to Con4_1{i in N}:
    sum{p in P}y1[i,p] + sum{j in N:i<>j}z[j,i] = x[i];
#确定出站次数(最多仅 1 次)
subject to Con4_2{i in N}:
    sum{p in P}y2[i,p] + sum{j in N:j<>i}z[i,j] = x[i];
#若存在维修顺序,则必定属于同一人
subject to Con4_3{i in N, j in N, p in P: i<>j}:
    y[i,p] - y[j,p] < = 1 - z[i,j];
#若存在维修顺序,则属于决定修复的
subject to Con4_4{i in N, j in N: i<>j}:
```

```
    x[i] + x[j] >= 2 * z[i,j];
  #第 1 站的到达时间
  subject to Con6_1{i in N, p in P}:
    a[i] >= 60 * d1[p,i]/v - M * (1 - y1[i,p]);
  #第 2,3,4,…站的到达时间
  subject to Con6_2{i in N, j in N: i<>j}:
    a[j] >= a[i] + tao[i] + 60 * d[i,j]/v - M * (1 - z[i,j]);
  #每站的修复时间不超过截止时间
  subject to Con7_1{i in N}: a[i] + tao[i] <= h + M * (1 - x[i]);
  #不修复的节点,则修复时间为 0
  subject to Con7_2{i in N}: a[i] <= M * x[i];
  #系统的故障点均得到修复,则系统恢复能力
  subject to Con8{s in S, i in N: r[s,i] = 1}: o[s] <= x[i];
  #确定系统修复的最后时间(即最迟的故障修复时间)
  subject to Con9_1{s in S, i in N: r[s,i] = 1}:
    e[s] >= a[i] + tao[i] - M * (1 - x[i]);
  #确定系统修复的时效能力:能力×剩余时间
  subject to Con9_2{s in S}: e1[s] <= C[s] * (h - e[s]);
  subject to Con9_3{s in S}: e1[s] <= M * o[s];
```

构造小规模问题算例:现场区域有 10 个作战单元,一共有 20 处装备发生故障,维修人员共有 5 个小组,分 3 类维修专业,专业等级分为 1 级和 2 级两级,要求在 120 min 内完成时效能力最大恢复。其数据文件 SVRPIII. dat 所下:

```
#数据文件:SVRPIII.dat
set P: = 1,2,3,4,5;
set Q: = 1,2,3;
param:S: C: =
1     1.2
2     1.3
3     0.9
4     0.7
5     1.8
6     1.4
7     0.9
8     2.2
9     3.8
10    1.7;
param:N: tao LX LY: =
1     25    26.4    87.6
2     30    23.5    91.9
3     45    27.8    93.6
4     25    34.6    70.5
5     15    40.5    65.2
6     45    48.6    19.3
7     20    58.5    21.1
8     40    57.2    24.5
9     10    72.2    75.1
10    25    21.7    44.2
11    10    24.6    51.3
12    30    27.2    39.6
```

```
13    45      22.8      22.5
14    45      89.5      90.9
15    35      95.7      90.6
16    10      96.8      83.5
17    30      78.4      28.9
18    35      60.7      80.8
19    10      62.7      90.1
20    50      45.7      51.4;
param r: 1  2  3  4  5  6  7  8  9  10  11  12  13  14  15  16  17  18  19  20 : =
1        1  1  1  1  0  0  0  0  0  0   0   0   0   0   0   0   0   0   0   1
2        0  0  0  1  1  0  0  0  0  0   0   0   0   0   0   0   0   0   0   1
3        0  0  0  0  0  1  1  1  0  0   0   0   0   0   0   0   0   0   0   1
4        0  0  0  0  0  0  0  0  1  0   0   0   0   0   0   0   0   0   0   1
5        0  0  0  0  0  0  0  0  1  1   1   1   1   0   0   0   0   0   0   1
6        0  0  0  0  0  0  0  0  1  0   0   0   0   1   1   0   0   0   0   1
7        0  0  0  0  0  0  0  0  0  0   0   0   0   0   1   1   0   0   0   1
8        0  0  0  0  0  0  0  0  0  0   0   0   0   0   0   0   1   0   0   1
9        0  0  0  0  0  0  0  0  0  0   0   0   0   0   0   0   0   1   1   1
10       0  0  0  0  0  0  0  0  0  0   0   0   0   0   0   0   0   0   0   1;
param LP: 1 2 : =
1         77.5  28.1
2         4.50  34.6
3         38.5  48.2
4         71.2  64.5
5         49.4  77.9;
```

在 AMPL 环境下调用 CPLEX 求解器对上述算例进行求解，获得最优目标函数值 568.82，从 10 个系统中选择恢复了 6 个系统。维修路径如图 8-6 所示，其中三角形为故障发生地点，圆形为维修人员所在地点，点线为维修人员的维修路径。

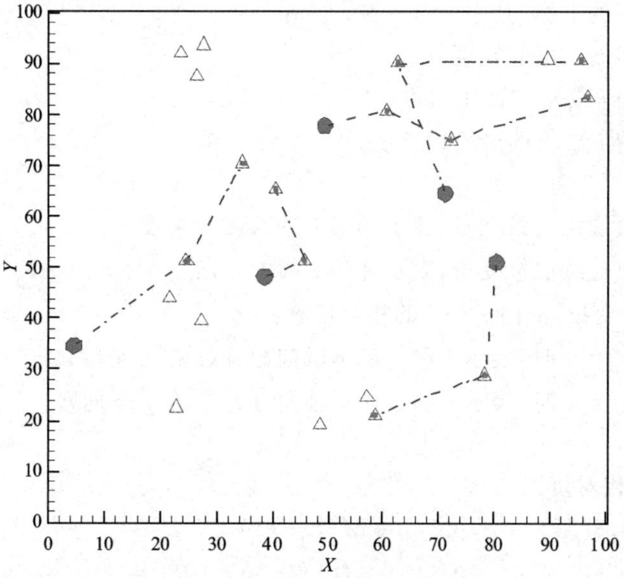

图 8-6　现场抢修算例最优解图示

8.5 设施布局优化问题

设施布局问题(Facility Layout Problem, FLP)是研究如何设计生产车间内各种生产设施/部门的位置布局,使生产系统的物料搬运成本(material handling cost)最低。优化设施布局可以减少车间内物流搬运时间,降低正在生产的产品数量和提高生产效率。针对不同的生产场景,可以采用与之相应的优化模型。这里介绍两种最基本的场景情况:矩形设施布局优化模型和单行生产线设施布局优化模型。

8.5.1 矩形设施布局优化模型

它是指在一个矩形车间内,如何布置完成生产活动的各种功能单元(包括加工机床设备、工序作业区、物料暂存区、工具库、人员工作区等,统称为"部门"),为之设置合适的位置、形状和面积,使部门之间的物料搬运成本(即部门之间的物料搬运量乘以流动距离之总和)最小化。部门物料搬运关系如图 8-7 所示。

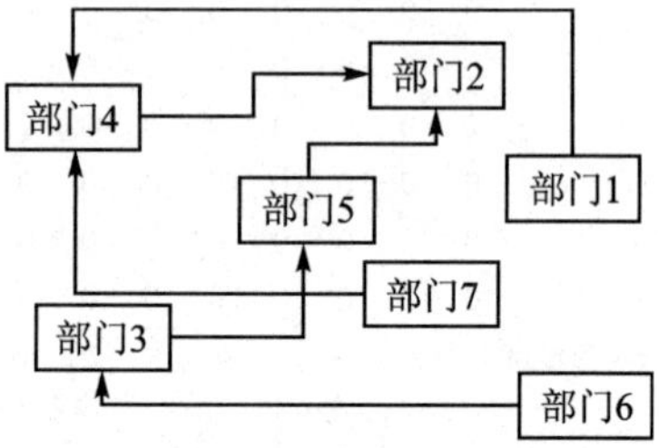

图 8-7 部门物料搬运关系

在矩形设施布局问题中,矩形车间的长和宽是固定且已知的,需要确定各部门在矩形车间中的位置、大小以及由此产生的物料搬运成本。

1. 部门部署

参数定义:

N 一组部门集合;

i, j 部门的下标,其中 $i, j \in N$;

B_x, B_y 车间的长度和宽度;

a_i 部门 i 要求的使用面积;

$l_i^{\min}$ 部门 i 要求的最短边长度。

变量定义:

l_i^x, l_i^y 非负连续决策变量,表示部门 i 的长度和宽度。

c_i^x, c_i^y 非负连续决策变量,表示部门 i 的中心点。

s_{ij}^x, s_{ij}^y 0/1 变量,部门 i 和 j 的相对位置:

当 $s_{ij}^x=1$ 时,表示 i 和 j 在 x 轴向分开(i 在 j 左边);

当 $s_{ij}^y=1$ 时,表示 i 和 j 在 y 轴向分开(i 在 j 下面)。

变量约束条件:

① 部门之间的相对位置:

$$\begin{cases} c_i^x + 0.5l_i^x \leqslant c_j^x - 0.5l_j^x + M(1-s_{ij}^x) \\ c_i^y + 0.5l_i^y \leqslant c_j^y - 0.5l_j^y + M(1-s_{ij}^y), \quad \forall i \in N, j \in N: i \neq j \\ s_{ij}^x + s_{ji}^x + s_{ij}^y + s_{ji}^y = 1 \end{cases}$$

② 部门的部署位置及最短边要求：

$$\begin{cases} c_i^x + 0.5l_i^x \leqslant B^x \\ c_i^x - 0.5l_i^x \geqslant 0 \\ c_i^y + 0.5l_i^y \leqslant B^y \\ c_i^y - 0.5l_i^y \geqslant 0 \\ l_i^x \geqslant l_i^{\min} \\ l_i^y \geqslant l_i^{\min} \end{cases}, \quad \forall i \in N$$

③ 部门的面积要求

$$a_i \geqslant l_i^x \cdot l_i^y, \quad \forall i \in N$$

转化为线性化表达(参考 6.1.1 小节"幂函数线性化")：

$$l_i^y \geqslant a_i k_p l_i^x + a_i b_p, \quad \forall i \in N, p = 0,1,2,\cdots,\eta$$

式中，

$$\begin{cases} k_p = -\dfrac{1}{\mu^{2p-1} \cdot l_{\min}^2} \\ b_p = \dfrac{\mu + 1}{\mu^p \cdot l_{\min}} \end{cases}, \quad \forall p = 1,2,\cdots,\eta$$

$$\mu = 1 + 2\varepsilon + 2\sqrt{\varepsilon + \varepsilon^2}$$

$$\eta = \left\lceil \frac{\ln l_{\max} - \ln l_{\min}}{\ln \mu} \right\rceil$$

ε 为要求的误差精度；$l_{\min}$ 和 $l_{\max}$ 分别为部门边长的下限、上限。

2. 物料搬运成本

参数定义：

f_{ij}　部门 i 和 j 之间的物料流动数量；

δ_{ij}　部门 i 和 j 之间的距离类型：$\delta_{ij}=1$ 表示矩形距离，$\delta_{ij}=2$ 表示欧氏距离，$\delta_{ij}=3$ 表示天车距离。

变量定义：

d_{ij}^x，d_{ij}^y　非负连续决策变量，分别表示部门 i 和 j 在 x 轴向和 y 轴向的距离；

d_{ij}　非负连续决策变量，表示部门 i 和 j 之间的物料流动距离。

变量约束条件：确定部门之间的物料流动距离。

部门之间的距离通常表示为部门中心点之间的距离，考虑有三种基本距离类型：

① 矩形距离(Rectangle Distance)：从一个部门中心点(x_i，y_i)，经最短矩形路径到达另一部门中心点(x_j，y_j)，计算方式为

$$d_{ij} = |x_i - x_j| + |y_i - y_j|$$

② 天车距离(Chebyshev Distance)：从一个部门中心点经最长的轴向路径到达另一个部门中心点，计算方式为

$$d_{ij} = \max\{|x_i - x_j|, |y_i - y_j|\}$$

③ 欧氏距离(Euclidean Distance)：部门中心点之间的直线距离。

$$\begin{cases} d_{ij}^x \geqslant |c_i^x - c_j^x|, & \forall i,j \in N: i<j \\ d_{ij}^y \geqslant |c_i^y - c_j^y|, & \forall i,j \in N: i<j \\ d_{ij} = d_{ij}^x + d_{ij}^y, & \forall i,j \in N: i<j, \delta_{ij}=1 \\ d_{ij} = \sqrt{(d_{ij}^x)^2 + (d_{ij}^y)^2}, & \forall i,j \in N: i<j, \delta_{ij}=2 \\ d_{ij} \geqslant d_{ij}^x, & \forall i,j \in N: i<j, \delta_{ij}=3 \\ d_{ij} \geqslant d_{ij}^y, & \forall i,j \in N: i<j, \delta_{ij}=3 \end{cases}$$

将上述欧氏距离约束转化为线性化约束：

$$d_{ij} \geqslant d_{ij}^x \sin(p\theta) + d_{ij}^y \cos(p\theta), \quad \forall i,j \in N, p=0,1,2,\cdots,\eta': i<j, \delta_{ij}=2$$

式中，$\theta = \arccos(1+4\varepsilon+2\varepsilon^2)$，$\eta' = \left\lceil \frac{\pi}{2\theta} \right\rceil$，$\varepsilon$ 为精度要求。

3. 车间内不可利用面积(如消防通道、隔离墙、其他固定不可用区域)排除

具体方法是将不可用区域设定为位置和大小固定的特殊“部门”集，设置参数和约束。

参数定义：

K 不可用区域的集合，$K \subset N$；

W_i，H_i 不可用区域的长度和宽度，$i \in K$；

X_i，Y_i 不可用区域的左下角位置坐标，$i \in K$。

建立约束：

$$\begin{cases} l_i^x = W_i, & \forall i \in K \\ l_i^y = H_i, & \forall i \in K \\ c_i^x = X_i + 0.5W_i, & \forall i \in K \\ c_i^y = Y_i + 0.5H_i, & \forall i \in K \end{cases}$$

4. 目标函数

$$\min \text{HMC} = \sum_{i,j \in N: i<j} f_{ij} \cdot d_{ij}$$

5. AMPL 代码模型

```
#矩形设施布局问题：
set DIM: = {1,2};                  #维度集合，即 x 和 y 维度
set DEP;                           #部门集合
set DDF within {DEP,DEP};          #具有物料流动关系的部门对
set MET: = {1,2,3};                #距离类型：1—矩形距离；2—欧氏距离；3—天车距离
param L{DIM};                      #车间的长和宽
param l_min{DEP,DIM};              #部门最短边要求
param l_max{DEP,DIM};              #部门最长边要求
param a{DEP};                      #部门最小面积要求
param ar{DEP};                     #部门最大长宽比要求
param TL_n{DEP} in 1..999;         #部门面积线性化的切线数量，即 ηi
param TL_k{DEP,1..999};            #上述切线的斜率
param TL_b{DEP,1..999};            #上述切线的截距
```

```
param TP_cita;                   # 欧氏距离线性化的θ值
param TP_n;                      # 欧氏距离线性化的切平面数量
param f{DDF}>=0;                 # 部门之间的物料流量
param w{DDF,MET};                # 部门之间的物料搬运距离类型
param M;                         # 一个大数
var c{DEP,DIM};                  # 部门的中心
var l{DEP,DIM}>=0;               # 部门的边长
var s{DEP,DEP,DIM} binary;       # 部门之间的相对位置
var o{DEP,DEP,DIM} binary;       # 部门之间在轴向上是否重叠
var dxy{DDF,DIM}>=0;             # 部门之间的轴向距离
var dis{DDF,MET}>=0;             # 部门之间的距离
# 目标函数:
minimize objective_Cost:
    sum{(i,j)in DDF, d in MET} f[i,j]*dis[i,j,d]*w[i,j,d];
# 约束条件:
# 部门面积不能重叠
subject to Con1{i in DEP, j in DEP, e in DIM: i<>j}:
    (c[j,e] - 0.5*l[j,e]) >= (c[i,e] + 0.5*l[i,e]) - M*(1-s[i,j,e]);
subject to Con2 {i in DEP, j in DEP: i<j}:
    sum{e in DIM}(s[i,j,e]+s[j,i,e])=1;
# 部门之间的轴向距离
subject to Con3A {(i,j) in DDF, e in DIM}:
    dxy[i,j,e]>=c[i,e] - c[j,e];
subject to Con3B {(i,j) in DDF, e in DIM}:
    dxy[i,j,e]>=c[j,e] - c[i,e];
# 计算矩形距离
subject to Con4A {(i,j) in DDF: w[i,j,1]=1}:
    dis[i,j,1]>=dxy[i,j,1]+dxy[i,j,2];
# 计算欧氏距离
subject to Con4B {(i,j) in DDF, p in 0..TP_n: w[i,j,2]=1}:
    dis[i,j,2]>=cos(TP_cita*p)*dxy[i,j,1] + sin(TP_cita*p)*dxy[i,j,2];
# 计算天车距离
subject to Con4C_1 {(i,j) in DDF, e in DIM: w[i,j,3]=1}:
    dis[i,j,3]>=dxy[i,j,e];
# 对于采用天车距离的部门对,至少在某一个轴向是重叠的(天车搬运)
subject to Con4C_2 {(i,j) in DDF, e in DIM: w[i,j,3]=1}:
    0.5*(l[i,e]+l[j,e])>=dxy[i,j,e] - M*(1-o[i,j,e]);
subject to Con4C_3 {(i,j) in DDF: w[i,j,3]=1}:
    o[i,j,1]+o[i,j,2]>=1;
# 满足部门面积要求和长宽比要求
subject to Constraint_5{i in DEP, p in 1..TL_n[i]}:
    l[i,2] >= TL_k[i,p]*l[i,1] + TL_b[i,p];
subject to Constraint_6{i in DEP: ar[i]>0}:
    l[i,1] <= ar[i]*l[i,2];
subject to Constraint_7{i in DEP: ar[i]>0}:
```

```
    l[i,2] <= ar[i] * l[i,1];
#部门布局在车间内部
subject to Constraint_8{i in DEP, d in DIM}:
    c[i,d] + 0.5 * l[i,d]<= L[d];
subject to Constraint_9{i in DEP, d in DIM}:
    c[i,d] - 0.5 * l[i,d]>= 0;
#满足部门的最短边、最长边要求
subject to Constraint_10A{i in DEP, d in DIM: l_min[i,d]>0}:
    l[i,d] >= l_min[i,d];
subject to Constraint_10B{i in DEP, d in DIM: l_max[i,d]>0}:
    l[i,d] <= l_max[i,d];
```

8.5.2 单行生产线设施布局优化模型

另一种常见的更简洁的生产设施布局场景是单行生产线设施布局问题(Single-row Facility Layout Problem),如图 8-8 所示。该模型假设生产线由多个设备并为一行组成统一宽度的生产线,生产线旁边设有物料流动走廊,设备之间的物料流动经过走廊转移,物料流动量为固定的已知数,流动的距离为两设备中心点之间的直线距离。每个设备 i 的位置 x_i 和占地长度 l_i 为决策变量,优化目标函数是物料流动加权距离最小。

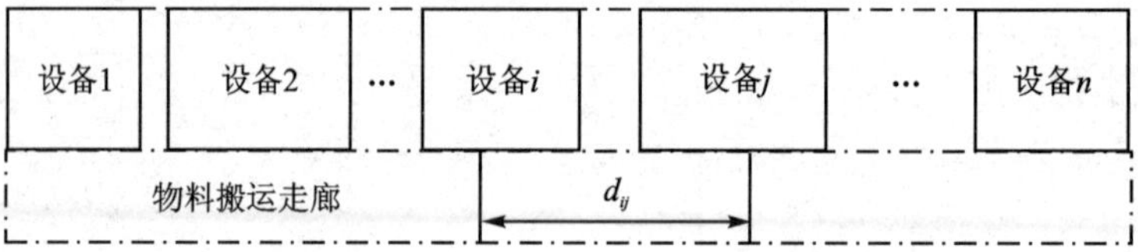

图 8-8 单行生产线设施布局问题

针对上述问题,建立优化模型。

1. 参数定义

N 一组设备的集合, $n=\text{card}(N)$;

i, j 设备的下标,其中 $i, j \in N$;

e_{ij} 设备 i 和 j 之间必要的间距;

f_{ij} 设备 i 和 j 之间的物流量;

l_i 设备 i 要求的最短长度。

2. 变量定义

x_i 非负连续变量,表示设备 i 的中心点坐标,其中 $i \in N$。

y_{ij} 0/1 变量,表示设备 i 和 j 的相对位置:$y_{ij}=1$ 表示 i 在 j 的左边,$y_{ij}=0$ 表示 i 在 j 的右边。

d_{ij} 非负连续变量,表示设备 i 和 j 之间的中心距离。

3. 目标函数

$$\min \text{HMC} = \sum_{i,j \in N; i<j} f_{ij} \cdot d_{ij}$$

4. 约束条件

① 确定设备之间的相对关系：

$$\begin{cases} y_{ij}+y_{ji}=1, & \forall i\in N, j\in N: i<j \\ x_j-x_i\geqslant 0.5(l_i+l_j)+e_{ij}-M(1-y_{ij}), & \forall i\in N, j\in N: i\neq j \end{cases}$$

② 确定设备之间的距离：

$$\begin{cases} d_{ij}\geqslant x_i-x_j, & \forall i,j\in N: i<j \\ d_{ji}\geqslant x_j-x_i, & \forall i,j\in N: i<j \end{cases}$$

③ 定义变量的值域：

$$x_i\geqslant 0,\quad d_{ij}\geqslant 0,\quad y_{ij}\in\{0,1\},\quad \forall i,j\in N$$

上述设施布局模型分别适用于矩形生产车间和线形生产线的生产设施布局优化设计，可提高物料在车间的流转效率，降低搬运时间，降低相关的生产成本。

8.6　多部件联合维修周期优化问题

8.6.1　基本模型

1. 问题描述

某设备有 n 个部件需要定期预防性维修，表示为集合 N；对于部件 i，$i\in N$，要求每累计工作量达到 μ_i 后需要开展一次维修，每次预防性维修的成本为 c_i，所需维修工时为 h_i。设备的工作期间被划分为多个期间，表示为集合 T，期间 t 内设备的工作量为 w_t，其中 $t\in T$。

每个部件 i 可以决定是否在第 t 周期进行维修，记为 0/1 决策变量 x_{it}。若某期间有部件需要维修，则该期间设备停机，产生一个固定的停机损失，该损失可能在不同周期(如淡季、旺季)有所差异，记为 l_t。期间的总可用维修工时上限记为 H_t。

问如何安排各部件的维修计划，即 x_{it} 变量如何取值，使总维修成本最低。总维修成本为部件维修成本和设备停机损失之和。

2. 参数定义

N　部件的集合，$n=\text{card}(N)$；

i, j　部件的下标，$i\in N$，$j\in N$，$i\neq j$；

μ_i　部件 i 的最大累计工作量(维修间隔期)；

c_i　部件 i 的单次维修成本；

h_i　部件 i 的单次维修工时；

T　期间的集合；

t　期间的下标，$t\in T$；

w_t　期间 t 内的工作量/任务量；

l_t　期间 t 末因维修产生的停机损失；

H_t　期间 t 末可用总维修工时；

M　一个大数。

3. 变量定义

x_{it} 0/1 变量,表示部件 i 是否在期间 t 末维修;

y_t 0/1 变量,表示期间 t 是否停机维修;

a_{it} 连续非负变量,部件 i 至期间 t 末的累计工作量或日历天数,维修后清零。

4. 目标函数

$$\min \text{Total Cost} = \sum_{i \in N, t \in T} c_i x_{it} + \sum_{t \in T} l_t y_t$$

5. 约束条件

① 计算各部件期间末的累计工作量:

$$\begin{cases} a_{i1} = w_1(1 - x_{i1}), & \forall i \in N \\ a_{it} \geqslant a_{i,t-1} + w_t - M x_{it}, & \forall i \in N, t \in T: t > 1 \\ a_{it} \leqslant a_{i,t-1} + w_t + M x_{it}, & \forall i \in N, t \in T: t > 1 \\ a_{it} \leqslant M(1 - x_{it}), & \forall i \in N, t \in T \end{cases}$$

② 部件的累计工作量不超过设计值:

$$a_{it} \leqslant \mu_i, \quad \forall i \in N, t \in T$$

③ 每期间的总可用维修工时约束:

$$\sum_{i \in N} x_{it} h_i - \sum_{i,j \in N; i<j} z_{ijt} g_{ij} \leqslant H_t, \quad \forall t \in T$$

④ 判断期间是否停工维修:

$$\begin{cases} y_t \geqslant x_{it}, & \forall i \in N, t \in T \\ y_t \leqslant \sum\limits_{i \in N} x_{it}, & \forall t \in T \end{cases}$$

⑤ 定义决策变量的值域:

$$x_{it}, y_t; a_{it} \geqslant 0, \quad \forall i, j \in N; t \in T$$

6. AMPL 代码模型及算例验证

用 AMPL 代码实现上述数学规划模型:

```
#多部件非周期性维修优化模型
set N;                        #部件的集合,n = card(N)
param miu{N};                 #部件 i 的设计要求维修间隔期
param c{N};                   #部件 i 的每次维修成本
param h{N};                   #部件 i 的每次维修所需工时数
set T;                        #期间的集合
param w{T};                   #期间 t 内的工作量
param l{T};                   #期间 t 的停机损失
param H{T};                   #期间 t 的总可用维修工时
param M: = 9999;              #一个大数
var x{N,T} binary;            #0/1 变量,表示部件 i 是否在期间 t 维修
var y{T} binary;              #0/1 变量,表示期间 t 是否停机维修
var a{N,T}> = 0;              #连续非负变量,表示期间的末累计工作量,维修后清零
```

```
#目标函数:维修成本和停工损失之和
minimize Total_Cost:
    sum{i in N, t in T}c[i] * x[i,t] + sum{t in T}l[t] * y[t];
#计算各期间末的累计工作量
subject to Con1_1{i in N}:
    a[i,1] = w[1] * (1 - x[i,1]);
subject to Con1_2{i in N, t in T: t>1}:
    a[i,t] >= a[i,t-1] + w[t] - M * x[i,t];
subject to Con1_3{i in N, t in T: t>1}:
    a[i,t] <= a[i,t-1] + w[t] + M * x[i,t];
subject to Con1_4{i in N, t in T}:
    a[i,t] <= M * (1 - x[i,t]);
#累计工作量不超过设计值
subject to Con2{i in N, t in T}:
    a[i,t] <= miu[i];
#期间的总可用维修工时约束
subject to Con4{t in T}:
    sum{i in N}x[i,t] * h[i] <= H[t];
#判断期间是否停工维修
subject to Con5_1{i in N, t in T}:
    y[t] >= x[i,t];
subject to Con5_2{t in T}:
    y[t] <= sum{i in N}x[i,t];
```

构造具有 10 个部件和 6 个周期的算例。维修部件的维修要求信息和各周期的数据如下:

```
set N: = 1,2,3,4,5,6,7,8,9,10;
set T: = 1,2,3,4,5,6;
param: miu, c, h: =
1     50     2     6
2     45     3.5   8
3     80     7     5
4     30     4     10
5     30     13    8
6     100    5     2
7     120    2.5   8
8     140    9     10
9     90     1.2   9
10    100    2.9   10
;
param: w, l, H: =
1     15     20     124
2     20     30     124
3     15     30     124
4     15     15     124
5     14     10     124
6     14     10     124
;
```

调用CPLEX求解上述算例，获得最优解结果，如表8-3所列。其中10个部件的维修分别安排在周期2和周期5，得到最优目标函数值93.2。

表8-3 最优解计算结果

维修安排		部件										停机
		1	2	3	4	5	6	7	8	9	10	
周期	1	0	0	0	0	0	0	0	0	0	0	0
	2	1	1	0	1	1	0	0	0	0	0	1
	3	0	0	0	0	0	0	0	0	0	0	0
	4	0	0	0	0	0	0	0	0	0	0	0
	5	1	1	1	1	1	0	0	0	1	0	1
	6	0	0	0	0	0	0	0	0	0	0	0

8.6.2 扩展模型

在基本模型的基础上，考虑更多实际因素，使模型更接近于实际情况。比较典型的实际因素如下：

① 考虑维修间隔期为工作量和日历时间混合情况。在这种情况下，维修判断条件为：累计工作量达到设计值，或者经历自然日历时间达到一定天数，或者以二者先到为主。

② 考虑设备的部件对同时维修产生的成本节省和工时节省的效应。若设备的某些部件同时维修，由于拆卸、工具准备等方面的效率提升，可能会产生一定的成本节省以及维修工时节省。

③ 考虑存在多个同类设备的情况。当存在多个同类设备时，通常要求在某个周期内不能安排太多的设备停机维修，如值班战机群不能同时都处于维修状态，而必须保持一个最低战斗力阈值。

针对上述扩展问题，建立混合整数规划数学模型。

1. 参数定义

K 一组同类设备群的集合，$k \in K$。

N 单装备上需要定期维修的部件集合，其中 $i, j \in N$。

μ_i 部件 i 的最大累计工作量（单位：小时/次/…）。

η_i 部件 i 的最大维修间隔日历时间（单位：天）。

δ_i 部件 i 的维修间隔期：

$\delta_i = 1$，按日历时间；

$\delta_i = 2$，按累计工作量；

$\delta_i = 3$，以先到为主。

c_i 部件 i 的单次维修成本。

h_i 部件 i 的单次维修工时。

T 期间的集合。

t 期间的下标，$t \in T$。

d_t　期间 t 的自然日历时间长度(单位:天)。

w_{kt}　设备 k 在期间 t 内的计划工作量。

β_i　部件 i 的运行比,即设备每运行单位工作量对应的部件 i 运行的工作量。

w'_{kt}　设备 k 在期间 t 内因维修而减少的工作量。

d'　每次维修所需的日历时间(单位:天)。

H　每次维修的总可用维修工时。

W　期间内设备群需要输出的最低工作量阈值。

l_t　期间 t 的维修停机损失成本。

s_{ij}　部件 i 和 j 同时维修所产生的成本节省,即实际成本为 $c_i + c_j - s_{ij}$。

g_{ij}　部件 i 和 j 同时维修所产生的维修工时节省,即实际工时为 $h_i + h_j - g_{ij}$。

M　一个大数。

2. 变量定义

x_{kit}　0/1 变量,表示装备 k 的部件 i 是否在期间 t 内维修(于期间开始时刻);

y_{kt}　0/1 变量,表示装备 k 在期间 t 末是否有部件要维修(如有则停机);

z_{kijt}　0/1 变量,表示装备 k 的部件 i 和 j 是否在期间 t 内同时维修;

a_{kit}　连续非负变量,表示部件 i 在期间 t 内的累计工作量(维修后清零);

b_{kit}　连续非负变量,表示部件 i 在期间 t 内的累计工作日历时间(维修后清零)。

3. 目标函数

$$\min \text{Total Cost} = \sum_{k\in K,i\in N,t\in T} c_i x_{kit} + \sum_{k\in K,t\in T} l_t y_{kt} - \sum_{k\in K;t\in T;i,j\in N;i<j} z_{kijt} s_{ij}$$

4. 约束条件

① 各部件各期间末维修之后(若有)的累计工作量计算:

$$\begin{cases} a_{ki1} = w_{k1} - w'_{k1} x_{ki1}, & \forall k \in K, i \in N: \delta_i = 1 \\ a_{kit} \geqslant a_{k,i,t-1} + w_{kt} - M x_{kit}, & \forall i \in N, t \in T: t > 1, \delta_i = 1 \\ a_{kit} \leqslant a_{k,i,t-1} + w_{kt} + M x_{kit}, & \forall i \in N, t \in T: t > 1, \delta_i = 1 \\ a_{kit} \leqslant w_{kt} - w'_{kt} x_{kit} + M(1 - x_{kit}), & \forall i \in N, t \in T: \delta_i = 1 \\ a_{kit} \geqslant w_{kt} - w'_{kt} x_{kit} - M(1 - x_{kit}), & \forall i \in N, t \in T: \delta_i = 1 \end{cases}$$

② 部件累计工作量不超过最大设计值:

$$a_{kit} \leqslant \mu_i, \quad \forall k \in K, i \in N, t \in T: \delta_i = 1 \text{ 或 } \delta_i = 3$$

③ 各部件各期间末维修之后(若有)的累计自然日历时间计算:

$$\begin{cases} b_{ki1} = d' - d' x_{ki1}, & \forall k \in K, i \in N: \delta_i = 2 \\ b_{kit} \geqslant b_{k,i,t-1} + d_t - M x_{kit}, & \forall i \in N, t \in T: t > 1, \delta_i = 2 \\ b_{kit} \leqslant b_{k,i,t-1} + d_t + M x_{kit}, & \forall i \in N, t \in T: t > 1, \delta_i = 2 \\ b_{kit} \leqslant d_t - d' x_{kit} + M(1 - x_{kit}), & \forall i \in N, t \in T: \delta_i = 2 \\ b_{kit} \geqslant d_t - d' x_{kit} - M(1 - x_{kit}), & \forall i \in N, t \in T: \delta_i = 2 \end{cases}$$

④ 部件的维修间隔不超过最大维修间隔日历时间:

$$b_{kit} \leqslant \eta_i, \quad \forall k \in K, i \in N, t \in T: \delta_i = 2 \text{ 或 } \delta_i = 3$$

⑤ 总可用维修工时不能超过:

$$\sum_{k\in K,i\in N} x_{kit}h_i - \sum_{k\in K;i,j\in N;i<j} z_{kijt}g_{ij} \leqslant H, \quad \forall t \in T$$

⑥ 每期间内设备群需要保持最低输出工作量阈值：

$$\sum_{k\in K}(w_{kt} - y_{kt}w'_{kt}) \geqslant W, \quad \forall t \in T$$

⑦ 确定设备在各期间末是否安排有维修：

$$\begin{cases} y_{kt} \geqslant x_{kit}, & \forall k \in K, i \in N, t \in T \\ y_{kt} \leqslant \sum_{i\in N} x_{kit}, & \forall k \in K, t \in T \end{cases}$$

⑧ 确定设备的部件对是否同时维修：

$$\begin{cases} z_{kijt} \geqslant x_{kit} + x_{kjt} - 1, & \forall k \in K; i,j \in N; t \in T: i < j \\ 2z_{kijt} \leqslant x_{kit} + x_{kjt}, & \forall k \in K; i,j \in N; t \in T: i < j \end{cases}$$

⑨ 定义决策变量的值域：

$$x_{kit}, y_{kt}, z_{kijt} \in N; \quad a_{kit}, b_{kit} \geqslant 0, \quad \forall k \in K; i,j \in N; t \in T$$

上述数学规划模型为线性的，可用 AMPL 语言代码实现（略）。有兴趣的同学可参考基本模型的 AMPL 代码实现。

8.7　经济批量优化问题

8.7.1　单级经济批量优化模型

单级经济批量（Single-Level Lot-Sizing，SLLS）问题是仅考虑一种产品在多个期间内生产批量计划的优化问题。

1. 问题描述

假设生产某种产品的一次性生产准备成本是固定的，在外部需求为已知的条件下，如何安排各生产期间的产品生产批量，以达到总成本最优化的目的。

2. 参数定义

T　整个计划范围内的生产期间的集合，$m=\text{card}(T)$；

t　第 t 个生产期间，$t\in T$；

s　批量生产的准备成本；

h　单位产品一个周期的库存成本；

d_t　期间 t 的外部订货需求量；

M　最大生产能力，可用一个大数表示无能力约束。

3. 变量定义

y_t　0/1 决策变量，$y_t=1$ 表示在期间 t 安排生产，$y_t=0$ 表示不生产；

x_t　非负连续变量，表示在期间 t 的产品生产数量；

I_t　非负连续变量，表示在期间 t 末的产品库存量。

4. 目标函数

$$\min \text{ Total Cost} = \sum_{t \in T} (hI_t + sy_t)$$

5. 约束条件

① 满足物流守恒约束，即生产批量、外部需求和库存量之间的平衡关系：

$$\begin{cases} I_1 = x_1 - d_1 \\ I_t = I_{t-1} + x_t - d_t, \quad \forall t \in T: t > 1 \end{cases}$$

② 当某期间安排生产时，生产数量不能超过生产能力约束 M：

$$x_t - M \cdot y_t \leqslant 0, \quad \forall t \in T$$

③ 用户需求必须满足，不允许出现负库存数：

$$I_t \geqslant 0, \quad \forall t \in T$$

④ 每个生产期间的生产数量为非负值：

$$x_t \geqslant 0, \quad \forall t \in T$$

⑤ 定义决策变量的值域：

$$y_t \in \{0,1\}, \quad \forall t \in T$$

上述单级经济批量数学规划模型是线性的，可用任意商用求解软件直接求最优解。采用动态规划算法可直接计算该问题的最优值(参见第 10 章)。

6. 算例验证

构造算例：如表 8－4 所列，是一个 6 周期的单级经济批量问题实例。其中需求 D_t 是来自客户的订货量，各期间不尽相同；$y_t=1$ 表示安排生产；生产量 x_t 为包括期间 t 及其之后下一个生产期间之前的所有期间的需求量之和；库存量 I_t 为期末剩余的库存量；每个期间的总成本 T_C 是当期的生产准备成本和库存成本之和。

表 8－4　一个单级经济批量问题实例

计划期间 t	1	2	3	4	5	6
订货需求 D_t	10	15	8	12	20	16
安排生产 y_t	1	0	0	1	0	0
生产量 x_t	33	0	0	48	0	0
库存量 I_t	23	8	0	36	16	0
总成本 T_C	$1s+23h$	$8h$	0	$s+36h$	$16h$	0

注：s 为生产准备成本；h 为单位产品的库存成本。

单级经济批量模型的求解空间为 2^n，当规模 n 增大时，可行空间呈指数增长。但是该问题并不是 NP－Hard 问题，而是一个多项式问题。1958 年，Wagner 和 Whitin 首次提出单级经济批量问题的基本构建，并提出了一种动态规划算法(简称 WW 算法)。本书第 10 章给出一种动态规划算法可直接计算该问题的最优值。

8.7.2　多级经济批量优化模型

多级经济批量(Multi-Level Lot Sizing，MLLS)问题针对的是具有较复杂结构的产品以及构成该产品的半成品、零配件、原材料等的经济批量优化问题。由于多种产品、半成品、原材料之间存在装配关系且具有物料提前期,因此多级经济批量问题更加复杂,且已被证明属于 NP-Hard 问题。

装配产品之间数量的依赖关系又称为"物料清单(Bill of Material, BOM)",可用参数 c_{ij} 来表示,即产品 i 用于生产一单位产品 j 的数量,用 Γ_i 表示用于生产产品 i 的其他产品的集合,用符号 l_i 表示产品 i 的生产时间(周期数),也称为提前期。这样一来,MLLS 问题便可建立基本的数学规划模型。

1. 参数定义

T 整个计划范围内的生产期间的集合,$m=\text{card}(T)$;

t 第 t 个生产期间,$t\in T$;

N 产品/零件的种类集合, $n=\text{card}(N)$;

i,j 产品/零件的下标,$i\in N$, $j\in N$;

h_i 产品 i 的单位库存成本;

s_i 产品 i 的生产准备成本;

d_{it} 产品 i 在期间 t 的外部需求数量;

C_{ij} 产品结构(BOM 表),表示单位产品 j 中包含产品 i 的数量;

l_i 产品 i 的生产提前期;

Γ_i 产品 i 的上级产品的集合,即以产品 i 为直接原料的产品集合。

2. 变量定义

y_{it} 0/1 变量,表示是否在期间 t 安排产品 i 生产;

x_{it} 非负连续变量,表示在期间 t 产品 i 的生产数量;

D_{it} 非负连续变量,表示在期间 t 产品 i 的总需求数量;

I_{it} 非负连续变量,表示在期间 t 末产品 i 的库存数量。

3. 目标函数

$$\min \text{ Total Cost}=\sum_{i\in N}\sum_{t\in T}(h_i I_{it}+s_i y_{it})$$

4. 约束条件

① 物流守恒约束生产批量、需求和库存量之间的平衡关系:

$$\begin{cases} I_{i1}=x_{i1}-D_{i1}, & \forall i\in N \\ I_{it}=I_{i,t-1}+x_{it}-D_{it}, & \forall i\in N, t\in T: t>1 \end{cases}$$

② 计算各期间的产品需求总数量:

$$D_{it}=d_{it}+\sum_{j\in\Gamma_i:t+l_j\leqslant m}C_{ij}\cdot x_{j,t+l_j},\quad \forall i\in N, t\in T$$

③ 当安排生产时,生产数量不能超过生产能力 M:

$$x_{it}-M\cdot y_{it}\leqslant 0,\quad \forall i\in N, t\in T$$

④ 用户需求必须满足,不允许出现负库存数:

$$I_{it}\geqslant 0,\quad \forall i\in N, t\in T$$

⑤ 每个生产期的生产数量为非负值:

$$x_{it} \geqslant 0, \quad \forall i \in N, t \in T$$

⑥ 定义决策变量的值域：

$$y_{it} \in \{0,1\}, \quad \forall i \in N, t \in T$$

上述模型是 MLLS 问题的一个基础模型，该模型的最优解也具有一些性质，可用来支持相关启发式算法设计。

性质 1　对于最优解，满足 $I_{i,t-1}y_{it}=0$ 且 $I_{i,t-1}x_{it}=0$，$\forall t>1, i\in N$。

性质 2　对于最优解，满足 $x_{it}=0$ 或 $x_{it}=\sum_{j=t}^{k} D_{ij}$，$k=\min\{t' \mid t' \in T: t' \geqslant t, y_{it'}=1\}$。

性质 3　对于最优解，若各期间生产准备成本恒定，则没有需求就不进行生产。

性质 4　对于任意可行解，下面的关系式成立：

$$\sum_{t\in T} x_{it}y_{it} = \sum_{t\in T} D_{it}, \quad \forall i \in N$$

$$\sum_{t'=1}^{t} x_{it'}y_{it'} \geqslant \sum_{t'=1}^{t} D_{it'}, \quad \forall i \in N, t \in T$$

$$y_{it}\sum_{t'=t}^{m} x_{it'}y_{it'} = y_{it}\sum_{t'=t}^{m} D_{it'}, \quad \forall i \in N, t \in T$$

5. AMPL 代码模型

用 AMPL 实现上述数学规划模型：

```
#Multi-level lot-sizing problem
set T;                        #生产期间的集合
param m:=card(T);             #期间数
set N;                        #产品的集合
param d{N,T};                 #产品的外部需求
param C{N,N};                 #产品的组成结构
param L{N};                   #产品的生产周期(提前期)
param H{N};                   #产品的生产准备成本
param S{N};                   #产品的单位库存成本
param M:=999;                 #一个大数
var y{N,T} binary;            #0/1 决策变量,表示产品 i 是否在期间 t 生产
var D{N,T} >=0;               #非负连续变量,表示在期间 t 产品 i 生产的需求总数
var x{N,T} >=0;               #非负连续变量,表示在期间 t 产品 i 生产的数量
var I{N,T} >=0;               #非负连续变量,表示在期间 t 产品 i 末的库存余量

minimize Total_Cost:
    sum{i in N, t in T}(S[i]*y[i,t] + H[i]*I[i,t]);
subject to Con1_1{i in N}:
    I[i,1]=x[i,1] - D[i,1];
subject to Con1_2{i in N, t in T: t>1}:
    I[i,t]=I[i,t-1] + x[i,t] - D[i,t];
subject to Con2{i in N, t in T}:
    D[i,t]=d[i,t] + sum{j in N: C[i,j]>0 and t+L[j]<=m}C[i,j]*x[j,t+L[j]];
subject to Con3{i in N, t in T}:
```

```
x[i,t] - M* y[i,t] <= 0;
```

6. 算例验证

产品结构是组装型结构:终端产品(代号 0)由产品 1 和产品 2 组装而成,产品 2 由产品 3 和产品 4 组装而成,组成数量均为 1,提前期均为 1 周期,如图 8-9 所示。

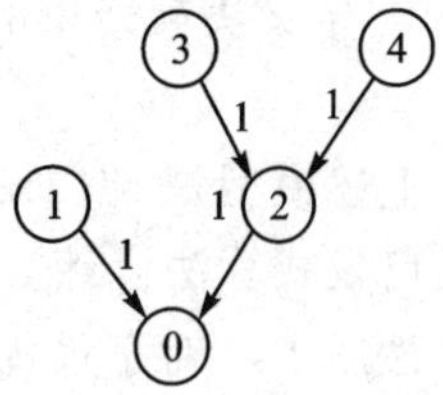

图 8-9 产品组装关系

生产计划期分为 12 个期间,各期间对终端产品 0 和主要零件 2 的需求量如表 8-5 所列。

表 8-5 外部需求

计划期间 t	1	2	3	4	5	6	7	8	9	10	11	12
终端产品 0	0	0	125	100	50	50	100	125	125	100	50	100
主要零件 2	0	10	15	10	10	5	10	12	15	10	5	10

产品生产成本数据如表 8-6 所列。

表 8-6 产品生产成本数据

产品 i	0	1	2	3	4
生产准备成本	30	15	20	10	8
单位库存成本	0.35	0.05	0.2	0.1	0.1
生产提前期	1	1	1	1	1

应用 AMPL/CPLEX 求解上述数学规划模型和数据,得到最优的目标生产成本 625,生产计划和各期经济批量如表 8-7 所列。

表 8-7 生产计划与经济批量

计划期间 t		1	2	3	4	5	6	7	8	9	10	11	12
经济批量	产品 0	0	225	0	200	0	0	225	0	225	0	150	0
	零件 1	225	0	200	0	0	225	0	225	0	150	0	0
	零件 2	235	0	235	0	0	240	0	252	0	175	0	0
	零件 3	0	235	0	0	240	0	252	0	175	0	0	0
	零件 4	0	235	0	0	240	0	252	0	175	0	0	0

8.8 大规模救灾现场信号覆盖问题

8.8.1 问题描述与建模

在大型自然灾害(如地震、洪涝、海啸等)搜救或野外军事行动的现场,保持通信网络畅通很重要。但是,由于电力中断或地域偏远,这些现场一般缺乏通信网络信号,例如地震搜救现场。跟随式的移动通信车通常是解决现场通信保障的主要方式。一辆移动通信车可为多部通信终端(如手机)接入通信信号,覆盖一定的距离范围。但现场的行动单元(如搜救小队、作战小队等)通常数量较多,并随机分散行动,而移动通信车数量较少,无法提供一对一式的跟随服务。因此,如何规划移动通信车的共享利用,设计合适的停留位置与移动路线,从而最大程度地为众多行动单元提供通信信号覆盖服务,是现场通信保障优化模型要解决的问题。该问题可抽象为多周期的、动态的连续选址优化模型。

针对上述问题,建立数学规划模型。

1. 参数定义

T　行动(搜救/军事)周期(或阶段)的集合;

t　周期的下标,$t \in T$;

N_t　周期 t 内的行动单元的数量,$t \in T$;

V　移动通信车的集合;

i, k　行动单元的下标,$i, k \in N_t$;

j　通信车的下标,$j \in V$;

R_j　通信车 j 的最大覆盖半径,$j \in V$;

L_j　通信车 j 在期间 t 内的最大移动距离(受限于移动速度);

(x_{it}, y_{it})　行动单元在周期 t 的坐标位置,$i \in N_t$, $t \in T$;

(X_{j0}, Y_{j0})　移动通信车进入现场的初始位置,$j \in V$;

C_j　移动通信车的信道容量,$j \in V$;

M　一个大数。

2. 决策变量

(X_{jt}, Y_{jt})　非负连续变量,表示通信车 j 在周期 t 的坐标位置, $j \in V$, $t \in T$;

d_{ijt}　非负连续变量,表示 i 与 j 之间在周期 t 的距离, $i \in N_t$, $j \in V$, $t \in T$;

D_{jt}　非负连续变量,表示 j 在期间 t 的移动距离, $j \in V$, $t \in T$;

E_{ijt}　0/1 变量,表示周期 t 内 i 是否被 j 的信号覆盖, $i \in N_t$, $j \in V$, $t \in T$;

e_{it}　0/1 变量,表示周期 t 内 i 是否被信号覆盖, $i \in N_t$, $t \in T$。

3. 目标函数

优化两个分层次的目标函数:第一目标函数为行动单元在各周期的信号覆盖率之和最大化,第二目标函数为在保证信号覆盖率最大的同时,使通信车的移动距离最小化。分别如下:

$$\max \text{Signal\_Coverage\_Rate(SCR)} = \sum_{i \in N_t, t \in T} e_{it} / |N_t|$$

$$\min \text{Total\_Moved\_Distance(TMD)} = \sum_{j \in V_t, t \in T} D_{jt}$$

4. 约束条件

① 计算行动单元与通信车之间的距离,以及通信车在每一期间的移动距离:

$$d_{ijt} = \sqrt{(X_{jt} - x_{it})^2 + (Y_{jt} - y_{it})^2}, \quad \forall i \in N_t, j \in V, t \in T$$

$$D_{jt} = \sqrt{(X_{jt} - X_{j,t-1})^2 + (Y_{jt} - Y_{j,t-1})^2}, \quad \forall j \in V, t \in T$$

② 满足通信车容量约束和每周期的移动距离约束：

$$\begin{cases} C_j \geqslant \sum_{i \in N_t} E_{ijt}, & \forall j \in V, t \in T \\ D_{jt} \leqslant L_j, & \forall j \in V, t \in T \end{cases}$$

③ 判断行动单元是否被信号覆盖：

$$\begin{cases} M(E_{ijt} - 1) \leqslant (R_j - d_{ijt}), & \forall i \in N_t, j \in V, t \in T \\ e_{it} \leqslant E_{ijt}, & \forall j \in V, i \in N_t, t \in T \end{cases}$$

④ 定义变量的值域：

$$\begin{cases} X_{jt} \geqslant 0, Y_{jt} \geqslant 0, d_{ijt} \geqslant 0, D_{jt} \geqslant 0, \\ e_{it}, E_{ijt} \in \{0,1\} \end{cases} \quad \forall i \in N_t, j \in V, t \in N$$

8.8.2 算 例

将上述模型编写为 AMPL 模型代码，并求解下面案例中的军事行动现场的通信信号保障最优方案：行动方案分 5 个阶段周期，各阶段周期的行动单元数量分别为 20，25，30，35，40。共有 3 辆移动通信车提供跟随式通信覆盖服务。行动单元和通信车的出发点为同一点(50，0)。通信车的信号覆盖半径 $R_j = 15$，通信容量 $C_j = 18$，每周期最大移动距离 $L_j = 30$。各行动单元在各周期的目标位置坐标设定如表 8-8 所列。

表 8-8 行动单元在各周期的目标位置

行动单元 ID	行动周期/阶段				
	$t=1$	$t=2$	$t=3$	$t=4$	$t=5$
1	(63.7，17.3)	(59.2，47.1)	(57.7，49.9)	(51.2，62.0)	(24.8，89.4)
2	(58.6，10.0)	(52.6，40.7)	(96.7，6.5)	(9.7，39.8)	(42.6，97.6)
3	(34.2，18.6)	(37.8，41.8)	(16.5，48.6)	(55.7，69.9)	(96.8，86.0)
4	(54.2，10.3)	(77.1，39.9)	(74.2，57.3)	(13.0，75.0)	(68.0，85.8)
5	(30.7，11.0)	(15.4，25.6)	(1.3，19.4)	(46.9，60.5)	(25.4，80.7)
6	(57.5，20.3)	(73.1，38.2)	(75.3，46.0)	(55.4，84.3)	(15.2，78.1)
7	(42.9，16.0)	(48.1，48.2)	(63.0，41.2)	(20.0，79.7)	(77.0，71.2)
8	(48.4，20.5)	(83.6，30.5)	(37.2，42.2)	(91.9，64.4)	(67.9，96.3)
9	(60.5，0.4)	(14.0，12.5)	(66.3，43.8)	(11.0，63.9)	(81.2，93.2)
10	(53.9，19.7)	(34.7，30.3)	(10.9，12.9)	(22.0，61.8)	(81.4，87.5)
11	(39.3，16.3)	(20.0，33.0)	(15.9，55.5)	(93.1，52.9)	(18.1，68.3)
12	(60.1，17.7)	(11.9，30.1)	(89.9，46.1)	(24.8，50.5)	(18.9，91.9)
13	(27.5，16.9)	(69.3，24.9)	(24.8，56.1)	(47.9，80.9)	(0.9，94.2)
14	(24.0，5.1)	(23.7，24.5)	(93.9，42.8)	(33.7，55.5)	(2.9，87.9)
15	(50.5，10.2)	(92.2，6.9)	(7.3，27.0)	(15.7，61.5)	(31.0，74.2)
16	(32.1，21.1)	(40.6，45.7)	(7.0，51.9)	(25.1，74.1)	(32.9，92.8)

续表 8-8

行动单元ID	行动周期/阶段				
	$t=1$	$t=2$	$t=3$	$t=4$	$t=5$
17	(38.1, 0.5)	(13.3, 32.8)	(29.2, 46.2)	(83.8, 53.9)	(23.3, 67.8)
18	(75.3, 12.2)	(44.4, 37.4)	(20.9, 59.2)	(76.7, 70.3)	(44.1, 72.2)
19	(62.4, 5.7)	(39.0, 31.8)	(89.1, 21.4)	(70.1, 81.8)	(6.4, 99.4)
20	(43.0, 5.3)	(21.1, 27.0)	(39.1, 49.3)	(74.6, 63.9)	(49.4, 85.0)
21		(68.1, 16.5)	(54.8, 59.9)	(17.1, 47.7)	(15.3, 88.4)
22		(24.0, 32.5)	(90.2, 15.5)	(49.1, 76.5)	(12.8, 85.0)
23		(74.9, 11.4)	(9.3, 47.1)	(98.2, 29.4)	(23.9, 85.6)
24		(9.5, 0.2)	(7.6, 4.8)	(20.0, 58.6)	(47.1, 95.0)
25		(10.7, 26.4)	(23.2, 40.8)	(16.2, 78.4)	(74.2, 80.0)
26			(29.3, 37.8)	(90.2, 41.9)	(53.5, 99.8)
27			(9.0, 18.7)	(12.1, 42.7)	(69.2, 75.9)
28			(14.8, 19.5)	(22.5, 66.1)	(89.6, 79.1)
29			(22.5, 53.7)	(89.6, 62.2)	(27.5, 98.2)
30			(32.2, 51.9)	(45.6, 74.9)	(23.8, 94.7)
31				(49.6, 84.6)	(59.5, 94.2)
32				(12.2, 51.3)	(49.1, 82.0)
33				(89.5, 57.2)	(80.8, 80.2)
34				(84.2, 63.8)	(72.0, 86.0)
35				(38.6, 60.3)	(47.6, 88.4)
36					(65.3, 79.3)
37					(2.0, 60.9)
38					(91.6, 61.5)
39					(82.1, 68.4)
40					(80.0, 99.0)

应用 AMPL/CPLEX 求解上述数学规划模型，得到最优的通信车移动路线和信号保障覆盖方案。计算结果绘制如图 8-10 所示，其中显示了行动单元小队和通信车的移动和跟随路线，实心小方块表示被信号覆盖，空心表示未被信号覆盖。

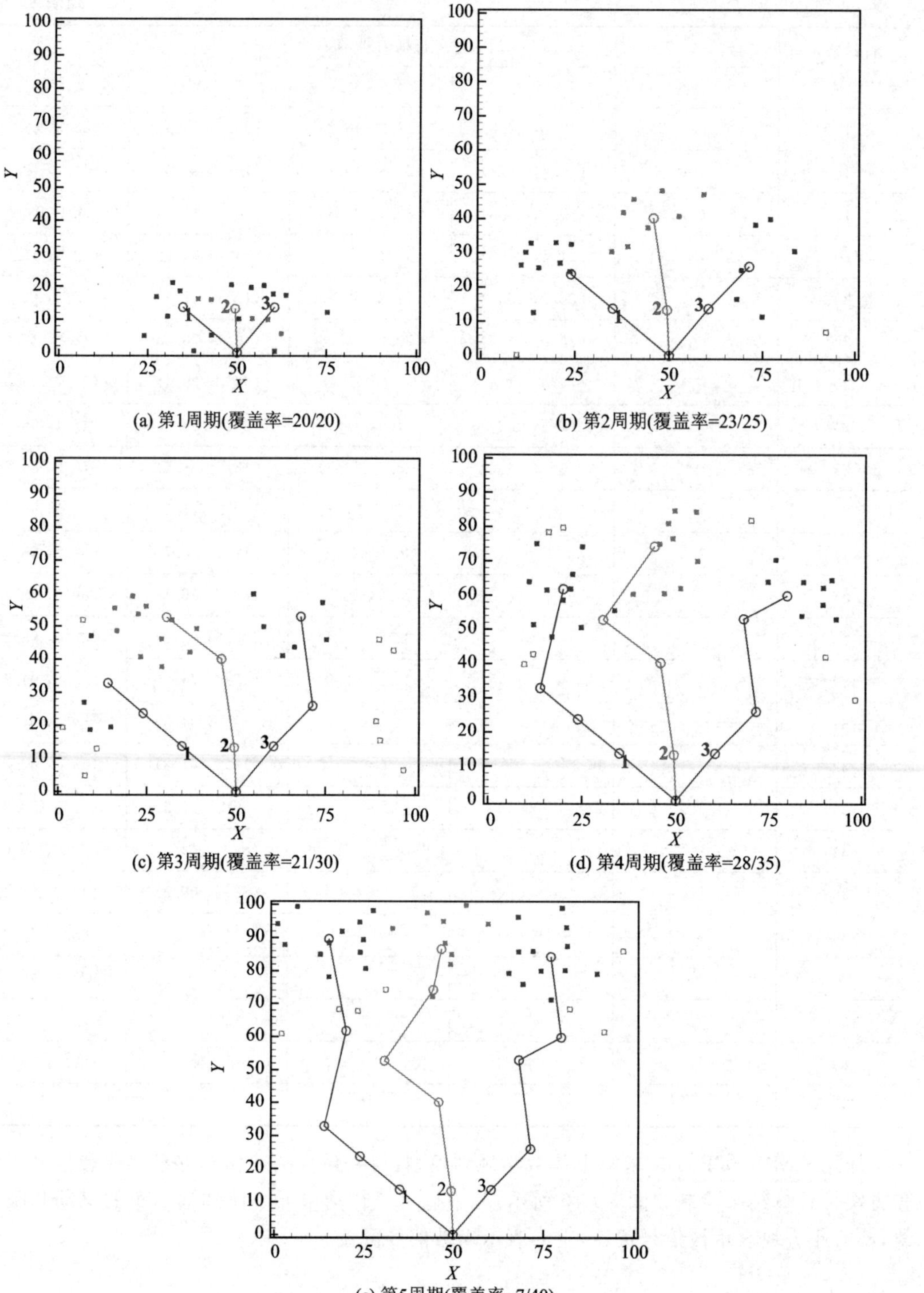

(a) 第1周期(覆盖率=20/20)

(b) 第2周期(覆盖率=23/25)

(c) 第3周期(覆盖率=21/30)

(d) 第4周期(覆盖率=28/35)

(e) 第5周期(覆盖率=7/40)

图 8-10　救援现场信号覆盖问题算例最优结果

8.9　基于价值链分析的成本控制方法

8.9.1　价值链分析简介

价值链分析(Value Chain Analysis)是指通过将企业内部的业务流程分解为基本活动，分析各项基本活动的成本以及它们对产品所贡献的增值。其中增值大且成本低(高增值率)的活动，则被认为是企业的竞争优势所在，应当进行战略加强；而那些增值较少且成本高的活动，应当进行调整或裁剪。

价值链分析将企业的业务活动分为两类：主要活动(Primary Activities)和支持活动(Support Activities)。其中，主要活动是指对产品增值和创造竞争优势有核心关键作用的业务活动，支持活动则是其余的非核心业务活动。不同行业具体的主要活动可能有所不同，产品制造行业的主要活动包含 5 类：

① 内部物流(Inbound Logistics)：指企业内部的物料、半成品、产品、工具/模具、辅料等在企业内部的搬运、存储和管理活动，包括来料接收、仓库存储、车间物品搬运及其他内部物流搬运等。

② 生产加工(Operations)：指将原材料转化为产品的过程中的各项生产作业活动，包括领料、加工、检测、组装、测试及质量控制等。

③ 外部物流(Outbound Logistics)：指将产品交付给客户的各项活动，包括运输、包装、保险及安装调试等业务活动。

④ 市场销售(Marketing and Sales)：指与产品销售和市场推广相关的业务活动，包括广告、促销、售前洽谈、咨询及报价等商务活动。

⑤ 售后服务(Service)：指产品交付用户后的各种服务活动，包括客户服务、产品保障、故障维修、退货及换货等。

支持活动是对主要业务提供支持和服务，使主要业务能更加高效率运行。支持活动大致包含 4 类：

① 采购(Procurement)：一切帮助企业获得质优价廉的原材料的业务活动，包括原料订购、招标采购、供应商管理、原料筛选及索赔等。

② 技术研发(Technological Development)：一切涉及新产品开发、产品设计改进/改型、生产工艺技术改进及自动化生产技术改进的活动。

③ 人力资源管理(HR)：包括人才招聘、绩效管理、人才激励及考核考评等相关活动。

④ 企业总体业务(Infrastructure)：组成企业的其他顶层业务，包括企业规划、财务管理、培训、税务、投资/融资、生产设施建设与维护等。

从价值链分析的视角看，企业各项业务活动不仅仅要关注其成本，还要关注其为产品或服务增加的价值。活动的增值率则是一个很好的评价指标，定义如下：

$$\lambda_i = \frac{v_i}{c_i}, \quad \forall i \in N$$

式中，λ_i 为第 i 项活动的增值率，是其增值 v_i 与成本 c_i 的比值；N 是全部活动的集合。

对于增值率大于 1 的活动，则是企业的竞争优势所在，需要保持和加强；对于增值率小于

1 的活动,则需要裁剪或调整。

(1) 活动调整

活动调整的主要措施是降低活动的成本,或者提升活动边际贡献的价值。在判断一项活动的成本是否过高的同时,应与该类活动的行业平均成本进行比较。例如某公司通过活动成本分析后发现,本公司的保洁成本高于专业保洁公司的服务费用,因此决定将保洁活动外包给专业保洁公司,以降低该活动的成本。同样,若某零件自己加工,由于批量小导致成本要高于第三方企业,则可能需要将该零件委托加工以降低成本。

(2) 活动裁剪

若某项活动或某项业务(部门)活动链所创造的总价值,总是低于其成本,即使经过活动调整,也看不到贡献边际利润的希望,则考虑将这类活动裁剪掉。尽管裁剪活动减少了边际价值收益,但节省成本的幅度更大,并且可将节省的成本投入到增值率更高的活动上。例如,某公司发现,若为了产品或服务增添一项附属功能特性,带来的收益要小于生产研发该项功能的成本,则一般裁剪掉产品的该项功能以及相关活动,或出售相关业务,以使产品或服务的边际利润更大。

在不同行业,价值链分析具体的实施措施和步骤,这里我们不做详细介绍,有兴趣的读者可参考相关价值链分析的书籍。下一小节给出一个价值链优化模型,面向较为复杂的业务活动关系和流程,利用数学规划来计算活动成本和增值率,优化活动的调整方案和裁剪方案,使企业边际收益最大化。

8.9.2 价值链优化模型

企业销售的产品或服务的功能特性是一个有限集合,记为 K,令 $k\in K$ 表示其中一项功能特性,该功能特性带来的利润增值为 v_k,即可解释为用户为了该功能特性而愿意多支付的费用。通过价值链分析,识别出了企业的各项主要活动和支持活动,统一记为活动的集合 N。对于每一项活动 i,$i\in N$,由于消耗了资源和接受了其他活动的支援服务而产生成本。在某个给定生产/服务期间,设活动 i 的单位成本为 c_i,活动 i 消耗的资源 r 的数量为 u_{ir},消耗的活动 j 的支援服务数量为 q_{ij},其中 r 代表资源,$r\in R$,R 是资源全集。同时,用 a_{kj} 表示期间内功能特性消耗的活动 j 的数量,即可解释为在给定期间内,为使产品或服务具有功能特性 k 而开展的活动 j 的数量。这样,活动 j 在期间的总数量表示为

$$s_j=\sum_{i\in N}q_{ij}+\sum_{k\in K}a_{kj},\quad \forall j\in N$$

每项活动 i 的单位成本 c_i 则取决于其消耗的资源和其他活动资源,表示为

$$s_ic_i=\sum_{r\in R}u_{ir}p_r+\sum_{j\in N}q_{ij}c_j,\quad \forall i\in N$$

每项功能特性 k 的成本记为 b_k,$k\in K$,计算公式为

$$b_k=\sum_{j\in N}a_{kj}c_j,\quad \forall k\in K$$

值得注意的是,由于活动之间可能存在相互服务支援(消耗)的关系,计算活动单位成本时,需要循环计算,直到等式平衡。可以采取的决策策略:

① 对每一种活动 $i\in N$,令 e_i 表示该活动的外包单位价格,若活动成本计算结果 c_i 大于 e_i,则应该采用外包调整策略,令该活动成本降为 e_i。

② 对每一项功能特性 $k\in K$，如果计算结果 $b_k-c_k<0$，则表示该功能特性可以裁剪掉。优化的目标函数是产品或服务的边际利润 $\sum_{k\in K}(v_k-b_k)$ 最大化。

针对上述问题，建立数学规划模型。

1. 参数定义

T　一个给定生产期间，如一个月/年；

N　活动的集合，下标为 i 或 j；

R　生产资源的集合，下标为 r；

K　企业输出产品或服务的功能特性集合，下标为 k；

u_{ir}　在期间 T 内活动 i 消耗资源 r 的数量，$i\in N$，$r\in R$；

q_{ij}　在期间 T 内活动 i 接受活动 j 的服务量，$i\in N$，$j\in N$；

a_{kj}　在期间 T 内功能特性 k 接受活动 j 的服务量，$k\in K$，$j\in N$；

s_j　在期间 T 内活动 j 的总服务量，有 $s_j=\sum_{i\in N}q_{ij}+\sum_{k\in K}a_{kj}$ 成立；

p_r　资源 r 的单位价格；

v_k　在期间 T 内由功能特性 k 给产品或服务带来的价值(增值)；

e_i　活动 i 的外包单位成本；

M　一个大数。

2. 决策变量

x_i　0/1 变量，表示活动 i 是否外包，$i\in N$；

y_k　0/1 变量，表示功能特性 k 是否保留，$k\in K$；

c_i　非负连续变量，表示在期间 T 活动 i 的单位成本；

b_k　非负连续变量，表示在期间 T 功能特性 k 的成本。

3. 目标函数

$$\max\ \text{margin}=\sum_{k\in K}(y_k v_k-b_k)$$

4. 约束条件

① 外包服务的单位成本确定：

$$\begin{cases}c_i\geqslant e_i-M(1-x_i), & \forall i\in N\\ c_i\leqslant e_i+M(1-x_i), & \forall i\in N\end{cases}$$

② 自营服务的单位成本计算：

$$\begin{cases}s_i c_i\geqslant \sum\limits_{r\in R}u_{ir}p_r+\sum\limits_{j\in N}q_{ij}c_j-Mx_i, & \forall i\in N\\ s_i c_i\leqslant \sum\limits_{r\in R}u_{ir}p_r+\sum\limits_{j\in N}q_{ij}c_j+Mx_i, & \forall i\in N\end{cases}$$

③ 功能特性的累计成本：

$$\begin{cases}b_k\geqslant \sum\limits_{j\in N}a_{kj}c_j-M(1-y_k), & \forall k\in K\\ b_k\leqslant \sum\limits_{j\in N}a_{kj}c_j+M(1-y_k), & \forall k\in K\\ b_k\leqslant My_k\end{cases}$$

④ 定义变量的值域：

$$\begin{cases} x_i \in \{0,1\}, c_i \geqslant 0, & \forall i \in N \\ y_k \in \{0,1\}, b_k \geqslant 0, & \forall k \in K \end{cases}$$

练习题

1. 对于区域保障混合选址优化问题，考虑保障区域有 n 个需求点（集合为 N），坐标为 (x_i, y_i)，需求量为 a_i，其中 $i=1, 2, \cdots, n$；现有 m 个候选保障点（集合为 K），坐标为 (X_j, Y_j)，其中 $j=1, 2, \cdots, m$；从保障候选点中选择建立 $h=4$ 个保障设施（$h<m$），再建立 $g=2$ 个连续选址的保障设施，在满足区域保障需求的同时，使保障成本（保障需求乘以保障距离之和）最小化。令保障设施的最大容量为 $C=350$，其他数据如表 8-9 所列。

表 8-9 需求坐标与需求量

需求点 i	坐标 x_i	坐标 y_i	需求量 a_i	需求点 i	坐标 x_i	坐标 y_i	需求量 a_i	候选点 i	坐标 X_j	坐标 Y_j
1	21.7	77.7	96	16	4.6	26.9	89	1	15.5	69.7
2	27.1	91.1	45	17	62.9	54.6	64	2	70.9	58.9
3	74.5	23.7	40	18	66.6	69.8	57	3	15.2	33.9
4	84.3	78.0	52	19	87.8	24.0	99	4	66.8	35.6
5	67.5	86.2	81	20	14.1	14.6	41	5	41.1	34.9
6	77.6	31.3	69	21	23.6	56.0	21	6	65.9	20.3
7	81.4	26.4	74	22	73.2	35.1	95	7	38.1	63.6
8	35.4	27.9	65	23	56.4	87.5	37	8	63.4	78.5
9	91.4	14.0	34	24	5.7	73.5	53	9	33.3	81.9
10	5.4	77.9	76	25	32.9	53.7	56	10	45.4	22.0
11	62.5	52.3	62	26	4.1	46.9	72			
12	74.5	99.1	21	27	53.1	49.1	94			
13	84.0	41.8	42	28	81.9	2.0	80			
14	37.6	19.0	42	29	49.1	81.8	75			
15	60.2	91.2	21	30	36.1	12.3	56			

2. 对于 8.2 节“中继保障点选址优化问题”，考虑增加一个坐标为连续变量的浮岛型中继保障点。试建立混合整数规划模型，求解出最优保障点选址方案、保障路径和最优目标函数值，绘出路线图。

3. 对于 8.3 节“面向时效能力恢复最大化的现场抢修问题”，考虑增加维修专业和专业等级匹配要求：

(1) 设共有三种维修专业，表示为集合 $Q=\{1,2,3\}$，专业下标 $q \in Q$。

(2) 故障装备要求维修人员具备一定的维修专业等级，如表 8-10 所列。

表 8－10　装备维修的专业等级需求

装备 i		1	2	3	4	5	6	7	8	9	10	11	12	13	14	15	16	17	18	19	20
专业 q	1	1	0	1	0	0	0	1	0	2	1	0	0	0	0	1	1	0	1	0	1
	2	2	2	0	0	1	2	0	1	0	0	2	0	0	1	0	2	1	0	2	0
	3	3	0	1	2	0	0	2	0	0	0	0	2	1	0	0	1	0	0	1	0

表 8－10 中数字越大表示要求的专业等级越高，0 表示不要求维修人员具备该维修专业资质。

(3) 维修人员所具备的维修专业等级如表 8－11 所列。

表 8－11　维修人员的专业等级

专业等级 q		1	2	3
人员 p	1	2	2	0
	2	0	1	2
	3	1	0	1
	4	0	1	0
	5	2	2	2

(4) 维修人员必须具备故障装备所要求的专业等级，才能被派去维修。

试建立混合整数规划模型，求解出最优保障点选址方案、保障路径和最优目标函数值，绘出路线图(见图 8－11)。

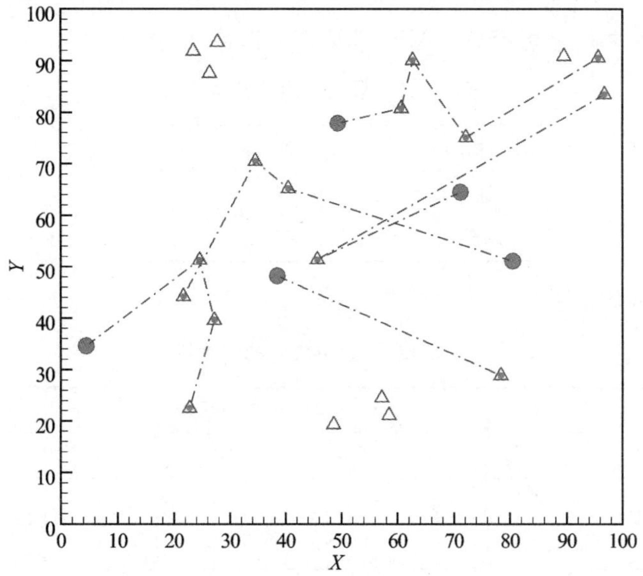

图 8－11　维修人员分配与路径规划

4. 求解下面的矩形车间布局问题：

(1) 车间大小：长 90，宽 95。

(2) 各部门的面积要求和长宽边比上限见表 8－12。

表 8-12 部门面积及长宽比要求

部门 i	1	2	3	4	5	6	7	8	9	10
面积 a_i	1 200	150	300	400	600	300	900	600	1 000	3 000
长宽比上限 α_i	3	3	3	3	3	3	3	3	3	3

(3) 部门之间的物流量见表 8-13。

表 8-13 部门之间的物流量

部门 i	1	1	1	2	2	2	2	2	2	2	2	4	4	5	6	6	7	8	9
部门 j	2	3	4	3	4	5	6	7	8	9	10	6	10	10	7	9	9	10	10
物流量 f_{ij}	1	16	1	4	1	4	4	4	1	4	4	1	4	64	16	4	16	64	16

试建立混合整数规划模型，分别考虑上述算例中部门之间的距离类型：1 表示矩形距离；2 表示欧氏距离；3 表示天车距离。求解该模型获得最优的车间部门布局及目标函数值。

尝试增加约束条件，打破最优解的布局对称性。

5. 求解下面的单行生产线布局问题：

(1) 设备总数为 14，要求的最短长度见表 8-14。

表 8-14 部门的最短长度

设备 i	1	2	3	4	5	6	7	8	9	10	11	12	13	14
最短长度 l_i	10	9	7	6	7	8	6	8	6	4.5	9	10	5	6

(2) 设备之间必要的最短距离为 1.5，其中部分设备之间距离要求见表 8-15。

表 8-15 设备之间的最短距离

设备 i	5	6	3	1
设备 j	6	11	10	9
距离 e_{ij}	2	3.5	3	2.5

(3) 设备之间的物流量见表 8-16。

表 8-16 设备之间的物流量

设备 i	设备 j	物流量 f_{ij}	设备 i	设备 j	物流量 f_{ij}	设备 i	设备 j	物流量 f_{ij}
1	2	33	5	8	37	9	12	61
1	3	46	6	9	50	10	11	88
1	9	89	6	10	59	10	12	53
2	3	79	6	11	20	10	14	43
2	4	65	7	8	88	11	12	28
3	5	22	7	10	61	11	13	43
3	8	38	8	9	76	12	13	25

续表 8-16

设备 i	设备 j	物流量 f_{ij}	设备 i	设备 j	物流量 f_{ij}	设备 i	设备 j	物流量 f_{ij}
4	5	69	8	10	55	12	13	30
4	8	56	8	12	35	13	14	15
4	11	39	9	10	22	13	15	26

试建立 AMPL 代码模型，并求解上述问题最优布局方案和目标值(29 367.25)。

尝试增加约束条件，打破最优解的布局对称性。

6. 对于 8.6 节“多部件联合维修周期优化问题”的计算实例，考虑增加如下因素：

(1) 部件的维修间隔类型为“按工作量($\delta=1$)、按日历时间($\delta=2$)、先到为主($\delta=3$)”三种混合存在情况，设定各部件的维修间隔类型，见表 8-17。

表 8-17　部件的维修间隔类型

部件 i	1	2	3	4	5	6	7	8	9	10
间隔类型 δ_i	1	1	1	1	2	2	2	2	3	3

(2) 考虑设备上的部件对同时维修产生的成本节省和工时节省效应，设定部件之间的节省效应，见表 8-18。

表 8-18　部件对同时维修的成本节省与工时节省

序　号	部件对		成本节省量	部件对		工时节省量
	部件 i	部件 j		部件 i	部件 j	
1	1	2	0.2	1	2	1.5
2	3	4	0.15	3	4	1
3	2	5	0.3	4	6	2
其余	i	j	0	i	j	0

试建立混合整数规划数学模型，并求出最优解。

7. 对于 8.8 节中的算例，更改通信车的信号覆盖半径设置为 $R_j=17$，通信设置容量 $C_j=19$，建立线性的混合整数规划模型并求出最优解。

第 9 章　不确定性优化建模

当最优化问题的参数具有不确定性时,称为不确定性优化或随机优化。参数的不确定性通常导致问题的目标函数和约束条件具有不确定性,从而使问题建模更加复杂。不确定性优化有两种基本情况:一种是参数不确定性不受决策变量的影响,另一种是受到决策变量的影响。这里我们仅讨论前一种情况。

9.1　随机期望优化

9.1.1　问题的基本形式

随机最优化问题通常是以目标函数的期望值为优化目标,一般形式可表示为

$$\min\ \{\overline{F}(P,\Delta,X)\mid G(P,\Delta,X)\leqslant 0,\forall X\}$$

式中,$\overline{F}$ 为目标函数的期望;P 为参数集;Δ 表示参数的不确定分布(或随机变量);X 为决策变量集;G 代表约束条件集。

将具有不确定性的参数离散化,根据其不确定性分别确定有限离散值集 R 和概率 p_r,其中 $r\in R$。这样,随机优化问题便转化为确定性优化问题:

$$\min\ \{p_r\cdot F(P_r,X)\mid G(P_r,X)\leqslant 0,\forall X,r\in R\}$$

式中,P_r 为一组随机的参数值;p_r 为概率。

9.1.2　面向不确定损毁的设施选址问题

1. 问题描述

某保障区域存在 n 个被保障点(需求点),记为集合 N,每个被保障点 $i\in N$ 的保障需求记为 a_i。在区域内需要建立 k 个保障供应设施(如仓库),为被保障点提供保障需求服务。一共需要建造 k 个保障设施,建造地点有 m 个可选位置($k<m$),记为集合 K。其中位置 $i\in N$ 与 $j\in K$ 之间的运输距离记为 D_{ij} 且为已知。被保障点总是选择与之距离最近的保障设施为其提供服务。

保障设施可能发生故障或被损毁(自然灾害、恐怖袭击等原因)而失去保障服务功能,从而导致损失产生。损失函数为失去保障服务的需求量之和。假定不同的建造点位置具有不同的发生故障或被损毁的概率 p_i,$i\in N$,且相互独立。决策问题是如何选择合适地点建造保障设施,使保障系统在发生故障或被损毁的情况下,损失函数的期望值最小化。

2. 参数定义

N　被保障点(或区域)的集合;

a_i　被保障点的需求量,$i\in N$;

K　保障设施的候选建造位置(点)的集合;

k　保障设施的建造数量；

d_{ji}　建造位置点 j 与被保障点 i 之间的距离，$j \in K$，$i \in N$；

p_j　在位置 i 建造保障设施后发生故障或被损毁的概率，$j \in K$；

M　一个大数。

3. 变量定义

x_j　0/1 变量，表示候选位置 j 是否建造保障设施，$j \in K$；

y_{ji}　0/1 变量，表示是否由 j 向 i 提供保障服务，$j \in K$，$i \in N$。

4. 目标函数

$$\min \sum_{j \in K} p_j a_i y_{ji}$$

5. 约束条件

① 保障设施的建造数量得到满足：

$$\sum_{j \in K} x_j = k$$

② 未建造保障设施的候选地址点无法提供服务：

$$y_{ji} \leqslant x_j, \quad \forall j \in K, i \in N$$

③ 每个保障需求都得到满足：

$$\sum_{j \in K} y_{ji} = 1, \quad \forall i \in N$$

④ 总是选择最近保障设施提供服务(基于大 M 法的条件约束)：

$$d_{ji} \leqslant d_{j'i} + M(3 - y_{ji} + y_{j'i} - x_j - x_{j'}), \quad \forall i \in N, j \in K, j' \in K: j \neq j'$$

⑤ 变量的值域：

$$x_j, y_{ji} \in \{0,1\}, \quad \forall j \in K, i \in N$$

6. AMPL 代码模型

用 AMPL 代码实现上述数学规划模型：

```
#面向不确定性损毁的设施选址问题
set N;                          #被保障点的集合
param a{N};                     #被保障点的需求
set K;                          #保障设施的候选地址集合
param k;                        #保障设施的数量
param d{K,N};                   #地址 j 与被保障点 i 之间的距离
param p{K};                     #设施被保护(免受攻击)的数量
param M: = 999;                 #一个大数
var x{K} binary;                #0/1 变量,表示选择建造位置
var y{K,N} binary;              #0/1 变量,表示保障服务的初始分配
minimize Expected_Total_Loss:
    sum{j in K,i in N}p[j] * a[i] * y[j,i];
subject to Con1:
    sum{j in K}x[j] = k;
subject to Con2{j in K, i in N}:
    y[j,i] <= x[j];
subject to Con3{i in N}:
```

```
    sum{j in K}y[j,i] = 1;
subject to Con4{i in N, j in K, j1 in K}:
    d[j,i] <= d[j1,i] + M*(3 - y[j,i] + y[j1,i] - x[j] - x[j1]);
```

7. 算　例

假定从 10 个候选点选择 4 个来建造保障设施，为 30 个保障需求点提供保障服务。候选点的位置坐标和被损毁/攻击的概率见表 9－1。需求点的位置坐标和需求量见表 9－2。

表 9－1　候选点的位置坐标和被损毁/攻击的概率

候选点	位置坐标		被攻击概率
j	X_j	Y_j	P_j
1	15	62	0.1
2	29	24	0.2
3	39	39	0.15
4	21	48	0.2
5	67	62	0.5
6	47	64	0.4
7	89	49	0.2
8	81	79	0.3
9	52	75	0
10	80	20	0.1

表 9－2　需求点的位置坐标和需求量

需求点	位置坐标		需求量	需求点	位置坐标		需求量
i	X_i	Y_i	a_i	i	X_i	Y_i	a_i
1	57	69	66	16	63	54	93
2	88	35	34	17	22	61	86
3	68	14	68	18	12	38	38
4	31	45	76	19	55	26	52
5	94	8	85	20	37	10	42
6	98	74	84	21	28	76	99
7	63	96	90	22	10	2	87
8	84	62	48	23	47	43	43
9	38	23	69	24	17	19	12
10	66	61	39	25	70	83	67
11	53	77	92	26	28	84	93
12	85	45	92	27	3	52	15
13	97	68	67	28	81	23	80
14	68	6	84	29	58	60	69
15	64	34	94	30	9	87	69

在 AMPL/CPLEX 求解环境下，求解上述模型和算例数据，得到最优目标函数值为 144.85，最优选址方案和服务关系如图 9－1 所示。

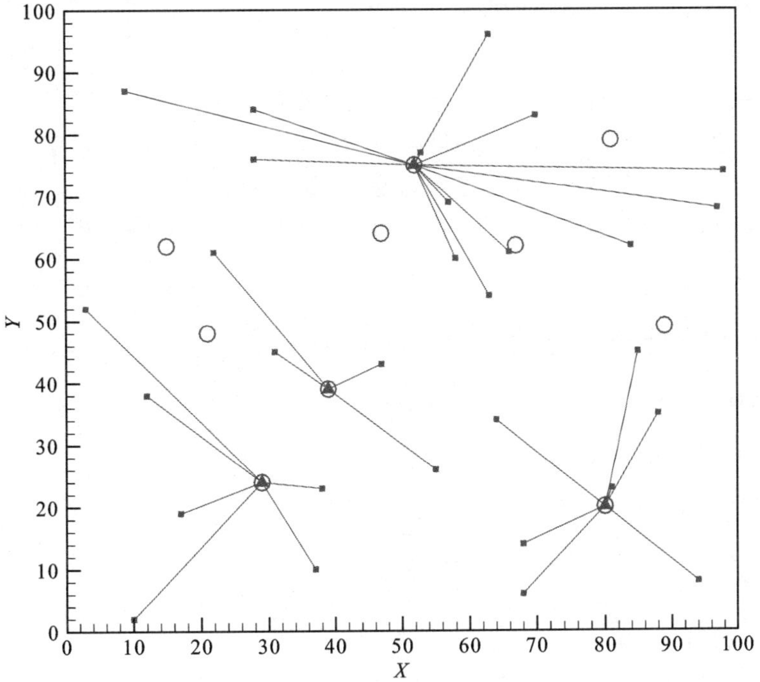

图 9－1　面向不确定损毁的设施选址算例最优结果图

9.1.3　面向系统弹性恢复的设施选址优化问题

对于上述保障设施选址问题，考虑部分设施发生故障或被损毁（如战时）的情况下，通过调整保障服务关系，使保障系统仍然能够最大程度地发挥保障作用。这种情况下称之为面向系统弹性恢复的设施选址优化问题。

保障设施发生故障或被损毁的场景设定为：可能有 r 个最关键保障设施同时发生故障或被损毁，概率为 p_r，其中 $r=0,1,2,\cdots$，且 $r<k$，记为集合 R。r 个最关键保障设施是指服务需求总量排名前 r 的设施。当某保障设施发生故障或被损毁时，其保障的对象可重新被分配给其他仍然运行的最近的设施。但重新分配后由于距离增加而导致保障效率下降。这里的保障系统效率由目标函数（保障设施与被保障对象之间以需求加权的距离之和）来评价。目标函数值越低，保障效率越高。

针对上述问题建立数学规划模型。

1. 参数定义

N　被保障点（或区域）的集合；

a_i　被保障点的需求量，其中 $i\in N$；

K　保障设施的候选建造位置（点）的集合；

k　保障设施的数量；

d_{ji}　建造位置点 j 与被保障点 i 之间的距离，$j\in K$，$i\in N$；

R 保障设施发生故障或被损毁的数量集合,$r \in R$;

p_r r 个保障设施同时发生故障或被损毁的概率,$r \in R$;

M 一个大数。

2. 变量定义

x_j 0/1 变量,表示候选位置 j 是否建造保障设施,$j \in K$;

y_{ji} 0/1 变量,表示是否由 j 向 i 提供服务,$j \in K$, $i \in N$;

z_{rj} 0/1 变量,表示在场景 r 下 j 是否为发生故障或被损毁,$j \in K$;

y'_{rji} 0/1 变量,表示在场景 r 下是否由 j 向 i 提供服务,$r \in K$, $j \in K$, $i \in N$。

3. 目标函数

$$\min \left(1-\sum_{r \in R} p_r\right) \sum_{j \in K} \sum_{i \in N} a_i \cdot d_{ji} \cdot y_{ji} + \sum_{r \in R} \sum_{j \in K} \sum_{i \in N} p_r \cdot a_i \cdot d_{ji} \cdot y'_{rji}$$

4. 约束条件

① 保障设施的建造数量得到满足:

$$\sum_{j \in K} x_j = k$$

② 建造了保障设施后才能提供保障服务:

$$y_{ji} \leqslant x_j, \quad \forall j \in K, \forall i \in N$$

③ 保障需求都得到满足:

$$\sum_{j \in K} y_{ji} = 1, \quad \forall i \in N$$

④ 总是选择最近保障设施提供服务(基于大 M 法的条件约束):

$$d_{ji} \leqslant d_{j'i} + M(3 - y_{ji} + y_{j'i} - x_j - x_{j'}), \quad \forall i \in N, j \in K, j' \in K: j \neq j'$$

⑤ 在场景 r 下,令总共 r 个最关键设施发生故障或被损毁:

$$\sum_{j \in K} z_{rj} = r, \quad \forall r \in R$$

⑥ 在场景 r 下,建造了保障设施才会发生故障或被损毁:

$$z_{rj} \leqslant x_j, \quad \forall r \in R, j \in K$$

⑦ 在场景 r 下,总需求排名前 r 个的设施为关键设施,并发生故障或被损毁:

$$\sum_{i \in N} a_i y_{ji} \geqslant \sum_{i \in N} a_i y_{j'i} - M(1 - z_{rj} + z_{rj'}), \quad \forall r \in R, j \in K, j' \in K$$

⑧ 在场景 r 下,重新分配保障服务关系后仍然满足每个需求:

$$\sum_{j \in K} y'_{rji} = 1, \quad \forall r \in R, i \in N$$

⑨ 在场景 r 下,重新分配保障服务关系后,保障服务由剩余的设施提供:

$$y'_{rji} \leqslant x_j - z_{rj}, \quad \forall r \in R, j \in K, i \in N$$

⑩ 定义变量的值域:

$$x_j, y_{ji}, z_{rj}, y'_{rji} \in \{0,1\}, \quad \forall r \in R, j \in K, i \in N$$

5. AMPL 代码模型

将上述数学规划模型用 AMPL 语言代码实现:

```
#面向弹性恢复的设施选址优化问题
```

```
set N;                                  #被保障点的集合
param a{N};                             #被保障点的需求
set K;                                  #保障设施的候选地址集合
param k;                                #保障设施的数量
param d{K,N};                           #地址 j 与被保障点 i 之间的距离
set R;                                  #保障设施发生故障或损毁的场景集合
param p{R};                             #保障设施发生故障或损毁的场景的概率
param r0: = 1 - sum{r in R}p[r];        #无设施发生故障或损毁的概率
param M: = 999;                         #一个大数
var x{K} binary;                        #是否建造保障设施
var y{K,N} binary;                      #服务关系
var z{R,K} binary;                      #场景 r 下:是否发生故障或损毁
var y1{R, K, N} binary;                 #场景 r 下:重新分配配置服务关系
#目标函数
minimize Total_Weighted_Dis:
    r0 * sum{j in K,i in N}a[i] * d[j,i] * y[j,i]
    + sum{r in R,j in K,i in N}p[r] * a[i] * d[j,i] * y1[r,j,i];
#约束条件
subject to Con1:
    sum{j in K}x[j] = k;
subject to Con2{i in N}:
    sum{j in K}y[j,i] = 1;
subject to Con3{j in K, i in N}:
    y[j,i] <= x[j];
subject to Con4{i in N, j in K, j1 in K}:
    d[j,i] <= d[j1,i] + M * (3 - y[j,i] + y[j1,i] - x[j] - x[j1]);
subject to Con5{r in R}:
    sum{j in K}z[r,j] = r;
subject to Con6{r in R, j in K}:
    z[r,j] <= x[j];
subject to Con7{r in R, j in K, j1 in K}:
    sum{i in N}a[i] * y[j,i] >= sum{i in N}a[i] * y[j1,i] - M * (1 - z[r,j] + z[r,j1]);
subject to Con8{r in R, i in N}:
    sum{j in K}y1[r,j,i] = 1;
subject to Con9{r in R, j in K, i in N}:
    y1[r,j,i] <= x[j] - z[r,j];
```

6. 算　例

考虑从 10 个候选点选择 4 个来建造保障设施，为 30 个保障需求点提供保障服务。设施候选点与保障需求点的坐标位置参考 9.1.2 小节的算例。假定保障设施的故障/损毁率见表 9-3。

表 9-3　保障设施的故障/损毁率

设施故障或损坏数量 r	发生概率 p_r	设施故障或损坏数量 r	发生概率 p_r
1	0.3	3	0.05
2	0.1	4	0

在 AMPL/CPLEX 环境下，求解上述模型和算例数据，得到最优目标值为 48 089. 168 75，最优选址方案和服务关系如图 9－2 所示。

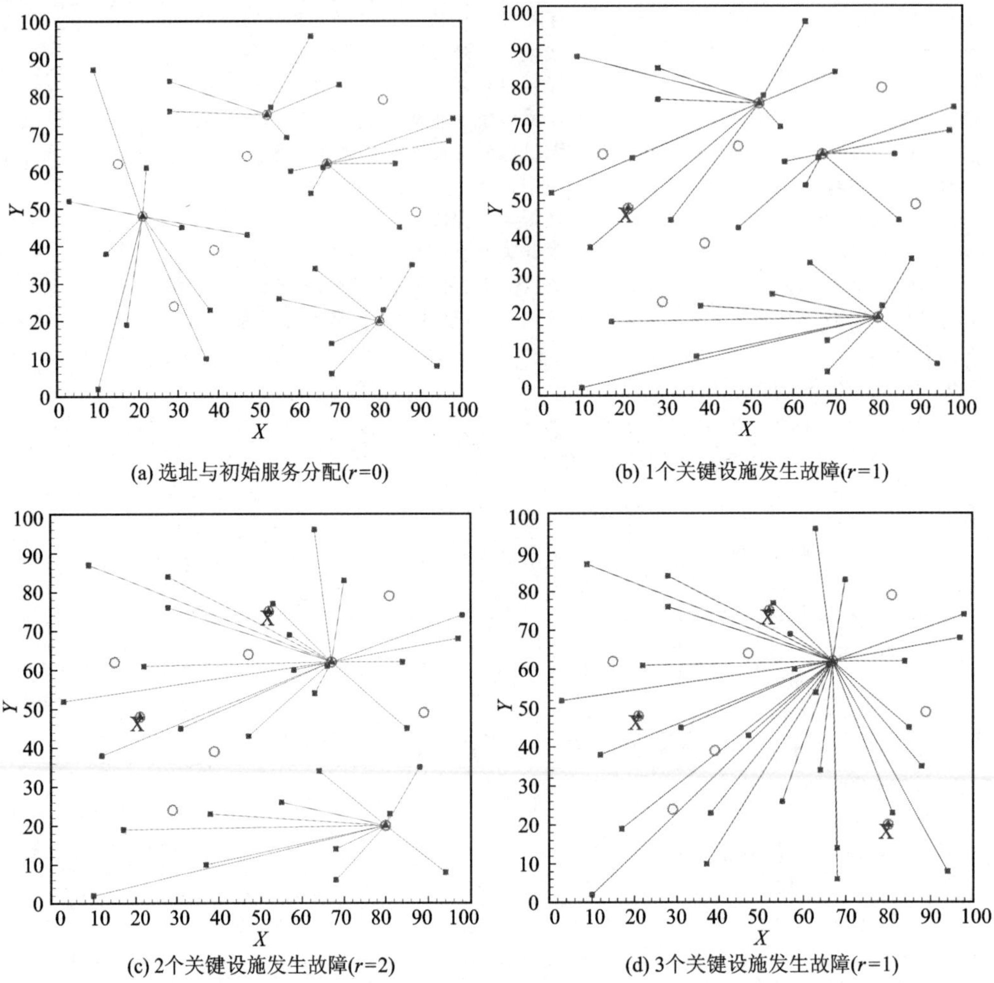

(a) 选址与初始服务分配(r=0)　(b) 1个关键设施发生故障(r=1)

(c) 2个关键设施发生故障(r=2)　(d) 3个关键设施发生故障(r=1)

图 9－2　面向弹性恢复的设施选址优化算例最优结果图

9. 2　健壮性优化

9. 2. 1　问题的基本形式

健壮性优化(Robust Optimization)是不确定性优化的另一种常见情况。当问题参数具有不确定性时，健壮性优化是考虑在最坏的情况下损失最小，也就是说，使最大风险后果情况下损失最小化。对于损失/成本最小化问题，健壮性优化的一般形式为

$$\min \sup(\{F(P,\Delta,X) \mid G(P,\Delta,X) \leqslant 0, \forall X\})$$

式中，F 为损失/成本类目标函数；P 为参数集；Δ 表示参数的不确定分布(或随机变量)；X 为决策变量集；G 代表约束条件集；sup()表示集合的上确界。

转化为双层优化模型的形式：

$$\begin{cases}\min\limits_{X} u(P,X) \\ \text{s.t. } u(P,X)=\max\limits_{\Delta} F(P,\Delta,X) \\ \qquad\qquad \text{s.t. } G(P,\Delta,X)\leqslant 0, \quad \forall X\end{cases}$$

即对于任何一组参数和决策变量(P，X)，均以这种情下可能产生的最差结果 $u(P,X)$ 为评价值。健壮性优化的结果是“最差也差不到哪儿去”，又称为 min-max 模型。

9.2.2　不确定攻击下设施选址健壮性优化问题

在保障设施选址问题中，健壮性优化的目标是令系统在最坏可能的情况下，使损失/成本最小化。考虑设施在最坏情况下，最多达 r 个设施受损；且攻击方(Attacker)被认为是聪明的，它只会攻击令设计方(Designer)损失最大的 r 个设施(称为关键设施)。

下面建立不确定攻击下的设施选址健壮性优化问题的 min-max 优化模型。

1. 参数定义

N　被保障点的集合；

a_i　被保障点的需求量，$i\in N$；

K　保障设施的候选建造点的集合；

k　将要建造的保障设施的数量；

C_j　设施(建成后)的容量，$j\in K$；

d_{ji}　设施的候选建造点 j 与被保障点 i 之间的距离，$j\in K$，$i\in N$；

r　保障设施同时被攻击损毁的最大可能数量；

p　被保护设施的最大数量；

M　一个大数。

2. 变量定义

独立变量：

x_j　0/1 变量，表示候选位置 j 是否建造保障设施，$j\in K$；

y_{ji}　0/1 变量，表示在初始场景下(被攻击之前)是否由设施 j 向节点 i 的提供保障服务，$j\in K$，$i\in N$；

s_j　0/1 变量，表示设施 j 是否被攻击，$j\in K$。

依赖变量：

y'_{ji}　0/1 变量，表示被攻击后中断的服务关系，$j\in K$，$i\in N$。

3. 目标函数

$$\begin{cases}\min\limits_{X,Y} u \\ \text{s.t. } u=\max\limits_{S}\sum\limits_{j\in K}\sum\limits_{i\in N} a_i\cdot d_{ji}\cdot y'_{ji}\end{cases}$$

4. 约束条件

① 保障设施的建造数量为 k 个：

$$\sum_{j \in K} x_j = k$$

② 初始保障场景下(被攻击之前),每个保障点都被服务且满足容量约束:

$$\begin{cases} \sum_{j \in K} y_{ji} = 1, & \forall i \in N \\ y_{ji} \leqslant x_j, & \forall j \in K, \forall i \in N \\ \sum_{i \in N} a_i y_{ji} \leqslant C_j x_j, & \forall j \in K \end{cases}$$

③ 被攻击设施的数量为 r 个,且仅攻击已建造设施点:

$$\begin{cases} \sum_{j \in K} s_j = r \\ s_j \leqslant x_j, & \forall j \in K \end{cases}$$

④ 被攻击之后中断的服务关系:

$$\begin{cases} y'_{ji} \leqslant y_{ji}, & \forall j \in K, i \in N \\ y'_{ji} \leqslant s_j, & \forall j \in K, i \in N \\ y'_{ji} \geqslant 1 - (2 - y_{ji} - s_j), & \forall j \in K, i \in N \end{cases}$$

⑤ 定义变量的值域:

$$x_j, y_{ji}, s_j, y_{ji}, y'_{ji} \in \{0,1\}, \quad \forall j \in K, i \in N$$

5. 将 max 子问题转化为约束条件

对于 min-max 模型中的 max 子问题:

$$u = \max_S \sum_{j \in K} \sum_{i \in N} a_i \cdot d_{ji} \cdot y'_{ji}$$

将其转化为一组约束关系,即判断初始保障场景下被攻击的 r 个最关键的设施。存在以下规则:若设施 j 被攻击而设施 j' 未被攻击,则"攻击设施 j 造成的损失更大"。

$$\sum_{i \in N} a_i d_{ji} y_{ji} \geqslant \sum_{i \in N} a_i d_{j'i} y_{j'i} - M(3 - s_j + s_{j'} - x_j - x_{j'}), \quad \forall j, j' \in K$$

采用上述约束,将 min-max 双层优化模型转化为单层优化模型,可建立混合整数规划线性模型并采用 CPLEX 进行求解。

6. AMPL 代码模型

用 AMPL 代码实现上述数学规划模型:

```
set N;                          #被保障点的集合
param a{N};                     #被保障点的需求
set K;                          #保障设施的候选地址集合
param C{K};                     #设施(建成后)容量
param k;                        #保障设施的数量
param d{K,N};                   #地址 j 与被保障点 i 之间的距离
param r;                        #设施被攻击的数量
param M: = 9999;                #一个大数
var x{K} binary;                #0/1 变量,表示选择建造位置
var y{K,N} binary;              #0/1 变量,表示攻击之前的服务关系
var s{K} binary;                #0/1 变量,表示设施是否被攻击
var y1{K, N} binary;            #0/1 变量,表示被攻击之后重新分配的服务关系
```

```
#目标函数
minimize max_loss:
    sum{j in K,i in N}a[i] * d[j,i] * y1[j,i];
#约束条件
subject to Con1: sum{j in K}x[j] = k;
subject to Con2_1{i in N}: sum{j in K}y[j,i] = 1;
subject to Con2_2{j in K, i in N}:
    y[j,i] <= x[j];
subject to Con2_3{j in K}:
    sum{i in N}y[j,i] * a[i] <= C[j] * x[j];
subject to Con3_1:
    sum{j in K}s[j] = r;
subject to Con3_2{j in K}:
    s[j] <= x[j];
subject to Con4_1{j in K, i in N}:
    y1[j,i] <= y[j,i];
subject to Con4_2{j in K, i in N}:
    y1[j,i] <= s[j];
subject to Con4_3{j in K, i in N}:
    y1[j,i] >= 1 - (2 - y[j,i] - s[j]);
subject to Con5_max{j in K, j1 in K}:
    sum{i in N}a[i] * d[j,i] * y[j,i]>= sum{i in N}a[i] * d[j1,i] * y[j1,i] - M * (3 - s[j] + s[j1] -
x[j] - x[j1]);
```

7. 算　例

假定从 10 个候选点选择 6 个来建造保障设施，为 30 个保障需求点提供保障服务。候选点的位置坐标和设施容量见表 9-4。需求点的位置坐标和需求量见表 9-5。

表 9-4　候选点的位置坐标和设施容量

候选点 j	位置坐标 X_j	位置坐标 Y_j	建成后容量 C_j
1	15	62	350
2	29	24	400
3	39	39	450
4	21	48	500
5	67	62	250
6	47	64	350
7	89	49	250
8	81	79	300
9	52	75	350
10	80	20	450

表 9-5　需求点的位置坐标和需求量

需求点 i	位置坐标 X_i	位置坐标 Y_i	需求量 a_i	需求点 i	位置坐标 X_i	位置坐标 Y_i	需求量 a_i
1	57	69	66	16	63	54	93
2	88	35	34	17	22	61	86
3	68	14	68	18	12	38	38
4	31	45	76	19	55	26	52
5	94	8	85	20	37	10	42
6	98	74	84	21	28	76	99
7	63	96	90	22	10	2	87
8	84	62	48	23	47	43	43
9	38	23	69	24	17	19	12
10	66	61	39	25	70	83	67
11	53	77	92	26	28	84	93
12	85	45	92	27	3	52	15
13	97	68	67	28	81	23	80
14	68	6	84	29	58	60	69
15	64	34	94	30	9	87	69

在 AMPL/CPLEX 环境下，求解上述模型和算例数据，得到最优目标值 19 710.494 46，最优选址方案、服务关系和最坏被攻击情况如图 9-3 所示。

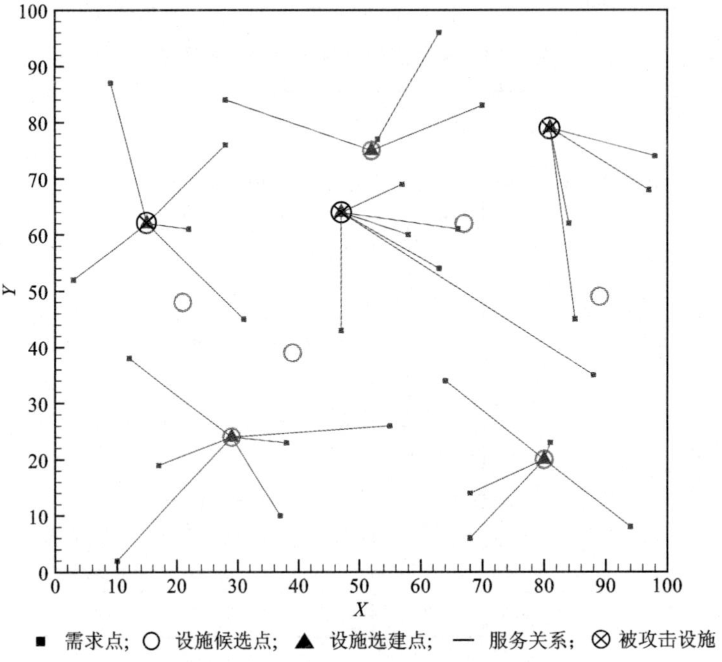

图 9-3　健壮性优化选址算例最优解

9.3　可靠性优化模型

9.3.1　基于指数分布的备件数量优化问题

备件是支持系统正常运行的常见方式。一旦发生系统故障，可立刻用备件更换相关故障件来恢复系统运行。此时故障造成的损失一般可忽略不计。当系统发生故障又无备件时，则产生故障损失（如停机损失）。因此备件数量越多，故障成本越低。但备件本身是有成本的，因此备件系统的总成本应为二者之和，即

备件系统的总成本＝备件库存成本＋故障损失

假设备件的故障密度函数 $f(t)$ 服从指数分布 $f(t)=\lambda e^{-\lambda t}$。在[0, t]期间内，发生故障（至少 1 次）的概率表示为对密度函数的积分，即 $F(t)=-e^{-\lambda t}\big|_0^t=1-e^{-\lambda t}$。基于指数分布假设，在[0, t]期间内，该产品发生 k 次故障的概率服从泊松分布，其概率密度函数表达式为

$$F^{(k)}(t)=\frac{(\lambda t)^k}{k!}e^{-\lambda t}$$

进而可以得出：在[0, t]期间内，发生故障次数不超过 k 次的概率（用 $F^{\leqslant k}(t)$ 来表示）为

$$F^{\leqslant k}(t)=F^{(0)}(t)+F^{(1)}(t)+\cdots+F^{(k)}(t)=\sum_{i=0}^{k}\frac{(\lambda t)^i}{i!}e^{-\lambda t}$$

而故障次数超过 k 次的概率则为

$$F^{>k}(t)=1-\sum_{i=0}^{k}\frac{(\lambda t)^i}{i!}e^{-\lambda t}$$

基于上述概率基础，建立如下数学规划模型：在一个时间周期内，如何设定恰当的期初备件数量，使备件系统的总成本最低。

1. 参数定义

T　保障期长度（时间或工作量）；

θ　备件的平均无故障间隔期（MTBF）；

λ　备件的发生故障的次数，即 $\lambda=T/\theta$；

o　发生故障后的故障损失（如备件紧急订购费用＋停机损失等）；

p　期初的单位价格；

u　单件的单位保管费用。

2. 变量定义

x　非负整数变量，表示期初的备件数量；

y　非负连续变量，表示备件缺货（发生故障）的期望次数。

3. 优化模型

$$\begin{cases}\min f(x,y)=x\cdot(u+p)+y\cdot o\\ \text{s.t. } y\geqslant\sum_{k=1}^{\infty}k\dfrac{\lambda^{x+k}}{(x+k)!}e^{-\lambda}\end{cases}$$

上述模型中，约束条件为计算缺货数量的期望次数。当库存数量为 x 时，发生缺货数量

1,2,3,…(即对应于发生故障次数为 $x+1$, $x+2$, $x+3$, …)的概率分别是

$$p_1=\frac{\lambda^{x+1}}{(x+1)!}e^{-\lambda}$$

$$p_2=\frac{\lambda^{x+2}}{(x+2)!}e^{-\lambda}$$

$$p_3=\frac{\lambda^{x+3}}{(x+3)!}e^{-\lambda},\cdots$$

因此,期望的缺货数量表示为 $\sum_{k=1}^{\infty}k\frac{\lambda^{x+k}}{(x+k)!}e^{-\lambda}$。

4. 算　例

某零件的故障发生概率是随机的且服从指数分布,平均无故障间隔时间(MTBF)为 $\theta=$ 1 000 h,年均工作量为 24 000 h。该零件发生故障后即报废不可修。零件的期初正常订购的单件价格和库存成本分别为 0.5 万元/件和 1.5 万元/(件·年),紧急订购成本(故障损失)为 3.5 万元/件。求一年期备件费用最低的最优期初库存数量。

解:令期初库存数量表示为 $x(x=0,1,2,3,\cdots)$,根据公式 $y=\sum_{k=1}^{\infty}k\frac{\lambda^{x+k}}{(x+k)!}e^{-\lambda}$。计算每种情况下的缺货期望数量 y 和总费用,如表 9-6 所列。

表 9-6　库存数量、缺货数量与总费用表

期初库存数量 x	紧急订货数量 y	总费用 $2x+3.5y$	期初库存数量 x	紧急订货数量 y	总费用 $2x+3.5y$
0	24	84	10	14.000 64	69.002 24
1	23	82.5	⋮	⋮	⋮
2	22	81	21	3.769 16	55.192 06
3	21	79.5	22	3.083 088	54.790 808
4	20	78	**23**	**2.474 786**	**54.661 751**
5	19	76.5	24	1.947 636	54.816 726
6	18	75	25	1.501 637	55.255 73
7	17.000 02	73.500 07	26	1.133 544	55.967 404
8	16.000 06	72.000 21	27	0.837 363 3	56.930 772
9	15.000 22	70.500 77	⋮	⋮	⋮

可以看出,总费用随着 x 值增加而增加。当 $x=23$ 时总费用达到最小值,继续增加 x 值则导致总费用开始上升。这一过程表现如图 9-4 和图 9-5 所示。因此最优期初库存数量为 23,最低备件费用为 54.66 万元。

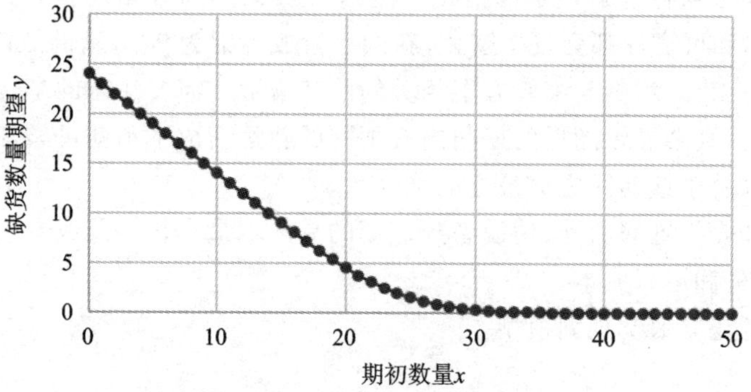

图 9-4　备件缺货数量期望

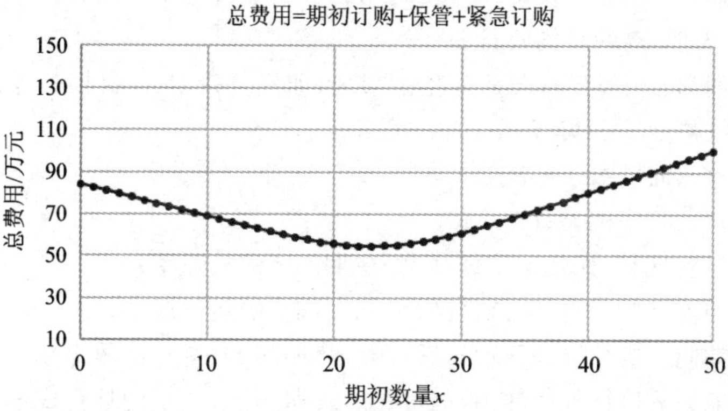

图 9-5　总费用与备件数量的关系图

9.3.2　基于可靠性的设备延寿维修优化问题

该模型针对大型的老旧设备延寿使用的需求，以延寿期间的使用经济性为优化目标，考虑多种维修、大修、翻新、升级更换等维修活动的混合优化问题。不同的维修活动对应有不同的成本，对设备也会产生不同的影响效果，包括：可靠性的提升、维修与故障成本的下降、生产效率的提升、运行成本的下降等，目标是使延寿期间的总成本最小化。

1. 问题描述

假设某使用中的大型设备系统的设计寿命即将到期，但设备系统运行状况尚可，经专家检验后可以考虑对其进行延寿使用。延寿期的时间长度为 m 个期间（周/月/季/年等），记为周期集合 T，下标用 t 或 τ 表示。设备在期间 t 内需要完成的工作量是已知的，记为常数 h_t。设备正常运行的日均收益在不同期间（如淡季/旺季）可能有差异，但在同一期间假定是相同且已知的，记为常数 D_t。如果设备发生故障，则产生一个事先预测好的、已知的故障处理总成本，包括备件更换、维修人工、停机损失等，记为常数 F_t。

在延寿期内至少有一种或多种可选的针对设备的计划性维修活动（以下简称维修活动），包含维修、翻新、升级更换（Repair/Refurbishment/Replacement，RRR）等，记为维修活动集合 R，下标为 r。对于每一种维修活动，$r\in R$，成本是已知的，记为常数 C_r；停机时间也是已知的，记为常数 d_r，（单位：天）。

当设备在期间 τ 执行了某个维修活动 r 之后(注:在期间开始时执行),设备在期间 t 内 $(\tau \leqslant t)$ 的运行成本和可靠性都会发生变化,新的运行成本记为 $p_{r\tau t}$,新的故障率记为 $\lambda_{r\tau t}$(故障次数的期望为 $h_t \cdot \lambda'_{r\tau t}$),均是与维修方案相关的已知常数。需要注意的是,若在期间 τ 执行不同类型的维修活动,则会导致随后的期间内有不同的新运营成本和新可靠性,每个期间的运行成本和可靠性仅取决于该期间之前最近的维修活动。

问如何选择和安排维修活动,使设备延寿期的总成本最小化。总成本包括维修成本、维修停机损失、故障损失和运行成本。

针对上述问题建立数学规划模型。

2. 参数定义

T 设备延寿后的使用周期集合,如周/月/季/年等,$t \in T$;

h_t 设备在期间 t 内的工作量(单位:时间或次数等);

D_t 设备在期间 t 内的日均收益;

F_t 设备在期间 t 内发生故障后产生的损失,如修复费用、停机损失等;

R 可选的维修活动的集合,下标为 $r \in R$;

C_r 维修活动 r 的成本,$r \in R$;

d_r 维修活动 r 的停机天数,$r \in R$;

λ'_t 以设备当前现状(无任何维修活动)在期间 t 的故障率;

p'_t 以设备当前现状(无任何维修活动)在期间 t 的运行成本;

$\lambda_{r\tau t}$ 设备在期间 τ 执行维修活动 r 后,在后续期间 $t(\tau \leqslant t)$ 的故障率;

$p_{r\tau t}$ 设备在期间 τ 执行维修活动 r 后,在后续期间 $t(\tau \leqslant t)$ 的运行成本。

3. 决策变量

x_{rt} 0/1 变量,表示是否在期间 t 执行了维修活动 r,$t \in T$,$r \in R$;

y_{rt} 0/1 变量,表示期间 t 的最近之前的维修活动是否为 r;

f_t 非负连续变量,表示设备在期间 t 内发生故障次数的期望值;

P_t 非负连续变量,表示设备在期间 t 内的运行成本;

z_t 非负连续变量,表示设备在期间 t 内的维修停机天数。

4. 目标函数

$$\min \text{Total\_Cost} = \sum_{t \in T} \sum_{r \in R} C_r \cdot x_{rt} + \sum_{t \in T} D_t \cdot z_t + \sum_{t \in T} F_t \cdot f_t + \sum_{t \in T} P_t$$

(维修 + 维修停工 + 故障 + 运行)

5. 约束条件

① 一个期间内最多执行一种维修活动,但同样维修活动可在多期间重复执行:

$$\sum_{r \in R} x_{rt} \leqslant 1, \quad \forall t \in T$$

② 确定期间 t 之前最近的维修活动是否为 r(即根据 x_{rt} 确定 y_{rt}):

$$\begin{cases} 2y_{rt} \geqslant y_{r,t-1} + x_{rt} - \sum_{r' \in R, r' \neq r} x_{r't}, & \forall r \in R, t \in T: t > 1 \\ y_{rt} \leqslant 1 - \sum_{r' \in R, r' \neq r} x_{r't}, & \forall r \in R, t \in T \\ \sum_{r \in R} y_{rt} \leqslant 1, & \forall t \in T \\ y_{rt} \leqslant \sum_{t' \in T, t' \leqslant t} x_{rt'}, & \forall r \in R, t \in T \\ y_{rt} \geqslant x_{rt}, & \forall r \in R, t \in T \end{cases}$$

上述约束原理的数据示例如下：

方案选择：$[0\ \ 0\ \ 1\ \ 1\ \ 0\ \ 3\ \ 0\ \ 2\ \ 0\ \ 0]$

$$\boldsymbol{x}_{rt} = \begin{bmatrix} 0 & 0 & 1 & 1 & 0 & 0 & 0 & 0 & 0 & 0 \\ 0 & 0 & 0 & 0 & 0 & 0 & 0 & 1 & 0 & 0 \\ 0 & 0 & 0 & 0 & 0 & 1 & 0 & 0 & 0 & 0 \\ 0 & 0 & 0 & 0 & 0 & 0 & 0 & 0 & 0 & 0 \end{bmatrix}$$

$$\boldsymbol{y}_{rt} = \begin{bmatrix} 0 & 0 & 1 & 1 & 1 & 0 & 0 & 0 & 0 & 0 \\ 0 & 0 & 0 & 0 & 0 & 0 & 0 & 1 & 1 & 1 \\ 0 & 0 & 0 & 0 & 0 & 1 & 1 & 0 & 0 & 0 \\ 0 & 0 & 0 & 0 & 0 & 0 & 0 & 0 & 0 & 0 \end{bmatrix}$$

③ 确定在期间 t 内设备发生故障的次数的期望：

有过维修活动的期间：

$$\begin{cases} f_t \geqslant h_t \lambda_{r\tau t} - M(2 - x_{r\tau} - y_{rt}), & \forall r \in R, t \in T, \tau \in T: \tau \leqslant t \\ f_t \leqslant h_t \lambda_{r\tau t} + M(2 - x_{r\tau} - y_{rt}), & \forall r \in R, t \in T, \tau \in T: \tau \leqslant t \end{cases}$$

保持现状的期间：

$$\begin{cases} f_t \geqslant h_t \lambda'_t - M \sum_{r \in R, t' \in T, t' \leqslant t} x_{rt'}, & \forall t \in T \\ f_t \leqslant h_t \lambda'_t + M \sum_{r \in R, t' \in T, t' \leqslant t} x_{rt'}, & \forall t \in T \end{cases}$$

④ 确定期间 t 内设备的运行成本：

有过维修活动的期间：

$$\begin{cases} P_t \geqslant p_{r\tau t} - M(2 - x_{r\tau} - y_{rt}), & \forall r \in R, t \in T, \tau \in T: \tau \leqslant t \\ P_t \leqslant p_{r\tau t} + M(2 - x_{r\tau} - y_{rt}), & \forall r \in R, t \in T, \tau \in T: \tau \leqslant t \end{cases}$$

保持现状的期间：

$$\begin{cases} P_t \geqslant p'_t - M \sum_{r \in R, t' \in T, t' \leqslant t} x_{rt'}, & \forall t \in T \\ P_t \leqslant p'_t + M \sum_{r \in R, t' \in T, t' \leqslant t} x_{rt'}, & \forall t \in T \end{cases}$$

⑤ 确定期间 t 内设备的停机天数(因执行维修活动)：

$$z_t \geqslant \sum_{r \in R} d_r \cdot x_{r\tau}, \quad \forall t \in T$$

⑥ 变量的值域：

$$x_{r\tau}, y_{r\tau} \in \{0,1\}; \quad f_t \geqslant 0; \quad P_t \geqslant 0; \quad z_t \geqslant 0, \quad \forall r \in R, t \in T$$

6. AMPL 代码模型

用 AMPL 代码实现上述数学规划模型：

```
set T;                          #设备延寿后的使用周期集合
param h{T};                     #设备在期间 t 内的工作量
param D{T};                     #设备在期间 t 内的日均收益
param F{T};                     #设备发生故障后产生的损失，如修复费用、停机损失等
param lamda1{T};                #以设备当前现状(无任何维修活动)在期间 t 的故障率
param p1{T};                    #以设备当前现状(无任何维修活动)在期间 t 的运行成本
set R;                          #设备的计划性维修方案的集合
param C{R};                     #方案 r 的成本
param d{R};                     #执行方案 r 的停机天数
param lamda{R,T,T};             #设备在期间 t 执行方案 r 后，在后续期间的故障率
param p{R,T,T};                 #设备在期间 t 执行方案 r 后，在后续期间的运行成本
param M: = 9999;
var x{R,T} binary;              #0/1 变量，表示是否在期间 t 执行了方案 r
var y{R,T} binary;              #0/1 变量，表示期间 t 的有效方案是否为方案 r
var f{T}> = 0;                  #非负连续变量，表示设备在期间 t 内发生的期望故障次数
var P{T}> = 0;                  #非负连续变量，表示设备在期间 t 内的运行成本
var z{T}> = 0;                  #非负连续变量，表示设备在期间 t 内的维修停机天数

minimize Total_Cost:
    sum{r in R, t in T}C[r] * x[r,t] + sum{t in T}(D[t] * z[t] + F[t] * f[t] + P[t]);
subject to Con1{t in T}:
    sum{r in R}x[r,t] <= 1;
subject to Con2_1{r in R, t in T: t>1}:
    2 * y[r,t] > = y[r,t-1] + x[r,t] - sum{r1 in R: r1<>r}x[r1,t];
subject to Con2_2{r in R, t in T}:
    y[r,t] <= 1 - sum{r1 in R: r1<>r}x[r1,t];
subject to Con2_3{t in T}:
    sum{r in R}y[r,t] <= 1;
subject to Con2_4{r in R, t in T}:
    y[r,t] <= sum{t1 in T: t1< = t}x[r,t1];
subject to Con2_5{r in R, t in T}:
    y[r,t] > = x[r,t];
subject to Con3_1{r in R, t in T, tao in T: tao <= t}:
    f[t] > = h[t] * lamda[r,tao,t] - M * (2 - x[r,tao] - y[r,t]);
subject to Con3_2{r in R, t in T, tao in T: tao <= t}:
    f[t] <= h[t] * lamda[r,tao,t] + M * (2 - x[r,tao] - y[r,t]);
subject to Con3_3{t in T}:
    f[t] > = h[t] * lamda1[t] - M * sum{r in R, t1 in T: t1< = t}x[r,t1];
subject to Con3_4{t in T}:
    f[t] <= h[t] * lamda1[t] + M * sum{r in R, t1 in T: t1< = t}x[r,t1];
subject to Con4_1{r in R, t in T, tao in T: tao <= t}:
```

```
    P[t] >= p[r,tao,t] - M*(2 - x[r,tao] - y[r,t]);
subject to Con4_2{r in R, t in T, tao in T: tao <= t}:
    P[t] <= p[r,tao,t] + M*(2 - x[r,tao] - y[r,t]);
subject to Con4_3{t in T}:
    P[t] >= p1[t] - M*sum{r in R, t1 in T: t1<=t}x[r,t1];
subject to Con4_4{t in T}:
    P[t] <= p1[t] + M*sum{r in R, t1 in T: t1<=t}x[r,t1];
subject to Con5{t in T}:
    z[t] >= sum{r in R}d[r]*x[r,t];
```

7. 算　例

某大型生产加工机床延寿问题，延寿期为 6 年，表示为 6 个期间的集合：T＝{1，2，3，4，5，6}；延寿期间该设备每年的工作时间、日均收益和故障损失的预测值见表 9－7。设备的延寿期间的可选维修活动有 4 种，对应的可选维修活动的成本、维修活动的年度故障率、维修活动的年度运行成本见表 9－8～表 9－10。

表 9－7　设备运行与成本表

期间/年	年工作时间 h_t/h	日均收益 D_t/万元	故障损失 F_t	故障率 λ_t'	运行成本 p_t'/万元
1	1 000	3	10	0.01	1.5
2	1 000	3	10	0.02	1.5
3	1 000	3	10	0.03	1.5
4	1 500	5	15	0.04	1.5
5	1 500	5	15	0.05	1.5
6	1 500	5	20	0.06	1.5

表 9－8　各项维修活动的成本

序　号	维修活动名称	单次成本 C_r	停机天数 d_r
1	现状维修	5	1
2	增强维修	10	1.5
3	设备大修	20	2
4	更换核心机	15	2

表 9－9　维修活动的年度故障率

维修活动	维修之后各年度的故障率/‰					
	$t=1$	$t=2$	$t=3$	$t=4$	$t=5$	$t=6$
现状维修	0.5	0.5	0.6	0.6	0.8	0.8
增强维修	0.8	0.8	0.9	0.9	0.1	0.1
设备大修	0.2	0.2	0.8	1.0	1.2	1.4
更换核心机	0.3	0.4	0.5	0.7	0.9	1.0

表 9-10 各项维修活动之后的运行成本

维修活动	维修之后各年度的运行成本					
	$t=1$	$t=2$	$t=3$	$t=4$	$t=5$	$t=6$
现状维修	2	2	2	2	2	2
增强维修	5	5	5	5	5	5
设备大修	3	3	3	3	3	3
更换核心机	4	4	4	4	4	4

编写数据文件和脚本文件，运行优化模型，对上述算例在 AMPL/CPLEX 环境下求解，得到最优结果如下：在年度 $t=1$ 执行维修活动 $r=1$，在年度 $t=5$ 执行维修活动 $r=4$。最低目标函数值为 131.75 万元，其中维修活动成本 20 万元、维修停机损失 13 万元、故障损失期望 80.75 万元、运行成本 18 万元。

9.3.3 多部件联合可靠性设计优化模型

对于有 n 个部件的系统，各部件的可靠性分别表示为 $\theta_1,\theta_2,\cdots,\theta_n$，可靠性与研发费用、生产费用、维修保障费用的关系模型分别表示为 $C_D(\theta_i)$，$C_P(\theta_i)$，$C_M(\theta_i)$，$i=1,2,\cdots,n$。建立多部件的经济可靠性优化模型如下：

$$
\begin{cases}
\min \mathrm{LCC}(\theta_1,\theta_2,\cdots,\theta_n)=\sum\limits_{i=1}^{n}[C_D(\theta_i)+C_P(\theta_i)+C_M(\theta_i)] & \\
\text{s.t. } \theta_i \geqslant \theta_i^*, \quad \forall i=1,2,\cdots,n & (1)\\
\qquad \theta_i \in [\theta_b,\theta_u], \quad \forall i=1,2,\cdots,n & (2)\\
\qquad \sum\limits_{i=1}^{n} C_D(\theta_i) \leqslant D_0 & (3)\\
\qquad \sum\limits_{i=1}^{n} C_P(\theta_i) \leqslant P_0 & (4)\\
\qquad \sum\limits_{i=1}^{n} C_M(\theta_i) \leqslant M_0 & (5)
\end{cases}
$$

式中，目标函数为寿命周期费用(LCC)最小化；决策变量为 θ_i；θ_i^* 是系统对部件可靠性的最低要求，即可靠性预计与分配结果(可靠性预计与分配是系统规定的可靠性指标合理地分配给组成系统的各部件的过程)；约束式(1)确保可靠性优化的结果满足预计与分配的要求；约束式(2)使可靠性优化的结果值处于基本可靠性 θ_b 与极值可靠性 θ_u 之间；约束式(3)、(4)和(5)分别表示系统的研发费用上限约束、生产成本上限约束，以及使用与维修保障成本上限约束。

上述模式是考虑系统多部件联合的经济可靠性优化模式。该模型提供了基础框架，根据实际情况还可以增加其他更多的约束需求。该模型框架的作用有两方面：

① 可按计划需求，优化系统的寿命周期费用分布，降低寿命周期费用；

② 在可靠性预计与分配基础上，对各部件分配的可靠性目标值进行优化，对可靠性指标的分配工作提供决策支持。

9.3.4 基于威布尔分布的维修周期优化模型

根据众多文献研究，设备故障数据大多服从指数分布、威布尔分布或对数正态分布。其中威布尔分布较为常见。下面是两参数威布尔分布的概率密度函数：

$$f(x,\lambda,k)=\begin{cases}\dfrac{k}{\lambda}\left(\dfrac{x}{\lambda}\right)^{k-1}\mathrm{e}^{-\left(\frac{x}{\lambda}\right)^{k}}, & x\geqslant 0\\ 0, & x<0\end{cases}$$

式中，x 是随机变量，λ 是比例参数，$k>0$ 是形状参数(见图9-6)。$k<1$ 的值表示故障率随时间减小。$k=1$ 的值表示故障率随时间是恒定的。$k>1$ 的值表示故障率随时间增加。威布尔分布概率密度函数曲线如图9-7所示。其中参数 λ 变化影响曲线的峰值位置不同，参数 k 变化影响曲线的形状。当 $k=1$ 时，曲线为指数分布；$k>3$ 时，曲线为近似正态分布。

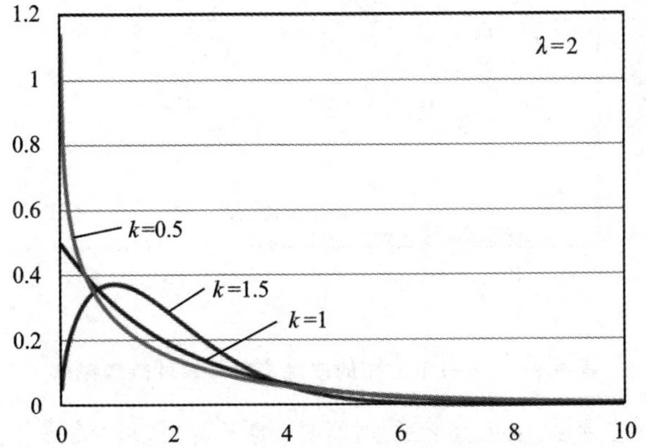

图9-6 威布尔分布的形状参数变化图

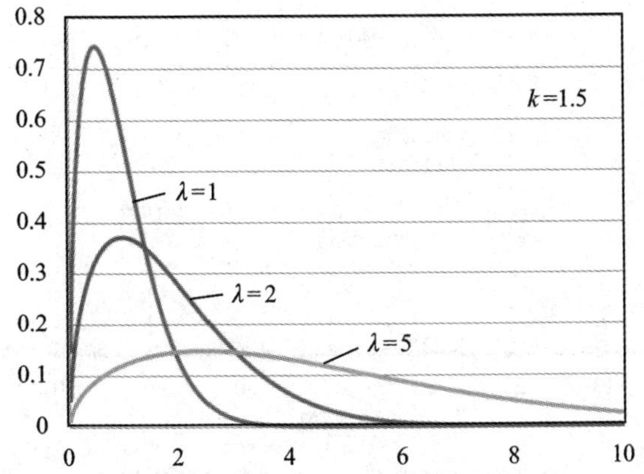

图9-7 威布尔分布的概率密度函数

威布尔分布的均值为

$$E=\lambda\Gamma\left(1+\frac{1}{k}\right)$$

式中，$\Gamma(x)$ 是伽马函数。伽马函数的表达式如下：

$$\Gamma(x)=\int_0^{+\infty} t^{x-1}\mathrm{e}^{-t}\mathrm{d}t,\quad \forall x>0$$

威布尔分布的累积概率分布函数 $F(x)$ 为

$$F(x)=\int_0^x t\cdot f(t,\lambda,k)\cdot \mathrm{d}t=1-\mathrm{e}^{-(\frac{x}{\lambda})^k}$$

当形状参数 $k>1$ 时，威布尔分布适用于老化、磨损等物理原因导致设备故障的情况，表示发生故障的概率密度函数随着时间的增加而增大。为防止设备发生故障，通常的做法是对设备进行定期的维修(或更换)，使设备修旧如新，恢复设备为最新状态。这种维修称为预防性维修。图 9-8 给出了产品发生失效的累计故障概率的曲线图，当时间值增大时，故障概率趋于 1。

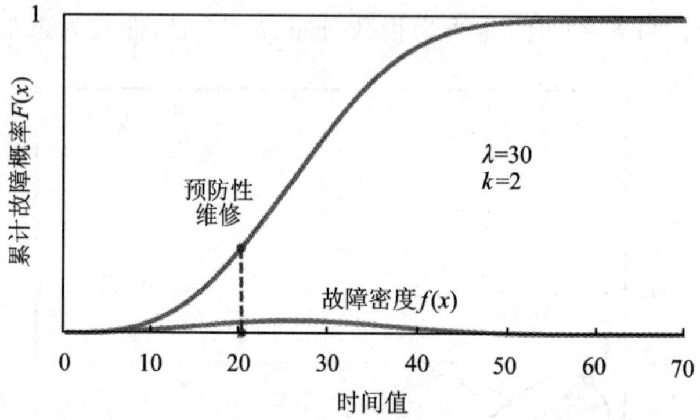

图 9-8 威布尔分布的故障密度与累计故障概率

当累计故障概率增长到某个最高容忍阈值时，则开展预防性维修并修旧如新，将累计故障概率重置，然后重新开始。这样反复、周期性地执行预防性维修，使设备在整个使用期间内维持故障概率在较低的水平。威布尔分布的预防性维修间隔如图 9-9 所示。

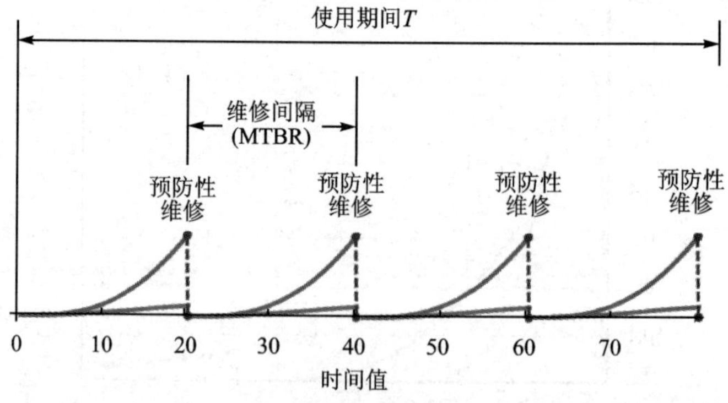

图 9-9 威布尔分布的预防性维修间隔

令预防性维修的间隔期记为 μ，是一项主要的计划参数。假设每次预防性维修的费用是固定的已知常数，记为 P，设备每次发生故障后的损失是一个更大的固定的已知常数，记为 F。这样，在给定期间 T 内，总维修费用可表示为

$$C(\mu)=PT/\mu+F\cdot\eta(\mu)$$

式中，$C(\mu)$表示总维修费用，是维修间隔期 μ 的函数；T/μ 是预防性维修的次数；$\eta(\mu)$是维修

间隔期 μ 的函数，表示在给定 μ 值的情况下，T 期间内仍然发生故障的次数。

下面讨论如何计算 $\eta(\mu)$。假定在 $[0, T]$ 期间内使用设备，预防性维修间隔期为 μ，且每次预防性维修都使设备修旧如新。若在维修间隔期内发生故障，故障修复后设备仍然修旧如新，下一次预防性维修的间隔时间从修复时间点开始重新计算。推导如下：

假设 $[0,T]$ 期间内一共有 η 次维修(包括故障性维修和预防性维修)，用 i 表示，$i=1, 2, \cdots, \eta$；每次维修后设备的工作时间为 t_i，总工作时间恰好大于 T，因此有

$$\sum_{i=1}^{\eta} t_i \geqslant T$$

对于每一个 t_i，其取值有两种情况：$t_i<\mu$ 或者 $t_i=\mu$。这两种情况的概率分别为

$$P(t_i<\mu)=R(\mu)=1-F(\mu)=\mathrm{e}^{-(\mu/\lambda)^k}$$

$$P(t_i=\mu)=1-P(t_i<\mu)=1-\mathrm{e}^{-(\mu/\lambda)^k}$$

当 $t_i<\mu$ 时，t_i 的期望值为

$$E(t_i)_{t_i<\mu}=\int_0^{\mu} t\cdot F(t)\mathrm{d}t$$

当 $t_i=\mu$ 时，有

$$E(t_i)\big|_{t_i=\mu}=\mu$$

综合上面两种情况的概率式，可以得到 t_i 的期望：

$$\begin{aligned}E(t_i)&=P(t_i<\mu)\cdot E(t_i)_{t_i<\mu}+P(t_i=\mu)\cdot E(t_i)_{t_i=\mu}\\&=\mathrm{e}^{-(\mu/\lambda)^k}\int_0^{\mu} t\cdot F(t)\mathrm{d}t+[1-\mathrm{e}^{-(\mu/\lambda)^k}]\mu\end{aligned}$$

维修总费用的最小化优化模型为

$$\begin{cases}\min C(\mu)=PT/\mu+F\eta \\ \text{s.t. } \eta=\min\left\{k\,\middle|\,\sum_{i=1}^{k}E(t_i)\geqslant T, k=1,2,\cdots\right\} & (1)\\ \quad E(t_i)=\mathrm{e}^{-(\mu/\lambda)^k}\int_0^{\mu} t\cdot F(t)\mathrm{d}t+[1-\mathrm{e}^{-(\mu/\lambda)^k}]\mu & (2)\\ \quad F(t)=1-\mathrm{e}^{-(\frac{t}{\lambda})^k} & (3)\end{cases}$$

练习题

1. 对于 9.2.2 小节中的算例，允许设计方对 $p=3$ 个建成设施实施保护，受保护的设施免于受到攻击。试改进 9.2.2 小节中的 min-max 混合整数规划模型，并求解算例的最优解。

2. 某零件的故障发生概率服从指数分布，平均无故障间隔时间(MTBF)为 $\theta=2\ 000$ h。该零件在装备系统中的安装数量为 10 个。装备系统与该零件的运行比为 1∶2。该零件发生故障后需返厂修复，送修周期为 3 个月。试计算在保障期为 1 年内、装备系统工作强度为 3 000 h/年、保障概率要求为 95％的前提下，该备件的初始数量应该是多少？

第 10 章　动态规划原理与应用

动态规划是运筹学的一个分支，是求解最优决策过程(Decision Process) 的数学方法。20 世纪 50 年代初，美国数学家 R. E. Bellman 等人在研究多阶段决策过程(Multi-step Decision Process)的优化问题时，提出了著名的最优性原理(Principle of Optimality)，把原始问题转化为一系列单阶段子问题，并利用各阶段之间的递进关系，逐个求解，最终获得原始问题的最优解，从而创立了解决这类过程优化问题的新方法——动态规划。1957 年出版了他的非常有名的著作《Dynamic Programming》，这是该领域的第一本著作。

10.1　基本原理

动态规划是一种分阶段的递进优化策略，它把原始问题划分为多个递进的阶段或子问题，逐阶段优化完成后，恰好能获得原始问题的最优解。因此动态规划仅对特定的问题有效，且需要具体问题具体分析，不存在一种万能的动态规划算法，并且不是所有的最优化问题都能够采用动态规划方法进行求解。因此，如何识别出问题可以采用动态规划法进行求解也是一种数学规划能力。

动态规划方法通常是多项式算法，具有较高的求解效率，而且是属于精确算法(Exact Algorithm)。为某最优化问题设计出了动态规划算法，是对该问题研究的重要贡献。学习动态规划技巧，需要大量的实例练习。设计动态规划算法时要注意：

① 需要对所研究的问题有深刻的认识，分析其中的变量作用范围，判断问题能够定义出可以递进传递最优性的多阶子问题。

② 要能够提出最优性原理，证明递进子问题之间的最优性传递关系，能给出动态规划方程(组)。

③ 通常需要产生多组大、中、小规模的算例，按动态规划方程编程实现算法，验证求解结果的正确性和求解效率。

④ 可结合 MIP 求解器，通过小规模算例，验证动态规划方程和动态规划算法的正确性。

设计动态规划算法通常有三步。

1. 定义递进子问题

将原始问题划分为一系列阶段递进的子问题，例如划分为 n 个子问题，表示为

$$P_1,\ P_2,\ P_3,\ \cdots,\ P_{n-1},\ P_n$$

其中，P_1 是最基础的问题；P_2 是 P_1 的下阶问题；P_3 是 P_2 的下阶问题；…；P_n 是 P_{n-1} 的下阶问题；P_n 也是原始问题。

2. 设计最优性原理

最优性原理是指证明子问题之间具有最优求解传递性，是确保动态规划算法结果为全局最优解的理论基础。

最优化原理又称为最优子结构性质：一个最优化策略具有这样的性质，不论过去状态和决策如何，对前面的决策所形成的状态而言，余下的诸决策必须构成最优策略。简而言之，一个最优策略的子策略总是最优的。

判断原始问题及子问题是否满足最优性原理，可以简单地用这样的方法进行检查：上阶子问题的最优解必然由其下阶子问题的最优解构成。同样，若发现上阶子问题的最优解，无法用下阶子问题的最优解构成，则表明所定义的递进子问题无法采用动态规划算法求解。

证明最优性原理按以下步骤递推：

P_1 是最简单的且可直接获得最优解 v_1（目标函数值）；

P_2 在 v_1 基础上，通过有限计算和比较，可获得最优解 v_2；

P_3 在 v_1，v_2 基础上，通过有限计算和比较，可获得最优解 v_3；

……

P_n 在 v_1，v_2，…，v_{n-1} 基础上，通过有限计算和比较，可获得最优解 v_n。

3. 确定动态规划方程

动态规划的求解过程一般可表述为一种动态规划方程。对于不同的问题和不同的递进子问题的定义形式，动态规划方程可能具有不同的表达形式。下面是动态规划的一般表达形式：

$$\begin{cases} v_1 \leftarrow \text{Algorithm}(P_1), & \forall x = 1 \\ v_x \leftarrow \text{Algorithm}(v_1, v_2, \cdots, v_{x-1}, P_x), & \forall x = 2, 3, \cdots, n \end{cases} \tag{10-1}$$

上述一般方程表达了动态规划算法从子问题 P_1 开始，利用全面计算的最优结果，逐步推进，直到完成对原始问题的最优计算。

10.2　最短路径问题

10.2.1　最短路径算例

最短路径问题是图论研究中的一个经典算法问题，旨在寻找图（由顶点和边组成）中两节点之间的最短路径。

1. 问题描述

对于图 $G(V, A)$，其中 V 是顶点集合，A 是路径（弧）的集合，c_{ij} 表示边 (i, j) 的距离或权重，$(i, j) \in A$。问题的目标是寻找从起点 s（$s \in V$）出发，途径多条边到达目的点 t（$t \in V$）所经历的最短路径。

最短路径问题的数学规划模型如下：

2. 参数定义

V　图的顶点集合，$n = \text{card}(V)$；

A　图的有向弧集合，对于 $(i, j) \in A$，表示从节点 i 到 j 是连通的；

c_{ij}　边的长度或权重，$(i, j) \in A$；

s　起始点，$s \in V$；

t　目的点，$t \in V$；

M　一个大数。

3. 变量定义

x_{ij}　0/1 变量，表示弧(i,j)是否选入连通从 s 到 t 的路径，$(i,j)\in E$。

4. 目标函数

$$\min \sum_{(i,j)\in A} x_{ij}c_{ij}$$

5. 约束条件

① 确保存在一条边从起始点出发和到达目的点：

$$\begin{cases}\sum_{(s,j)\in A} x_{sj}=1\\ \sum_{(i,t)\in A} x_{it}=1\end{cases}$$

② 确保各节点出入次数平衡：

$$\sum_{(i,j)\in A} x_{ij}=\sum_{(j,i)\in A} x_{ji},\quad \forall i\in V:i\neq s,i\neq t$$

③ 变量的值域：

$$x_{ij}\in\{0,1\},\quad \forall(i,j)\in A$$

上述数学规划模型是线性整数规划模型，可以采用求解器 CPLEX 来求解。下面采用动态规划原理来求解。

6. 算　例

如图 10-1 中的网络图结构，求从起始点 S 到目的点 T 的最短距离。各边的距离（权重）如图 10-1 所示标注。

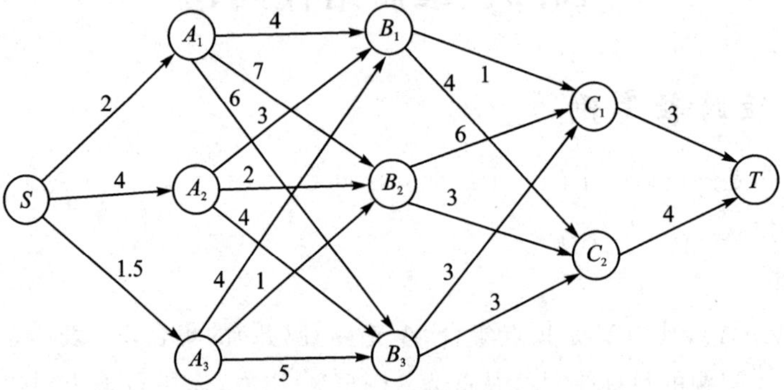

图 10-1　最短路径网络问题实例图

首先，定义子问题 P_x：求解表示从 x 点到 T 点的距离。子问题 P_x 的最优解表示为 $v_x(h_x)$，其中为 v_x 最短距离，h_x 表示最短路径中由 x 指向的下一个节点。

然后，定义第Ⅰ，Ⅱ，…阶递进问题如下：

第Ⅰ阶子问题（最简单子问题）：若点 x 与 T 直接相连，则 P_x 为Ⅰ阶问题。Ⅰ阶问题可直接计算最优解，对于上述例子，公式如下：

$$\text{Ⅰ 阶：}\begin{cases}v_x\leftarrow\min\limits_x\{c_{xT}\mid x=C_1,C_2\}\\ h_x\leftarrow\underset{x}{\operatorname{argmin}}\{c_{xT}\mid x=C_1,C_2\}\end{cases}$$

可计算出点 C_1 和 C_2 的最优解，分别为 2(T)和 4(T)。

第Ⅱ阶子问题：若点 x 与第Ⅰ阶的点直接相连，则 P_x 为Ⅱ阶子问题；若点 x 还同时属于Ⅰ低阶子问题，则仅保留最短距离结果。对于上述例子，Ⅱ阶问题的最短距离计算公式如下：

$$\text{Ⅱ 阶：}\begin{cases} v_x \leftarrow \min\limits_{y}\{c_{xy}+v_y \mid y=C_1,C_2\}, & \forall x \in \{B_1,B_2,B_3\} \\ h_x \leftarrow \arg\min\limits_{y}\{c_{xy}+v_y \mid y=C_1,C_2\}, & \forall x \in \{B_1,B_2,B_3\} \end{cases}$$

可计算出点 B_1，B_2，B_3 的最优解，分别为 4(C_1)，7(C_2)，6(C_1)。

第Ⅲ阶子问题：若点 x 与第Ⅱ阶的点直接相连，则 P_x 为Ⅲ阶子问题；若点 x 还同时属于Ⅰ、Ⅱ低阶子问题，则仅保留最短距离结果。对于上述例子，Ⅲ阶问题的最短距离计算公式如下：

$$\text{Ⅲ 阶：}\begin{cases} v_x \leftarrow \min\limits_{y}\{c_{xy}+v_y \mid y=B_1,B_2,B_3\}, & \forall x \in \{A_1,A_2,A_3\} \\ h_x \leftarrow \arg\min\limits_{y}\{c_{xy}+v_y \mid y=B_1,B_2,B_3\}, & \forall x \in \{A_1,A_2,A_3\} \end{cases}$$

可计算出点 A_1，A_2，A_3 的最优解，分别为 8(B_1)，7(B_1)，8(B_1，B_2)。

第Ⅳ阶子问题：若点 x 与第Ⅲ阶的点直接相连，则 P_x 为Ⅳ阶子问题；若点 x 还同时属于Ⅰ、Ⅱ、Ⅲ低阶子问题，则仅保留最短距离结果。对于上述例子，Ⅳ阶问题的最短距离计算公式如下：

$$\text{Ⅳ 阶：}\begin{cases} v_x \leftarrow \min\limits_{y}\{c_{xy}+v_y \mid y=A_1,A_2,A_3\}, & \forall x \in \{S\} \\ h_x \leftarrow \arg\min\limits_{y}\{c_{xy}+v_y \mid y=A_1,A_2,A_3\}, & \forall x \in \{S\} \end{cases}$$

可计算出点 S 的最优解，即 9.5(A_3)。得到原始问题的最短路径总距离为 9.5。上述动态规划计算过程如图 10-2 所示。

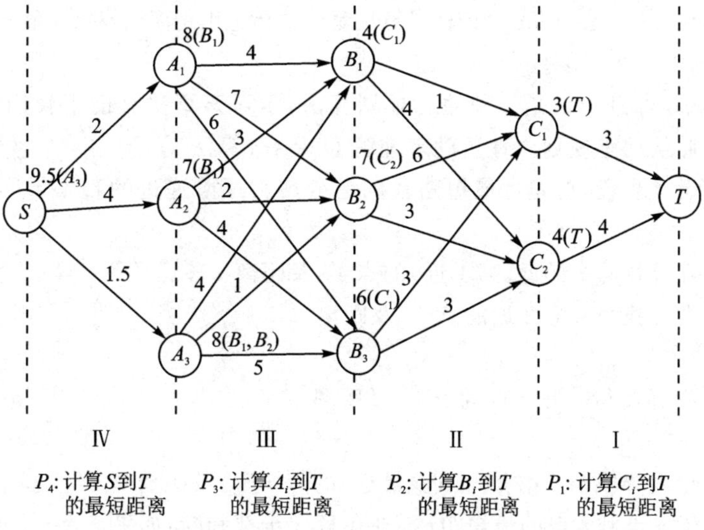

图 10-2　动态规划求解最短路径网络问题

最短路径可反推得到，即从 S 点出发，沿着各点指向的最短路径节点，得到从 S 到 T 的最短路径，共有 2 条，分别为($S \rightarrow A_3 \rightarrow B_1 \rightarrow C_1 \rightarrow T$)和($S \rightarrow A_3 \rightarrow B_2 \rightarrow C_2 \rightarrow T$)。

10.2.2 Dijkstra 算法

需要注意的是，10.2.1 小节中的算例不存在某点同时属于多阶层的情况，属比较简单的情形。一般情况下，网络连接比较复杂，可能存在多个节点同属于多阶子问题的情况。Dijkstra 算法是计算一般网络最短路径问题的经典算法，于 1959 年提出，适用于网络边的权重非负的情况。

Dijkstra 算法是计算在网络 $G(V, A)$ 中所有其他点到某指定点 r 的最短距离。详细算法步骤如下：

Dijkstra Algorithm

```
Initialize F=∅, v_r=0 and v_j=+∞ for all j≠r
while |F|<n do
  j=arg min {v_k: k ∉ F};
  F←F ∪ { j };
  for i∈N such that (i, j)∈A and i ∉ F do
    if c_ij + v_j < v_i then
      v_i = c_ij + v_j;
      h_i = j;
    end if
  end for
end while
```

其中 F 是一个动态的点集合。在算法开始时 F 为空，每确定了一个到点 r 最短距离的点，则将该点加入到 F 中(即做标记)，直到所有的点都加入到 F 中，算法结束。因此 Dijkstra 算法又称为标号算法(Labeling Algorithm)。该标号算法是依次标记出距离出发点 s 第 x($x=1, 2, \cdots, n$)近的点，过程如图 10-3 所示。

Dijkstra 算法从原理上讲是一种动态规划算法，学习该算法有助于我们对动态规划原理的理解。下面我们从动态规划原理角度来理解 Dijkstra 算法。

按动态规划设计步骤，首先将最短路径问题分解为逐阶递进的若干子问题。令 P_x 表示第 x 阶子问题：

P_1：从 s 出发寻找与 s 最近(第 1 近)的点 j_1 及距离 v_1；

P_2：从 s 出发寻找与 s 第 2 近的点 j_2 及距离 v_2；

……

P_x：从 s 出发寻找与 s 第 x 近的点 j_x 及距离 v_x；

……

P_{n-1}：从 s 出发寻找与 s 第 $n-1$ 近(最远)的点 j_{n-1} 及距离 v_{n-1}。

如果仅需搜索 s 点到 t 点的最短距离，则在每一步都判断：如果 $j_x=t$（遇到了目标点 t），则算法停止。从 s 到 t 的最短距离为 v_x，点 j_x 是距离点 s 第 x 近的点。

上述子问题逐阶优化的动态规划方程如下：

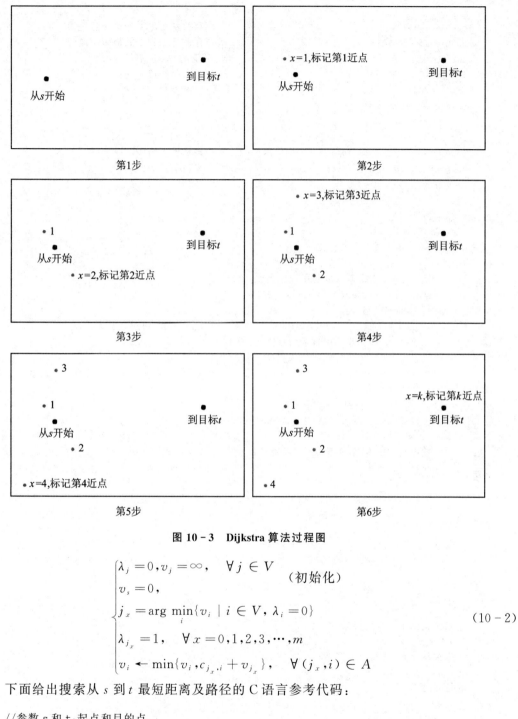

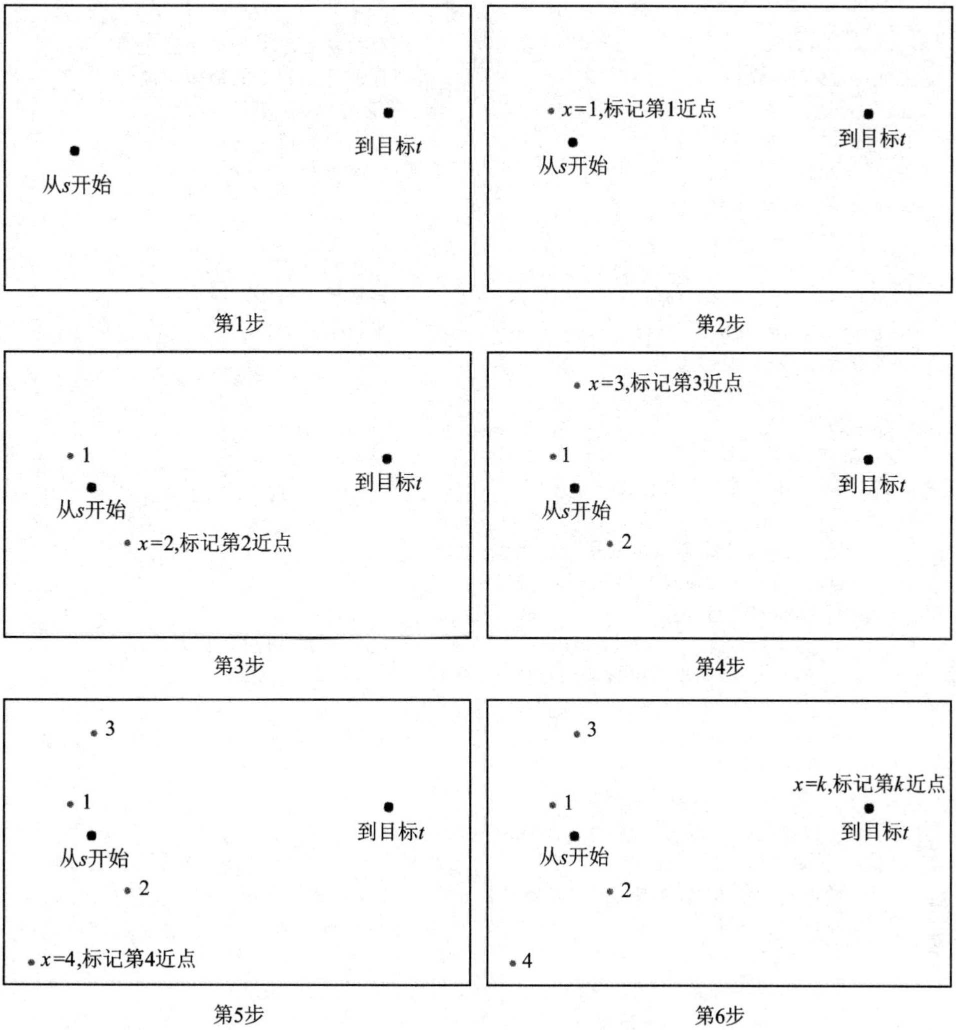

图 10－3　Dijkstra 算法过程图

$$
\begin{cases}
\lambda_j = 0, v_j = \infty, \quad \forall j \in V \quad （初始化）\\
v_s = 0, \\
j_x = \arg\min\limits_i \{v_i \mid i \in V, \lambda_i = 0\} \\
\lambda_{j_x} = 1, \quad \forall x = 0,1,2,3,\cdots,m \\
v_i \leftarrow \min\{v_i, c_{j_x,i} + v_{j_x}\}, \quad \forall (j_x, i) \in A
\end{cases}
\tag{10-2}
$$

下面给出搜索从 s 到 t 最短距离及路径的 C 语言参考代码：

```
//参数 s 和 t:起点和目的点
//参数 path:最短路径节点序列的起点指针
//参数 len:最短路径的节点数
//全局变量 Net[][]:网络的弧
//全局变量 Netn[]:网络节点的度
//全局变量 Dm[]:网络节点之间的距离
double Dijkstra(int s, int t, int * path, int * len)
```

```
{
    double v[999];                                        //存放从 s 出发的第 i 近距离
    double shortestd;                                     //存放从 s 到 t 的最短距离
    int from_P[999];                                      //存放“来自节点”
    int visited[999];                                     //节点是否已经访问
    int n = 100, i, j, k;                                 //临时变量
    double min_dis;
    //初始化
    for(i = 1;i< = n;i ++ )visited[i] = 0;                //未访问状态
    for(i = 1;i< = n;i ++ )v[i] = 9999;                   //距离为无穷大
    for(i = 1;i< = n;i ++ )from_P[i] =- 1;                //来自节点为空
    //设置起始点 i,第 x = 0 步
    i = s;
    v[i] = 0;
    visited[i] = 1;
    while (i! = t)
    {
        //从 i 出发,计算第 x 步的累计距离
        for(k = 1;k< = Netn[i];k ++ ){
            j = Net[i][k];
            if(visited[j] == 1)continue;                  //已经访问,跳过
            if(v[i] + Dm[i][j]<v[j]){
                v[j] = v[i] + Dm[i][j];
                from_P[j] = i;
            }
        }
        //设置 i 为已经被访问状态
        visited[i] = 1;
        //选择新的出发点(为第 x + 1 步做准备)
        for(i =- 1, k = 1;k< = n;k ++ )
        {
            if(visited[k] == 1)continue;                  //访问过的,跳过
            if(i == -1 || min_dis > v[k])
            {
                i = k;
                min_dis = v[k];
            }
        }
    }
    //已经找到了最短距离,即存放于 v[i]中
    shortestd = v[i];
    //生成从 s 到 t 的路径(倒序)
    * len = 0;
    while(1)
    {
        path[ * len] = i;
        * len = * len + 1;
        if(i == s)break;
        i = from_P[i];
    }
    return shortestd;
}
```

10.3 经济批量优化问题

10.3.1 数学规划模型

单级经济批量(Single-Level Lot-Sizing,SLLS)问题是指仅考虑产品在多个期间内生产批量计划的优化问题(参见 8.7.1 小节)。多级经济批量问题是 NP - Hard 问题,但单级经济批量问题是可以采用动态规划算法精确计算最优解的,属于多项式问题。

单级经济批量问题的数学规划模型如下:

1. 符号定义

参数定义:

T　整个计划范围内的生产期间的集合,$m=\text{card}\,(T)$;

s　批量生产的准备成本;

h　单位产品一个周期的库存成本;

d_t　期间 t 的外部订货需求量,$t\in T$;

M　一个大数。

变量定义:

y_t　0/1 决策变量,$y_t=1$ 表示在时间 t 安排生产,$y_t=0$ 表示不生产;

x_t　非负连续变量,表示在期间 t 的产品生产数量;

I_t　非负连续变量,表示在期间 t 末的产品库存量。

2. 优化模型

$$
\begin{cases}
\min \text{ Total Cost} = \sum\limits_{t\in T}(h\cdot I_t + s\cdot y_t) \\
\text{s. t.} \\
\qquad \begin{cases} I_1 = x_1 - d_1 \\ I_t = I_{t-1} + x_t - d_t, \quad \forall t\in T: t>1 \end{cases} \\
\qquad x_t - M\cdot y_t \leqslant 0, \quad \forall t\in T \\
\qquad y_t\in\{0,1\}, I_t\geqslant 0, X_t\geqslant 0, \quad \forall t\in T
\end{cases}
$$

H. M. Wagner 和 T. M. Whitin 于 1958 年提出了动态规划算法,以求解该问题,称为 W - W 算法。该算法按周期"从前向后"递推计算生产/订货周期和批量。算法如下:

> The W - W Algorithm
>
> 1: Consider the polices of ordering at period t^{**}, $t^{**}=1, 2, \cdots, t^*$, and filling demands d_t, $t=t^{**}, t^{**}+1, \cdots, t^*$, by this order.
>
> 2: Determine the total cost of these t^* different policies by adding the ordering and holding costs associated with placing an order at period t^{**}, and the cost of acting optimally for periods 1 through $t^{**}-1$ considered by themselves. The latter cost has been determined previously in the computations for periods $t=1, 2, 3, \cdots, t^*-1$.

3：From these t^* alternatives, select the minimum cost policy for periods 1 through t^* considered independently.

4：Proceed to period t^*+1 (or stop if $t^*=n$).

10.3.2 前向动态规划算法

与 W - W 算法不同，这里我们给出一种“从后向前”的动态规划算法，用以展示运用动态规划求解该问题的原理和过程。

首先，定义递进子问题。对于 n 个期间的经济批量问题，定义其子问题 P_x 为覆盖期间 x 到 n 的经济批量子问题。

子问题描述如图 10 - 4 所示，其中 P_n 是最简单的基础问题，逐渐递进向前，P_1 是原始问题。

原问题 P_1：

期间	1	2	3	4	5	…	$n-2$	$n-1$	n
决策									

子问题 P_2：

期间	2	3	4	5	…	$n-2$	$n-1$	n
决策								

……

子问题 P_x：

期间	x	$x-1$	…	$n-2$	$n-1$	n
决策						

……

子问题 P_{n-1}：

期间	$n-1$	n
决策		

子问题 P_n：

期间	n
决策	

图 10 - 4 经济批量问题的动态规划子问题定义

然后，确定最优性原理，即判定是否存在下面的最优性递进关系：

P_n 是最简单的子问题，其最优解可直接获得；

P_{n-1} 可在 P_n 的最优解的基础上推算出最优解；

P_{n-2} 可在 P_n，P_{n-1} 的最优解的基础上推算出最优解；

……

P_x 可在 P_n，P_{n-1}，…，P_{x-1} 的最优解的基础上推算出最优解；

……

P_1 是原始问题，可在 P_n，P_{n-1}，…，P_2 的最优解的基础上推算出最优解。

例 10.1 对于一个周期数为 14 的原始问题，假定 P_1（原始问题）的最优解如图 10 - 5 所示。

分析问题可以得出规律：若在某周期 t 安排了生产批量，则周期 t 之后的最优生产设置不受周期 t 之前的生产设置影响。该性质满足动态规划所要求的最优性原理，即每个生产设置决策及后期决策均为对应子问题的最优解。因此，满足最优性原理。

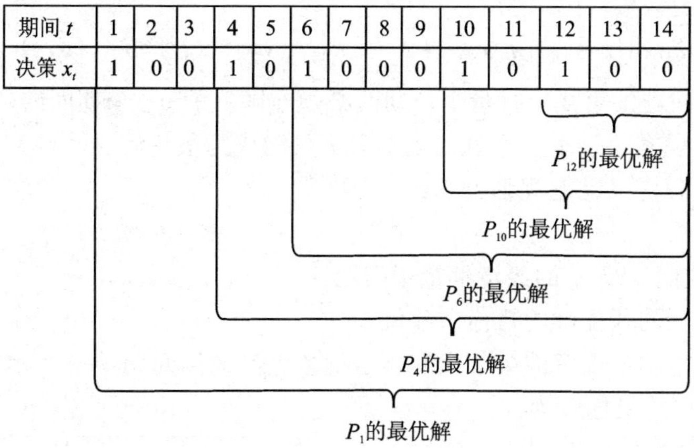

图 10－5　经济批量问题动态规划最优性原理

下面确定如何根据下阶子问题的最优解来计算上阶子问题的算法，即如何确定子问题 P_x 的最优解？很显然，为保证解的可行，子问题的第一个非零需求期间必须安排生产，即决策为 1，表格如下：

期间	x	$x+1$	$x+2$	$x+3$	…	$n-1$	n
决策	1	?	?	?	?	?	?

后续期间的生产决策则利用下阶子问题 P_{x-1}，P_{x-2}，…，P_{n-1}，P_n 已获得的最优解来确定，假定这些子问题对应的最优解为 v_{t-1}，v_{t-2}，…，v_{n-1}，v_n。

确定的方法：确定了第一个非零需求期间的决策为 1 后，仅需再确定后面第一个决策为 1 的周期即可。假设该期间为 x'，这样，P_x 的最优解为

期间	x	$x+1$	…	x'	$x'+1$	…	n
决策	1	0	0	1	?	?	?

其中 x'期间及之后期间的生产决策由于 $P_{x'}$ 子问题已经解决，因此 P_x 问题的最优解即为 x'和 x'之后的两部分组合。前者需要做最多 $n-x$ 次比较计算即可，而后者在计算 P_x 问题之前已经计算完成。P_x 问题的最小值计算过程如下：

计算次数　　计算最小值：$v_x=\min\{v'_1,v'_2,\cdots,v'_{n-x}\}$

$k=1$

期间	x	$x+1$	$x+2$	$x+3$	…	$n-1$	n
决策	1	0	0	0	0	0	0

$$v'_1=s+\sum_{t=x+1}^{n}h\cdot d_t\cdot(t-x)$$

$k=2$

期间	x	$x+1$	$x+2$	$x+3$	…	$n-1$	n
决策	1	0	?	?	?	?	?

$$v'_2=s+v_{x+1}$$

$k=3$

期间	x	$x+1$	$x+2$	$x+3$	…	$n-1$	n
决策	1	0	1	?	?	?	?

$$v'_3=s+hd_{x+1}+v_{x+2}$$

⋮　　　　⋮

$k=n-x$

期间	x	$x+1$	$x+2$	$x+3$	…	$n-1$	n
决策	1	0	0	0	0	0	1

$$v'_{n-x}=s+\sum_{t=x+1}^{n-1}h\cdot d_t\cdot(t-x)+v_n$$

值得注意的是，上述计算过程不一定需要计算 $n-t$ 次，当 k 满足下式时即可停止：

$$k\geqslant g_x$$

其中 g_x 为依赖 x 的常数，计算式为

$$g_x = 0 \text{ 或} \min_t\{t - x \mid h \cdot d_t \cdot (t - x) \geqslant s,\quad \forall t = x+1, x+2, \cdots, n\}$$

上式表示 P_x 问题的第 2 个批量生产期间必须在随后的 g_x 个期间内。如果超过该期间，则增加的库存保管成本超过了生产设置成本而不可能成为最优解。

对上述计算过程定义动态规划方程：

符号定义：

P_x 覆盖从期间 x 到 n 的经济批量子问题。

v_x 子问题 P_t 的最优解的目标函数值。

q_t 子问题 P_t 的最优解的第 2 个安排了批量生产的期间，$q_t = 0$ 表示无。

例如：P_x 的最优解为

期间	x	$x+1$	$x+2$	…	$n-1$	n
决策	1	0	1	…	0	0

则有 $q_t = x+2$。

g_x 子问题 P_t 的最优解的第 1、2 个安排了批量生产的期间的最大间隔。

为了便于表述，不失一般性，将问题扩展为 $n+1$ 期间，其中第 $n+1$ 期间的设置成本和需求都为 0，即令 $v_{n+1} = 0$。扩展后不影响原始问题的最优解。

建立前向动态规划方程：

$$\begin{cases} \left.\begin{matrix} v_x = 0 \\ q_x = 0 \end{matrix}\right., \quad \forall x = n+1 \\ \left.\begin{matrix} v_x = \min\limits_k \left\{ s_x + \sum\limits_{t=x+1}^{k-1} h \cdot d_t(t-x) + v_k \,\middle|\, k = x+1, 2, \cdots, x+g_x \right\} \\ q_x = \arg\min\limits_k \left\{ s_x + \sum\limits_{t=x+1}^{k-1} h \cdot d_t(t-x) + v_k \,\middle|\, k = x+1, 2, \cdots, x+g_x \right\} \end{matrix}\right., \quad \forall x = n, n-1, 2, \cdots, 1 \end{cases} \tag{10-3}$$

例 10.2 6 个生产周期的需求与批生产成本如下：

期间 t	1	2	3	4	5	6	7
需求 d_t	10	15	8	12	20	16	0
一次性批产成本 $s=10$；单库存成本 $h=0.5$							

计算过程：

增加 $n+1$ 期间，令 $v_7 = 0$，　$q_7 = 0$。

计算：

$v_6 = \min\{s + v_7\} = 10$，　$q_6 = 7$

$v_5 = \min\{s + v_6, s + hd_6 + v_7\} = \{10 + 10, 10 + 16 \times 0.5\} = 18$，　$q_5 = 7$

$$\begin{aligned} v_4 &= \min\{s + v_5, s + hd_5 + v_6, s + hd_5 + 2hd_6 + v_7\} \\ &= \{10 + 18, 10 + 0.5 \times 20 + 10, 10 + 0.5 \times 20 + 2 \times 0.5 \times 16\} \\ &= \{28, 30, 36\} = 28, \quad q_4 = 5 \end{aligned}$$

$v_3 = \min\{s + v_4, s + hd_4 + v_5, s + hd_4 + 2hd_5 + v_6, s + hd_4 + 2hd_5 + 3hd_6 + v_7\}$

$$=\min\{38,34,46,60\}=34,\quad q_3=5$$

$$v_2=\min\{s+v_3,s+hd_3+v_4,s+hd_3+2hd_4+v_5,s+hd_3+2hd_4+3hd_5+v_6,\cdots\}$$

$$=\min\{44,42,44,66,88\}=42,\quad q_2=4$$

$$v_1=\min\{s+v_2,s+hd_2+v_3,s+hd_2+2hd_3+v_4,s+hd_2+2hd_3+3hd_4+v_5,\cdots\}$$

$$=\min\{52,51.5,53.5,61.5,93.5,123.5\}=51.5,\quad q_1=3$$

由上式可知,原始问题的最优成本值为 51.5,批量生产期间为{1, 3, 5}。

下面给出经济批量问题的 C 语言参考代码:

```
void DP_lotsize()
{
    double s[101], d[101];      //批次成本和需求
    double inv;
    int n;
    double h[101];      //子问题 t 最优解,从后向前,代表:如果 t 设置生产,从 t 到 n 的最优值
    int p[101];  //子问题 t 最优解的选择:如果 t 设置生产,那么下一个最优设置点为 p[t],0 代表
              不设置
    int i,j;
    FILE * fi;
    fi = fopen("lotsizing100.txt","r");
    fscanf(fi," %d %lf", &n, &inv);
    for(i = 1;i< = n;i ++ )fscanf(fi," %d %lf %lf\n", &j, &s[i], &d[i]);
    fclose(fi);

    //从后到前
    h[n] = s[n];
    p[n] = 0;
    int t, t1, t2;
    double obj;
    for(t = n - 1; t> = 1; t -- )
    {
        //后面不安排生产的情况
        h[t] = s[t];                          //生产成本
        for(t1 = t + 1; t1< = n; t1 ++ )h[t] = h[t] + inv * (t1 - t) * d[t1];      //库存成本
        p[t] = 0;

        //后面安排 1 次生产的情况(在 t2 安排生产)
        for(t2 = t + 1; t2< = n; t2 ++ )
        {
            obj = s[t] + h[t2];               //生产成本
            for(t1 = t + 1; t1< = t2 - 1; t1 ++ )obj = obj + inv * (t1 - t) * d[t1];  //库存成本

            if(h[t]>obj)                      //替换为最低成本
            {
                h[t] = obj;
                p[t] = t2;
            }
        }
    }
    //输出结果
```

```
    fi = fopen("lotsizing_result.txt","w");
    fprintf(fi,"obj = %lf\n",h[1]);
    t = 1;
    fprintf(fi,"t = %d\n",1);
    while(p[t]>0)
    {
        t = p[t];
        fprintf(fi,"t = %d\n",t);
    }
    fclose(fi);
}
```

10.4 电动汽车固定路线充电问题

10.4.1 问题描述与建模

一辆新能源电动汽车(EV)从起点(节点 0)出发,顺序访问 n 个客户位置,客户位置依次标为节点号 1, 2, …, n。访问路径一共由 n 段路径(弧)组成,令 D_i 表示第 i 弧段的距离,即从节点 $i-1$ 行驶到节点 i 的距离。汽车从起点出发时已充满电,最大行程为 L,且有 $L<D_1+D_2+\cdots+D_n$。汽车行驶过程中匀速地消耗电池,可选择在途中电量耗尽之前进行充电。若选择在第 i 弧段访问充电站,则该弧段所行驶的距离为 d_i+d_i'(访问充电站之前/后),而不再是 D_i。问如何安排汽车在途中充电(可能多次),从而使总行驶距离最短。图 10-6 为一个例子。

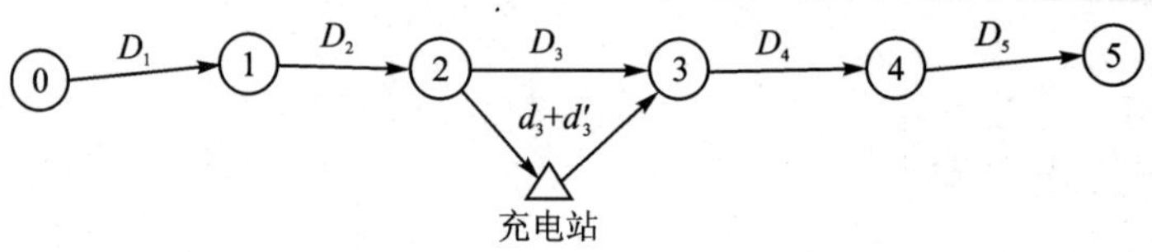

图 10-6 EV 固定路线充电问题

针对上述问题建立混合整数规划模型。

1. 参数定义

N 弧段集合,$n=\text{card}(N)$;

i 弧段下标,表示从节点 $i-1$ 到节点 i 的弧段;

D_i 弧段 i 的固定距离;

d_i 行驶弧段 i 过程中,从节点 $i-1$ 驶向最近充电站的距离;

d_i' 行驶弧段 i 过程中,从最近充电站驶向节点 i 的距离;

L EV 的满电最大行程。

2. 变量定义

y_i 0/1 变量,表示 EV 行驶弧段 i 过程中是否绕行去访问最近的充电站;

r_i 非负连续变量,表示 EV 行驶完弧段 i 后的剩余里程。

3. 目标函数

$$\min \text{ Total Dis.} = \sum_{i \in N} [(1-y_i)D_i + y_i(d_i + d'_i)]$$

4. 约束条件

① 第 1 路段，若选择充电，满足能到达充电站且剩余里程为 $L-d'_1$：

$$\begin{cases} L \geqslant d_1 y_1 \\ L \geqslant r_1 + d'_1 y_1 \end{cases}$$

② 第 1 路段，若选择不充电，剩余里程为 $L-D_1$：

$$L - r_1 \geqslant D_1(1-y_1)$$

③ 第 i 路段($i \geqslant 2$)，若选择充电，则剩余里程可到达最近充电站，且到达下一站时的剩余里程为 $L-d'_i$：

$$\begin{cases} r_{i-1} \geqslant d_i + L(y_i - 1), & \forall i = 2,3,\cdots,n \\ L - r_i \geqslant d'_i y_i, & \forall i = 2,3,\cdots,n \end{cases}$$

④ 第 i 路段($i \geqslant 2$)，若选择不充电，则剩余里程为 $r_{i-1}-D_i$：

$$r_{i-1} \geqslant r_i + D_i(1-y_i) - L y_i, \quad \forall i = 2,3,\cdots,n$$

⑤ 定义变量值域：

$$y_i \in \{0,1\}, r_i \geqslant 0, \quad \forall i = 2,3,\cdots,n$$

10.4.2 动态规划算法

下面用动态规划方法求解上述问题。

1. 定义子问题

定义子问题 P_x：求从第 x 弧段开始(访问了充电站)到最后第 n 弧段的最短行驶距离。也就是说，若选择第 x 弧段，需充电后行驶完成后续所有弧段的最短距离，如图 10-7 所示。

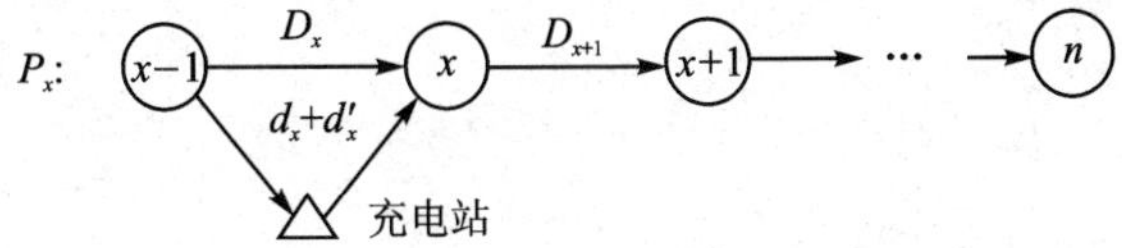

图 10-7　电动车固定路线充电问题的子问题定义

因此有如下的子问题递进关系：

P_n 是最简单的子问题，可直接获得最优解；

P_{n-1} 是子问题 P_n 的上阶子问题；

……

P_1 是子问题 P_2 的上阶子问题，也是最复杂的子问题；

P_0 是原始问题。

2. 确定最优性原理

论证递进关系：P_x 的最优解可基于 P_{x+1}，P_{x+2}，…，P_n 的最优解来获得。利用最优性原则的性质"P_x 的最优策略的子策略也是对应子问题的最优策略"来证明。

令 P_x 的最优解原理如图 10-8 所示。

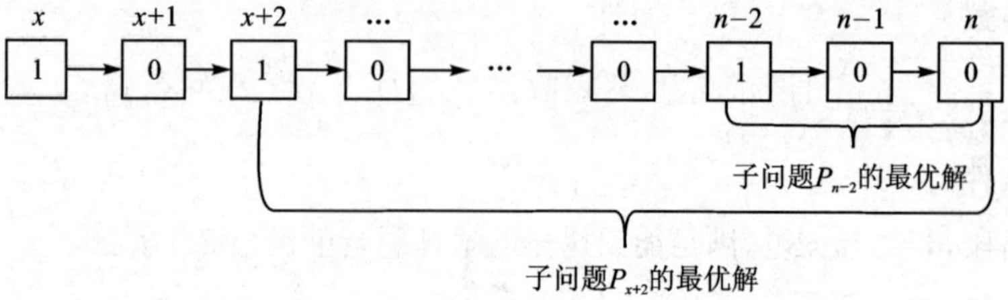

图 10-8 动态规划的最优性原理

分析该问题，可以得出结论：在 P_x 的最优解中，如果选择在某路段（例如第 $x+2$ 和 $n-2$ 弧段）充电，则该路段及之后路段所构成的子问题的最优解，与 P_x 对应部分的最优解完全一致，符合"P_x 的最优策略的子策略也是对应子问题的最优策略"的性质。因此，P_x 的最优解，可以在其下阶子问题 P_{x+1}，P_{x+2}，…，P_n 的最优解的基础之上推导出来。

3. 建立动态规划方程

符号定义：

P_i 从第 i 弧段开始（访问了充电站）到最后第 n 弧段的子问题；

h_i 子问题 P_i 的最优目标值；

q_i 子问题 P_x 的最优解中，第 2 次充电的弧段号；

g_i 在弧段 i 充电后能到达的最远弧段的途中充电站，满足 $g_i=0$（到终点）或

$$d'_i+\sum_{i'=i+1}^{g_i-1}D_i'+d_{g_i}\leqslant L<d'_i+\sum_{i'=i+1}^{g_i}D_i'+d_{g_i+1}$$

式中，$g_i>0$ 表示电车在第 i 弧段充电后，必须在弧段 $i+1$ 和 g_i 之间再次充电；$g_i=0$ 表示电车在第 i 弧段充电后无须再次充电可直接到终点。

基于上述符号定义，建立动态规划方程：

$$\begin{cases}h_i=d_i+d'_i+\sum\limits_{i'=i+1}^{n}D_i',q_i=0, & \forall i=n,n-1,\cdots,1:g_i=0\\ \begin{cases}h_i=\min\{d_i+d'_i+\sum\limits_{i''=i+1}^{i'-1}D_i''+h_i' \mid i+1\leqslant i'\leqslant g_i\}\\ q_i=\arg\min\{h_i' \mid i+1\leqslant i'\leqslant g_i\}\end{cases}, & \forall i=n,n-1,\cdots,1:g_i>1\end{cases}\tag{10-4}$$

例 10.3 求解下面 $n=10$ 的小规模问题，令 $L=100$，各弧段的距离数据如表 10-1 所列。

表 10-1 弧段直接行驶距离与充电行驶距离

弧段 i	0	1	2	3	4	5	6	7	8	9	10
距离 D_i	45	35	40	55	20	50	30	40	30	50	
距离 d_i	3	6	8	10	1	48	28	25	15	5	
距离 d_i'	46	34	39	54	21	5	8	25	20	48	
g_i	3	3	4	5	5	7	9	10	10	0	

根据动态规划公式计算：

$h_{10}=5+48=53$，　$q_{10}=0$

$h_9=15+20+50=85$，　$q_9=0$；

$h_8=\min\{25+25+h_9,25+25+30+h_{10}\}=133$，　$q_8=10$

$h_7=\min\{28+8+h_8,28+8+40+h_9,28+8+40+30+h_{10}\}=159$，　$q_7=10$

$h_6=\min\{48+5+h_7,48+5+30+h_8,48+5+30+40+h_9\}=208$，　$q_6=9$

$h_5=\min\{1+21+h_6,1+21+50+h_7\}=230$，　$q_5=6$

$h_4=\min\{10+54+h_5\}=294$，　$q_4=5$

$h_3=\min\{8+39+h_4,8+39+55+h_5\}=\min\{341,332\}=332$，　$q_3=5$

$h_2=\min\{6+34+h_3,6+34+40+h_4\}=\min\{372,374\}=372$，　$q_2=3$

$h_1=\min\{3+46+h_2,3+46+35+h_3\}=\min\{421,416\}=416$，　$q_1=2$

$h_0=\min\{h_1,45+h_2,45+35+h_3\}=\min\{416,417,412\}=412$，　$q_0=3$

可得出原始问题的最短距离为 412,选择的充电路段为{3，5,6,9}。

下面是动态规划算法：

```
void DP_EVtour()
{
    int D[999], d[999], d1[999], h[999], g[999], q[999],c[999];
    Int i, j, i1, i2, n, L, x, td, accd, pw;
    FILE * fi;
    fi = fopen("EVTour100.txt","r");
    fscanf(fi," % d % d", &n, &L);
    for(i = 1;i< = n;i ++ ) fscanf(fi," % d % d % d % d\n", &j, &D[i], &d[i], &d1[i]);
    fclose(fi);
    //判断是否可行
    if(d[1] > L) {printf("infeasible!");  return; };
    for(i = 2;i< = n;i ++ )
        if(d1[i - 1] + d[i] > L)
        {
            printf("infeasible!");
            return;
        }
    //计算 g[i]
    for(i = 0;i< = n;i ++ )
    {
        if(i == 0)x = 0;
        if(i>0)x = d1[i];
        g[i] = i;
        for(j = i + 1;j< = n;j ++ )
        {
            if(x + d[j] < =  L)
            {
                g[i] = j;
                x = x + D[j];
                continue;
            }
            break;
        }
```

```
        if(x<L && g[i] == n) g[i] = 0;
    }
    //从后到前计算 h[i]
    for(i = n; i> = 0; i- - )
    {
        if(g[i] == 0)
        {
            h[i] = 0;
            if(i>0)h[i] = d[i] + d1[i];
            for(i1 = i + 1;i1< = n;i1 ++ )h[i] = h[i] + D[i1];
            q[i] = 0;
        }
        else{
            for(i1 = i + 1;i1< = g[i];i1 ++ )      //寻找 i + 1 和 g[i]之间最小的值
            {
                x = h[i1];
                if(i>0)x = x + d[i] + d1[i];
                for(i2 = i + 1; i2< = i1 - 1; i2 ++ )x = x + D[i2];
                if(i1 == i + 1 || h[i]>x)
                {
                    h[i] = x;
                    q[i] = i1;
                }
            }
        }
    }
    //输出结果
    for(i = 0;i< = n;i ++ )c[i] = 0;
    fi = fopen("result.txt","w");
    fprintf(fi,"最优目标值 = %d\n",h[0]);
    i = q[0];
    c[i] = 1;
    while(q[i]>0)
    {
        i = q[i];
        c[i] = 1;
    }
    //输出路线
    accd = 0;
    pw = L;
    for(i = 1;i< = n;i ++ )
    {
        td = D[i] * (1 - c[i]) + (d[i] + d1[i]) * c[i];
        accd = accd  +  td;
        if(c[i] == 0)pw = pw  -  D[i];
        if(c[i] == 1)pw = L  -  d1[i];
        fprintf(fi,"A = %d,y = %d,d = %d,Acc = %d, Left = %d\n", i, c[i], td, accd,pw);
    }
    fclose(fi);
}
```

10.5　信号传递的中继设计问题

10.5.1　固定路线中继设计问题

10.5.1.1　问题描述与建模

在通信网络设计领域，信号商品(commodity)从起点传输发出，往往需要经过多个中转节点，才能到达目的终点。在传递过程中，由于存在着衰减、延迟、干扰等，通常需要在传递了一定距离(λ)之后，再经历一个安装有对信号商品执行增强、增相位或去噪等措施的中继站点(relay station)，以使信号能够传递更远。如在光纤通信网络方面，轻波信号在传递过程中每间隔固定的距离就需要重新生成，以克服传递过程中的光波衰减问题。而在商品信号传递的跨度较长，可能经历城市、郊区、山区、河流甚至海洋，选择在不同的地点建立中继站点对应着不同的建造成本。如何选择建造中继点的地址，在保证信号商品传递要求的前提下，使总的建造成本最低，该问题称为通信网络中继设计问题(network design with relays)。

针对上述问题建立数学规划模型。

1. 参数定义

A　起始节点；

B　终点节点；

V　节点的集合(包含节点 A 和 B)；

n　节点的数量，$n=\text{card}(V)$；

r_i　在节点 i 建造中继站的估算成本；

$d_{i,i+1}$　从第 i 节点到第 $i+1$ 节点的距离；

λ　信号商品不经中继站所能传输的最远距离。

2. 变量定义

x_i　0/1 变量，表示是否在节点 i 处建造中继站；

y_i　非负连续变量，表示信号到达节点 i 后的剩余可传输距离。

3. 目标函数

$$\min\sum_{i=1}^{n-1} y_i r_i$$

4. 约束条件

① 出发时信号最强：

$$y_1=\lambda$$

② 节点 i 不是中继站：

$$\begin{cases} y_i - y_{i+1} \geqslant d_{i,i+1}(1-x_i) - x_i\lambda, & \forall i=2,3,\cdots,n-1 \\ y_i - y_{i+1} \leqslant d_{i,i+1}(1-x_i) + x_i\lambda, & \forall i=2,3,\cdots,n-1 \end{cases}$$

③ 节点 i 是中继站：

$$\begin{cases} y_{i+1} \geqslant (\lambda - d_{i,i+1})x_i - \lambda(1-x_i), & \forall i=2,3,\cdots,n-1 \\ y_{i+1} \leqslant (\lambda - d_{i,i+1})x_i + \lambda(1-x_i), & \forall i=2,3,\cdots,n-1 \end{cases}$$

④ 定义变量的值域：

$$x_i \in \{0,1\}, y_i \geqslant 0, \quad \forall i \in V$$

10.5.1.2 动态规划算法

设计动态规划算法求解上述问题。

1. 定义子问题

P_i 信号自第 i 节点增强后传递到目的节点的子问题；

f_i 子问题 P_i 的最优解的目标值(最低成本)；

j_i 信号自节点 i 出发(不增强)所能到达的最远点，$i \neq B$，计算公式为

$$j_i = \max\{i' \mid i' = i, i+1, \cdots, n; \sum_{j=i}^{i'-1} d_{j,j+1} \leqslant \lambda\}, \quad \forall i \in V \tag{10-5}$$

U_i 子问题 P_i 的最优解的中继站集。

2. 最优性原理

观测任意子问题 P_i 的最优解，假设为(1, 0, 1, …, 0, 1, 0, 0)，其中设置为 1 的子问题，如 P_{i+2} 和 P_{n-2}，最优解必然是子问题 P_i 的组成部分。该性质满足最优性原则的性质“P_x 的最优策略的子策略也是对应子问题的最优策略”，因此可以设计动态规划算法来求解最优解。

3. 动态规划方程

动态规划过程为从最后一个节点开始，向第一个节点方向移动，求解各个节点对应的子问题，计算该问题目标函数值 f_i 和中继节点集 U_i。

动态规划方程如下：

$$f_i = \begin{cases} 0, & i = n \\ r_i + \min\{f_j \mid j = i+1, \cdots, j_i\}, & i = n-1, n-2, \cdots, 2 \\ \min\{f_j \mid j = 2, 3, \cdots, j_i\}, & i = 1 \end{cases}$$

$$U_i = \begin{cases} \phi, & i = n \\ \{i\} \cup U_{j'} : j' = \arg\min\limits_{j}\{r_i + f_j \mid j = i+1, \cdots, j_i\}, & i = n-1, n-2, \cdots, 2 \\ U_{j'} : j' = \arg\min\limits_{j}\{f_j \mid j = 2, 3, \cdots, j_i\}, & i = 1 \end{cases}$$

上述动态规划方程在计算 f_i 的同时，还记录下 f_i 对应的中继站点集合 U_i，因此仅需要一次的计算过程就完成了 f_i 和 U_i 的计算。

例 10.4 商品信号从起始点 1 开始，经过节点 2，3，…，8，到达节点 9。信号传递的最长距离为 5。在各节点建造中继站的建造成本和节点之间的距离在表 10-2 中列出。

表 10-2 节点的中继站建造成本与距离的关系

节点 i	1	2	3	4	5	6	7	8	9
成本 r_i	0	7	3	5	4	1	3	2	4
距离 $d_{i,i+1}$	2	1	1	3	1	2	2	2	—

注：$r_1=0$ 表示第一个节点无须建立中继站。

本方法的具体实施步骤如下：

① 计算各节点无中继情况下信号能到达的最远点，见表 10－3。

表 10－3　信号增强后能到达的最远点

节点 i	1	2	3	4	5	6	7	8	9
j_i	4	5	6	6	8	9	9	9	—

② 利用所给出的动态规划方程，从最后一个节点开始计算各节点对应的 f_i 和 U_i，可得到表 10－4 的计算结果。

表 10－4　动态规划计算过程

节点 i	成本 r_i	最远点 j_i	计算 f_i	最优中继 j'	子问题 f_i	子问题最优解 $U_i=\{i\}\quad U_{j'}$
9	4	9	$f_9=0$		0	
8	2	9	$f_8=r_8+\min\{f_9\}$	9	2	8
7	3	9	$f_7=r_7+\min\{f_8, f_9\}$	9	3	7
6	1	9	$f_6=r_6+\min\{f_7, f_8, f_9\}$	8	3	6, 8
5	4	8	$f_5=r_5+\min\{f_6, f_7, f_8\}$	8	6	5, 8
4	5	6	$f_4=r_4+\min\{f_5, f_6\}$	6	8	4, 6, 8
3	3	6	$f_3=r_3+\min\{f_4, f_5, f_6\}$	6	6	3, 6, 8
2	7	5	$f_2=r_2+\min\{f_3, f_4, f_5\}$	5 或 3	13	2, 5, 8 或 2,3,6,8
1	3	4	$f_1=r_1+\min\{f_2, f_3, f_4\}$	3	6	1, 3, 6, 8

③ 根据上面的计算结果，确定 $f_1=6$ 即为最优解，对应的中继站建造方案为 $U_1=\{1, 3, 6, 8\}$，如图 10－9 所示。

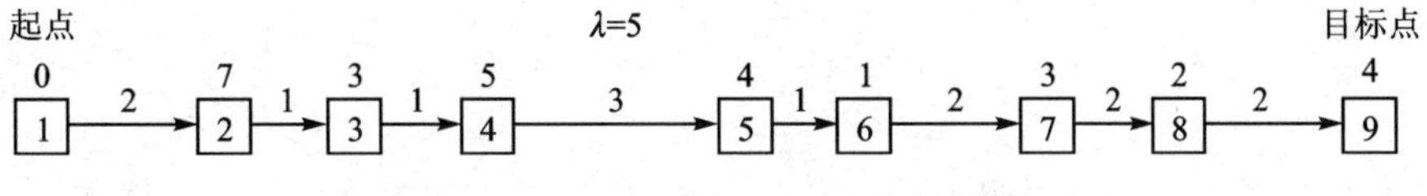

图 10－9　固定路线中继设计算例最优解

10.5.2　带中继的最短路径算法问题

考虑有向图 $G(N, A)$，其中 N 表示节点的集合，A 表示路径弧的集合。对于 $(i, j)\in A$，令 d_{ij} 表示从节点 i 到 j 之间的距离（或权重）。现有数据信号从节点 s 发出，经过部分节点后，到达节点 t。数据信号在传输过程中会衰减，最长传输距离设定为 l。在节点集合 N 中，部分节点安装了信号增强装置，表示为参数 $a_i=1$；没有信号增强装置的节点则 $a_i=0$。数据信号经过有增强装置的节点后被增强，可再次传输最长距离 l。目标函数为数据信号从节点 s 到节点 t 的路径总距离最小化。

针对上述问题建立线性混合整数规划模型。

1. 参数定义

N　节点集合；

A 弧的集合；

a_i 0/1 参数，表示节点 i 是否安装了信号增强装置；

d_{ij} 从节点 i 到 j 的距离，$(i, j) \in A$；

s 出发节点，$s \in N$；

t 目的节点，$t \in N$；

λ 最长传输距离；

M 一个大数。

2. 变量定义

x_{ij} 0/1 变量，表示信号的传输路径，$(i, j) \in A$；

b_i 信号到节点 i 时的累计传输距离，$i \in N$。

3. 目标函数

$$\min \sum_{(i,j) \in A} x_{ij} d_{ij}$$

4. 约束条件

① 每个节点入、出次数相等，起点和终点除外：

$$\sum_{(j,i) \in A} x_{ji} = \sum_{(i,j) \in A} x_{ij}, \quad \forall i \in N : i \neq s, i \neq t$$

② 对于出发节点 s，有出无入：

$$\begin{cases} \sum\limits_{(s,i) \in A} x_{si} = 1 \\ \sum\limits_{(i,s) \in A} x_{is} = 0 \end{cases}$$

③ 对于目的节点 t，有入无出：

$$\begin{cases} \sum\limits_{(t,i) \in A} x_{ti} = 0 \\ \sum\limits_{(i,t) \in A} x_{it} = 1 \end{cases}$$

④ 对于目的节点 t，有入无出：

$$\begin{cases} \sum\limits_{(t,i) \in A} x_{ti} = 0 \\ \sum\limits_{(i,t) \in A} x_{it} = 1 \end{cases}$$

⑤ 出发节点的累计行程：

$$b_s = 0$$

⑥ 过节点 i（有增强 $a[i]=1$），到达 j 的累计行程：

$$\begin{cases} b_j \geqslant d_{ij} - M(2 - x_{ij} - a_i), & \forall (i,j) \in A \\ b_j \leqslant d_{ij} + M(2 - x_{ij} - a_i), & \forall (i,j) \in A \end{cases}$$

⑦ 过节点 i（无增强 $a[i]=0$），到达 j 的累计行程：

$$\begin{cases} b_j \geqslant b_i + d_{ij} - M(1 - x_{ij} + a_i), & \forall (i,j) \in A \\ b_j \leqslant b_i + d_{ij} + M(1 - x_{ij} + a_i), & \forall (i,j) \in A \end{cases}$$

⑧ 最长距离约束：

$$b_i \leqslant \lambda, \quad \forall i \in N$$

⑨ 变量值域：

$$\begin{cases} x_{ij} \in \{0,1\}, & \forall (i,j) \in A \\ b_i \geqslant 0, & \forall i \in N \end{cases}$$

练习题

1. 对于无向网络 $G=(N, E)$，其中 N 为 100 个节点的集合，E 为无向边的集合。节点的二维坐标见表 10－5，节点之间的距离为欧氏距离，且假定每个节点都与其最近的 4 个节点相连。

表 10－5　网络节点的坐标

节点 i	坐标 x_i	坐标 y_i	节点 i	坐标 x_i	坐标 y_i	节点 i	坐标 x_i	坐标 y_i	节点 i	坐标 x_i	坐标 y_i
1	61.0	5.8	26	43.6	21.3	51	75.9	43.9	76	56.2	55.1
2	39.1	12.5	27	92.8	75.5	52	23.1	9.1	77	3.6	32.6
3	99.7	74.1	28	39.5	38.0	53	27.2	62.8	78	31.4	15.3
4	5.0	1.4	29	56.1	63.3	54	76.8	33.2	79	53.0	33.3
5	68.2	95.5	30	73.7	39.4	55	75.3	56.5	80	58.3	92.5
6	70.8	75.2	31	55.4	97.9	56	35.4	69.8	81	58.3	31.1
7	14.9	68.0	32	63.1	33.4	57	96.6	40.7	82	47.9	14.3
8	61.5	66.5	33	43.5	63.0	58	27.9	88.9	83	51.9	19.5
9	97.5	8.0	34	69.7	49.4	59	83.0	81.6	84	55.3	38.3
10	90.7	86.1	35	67.1	27.5	60	42.8	9.0	85	51.5	67.9
11	63.1	88.9	36	11.3	7.4	61	63.5	98.1	86	61.9	13.1
12	57.8	16.0	37	14.8	45.8	62	19.2	57.1	87	6.5	23.5
13	89.8	57.7	38	81.8	62.8	63	82.0	40.8	88	97.3	46.1
14	27.0	18.3	39	91.6	11.1	64	32.8	40.4	89	99.7	85.8
15	62.8	83.5	40	26.1	50.1	65	90.3	28.4	90	11.6	96.2
16	67.2	85.9	41	11.8	37.7	66	95.1	91.6	91	97.8	58.7
17	45.3	98.2	42	10.2	52.4	67	27.0	29.5	92	90.7	21.3
18	66.2	71.0	43	33.2	79.1	68	79.3	26.5	93	44.4	32.6
19	6.7	81.6	44	82.5	73.9	69	23.7	96.0	94	40.3	44.8
20	74.8	97.3	45	19.5	98.9	70	81.8	11.2	95	47.7	84.3
21	83.6	32.0	46	72.3	90.0	71	58.0	23.4	96	98.1	96.4
22	12.6	21.3	47	84.3	91.5	72	38.1	19.9	97	51.8	9.7
23	29.8	94.7	48	48.7	48.4	73	78.8	89.6	98	6.0	58.0
24	84.3	25.7	49	38.9	74.6	74	31.5	6.3	99	60.6	58.4
25	22.3	86.6	50	28.0	36.8	75	75.3	72.1	100	39.2	88.1

(1) 编写动态规划算法和程序，求(22, 15), (36, 3), (7, 39), (19, 97), (92, 58)节点对之间的最短路径。

(2) 用AMPL语言建立最短路径问题的数学规划模型，利用CPLEX求解上述节点对之间的最短距离，验证动态规划算法结果的正确性。

2. 动态交通环境下的时间最短路径问题：基于实时道路交通网络，令车辆行驶速度取决于城市道路车流速度，求从节点 s 到节点 t 的最短行驶时间的路径以及对应的出发时间。令上题中100个点组成的网络为道路交通网络，整个网络区域的交通速度变化模式见表10-6。

表10-6　交通网络车辆实时速度

观测点	观测时间	车流速度	观测点	观测时间	车流速度
0	8:00	25	5	13:30	40
1	9:00	25	6	14:00	70
2	9:30	60	7	16:00	70
3	11:00	60	8	17:00	30
4	11:30	40	9	18:00	30

(1) 用AMPL语言建立时间最短路径问题的数学规划模型，利用CPLEX求解(22, 15), (36, 3), (7, 39), (19, 97), (92, 58)节点对之间的行驶时间最短的路径及出发时间。

(2) 设计动态规划算法，对比结果验证动态规划算法的正确性。

3. 用动态规划算法求解经济批量问题：期间数为100，各期间 t 的需求量 d_t 和批量生产成本 s_t 见表10-7(令单位库存成本为 $h=0.2$)。

表10-7　各周期的需求量与批产成本

t	d_t	s_t	t	d_t	s_t	t	d_t	s_t	t	d_t	s_t
1	99	36	16	97	14	31	100	28	46	96	23
2	93	29	17	93	10	32	99	24	47	91	26
3	97	45	18	94	28	33	97	17	48	94	46
4	91	32	19	100	48	34	95	13	49	98	48
5	99	10	20	97	39	35	100	24	50	99	10
6	93	39	21	97	24	36	99	27	51	94	46
7	90	27	22	90	36	37	100	12	52	99	50
8	90	26	23	94	15	38	98	31	53	92	32
9	100	47	24	100	11	39	92	42	54	95	19
10	91	10	25	93	21	40	93	39	55	100	28
11	98	18	26	97	47	41	93	43	56	97	49
12	97	49	27	100	15	42	98	12	57	100	28
13	93	21	28	98	45	43	97	16	58	93	46
14	91	43	29	93	25	44	93	35	59	97	44
15	95	38	30	91	24	45	100	13	60	100	29

续表 10-7

t	d_t	s_t	t	d_t	s_t	t	d_t	s_t	t	d_t	s_t
61	95	15	71	93	47	81	99	27	91	96	32
62	94	28	72	97	24	82	93	39	92	93	43
63	95	11	73	93	36	83	97	20	93	91	47
64	99	25	74	96	22	84	100	11	94	94	47
65	99	27	75	97	45	85	97	23	95	92	17
66	100	38	76	97	15	86	95	42	96	97	24
67	91	17	77	93	20	87	97	18	97	93	14
68	100	50	78	99	16	88	97	20	98	95	49
69	96	15	79	94	15	89	100	26	99	91	15
70	96	22	80	91	12	90	93	24	100	95	29

(1) 给出动态规划源程序；

(2) 给出最优解的目标值和各期间的生产设置及批量；

(3) 建立整数规划模型并用 CPLEX 求解，然后与动态规划算法结果对比。

(4) 令每期间的最大批产量为 420，试设计动态规划算法求解最优解，并与整数规划模型的求解结果进行对比。(选做)

4. 试分析 10.2.2 小节中 Dijkstra 算法的计算复杂度，分析 10.3.2 小节中前向动态规划算法的计算复杂度。

5. 用动态规划算法求解电动车固定路线充电问题：考虑最大行驶距离为 $L=50$，100，150 三种情况。表 10-8 为固定路线的弧段距离。

表 10-8　固定路线的弧段距离

弧段	距离			弧段	距离			弧段	距离			弧段	距离		
i	D_i	d_i	d_i'	i	D_i	d_i	d_i'	i	D_i	d_i	d_i'	i	D_i	d_i	d_i'
1	16	2	16	12	27	10	26	23	8	2	7	34	18	9	15
2	13	7	9	13	5	2	4	24	9	7	6	35	25	4	24
3	19	5	17	14	18	16	7	25	12	4	12	36	24	4	22
4	9	7	6	15	12	8	7	26	22	16	7	37	21	8	14
5	25	20	9	16	20	4	19	27	22	4	22	38	10	1	10
6	29	13	21	17	14	11	7	28	15	11	14	39	27	4	27
7	8	3	8	18	8	4	8	29	26	21	8	40	9	4	6
8	10	3	10	19	9	3	7	30	24	4	23	41	10	3	8
9	19	17	9	20	18	10	11	31	21	13	12	42	20	7	17
10	23	13	23	21	10	8	3	32	17	12	13	43	14	2	14
11	6	3	4	22	19	7	17	33	18	13	16	44	30	13	22

续表 10-8

弧段	距离			弧段	距离			弧段	距离			弧段	距离		
i	D_i	d_i	d_i'	i	D_i	d_i	d_i'	i	D_i	d_i	d_i'	i	D_i	d_i	d_i'
45	25	1	25	59	23	8	19	73	16	14	12	87	23	17	21
46	14	7	12	60	24	18	16	74	6	4	5	88	28	21	28
47	21	5	21	61	9	6	6	75	13	4	13	89	5	1	5
48	6	1	6	62	30	19	13	76	12	10	10	90	12	10	3
49	25	22	19	63	13	2	13	77	22	5	22	91	18	6	17
50	11	8	11	64	26	12	26	78	29	16	23	92	6	2	6
51	19	17	7	65	21	1	21	79	18	5	18	93	15	5	12
52	26	14	19	66	12	6	11	80	29	10	20	94	26	9	18
53	29	23	21	67	26	4	25	81	7	3	7	95	6	1	6
54	24	21	23	68	26	17	10	82	30	18	16	96	20	1	20
55	12	6	12	69	23	4	23	83	24	6	19	97	21	15	21
56	20	6	18	70	8	4	7	84	21	12	17	98	8	4	7
57	30	25	14	71	22	13	17	85	29	1	29	99	9	5	9
58	14	5	10	72	8	2	7	86	14	12	6	100	5	3	5

(1) 编写动态规划程序，计算出 L 取不同值情况下的最优解；

(2) 输出最优解的路线；

(3) 用 AMPL/CPLEX 建模计算，进行验算。

第 11 章　现代元启发式优化方法

11.1　启发式原理

11.1.1　传统优化方法的困局

很多最优化问题都可以通过建立一个优化模型来求解，如混合整数规划，是运筹学（Operations Research，OR）领域的一个主要问题。如果模型的应用问题规模较小，或模型具有较好的性质，如目标函数可导、可行域为凸集、可分段递进优化等，则经典求解算法是较好的选择。经典的求解途径有：

① 枚举法——针对有限的离散可行域问题；

② 搜索法——针对连续可导的凸值域的连续优化问题；

③ 单纯形法——针对线性规划模型；

④ 分支定界法——针对整数规划模型；

⑤ 割平面法——针对混合整数规划模型；

⑥ 动态规划法——可分阶段递进优化问题；

⑦ 其他特定算法——针对特定问题的特定算法，如两阶 FSP 问题的 SPT(1)- LPT(2)算法、背包问题的升序权重法等。

以上的经典算法都是以求解问题的最优解为目标，理论上均可以获得最优解。但是应用经典优化方法求解实际问题往往比较困难，原因如下：

① 可行解空间大：实际问题规模较大，决策变量多，组合引起可行解空间爆炸式增长。

② 计算时间太长：经典算法中非多项式算法的计算时间呈指数增长，实际所需计算时间不可接受。

③ 非线性：模型具有非线性目标函数或约束条件，不满足经典方法的应用条件。

④ 次优解：解决实际问题往往不需要最优解，只需要足够好的次优解/近似最优解（near-optimal）就可以了。

为解决经典方法的困难，出现了启发式方法（heuristic algorithms）或启发式（heuristics）。对于启发式算法，其理解的核心在于“启发”二字，可以理解为基于规则（或知识、经验、概率）的随机搜索方法。要点如下：

① 该规则不能直接获得最优解。

② 但该规则有助于改善当前解，或指明改善的方向。

例如：要实现“踏上地球南极点”这样的目标（最优化目标），这样的行动指令“朝着更冷的方向走”就可以理解为一种启发式规则。针对同一优化问题，可以设计多种启发式规则。如针对上述踏上南极的目标，还可以设计“顺着指南针走”“昼夜差更大的方向”等启发式规则。不同的启发式规则可能具有不同的寻优效率和效果。而为某个最优化问题设计出特定的、具有更佳寻优效果的启发式规则，也是一种学术贡献。

11.1.2 启发式方法的定义

上述求解最优化问题的方法是基于一定的规则、经验、知识、概率等直观基础而非基于严格的数学理论，因而称为启发式方法。具体的执行步骤或框架就称为启发式算法。

启发式算法的目的就是构造一个容易理解的求解模式，在一个可接受的合理计算时间内，提供一个“足够好”的解——次优解、满意解或最优解。启发式算法获得的解不能证明是最优解，甚至也不能证明它距离最优解有多远。

因此，通常对启发式算法给予如下两种定义：

① 启发式算法是一种基于直观或经验构造的算法，在可接受的花费(指计算时间、占用空间等)下给出待解决优化问题的一个可行解，该可行解与最优解的偏离程度未必可事先估计。

② 启发式算法是一种技术，该技术能在可接受的计算费用内去寻找尽可能好的解，但不一定能保证所得解的可行性或最优性，甚至在多数情况下，无法描述所得解与最优解的近似程度。

11.1.3 启发式规则分类

启发式规则的分类大致有如下几种：

① 全局启发式(global heuristics)。全局启发式是在全可行值域内寻优，只要给予足够长的计算时间，该规则收敛于全局最优解(即总是可以获得全局最优解)，例如模拟退火算法、遗传算法、粒子群优化等。启发式规则的全局性往往需要证明才能得到承认。

② 局部启发式(local heuristics)。局部启发式在局部可行域搜索最优解，仅对当前解有局部改进作用，例如贪婪式搜索算法。不能证明具有全局性的启发式算法，都称为局部启发式。

③ 基于固定常识的启发式。基于固定常识的启发式是指基于人们主观的、常识性的知识，或通过对问题进行分析而得到的问题性质设计的启发式规则。它是属于固定的、非智能的算法，计算结果属于可预测范围内。

④ 基于学习经验的启发式。基于学习经验的启发式也称为学习型启发式。这类启发式被赋予了学习能力，它在计算过程中，以获得更好目标值为目的，根据持续获得的经验数据而不断积累、动态调整或优化启发式规则本身。它是属于动态的、智能的算法，计算结果一般无法预测。

⑤ 专属启发式(problem-specified)。专属启发式是指仅针对某种或某类特定问题而有效的启发式算法。该类算法应用面窄，仅适用于某个具体问题，也叫传统启发式。

⑥ 元(或通用)启发式(metaheuristics)。相对于专属启发式，元启发式算法具有通用性，应用面宽，适用于所有(或某一大类)最优化问题，也叫现代启发式，例如模拟退火算法、遗传算法、粒子群优化等。

⑦ 单点搜索型启发式。单点搜索型启发式首先构造一个初始可行解，并为当前解，然后根据启发式规则对当前解进行持续的优化和改进，直到满足停止条件。典型算法有禁忌搜索、模拟退火、变邻域搜索、蚁群算法等。

⑧ 群体进化型启发式。群体进化型启发式首先构造一组(多个)可行解，然后根据启发式

规则对这一组解进行持续的改进、优选或进化，直到满足停止条件。典型算法有遗传算法、粒子群算法、演化/进化算法等。

⑨ 其他融合算法(hybrid algorithms)。其他融合不同启发式规则而产生的新的启发式算法，如遗传算法结合模拟退火算法的 GASA 算法、粒子群优化结合变邻域搜索算法等。每个人都可以发表论文，提出新的算法。

11.1.4　现代(元)启发式算法

现代启发式算法(meta heuristics)，又称元启发式算法或通用启发式算法，它与传统启发式算法的差异主要体现在适用范围方面。传统启发式算法又称构造式启发式算法(classical heuristics)，即发明一种构造策略(或规则)，并按该策略构造或产生问题的可行解。传统启发式算法的适用范围仅限于特定问题或特定场合，无法推广到其他问题。

例如背包问题：有 n 个物品要放入容积有限的一个包内，各个物品的体积、重量和价值不同，但由于背包的容积或重量限制，不能全部放入包内。如何选择物品，使放入包内的物品的总价值最大？该问题的可行解的构造方法常采用贪婪算法：将各个物品按照其"价值/体积"或"价值/重量"降序排列，然后按顺序将物品放入包内，直至不再能放入包内。这是一种传统式的构造算法，仅适用于单一背包问题，且不能保证是最优解。

而元启发式算法适用范围较广，适用于大多数的最优化问题，并且适用于大规模问题的求解，具有一定的普适性。概括起来，现代启发式算法特点如下：

① 普适性、通用性，很多最优化问题都可以采用现代启发式算法进行求解。

② 一般都是基于"初始构造 ＋ 持续改进"的优化框架。

③ 其目标是获得问题的全局最优解，算法通常具有全局最优性。

④ 是解决 NP－Hard 类大规模问题的主要办法。

⑤ 是 20 世纪 80 年代后兴起的启发式算法。

现有主流的元启发式方法提出时间表见表 11－1。

表 11－1　主要启发式算法提出作者与时间表

时间	作者	算法	时间	作者	算法
1952	Robbins	随机优化方法	1986	Farmer	人工免疫系统
1953	Metropolis	模拟退火算法(SA)	1989	Moscato	文化基因算法(MA)
1965	Rechenberg	演化策略(ES)	1991	Dorigo	蚁群优化算法(ACO)
1966	Fogel 等	进化规划	1991	Feo 等	贪婪随机自适应算法(GRASP)
1975	Holland	遗传算法(GA)	1995	Kennedy，Eberhart	粒子群优化算法(PSO)
1980	Smith	遗传规划	1997	Mladenovi，Hansen	变邻域搜索算法(VNS)
1977	Glover	禁忌搜索(TS)			

11.2 模拟退火算法

模拟退火算法(Simulated Annealing)是一种基于“初始构造+持续改进”框架的单点启发式搜索算法,它模拟了金属的“加热(Heating)”和“退火(Annealing)”过程,是一种全局最优搜索策略。

11.2.1 全局搜索能力

对于NP-Hard类最优化问题,当问题规模增加时,可行解空间呈指数规模增大,通过遍历所有可行域来寻找全局最优解在理论上成立,但实际上,因为计算时间太长或所需内存太大而不可行。

对于一般性的约束(或无约束)最优化问题:

$$\min\{f(x) \mid G(x) \leqslant b, \forall x\}$$

通常采用“初始构造 + 持续改进”的方式来获得一个足够好的解。所获得的解可能是全局最优解,但更多情况下不是。因为NP-Hard类问题通常具有非常多的局部最优解,即便是全局搜索规则仍然可能陷入局部最优。而初始构造的解通常就是一个局部最优解,如何从一个局部最优解跨越到另一个更好的局部最优解,需要启发式规则来引导。“搜索步长”或“在多大范围内尝试改进搜索”,是局部搜索的重要参数。若步长太小,则无法跨出局部最优;若步长太大,则局部搜索效率降低,可能遗漏最优。

上述最优化问题的局部最优解可以类比为一个包含多个高、低不同的山峰和山谷的区域地形图,如图11-1所示。如果把区域内的最低山谷位置比作问题的全局最优解,则寻找最低山谷位置的过程,就是一个从“山谷”跳到另一个更低“山谷”的过程。

具备全局搜索能力的启发式算法,应该具备上述的“爬山能力”,如图11-2所示。也就是说,算法在努力寻找周边更低“山谷”的同时,还应该具备跳跃过“山峰”“山梁”,令当前解从局部最优解跳出,进而搜索至更优的局部最优解的能力。

下面讨论如何跳出局部最优(局部“山谷”)的方法。令采用构造式启发式算法找到了一个可行解,作为当前解 $x=(x_1,x_2, \cdots , x_n)$,目标值为 y。令当前解 x 产生一个任意的偏差 Δ,获得一个周边解 $x+\Delta$,且其为可行的。这样当前解和任意周边解表示为

当前解: $y=f(x_1, x_2, \cdots , x_n)$

周边解: $y'=f(x_1+\Delta_1, x_2+\Delta_2, \cdots , x_n+\Delta_n)$

局部最优解定义:若对于给定范围内的搜索“步长”$\Delta^*=(\Delta_1^*, \Delta_2^*, \cdots, \Delta_n^*)$,总有 $y\leqslant y'$,即 y' 总不比 y 要更好,则称当前解 $\boldsymbol{x}=(x_1, x_2, \cdots, x_n)$陷入了局部最优。

采用什么策略可以使当前解跳出局部最优呢?

一种策略是加大“步长”,使当前解可以“跳”得更远而跳出当前局部最优,能找到更好的解。采用这种策略的典型算法是变邻域搜索算法(Variable Neighborhood Search),参见11.4.1小节。

另一种策略是按一定规则接受不太差的周边解作为当前解,并以其作为“跳板”,可搜索较远的周边解,从而跳出局部最优。采用这种策略的典型算法即为基于Metropolis准则的模拟退火算法。

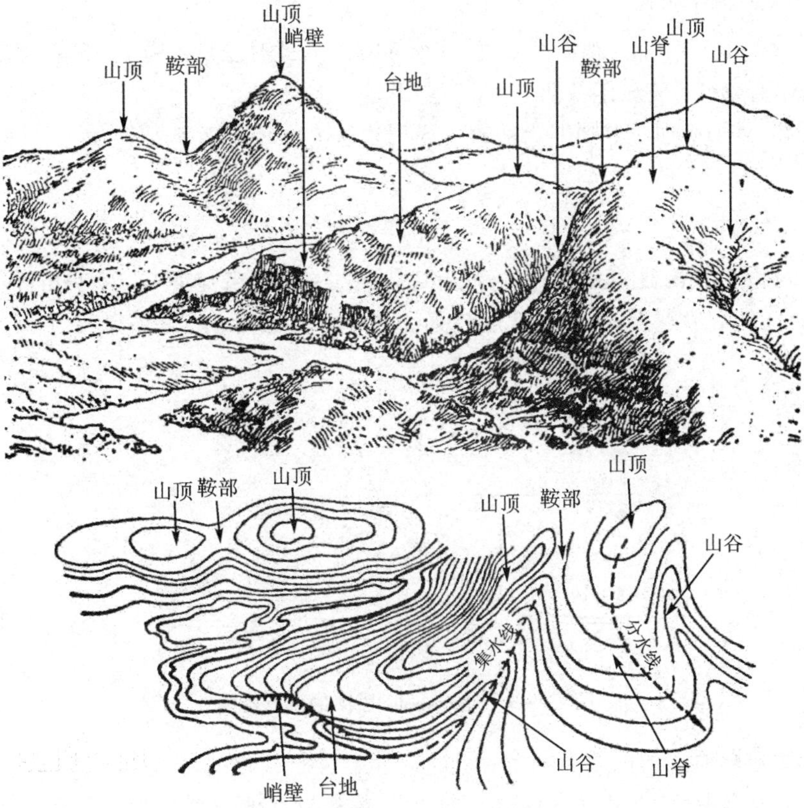

图 11-1　局部最优解的群山类比图

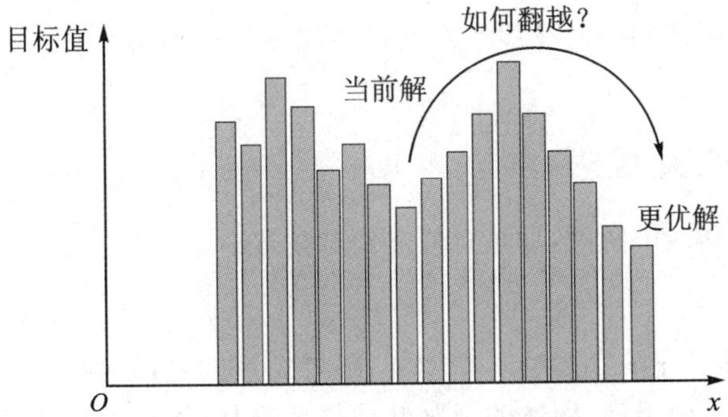

图 11-2　算法爬山能力示意图

11.2.2　Metropolis 准则

从当前位置 i 向周边位置 j 跳跃，也就是接受位置 j 处的解为当前解。那么什么是接受原则？令位置 i 和位置 j 的解的目标函数值分别为 $f(i)$ 和 $f(j)$，以 f_{ij} 表示：

$$\Delta f_{ij}=f(i)-f(j)$$

如果 $e^{\Delta f_{ij}/t_k}\geqslant \text{rand}(0,1)$，就接受位置 j 的解为当前解；反之，则不接受。这就是 Metropolis 准则。其中，rand(0, 1)是在 0 和 1 之间取一个随机值的函数，t_k 是一个代表温度的正常数，

t_k 值越大，接受的概率越高。

显然，如果 $f(i) \geqslant f(j)$，则恒有 $e^{\Delta f_{ij}/t_k} \geqslant \text{rand}(0,1)$，此时总是接受 j。只有当 $f(i) < f(j)$ 时，才依靠 Metropolis 准则作判断。

因此，基于 Metropolis 准则的当前解 i 向周边解 j 跳转的概率表示为

$$P(i \to j) = \begin{cases} 1, & \Delta f_{ij} \geqslant 0 \\ e^{\Delta f_{ij}/t_k}, & \Delta f_{ij} < 0 \end{cases} \tag{11-1}$$

式中，$e^{\Delta f_{ij}/t_k}$ 可看作是函数值从状态 i 跳跃到状态 j 的"概率强度"。对于相同差距 $\Delta f_{ij} = f(i) - f(j) < 0$，$t_k$ 值越大，概率强度就越强。概率分布如图 11-3 所示。

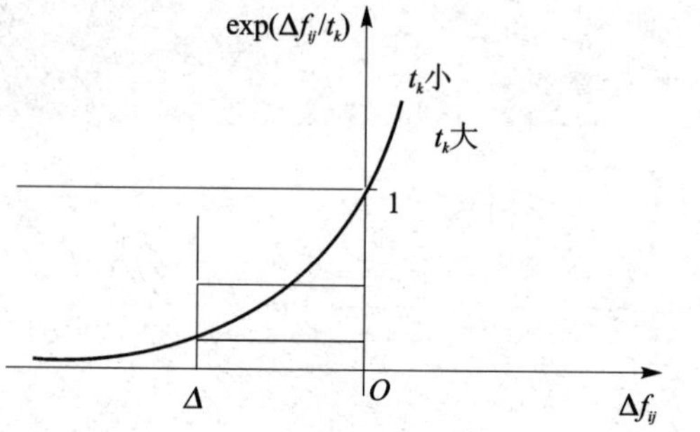

图 11-3 Metropolis 概率的温度影响

因此，决定跳跃概率的因素有两个：

① 目标函数差距：$\Delta f_{ij} = f(i) - f(j)$，$\Delta f_{ij}$ 越接近 0，概率越大（t_k 不变时）；

② 控制参数 t_k：也叫温度，t_k 越大，概率越大（Δf_{ij} 不变时）。

那为什么用 Metropolis 准则来确定是否接受一个较差的解？因为固体冷却过程与函数优化过程可以类比。固体的缓慢冷却过程导致物理结构更加稳定，这与寻找成本更低的更优解相类似。

11.2.3 金属退火过程

金属退火工艺包括两个阶段：加热阶段和冷却阶段。

1. 加热阶段

加热固体时，固体粒子的热运动不断增加，随着温度的升高，粒子与其平衡位置的偏离越来越大。当温度升至熔解温度，固体的规则性被彻底破坏，固体熔解为液体，粒子排列从较为有序的结晶态转变为无序的液态。这个过程可消除系统中原先可能存在的非均匀状态。加热过程是熵增加的过程，系统能量也随温度升高而增大。

2. 冷却阶段

在冷却过程中，金属粒子的热运动渐渐减弱，随着温度的徐徐降低，粒子运动渐趋有序。当温度降至结晶温度后，粒子运动变为围绕晶体格点的微小振动，液体凝固成固体晶态，这个过程被称为退火。退火过程之所以必须"徐徐"进行，是为了使系统在每一温度下都达到平衡态，最终达到固体的基态。退火过程中系统的熵值不断减小，系统能量也随温度降低趋于最小值。

冷却时若急剧降低温度,则将引起淬火(Quench)效应,即固体只能冷凝为非均匀的亚稳态(如表面很硬而内部较软),系统能量也不会达到最小值。

而在退火过程中,金属物体在加热至一定的温度后,它的所有分子在状态空间 D 中自由运动。随着温度的下降,这些分子逐渐停留在不同的状态。在温度最低时,分子重新以一定的结构排列。

退火过程中,粒子能力状态符合玻耳兹曼(Boltzmann)分布。统计与分子力学的研究表明,冷却过程中, 在温度 T,分子能量停留在状态 r 的概率满足玻耳兹曼分布:

$$P(E=E(r))=\frac{1}{Z(T)}\exp\left[-\frac{E(r)}{k_B T}\right] \tag{11-2}$$

式中,$E(r)$表示状态 r 的能量,$r\in D$;$k_B>0$ 为玻耳兹曼常数;$Z(T)$为概率分布的标准化因子,

$$Z(T)=\sum_{s\in D}\exp\left[-\frac{E(s)}{k_B T}\right] \tag{11-3}$$

当温度较高时,若 $T\to+\infty$,则 $E(r)/(K_B T)\to 0$,于是 $\exp\left[-\frac{E(r)}{k_B T}\right]\to 1$。此时有

$$P(E=E(r))=\frac{1}{Z(T)}\exp\left[-\frac{E(r)}{k_B T}\right]\to\frac{1}{Z(T)} \tag{11-4}$$

$$Z(T)=\sum_{s\in D}\exp\left[-\frac{E(s)}{k_B T}\right]\to\sum_{s\in D}\exp(0)=|D| \tag{11-5}$$

那么当温度非常高时, 每个状态的概率 $P(E)=1/|D|$, 晶体微粒以相同概率随机处于某个能量状态上, 此即为高温热平衡。

当温度较低时, 晶体粒子所处的能量状态服从玻耳兹曼分布:

$$P(E=E(r))=\frac{1}{Z(T)}\exp\left[-\frac{E(r)}{k_B T}\right] \tag{11-6}$$

下面考虑两类能量状态:

① 对于能量最小状态 $r_{\min}$,有

$$P(E=E(r))=\frac{1}{Z(T)}\exp\left[-\frac{E(r_{\min})}{k_B T}\right]$$

随着温度的变化,其概率分布图 11-4 所示。

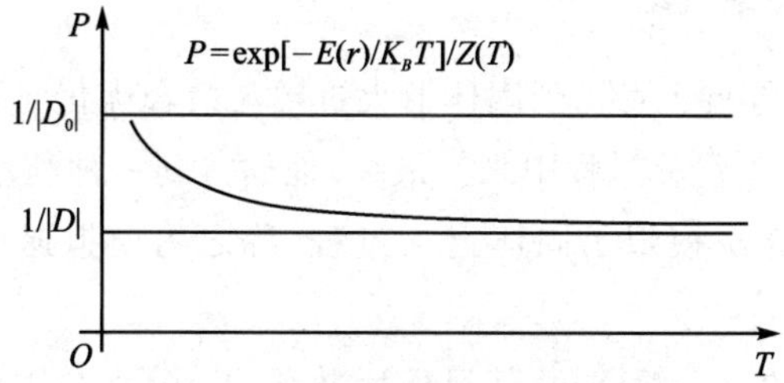

D_0—具有最低能量的状态的集合

图 11-4　最小能量状态概率随温度变化趋势

可见, 对于能量最低状态而言, 温度越低, 粒子趋向能量最低状态的概率越大,直到占比为最低能量状态集合的平均值。若最低能量状态是唯一一个,则概率达到 100%。

② 非能量最低的状态。在温度较低时，对于某个非最低的能量状态(考察这个特定的能量状态)，此概率分布形如图 11-5。

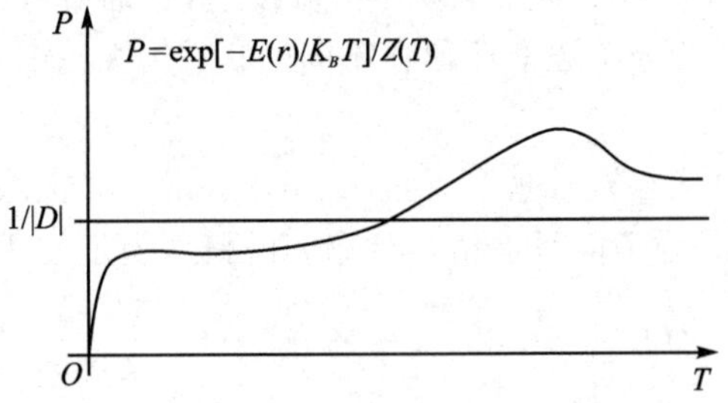

图 11-5　非最小能量状态概率随温度变化趋势

可见，对于非能量最低状态而言，温度较低时，粒子趋向该状态的概率变小，直到趋近于0。因此当温度越低时，粒子能量状态总是趋向于最低的概率越大。

基于上述原理，1953 年，Metropolis 等提出重要性采样法：定义一个能量 E_1 向另一个能量状态 E_2 转化的概率，记为 u，为两种能量状态的概率比：

$$u=\frac{P(E_1)}{P(E_2)}=\frac{\dfrac{1}{Z(T)}\exp\left(-\dfrac{E_1}{k_B T}\right)}{\dfrac{1}{Z(T)}\exp\left(-\dfrac{E_2}{k_B T}\right)}=\exp\left(\frac{E_2-E_1}{k_B T}\right) \tag{11-7}$$

也就是将这种状态概率比 u 作为能量状态 E_1 向另一个能量状态 E_2 转化的概率。而 Metropolis 准则利用了上述状态转换概率来确定一个较好解向较差解转换的概率，而较差解转向较好解的概率则设定为 100%。

- 如果 $E_1 \geqslant E_2$，则状态 E_1 以 100% 的概率转向状态 E_2；
- 如果 $E_1 < E_2$，则 E_1 以 P_t 的概率转向状态 E_2

$$P_t(E_1 \Rightarrow E_2)=\begin{cases}1, & E_2 \leqslant E_1 \\ \exp\left(\dfrac{E_1-E_2}{t}\right), & E_2 > E_1\end{cases} \tag{11-8}$$

11.2.4　模拟退火算法

1983 年，Kirkpatrick 等首先意识到固体退火过程与组合优化问题之间存在着类似性，于是将 Metropolis 准则引入到优化过程中来。最终，他们得到一种利用 Metropolis 准则进行跳跃的组合优化算法，这种算法模拟了固体退火过程，称之为模拟退火(Simulated Annealing，SA)算法。

在算法中，优化问题的一个解 X 及其目标函数 $f(X)$ 分别与固体分子的一个微观状态 i 及其能量 E_i 进行对应，即

一个解 X　⇔　一个能量状态 i

目标函数值 $f(X)$　⇔　能量值 E_i

并且在算法中设定一个控制参数 t，担当了固体退火中温度 T 的角色。

模拟退火算法(SA)框架步骤如下：

① 初始化：在选一个初始解 X_0 作为当前解 X。

② 加热，获得初始温度 T_0，令 $T=T_0$，指定一个截止温度 T_{end}。

③ 退火过程：

外循环：

Do while ($T>T_{end}$) //如果温度高于最低温度阈值，则循环

　　内循环：

　　Do while (Not 达到热平衡) //例：固定循环 1 000 次

　　　　从邻域 $N(X)$ 中选择一个新的 X_{new}//重点，有技术含量

　　　　计算 $\Delta f=f(X)-f(X_{new})$

　　　　IF ($\Delta f_{ij}\geqslant 0$)或者($\exp(\Delta f/T)>\text{random}(0,1)$) then

　　　　　　则接受 X_{new} 为当前解；

　　　　End IF

　　End Do

　　降低当前温度 T　　　//降温策略：$T=0.9T$

End Do

④ 输出已发现的最好解。

上述算法框架包括了“加热”和“退火”两个阶段，其中退火阶段又分为外循环和内循环两部分，Metropolis 准则在算法中起着核心作用。

SA 关键步骤之一：加热

加热的目的是要系统达到最热状态，在该状态，使任意解状态都具有相同的概率，即 $1/|D|$，其中 D 是所有的可行解全集。对于任意状态 r，其概率：

$$\lim_{T\to\infty}P(E_r)=\lim_{T\to\infty}\frac{1}{Z(T)}\exp\left(-\frac{E_r}{k_BT}\right)=\frac{1}{Z(T)}=\frac{1}{|D|}\tag{11-9}$$

加热温度要求的原则是要求任意两个解之间都具有近似相同的转化概率，即 100%。因此有

$$\begin{aligned}P_t(E_1\to E_2)&=\exp\left(-\frac{|E_1-E_2|}{T_0}\right)\approx 1\\&\Rightarrow T_0\gg|E_1-E_2|\\&\Rightarrow T_0\geqslant 10\max\{|E_1-E_2|\}\end{aligned}\tag{11-10}$$

并由此决定模拟退火的初始温度，通常需保证在最坏情况下，相互转化概率在 90%～100% 之间。

SA 关键步骤之二：降温

降温的要求是降温过程要足够慢，且越慢越好。其目的是在降温过程要保持当前解一直处于热均衡状态(Equilibrium State)，即当前状态(解)跳转为其他状态(解)的概率满足玻耳兹曼分布。

降温方式：

① 单循环降温,每次跳跃对应细微降温;

② 双循环降温,外循环按降温表逐层降低温度层(Temperature Level),内循环要求达到热均衡。目前模拟退火算法多采用双循环降温方式。

SA 关键步骤之三:热均衡判断

在双循环降温过程中,外循环每降低一个温度层,就需要开展内循环降温,达到新的热均衡状态(Equilibrium State)。通常外循环的温度层间隔越大,内循环则需要更多时间才能达到热均衡;反之亦然。

如何判断热均衡状态是否达到就成为关键。

判断基本原则:当前解处于各状态的概率满足玻耳兹曼分布。

实现技术途径:对当前解 X 尝试足够多次(n 次)状态转化,跳跃到新状态有 $X_1, X_2, \cdots, X_k$,对应目标函数值为 $E_1, E_2, \cdots, E_k$,以及跳跃次数 $c_1, c_2, \cdots, c_k$。任意两个状态 i 和 j,满足条件:

$$P_{ij} = c_j : c_i$$

式中,

$$P_{ij}(E_i \rightarrow E_j) = \exp\left(\frac{E_i - E_j}{T}\right)$$

实际应用中,通常采用一个固定的循环次数。

SA 关键步骤之四:终止温度设定

算法终止的基本判断原则:当前温度已经降到足够低,当前解 X 已经不再可能跳动到其他状态,例如大于 99.9%概率,则终止算法。

实现的技术途径:

令 $\Delta E_{\min} = \min\{E_i - E_j\}$,其中 E_i 和 E_j 分别表示任意两种状态(解)的目标值,$\Delta E_{\min}$ 表示两种不同状态(解)的最小能量差(目标函数值差)。终止条件为

$$P_{ij}(E_i \rightarrow E_j) = \exp\left(\frac{-\Delta E_{\min}}{T_{\text{end}}}\right) \leqslant 99.9\%$$

得到

$$T_{\text{end}} \leqslant \frac{-E_{\min}}{\ln 0.999}$$

结合所求解问题评估目标函数值的最小颗粒度,可计算出模拟退火算法的截止温度值。例如,当 $E_{\min} = 0.001$ 时,有 $T_{\text{end}} = 0.99$。对于一般情况,可取固定值 $T_{\text{end}} = 0.1$。

11.2.5 CVRP 算例

经典 CVRP(Capacitated Vehicle Routing Problem)问题描述:8 辆货车为 100 个商店配送货,各商店的二维坐标位置和需求量均为已知(见表 11-2),车载容量最大值为 200,节点之间距离为欧氏距离。求全部车辆完成任务的最短行驶距离及路线。试用模拟退火算法求解该问题。

表 11-2　商店坐标与需求量

节点	坐标		需求量	节点	坐标		需求量	节点	坐标		需求量	节点	坐标		需求量
i	x_i	y_i	a_i	i	x_i	y_i	a_i	i	x_i	y_i	a_i	i	x_i	y_i	a_i
0	35	35	0	26	45	30	17	52	27	43	9	78	61	52	3
1	41	49	10	27	35	40	16	53	37	31	14	79	57	48	23
2	35	17	7	28	41	37	16	54	57	29	18	80	56	37	6
3	55	45	13	29	64	42	9	55	63	23	2	81	55	54	26
4	55	20	19	30	40	60	21	56	53	12	6	82	15	47	16
5	15	30	26	31	31	52	27	57	32	12	7	83	14	37	11
6	25	30	3	32	35	69	23	58	36	26	18	84	11	31	7
7	20	50	5	33	53	52	11	59	21	24	28	85	16	22	41
8	10	43	9	34	65	55	14	60	17	34	3	86	4	18	35
9	55	60	16	35	63	65	8	61	12	24	13	87	28	18	26
10	30	60	16	36	2	60	5	62	24	58	19	88	26	52	9
11	20	65	12	37	20	20	8	63	27	69	10	89	26	35	15
12	50	35	19	38	5	5	16	64	15	77	9	90	31	67	3
13	30	25	23	39	60	12	31	65	62	77	20	91	15	19	1
14	15	10	20	40	40	25	9	66	49	73	25	92	22	22	2
15	30	5	8	41	42	7	5	67	67	5	25	93	18	24	22
16	10	20	19	42	24	12	5	68	56	39	36	94	26	27	27
17	5	30	2	43	23	3	7	69	37	47	6	95	25	24	20
18	20	40	12	44	11	14	18	70	37	56	5	96	22	27	11
19	15	60	17	45	6	38	16	71	57	68	15	97	25	21	12
20	45	65	9	46	2	48	1	72	47	16	25	98	19	21	10
21	45	20	11	47	8	56	27	73	44	17	9	99	20	26	9
22	45	10	18	48	13	52	36	74	46	13	8	100	18	18	17
23	55	5	29	49	6	68	30	75	49	11	18				
24	65	35	3	50	47	47	13	76	49	42	13				
25	65	20	6	51	49	58	10	77	53	43	14				

采用一维模式(String Model)来表达解的形式，如图 11-6 所示。

以一维变量 S_i 表示当前解，其中：

- $S_i=0$ 表示仓库，S_i 为正数字表示客户，$i=1, 2, 3, \cdots, n+m+1$，其中 n 为客户数量，m 为车辆数量。
- 相邻两个 0 之间的数字表示被某一辆车访问客户 ID 及访问顺序。

用 D_j 和 C_j 分别表示车辆 j 的总行驶距离和初始载重(配送模式)，$j=1, 2, \cdots, m$，则问题的目标函数(含惩罚项)表示为

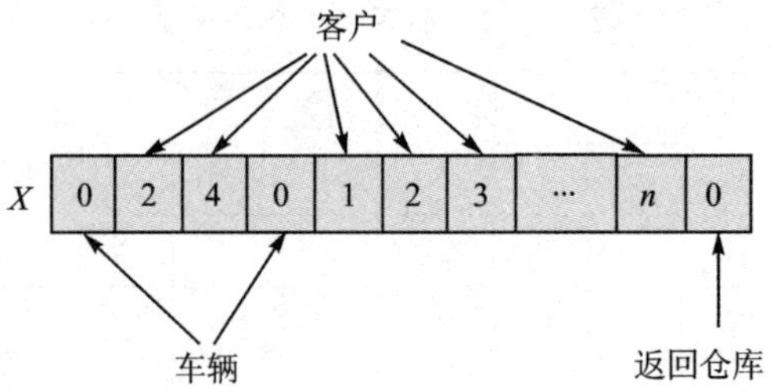

图 11－6　一维 CVRP 模型

$$f(x)=\sum_{i=1}^{n+m}\mathrm{dis}(S_i,S_{i+1})+\sum_{j=1}^{m}[\alpha(D_j-D_{\max})^{+}+\beta(C_j-C_{\max})^{+}] \qquad (11-11)$$

式中，$\mathrm{dis}(S_i,\ S_{i+1})$ 表示相邻两个节点之间的距离；$(\ )^{+}$ 表示取括号中表达式的正数，若表达式为负数，则取 0；$D_{\max}$ 是车辆最大行程；$C_{\max}$ 是车辆最大载重/容量。α 和 β 常数分别是对容量超载量和行程超出量的惩罚系数，可取较大的常数，如 10。

设计模拟退火算法求解 CVRP，步骤如下：

① 构造一个可行的初始解，令

$$S_0=[0,0,0,0,0,0,0,0,0,0,1,2,3,4,5,\cdots,99,100,0]$$

② 加热当前解 S_0。随机使用三种交换规则，对当前解进行变化，执行 K 次(例如 1 000 次)，记录最大相邻偏差，以其 10 倍为初始温度 T_0。三种交换规则(Swap，Relocation，2－Opt)如图 11－7 所示。

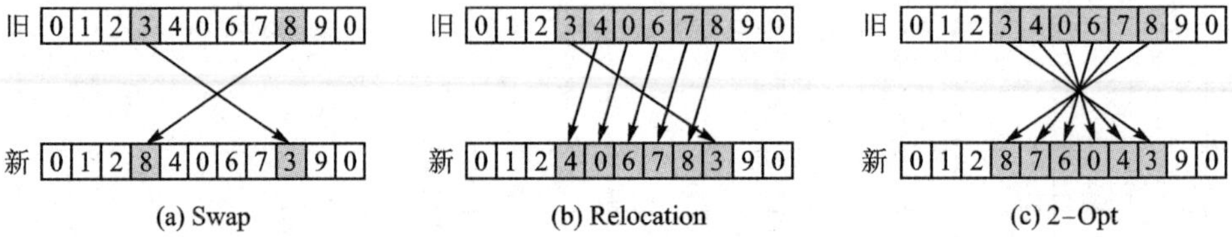

图 11－7　三种交换规则

③ 退火降温(采用双循环降温模式)：

- 令 $T=T_0$；
- 设置降温速率 τ（例如 0.99），$T=T\tau$；
- 设置内循环次数 K(例如 10 000 次)，使每层温度达到热平衡；
- 结束条件：$T<0.1$。

④ 输出结果，可视化表示。

以 2－Opt 算子为例，给出 C 语言算法程序实例如下：

```
#include "stdafx.h"
#include "conio.h"
#include "malloc.h"
#include "stdio.h"
#include "stdlib.h"
#include "time.h"
#include "math.h"
```

```
#include "string.h"
int CusXY[100][3];                                  //X 坐标,Y 坐标,D 需求
double Dis[200][200];                               //距离矩阵
int VehicleNum;                                     //车辆数目
int ShopNum;                                        //商店数目
int StringLen;                                      //string 长度
int MaxCapability;                                  //车辆的最大容量
int MaxLength;                                      //车辆的最大行程
int CurString[200];                                 //当前解 string
int BestString[200];                                //最好解 string
void SA();                                          //模拟退火函数
void Init();                                        //初始化一个解
void ReadData();                                    //读取商店坐标和需求数据
void GenerateIJ(int *ii, int *jj);                  //在当前解上随机产生 2 个位置点
int myrand1(int maxN);                              //产生一个在[0,maxN]之间的随机整数
double GetCost();                                   //计算当前解的总路径长度
double Heat();                                      //对当前解加热
double Metropolis(double Deltf, double T);          //用 Metropolis 判断函数
void Exec_2_Opt(int i, int j);                      //将当前解的 i 和 j 位置之间的点进行 2-Opt 翻转
void OutScreenS(int *S);                            //将当前解屏幕输出
int main(int argc, char* argv[])                    //主程序
{
    printf("(一)将要读取商店的坐标和送货需求信息,按任意键继续…\n");
    getch();
    ReadData();
    //屏幕输出
    printf("\n商店坐标:\n");
    for(int i=0;i<ShopNum;i+=4)
    {
        for(int j=0;j<4;j++)printf("%2d(%2d,%2d)\t",i+j+1,CusXY[i+j][0],CusXY[i+j][1]);
        printf("\n");
    }
    printf("\n商店需求:\n");
    for(i=0;i<ShopNum;i++)printf("%d\t",CusXY[i][2]);
    printf("\n车辆数%d,容量%d,行程%d\n",VehicleNum,MaxCapability,MaxLength);
    getch();
    printf("\n(二)将要生成一个初始访问顺序作为初始解,按任意键继续…\n");getch();
    Init();
    printf("\n初始解:\nX={\n");
    for(i=0;i<StringLen;i++){printf("%d",CurString[i]); if(i<StringLen-1)printf(",");}
    printf("\n}\n");  getch();
    printf("(三)将开始模拟退火算法,按任意键继续…\n\n");  getch();
    SA();
    printf("按任意键退出程序! \n"); getch();
    return 0;
```

```
}
//模拟退火算法
void SA()
{
    int i,j,ii,LoopN;
    double CurCost, TestCost;                //当前解值
    double BestCost;                         //最好解值
    double T, T0;                            //当前温度
    double EndT;                             //结束温度
    double Tao;                              //降温速度
    int tm = 0;
    srand((unsigned)time(NULL));             //设置随机数序列
    printf("(四)对初始解进行加热 1000 次,按任意键继续…\n");
    getch();
    T0 = Heat();                             //加热,获取初始温度
    OutScreenS(CurString);                   //屏幕输出
    CurCost = GetCost();                     //当前解的值
    printf("当前解的目标值:%lf\n", CurCost);
    printf("当前解的温度值:%lf\n\n", T0); getch();
    EndT = 0.1;                              //截止温度
    LoopN = 50000;                           //同温层达到热平衡条件
    Tao = 0.99;                              //降温速度
    BestCost = 999999;                       //最好解的值
    printf("(五)开始退火,同温层循环%d次,降温速度%lf。任意键继续…\n",LoopN,Tao);
    getch();
    T = T0;
    while(1)
    {
        for(ii = 1;ii<= LoopN;ii++)          //同温层循环 LoopN 次
        {
            GenerateIJ(&i,&j);               //产生两个点
            Exec_2_Opt(i,j);                 //翻转两个点
            TestCost = GetCost();
            if(TestCost<CurCost)             //如果比当前解更好,则接受其为当前解
            {
                CurCost = TestCost;
                if(CurCost<BestCost)         //如果比最好解更好,则将其替代为最好解
                {
                    BestCost = CurCost;
                    int i1;
                    for(i1 = 0;i1<StringLen;i1++)BestString[i1] = CurString[i1];
                }
            }
            else                             //如果比当前解差,则以 Metropolis 概率接受
            {
```

```
            double rd,rd1;
            rd1 = RAND_MAX * Metropolis(TestCost - CurCost, T);
            rd = rand();
            if (rd<rd1)                          //接受
                CurCost = TestCost;
            else                                 //拒绝
                Exec_2_Opt(i,j);
        }
    }
    if(T == T0)system("del SA_curve.txt");       //删除上次文件
    FILE *fi;
    fi = fopen("SA_curve.txt", "a");             //追加方式打开
    fprintf(fi, "%d%lf\n", tm, CurCost);         //文件输出
    fclose(fi);
    tm = tm + LoopN;                        //总时间增加(注意:前面先定义 int tm = 0)
    printf("当前温度 = %lf,最好目标值 = %lf,当前目标值 = %lf\n",T,BestCost,CurCost);
    OutScreenS(CurString); printf("\n");  getch(); //屏幕输出
    if(T<EndT)break;
    T = T * Tao;                                 //降温
  }
  printf("(六)当前温度以及降到阈值 0.1 以下,停止退火! \n"); getch();
  //文件输出
  FILE *fi;
  int i1;
  fi = fopen("MyOutput.txt","w");
  for(i1 = 0;i1<StringLen;i1 ++ )
      fprintf(fi, "%d %d\n", CusXY[BestString[i1]][0], CusXY[BestString[i1]][1]);
  fclose(fi);
  printf("本次模拟退火发现的最好解已经输出到文件 MyOurput.txt 中。\n");
  getch();
}
double Heat()                               //对当前解进行加热,获得当前解的温度
{
  int i,j;
  double T;
  double cost, cost1;
  cost = GetCost();
  T = 0;
  for(int ii = 1;ii< = 1000;ii ++ )
  {
      GenerateIJ(&i,&j);
      Exec_2_Opt(i,j);
      cost1 = GetCost();
      if(fabs(cost - cost1)>T) T = fabs(cost - cost1);
      cost = cost1;
```

```
    }
    return T;
}
void GenerateIJ(int * ii, int * jj)      //在当前解上随机产生 2 个位置点 ii 和 jj
{
aa:
     * ii = myrand1(StringLen - 2) + 1;  //随机产生 ii 属于 [1, StringLen - 1]之间
     * jj = myrand1(StringLen - 2) + 1;
    while( * ii == * jj) goto aa;       // * jj = myrand1(StringLen - 2) + 1;  //ii 和 jj 不能相同
    if( * ii> * jj)                     //交换一下,保证 ii 在 jj 前面
    {
        int itemp;
        itemp = * ii; * ii = * jj; * jj = itemp;
    }
}
void Init()                             //获取初始解
{
    int i;
    for(i = 0;i<VehicleNum - 1;i ++ )CurString[i] = 0;
    for(i = 1;i< = ShopNum;i ++ )CurString[i + VehicleNum - 1] = i;
    CurString[ShopNum + VehicleNum] = 0;
}
int myrand1(int maxN)
{
    int i1,i2;
    i1 = rand();
    i2 = maxN * i1/(RAND_MAX + 1);
    return i2;
}
double GetCost()                                 //计算当前解的目标函数值
{
    int i;
    double VehicleLength, Cost;
    int VehicleLoad;
    VehicleLength = 0;VehicleLoad = 0; Cost = 0;
    for(i = 1;i<StringLen;i ++ )
    {
        if(CurString[i] == 0)
        {
            VehicleLength = VehicleLength + Dis[CurString[i - 1]][CurString[i]];
            Cost = Cost + VehicleLength;
            if(VehicleLoad>MaxCapability)Cost = Cost + 1.5 * (VehicleLoad - MaxCapability);
            VehicleLength = 0;
            VehicleLoad = 0;
        }
```

```
            else
            {
                VehicleLength = VehicleLength + Dis[CurString[i - 1]][CurString[i]];
                VehicleLoad = VehicleLoad + CusXY[CurString[i]][2];
            }
        }
        return Cost;
    }
    double Metropolis(double DeltF, double T)           //Metropolis 判断准则
    {
        if(DeltF<= 0) return 1;
        return exp(1.0 * (0 - DeltF)/T);
    }
    void Exec_2_Opt(int i, int j)                       //将当前解的 i 和 j 位置之间的点进行翻转
    {
        int ii, itemp;
        ii = 0;
        while(i + ii<j - ii){
            itemp = CurString[i + ii];
            CurString[i + ii] = CurString[j - ii];
            CurString[j - ii] = itemp;
            ii = ii + 1;
        }
    }
    void ReadData()                                     //读取商店的坐标和需求数量
    {
        int i,j;
        FILE *fi;
        fi = fopen("14_3.txt","r");
        fscanf(fi,"%d %d %d %d", &ShopNum, &VehicleNum, &MaxCapability, &MaxLength);
        for(i = 0;i<ShopNum;i++)
            fscanf(fi,"%d %d %d", &CusXY[i][0], &CusXY[i][1], &CusXY[i][2]);
        fclose(fi);
        ShopNum = ShopNum - 1;
        StringLen = VehicleNum + ShopNum + 1;
        //计算两两之间的直线距离
        for(i = 0;i<= ShopNum;i++)
            for(j = 0;j<= ShopNum;j++)
                Dis[i][j] = pow(pow(CusXY[i][0] - CusXY[j][0],2) + pow(CusXY[i][1] - CusXY[j][1],
2),0.5);
        return;
    }
    void OutScreenS(int *S)
    {
        printf("\n 当前解:\nX = {\n");
```

```
    for(int i = 0;i<StringLen;i ++ ){printf(" %d",S[i]); if(i<StringLen - 1)printf(",");}
    printf("\n}\n");
}
```

SA 算法的可视化过程如图 11-8 所示。

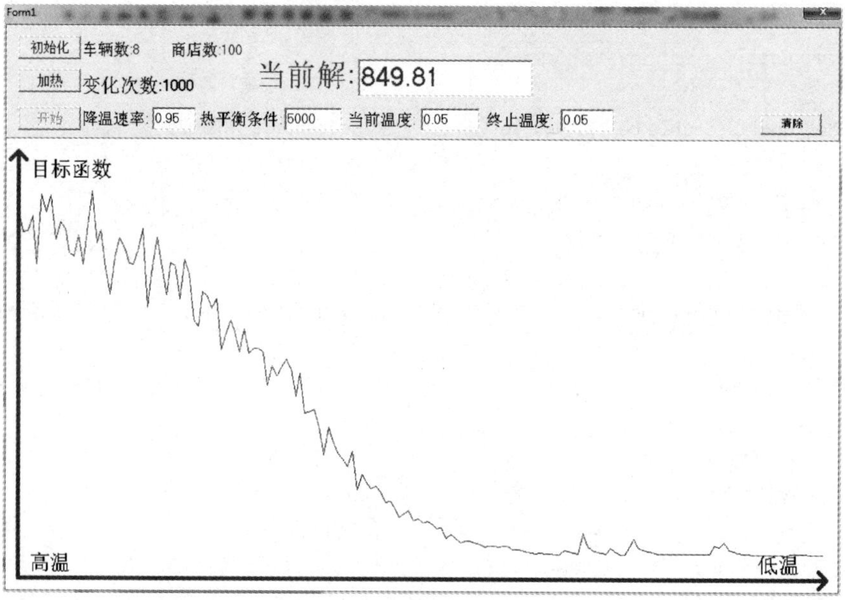

(a) 降温速率为0.95

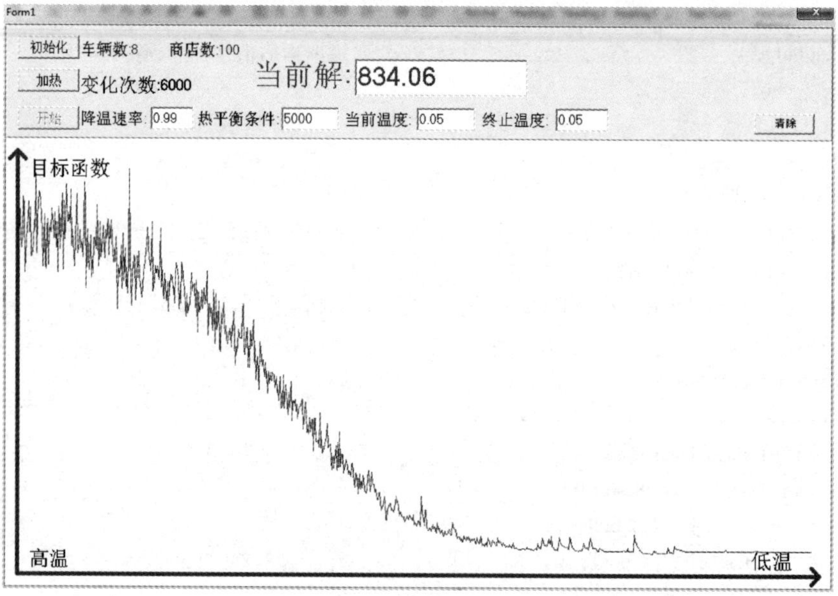

(b) 降温速率为0.99

图 11-8 SA 算法可视化过程示例

图 11-9 是该问题目前已知最优解的配送路径,目标函数值为 826.22。

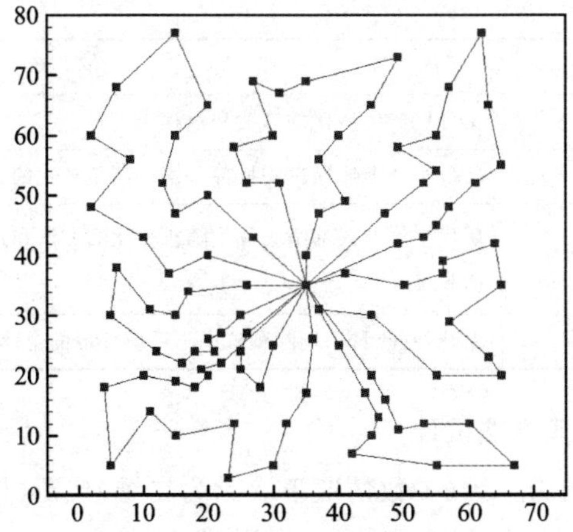

图 11-9　最优解

11.3　混合遗传算法

遗传算法(GA)是模拟达尔文生物进化过程求解整数(混合)规划问题的一种计算方法。GA 算法用“生物个体”来模拟最优化问题的“解”,用评价函数来指导自然选择法则,即“适者生存、优胜劣汰”。GA 算法驱动的方式也模拟自然界物种繁衍的基本方式,即选择、交叉和变异等。

1975 年,由 Michigan 大学的 J. H. Holland 及其同事、学生开始了遗传算法的系统性研究,成果发布在 Holland 的《Adaptation in Natural and Artificial Systems》(1975 年出版,1992 年再版)书中。

11.3.1　基本原理和方法

先介绍遗传算法的一些关键概念,见表 11-3。

表 11-3　遗传算法基本术语

序　号	术　语	解　释
1	编码(Coding)	问题解的编码化表示方法,或将一个解的决策变量值转换为一组编码的方法和过程
2	解码(Decoding)	将一组编码转换为问题解的决策变量值的方法和过程
3	个体(Individual)	由若干编码组成的一个代码,通常为一维形式,代表了问题的一个完整解
4	染色体(Chromosome)	由若干编码组成的一个代码,通常为一维形式,代表了问题的一个完整解
5	种群(Population)	多个个体(染色体)组成的集合
6	代 (Generation)	同批产生的一组个体,如父代、子代、第 x 代
7	适应度(Fitness)	个体的目标函数值的相对优劣程度,通常转换为[0, 1]之间的一个小数
8	选择(Selection)	根据适应度,从种群中选择若干个体(作为父母)来产生下一代的方法和过程

续表 11-3

序 号	术 语	解 释
9	繁殖(Reproduction)	父母代产生后代的方法和过程
10	交叉(Crossover)	父母2个个体通过交换部分编码产生子代的方法和过程，也称双亲繁殖
11	变异 (Mutation)	后代个体的局部编码发生随机变化的方法和过程；或者单亲父代产生子代的方法和过程
12	淘汰 (Deletion)	缩减种群规模，剔除种群中不适应环境的个体的方法和过程

1. 染色体的编码和解码方法设计

编码：将问题的解表示为一维(少数情况下表示为二维)代码(染色体)的形式。例如：

- TSP问题：个体解的编码为0xxx…xxx0形式；
- VRP问题：个体解的编码为0xxx0xxx0xxx0形式。

解码：将染色体还原为问题的解，确定各决策变量的取值，并计算出目标函数值的过程。

编码原则：编码设计是GA算法的基础，对算法的求解质量和计算效率影响非常大，非常重要。设计问题解的编码原则应遵循：

① 唯一性。一个编码仅能唯一的代表某个解，而一个解仅能产生唯一的编码方式。不能有一个解可产生多种编码或一个编码对应多种解的情况。

② 全局性。一个编码所代表的解能够覆盖问题的全部可行域，也就是说，问题可行域内的任何解，都可以进行唯一编码。一般不能出现某些值域的解无法编码的情况。

③ 易于编码和解码。因为编码和解码计算频繁出现于算法各步骤，所以编码和解码计算越简洁越好。特别是在计算一个编码对应的目标函数值(适应度值)时，尽可能快速和精确。

④ 易于交叉和变异操作。个体解编码后要能够方便进行交叉繁殖和变异，且交叉繁殖和变异后的个体仍然代表问题的一个可行解。

2. 初始化第一代种群

种群初始化是开展遗传算法过程的第一步，需要设计与问题相适应的初始化方法，按随机的方式产生一组不同的解，并进行编码，产生初始种群。对于初始种群，通常要求具有以下特性：

(1) 多样性(Diversity)

初始种群须尽量散落于可行域内的各个空间、角落，个体具有多样性和差异性，以便在后续的繁衍过程中具备向任何可行解区域进化的可能性，但切忌初始种群的个体都相同或非常相似的情况。

(2) 随机性(Randomness)

初始种群的产生应具有随机性，每次产生的初始种群不重复，且应具有全局性，即任何一个可行解均有可能产生于初始种群。对于很多问题，初始种群对遗传算法的最后收敛效果有重要影响作用，也是算法设计的一个关键步骤。初始种群通常要求：

① 初始数量足够多。一般种群越大，最终解的质量越好，最合适的初始数量取决于计算机可用内存和并行计算模式。

② 初始质量尽量好。初始解的质量(即目标函数值)对最终解的质量影响也很大,通常需要设计面向问题的构造式启发式算法,在满足多样性的前提下,尽可能采用质量好的初始解。

3. 适应度评价

评价个体对环境的适应程度:适应度高宜留下,适应度低宜被淘汰。

- 评价原则:基于个体的目标函数值,目标值越低,适应度应越高。
- 归一化:所有个体适应度应归一化到 [0, 1]。
- 常用适应度函数采用 Metropolis 函数:

$$F(x)=\exp\left[-\frac{f(x)-f_{\min}}{f_{\mathrm{avg}}-f_{\min}}\right] \tag{11-12}$$

式中,$F(x)$为适应度函数。当目标函数 $f(x)$为种群中的最小值时,适应度为 1;当目标函数 $f(x)$为种群中的平均值时,适应度为 0.367 879。

4. 产生下一代

从当前代群体中选择一部分个体,作为父代个体,通过交叉或变异方式,产生下一代个体(未选中个体被淘汰,没有下一代)。

选择方法:对于任何个体 c,基于其个体适应度函数值 $F(c)$来影响其被选中的概率。通常,适应度值越大,被选中的概率越高;反之,则越低。概率计算公式如下:

$$P_c=F_c\Big/\sum_{i\in N}F_i$$

式中,N 是种群全集。

在计算编程方面,采用轮盘赌的方式选择,即按所有个体的概率值划分轮盘的角度,然后转动轮盘随机选择,如图 11-10 所示。

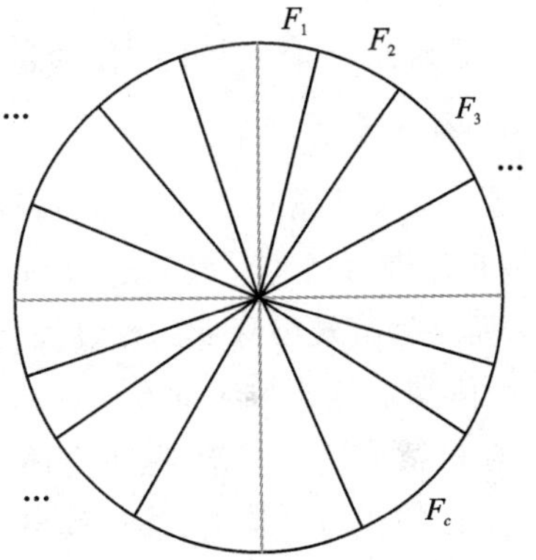

图 11-10　轮盘赌选择概率分配

轮盘赌计算实现方式:对全部个体进行编号,令第 c 个体的累计概率为 R_c,计算公式如下:

$$R_c=\sum_{i=1}^{c}P_c$$

式中,在[0,1]之间产生随机数 r,被选择个体 c 满足 $R_{c-1}\leqslant r\leqslant R_c$。

5. 交叉和变异

(1) 交叉繁殖(双亲繁殖)

针对选择出来的 2 个染色体,随机产生一个交叉点,交换 2 个染色体的另一半。然后将新产生的 2 个个体作为下一代加入种群,原个体仍然保留(部分算法淘汰原个体);新个体需要检查是否能够被解码,是否为可行解,若不是则需要进行适当调整。例如:排序问题,一维染色体交叉后需要调整为可行解,如图 11-11 所示。

(2) 变异繁殖(单亲繁殖)

随机选择 1 个个体,随机更改其染色体上的一个(或多个)编码值,从而产生另一个新个体。这个新个体作为下一代加入种群,或者在交叉繁殖所产生个体的基础上,按一定概率进行

图 11-11 排序问题解的交叉繁殖

变异,再产生新的个体,加入种群。

变异方式:通常有多种变异方式,称为变异算子(Operator),不同算子演化的方向不同,有利于后代种群的多样性。例如:VRP 问题,染色体可有三种变异方式,如图 11-12 所示。

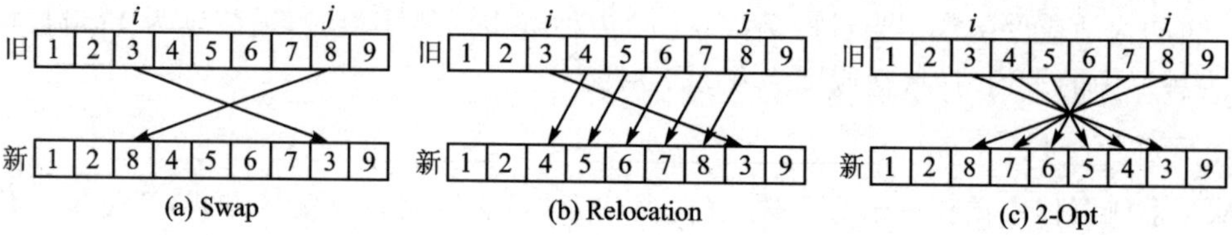

图 11-12 路径规划问题解的三种变异方式

变异后的个体作为下一代的新个体,原个体仍保留在种群。

6. 淘 汰

通过交叉繁殖和变异繁殖,持续地使种群规模不断扩大,当种群扩大到一定程度(如翻倍)时,可开始淘汰过程。淘汰过程以个体的适应度为基础,按一定随机性淘汰适应度较低的个体,从而将种群规模降低到预设固定值。

个体淘汰方式和注意事项:

① 以适应度为基础:基于个体的适应度值(相对),按相应概率随机淘汰(如轮盘赌)。

② 保护优秀个体:淘汰过程中,应确保优秀的个体不被淘汰,例如适应度排名属于前 5%的个体。

③ 种群包含了父代和子代等各代混合个体,个体并无寿命限制。

④ 记录繁衍代数增加+1。

⑤ 关注最优的个体是否有改进。

7. 算法终止

遗传算法的终止条件通常有三种,可根据具体情况合理选择。

条件 1:繁衍代数达到给定数,例如 200 代。

条件 2:持续无改进繁衍代数达到给定数,例如连续 50 代无改进。

条件 3:计算时间达到给定值,例如 1 个小时。

11.3.2 遗传算法框架

1. 标准型遗传算法框架

下面是一个最简单的遗传算法框架(M. Mitchell, 1995),是较早遗传算法的标准框架。

英文版:

1. Start with a randomly generated population of N L-bit chromosomes(candidate solutions to a problem.
2. Calculate the fitness $F(x)$ of ench chromosome x in the population.
3. Repeat the following steps (a) — (c) until N offspring have been created:
   (a) Select a pair of parent chromosomes from the current population, with the probability of selection being an increasing function of fitness. Selection is done "with replacement," meaning that the same chromosome can be selected more than once to become a parent.
   (b) With probability P_c(the crossover probability), cross over the pair at a randomly chosen point (chosen with uniform probability) to form two offspring. If no crossover takes place, form two offspring, that are exact copies of their respective parents.
   (c) Mutate the two offspring at each locus with probability P_m(the mutation probability), and place the resulting chromosomes in the new population.
4. Replace the current population with the new population.
5. Go to step 2.

中文版:

1. 随机产生一群 N 个不同的染色体(代表某问题的 N 个不同的候选解)。
2. 计算每个染色体(所代表的解)的适应度。
3. 重复下面步骤(a)～(c),直到没有后代产生。
   (a) 选择:按照适应度增函数概率,从当前群体中选择一对染色体作为父母。选择过程中允许同一个染色体被选中多次。
   (b) 交叉:按一定概率 P_c 决定是否将选出的这对染色体进行交叉。若进行交叉,则随机选择染色体上的一个位置作为交叉点,产生 2 个后代;若不进行交叉,则将这对染色体直接复制为 2 个后代。
   (c) 变异:按一定概率 P_m 决定是否对产生的 2 个后代上的每个基因点进行变异,将变异结果放入新的下一代种群。
4. 将新产生的下一代种群替换为当前种群。
5. 回到步骤 2。

上述标准型遗传算法框架比较严格地模拟了自然界生物繁衍后代、适者生存的自然选择过程。但计算机求解问题最优解的过程,与物种的繁衍过程毕竟还是存在着较多的不同,如个体寿命限制等。因此后来发展出改进遗传算法,如混合遗传算法,更适合计算机最优化问题的启发式求解。

2. 混合遗传算法(Hybrid Genetic Algorithm)框架

混合遗传算法考虑多种遗传算子(Operators),如多种交叉、多种变异、多部落之间迁移/通婚等,通过种群代际之间的综合作用以产生下一代,并引入算子之间的竞争、保持种群多样性、保护优秀个体等选择和淘汰策略,以及包括借鉴其他启发式算法原理,优化遗传算法的寻优效率和效果。下面给出一种混合式遗传算法的简单框架:

对问题的解进行编码(染色体代表可行解),定义变异繁殖方式和交叉繁殖方式:
定义变异的算子(单亲遗传)、定义交叉算子(双亲遗传)。
设定参数:种群的个体数量 n、变异率 p_1 和交叉率 p_2、停止代数 G。
初始化:初始化 n 个不同的解(即 n 个染色体),$g=0$。
Do 循环 while(当前代数 $g<$停止代数 G)
　　变异:随机选出 np_1 个染色体进行变异繁殖,种群个体增加 np_1 个。
　　交叉:随机选出 np_2 对染色体进行交叉繁殖,种群个体增加 $2np_2$ 个。
　　评价:
　　1. 计算新产生个体(子代)的目标函数 $f(x)$;
　　2. 父代和子代混合在一起,计算目标函数的最小值 min 和平均值 avg;
　　3. 利用以下公式计算每个个体(包括父代和子代)的适应度值:

$$\text{fitness}(x)=e^{-[f(x)-\min)/(\text{avg}-\min)]}$$

　　保持种群多样性:相同染色体的个数不超过 5 个,多余的删除。
　　淘汰:Do 循环 while(染色体个数$>n$)
　　　　随机选择一个个体 c,产生一个$[0,1]$之间的随机数 r;
　　　　如果 fitness$(c)>r$ 则留下 c,否则淘汰 c;
　　End Do
　　g++:
End Do
输出最好的染色体个体:

11.3.3 算例

信息共享平台优化问题描述:某国防科技工业内各企业(生产厂、研究所、用户、技术支持单位等)有大量的质量信息。为实现信息共享,平台组织方(行业协会)计划筹建信息共享平台,邀请行业内的企业加入平台并成为会员。企业加入平台需提供自身质量信息,从而产生一定的损失或成本,但也能从平台共享信息中获得一定的收益。当收益率大于成本时,企业则有意愿加入平台成为会员,反之则无。平台组织方可以对会员收费或给予补贴,使共享平台产生利润,并鼓励更多成员加入。试建立数学规划模型,如何邀请企业加入平台,如何对会员进行收费或补贴,使平台利润最大化。

问题假定:

① 不同企业加入平台的成本为已知且固定的,如信息准备、损失等;

② 每个企业从平台获得的预期收益由加入平台的其他企业所共享的信息产生,假定企业 i 从企业 j 获得的预期收益为已知,可以为正数、负数或零,且为单向;

③ 所共享信息对其他多数企业均有较大价值的企业,可采取补贴手段,邀请其加入信息共享平台;

④ 从平台共享信息中获益较多的企业,可要求其支付一定平台会员费用;

⑤ 企业是理性的,当收益率大于行业的基本资本利润率时,即会加入(但可以不邀请)。

针对上述问题建立数学规划模型。

1. 参数定义

N　企业的集合，$n=\text{card}(N)$；

C_i　企业 i 加入平台的成本；

p_{ij}　企业 i 从企业 j 获得的信息共享收益；

Y　补贴总额上限；

R　企业加入平台的最低率；

r　资本基本收益率门槛；

M　一个大数。

2. 变量定义

x_i　0/1 变量，表示企业 i 是否加入平台；

y_i　非负连续变量，表示对企业 i 的补贴金额；

z_i　非负连续变量，表示对企业 i 的收费金额；

q_i　连续变量，表示企业 i 加入平台的净收益。

3. 数学规划模型

$$
\begin{cases}
\max \text{TC} = \sum\limits_{i \in N}(z_i - y_i) \\
\text{s.t. } q_i = \sum\limits_{j \in N} x_j p_{ij} + y_i - c_i - z_i, \quad \forall i \in N & (1) \\
\quad M(x_i - 1) \leqslant q_i - r(c_i + z_i), \quad \forall i \in N & (2) \\
\quad z_i \leqslant Mx_i, \quad \forall i \in N & (3) \\
\quad y_i \leqslant Mx_i, \quad \forall i \in N & (4) \\
\quad \sum\limits_{i \in N} y_i \leqslant Y, & (5) \\
\quad \sum\limits_{i \in N} x_i \geqslant Rn, & (6) \\
\quad x_i \in \{0,1\}, y_i \geqslant 0, z_i \geqslant 0, \quad \forall i \in N & (7)
\end{cases}
$$

4. 模型解释

上述模型的目标函数为平台利润最大化，即收费收益减去补贴支出之和。约束式(1)计算企业的收益，即：共享收益＋补贴支出－共享成本－收费支出；约束式(2)表示企业收益率低于门槛时，不会加入平台；约束式(3)和(4)表示未加入平台的企业无补贴和收费；约束式(5)表示总补贴金额不能超过上限；约束式(6)要求加入企业的数量不低于最低要求数量 Rn；约束式(7)定义变量值域。

5. 遗传算法设计

(1) 编码与解码

设计长度为 n 的一维 0/1 向量变量代表问题的解(个体/染色体)，如下所示：

企业 ID	1	2	3	…	$n-2$	$n-1$	n
是否加入(变量 x_i)	0/1	0/1	0/1	…	0/1	0/1	0/1

上述解(个体)中的0/1变量取值不同而代表不同的可行解,故满足了编码原则所要求的唯一性和全局性。

对于每一个确定的解(个体),按下式确定对各企业的补贴:

$$\begin{cases} y_i = (1+r)(c_i - \sum_{j \in N} x_j p_{ij}), & x_i c_i > \sum_{j \in N} x_j p_{ij} \\ y_i = 0, & \text{其他} \end{cases}, \quad \forall i \in N$$

对于每一个确定的解(个体),按下式确定对各企业的收费:

$$\begin{cases} z_i = 0, & x_i c_i < \sum_{j \in N} x_j p_{ij} \\ z_i = \sum_{j \in N} x_j p_{ij} - (1+r)c_i, & \text{其他} \end{cases}, \quad \forall i \in N$$

然后计算解(个体)的目标函数值。

(2) 交叉和变异

交叉:基于适应度从种群中随机选择2个个体作为父母代,再随机(或按一定规则随机)选择产生一个交叉位置,父母代染色体的交叉点后半部分进行交换,产生2个子代个体,并加入种群,如图11-13所示。

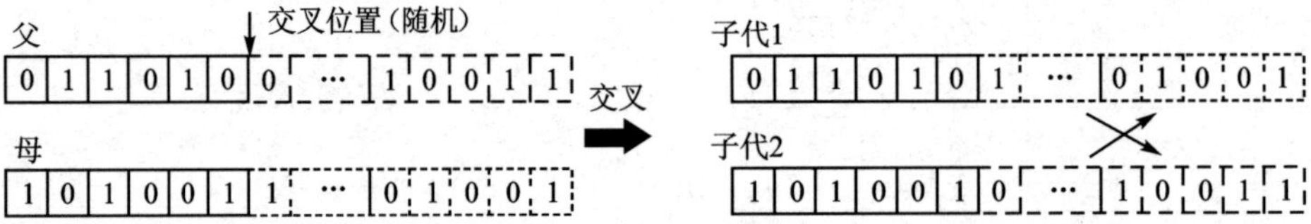

图11-13 交叉算子

变异:随机(或按一定随机规则)从种群中随机选择1个个体作为父代,再随机(或按一定规则随机)产生一个变异位置,执行变异(原变量值为0则变为1,反之则变为0),产生1个新的子代个体,并加入种群,如图11-14所示。

图11-14 变异算子

6. C语言程序示例

```
#include "stdafx.h"
#include "conio.h"
#include "malloc.h"
#include "stdio.h"
#include "stdlib.h"
#include "time.h"
#include "math.h"
#define MAXNode 1000                                    //最大节点数
#define MAXPN 500                                       //最大个体数目
//定义结构体:染色体(解)
```

```
struct Chromosome{
    int x[MAXNode];                              //变量 x[ ]: 企业是否加入平台
    double z[MAXNode];                           //变量 z[ ]:对企业的补贴
    double y[MAXNode];                           //变量 y[ ]:对企业的收费
    double P[MAXNode];                           //企业的共享收益
    double TProfit;                              //总利润:解的目标函数值
    double fitnessV;                             //适应度:[0,1]之间
    int deleted;                                 //状态:是否被淘汰
};
Chromosome Ch[MAXPN];                            //创建最大种群存储空间
int CurPn;                                       //当前种群数目
int Pn;                                          //目标种群数目
int CommonR;                                     //每个算子的繁殖率
//问题的描述
int NodeNum;                                     //企业成员总个数
double C[MAXNode];                               //企业成员的加入成本
double P[MAXNode][MAXNode];                      //企业之间的共享收益矩阵
double jointR = 0.6;                             //企业成员加入平台数的下限
double Y = 100;                                  //补贴上限
double r = 0.1;                                  //基础资本盈利率
double beta = 999;                               //企业成员加入数不足的惩罚系数
double alpha = 999;                              //超额补贴的惩罚系数
//函数定义
void ReadData_common(FILE * fi);                 //读取数据函数
double GA(int totalGenerations);                 //遗传算法主程序
void GA_init();                                  //遗传算法的随机初始化函数
void GA_mutation();                              //父代种群变异
void GA_crossover();                             //父代种群交叉
void GA_copyChromosome(int fromC, int toC);      //染色体的复制
void GA_PackDeleted();                           //删除已经标记淘汰的个体染色体
void GA_CalFitness();                            //计算种群个体的适应度函数
void GA_selection();                             //对种群淘汰缩减至 Pn 个
double MyGeTProfit(int c);                       //计算个体 c 的利润
int myrand1(int maxN);                           //获取[0,maxN - 1]之间的一个随机整数
void Start();                                    //开始程序
void output(FILE * fi);                          //输出结果
int main(int argc, char * argv[])                //主程序
{
    printf("Press any key to start…\n");  getch();
    Start();
    printf("Done!");getch();
    return 0;
}
void Start()
{
```

```
    double obj;
    FILE * fi;
    srand((unsigned)time(NULL));
    //读取数据
    fi = fopen("data\\data_100.txt","r");
    ReadData_common(fi);
    fclose(fi);
    obj = GA(10);                            //调用遗传算法函数,开始计算
    printf("obj = %lf\n", obj);              //输出结果
    fi = fopen("output\\data_10.out","w");
    output(fi);
    fclose(fi);
}
//遗传算法
double GA(int totalGenerations)
{
    int iCount;                              //当前代数
    double BesTProfit;                       //发现的最好解
    char filename[1000];
    FILE * fi;                               //输出文件句柄
    Pn = 100;                                //固定种群数目
    CommonR = 100;                           //每个算子的繁殖率%
    GA_init();                               //初始化种群
    BesTProfit = Ch[0].TProfit;              //本代最优解
    iCount = 0;                              //代数
    while(iCount<totalGenerations)           //未达到总代数,则继续繁衍
    {
        GA_crossover();                      //产生下一代:交叉
        GA_mutation();                       //产生下一代:变异
        GA_CalFitness();                     //计算适应度
        GA_selection();                      //按适应度进行淘汰
        sprintf(filename,"output\\进化过程.txt");    //输出中间计算过程
        if(iCount == 0)
            fi = fopen(filename,"w");
        else
            fi = fopen(filename,"a");
        fprintf(fi,"无改进代数 = %d, 目标函数 = %lf\n",iCount,Ch[0].TProfit);
        printf("无改进代数 = %d, 目标函数 = %lf\n",iCount,Ch[0].TProfit);
        fclose(fi);
        if (BesTProfit<Ch[0].TProfit)
        {
            iCount = 0;
            BesTProfit = Ch[0].TProfit;
        }
        else
```

```
            iCount ++ ;                        ·  //无改进代数
        }
        return Ch[0].TProfit;
}
//随机获得第一代染色体个体
void GA_init()
{
        int c,i;
        for(c = 0;c<Pn;c ++ )
        {
            for(i = 0;i<NodeNum;i ++ )Ch[c].x[i] = myrand1(2);
            Ch[c].deleted = 0;
            Ch[c].TProfit = MyGeTProfit(c);
        }
        CurPn = Pn;                                //当前种群数目
}
//计算适应度函数
void GA_CalFitness()
{
        int i,j,c;
        //冒泡法排序
        for(i = 0;i<CurPn;i ++ ){
            for(j = i + 1;j<CurPn;j ++ ){
                if(Ch[i].TProfit<Ch[j].TProfit){
                    GA_copyChromosome(i, MAXPN - 1);
                    GA_copyChromosome(j, i);
                    GA_copyChromosome(MAXPN - 1, j);
                }
            }
        }
        //多样化:去除相同解,第一组(最好值)保留 5 个,其他组保留 1 个
        for(i = 1;i<CurPn;i ++ ){
            if(fabs(Ch[i - 1].TProfit - Ch[i].TProfit)<0.00001) {  //表示相等
                if(fabs(Ch[0].TProfit - Ch[i].TProfit)< = 0.00001 && i<5 )continue;
                Ch[i].deleted = 1;                 //标记淘汰
            }
        }
        GA_PackDeleted();                          //压缩空间
        //计算适应度函数
        double totalcost, avgcost, maxcost;
        totalcost = 0;
        for(c = 0;c<CurPn;c ++ ){
            totalcost = totalcost  +  Ch[c].TProfit;        //累计计算总成本
            if(maxcost<Ch[c].TProfit || c == 0)maxcost = Ch[c].TProfit;
        }
```

```
    avgcost = totalcost/CurPn;                          //计算平均成本
    for(c = 0;c<CurPn;c ++ )
        Ch[c].fitnessV = exp( - 1.0 * (maxcost - Ch[c].TProfit)/(maxcost - avgcost));
}
//函数:复杂染色体
void GA_copyChromosome(int fromC, int toC)
{
    for(int i = 0;i<NodeNum;i ++ )
            Ch[toC].x[i] = Ch[fromC].x[i];
    Ch[toC].fitnessV = Ch[fromC].fitnessV;
    Ch[toC].TProfit = Ch[fromC].TProfit;
    Ch[toC].deleted = Ch[fromC].deleted;
}
//变异
void GA_mutation()
{
    int i,p;
    p = (int)1.0 * CommonR * Pn/100;                    //变异次数
    for(int k = 0;k<p;k ++ )
    {
        int new_c;
        int c = myrand1(Pn);
        CurPn ++ ;
        GA_copyChromosome(c,CurPn - 1);                 //复制
        new_c = CurPn - 1;
        i = myrand1(Pn);                                //选择变异位置
        Ch[new_c].x[i] = 1 - Ch[new_c].x[i];            //变异
        Ch[new_c].TProfit = MyGeTProfit(new_c);         //计算成本
    }
}
//交叉
void GA_crossover()
{
    int p;
    p = (int)1.0 * CommonR * Pn/100;                    //交叉次数
    for(int k = 0;k<p;k ++ )
    {
        int c1,c2,new_c1,new_c2;
rept2:
        c1 = myrand1(Pn);c2 = myrand1(Pn);
        if(c1 == c2)goto rept2;
        new_c1 = CurPn;new_c2 = CurPn + 1;
        CurPn + = 2;
        GA_copyChromosome(c1,new_c1);                   //复制
        GA_copyChromosome(c2,new_c2);                   //复制
```

```
        int i,ii;
        ii = 2 + myrand1(NodeNum - 3);                    //选择交叉点 ii
        for(i = ii;i<NodeNum;i ++ )                       //交叉
        {
            Ch[new_c1].x[i] = Ch[c2].x[i];
            Ch[new_c2].x[i] = Ch[c1].x[i];
        }
        Ch[new_c1].TProfit = MyGeTProfit(new_c1);        //计算子代目标值
        Ch[new_c2].TProfit = MyGeTProfit(new_c2);
    }
}
//轮盘赌淘汰
void GA_selection()
{
    int deletedNum;                                       //本次淘汰的总数量
    deletedNum = 0;
    while(CurPn - deletedNum>Pn)                          //开始淘汰
    {
        int c, p;
repC1:
        c = myrand1(CurPn);                               //随机选择一个
        if(Ch[c].deleted == 1)goto repC1;                 //已经淘汰
        p = myrand1(10000);                               //轮盘概率
        if(Ch[c].fitnessV> = 1.0 * p/10000.0)
            goto repC1;                                   //适应度足够大则留下
        Ch[c].deleted = 1;                                //标记淘汰
        deletedNum ++ ;
    }
    GA_PackDeleted();                                     //清空已标记染色体
}
//清空已经删除的个体染色体
void GA_PackDeleted()
{
    int deletedNum,c;
    deletedNum = 0;
    for(c = 0;c<CurPn;c ++ )
    {
        if(Ch[c].deleted == 1)
            deletedNum ++ ;
        else
            if(deletedNum>0)GA_copyChromosome(c,c - deletedNum);
    }
    CurPn = CurPn - deletedNum;
}
//计算目标函数(含惩罚)
```

```
double MyGeTProfit( int c)
{
    int tx;                                          //企业加入平台的总数量
    double tp;                                       //总共享收益
    double ty;                                       //总补贴
    tx = 0;ty = 0;
    Ch[c].TProfit = 0;
    for(int i = 0;i<NodeNum;i ++ )
    {
        if (Ch[c].x[i] == 0) continue;
        tx ++ ;tp = 0;
        for(int j = 0;j<NodeNum;j ++ ) tp = tp + Ch[c].x[j] * P[i][j];
        if ( tp - (1 + r) * C[i]>0 ) {
            Ch[c].z[i] = (tp - r * C[i] - C[i])/(1 + r);
            Ch[c].y[i] = 0;
        }
        else {
            Ch[c].z[i] = 0;
            Ch[c].y[i] = (1 + r) * C[i] - tp;
        }
        Ch[c].P[i] = tp;ty = ty + Ch[c].y[i];
        Ch[c].TProfit = Ch[c].TProfit + Ch[c].z[i] - Ch[c].y[i];
    }
    if(tx<jointR * NodeNum )
        Ch[c].TProfit = Ch[c].TProfit - beta * (jointR * NodeNum - tx);
    if(ty > Y) Ch[c].TProfit = Ch[c].TProfit - alpha * (ty - Y);
    return Ch[c].TProfit;
}
//从数据文件读取数据
void ReadData_common(FILE * fi)
{
    fscanf(fi," % d",&NodeNum);                                        //读取成员数
    for(int i = 0;i<NodeNum;i ++ )fscanf(fi," % lf",&C[i]);            //读取成本
    for(int i = 0;i<NodeNum;i ++ )                                     //读取共享收益矩阵
        for(int j = 0;j<NodeNum;j ++ )fscanf(fi," % lf",&P[i][j]);
}
//输出种群中的最好个体(即排第 0 位的个体)
void output(FILE * fi)
{
    fprintf(fi,"Cost = % lf\n",Ch[0].TProfit);
    for(int i = 0;i<NodeNum;i ++ )
        fprintf(fi,"i = % d, % d, % lf, % lf\n", i, Ch[0].x[i], Ch[0].y[i], Ch[0].z[i]);
}
//获得[0,maxN - 1]之间的随机数
int myrand1(int maxN)
```

```
{
    return maxN * rand()/(RAND_MAX + 1);
}
```

11.4　其他元启发式算法

11.4.1　变邻域搜索算法

1997 年 Mladenovic 和 Hansen 首次提出了变邻域搜索(Variable Neighborhood Search, VNS)算法，该算法已经成为国外的研究热点。近 20 年来，大量关于 VNS 的论文发表于运筹学类国际期刊上，并已应用在很多优化问题上，如 TSP、VRP/CVRP、P - Medium、Circle Packing、MLLS 等。

1. 基本原理

VNS 是一种启发式单点搜索算法，其基本思想是通过构造解的一系列邻域结构，按解的邻域由近到远搜索比当前解更好的解，使当前解从一个局部最优解持续地跳跃到另一个局部最优解，直到无法找到更优的局部最优解(满足截止条件)。概括起来，设计 VNS 算法的要点如下：

① 要定义一个解的邻域结构，满足在近邻域内能有较大概率发现更优解，而对于较远邻域，则发现更优解的概率逐渐降低。

② 设计一个构造式启发方法，能够随机地在全局范围内产生一个较好的初始解，并作为当前解。

③ 再设计变邻域搜索算法，从当前解的最近邻域开始，由近到远搜索比当前解更好的解。

④ 执行跳转判断：如果找到了更好的解，则接受为当前解，再次从最小邻域开始搜索；否则，扩大搜索邻域，如果邻域已经足够远仍然没有找到更好解，则算法结束。

自 VNS 算法提出后，已经有了很多适用于各种不同场景的版本。下面是 Mladenovic 和 Hansen 给出的 VNS 算法基本框架。

hritialization. Select a set of neighborhood stnuctures N_k, $k=1, \cdots, k_{maz}$, and random distnibutions for the Shaking step that will be used in the seaarch, find an initial solution x, choose a stopping condition.

Repeat the followng sequence until the stopping condition is met:

(1) Set $k \leftarrow 1$;

(a) *Shaking*. Generate a point x' randomly from the kth neighborhood of $x(x \in N_k(x))$.

(b) *Local search*. Apply some local search method with x' as initial solution to obtain a local optimum given by x''.

(c) *Neighborhood chcnge*. If this local optmum is better than the incumbent, move there($x \leftarrow x''$), and continue the search with $N_1(k \leftarrow 1)$, otherwise, set $k \leftarrow k+1$.

该算法框架的中文描述如下：

步骤 1：定义问题的邻域结构，用 $N_k(k=1, \cdots, k_{\max})$ 表示当前解的邻域；设定局部搜索方式；设定算法停止准则；构造一个初始解 x_0。

步骤 2：重复以下步骤直到满足停止准则：

(1) 设置 $k \leftarrow 1$。

重复如下步骤，直到 $k=k_{\max}$：

(a) 随机搜索：在 x 的第 k 个邻域中随机产生解 x'。

(b) 局部搜索：应用局部搜索方法获得 x' 所在位置的局部最优解，令该对局部最优解为 x^*。

(c) 变邻域判断：

① 如果 x^* 优于当前解 x，则令 $x \leftarrow x^*$，$k \leftarrow 1$；

② 否则，令 $k \leftarrow k+1$。

下面几个图示例了 VNS 算法原理：

① 在问题的可行解空间内，初始化构造一个可行解作为当前解 x_0，如图 11－15 所示。

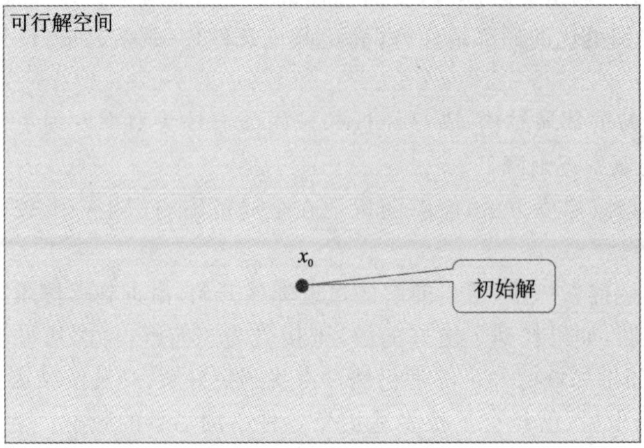

图 11－15　初始解

② 根据邻域结构定义，可得到当前解 x_0 的邻域由近及远分别为 N_1，N_2，N_3，…。首先在 N_1 邻域内搜索比当前解更好的解（运用局部搜索方法），若没有找到更好解，则扩展到 N_2，N_3，…邻域内搜索；如果在某个邻域（假设为 N_2）找到了一个更好解 x_1，则将 x_1 接受为当前解（跳转至 x_1），如图 11－16 所示。

③ 基于 x_1（当前解）获取 x_1 的邻域（N_1，N_2，N_3，…），继续由近及远搜索比当前解更好的解。若发现在某个邻域（假设为 N_3）找到了一个更好解 x_2，则将当前解跳转至更好解 x_2，如图 11－17 所示。

④ 继续按照上述搜索和跳跃规则，基于当前解 x_2 执行变邻域搜索，寻找更好解。每个跳跃所至的当前解均为局部最优解，形成一个当前解的降低序列 x_0，x_1，x_2，…。直到当基于某个当前解 x_i 执行变邻域搜索时，即便将邻域扩展到最远邻域 $k_{\max}$ 仍然无法找到更好解，则停止基于当前序列的变邻域搜索，如图 11－18 所示。

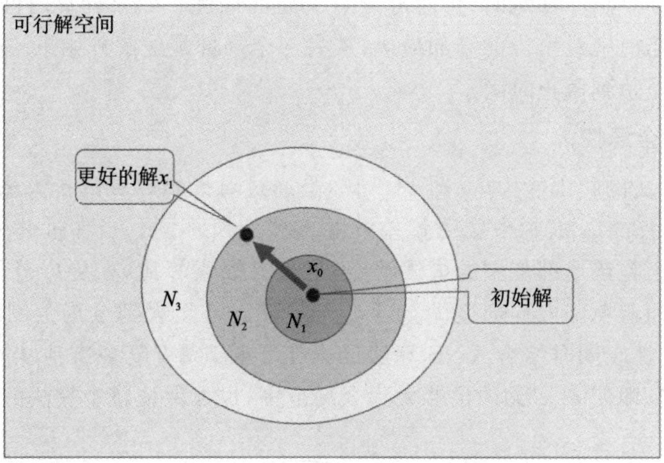

图 11－16　邻域搜索并跳跃

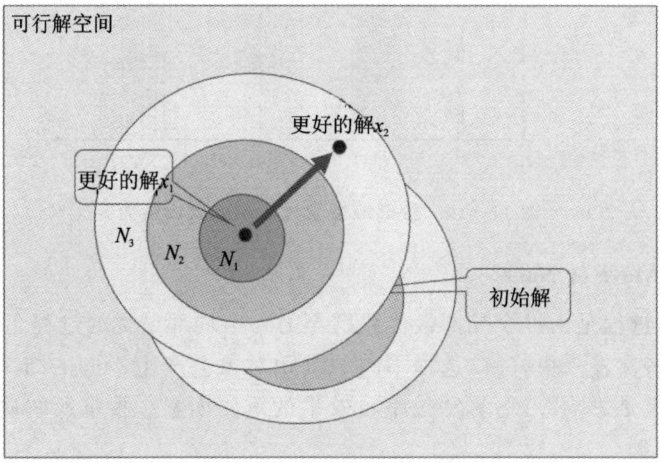

图 11－17　邻域搜索并再次跳跃

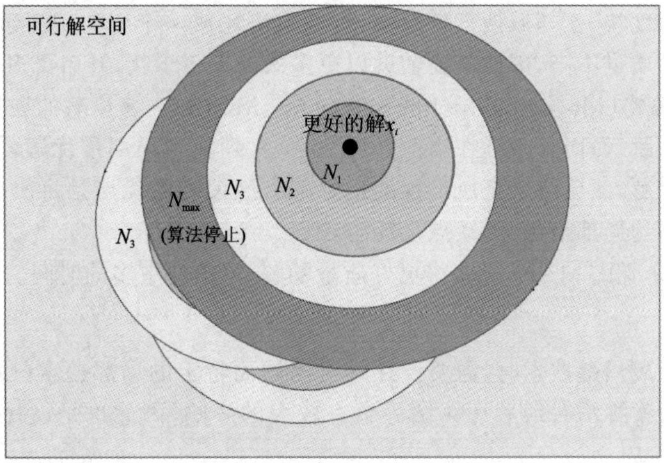

图 11－18　邻域搜索并持续跳跃

⑤ 变邻域搜索至 k_{max} 邻域时，仍然可能陷于局部最优。如果计算时间允许，可对当前解实施人工干扰，使当前解跳出当前局部最优，从另一个局部最优解开始下一段的变邻域搜索过程。如此重复，直至达到截止时间。

2. 爬山能力（全局性）

变邻域搜索算法的爬山能力（见图 11－19）是通过对搜索邻域的扩大来体现的，这与模拟退火算法通过 Metropolis 准则来接受较差解的方式有所不同。当在近邻域无法找到更优解时，即说明当前解已是该局部范围的最优解，于是扩大搜索邻域，在更广范围内搜索局部最优解，从而实现跳跃而避免陷入局部最优。当 k_{max} 足够大甚至大到全局范围时，VNS 算法就在理论上具备了全局性。同时结合 VNS 算法的人工干扰，或重复多次地从不同的局部最优开启变邻域搜索过程，即使 k_{max} 无须足够大到全局范围，也可保证整个算法的全局性。

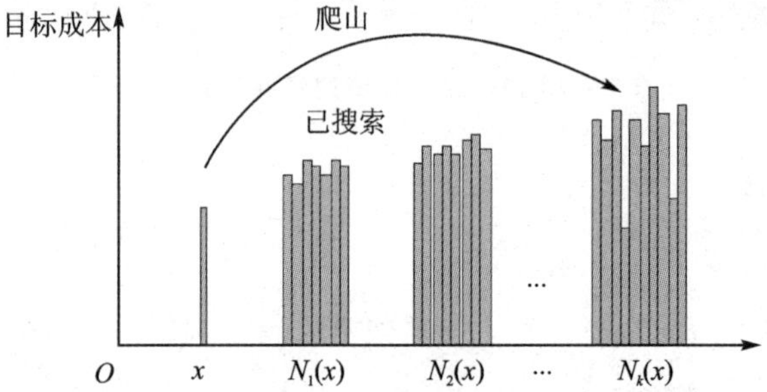

图 11－19 变邻域搜索过程中的爬山能力

3. 跳跃策略（Move or Not）

当前解的跳跃过程是由一个局部最优跳跃至另一个局部最优的过程。在执行局部搜索寻优的过程中，可能多次发现更好解，选择不同的跳跃对象会产生不同的结果。因此，如何选择当前解制定策略，也是影响 VNS 算法效率和效果的重要因素。根据所解决问题的不同，一般有以下两种策略可选：

① 最快跳跃策略（Move at First Improvement, MAFI）。该策略的原则：一旦找到比当前解更好的解，则停止当前邻域的搜索过程，立刻跳转至更好解，开启新的变邻域搜索。该策略的优点是跳跃速度快，变邻域搜索效率高，可以很快完成一个变邻域搜索过程，但缺点是每次过程的最后解的质量不高，因此需要辅助以更多次的人工干扰，开启更多变邻域搜索过程。

② 最好跳跃策略（Move at Best Improvement, MABI）。该策略的原则：找到比当前解更好的解时不急于跳跃，而是继续在当前邻域搜索，直到找到局部最优解，或者满足时间上限情况下发现的最好解，然后跳跃至所发现的最好解。该策略的优点是每次变邻域搜索过程都可以获得质量较高的局部最优解，缺点是耗时较长。

简单说，MABI 要比 MAFI 能获得更好质量的解，但消耗更多的时间。

4. 局部搜索

针对某领域开展局部搜索时，需要设计针对问题而特定的局部搜索（Local Search）算法。采用不同的局部搜索算法对最后计算结果也有较大的影响，因此也是设计 VNS 算法的关键环节。

在 Mladenovic 和 Hansen 最初提出的算法框架中，为局部搜索算法设计了一个局部搜索过程，用于在局部搜索中进行二次的随机局部寻优。局部搜索的目的是在当前邻域随机产生一个 x'，然后基于 x' 搜索周边的局部最优解 x''。在后来面向其他问题的 VNS 算法中，不同的局部搜索策略已经成为改进局部搜索的常用手段。因为被搜索的限定邻域仍然是一个较大的可行解空间，仍然需要保持搜索过程的全域随机性，以保证具有概率获得该邻域的局部最优解。

5. 邻域定义方式

不同的优化问题，可能采用不同的邻域定义方式。针对同一问题，不同的研究者或算法也有可能采用不同的邻域定义方式。一般而言，通常有以下两类基本的邻域定义方式：

（1）基于距离的邻域定义方式

首先给不同的解定义一个距离，然后根据距离的大小，定义不同解相互所属的邻域。例如基于解的差异度来定义邻域：用 x 表示当前解，x' 表示另一个解，用下式表示这两个解之间的“距离”：

$$\rho(x,x') = |x\backslash x'| = |x'\backslash x|, \quad \forall x,x' \in X \tag{11-13}$$

式中，$|\cdot\backslash\cdot|$ 表示两个解之间的差异度算子，例如多阶多周期的 MLLS 问题，解的差异度可以定义为 $\rho(x,x') = \sum_{i=1}^{m}\sum_{t=1}^{n}|x_{it} - x'_{it}|$。

例如，有 3 个解：

$$\boldsymbol{x} = \begin{bmatrix} 1 & 0 & 0 \\ 1 & 0 & 0 \\ 1 & 1 & 1 \end{bmatrix}, \quad \boldsymbol{x}' = \begin{bmatrix} 1 & 0 & 0 \\ 1 & 0 & 1 \\ 1 & 1 & 1 \end{bmatrix}, \quad \boldsymbol{x}'' = \begin{bmatrix} 1 & 0 & 0 \\ 1 & 0 & 1 \\ 1 & 0 & 1 \end{bmatrix}$$

根据定义，有

$$\rho(\boldsymbol{x},\boldsymbol{x}') = 1, \quad \rho(\boldsymbol{x}',\boldsymbol{x}'') = 1, \quad \rho(\boldsymbol{x},\boldsymbol{x}'') = 2$$

因此，当前解 $\boldsymbol{x}$ 的邻域 $N_k(\boldsymbol{x})$ 定义为：如果另一个解 $\boldsymbol{x}'$ 满足 $\rho(\boldsymbol{x},\boldsymbol{x}') = k$，则该解属于 $\boldsymbol{x}$ 的第 k 个邻域。即：$\boldsymbol{x}' \in N_k(\boldsymbol{x}) \Leftrightarrow \rho(\boldsymbol{x},\boldsymbol{x}') = k$。因此上述例子有如下关系：

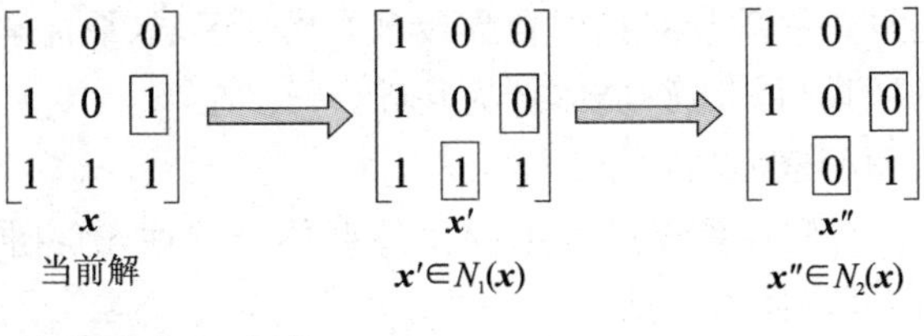

（2）基于搜索算子的邻域定义方式

在一些路径优化问题中，一些研究者提出了基于搜索算子的邻域定义方式。所谓搜索算子，就是基于当前解搜索更优解时，所采用的各种对当前解进行改变、衍生或者子问题分解等特定方法。采用不同算子获得的候选解，可能具有不同的成为更优解的概率。一般概率较大的算子所产生的解称为近邻域解，而概率小的称为远邻域解。

例如，在路径规划问题的一维模型中，常用的邻域算子包括：交换（Swap）、插入（Relocation）和反转（2 - Opt）。同一个算子所能产生的所有解都被认为是属于同一邻域。反转通常能较大概率产生更好解，插入次之，而交换最差。因此 N_1 邻域则定义为反转算子所产生的邻域，插入对应 N_2 邻域，交换属于 N_3 邻域。基于这三个算子开展邻域搜索的 VNS 算法仍然遵循从近邻域搜至远邻域的原则。

6. 算法扩展

在 VNS 算法的原理基础上，现已发展出了多种扩展的 VNS 算法。其中比较典型的算法有：

- 变邻域下降搜索(Variable Neighborhood Descent，VND)算法：去掉随机搜索过程，因此，局部搜索过程是基于当前解来进行的。通常情况下，VND 在求解质量上难以保证优于 VNS，但在求解时间上要优于 VNS，因此，对于时效性要求高的大规模问题，该法较为有效。
- 简化变邻域搜索(Reduced VNS，RVNS)算法：去掉局部搜索过程，以提高算法效率。RVNS 的全局收敛性很难保证。
- 偏态变邻域搜索(Skewed VNS，SVNS)算法：对评价函数进行改变，以期改进搜索效果。
- 变邻域分解搜索(VN Decomposition Search，VNDS)算法：将问题分解成两个阶段，在这两个阶段分别使用 VNS。
- 与其他启发式方法相融合的 VNS 算法。

11.4.2 粒子群优化算法

粒子群优化(Particle Swarm Optimizer，PSO)算法由 Russell Eberhart 和 James Kennedy 于 1995 年前后提出。James Kennedy 是一个社会学家，他所提出的算法的基本思想是：假设有一群社会个体，他们通过调整自己的行为(如在解空间中随机移动)追求某个共同目标(如目标函数值最大)。PSO 算法被广泛应用于诸多决策变量为连续型或混合型变量的最优化问题，具有很好的应用前景，也具有学术研究价值。

1. 基本原理

以鸟群的觅食行为为例：鸟群来到一个区域(可行解空间)觅食，从区域边缘开始觅食(初始解)，它们通常能通过群体移动最终找到食物最多的局部区域(最优解)。这个过程即为粒子群算法求解问题最优的所模拟的生物群体行为基础。

分析鸟群的觅食过程所遵循的规律：

① 鸟群是整体行动，它们在觅食过程中要保持群体完整性，有共同目标：找到食物最多的地方，且个体成员不离开群体单独觅食。

② 每个个体在觅食过程中，倾向于向自身发现的食物更多的周边区域移动。

③ 鸟群是相互协作的群体，假定所发现的最好觅食区域是公开的，可共享于鸟群其他成员的移动方向参考。

对于个体成员而言，都对应着一个当前的觅食区域(已知)和下一个目标觅食区域(未知)，存在着如何决定自己该往哪个方向移动的问题。这是 PSO 算法的核心问题。

图 11－20 所示为鸟群随机方向觅食。

群体中的每个个体(简称微粒/粒子)所处的位置和对应的目标值是已知且完全公开的。对某个粒子而言，它能得到两个信息：

① 整个群体中目前最好个体的位置，也称为全局当前最好解，记为 g_{best}；

② 粒子自身已经到达过的最好位置，也称为个体历史最好解，记为 I_{best}。

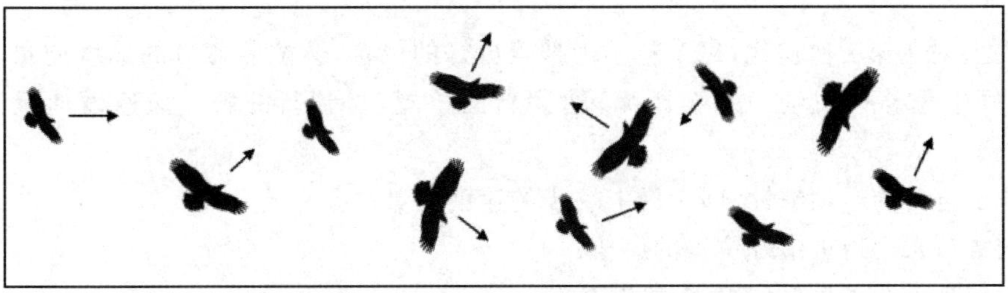

图 11-20 鸟群随机方向觅食图

基于一种“榜样”示范心理和“自我”现实心理，每个微粒就有两种选择：

① 向全局最好粒子靠拢；

② 维持自己已经达到的最好状态。

因此，微粒的移动方向受到两个作用力，记为 g_{best} 和 I_{best}，如图 11-21 所示。

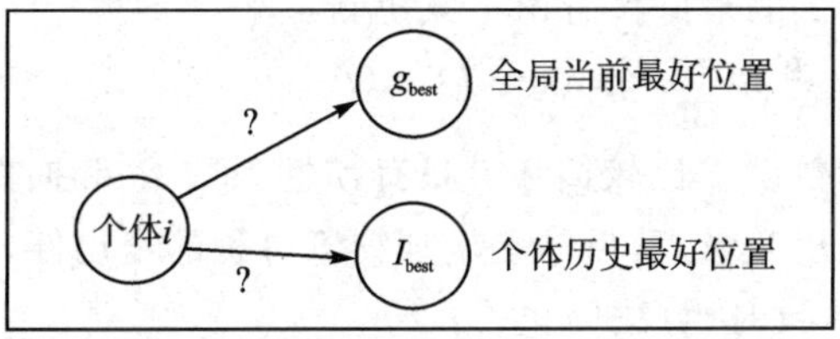

图 11-21 粒子算法的移动方向作用力

这两个选择不分轩轻，难以取舍，于是听天由命，按照概率决定。假设产生两个均匀分布的随机数 $r_1 \in [0, 1]$和 $r_2 \in [0, 1]$。其中，r_1 表示粒子维持自己历史最好状态的期望程度；r_2 表示粒子愿意向全局最好粒子靠拢的期望程度。这样，每个个体经过多次位置调整，直到各个粒子趋于一致（收敛）。

2. 算法框架

令最优化问题的目标函数为

$$\max f(\boldsymbol{x})$$

其中，$\boldsymbol{x}$ 为 n 维列向量，代表问题的一个解。设参与函数值最优搜索的粒子数量为 s。其中第 i 个粒子（$1 \leqslant i \leqslant s$）在搜索空间中的位置表示为 $\boldsymbol{x}_i$，$\boldsymbol{x}_i$ 仍为 n 维列向量（对应问题的一个解），$\boldsymbol{x}_i = (x_{1i} \quad x_{2i} \quad \cdots \quad x_{ni})^{\mathrm{T}}$。

设第 i 个粒子目前为止在搜索空间中搜索到的个体最好位置（解）为 $\boldsymbol{y}_i$。所有粒子搜索到的迄今为止的全局最好解为 $\boldsymbol{z}$。搜索过程按照迭代步数来完成，以 t 代表当前位置，$t+1$ 代表下一步位置。粒子 i 的位置更新公式为

$$\boldsymbol{x}_i(t+1) = \boldsymbol{x}_i(t) + \boldsymbol{v}_i(t+1) \tag{11-14}$$

式中，$\boldsymbol{x}_i(t)$和 $\boldsymbol{x}_i(t+1)$分别是粒子 i 的当前位置和下一步位置；$\boldsymbol{v}_i(t+1)$是粒子 i 的向下一步位置移动的步长（速度向量）。$\boldsymbol{v}_i(t+1)$的计算公式如下：

$$\boldsymbol{v}_i(t+1) = \underbrace{w\boldsymbol{v}_i(t)}_{\text{惯性}} + \underbrace{c_1 r_1(t)[\boldsymbol{y}_i(t) - \boldsymbol{x}_i(t)]}_{\text{维持自身最好解}} + \underbrace{c_2 r_2(t)[\boldsymbol{z}(t) - \boldsymbol{x}_i(t)]}_{\text{靠拢全局最好解}} \tag{11-15}$$

式中，w 粒子移动的惯性系数；c_1 粒子向个体历史最好位置 I_{best} 的靠拢系数；c_2 粒子向全体全局最好位置 g_{best} 的靠拢系数；$r_1(t)$为$[0, 1]$均匀分布的随机数；$r_2(t)$为$[0, 1]$均匀分布的随

机数。

换言之，对于第 t 次迭代，每个粒子为搜索更好的位置，会按照各自的速度向量 $v_i(t+1)$ 在搜索空间中位移（“飞翔”）一个距离，达到新的位置，得到新的解。该速度向量考虑三个因素：

① 粒子自身的运动惯性，即考虑上一步的速度向量；

② 它维持自己历史最好位置的愿望；

③ 它向当前全局最好位置靠拢的愿望。

惯性系数和向两类最好位置靠拢的系数需要根据针对具体问题的具体算法而经验设定，初始速度向量可以为 $\mathbf{0}$。

然后，粒子 i 目前搜索到的最好位置由下式更新：

$$\boldsymbol{y}_i(t+1)=\begin{cases}\boldsymbol{y}_i(t), & f(\boldsymbol{x}_i(t+1))\leqslant f(\boldsymbol{y}_i(t))\\ \boldsymbol{x}_i(t+1), & f(\boldsymbol{x}_i(t+1))>f(\boldsymbol{y}_i(t))\end{cases},\quad \forall i=1,2,\cdots,s \tag{11-16}$$

全部粒子当前所搜索到的最好位置由下式更新：

$$\boldsymbol{z}(t+1)=\arg\max_{\boldsymbol{y}_i}\{f(\boldsymbol{y}_i(t+1))\mid 1\leqslant i\leqslant s\} \tag{11-17}$$

粒子群优化算法的参数设置比较简单，只有惯性系数 w 和向两个最好解的靠拢系数 c_1 和 c_2 两类。r_1 和 r_2 为随机变量，其目的是增加搜索过程的全局性，避免陷入局部最优。当所有个体的 I_{best} 均与 g_{best} 一致时，算法停止。

算法框架如下：

步骤 1：设定算法参数 w，c_1，c_2 以及粒子群数量 s；为每个粒子构造一个互不相同的初始解 $\boldsymbol{x}_i(0)$，$i=1, 2, \cdots, s$；令 $\boldsymbol{y}_i(0)\leftarrow\boldsymbol{x}_i(0)$ 并计算 $\boldsymbol{z}(0)$；令初始速度 $\boldsymbol{v}_i(0)=0$。

步骤 2：令 $t\leftarrow 1$。

步骤 3：产生随机数 $r_1\in[0, 1]$和 $r_2\in[0, 1]$。

对每一个粒子 $i=1, 2, \cdots, s$，计算移动步长（速度向量）：

$$\boldsymbol{v}_i(t+1)\leftarrow w\boldsymbol{v}_i(t)+c_1r_1(t)[\boldsymbol{y}_i(t)-\boldsymbol{x}_i(t)]+c_2r_2(t)[\boldsymbol{z}(t)-\boldsymbol{x}_i(t)]$$

对每一个粒子 $i=1, 2, \cdots, s$，计算新的位置：

$$\boldsymbol{x}_i(t+1)\leftarrow\boldsymbol{x}_i(t)+\boldsymbol{v}_i(t+1)$$

步骤 4：对每一个粒子 $i=1, 2, \cdots, s$，计算新位置的目标函数值 $f(x_i(t+1))$。

对每一个粒子 $i=1, 2, \cdots, s$，更新个体历史最好解：

$$\boldsymbol{y}_i(t+1)\leftarrow\begin{cases}\boldsymbol{y}_i(t), & f(\boldsymbol{x}_i(t+1))\leqslant f(\boldsymbol{y}_i(t))\\ \boldsymbol{x}_i(t+1), & f(\boldsymbol{x}_i(t+1))>f(\boldsymbol{y}_i(t))\end{cases}$$

更新全体当前最优解：

$$\boldsymbol{z}(t+1)=\arg\max_{\boldsymbol{y}_i}\{f(\boldsymbol{y}_i(t+1))\mid 1\leqslant i\leqslant s\}$$

步骤 5：判断是否满足 $\boldsymbol{y}_i(t+1)=\boldsymbol{z}(t+1)$，$\forall i=1,2,\cdots,s$。如果满足，则算法停止，输出 $\boldsymbol{z}(t+1)$为最优解；否则，令 $t\leftarrow t+1$，转步骤 3 继续执行。

3. 基于 Metropolis 准则改进

PSO 算法的核心在于如何决定平衡向粒子个体历史最好位置和全局最好位置的靠拢。

Metropolis 准则已经被证明符合不同状态跳转概率的规律，可以应用于根据两类最好位置的目标函数值来确定相对权重。

令粒子 i 向移动下一步位置的移动步长 $\boldsymbol{v}_i(t+1)$ 计算式为

$$\boldsymbol{v}_i(t+1)=\underbrace{w\boldsymbol{v}_i(t)}_{\text{惯性}}+\underbrace{a_i(t)[\boldsymbol{y}_i(t)-\boldsymbol{x}_i(t)]}_{\text{维持自身最好解}}+\underbrace{b(t)[\boldsymbol{z}(t)-\boldsymbol{x}_i(t)]}_{\text{靠拢全局最好解}} \tag{11-18}$$

式中，$a_i(t)$和 $b(t)$分别是移动向自身最好解和全局最好解靠拢的权重系数。利用 Metropolis 准则，对于每个粒子 i，这两个系数应该满足(转化为 max 问题)：

$$\frac{a_i(t)}{b(t)}=\frac{\exp\left[-\dfrac{f(\boldsymbol{z}(t+1))}{T(t)}\right]}{\exp\left[-\dfrac{f(\boldsymbol{y}_i(t+1))}{T(t)}\right]}=\exp\left[\frac{f(\boldsymbol{y}_i(t+1))-f(\boldsymbol{z}(t+1))}{T(t)}\right] \tag{11-19}$$

式中，$T(t)$为第 t 步的温度，

$$T(t)=\max\{f(\boldsymbol{z}(t+1))-f(\boldsymbol{y}_i(t+1))\mid i=1,2,\cdots,s\}$$

基于上述改进，当粒子自身的历史最好位置与全局最好位置接近的时候，则下一步向二者靠拢的权重也相应的相等；而当二者有一定差距时，则优先靠拢目标函数值更优(目标函数值更大)的位置。这更符合粒子能量状态转化规律。

4. PSO 算法的其他改进

当 PSO 算法应用于实际问题时，往往还需要根据问题本身进行个性化设计。常见情况如下：

① 如何控制飞出可行解的技巧设计问题。对于带约束的最优化问题，如何控制粒子“飞出”可行域，始终保持“一个粒子代表一个可行解”的状态，是需要具体解决的问题；

② 0/1 粒子群优化(Binary PSO)算法。当决策变量为 0/1 变量时或为混合类型时，如何确定移动步长，需要考虑具体问题的特点，是值得研究的方向。

③ 协同粒子群优化(Cooperative PSO，CPSO)。考虑多个粒子群体协同优化问题。

④ 其他变异算法。

11.4.3　蚁群优化

Dorigo 在 1992 年最早提出蚁群系统启发式算法，从而发展起蚁群优化算法(Ant Colony Optimization，ACO)。蚁群优化算法来源于蚂蚁寻路过程，核心概念就是信息素(Pheromone)。

1. 基本原理

蚁群寻路过程的基本假设：

① 假设从 A 到 B 有很多路径可以选择，每只蚂蚁在经过的路径上都会留下信息素。别的蚂蚁探寻到这些信息素就会跟踪过去，并且重复留下信息素，以加强该路径的信息素浓度。

② 当蚂蚁经过的路径越短时，由于所用时间短，行走次数多，因此所留下的信息素就越强。

③ 当面对多条路径时，信息素越浓的路径，越能吸引蚂蚁选择。

④ 路径上的信息素是动态变化的，随时间流逝，信息素也可能挥发。

⑤ 如果一个路径长时间没有蚂蚁经过，则上面的信息素会越来越少。

因此,若某路径上总有蚂蚁经过,则该路径的信息素会越来越多,信息素多就会刺激更多的蚂蚁经过,直到蚁群收敛到某条路径上。

上述描述便是蚁群优化的基本原理。

2. 基于信息素的路径寻优

假定一只蚂蚁要从 A 到 B,共有 ACB 和 ADB 两条路径,其中路径 ACD 是 ABD 的 2 倍长,如图 11-22 所示。

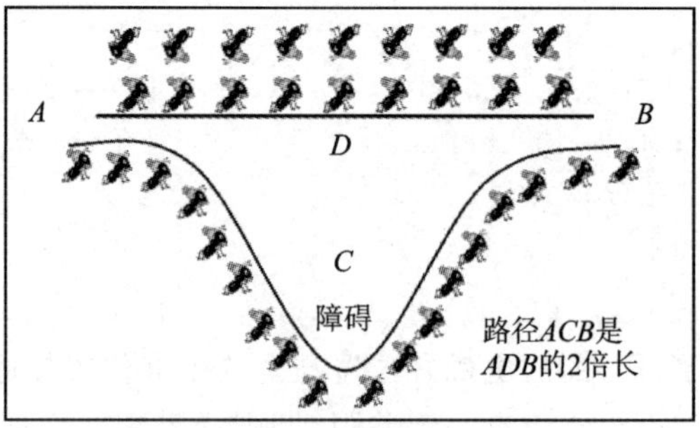

图 11-22 蚁群算法路径寻优图例

在两个路径上,蚁群一开始并不知道哪个路径更短,于是每单位时间在两个路径上各派出一只蚂蚁,每只蚂蚁每单位时间行走一步,假设 9 个时间单位能走完路径 ADB,则 18 个时间单位才能走完 ACB。

当时间进行到 18 个单位时间时,路径 ABD 上的蚂蚁已经原路折返。假设每条路径需要有蚂蚁折返后才能派出新的蚂蚁,则在 18 个时间单位,路径 ADB 就可以派出另一只蚂蚁,而路径 ACB 继续等待蚂蚁返回。

到了第 36 个时间单位,路径 ADB 积累的信息素浓度就是 4(往返 4 次)。而路径 ACB 上的第一只蚂蚁刚刚返回,路径积累的信息素浓度为 2,如图 11-23 所示。

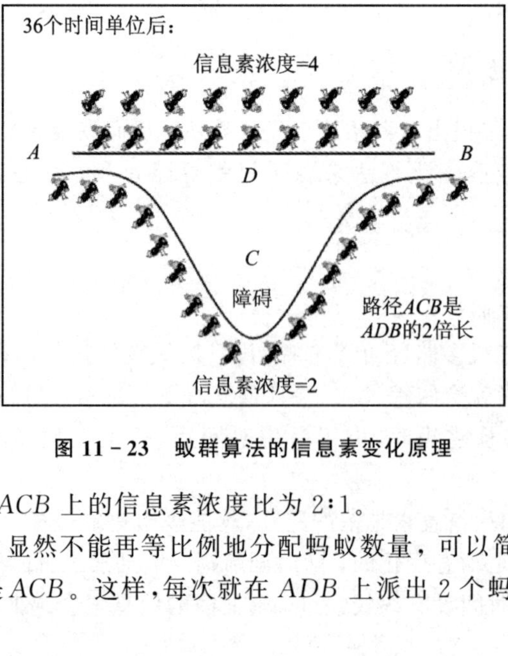

图 11-23 蚁群算法的信息素变化原理

这时,路径 ADB 和 ACB 上的信息素浓度比为 2∶1。

蚁群要继续派蚂蚁,显然不能再等比例地分配蚂蚁数量,可以简单地按照浓度比例分配蚂蚁是走路径 ADB 还是 ACB。这样,每次就在 ADB 上派出 2 个蚂蚁,在 ACB 上派出 1 个蚂蚁。结果再经过 36 个时间单位后，信息素浓度比例变为 (4＋8)∶(2＋2)＝3∶1。

持续下去，按照新的浓度比分配蚂蚁，再经过 36 个时间单位之后，信息素浓度变为 4∶1。如此下去，如果时间无限长，最后会出现路径 *ADB* 的信息素浓度远远大于 *ACB*。从此不再有蚂蚁走 *ACD* 这条路径，蚁群收敛在最短路径 *ABD* 上，算法结束。

上述过程隐含的意义：多数人说好的，就认为是好。参考文献[10]证明上述算法按概率 1 收敛于问题的最优解。

3. 信息素的减弱

通常设定在经过固定时间单位后，根据蚂蚁的行走记录对路径上的信息素进行增强，同时原有信息素按照一定比率“蒸发”。从而使信息素最终趋向于在较优路径上增强而在非优路径上减弱，最终收敛于最优解。实际上只要保证收敛，信息素的增强和挥发可以取不同的形式，因而蚁群算法有不同的变体，如 max-min 蚁群算法(为设定信息素上下限)，或者加蚂蚁的“预见性”(启发式)等。

练习题

1. 用模拟退火算法求解 11.2.5 小节中的 CVRP 问题。

(1) 比较三种算子(Swap，Relocation，2－Opt)在同等计算参数设置下的寻优效果差异。

(2) 采用 2－Opt 算子，在内循环固定次数为 1 000 的情况下，比较降温速率 τ 分别为 0.99，0.999，0.999 9 时的计算效果，绘制三种情况下的“目标函数值-温度”曲线图，以及“目标函数值-计算时间”曲线图，分析说明不同降温速率所产生的差异及原因。

(3) 在计算时间不超过 10 min 前提下，测试出一组最优的计算参数组合(内循环固定次数、降温速率)，使计算效果(10 次平均)达到最好。

2. 用模拟退火算法求解 11.3.3 小节中的信息共享平台优化问题。

(1) 企业数量为 30，最高补贴总金额为 100；

(2) 信息共享价值表(其余 p_{ij} 为 1)如表 11－4 所列。

表 11－4　信息共享价值表

企业对		p_{ij}	企业对		p_{ij}	企业对		p_{ij}	企业对		p_{ij}	企业对		p_{ij}
i	j		i	j		i	j		i	j		i	j	
1	17	14.7	8	18	−34.4	16	6	−26.5	21	1	8	26	1	−3.3
1	24	9.7	8	26	18.7	16	7	17.6	21	5	6.5	26	11	18.4
1	25	3.8	9	2	17	16	9	3	21	7	−45.9	26	17	−44.6
1	26	6	9	5	18.3	16	10	−15.2	21	15	−14.2	26	21	12.4
1	30	−46.4	9	14	19.6	16	13	8.3	21	19	4.2	26	27	3.5
2	5	−45.7	9	22	1.2	16	18	8.3	21	25	16	27	5	1.2
2	10	19.9	9	27	19.9	16	19	19.8	21	28	5.8	27	7	17.9
3	12	16.5	10	2	5.4	16	20	0.8	22	2	6.6	27	11	1.5
3	16	7.1	10	8	15.1	16	24	13.6	22	12	1.1	27	12	11.9

续表 11－4

企业对		p_{ij}	企业对		p_{ij}	企业对		p_{ij}	企业对		p_{ij}	企业对		p_{ij}
i	j		i	j		i	j		i	j		i	j	
3	24	5.2	10	12	−26.2	16	25	17.8	22	17	7	27	13	10.5
3	26	17.1	10	24	−49.2	17	2	8.6	22	19	17.1	27	14	10.9
4	1	−22.8	11	4	3.4	17	5	19.8	22	21	2.4	27	16	0.3
4	5	18.3	11	7	4.9	17	7	19.1	22	24	10.5	27	18	9.8
4	8	2.1	11	9	11	17	9	17.6	22	25	11.3	27	19	11.4
4	11	17.7	11	16	16.4	17	10	11.4	22	26	0.3	27	22	16.8
4	13	8.3	11	18	5	17	19	15.7	22	27	12.7	28	2	11
4	23	7.4	11	23	4	17	20	−10.9	23	6	10.4	28	3	2.5
4	29	8.8	11	28	6.3	17	27	−10.2	23	10	8.6	28	5	3.1
5	12	2.8	12	1	15	18	1	4.1	23	16	−49.5	28	6	11.7
5	14	7.5	12	2	−30.7	18	2	3.5	23	19	12.6	28	7	5.5
5	19	13	12	22	8.6	18	7	19.9	23	26	2.1	28	10	6.8
5	22	5.8	12	28	0.4	18	15	11.5	24	6	−1.6	28	24	0.6
6	5	12.3	13	9	−10.5	18	22	3.4	24	8	−44.7	28	26	11.7
6	7	15.6	13	17	2.4	18	24	−40.9	24	12	14.9	29	22	5.4
6	21	3.3	13	18	4.6	19	2	−5	24	13	7.6	30	2	0.8
6	24	13.4	13	30	18.9	19	5	18.2	24	14	16	30	4	13.4
7	13	14.7	14	1	16.8	19	20	−40.8	24	20	7.9	30	7	5.5
7	17	12.7	15	3	7.1	19	21	2.8	24	22	16.7	30	9	−10.8
7	20	−34.6	15	6	12.2	19	30	−36.1	24	29	2.6	30	13	2.9
7	23	2.2	15	14	14.1	20	5	8.6	25	4	15	30	16	5.6
8	4	11.6	15	19	6.9	20	8	8.3	25	8	9.9	30	19	0.8
8	12	5.2	15	25	2.9	20	15	12.1	25	14	5.2	30	24	18.7
8	14	6	15	30	7.3	20	25	10.1	25	18	2.8			

3．用混合遗传算法求解 11.3.3 小节中的信息共享平台优化问题，并与模拟退火算法比较求解效果。

4．用混合遗传算法求解 11.2.5 小节中的 CVRP 问题，并与模拟退火算法比较求解效果。

5．用变邻域算法求解 11.2.5 小节中的 CVRP 问题。

第 12 章　多目标优化

在实际问题中，往往碰到的是多个目标需要同时优化的问题，如成本、效率、质量、可靠性等多个维度，这样的问题称为多目标优化问题。多目标优化通常是以单目标优化为基础的，其主要思想是要根据实际需求对多目标进行优化权衡。本章简要介绍多目标优化的基本知识和两种常用的多目标评价方法。

12.1　多目标数学规划

12.1.1　基本要素

多目标规划通常包括三个基本要素：

1. 要有两个以上的目标函数

需要有两个或以上的、不同的优化目标函数，追求各目标函数取得各自的最优值，才能形成多目标规划问题。目标函数应具备以下特性：

① 目标函数之间具有不可公度性。不同目标函数的度量单位应该是不同的，因此不能将目标函数转化为统一度量。若两个目标函数具有相同的度量单位，则可以合并为一个目标函数。

② 目标函数之间可能具有矛盾性，即目标函数之间存在负相关性。如一个目标函数值的上升必然导致另一个目标函数值的降低。若目标函数之间不存在负相关性，则可将多目标规划转化为针对各个目标函数的单目标规划问题。换言之，就是目标函数之间具有相互依赖性。

③ 目标函数可能是多极性：个体目标函数可能是求极大化、极小化，或对某个值的偏离最小化，不完全是求极大化或极小化。

2. 要有多个独立的决策变量

需要有两个以上的决策变量，且变量相互独立，没有函数依赖关系。若有函数依赖关系，则只需保留其中一个作为决策变量，另一个为依赖变量。每个变量的变化会对两个以上的目标函数有影响。若变量仅对一个目标函数有影响，则针对该目标函数可将其退化为单目标优化问题。

3. 要有若干约束条件

需要有若干约束条件。这些约束对变量的可行取值范围、相互作用关系，以及与参数之间的作用关系进行约束，反映出实际问题的约束特点。

12.1.2　数学模型

多目标规划问题的数学规划模型标准形式如下：

$$\begin{cases} \max \boldsymbol{F}(\boldsymbol{X}) = \begin{bmatrix} \max f_1(\boldsymbol{X}) \\ \max f_2(\boldsymbol{X}) \\ \vdots \\ \max f_k(\boldsymbol{X}) \end{bmatrix} \\ \text{s.t. } \boldsymbol{G}(\boldsymbol{X}) = \begin{bmatrix} g_1(\boldsymbol{X}) \\ g_2(\boldsymbol{X}) \\ \vdots \\ g_m(\boldsymbol{X}) \end{bmatrix} \leqslant 0 \end{cases} \tag{12-1}$$

式中，$\boldsymbol{X}=[x_1 \quad x_2 \quad \cdots \quad x_n]^{\mathrm{T}}$ 为决策变量向量，其中 n 为决策变量的个数；$\boldsymbol{F}(\boldsymbol{X})=\{f_1(\boldsymbol{X}), f_2(\boldsymbol{X}), \cdots, f_k(\boldsymbol{X})\}$表示问题的 k 个目标函数集合；$\boldsymbol{G}(\boldsymbol{X})$是约束条件集，是 $\boldsymbol{X}$ 的 m 维函数向量。上式中目标函数都转化为求极大。

将多目标规划一般形式转化为上述标准形式时：

① 对于 $\min f_i(\boldsymbol{X})$的情况，将目标函数取负，转化为 $\max -f_i(\boldsymbol{X})$；

② 对于 $g_j(\boldsymbol{X})\geqslant 0$ 的情况，将两边取负，转化为$-g_j(\boldsymbol{X})\leqslant 0$；

③ 对于 $g_j(\boldsymbol{X})<0$ 的情况，引入非负极小变量 ε，转化为 $g_j(\boldsymbol{X})+\varepsilon\leqslant 0$；

④ 对于 $g_j(\boldsymbol{X})=0$ 的情况，等价转化为 $g_i(\boldsymbol{X})\leqslant 0$ 且$-g_j(\boldsymbol{X})\leqslant 0$。

12.1.3 解的定义

1. 可行解

变量值域中满足约束的一组变量值 X，均是 $\boldsymbol{F}(X)$的可行解。

2. 理想最优解

令 $f_i^*=\max f_i(X)$，$\forall i=1,2,\cdots,k$，如果有满足约束的一组变量值 X^*，使得 $F(X^*)=\{f_1^*, f_2^*, \cdots, f_k^*\}$，则称 X^* 为问题的理想最优解。

- 在目标函数存在矛盾依赖性的情况下，理想最优解是不存在的(或不可行的)。
- 当目标函数之间相互完全独立(不依赖)时，存在理想最优解。

3. 非劣解

设 X^* 是多目标优化问题的一个可行解，如果不存在其他的可行解 $X\in\{X\}$，使得 $f(X)\geqslant f(X^*)$成立，即 $f_i(X)\geqslant f_i(X^*)(i=1,2,\cdots,n)$，且至少存在一个 $i'(1\leqslant i'\leqslant n)$使得 $f_i{}'(X)>f_i{}'(X^*)$成立，则称 X^* 为问题的一个非劣解(Non-dominated Solution)，或帕累托最优解。

4. 劣　解

设 X^* 是多目标优化问题的一个可行解，如果存在其他的可行解 $X\in\{X\}$，使得 $f(X)\geqslant f(X^*)$成立，即 $f_i(X)\geqslant f_i(X^*)(i=1,2,\cdots,n)$，则称 X^* 为问题的一个劣解(Dominated Solution)。

多目标规划的全部解＝劣解＋非劣解。

解概念的比较：

- 理想最优解：该解的所有目标值都取该目标函数的单目标优化最优解。
- 非劣解：不存在比该解更优(至少一项大于)的可行解。

• 劣解：存在比该解更优的解。

图 12－1 所示为多目标规划的劣解与非劣解示例。

劣解（指向解1）　非劣解（指向解2）　非劣解（指向解3）

评价	目标a_1	目标a_2	目标a_3	目标a_4	目标a_5
解1	1	2	2	2	2
解2	1	2	2	3	2
解3	2	1	2	3	3
理想最优解	2	2	2	3	3

图 12－1　多目标规划的劣解与非劣解示例

把多个目标看作多个维度坐标，把不同可行解均标注于坐标空间。由于非劣解通常有一项或多项目标值是最大的，因此这些非劣解总是处于坐标空间的外围前沿，形成了非劣解前沿面/线，如图 12－2 所示。

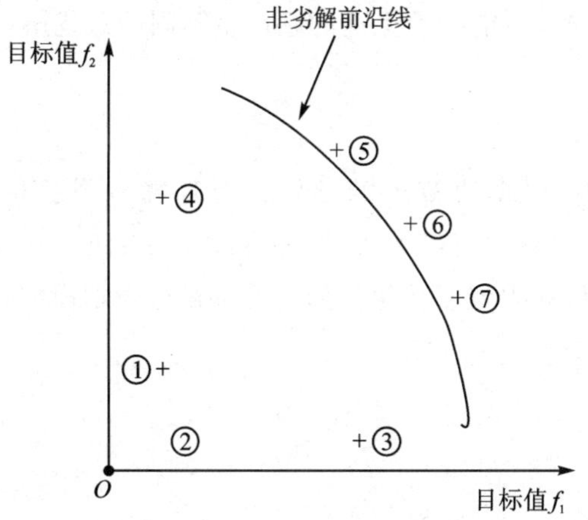

图 12－2　非劣解的前沿线/面

在图 12－2 中，可以观察到：解①的 f_2 目标值比解②大，但其目标值 f_1 比解②小，因此无法确定这两个方案的优与劣；解③比解②好，解④比解①好，解⑦比解③好，解⑤比解④好；对于解⑤、⑥、⑦，则无法确定相对的优劣，但是可以确定的是，没有比它们更好的其他方案。所以解⑤、⑥、⑦被称为多目标规划问题的非劣解或有效解。其余方案都称为劣解。所有非劣解构成的集合称为非劣解集。

5. 单调性

对于任意 $X_1, X_2 \in \{X\}$，均有 $X_1 \succ X_2 \Leftrightarrow F(X_1) \succ F(X_2)$ 或 $X_1 \prec X_2 \Leftrightarrow F(X_1) \prec F(X_2)$，则称目标函数 $\boldsymbol{F}(X)$ 满足单调性。这里“$X_1 \prec (\succ) X_2$”符号表示 X_1 中的对应元素均小于(或大于)X_2 对应的元素。

当目标函数**满足单调性**时，多目标问题存在理想最优解。当目标函数**不满足单调性**(目标函数之间存在矛盾性的依赖关系)时，多目标优化问题不存在最优解，只存在非劣解。这时问题的求解只能求非劣解(或帕累托最优解)。

12.1.4 求解方法

多目标规划的非劣解求解主要有以下几种方法：

1. 加权法

为每个目标设置一项大于0的权重，将多目标函数的加权和作为新的单目标函数，将多目标规划转化为单目标规划，即

$$\begin{cases}\max\limits_{X\in A} F(X,W)=\sum\limits_{i=1}^{k} w_i f_i(X)\\ \text{s.t. } g_i(X)\leqslant 0, \quad \forall i=1,2,\cdots,m\\ \qquad X\in R^N\end{cases} \tag{12-2}$$

当权值 $w_i>0(i=1,2,\cdots,k)$时，上面问题的最优解是原始问题一个非劣解；但注意，只要有一个 $w_i=0$ 时，该问题的最优解可能会是原始问题的劣解。当权重 $W=\{w_i \mid i=1,2,\cdots,k;\ w_i>0\}$取不同的组合时，可能导致上面问题产生不同的最优解，这些最优解都是原始问题的非劣解。

2. 约束法

对于多目标决策规划，根据决策人的偏好任意选择一个目标，例如，针对第 j 个目标 $f_j(X)(1\leqslant j\leqslant k)$，要求该目标取得最大值，即 $\max f_j(X)$；而对其他目标函数，则要求不低于一个给定的值。这样，多目标规划便转化为如下的单目标规划模型：

$$\begin{cases}\max\limits_{X\in A}=f_j(X)\\ \text{s.t. } g_i(X)\leqslant 0, \quad \forall i=1,2,\cdots,m\\ \qquad f_i(\boldsymbol{x})\geqslant \varepsilon_i, \quad \forall i=1,2,\cdots,k;i\neq j\\ \qquad X\in R^N\end{cases} \tag{12-3}$$

在一定的条件下，上述问题的最优解就是原始问题的非劣解。其中 $\varepsilon_i(i=1,2,\cdots,k;i\neq j)$是与 X 无关的常数，其要求的条件就是保证问题有解。

3. 解析法

对于目标函数可导的多目标问题，将目标函数向量针对决策变量 X 进行求导，令导函数等于0求解极值方程：

$$\frac{\mathrm{d}F(X)}{\mathrm{d}X}=\begin{bmatrix}\frac{\mathrm{d}f_1(X)}{\mathrm{d}X} & \frac{\mathrm{d}f_2(X)}{\mathrm{d}X} & \cdots & \frac{\mathrm{d}f_k(X)}{\mathrm{d}X}\end{bmatrix}=[0\quad 0\quad \cdots\quad 0] \tag{12-4}$$

式中，$\mathrm{d}X=[\mathrm{d}x_1\quad \mathrm{d}x_2\quad \cdots\quad \mathrm{d}x_n]$，$X=\{X\in R^N \mid g_i(X)\leqslant 0,i=1,2,\cdots,m\}$。

产生了 k 个方程组：

$$\begin{cases}\dfrac{\mathrm{d}f_i(X)}{\mathrm{d}X}=0\\ X=\{X\in R^N \mid g_j(X)\leqslant 0,j=1,2,\cdots,m\}\end{cases}, \quad \forall i=1,2,\cdots,k \tag{12-5}$$

求解每个方程组获得解空间 S_i，$i=1,2,\cdots,k$。令 $U=\bigcup\limits_{i=1}^{k} S_i$，则 U 是问题的帕累托最优解集。

4. 理想最优解的求解方法

采用单目标最优化：对于多目标问题中的目标函数，转化为单目标规划问题。如针对第 i 个目标函数，解如下单目标规划问题：

$$\max \{f_i(X) \mid g_i(X) \leqslant 0, i=1,2,\cdots,m; X \in R^n\}$$

得到该问题的最优解 f_i^*，针对 $i=1,2,\cdots,k$，计算得到 $F^*=[f_1^*, f_2^*, \cdots, f_k^*]$，则 F^* 是该问题的理想最优解。需要注意的是，仅当目标函数之间无矛盾性相关性时，理想最优解才有可能存在。

5. 理想最差解的求解方法

将每一个目标函数转化为求最小值的单目标规划问题。例如，针对第 i 个目标函数，解如下单目标规划问题：

$$\min \{f_i(X) \mid g_i(X) \leqslant 0, i=1,2,\cdots,m; X \in R^n\}$$

得到该问题的最差解 $\hat{f}_i$，针对 $i=1,2,\cdots,k$，计算得到 $\hat{F}=[\hat{f}_1, \hat{f}_2, \cdots, \hat{f}_k]$，则 $\hat{F}$ 是该问题的理想最差解。同样，仅当目标函数之间完全独立(即无相关性)时，理想最差解才有可能存在。

12.1.5 群体多目标优化

对于一个多目标问题，当存在多个决策者(假设共有 h 个)，每个决策者对目标的期望各不相同且都希望能达到各自预先设定的目标值时，该优化问题称为群体多目标优化问题。

令其中的第 i 个决策者有 m_i 个目标，分别为 $f_1^{(i)}, f_2^{(i)}, \cdots, f_{m_i}^{(i)}$，并希望多目标决策结果趋向为

$$f_k(X) \to f_k^{(i)}, \quad \forall k=1,2,\cdots,m_i$$

因此，对于 h 个决策者，有多个优化目标值：

$$[f_1^{(i)}, f_2^{(i)}, \cdots, f_{m_i}^{(i)}], \quad \forall i=1,2,\cdots,h$$

第 i 个决策者的最优决策可归结为求单个决策者的目标偏差最小化问题：

$$\begin{cases} U^{(i)}=\min\limits_X\{|f_1(X)-f_1^{(i)}|, |f_2(X)-f_2^{(i)}|, \cdots, |f_{m_i}(X)-f_{m_i}^{(i)}|\} \\ \text{s.t. } g_j(X) \leqslant 0, \quad j=1,2,\cdots,m \\ \qquad X \in R^n \end{cases} \tag{12-6}$$

式中，$i=1,2,\cdots,h$。

这样，上述问题由多目标优化问题就转化为偏差最小化问题，即求 X^* 使得 $U^{(i)}(X^*) \to [0,0,\cdots,0]$。

再推广到考虑多决策者的优化目标值，求 X^* 使得

$$U^{(i)}(X^*) \to [0,0,\cdots,0], \quad \forall i=1,2,\cdots,h$$

12.2 数据包络分析法

12.2.1 概念和特点

数据包络分析(Data Envelopment Analysis，DEA)法是由美国人 Charnes A.、Cooper W. W. 和 Rhodes E. 于 1978 年提出的一种以相对效率概念为基础的多目标评价方法，其模型称为 C^2R 模型。DEA 通过将评价目标划分为投入指标(成本型)和产出指标(收益型)两类，

将决策单元(或问题的解方案)的输出与输入之比定义为生产效率,并将生产效率最高的定义为DEA生产前沿面。然后借助于数学规划方法,以指标权重为变量,求解各决策方案最大化的生产效率,并通过判断是否能够达到DEA的生产前沿线/面上,或偏离DEA前沿线/面的程度来评价各决策单元的相对优劣性。

首先介绍DEA的一些基本术语:

- 决策单元(Decision Making Units, DMU):即评价对象,可以是措施、方案或供应商等,评价依据是一组指标和数据。
- 评价指标:决策单元的特征数据,需要划分为投入指标和产出指标两类。
- 投入指标:指决策单元的耗费量,例如人力、财务、设备、土地等。
- 产出指标:指决策单元的产出量,例如产值、收入、效能、产品数量等。
- 数据:指标的实际观测结果。
- 生产效率:产出与投入之比。
- 生产前沿面:DEA定义的非劣解区域,该区域的解可以拥有最高的生产效率。
- 相对有效性:决策单元偏离生产前沿面的距离。

12.2.2 效率评价指标

设有 n 个决策单元(问题的解决方案),将决策单元的评价指标划分为投入型和产出型。假定投入型指标有 p 种,产出型指标有 q 种。令 x_{ik} 表示第 k 个决策单元的第 i 种投入指标的投入量(指标值),$x_{ik}>0$;y_{jk} 表示第 k 个决策单元的第 j 种产出指标的产出量(指标值),$y_{jk}>0$;u_j 表示第 j 种产出指标的权系数,$u_j \geqslant 0$;v_i 表示第 i 种投入指标的权系数,$v_i \geqslant 0$,其中,$i=1, 2, \cdots, p$;$j=1, 2, \cdots, q$;$k=1, 2, \cdots, n$;x_{ik} 和 y_{jk} 是已知数据,可以根据历史资料、统计数据和预测计算得到;权系数 u_j 和 v_i 不确定,需要通过建模计算动态确定。

对每一个决策单元 k,定义一个效率评价指标:

$$h_k = \frac{u_1 \cdot y_{1k} + \cdots + u_q \cdot y_{qk}}{v_1 \cdot x_{1k} + \cdots + v_p \cdot x_{pk}} = \frac{\sum_{j=1}^{q} u_j \cdot y_{jk}}{\sum_{i=1}^{p} v_i \cdot x_{ik}}, \quad \forall k = 1,2,\cdots,n \tag{12-7}$$

即 h_k 等于产出指标值的加权和除以投入指标值的加权和,表示第 k 个决策单元所能取得的在权重可变情况下的最大经济效率。

设投入指标和产出指标的权系数向量分别为

$$\boldsymbol{V}=(v_1 \quad v_2 \quad \cdots \quad v_p)^{\mathrm{T}}, \quad \boldsymbol{U}=(u_1 \quad u_2 \quad \cdots \quad u_q)^{\mathrm{T}}$$

第 k 个决策单元投入向量和产出向量分别为

$$\boldsymbol{X}_k=(x_{1k} \quad x_{2k} \quad \cdots \quad x_{pk})^{\mathrm{T}} \quad \boldsymbol{Y}_k=(y_{1k} \quad y_{2k} \quad \cdots \quad y_{qk})$$

评价指标可简化为

$$h_k = \frac{\boldsymbol{U}\boldsymbol{Y}_k}{\boldsymbol{V}\boldsymbol{X}_k}, \quad \forall k = 1,2,\cdots,n \tag{12-8}$$

下面是一个可运用DEA方法评价的多目标决策例子:有4种决策方案(A、B、C、D)和5项评价指标(费用、时间、人力、效能、质量)。其中费用、时间、人力是投入指标,效能和质量是产出指标。投入指标的权重用 v_1, v_2, v_3 表示,产出指标的权重用 u_1 和 u_2 表示,如表12-1所列。

表 12-1　多目标决策方案评价指标表

方案(DMU)	方案 A	方案 B	方案 C	方案 D	指标类型	权　重
投入指标 1(费用)	10	5	1	3	投入	v_1
投入指标 2(时间)	17	1	1	2	投入	v_2
投入指标 3(人力)	14	2	3	1	投入	v_3
产出指标 1(效能)	30	8	2	4	产出	u_1
产出指标 2(质量)	120	20	6	24	产出	u_2

根据效率指标的定义,4 项方案的效率指标计算式分别为

$$h_1 = \frac{30u_1 + 120u_2}{10v_1 + 17v_2 + 14v_3}, \quad h_2 = \frac{8u_1 + 20u_2}{5v_1 + v_2 + 2v_3}$$

$$h_3 = \frac{2u_1 + 6u_2}{v_1 + 2v_2 + 3v_3}, \quad h_4 = \frac{4u_1 + 24u_2}{3v_1 + 2v_2 + v_3}$$

可以看出,决策单元的产出投入比是一个大于 0 的正数,反映了决策单元的经济效率。不同的决策单元有不同的效率值,可以据此对决策单元进行排序。但权重变化会导致指标效率值变化,决策单元的排序也将变化。因此,可以通过分析变化的规律来分析决策单元的特性。一般来讲,h_k 越大,表示该方案效率越高。可以适当地选择权系数 $\boldsymbol{U}$、$\boldsymbol{V}$,使得 h_k 总是满足 $h_k \leqslant 1$。这样,如果我们对 DUM_k 进行评价,就看 DUM_k 在这 n 个 DMU 中相对来说是不是最优的,并且还可以考察,当尽可能地变化权重时,h_k 的最大值究竟是多少,能否达到 1。

12.2.3　优化模型($\mathbf{C^2R}$ 模型)

1. 问题描述

考察某个决策单元(以下标 r 表示)的效率评价指数,当投入指标和产出指标的权系数变化时,以所有决策单元的效率评价指数 $h_k \leqslant 1(k=1, 2, \cdots, n)$为约束条件,计算该决策单元的效率评价指数最大值。

2. 参数定义

N　决策单元(方案)的集合,下标用 k 表示,$k \in N$;

r　被考察的某个决策单元,$r \in N$;

U　投入指标集合,下标用 i 表示,$i \in U$, $p = \mathrm{card}(U)$;

V　产出指标集合,下标用 j 表示,$j \in V$, $q = \mathrm{card}(V)$;

x_{ik}　决策单元 k 的投入指标 i 的取值,令 $X = \{ x_{ik} \mid i \in U, k \in N\}$;

y_{jk}　决策单元 k 的产出指标 j 的取值,令 $Y = \{ y_{jk} \mid j \in V, k \in N\}$。

3. 变量定义

u_i　投入指标 i 的权重,$i \in U$;

v_i　产出指标 j 的权重,$j \in V$;

h_k　决策单元 k 的生产效率指标,为依赖变量。

4. 优化模型

$$
\begin{cases}
\max\ h_r = \dfrac{\sum\limits_{j=1}^{q} u_j y_{jr}}{\sum\limits_{i=1}^{p} v_i x_{ir}} = \dfrac{u_1 y_{1r} + u_2 y_{2r} + \cdots + u_q y_{qr}}{v_1 x_{1r} + v_2 x_{2r} + \cdots + v_p x_{pr}} \\
\text{s.t.}\ \ h_k = \dfrac{\sum\limits_{j=1}^{q} u_j y_{jk}}{\sum\limits_{i=1}^{p} v_i x_{ik}} = \dfrac{u_1 y_{1k} + u_2 y_{2k} + \cdots + u_q y_{qk}}{v_1 x_{1k} + v_2 x_{2k} + \cdots + v_p x_{pk}} \leqslant 1, \quad \forall k = 1,2,\cdots,n \qquad (1) \\
\qquad u_j, v_i \geqslant 0, \quad j = 1,2,\cdots,q; i = 1,2,\cdots,p \qquad (2)
\end{cases}
$$

上述模型中，x_{ik} 和 y_{jk} 为已知数，v_i 和 u_j 为变量，以效率指标 h_r 的最大值化为目标函数。约束条件有 2 个，约束式(1)表示所有决策单元的效率指标均不能大于 0；约束式(2)表示权重系数不能为负数。

上述模型的求解结果用以评价第 r 个决策单元的生产效率是否处于生产前沿面，即是否 DEA 有效(相对于其他决策单元而言)，因此模型可以简写为

$$
\begin{cases}
\max\ h_r = \dfrac{\boldsymbol{U}^{\mathrm{T}} \boldsymbol{Y}_r}{\boldsymbol{V}^{\mathrm{T}} \boldsymbol{X}_r} \\
\text{s.t.}\ \ h_k = \dfrac{\boldsymbol{U}^{\mathrm{T}} \boldsymbol{Y}_k}{\boldsymbol{V}^{\mathrm{T}} \boldsymbol{X}_k} \leqslant 1, \quad \forall k = 1,2,\cdots,n \\
\qquad \boldsymbol{U}, \boldsymbol{V} \geqslant \boldsymbol{0}
\end{cases}
$$

由于约束条件限制了 h_k 必须小于或等于 1，因此目标函数 h_r 的最大上限也仅能取到 1。但是权重变化会同时导致所有 h_k 都随之变化，且要满足不能大于 1 的约束，因此并不一定能够找到合适的权重，使 $h_r=1$ 的同时保障其他的 h_k 都满足 $h_k \leqslant 1$。因此，判断 h_r 是否能达到 1，成为了判断决策单元 r 是否 DEA 有效的关键。

如果引入新的变量向量 $\boldsymbol{\omega} = t\boldsymbol{V}$ 和 $\boldsymbol{\mu} = t\boldsymbol{U}$，其中 $t = \dfrac{1}{\boldsymbol{V}^{\mathrm{T}} \boldsymbol{X}_r}$ 是中间变量，则可以将上述非线性模型转化为线性(Charnes - Cooper 变换)模型：

$$
\begin{cases}
\max\ h_r = \boldsymbol{\mu} \cdot \boldsymbol{Y}_r \\
\text{s.t.}\ \ \boldsymbol{\mu} \boldsymbol{Y}_k \leqslant \boldsymbol{\omega} \boldsymbol{X}_k, \quad \forall k = 1,2,\cdots,n \\
\qquad \boldsymbol{\omega} \boldsymbol{X}_r = 1 \\
\qquad \boldsymbol{\mu}, \boldsymbol{\omega} \geqslant \boldsymbol{0}
\end{cases}
$$

上述的非线性规划和线性规划都是 $\mathrm{C^2R}$ 模型的表达形式。对线性 $\mathrm{C^2R}$ 模型进行求解，可获得最优解($\boldsymbol{\omega}^*, \boldsymbol{\mu}^*$)及各决策单元的效率指标。对于任意决策单元 r 及其效率指标值 h_r，其 DEA 有效性判别方法如下：

① 若 $h_r=1$，则称决策单元 r 为**DEA 有效**。

② 若 $h_r=1$ 且满足条件 $\boldsymbol{\omega}^* > 0$ 和 $\boldsymbol{\mu}^* > 0$，则称决策单元 r 为**强 DEA 有效**。

③ 若 $h_r<1$，则称决策单元 r 非 DEA 有效。

显然，如果一个决策单元为 DEA 有效，表明该决策单元的效率指数可以达到最大值 1。当存在取部分权重为 0 时才能达到 DEA 有效时，则该决策单元为**弱 DEA 有效**。换言之，如

果一个决策单元为 DEA 有效，则总能为输入指标和输出指标找到一组非负权重值 $\boldsymbol{U}^*$ 和 $\boldsymbol{V}^*$，使该决策单元的生产效率指标取得最大值(不低于其他决策单元)。如果该权重值 $\boldsymbol{U}^*$ 和 $\boldsymbol{V}^*$ 都是大于 0 的正数，则称该决策单元为强 DEA 有效；反之，则称为弱 DEA 有效。

12.2.4 算　例

以表 12-1 中的数据为例，判断计算各项方案是否 DEA 有效。

针对决策方案 A，引入权重变量向量 $\boldsymbol{U}=(u_1, u_2)$ 和 $\boldsymbol{V}=(v_1, v_2, v_3)$，建立 $\mathrm{C^2R}$ 优化模型。

$$\begin{cases}\max h_1=\dfrac{\boldsymbol{U}^{\mathrm{T}}\boldsymbol{Y}_1}{\boldsymbol{V}^{\mathrm{T}}\boldsymbol{X}_1}=\dfrac{30u_1+120u_2}{10v_1+17v_2+14v_3}\\ \text{s.t. } h_1=\dfrac{\boldsymbol{U}^{\mathrm{T}}\boldsymbol{Y}_1}{\boldsymbol{V}^{\mathrm{T}}\boldsymbol{X}_1}=\dfrac{30u_1+120u_2}{10v_1+17v_2+14v_3}\leqslant 1\\ \qquad h_2=\dfrac{\boldsymbol{U}^{\mathrm{T}}\boldsymbol{Y}_2}{\boldsymbol{V}^{\mathrm{T}}\boldsymbol{X}_2}=\dfrac{8u_1+20u_2}{5v_1+v_2+2v_3}\leqslant 1\\ \qquad h_3=\dfrac{\boldsymbol{U}^{\mathrm{T}}\boldsymbol{Y}_3}{\boldsymbol{V}^{\mathrm{T}}\boldsymbol{X}_3}=\dfrac{2u_1+6u_2}{v_1+2v_2+3v_3}\leqslant 1\\ \qquad h_4=\dfrac{\boldsymbol{U}^{\mathrm{T}}\boldsymbol{Y}_4}{\boldsymbol{V}^{\mathrm{T}}\boldsymbol{X}_4}=\dfrac{4u_1+24u_2}{3v_1+2v_2+v_3}\leqslant 1\\ \qquad v_1,v_2,v_3\geqslant 0\\ \qquad u_1,u_2\geqslant 0\end{cases}$$

如果引入新的变量向量 $\boldsymbol{\omega}=t\boldsymbol{V}$ 和 $\boldsymbol{\mu}=t\boldsymbol{U}$，其中 $t=\dfrac{1}{\boldsymbol{V}^{\mathrm{T}}\boldsymbol{X}_r}$ 是中间变量，则可以将上述模型转化为线性模型：

$$\begin{cases}\max h_1=30\mu_1+120\mu_2\\ \text{s.t. } 30u_1+120u_2\leqslant 10\omega_1+17\omega_2+14\omega_3\\ \qquad 8u_1+20u_2\leqslant 5\omega_1+\omega_2+2\omega_3\\ \qquad 2u_1+6u_2\leqslant \omega_1+2\omega_2+3\omega_3\\ \qquad 4u_1+24u_2\leqslant 3\omega_1+2\omega_2+\omega_3\\ \qquad 10\omega_1+17\omega_2+14\omega_3=1\\ \qquad \omega_1,\omega_2,\omega_3,\mu_1,\mu_2\geqslant 0\end{cases}$$

利用 CPLEX 求解器求解上述优化模型，可得到最大值 $h_1=1$，因此可判断决策方案 A 是 DEA 有效的。同样方法，分别针对决策方案 B、C、D 进行计算，可求解得到 $h_2=1$，$h_3=0.852$，$h_4=1$。因此可判断决策方案 B 和 D 是 DEA 有效的，但决策方案 C 非 DEA 有效。

增加约束条件，令决策变量向量 $\boldsymbol{\omega}$ 和 $\boldsymbol{\mu}$ 都必须大于某个非常小的正数 ε，再次进行求解计算。得到同样结果，且决策变量均不为 0，则表明决策方案 A、B、D 是强 DEA 有效。

12.2.5 绘制包络线

根据 DEA 有效性判断结果，每两个指标为一组，绘制二维的数据包络线(即生产前沿面)，以图形展示对评价对象的 DEA 判断结果。绘制过程如下：

① 计算出每个评价对象的生产效率 h_i。

② 选择两条评价指标，分别为纵轴和横轴。

③ 以各方案(被评价对象)的指标值为坐标，在二维坐标上标注出方案的位置。

④ 将生产效率 $h_i=1$ 的相邻方案，用虚线连接起来，形成二维的数据包络线，也称生产前沿线，如图 12-3 所示。

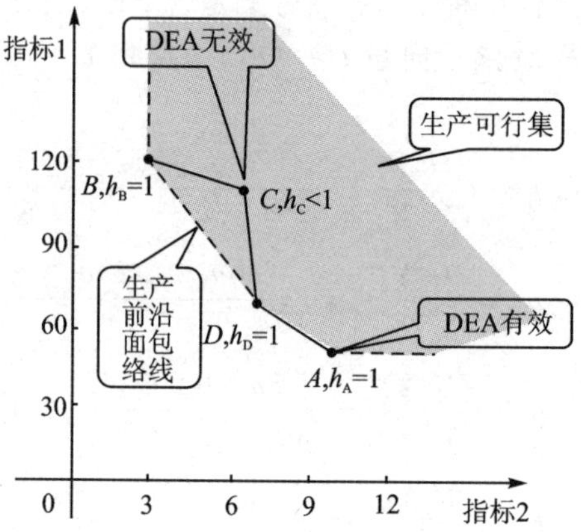

图 12-3 二维数据包络线实例

12.3 优劣解距离法

12.3.1 概念与原理

优劣解距离(Technique for Order Preference by Similarity to an Ideal Solution，TOPSIS)法是由 C. L. Hwang 和 K. Yoon 于 1981 年提出的一种多目标评价方法。TOPSIS 法引入了两个“理想解”作为评价的参考基准，其中一个是理想最好解，也称“正理想解”；另外一个是理想最差解，也称“负理想解”。正理想解在各项评价指标方面都是最好的，而负理想解在各项评价指标方面都是最差的。再引入一个“贴近度”概念，表示被评价对象(方案/措施)与正理想解的接近程度或者与负理想解的远离程度。然后通过对比被评价对象的贴近度，来判断不同方案的优劣性。通常，若有一个方案非常接近正理想解同时又远离负理想解，则该方案可能是所有备选方案中的最好方案。

几个概念：

① 正理想解(理想最优解)：一个虚拟的评价对象，其指标属性是由从所有评价对象中抽取最好的指标值组成。正理想解所代表的评价对象可能是不存在的，它仅代表一种好到极致的理想情况。

② 负理想解(理想最差解)：一个虚拟的评价对象，其指标属性是由从所有评价对象中抽取最差的指标值组成。负理想解所代表的评价对象可能是不存在的，它仅代表一种差到极致的理想情况。

③ 距离：评价对象之间或评价对象与正(负)理想最好解之间差异程度的度量。通常以 S^+ 表示评价对象与正理想解之间的距离，以 S^- 表示评价对象与负理想解之间的距离。

④ 贴近度：评价对象贴近正理解最优解且偏离负理想解的程度，表示为

$$C^* = \frac{S^-}{S^+ + S^-} \tag{12-9}$$

式中，$0 \leqslant C^* \leqslant 1$。当 $C^*=0$ 时，表示该评价对象为最差方案；当 $C^*=1$ 时，表示该评价对象为最优方案。在实际的多目标决策中，最优方案和最差方案一般是不存在的。

12.3.2 分析步骤

TOPSIS 分析的步骤如图 12-4 所示。

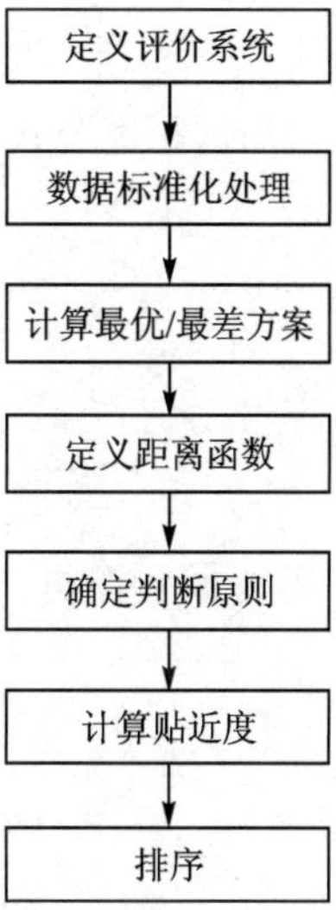

图 12-4　TOPSIS 分析步骤流程

1. 定义评价系统

首先定义一个评价系统。该评价系统由 n 个评价对象和 m 个评价指标组成，构成 $n \times m$ 的评价对象值矩阵 $\boldsymbol{X} = \{x_{ij} \mid i=1, 2, \cdots, n;\ j=1, 2, \cdots, m\}$。各评价指标应确立相应的权重值 $\boldsymbol{R} = \{r_j \mid j=1, 2, \cdots, m\}$。

2. 数据标准化处理

对评价对象值矩阵进行标准化处理，包括以下几方面：

(1) 标准化

将所有指标值标准化到[0,1]之间。常用标准化方法为

$$\bar{x}_{ij} = \frac{x_{ij} - x_{\min}^{(j)}}{x_{\max}^{(j)} - x_{\min}^{(j)}} \tag{12-10}$$

式中，$x_{\min}^{(j)}$，$x_{\max}^{(j)}$ 分别是第 j 指标的最小值和最大值。

(2) 同趋势化

在标准化的基础上，使所有指标的变化方向一致，即所谓同趋势化。用高指标值表示方案更好，用低指标值表示方案更差；或者相反。转化的方法有：

- 倒数法：将要改变方向的指标值取倒数，即 $x'_{ij} = 1/\bar{x}_{ij}$；
- 一减法：将指标值取负数后，加上 1，即 $x'_{ij} = 1 - \bar{x}_{ij}$。

(3) 归一化

在同趋势化的基础上，对评价对象值矩阵进行归一化，即按比例缩小同一指标的所有对象的属性值，令其和为 1。归一化的方法为

$$x''_{ij} = \frac{x_{ij}}{\sum_{i=1}^{n} x_{ij}} \tag{12-11}$$

(4) 权重化

数据归一化后，再乘以权重，得到带权重的评价对象指标值矩阵，即

$$X''' = \{x'''_{ij}\} = \{r_j \cdot x''_{ij} \mid i=1,2,\cdots,n; j=1,2,\cdots,m\}$$

3. 定义理想最优方案和理想最差方案

令理想最优方案为 A^*，理想最差方案为 A^-。令 A^* 的各指标值都达到所有方案中的最优值，令 A^- 的各指标值都达到所有方案中的最差值，即

$$\begin{cases} A^* = \{\max\{v_{ij} \mid i=1,2,\cdots,n\} \mid j=1,2,\cdots,m\} = \{v_1^*, v_2^*, \cdots, v_m^*\} \\ A^- = \{\min\{v_{ij} \mid i=1,2,\cdots,n\} \mid j=1,2,\cdots,m\} = \{v_1^-, v_2^-, \cdots, v_m^-\} \end{cases} \tag{12-12}$$

4. 定义距离函数

定义评价对象与理想最优方案和理想最差方案之间距离的函数公式，分别以 S_i^* 和 S_i^- 表示：

$$\begin{cases} S_i^* = \mathrm{dis}(X_i, A^*) \\ S_i^- = \mathrm{dis}(X_i, A^-) \end{cases}$$

常用的距离公式有以下几种：

① 欧氏距离：

$$\begin{cases} S_i^* = \sqrt[2]{\sum_{j=1}^{m} (v_{ij} - v_j^*)^2} \\ S_i^- = \sqrt[2]{\sum_{j=1}^{m} (v_{ij} - v_j^-)^2} \end{cases} \tag{12-13}$$

② 曼哈顿距离：

$$\begin{cases} S_i^* = \sum_{j=1}^{m} |v_{ij} - v_j^*| \\ S_i^- = \sum_{j=1}^{m} |v_{ij} - v_j^-| \end{cases} \tag{12-14}$$

③ 切比雪夫距离：

$$\begin{cases} S_i^* = \max\{|v_{ij} - v_j^*| \mid j=1,2,\cdots,m\} \\ S_i^- = \max\{|v_{ij} - v_j^-| \mid j=1,2,\cdots,m\} \end{cases} \tag{12-15}$$

④ 方差和评价：

$$\begin{cases} S_i^* = \sum_{j=1}^{m} (v_{ij} - v_j^*)^2 \\ S_i^- = (v_{ij} - v_j^-)^2 \end{cases} \tag{12-16}$$

5. 确定判断原则

靠近最优方案，远离最劣方案，则为好；否则为差。

6. 计算贴近度

计算各方案与理想最优方案和理想最差方案的贴近度。贴近度计算公式如下：

$$C_i = \frac{S_i^-}{S_i^* + S_i^-}, \quad i=1,2,\cdots,n \tag{12-17}$$

7. 排　序

根据获得的贴近度，对评价对象进行从大到小排序，其中排在前面的则为最优方案。

12.3.3 算　例

某装备有 4 种考虑的研制方案（评价对象），分别为方案 A，B，C，D。现在从 5 个方面（指标）对各方案进行评价，分别是费用、风险、进度、可靠性以及效能。评价对象的指标值以及指标权重设置如表 12－2 所列。

表 12－2　研制方案及评价指标

指标值 x_{ij}	费用 a_1	风险 a_2	进度 a_3	可靠性 a_4	效能 a_5
方案 A	900	0.3	5 年	200 h	0.5
方案 B	500	0.5	4 年	400 h	0.9
方案 C	1 000	0.2	7 年	350 h	0.7
方案 D	600	0.4	3 年	220 h	0.8
权重	1.2	0.9	0.7	1.0	1.1

对指标值进行标准化、同趋势化、归一化和权重化，得到新的指标值，见表 12－3。

表 12－3　处理后的评价指标

指标值 x_{ij}	费用 a_1	风险 a_2	进度 a_3	可靠性 a_4	效能 a_5
方案 A	1.08	0.54	0.50	0.50	0.61
方案 B	0.60	0.90	0.40	1.00	1.10
方案 C	1.20	0.36	0.70	0.88	0.86
方案 D	0.72	0.72	0.30	0.55	0.98

对比指标值，获得理想最优方案 A^* 和理想最差方案 A^-，见表 12－4。

表 12－4　理想最优与理想最差方案

指标值 x_{ij}	费用 a_1	风险 a_2	进度 a_3	可靠性 a_4	效能 a_5
方案 A	1.08	0.54	0.50	0.50	0.61
方案 B	0.60	0.90	0.40	1.00	1.10
方案 C	1.20	0.36	0.70	0.88	0.86
方案 D	0.72	0.72	0.30	0.55	0.98
理想最优方案 A^*	1.20	0.90	0.70	1.00	1.10
理想最差方案 A^-	0.60	0.36	0.30	0.50	0.61

以欧氏距离计算各方案与理想最优方案和理想最差方案之间的距离，见表 12－5。

表 12－5　方案的距离计算

方　案	理想最优方案 A^*	理想最差方案 A^-
方案 A	0.82	0.55
方案 B	0.67	0.89
方案 C	0.60	0.85
方案 D	0.80	0.53

计算各方案的贴近度，并按贴近度进行排序，见表 12－6。

表 12－6　方案的贴进度计算与排序

方　案	贴近度	方　案	贴近度
方案 A	0.599	方案 C	0.414
方案 B	0.430	方案 D	0.600

贴近度排序结果为：方案 D、方案 A、方案 B、方案 C。最好方案为 D。

练习题

1. 描述多目标规划的劣解、非劣解、理想最好解、理想最差解的定义和特点。
2. 多目标规划的求解方法有哪些？

第 13 章　基于数学规划的确信决策规则提取

本章给出一种基于混合整数线性规划的、从数据中挖掘决策规则的理论与方法，目标是从数据信息系统中提取决策规则、近似决策规则和识别关键参数。

13.1　基于数据信息的确信决策规则理论

1991 年，Pawlak 提出了经典粗糙集理论（Rough Set Theory，RST），是基于数据信息的决策规则提供的一种发现方法。经典粗糙集理论定义在一个数据信息系统基础上，表示为：IS=(U, A)，其中 U 代表一个数据信息表，A 是其中的属性集合，且 U 和 A 都是非空集合。

定义 1（不可分辨关系）　对于数据信息系统 IS=(U,A)，$B\subseteq A$ 是属性集合的一个子集，二元关系 $\mathrm{IND}(B)=\{(x, y)\}\in U\times U$：$\forall a\in B$，$a(x)=a(y)\}$称为 IS 的不可分辨关系，其中 x，y 为 U 中的元素，记为 $\mathrm{IND}(B)$或者用$[x]_{\mathrm{IND}(B)}$表示包含 x 的等价类。通俗地解释，不可分辨关系就是，对于论域中的两个元素 x 和 y，如果它们在属性子集 B 中的每个属性上取值都相等或视为相等，那么我们称 x 和 y 在属性集 B 上具有不可分辨关系。也就是说，通过有限的属性特征无法辨别两个元素的不同。

定义 2（等价类）　对于信息系统 IS=(U, A)，$B\subseteq A$ 是属性集合的一个子集，以不可分辨关系 $\mathrm{IND}(B)$对 U 进行划分后形成的各个数据子集称为等价类。用 U_B 表示所有等价类的集合，用$[x]_{\mathrm{IND}(B)}$表示包含 x 的等价类，其中 $x\in U$。也就是说，对于一个元素集合 $X\subset U$，如果对于任意一对 x，$y\in X$，都满足$[x]_{\mathrm{IND}(B)}$，则称 X 为基于属性集 B 的等价类。

定义 3（基于容差的近似等价关系：α_c -近似等价关系）　对于属性 $c\in A$ 和给定的一个容差 α_c，如果两个元素 x，$y\in U$，在属性 c 上的属性值误差不超过 α_c，则称元素 x 和 y 为在属性 c 上具有 α_c -近似等价关系，记为 $x\approx_c^{\alpha_c}y$。

对于数值型属性，可以用如下简单规则来验证两元素是否具有 α_c -近似等价关系：

$$x \approx_c^{\alpha} y \Leftrightarrow | v_{xc} - v_{yc} | \leqslant \alpha_c \tag{13-1}$$

对于分类型属性，则采用：

$$x \approx_c^{\alpha} y \Leftrightarrow v_{xc} = v_{yc} \tag{13-2}$$

定义 4（基于容差集的近似等价关系：Φ -近似等价关系）　对于属性子集 $B\subseteq A$ 和对应的一组容差集 $\Phi=\{\alpha_c | c\in B\}$，如果两个元素 x，$y\in U$ 在每一个属性 $c\in B$ 都有 $x\approx_c^{\alpha_c}y$，则称 x 和 y 在属性集 B 上基于容差集 Φ 具有近似等价关系，记为 $x\approx_B^{\Phi}y$。

定义 5（Φ -近似等价类）　对于元素子集 $X\subseteq U$，属性子集 $B\subseteq A$ 以及容差集 $\Phi=\{\alpha_c | c\in B\}$，如果任意一对元素 x，$y\in X$，都有 $x\approx_B^{\Phi}y$，则称 X 为一个近似等价类。

如果防止等价类之间存在重叠情况，即确保一个元素仅属于一个等价类，那么 Φ -近似等价类需要具备以下性质：

① $x,y\in X\Rightarrow x\approx_B^{\Phi}y\Leftrightarrow x\approx_c^{\alpha_c}y,\forall c\in B,\alpha_c\in\Phi$。

② $x\approx_B^{\Phi}y$ 不成立$\Leftrightarrow x\approx_c^{\alpha_c}y$ 至少在 B 中的某一个属性上不成立。

③ $y\notin X\Leftrightarrow$ 至少存在一个元素 $x\in X$ 不满足 $x\approx_B^{\Phi}y$。

上述性质③确保了一个 Φ-近似等价类尽可能包含更多的元素，同时也阻止了一个大的 Φ-近似等价类分裂为若干小的等价类。

推论 1 对于一组给定的属性子集 $B\subseteq A$，总是存在一组容差集 Φ，能够将数据信息表 U 划分为一组不相互有重叠关系的 Φ-近似近似等价类。

证明：该推论可由一个总是存在的极端情况来证明，即当 $\Phi=0$ 时总能满足推论。

定义 6(类值域，Class Value Domain，CVD) 令 X 是一个基于属性集 B 和容差集 Φ 的 Φ-近似等价类，其类值域为所有类成员的属性值范围的交叉乘积，记为 CVD_B^X，表达为 $\text{CVD}_B^X=\prod_{c\in B}[\bar{v}_c-\underline{v}_c]$，其中$[\underline{v}_c,\bar{v}_c]$代表 X 中成员在数值型属性 c 上的值域范围。

类值域具有以下性质：

① 对于任意 $c\in B$，都有 $|\bar{v}_c-\underline{v}_c|\leqslant\alpha_c$。

② 一个元素若属于一个 Φ-近似等价类，则它的属性值在并且必然在该类的类值域。

③ 类值域 CVD_B^X 的大小表示为 $|\text{CVD}_B^X|=\prod_{c\in B}|\bar{v}_c-\underline{v}_c|$。

我们用 E_B^{Φ} 表示基于属性集 B 和容差集 Φ 在数据信息表 U 上产生的所有的 Φ-近似等价类集，用$[x]_B^{\Phi}$表示包含了元素 x 的 Φ-近似等价类，用$|[\cdot]|$ 表示一个等价类中元素成员数量的算子。

这样，元素集 $X\subseteq U$ 就可以定义为基于 E_B^{Φ} 的一个粗糙集(Rough Set)。该粗糙集的上近似集和下近似集定义如下。

定义 7(下近似集/上近似集) 对于一个数据信息系统 $\text{IS}=(U,A)$，属性子集 $B\subseteq A$ 以及对应的一组容差集 $\Phi=\{\alpha_c|c\in B\}$，粗糙集 X 的下近似集和上近似集分别定义为

$$\begin{aligned}\underline{B}X&=\{x\mid x\in U,[x]_B^{\Phi}\subseteq X\}\\ \overline{B}X&=\{x\mid x\in U,[x]_B^{\Phi}\cap X\neq\phi\}\end{aligned}\tag{13-3}$$

定义 8(隶属度、覆盖度和准确度) 对于一个元素 x，一个粗糙集 X 与 Φ-近似等价类集$[x]_B^{\Phi}$之间的的隶属度、覆盖度和准确度分别定义为

$$\rho([x]_B^{\Phi})=\frac{|[x]_B^{\Phi}\cap X|}{|[x]_B^{\Phi}|}\quad(\text{隶属度})\tag{13-4}$$

$$\rho([x]_B^{\Phi})=\frac{|[x]_B^{\Phi}\cap X|}{|X|}\quad(\text{覆盖度})\tag{13-5}$$

$$\mu(X)=\frac{|\underline{B}X|}{|\overline{B}X|}\quad(\text{精确度})\tag{13-6}$$

为了考虑错误或噪声信息，引入了精度变量 $\beta(0.5<\beta\leqslant1)$来松弛粗糙集下/上近似集的严格要求。$[x]_B^{\Phi}$ 中的某一个类，它的成员中，如果超过 $\beta\times100\%$ 也属于 X，则该类归属于 X 的下近似；如果它的成员中超过$(1-\beta)\times100\%$同时属于 X，则该类归属于 X 的上近似。

定义 9(可变精度的下近似集/上近似集) 对于给定精度 β，且 $0.5<\beta\leqslant1$，可变精度的下近似集和上近似集分别定义为

$$\underline{B}X^{\beta}=\left\{x\,\middle|\,x\in U,\frac{|[x]_B^{\Phi}\cap X|}{|[x]_B^{\Phi}|}\geqslant\beta\right\}\tag{13-7}$$

$$\overline{B}X^{\beta}=\left\{x\,\middle|\,x\in U,\frac{|[x]_B^{\Phi}\cap X|}{|[x]_B^{\Phi}|}\geqslant 1-\beta\right\}\tag{13-8}$$

由此，整个数据信息表可以分为正域、负域和边界三个区域：

$$\mathrm{POS}(X)=\underline{B}X^{\beta}\quad（正域）\tag{13-9}$$

$$\mathrm{NEG}(X)=U-\overline{B}X^{\beta}\quad（负域）\tag{13-10}$$

$$\mathrm{BND}(X)=\underline{B}X^{\beta}-\overline{B}X^{\beta}\quad（边界）\tag{13-11}$$

再将数据信息系统的属性集分为两类：①条件属性集，标记为 C；②决策属性集，标记为 D。因此有 $A=C\cup D$，$C\cap D=\varnothing$，属性信息系统 $\mathrm{IS}=(U, A)$ 就转化为了一个决策信息系统 $\mathrm{DS}=(U, C\cup D)$。这里以 E_C^{Φ} 和 E_D^{Φ} 分别代表基于 C 和 D 的 Φ-近似等价类集合。

通常，我们认为条件属性是已知的或容易获取的，而决策属性是未知的、难以获取的。决策规则就是描述条件属性与决策属性之间的依赖关系。发现了决策规则，我们就可以在其基础上做出预测决策。

定义 10(确信决策规则，Belief Decision Rule，BDR)　对于一个决策系统 $\mathrm{DS}=(U, C\cup D)$ 以及 $X\in E_C^{\Phi}$ 和 $Y\in E_D^{\Phi}$，当且仅当满足 $X\subseteq\underline{C}Y^{\beta}$ 时，我们认为一个确信决策规则 $X\rightarrow^{\Phi}Y$ 成立，其中 $\underline{C}Y^{\beta}$ 是粗糙集 Y 的下近似集，读作："任意一个 U 中的成员，如果它的条件属性值属于 X 的类值域，则它的决策属性值必然属于 Y 的类值域。"

一个确信决策规则的"确信"程度通过该规则的三个量化指标来确定：①支持度：该规则涉及的成员数量在全部成员中的比例；②置信度：符合该规则的成员中服从该规则的比例；③覆盖度：服从该规则的成员中，覆盖了其所属类的总成员数的比例。分别定义如下：

定义 11(支持度、覆盖度和置信度)　一个近似决策规则的支持度、覆盖度和置信度分别定义为

$$\mathrm{supp}(X\rightarrow^{\Phi}Y)=\frac{|X|}{|U|}\quad（支持度）\tag{13-12}$$

$$\mathrm{cov}(X\rightarrow^{\Phi}Y)=\frac{|X\cap Y|}{|Y|}\quad（覆盖度）\tag{13-13}$$

$$\mathrm{conf}(X\rightarrow^{\Phi}Y)=\frac{|X\cap Y|}{|X|}\quad（置信度）\tag{13-14}$$

通常，一个规则只有当其支持度大于某给定的最小支持度(记为 $s_{\min}$)时，才认为是有意义的。由于 $\beta\leqslant\mathrm{conf}(X\rightarrow^{\Phi}Y)\leqslant 1$ 总是成立，因此如果一个规则的置信度为 1，则可以称之为强规则。

定义 12(确信区域与非确信区域)　在一个决策系统中，对于某个决策域 $Y\in E_D^{\Phi}$，由决策域 Y 的下近似集组成的集合，称为 Y 的确定区域，全部决策域的确定区域汇总为系统的确信区域，记为 Π；整个论域 U 中扣除掉 Y 的上近似集后剩余的成员集合，称为 Y 的非确信区域，全部决策域的非确定区域汇总为系统的非确信区域，记为 $\overline{\Pi}$；其余部分为边界区域。

$$\Pi=\bigcup_{Y\in E_D^{\Phi}}\underline{C}Y\tag{13-15}$$

$$\overline{\Pi}=U-\bigcup_{Y\in E_D^{\Phi}}\overline{C}Y\tag{13-16}$$

定义 13(决策系统的品质因子) 对于决策系统 $DS=(U,C\cup D)$，其品质因子用确定区域的大小 $|\Pi|$ 与整个论域 U 大小的比值来评价：

$$\lambda=\frac{|\Pi|}{|U|}\quad（品质因子）\tag{13-17}$$

13.2 确信决策规则的数学规划问题

13.2.1 问题描述

数据信息系统中往往隐含着诸多的决策规则。如何发现这些规则，将之提取出来，并表明规则的确信程度（支持度、置信度和覆盖度），构成了确信决策规则挖掘问题。

在决策系统 $DS=(U,\ C\cup D)$ 中，U 是数据信息表，代表了全部的 n 个数据对象，C 是其中条件属性，D 是决策属性。按照决策属性，一部分（或全部）数据对象划分为若干的决策类，记为集合 E_D。这些决策类是对决策者有意义的分类。例如，将交付使用的产品按其实际可靠性/寿命分为“较差”“一般”“良好”“优秀”几个类，属于在可靠性设计领域的决策分类。

引入一个 0/1 参数 $g_{ik'}$ 来表示某个具体的数据对象 i 是否属于某个类 $k'(g_{ik'}=1)$ 或不属于该类 $(g_{ik'}=0)$，其中 $i\in U,\ k'\in E_D$。

对于每个条件属性 $c\in C$，引入一个具有上下限 $[\alpha_c^{\min},\alpha_c^{\max}]$ 的非负连续型决策变量 α_c，若为容差变量，那么建立两两数据对象之间的“α_c-等价关系”。

除此之外，引入一个 0/1 变量 z_c 来确定属性 c 是否被选入 Φ 属性集合，即 $\Phi=\{\alpha_c|c\in C,\ z_c=1\}$，并按 Φ-等价关系建立 Φ-近似等价类，记为 E_C。

这样，对于每一对 $(X,\ Y)$，$X\in E_C,\ Y\in E_D$，如果满足 $|X|\geqslant s_{\min}$ 且 $|X\cap Y|\geqslant\beta|X|$，则确信决策规则 $X\to^{\Phi}Y$ 成立，其中 $s_{\min}$ 是规则的最小支持度，β 是取值 $(0.5,\ 1]$ 之间的最小支持度。该问题的目标函数是通过优化属性选择变量和容差变量，使决策系统的确信区域 Π（或品质因子 λ）最大化。

13.2.2 线性约束规划设计

1. 设计 α_c-等价关系约束

引入 0/1 变量 s_{ijc} 表示 U 中的任意两个数据对象 i 和 j 在已选中的属性 $c(z_c=1)$ 上是否满足 α_c-等价关系。若满足且 $z_c=1$，则 $s_{ijc}=1$；反之，$s_{ijc}=0$。

引入参数 d_{ijc} 表示 i 和 j 在 c 上属性值的差异，即 $d_{ijc}=|v_{ic}\quad v_{jc}|$，其中 v_{ic} 和 v_{jc} 是 i 和 j 分别在属性 c 上的值。显然，当条件 $z_c=1$ 和 $d_{ijc}\leqslant\alpha_c$ 同时成立时，有 $s_{ijc}=1$。根据大 M 条件约束设计方法，设计如下线性约束：

$$\begin{cases}d_{ijc}-\alpha_c\leqslant M(2-s_{ijc}-z_c)\\\alpha_c-d_{ijc}+S\leqslant M(1+s_{ijc}-z_c)\\s_{ijc}\leqslant z_c\\s_{ijc}=s_{jic}\end{cases}\tag{13-18}$$

式中，M 是一个大数，应大于属性 c 值域的最大值；S 是一个小数，确保当 $d_{ijc}=\alpha_c$ 有 $s_{ijc}=1$，

并在当 $z_c=0$ 时令 $s_{ijc}=0$；s_{ijc} 具有对称关系。

2. 设计 Φ -等价关系约束

对于 U 中的任意两个数据对象 i 和 j，引入 0/1 变量 w_{ij} 来表示它们之间是有 Φ -等价关系（$w_{ij}=1$）还是没有（$w_{ij}=0$）。根据定义，只有当 i 和 j 在所有选中的属性上同时具有 α_c -等价关系时，Φ -等价关系才成立。因此设计约束条件：

$$w_{ij} \leqslant s_{ijc} + (1 - z_c), \quad \forall c \in C \tag{13-19}$$

另一方面，如果所有选中属性都具有 α_c -等价关系，则 Φ -等价关系必然满足：

$$1 + \sum_{c \in C} s_{ijc} \leqslant \sum_{c \in C} z_c + w_{ij} \tag{13-20}$$

上述设计中，当选中属性的数量（例如 $\sum_{c \in C} z_c$）与具有 α_c -等价关系的属性数量$\left(\text{例如} \sum_{c \in C} s_{ijc}\right)$相等时，$w_{ij}$ 强制取值 1；同时，变量 w_{ij} 还需要满足以下约束：

$$\begin{cases} w_{ij} = w_{ji} \\ w_{ii} = 1 \end{cases} \tag{13-21}$$

3. 设计近似等价类约束

假设 U 中的成员都已经按 Φ -等价关系划分为了若干的近似等价类，则记为 E_c。引入一个 0/1 变量 q_{ik} 来表示数据对象 i 是否属于 E_C 中的第 k 个类。若是则 $q_{ik}=1$；否则，$q_{ik}=0$，其中 $i \in U$，$k \in E_c$。由于在同一个类中，必然满足两两成员之间的 Φ -等价关系，因此有以下约束：

$$q_{ik} + q_{jk} \leqslant 1 + w_{ij} \tag{13-22}$$

如果考虑每个数据对象仅能最多属于 1 个类，则具有以下约束：

$$\begin{cases} \sum_{k \in E_C} q_{ik} \leqslant 1 \\ Q_k = \sum_{i \in U} q_{ik} \end{cases} \tag{13-23}$$

为确保一个类中的成员数量最大化，引入 0/1 变量 o_{ijk}。以 $o_{ijk}=1$ 来表示 i 和 j 是 Φ -等价关系且 $q_{jk}=1$；反之，则 $o_{ijk}=0$。再引入一个依赖变量 O_{ik} 来表示类 k 中与 i 具有 Φ -等价关系的成员数量。上述关系的数学描述为

$$\begin{cases} o_{ijk} = \begin{cases} 1, & w_{ij}=1, q_{jk}=1 \\ 0, & \text{其他} \end{cases} \\ O_{ik} = \sum_{j \in U} o_{ijk} \end{cases} \tag{13-24}$$

将上述变量 o_{ijk}，w_{ij}，q_{jk} 之间的非线性约束关系转化为线性约束关系：

$$\begin{cases} o_{ijk} + 1 \geqslant w_{ij} + q_{jk} \\ o_{ijk} \leqslant w_{ij} \\ o_{ijk} \leqslant q_{jk} \end{cases} \tag{13-25}$$

此外，再引入 0/1 变量 t_k 来表示 k 是否含有至少 1 个成员。如果是，则 $t_k=1$；如果 k 是空类，则 $t_k=0$。因此变量 Q_k 和 t_k 之间具有如下约束关系：

$$t_k \leqslant Q_k \leqslant n t_k \tag{13-26}$$

式中，$n=\mathrm{card}(U)$，表示 U 中数据对象的总数量。

这样，下面的约束可以防止大的等价类被划分为若干小的等价类：

$$O_{ik} \leqslant Q_k + q_{ik} + 1 - 2t_k \tag{13-27}$$

式中，一个数据对象 i 如果与某类 k 的所有成员都满足 Φ -等价关系，则 i 必须属于该类。注意上述约束仅当 $t_k=1$ 时起作用。

4. 设计下/上近似集约束

对于决策属性集，假设 U 中的所有数据对象都已经按决策属性集划分为了若干的决策等价类，则记为 E_D。引入一个 0/1 参数 $g_{ik'}$ 来表示数据对象是否属于决策类 k'（$g_{ik'}=1$），或者不属于（$g_{ik'}=0$），其中 $i\in U, k'\in E_D$。

然后，引入整数变量 $E_{kk'}$ 来表示同时属于类 k 和类 k' 的成员数量，其中 $k\in E_C, k'\in E_D$。采用如下公式计算：

$$E_{kk'} = \sum_{i\in I} q_{ik} g_{ik'} \tag{13-28}$$

引入 0/1 变量 f_k 来表示类 k 是否满足最小支持度 $s_{\min}$ 的要求。若满足，则 $f_k=1$；否则，$f_k=0$，其 $k\in E_C$。该关系可用以下的线性不等式约束实现：

$$s_{\min} - Q_k \leqslant n(1-f_k) \tag{13-29}$$

式中，$n=\mathrm{card}(U)$，且如果 Q_k 小于 $s_{\min}$，则必然有 $f_k=0$。

下近似集约束：引入 0/1 变量 $h_{kk'}$ 来表示 k 是否为 k' 的一个下近似集（在考虑精度变量 β 的情况下）。如果是，则 $h_{kk'}=1$；反之，则 $h_{kk'}=0$，其中 $k\in E_C$，$k'\in E_D$。变量 $E_{kk'}$，$h_{kk'}$，f_k，Q_k 之间的关系由下面的不等式约束确定：

$$\begin{cases}\beta Q_k - E_{kk'} \leqslant n(1-h_{kk'}) \\ h_{kk'} \leqslant f_k\end{cases} \tag{13-30}$$

基于上式约束，仅当最小支持度 $s_{\min}$ 且精度要求变量 β 同时得到满足的情况下，有 $h_{kk'}=1$。

由于一个等价类至多属于一个决策类，所以引入 0/1 变量 H_k，$k\in E_C$，来表示 k 是否是某个决策类的下近似集。如果是，则 $H_k=1$；反之，则 $H_k=0$。因此，有

$$H_k = \sum_{k'\in E_D} h_{kk'} \tag{13-31}$$

上近似集约束：引入 0/1 变量 $l_{kk'}$ 来表示 k 是否为 k' 的一个上近似集（在考虑精度变量 β 的情况下）。如果是，则 $l_{kk'}=1$；反之，则 $l_{kk'}=0$，其中 $k\in E_C$，$k'\in E_D$。变量 $E_{kk'}$，$l_{kk'}$，f_k，Q_k 之间的关系由下面的不等式确定：

$$\begin{cases}(1-\beta)Q_k - E_{kk'} \leqslant n(1-l_{kk'}) \\ l_{kk'} \leqslant f_k\end{cases} \tag{13-32}$$

5. 识别确信决策规则和确信区域

对于每一对(k, k')，若满足 $h_{kk'}=1$，则存在确信决策规则：$k \rightarrow^{\Phi} k'$。

确信决策规则的总数为

$$\sum_{k\in E_C}\sum_{k'\in E_D} h_{kk'}$$

决策系统的确信区域为

$$\sum_{k\in E_C} Q_k H_k$$

6. 设计线性目标函数

由于确信区域的计算式为两变量相乘，属非线性成分。因此引入整数变量 b_k 来表示类 k 对应的确信区域，且满足以下约束：

$$\begin{cases} b_k \leqslant Q_k \\ b_k \leqslant nH_k \end{cases} \tag{13-33}$$

这样，线性的目标函数设计为

$$\min \sum_{k \in E_C} b_k \tag{13-34}$$

13.2.3 混合整数规划线性模型

基于上节的线性规划设计，建立混合整数规划线性模型。

1. 参数定义

U　数据对象的全集。

n　数据对象的数量，$n = \mathrm{card}(U)$。

C　条件属性集。

D　决策属性集。

E_C　基于条件属性集 C 的 Φ-近似等价类的集合。

E_D　基于决策属性集 D 的 Φ-近似等价类的集合。

k　集合 E_C 的下标。

k'　集合 E_D 的下标。

m　集合 E_C 中的成员数量，$m = \mathrm{card}(E_C)$。

i　数据对象的下标，$i \in U$。

v_{ic}　数据对象的属性值，$i \in U$，$c \in C$。

d_{ijc}　数据对象属性值的绝对差值，$d_{ijc} = |v_{ic} - v_{jc}|$。

$[\alpha_c^{\min}, \alpha_c^{max}]$　属性 c 的最大允许容差范围，$c \in C$。

$g_{ik'}$　0/1 参数表示 i 是否属于 k'，$i \in U$，$k' \in E_D$，满足 $\sum_{k' \in E_D} g_{ik'} \leqslant 1$。

$G_{k'}$　决策类 k' 的成员数量，$k' \in E_D$，满足 $G_k' = \sum_{i \in U} g_{ik'}$。

$s_{\min}$　确信决策规则的最小支持度。

β　下近似集的精度(最小置信度)。

$\delta(\cdot)$　0/1 指示函数，满足如果表达式 f 为真，则 $\delta(f)=1$；反之，$\delta(f)=0$。

M　一个大正数。

S　一个小正数(例如 0.000 1)。

2. 独立变量

z_c　0/1 变量，表示属性 c 是否被选中，$c \in C$。

α_c　非负连续变量，表示属性 c 的容差，用作判断 α_c-等价关系，$c \in C$，$\Phi = \{\alpha_c | c \in C, z_c = 1\}$。

3. 依赖变量

s_{ijc} 0/1 变量,表示 i 和 j 在属性 c 上是否为 α_c -等价关系。

w_{ij} 0/1 变量,表示 i 和 j 在所选择的属性集上是否为 Φ -等价关系。

q_{ik} 0/1 变量,表示 i 是否属于 k ,$i\in U$, $k\in E_C$。

Q_k 整数变量,表示 k 中成员对象的数量, $Q_k=\sum\limits_{i\in U}q_{ik}$, $k\in E_C$。

o_{ijk} 0/1 变量,表示是否满足 i 和 j 是 Φ -等价关系且 $q_{jk}=1$。

O_{ik} 整数变量,代表 k 中与 i 为 Φ -等价关系的数据对象的数量, $i\in U$, $k\in E_C$。

t_k 0/1 变量,表示 k 是否含有成员数据对象(非空), $k\in E_C$。

f_k 0/1 变量,表示 k 是否满足最小支持度要求, $k\in E_C$。

$E_{kk'}$ 整数变量,代表 k 和 k' 共有的数据对象数量, $k\in E_C$, $k'\in E_D$。

$h_{kk'}$ 0/1 变量,表示 k 是否为 k' 的可变精度下近似集 $k\in E_C$, $k'\in E_D$。

H_k 0/1 变量,表示 k 是否为下近似集, $H_k=\sum\limits_{k'\in E_D}h_{kk'}$, $k\in E_C$。

b_k 整数变量,表示 k 的确信区域,满足 $b_k=Q_kH_k$, $k\in E_C$。

4. 优化模型

目标函数为确信决策规则的确信区域最大化。

$$\max \sum\nolimits_{i\in E_C} b_k$$

s. t.

$$\begin{cases}\sum\limits_{c\in C} z_c \geqslant 1 \\ \alpha_c^{\min}\leqslant \alpha_c \leqslant \alpha_c^{\max}, \quad \forall c\in C\end{cases} \tag{1}$$

$$\begin{cases} d_{ijc}-\alpha_c \leqslant M(2-s_{ijc}-z_c), & \forall i,j\in U; c\in C; i<j \\ \alpha_c-d_{ijc}+S\leqslant M(1+s_{ijc}-z_c), & \forall i,j\in U; c\in C; i<j \\ s_{ijc}\leqslant z_c, & \forall i,j\in U; c\in C; i<j \\ s_{ijc}=s_{jic}, & \forall i,j\in U; c\in C; i\neq j \end{cases} \tag{2}$$

$$\begin{cases} w_{ij}\leqslant s_{ijc}+(1-z_c), & \forall i,j\in U; c\in C; i<j \\ 1+\sum\limits_{c\in C}s_{ijc}\leqslant \sum\limits_{c\in C}z_c+Mw_{ij}, & \forall i,j\in U; i<j \\ w_{ij}=w_{ji}, & \forall i,j\in U \\ w_{ii}=1, & \forall i\in U \end{cases} \tag{3}$$

$$\begin{cases} \sum\limits_{k\in E_C} q_{ik}\leqslant 1, & \forall i\in U \\ q_{ik}+q_{jk}\leqslant 1+w_{ij}, & \forall i,j\in U; k\in E_C; i<j \\ Q_k=\sum\limits_{i\in I}q_{ik}, & \forall k\in E_C \\ t_k\leqslant Q_k\leqslant Mt_k, & \forall k\in E_C \end{cases} \tag{4}$$

$$\begin{cases} w_{ij}-(1-q_{jk})\leqslant o_{ijk}, & \forall i,j\in U;k\in E_C;i\neq j \\ o_{ijk}\leqslant w_{ij}+(1-q_{jk}), & \forall i,j\in U;k\in E_C;i\neq j \\ o_{ijk}\leqslant w_{ij}, & \forall i,j\in U;k\in E_C \\ o_{ijk}\leqslant q_{jk}, & \forall i,j\in U;k\in E_C \\ O_{ik}=\sum_{j\in U}o_{ijk}, & \forall i\in U;k\in E_C \\ O_{ik}\leqslant Q_k+q_{ik}+1-2t_k, & \forall i\in U;k\in E_C \end{cases} \tag{5}$$

$$E_{kk'}=\sum_{i\in I}q_{ik}g_{ik'},\quad \forall k\in E_C,k'\in E_D \tag{6}$$

$$s_{\min}-Q_k\leqslant M(1-f_k),\quad \forall k\in E_C,k'\in E_D \tag{7}$$

$$\begin{cases} \beta Q_k-E_{kk'}\leqslant n(1-h_{kk'}) \\ h_{kk'}\leqslant f_k \end{cases},\quad \forall k\in E_C,k'\in E_D \tag{8}$$

$$H_k=\sum_{k'\in E_D}h_{kk'},\quad \forall k\in E_C \tag{9}$$

$$\begin{cases} b_k\leqslant Q_k \\ b_k\leqslant MH_k \end{cases},\quad \forall k\in E_C \tag{10}$$

$$\begin{cases} z_c,s_{ijc},w_{ij},q_{ik},o_{ijk}\in\{0,1\} \\ t_k,f_k,h_{kk'},H_k,b_i\in\{0,1\}\ , & \forall i,j\in U;c\in C;i<j;k\in E_C;k'\in E_D \\ \alpha_c,Q_k,E_{kk'},O_{ik}\geqslant 0 \end{cases} \tag{11}$$

13.2.4　模型性质

上述 MILP 模型中，独立变量仅有 z_c 和 α_c，其他变量均为依赖这两个变量的非独立变量。变量之间的依赖关系见图 13-1 和表 13-1。

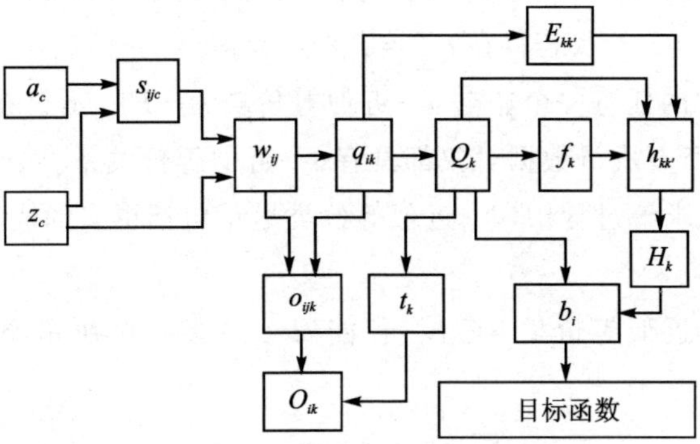

图 13-1　变量之间的依赖关系

表 13-1　变量之间的依赖与约束关系

变　量	依赖性	约束关系
z_c	独立变量	自由地取值于{0,1}
α_c	独立变量	自由地取值于$[\alpha_c^{\min},\ \alpha_c^{\max}]$之间
s_{ijc}	依赖于 α_c 和 z_c	如果 $\lvert v_{ic}-v_{jc}\rvert\leqslant\alpha_c$，则 $s_{ijc}=1$；否则，$s_{ijc}=0$

续表 13-1

变量	依赖性	约束关系
w_{ij}	依赖于 s_{ijc} 和 z_c	如果对于所有 $c\in C$ 都有 $s_{ijc}=1$ 且 $z_c=1$，则 $w_{ij}=1$；反之，$w_{ij}=0$
q_{ik}	依赖于 w_{ij}	如果 $w_{ij}=0$，则 $q_{ik}+q_{jk}\leqslant 1$
Q_k	依赖于 q_{ik}	$Q_k=\sum_{i\in U} q_{ik}$
o_{ijk}	依赖于 w_{ij} 和 q_{ik}	如果 $w_{ij}=1$ 且 $q_{jk}=1$，则 $_{ijk}=1$；否则 $o_{ijk}=0$
t_k	依赖于 Q_k	如果 $Q_k=0$，则 $t_k=0$；否则，$t_k=1$
O_{ik}	依赖于 o_{ijk}	$O_{ik}=\sum_{j\in U} o_{ijk}$
$E_{kk'}$	依赖于 $q_{ik'}$	$E_{kk'}=\sum_{i\in I} q_{ik} g_{ik'}$
f_k	依赖于 Q_k	如果 $c_{\min}<Q_k$，则 $f_k=0$
$h_{kk'}$	依赖于 $E_{kk'}$，f_k 和 Q_k	如果 $\beta Q_k>E_{kk'}$ 或者 $f_k=0$，则 $h_{kk'}=0$；且 $h_{kk'}\leqslant f_k$
H_k	依赖于 $h_{kk'}$	$H_k=\sum_{k'\in E_D} h_{kk'}$
b_i	依赖于 H_k 和 Q_k	$b_k=H_k Q_k$

上述模型的解具有如下性质：

性质 1　对于 U 中的任意两个数据对象 i 和 j 和属性 $c\in C$，有

$$i\approx_c^\alpha j \text{ 且 } z_c=1\Leftrightarrow s_{ijc}=1$$

性质 2　对于 U 中的任意两个数据对象 i 和 j 和属性 $c\in C$，有

$$i\approx_c^\alpha j,\forall c\in C: z_c=1\Leftrightarrow w_{ij}=1$$

性质 3　一个 Φ-近似等价类中的两个数据对象必然具有 Φ-等价关系，但是两个具有 Φ-等价关系的两个数据对象不一定必然属于同一个 Φ-近似等价类。表达为

$$\text{若存在 } q_{ik}=q_{jk}=1\Rightarrow w_{ij}=1$$

性质 4　对于解中的任意一个非空 Φ-近似等价类 $k\in E_C$，不存在这样一个数据对象 i：i 不属于 k 但 i 与 k 中所有成员数据对象都具有 Φ-近似等价关系。

上述性质确保了在求解过程中，Φ-近似等价类尽量包括更多的成员而不被拆分为多个可以合并的子类。

性质 5　一个 Φ-近似等价类 $k\in E_C$ 仅能属于最多一个决策类 $k'\in E_D$ 的下近似集，即有

$$\sum_{k'\in E_D} h_{kk'}\leqslant 1\ \forall k\in E_C \tag{12}$$

上述性质是由于精度参数 $\beta>0.5$ 决定的。增加上述约束条件可改进 MILP 模型的求解效率。

推论 2　总是存在一个最优解，满足 $Q_{k_1}\geqslant Q_{k_2}$，其中 Q_{k_1} 和 Q_{k_2} 是 Φ-近似等价类 k_1 和 k_2 的成员数量，其中 $k_1\in E_C$，$k_2\in E_C$，$k_1<k_2$。

证明：设最优解中有 $Q_{k_1}<Q_{k_2}$ 情况，其中 $k_1\in E_C$，$k_2\in E_C$，$k_1<k_2$。交换 k_1 和 k_2 的成员获得的新解仍然可以满足所有约束条件、具有同样目标函数值，因而也是最优解。

根据该推论增加上面约束条件可改进 MILP 模型的求解效率。

$$Q_{k_1} \geqslant Q_{k_2}, \quad \forall k_1, k_2 \in E_C; k_1 < k_2 \tag{13}$$

推论 3　总是存在一个最优解，满足下式：

$$q_{ik} \leqslant H_k, \quad \forall i \in U, k \in E_C \tag{14}$$

证明：假设某个最优解中，存在一个 $k \in E_C$ 不是任何决策类的下近似集，即 $H_k = 0$。令 $q_{ik} = 0$，$\forall i \in U$，修改后的解仍然可行且目标函数值不变，因而仍然是最优解。

推论 4　对于在给定最大类数目上限 $k_{\max} \leqslant |E_C|$ 获得的某个最优解，如果该解中存在某个 $k \in E_C$ 满足 $H_k = 0$，那么该解仍然是扩大 $k_{\max}$ 值后的问题的最优解。

上述推论可直用于帮助为 E_C 预设适当的数量。

基于获得的最优解，确信决策规则可以通过下面的算法产生：

For each pair of (k, k') in (E_C, E_D) 且 $h_{kk'} = 1$

确信决策规则 $k \xrightarrow{\Phi} k'$ 成立。该规则解释为：如果一个数据对象条件属性值属于类值域 $\prod_{c \in C, z_c = 1} [\underline{v}_c, \overline{v}_c]$，那么它必然属于决策类 k'。该规则支持度为 $\frac{Q_k}{n} \times 100\%$，置信度为 $\frac{H_{kk'}}{Q_k} \times 100\%$，覆盖度为 $\frac{G_{k'}}{Q_k} \times 100\%$。

End For

上述混合整数规划模型由目标函数和约束式(1)～(14)组成，是线性模型，可以采用商业求解软件（如 CPLEX，Gurobi 等）进行最优求解。

13.3　应用案例：基于柴油机装配参数的可靠性建模

船用柴油发动机的关键零件参数和装配参数众多。对于每台出厂产品，这些参数都是在允许公差范围内，属于合格产品。但不同产品的参数仍然存在差异，并导致发动机在使用过程中体现出了不同的使用可靠性和使用寿命。本节利用确信决策规则优化模型，提取产品参数与其可靠性之间的确信决策规则，建立可靠性模型。

13.3.1　案例数据

案例的舰用发动机为某型 16 缸大型柴油发动机，其关键参数涉及了多个关键部件的加工参数和装配间隙参数，包括缸套、缸盖、油底壳、活塞、连杆、飞轮曲轴和凸轮轴等。研究这些参数的目的在于分析出什么样的参数组合，会导致出厂发动机具有较高的可靠性和使用寿命。案例提取了 34 个关键参数，作为决策系统的条件属性集。再将出售产品的质量按使用可靠性划分为“普通”“优秀”两个决策类。一共收集了 25 台产品的数据，建立数据信息表，见表 13－2。

表 13-2 发动机数据信息表

产品 ID	条件属性：关键装配参数信息																	
	P1	P2	P3	P4	P5	P6	P7	P8	P9	P10	P11	P12	P13	P14	P15	P16	P17	P18
1	0.143	0.156	0.146	0.155	0.148	0.173	0.166	0.17	0.085	0.090	0.080	0.085	0.090	0.090	0.085	0.16	0.13	0.12
2	0.150	0.157	0.168	0.168	0.186	0.164	0.155	0.24	0.095	0.100	0.090	0.100	0.085	0.095	0.095	0.17	0.15	0.14
3	0.145	0.139	0.140	0.155	0.148	0.147	0.143	0.18	0.085	0.085	0.085	0.075	0.095	0.090	0.070	0.19	0.15	0.14
4	0.176	0.173	0.172	0.174	0.166	0.168	0.188	0.22	0.085	0.090	0.100	0.090	0.090	0.090	0.085	0.16	0.15	0.16
5	0.146	0.179	0.170	0.170	0.167	0.163	0.176	0.17	0.075	0.070	0.075	0.080	0.085	0.090	0.080	0.13	0.15	0.14
6	0.148	0.152	0.145	0.156	0.153	0.154	0.180	0.18	0.085	0.085	0.090	0.080	0.075	0.075	0.075	0.20	0.11	0.20
7	0.137	0.151	0.149	0.153	0.157	0.161	0.157	0.28	0.085	0.090	0.075	0.075	0.075	0.080	0.080	0.15	0.12	0.22
8	0.155	0.156	0.160	0.163	0.149	0.155	0.186	0.27	0.080	0.080	0.090	0.090	0.085	0.070	0.090	0.18	0.16	0.15
9	0.145	0.161	0.148	0.152	0.154	0.165	0.156	0.19	0.080	0.090	0.080	0.085	0.065	0.075	0.105	0.13	0.15	0.14
10	0.140	0.156	0.136	0.147	0.136	0.141	0.140	0.21	0.090	0.080	0.110	0.075	0.085	0.095	0.090	0.14	0.15	0.16
11	0.152	0.157	0.149	0.145	0.165	0.165	0.153	0.20	0.085	0.090	0.080	0.085	0.090	0.085	0.080	0.12	0.12	0.15
12	0.170	0.178	0.180	0.176	0.176	0.166	0.168	0.21	0.085	0.090	0.080	0.085	0.080	0.075	0.075	0.12	0.14	0.12
13	0.163	0.162	0.165	0.156	0.161	0.164	0.163	0.22	0.080	0.085	0.085	0.085	0.090	0.085	0.095	0.15	0.15	0.13
14	0.159	0.156	0.175	0.161	0.170	0.166	0.168	0.18	0.110	0.095	0.095	0.095	0.095	0.095	0.115	0.15	0.17	0.16
15	0.158	0.163	0.156	0.165	0.173	0.151	0.165	0.20	0.105	0.090	0.090	0.080	0.085	0.085	0.075	0.15	0.16	0.12
16	0.163	0.145	0.164	0.160	0.149	0.153	0.161	0.22	0.070	0.070	0.080	0.075	0.090	0.085	0.065	0.18	0.16	0.15
17	0.146	0.158	0.146	0.140	0.146	0.153	0.135	0.28	0.095	0.095	0.080	0.085	0.090	0.085	0.085	0.12	0.13	0.12
18	0.148	0.166	0.156	0.171	0.156	0.163	0.168	0.26	0.085	0.105	0.090	0.100	0.090	0.090	0.090	0.20	0.15	0.16
19	0.150	0.149	0.151	0.146	0.159	0.151	0.157	0.17	0.095	0.100	0.095	0.110	0.105	0.100	0.100	0.16	0.17	0.16
20	0.161	0.162	0.163	0.156	0.151	0.164	0.178	0.18	0.090	0.105	0.095	0.090	0.105	0.110	0.105	0.15	0.12	0.25
21	0.163	0.180	0.165	0.166	0.173	0.167	0.166	0.24	0.100	0.085	0.090	0.095	0.090	0.090	0.070	0.14	0.15	0.14
22	0.160	0.156	0.159	0.162	0.174	0.168	0.146	0.23	0.095	0.105	0.090	0.095	0.100	0.125	0.085	0.15	0.16	0.20
23	0.164	0.161	0.163	0.171	0.169	0.167	0.169	0.27	0.110	0.110	0.105	0.105	0.105	0.120	0.100	0.12	0.11	0.20
24	0.158	0.163	0.181	0.171	0.173	0.176	0.178	0.19	0.120	0.145	0.130	0.135	0.135	0.125	0.140	0.13	0.14	0.16
25	0.161	0.163	0.163	0.166	0.163	0.171	0.157	0.25	0.090	0.100	0.100	0.090	0.085	0.085	0.095	0.18	0.14	0.16
标差	0.010	0.010	0.012	0.010	0.012	0.009	0.014	0.037	0.012	0.015	0.012	0.013	0.013	0.015	0.016	0.03	0.02	0.03
$\alpha_c^{\min}$	0.005	0.005	0.005	0.005	0.005	0.005	0.005	0.01	0.005	0.005	0.005	0.005	0.005	0.005	0.005	0.01	0.01	0.01
$\alpha_c^{\max}$	0.010	0.010	0.010	0.010	0.010	0.010	0.010	0.030	0.010	0.02	0.010	0.010	0.010	0.020	0.020	0.03	0.02	0.03

续表 13 - 2

产品 ID	条件属性：关键装配参数信息																决策属性
	P19	P20	P21	P22	P23	P24	P25	P26	P27	P28	P29	P30	P31	P32	P33	P34	可靠性等级
1	0.15	0.14	0.16	0.14	0.12	0.11	0.12	0.12	0.11	0.10	0.06	0.11	0.07	0.15	0.07	0.13	普通
2	0.13	0.12	0.16	0.15	0.12	0.11	0.12	0.10	0.12	0.12	0.06	0.10	0.07	0.15	0.06	0.11	普通
3	0.15	0.12	0.13	0.15	0.12	0.11	0.11	0.10	0.10	0.12	0.07	0.15	0.06	0.14	0.06	0.11	普通
4	0.14	0.13	0.13	0.14	0.12	0.11	0.12	0.10	0.11	0.12	0.06	0.11	0.07	0.15	0.06	0.12	普通
5	0.13	0.12	0.14	0.16	0.12	0.13	0.11	0.11	0.11	0.12	0.06	0.11	0.07	0.11	0.06	0.15	普通
6	0.16	0.12	0.15	0.17	0.10	0.15	0.13	0.10	0.12	0.15	0.06	0.12	0.05	0.19	0.06	0.12	普通
7	0.14	0.12	0.16	0.16	0.10	0.15	0.11	0.10	0.12	0.13	0.06	0.16	0.06	0.12	0.05	0.20	优秀
8	0.15	0.13	0.20	0.14	0.12	0.11	0.12	0.11	0.15	0.11	0.05	0.16	0.06	0.10	0.06	0.16	优秀
9	0.13	0.16	0.15	0.13	0.12	0.11	0.11	0.13	0.12	0.10	0.07	0.18	0.08	0.16	0.06	0.15	普通
10	0.14	0.16	0.15	0.17	0.12	0.11	0.12	0.13	0.11	0.13	0.07	0.15	0.08	0.22	0.07	0.20	普通
11	0.16	0.14	0.15	0.18	0.10	0.13	0.13	0.12	0.11	0.16	0.06	0.14	0.07	0.16	0.06	0.15	普通
12	0.15	0.16	0.15	0.17	0.13	0.11	0.12	0.11	0.13	0.15	0.07	0.13	0.06	0.12	0.07	0.15	普通
13	0.14	0.15	0.16	0.18	0.13	0.11	0.12	0.11	0.13	0.15	0.06	0.17	0.07	0.16	0.06	0.16	优秀
14	0.15	0.14	0.17	0.15	0.15	0.14	0.12	0.11	0.13	0.13	0.07	0.21	0.06	0.16	0.07	0.14	优秀
15	0.15	0.13	0.14	0.17	0.13	0.11	0.12	0.10	0.12	0.15	0.07	0.11	0.06	0.18	0.07	0.15	普通
16	0.13	0.12	0.15	0.16	0.12	0.11	0.11	0.10	0.12	0.13	0.06	0.11	0.07	0.14	0.06	0.11	普通
17	0.15	0.15	0.16	0.15	0.11	0.10	0.12	0.10	0.13	0.12	0.06	0.10	0.07	0.15	0.06	0.16	普通
18	0.14	0.12	0.17	0.15	0.12	0.13	0.11	0.10	0.14	0.13	0.05	0.16	0.05	0.12	0.06	0.11	优秀
19	0.15	0.12	0.14	0.21	0.15	0.14	0.13	0.10	0.12	0.17	0.06	0.13	0.05	0.16	0.06	0.21	普通
20	0.16	0.17	0.16	0.23	0.11	0.24	0.15	0.13	0.14	0.21	0.06	0.17	0.06	0.15	0.07	0.16	优秀
21	0.15	0.12	0.13	0.16	0.12	0.11	0.12	0.10	0.10	0.13	0.06	0.17	0.07	0.18	0.06	0.11	普通
22	0.16	0.14	0.17	0.21	0.15	0.18	0.13	0.12	0.15	0.18	0.07	0.16	0.06	0.12	0.07	0.15	优秀
23	0.16	0.12	0.15	0.16	0.10	0.15	0.13	0.10	0.13	0.13	0.06	0.18	0.07	0.10	0.06	0.20	优秀
24	0.15	0.12	0.14	0.16	0.13	0.12	0.11	0.10	0.13	0.13	0.06	0.11	0.07	0.14	0.06	0.12	普通
25	0.15	0.13	0.15	0.17	0.12	0.13	0.12	0.10	0.13	0.14	0.06	0.18	0.07	0.16	0.06	0.12	优秀
标差	0.01	0.02	0.02	0.02	0.01	0.03	0.01	0.01	0.01	0.03	0.01	0.03	0.01	0.03	0.01	0.03	—
α_c^{min}	0.01	0.01	0.01	0.01	0.01	0.01	0.01	0.01	0.01	0.01	0.01	0.01	0.01	0.01	0.01	0.01	—
α_c^{max}	0.01	0.02	0.02	0.02	0.01	0.03	0.01	0.01	0.02	0.02	0.01	0.03	0.01	0.03	0.01	0.03	—

13.3.2　计算结果分析

在数据信息表中，将等级“普通”“优秀”的产品划分为决策类 $k'=1$ 和 $k'=2$，因此有 $E_D=\{1, 2\}$。用 AMPL 语言编写 13.2.3 小节 MILP 模型的计算机代码，用 CPLEX 求解该算例。其他参数设置如下：

① 下/上近似集的精度要求：$\beta=0.9$；

② 最小支持度：$s_{\min}=3$；

③ Φ 等价类的数量上限：$k_{\max}=5$；

④ 各条件参数的容差上下限$[\alpha_c^{\min}, \alpha_c^{\min}]$ 见表 13-2 底部；

⑤ 大数 $M=99$；

⑥ 小数 $S=0.0001$。

求解模型需数十秒 CPU 时间，获得最优解目标函数值 0.36。一共选出了 4 个参数(P4，P27，P30，P31)，以最优容差($\alpha_4=0.01$，$\alpha_{27}=0.02$，$\alpha_{30}=0.03$，$\alpha_{31}=0.01$)从 25 个产品找到三个 Φ-近似等价类，见表 13-3。

表 13-3 Φ-近似等价类计算结果($s_{\min}=3, \beta=0.9$)

k	AEC	Q_k	E_{k1}	f_k	h_{k1}	H_k
1	{8, 18, 22}	3	3	1	1	1
2	{14, 23, 25}	3	3	1	1	1
3	{7, 13, 20}	3	3	1	1	1
4	{}	0	0	0	0	0
5	{}	0	0	0	0	0

一共发现 3 条确信决策规则，见表 13-4。

表 13-4 确信决策规则($s_{\min}=3, \beta=0.9$)

k	Φ-近似等价类	类值域	决策类 ($k'=2$)	支持度	覆盖度	置信度
1	{8, 18, 22}	P4∈[0.162, 0.171] P27∈[0.14, 0.15] P30∈[0.16, 0.16] P31∈[0.05, 0.06]	{7, 8, 13, 14, 18, 20, 22, 23, 25}	3/25 (12%)	3/9 (33%)	3/3 (100%)
2	{14, 23, 25}	P4∈[0.161, 0.171] P27∈[0.13, 0.13] P30∈[0.18, 0.21] P31∈[0.06, 0.07]	{7, 8, 13, 14, 18, 20, 22, 23, 25}	3/25 (12%)	3/9 (33%)	3/3 (100%)
3	{7, 13, 20}	P4∈[0.153, 0.156] P27∈[0.12, 0.14] P30∈[0.16, 0.17] P31∈[0.06, 0.07]	{7, 8, 13, 14, 18, 20, 22, 23, 25}	3/25 (12%)	3/9 (33%)	3/3 (100%)

表 13-4 中规则 1 读作：如果参数值分别为 P4 在[0.162, 0.171]之间，P27 在 [0.14, 0.15]之间，P30 在[0.16, 0.16]之间，且 P31 在[0.05, 0.06]之间，则该产品的可靠性将具备 100%置信度达到优秀级别。

调整计算参数(降低精度为 $\beta=0.8$)，可以得到另一组近似等价类结果，见表 13-5。共发现 2 条确信决策规则，见表 13-6。

表 13-5　Φ-近似等价类计算结果（$s_{min}=3, \beta=0.8$）

k	Φ-近似等价类	Q_k	E_{k1}	f_k	h_{k1}	H_k
1	{2，**13**，**14**，**20**，**23**，**25**}	6	5	1	1	1
2	{**7**，**8**，**18**，**19**，**22**}	5	4	1	1	1
3	{}	0	0	0	0	0
4	{}	0	0	0	0	0
5	{}	0	0	0	0	0

注：黑体数字表示下近似集。

表 13-6　确信决策规则（$s_{min}=3$，$\beta=0.8$）

k	Φ-近似等价类	类值域	决策类（$k'=1$）	支持度	覆盖度	置信度
1	{2,13,14,20,23,25}	P15∈[0.095，0.115] P31∈[0.06，0.07]	{7,8,13,14,8, 20,22，23,25}	5/25 (25%)	5/9 (56%)	5/6 (83%)
2	{7,8,18,19,22}	P15∈[0.080，0.100] P31∈[0.050，0.06]	{7,8,13,14,18, 20,22，23,25}	4/25 (16%)	4/9 (44%)	4/5 (80%)

图 13-2 是根据不同参数值组合（s_{min}，β）的目标函数值计算结果。每次求解的平均计算时间为 31 s。

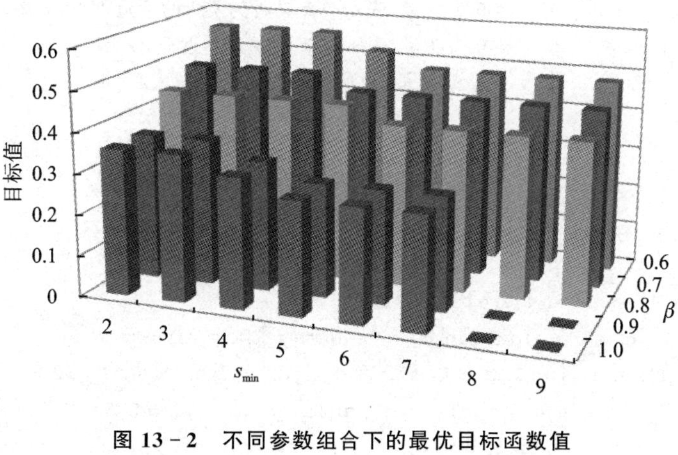

图 13-2　不同参数组合下的最优目标函数值

13.3.3　AMPL 代码模型

```
#混合整数规划模型
#参数声明：
set I;                          #数据对象集合
set C;                          #条件属性集合
set Ec;                         #基于条件属性集的Φ-近似等价类集合
set Ed;                         #基于决策属性集的Φ-近似等价类集合
param n:= card(I);              #数据对象的数量
```

```
param v{I,C};                    #数据对象的条件属性值
param d{I,I,C};                  #两两数据对象的属性值绝对差
param g{I,Ed} binary;            #0/1 变量表示数据对象的决策属性分类
param alpha_min{C};              #条件属性值的容差下限
param alpha_max{C};              #条件属性值的容差上限
param s_min;                     #近似决策规则的支持度
param beta;                      #近似精度要求
param M: = 99;                   #一个大数
param S: = 0.0001;               #一个小数

#变量声明:
var z{C} binary;                 #0/1 变量,表示属性选择
var alpha{C} >= 0;               #0/1 变量,表示属性值的容差
var s{I,I,C} binary;             #0/1 变量,表示数据对象 i 和 j 是否具 α-近似等价关系, i, j ∈I
var w{I,I} binary;               #0/1 变量,表示数据对象 i 和 j 是否具有 Φ-近似等价关系, i, j ∈I
var q{I,Ec} binary;              #0/1 变量,表示数据对象 i 是否隶属于类 k, i ∈I, k ∈Ec
var Q{Ec} integer;               #整数变量,表示类 k 中的成员数量, k ∈Ec
var o{I,I,Ec} binary;            #0/1 变量,表示数据对象 i 和 j 是否均隶属于类 k, i ∈I, j ∈I, k ∈Ec
var O{I,Ec} integer;             #整数变量,表示类 k 中与 i 为 Φ-近似等价的成员数量, i ∈I, k ∈Ec
var t{Ec} binary;                #0/1 变量,表示类 k 是否至少含有一个成员, k ∈Ec
var E{Ec,Ed} integer;            #整数变量,表示类 k 和 k'共同包含的成员数量, k ∈Ec, k' ∈Ed
var f{Ec} binary;                #0/1 变量,表示类 k 是否达到最低支持度 s_min, k ∈Ec
var h{Ec,Ed} binary;             #0/1 变量,表示类 k 是否为类 k'的下近似, k ∈Ec, k' ∈Ed
var H{Ec} binary;                #0/1 变量,表示类 k 是否为下近似, k ∈Ec
var b{Ec} integer;               #整数变量,表示类 k 的确定区域大小, k ∈Ec

#目标函数:
maximize quality_factor: sum{k in Ec}b[k]/n;

#约束条件:
subject to Con1_1: sum{c in C}z[c] >= 1;
subject to Con1_2{c in C}: alpha_min[c] <= alpha[c] <= alpha_max[c];
subject to Con2_1{i in I, j in I, c in C: i<j}: d[i,j,c] - alpha[c] <= M * (2 - z[c] - s[i,j,c]);
subject to Con2_2{i in I, j in I, c in C: i<j}: alpha[c] - d[i,j,c] + S <= M * (s[i,j,c] + 1 - z[c]);
subject to Con2_3{i in I, j in I, c in C: i<j}: s[i,j,c] <= z[c];
subject to Con2_4{i in I, j in I, c in C: i<>j}: s[i,j,c] = s[j,i,c];
subject to Con3_1{i in I, j in I, c in C: i<j}: w[i,j] <= s[i,j,c] + (1 - z[c]);
subject to Con3_2{i in I, j in I: i<j}: 1 + sum{c in C}s[i,j,c] <= sum{c in C}z[c] + M * w[i,j];
subject to Con3_3{i in I, j in I}: w[i,j] = w[j,i];
subject to Con3_4{i in I}: w[i,i] = 1;
subject to Con4_1{i in I}: sum{k in Ec}q[i,k] <= 1;
subject to Con4_2{i in I, j in I, k in Ec: i<j}: q[i,k] + q[j,k] <= w[i,j] + 1;
subject to Con4_3{k in Ec}: sum{i in I}q[i,k] = Q[k];
subject to Con4_4a{k in Ec}: t[k] <= Q[k];
subject to Con4_4b{k in Ec}: Q[k] <= M * t[k];
```

```
subject to Con5_1{i in I, j in I, k in Ec: i<>j}: o[i,j,k] <= w[i,j] + 2*(1 - q[j,k]);
subject to Con5_2{i in I, j in I, k in Ec: i<>j}: o[i,j,k] >= w[i,j] - 2*(1 - q[j,k]);
subject to Con5_3{i in I, j in I,k in Ec}: o[i,j,k] <= w[i,j];
subject to Con5_4{i in I, j in I,k in Ec}: o[i,j,k] <= q[j,k];
subject to Con5_5{i in I, k in Ec}: O[i,k] = sum{j in I}o[i,j,k];
subject to Con5_6{i in I, k in Ec}: O[i,k] <= Q[k] + q[i,k] + 1 - 2*t[k];
subject to Con6{k in Ec, k1 in Ed}: E[k,k1] = sum{i in I}q[i,k]*g[i,k1];
subject to Con7{k in Ec, k1 in Ed}: s_min - Q[k] <= M*(1- f[k]);
subject to Con8_1{k in Ec, k1 in Ed}: beta*Q[k] - E[k,k1] <= n*(1-h[k,k1]);
subject to Con8_2{k in Ec, k1 in Ed}: h[k,k1] <= f[k];
subject to Con9{k in Ec}: H[k] = sum{k1 in Ed}h[k,k1];
subject to Con10_1{k in Ec}: b[k] <= Q[k];
subject to Con10_2{k in Ec}: b[k] <= M*H[k];
subject to Con12{k in Ec}: sum{k1 in Ed}h[k,k1] <= 1;
subject to Con13{k1 in Ec, k2 in Ec: k1<k2}: Q[k1] >= Q[k2];
subject to Con14{i in I, k in Ec}: q[i,k] <= H[k];
```

练习题

1. 考虑表 13-7 中的数据对象及属性值。

表 13-7 数据对象及属性值

数据对象	属性 A	属性 B	属性 C
1	1.1	0.09	4.8
2	0.9	0.10	5.0
3	0.8	0.12	5.1
4	1.3	0.11	4.9

(1) 根据 θ-近似等价关系定义，分别令 $\theta_A=0.15$，$\theta_B=0.02$，$\theta_B=0.2$，判断数据对象之间哪些存在 θ-近似等价关系。

(2) 根据 Φ-近似等价类定义，令 $\Phi=\{0.15, 0.02, 0.2\}$，列出表 13-7 中存在的 Φ-近似等价类。

2. 考虑 10 个数据对象构成的集合 $N=\{1, 2, 3, 4, 5, 6, 7, 8, 9, 10\}$，按条件属性划分的等价类分别为 $C_1=\{1, 2, 3, 4\}$，$C_2=\{5, 6, 7\}$，$C_1=\{8, 9, 10\}$，令集合 $X=\{2, 3, 4, 5, 6, 7\}$。试判断：

(1) 当精度 $\beta=100\%$ 时，X 的上近似、下近似和边界。

(2) 当精度 $\beta=80\%$ 时，X 的上近似、下近似和边界。

3. 考虑不同 Φ-近似等价类允许成员重叠的情况，试建立确信决策规则的数学规划模型，并以 13.3.1 小节中的数据进行求解验证。

附录 A　AMPL/CPLEX 建模与求解环境

AMPL(A Mathematical Programming Language)是美国 AMPL Optimization Inc. 公司发布的数学模型建模语言,用以将数学模型转化为优化软件可求解的代码模型。这里介绍 AMPL 语言的基本编程规范。

A.1　AMPL 与求解器的关系

AMPL 是一种编程语言,它本身不具备优化求解功能,仅是将数学模型及算例数据按特定求解器(如 CPLEX)所要求的接口文件,再调用求解器进行求解,然后获得求解器输出的结果,进行输出展示。AMPL 与求解器的关系可由图 A.1 表示。

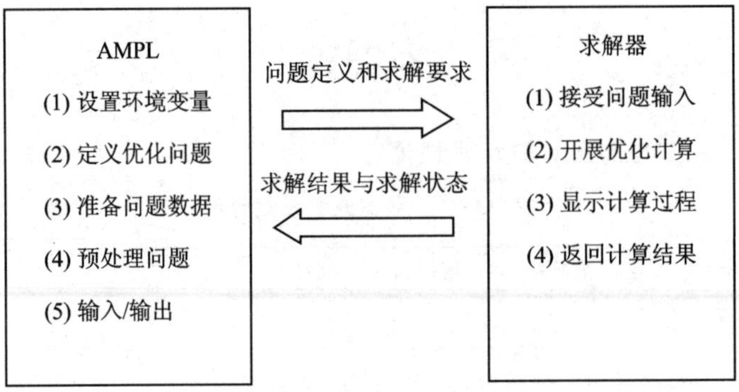

图 A.1　AMPL 与求解器的关系

A.2　AMPL 环境设定

AMPL 本身具备一定的逻辑计算功能和数学模型预处理功能,某些情况下需要对 AMPL 默认的环境参数进行重新设置。AMPL 设定环境参数的命令格式如下:

设置指令:option　环境参数名　参数值;

下面是几个常用到的 AMPL 环境参数设置命令。

```
option solver cplex;             选择 cplex 作为求解器。
option randseed 0;               设置随机数种子,0 则以当前时钟值。
option presolve_warnings 5;      AMPL 预处理警告数上限。
option presolve_eps 1.2e-10;     AMPL 预处理的精度门槛。
option log_file 'ampl.log';      设置 AMPL 的日志文件,记录求解过程信息。
```

其他 options 用法,参见 AMPL 公司网站(https://ampl.com)资料。

AMPL 几个常用的环境变量:

（1）solve_result

说明：最优化求解状态，字符型。
显示变量值的命令为 display solve_result。
取值说明：

solved	表示求解成功，输出结果为最优解。
solved?	表示求解可能成功，输出结果为最优解。
infeasible	表示没有可行解。
unbounded	表示目标函数无界。
limit	时间限制下的计算结果。
failure	求解不成功。

（2）时间相关变量

_ampl_elapsed_time	进入 AMPL 环境后到目前的总时间，单位秒。
_solve_elapsed_time	上一次调用求解器占用的时间，单位秒。
_total_solve_elapsed_time	多次调用求解器占用的总时间，单位秒。

显示求解时间的命令为 display _solve_elapsed_time。

A.3　CPLEX 计算参数设定

当 AMPL 调用求解器 CPLEX 时，对求解器的计算参数要求通过变量 cplex_options 来设定。AMPL 设定 CPLEX 计算参数的命令格式如下：
设置指令：option cplex_options "参数名 1＝参数值 参数名 2＝参数值…"；
下面是几个常用的 CPLEX 参数设置命令。

（1）option cplex_options"mipdisplay＝0/1/2"；

说明：要求 CPLEX 显示计算过程信息的详细程度，通常设为 2。

（2）option cplex_options"absmipgap＝1.0e－12"；

说明：设置 CPLEX 的求解完成条件精度，即上下界绝对差异阈值。

（3）option cplex_options"timelimit＝7200"；

说明：要求 CPLEX 的必须在给定时间内(7200)结束计算，返回当前结果。

（4）option cplex_options"return_mipgap＝3"；

说明：要求 CPLEX 的返回上下界剩余差异％(求解未完成情况下)。
显示方式：
display 目标函数.relmipgap；
例如：

```
option cplex_options "mipdisplay = 2 absmipgap = 1.0e - 12 return_mipgap = 3 timelimit = 7200";
```

（5）option cplex_options"dualratio＝3"；

说明：要求 CPLEX 的求解“原问题单纯形法”或“对偶问题单纯性法”。

缺省规则：约束行数大于变量数的3倍时则使用对偶单纯形法。

(6) option cplex_options"memoryemphasis=1"；

说明：牺牲显示信息减少内存占用。

(7) option cplex_options"nodefile=1/2/3"；

说明：内存使用方式“物理内存/硬盘内存/硬盘内存+压缩”，大规模计算时通常设置为nodefile=3，即允许使用硬盘内容，但计算速度降低很多。

(8) option cplex_options"mipemphasis=0/1/2"；

说明：为CPLEX分支定界算法设定搜索偏好“最优/可行/上界”。

(9) option cplex_options"uppercutoff/lowercutoff =999"；

说明：为CPLEX分支定界算法设置人工上界/下界，可加快收敛。当minimize目标函数时，可设置uppercutoff=某人工解，这样CPLEX运用分支定界算法时会忽略大于uppercutoff的分支；当maximize目标函数时，可设置lowercutoff=某人工解，CPLEX运用分支定界算法时会忽略小于lowercutoff的分支。

(10) AMPL设置CPLEX环境变量只能是最后一次有效

例如：

```
option cplex_options "uppercutoff = 999";
option cplex_options "lowercutoff = 333";          #执行后令上一行失去作用
```

其他cplex_options设置，参见AMPL公司网站资料。

A.4 用AMPL描述优化问题

A.4.1 最优化问题定义和求解

1. 定义集合

set N；　　定义一个空集合。
set R：={1,2,3}；　　定义一个集合并初始化为{1,2,3}。
set Q：={1..10}；　　定义一个集合并初始化为1～10。
set S in {R, Q}；　　定义一个“对”集合，例如：网络的边集合。

2. 集合运算

集合运算符有nion,inter,diff,symdiff。

let N：={1,2,3}；　　给集合赋值。
let M：={3,4,5}；
let R：=N union M；　　集合并集运算，结果R={1,2,3,4,5}。
let R：=N inter M；　　集合交集运算，结果R={3}。
let R：=N diff M；　　集合减法，从N中扣除掉M中的成员，结果R={1,2}。
let R：=N symdiff M；　　交集减去并集，结果R={1,2,4,5}。

示例练习：进入 AMPL 环境，练习集合运算，结果如图 A.2 所示。

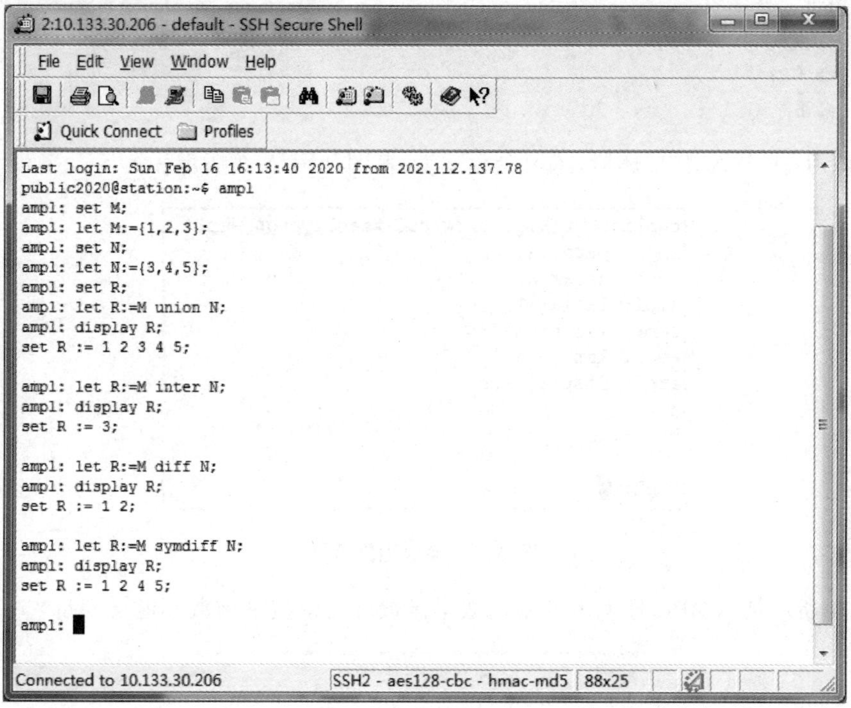

图 A.2　集合运算示例

3. 定义参数

定义参数，格式如下：

param 参数名 [{集合}] [类型] [值域] [:=初始默认值]；

其中，类型包括实数（默认）、整数（integer）、0-1 变量（binary）、字符型（symbolic）。

例 1　定义参数。

```
param  a;                          #定义单参数 a,未赋值
param  b: = 100;                   #定义单参数 a,赋值 100
param  c{N};                       #定义一维参数 c,下标为集合 N
param  d{N, M} >= 0;               #定义非负二维参数 d,下标为集合 N, M
param  f   symbolic;               #字符型参数
param  s   in {1..100};            #定义参数 s,仅在 1..100 之间取整数
param  x   integer >= 1, <= 100;   #定义参数 x,仅在 1..100 之间取整数
```

注：定义参数时未指定类型都默认为浮点实数。

4. 参数运算

参数赋值，格式如下：

let 参数名 := 表达式；

参数运算符包括：+，－，*，/，^，**(指数)，div(除取整)，mod(除取余)。

例 2　参数赋值。

```
param a;
param b;
let a: = 2;
let b: = a + 3;
let a: = a^b;
```

示例练习：进入 AMPL 环境，练习参数运算，截图如图 A.3 所示。

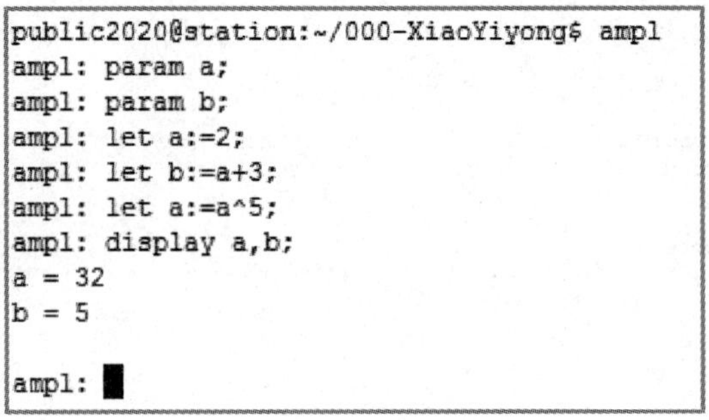
public2020@station:~/000-XiaoYiyong$ ampl
ampl: param a;
ampl: param b;
ampl: let a:=2;
ampl: let b:=a+3;
ampl: let a:=a^5;
ampl: display a,b;
a = 32
b = 5
ampl:

图 A.3　参数运算示例

图 A.4 所示是 AMPL 环境下的常用数学函数(注：模型中函数不能含变量)。

abs (*x*)	absolute value, $\|x\|$
acos (*x*)	inverse cosine, $\cos^{-1}(x)$
acosh (*x*)	inverse hyperbolic cosine, $\cosh^{-1}(x)$
asin (*x*)	inverse sine, $\sin^{-1}(x)$
asinh (*x*)	inverse hyperbolic sine, $\sinh^{-1}(x)$
atan (*x*)	inverse tangent, $\tan^{-1}(x)$
atan2 (*y*, *x*)	inverse tangent, $\tan^{-1}(y/x)$
atanh (*x*)	inverse hyperbolic tangent, $\tanh^{-1}(x)$
cos (*x*)	cosine
cosh (*x*)	hyperbolic cosine
exp (*x*)	exponential, e^x
log (*x*)	natural logarithm, $\log_e(x)$
log10 (*x*)	common logarithm, $\log_{10}(x)$
max (*x*, *y*, ...)	maximum (2 or more arguments)
min (*x*, *y*, ...)	minimum (2 or more arguments)
sin (*x*)	sine
sinh (*x*)	hyperbolic sine
sqrt (*x*)	square root
tan (*x*)	tangent
tanh (*x*)	hyperbolic tangent

图 A.4　AMPL 常用数学函数

5. 多维参数定义与运算

例 3　多维参数定义与运算。

```
set   M: = {1,2,3};               #定义集合 M
set   N: = {1,2};                 #定义集合 N
param   a{M};                     #定义一维参数/向量
param   b{M,N};                   #定义二维参数/矩阵
param   c{M,N,N};                 #定义三维参数/矩阵
daram   d{1..100, 1..2};          #定义二维参数,维度: 100×2
let a[1]: = 1;                    #参数赋值
```

```
let a[2]: = 9;                  #参数赋值
let b[1,2]: = a[1] + 4;         #参数赋值、运算
let c[1,2,1]: = 0.99 * b[1,2];  #参数赋值、运算
```

示例练习:

① 在 AMPL 环境下求解二次方程:$x^2+5x+9=0$。

进入 AMPL 环境,定义参数 a、b、c、x_1、x_2,根据求根公式 $x=\dfrac{-b\pm\sqrt{b^2-4ac}}{2a}$,计算和输出 x_1 和 x_2。计算过程截图如图 A.5 所示。

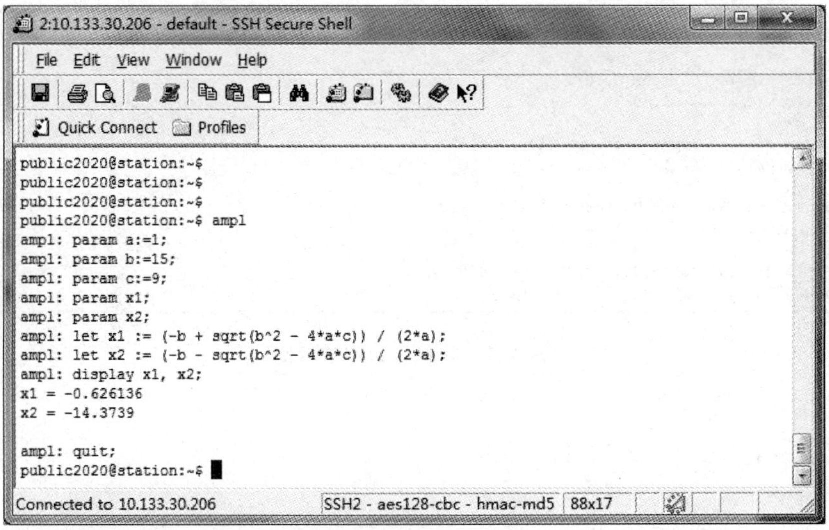
2:10.133.30.206 - default - SSH Secure Shell
File Edit View Window Help
Quick Connect Profiles
public2020@station:~$
public2020@station:~$
public2020@station:~$
public2020@station:~$ ampl
ampl: param a:=1;
ampl: param b:=15;
ampl: param c:=9;
ampl: param x1;
ampl: param x2;
ampl: let x1 := (-b + sqrt(b^2 - 4*a*c)) / (2*a);
ampl: let x2 := (-b - sqrt(b^2 - 4*a*c)) / (2*a);
ampl: display x1, x2;
x1 = -0.626136
x2 = -14.3739
ampl: quit;
public2020@station:~$
Connected to 10.133.30.206
SSH2 - aes128-cbc - hmac-md5
88x17

图 A.5　二次方程求解示例

② 最大值/最小值函数 min()/max() 和 min{}/max{}的使用。

进入 AMPL 环境,输入一组数,分别用 min()/max()和 min{}/max{}获取其中的最大值和最小值。计算过程截图如图 A.6 所示。

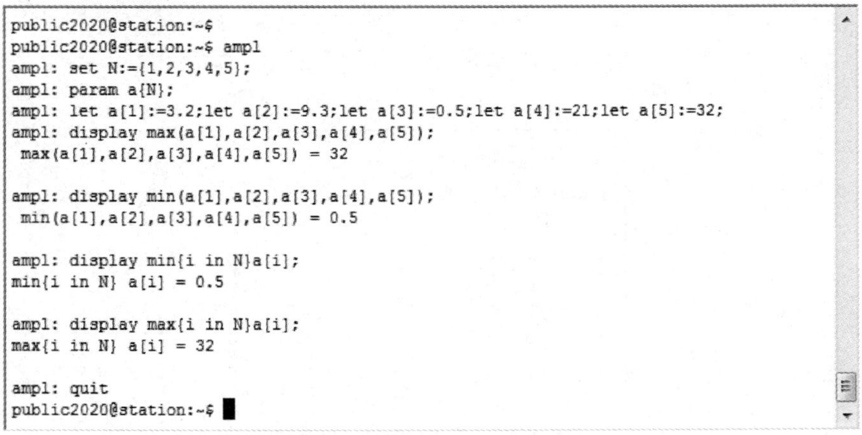
public2020@station:~$
public2020@station:~$ ampl
ampl: set N:={1,2,3,4,5};
ampl: param a{N};
ampl: let a[1]:=3.2;let a[2]:=9.3;let a[3]:=0.5;let a[4]:=21;let a[5]:=32;
ampl: display max(a[1],a[2],a[3],a[4],a[5]);
max(a[1],a[2],a[3],a[4],a[5]) = 32
ampl: display min(a[1],a[2],a[3],a[4],a[5]);
min(a[1],a[2],a[3],a[4],a[5]) = 0.5
ampl: display min{i in N}a[i];
min{i in N} a[i] = 0.5
ampl: display max{i in N}a[i];
max{i in N} a[i] = 32
ampl: quit
public2020@station:~$

图 A.6　min/max 函数用法示例

③ 随机函数 Uniform(a, b)和 Uniform01( )的使用。

说明:Uniform(a,b)随机产生一个(a,b)之间的实数,Uniform01( )随机产生一个(0,1)之间的小数。例如:

在(0,1)之间随机产生 1 个实数,可使用 Uniform01( )。

在(0,10)之间随机产生 1 个实数,可使用 Uniform(0,10)。

在[0,10]之间随机产生 1 个整数,可使用 round(Uniform(0, 11) −0.49999)。

计算过程截图如图 A.7 所示。

```
public2020@station:~$
public2020@station:~$ ampl
ampl: display Uniform01();
Uniform01() = 0.609209

ampl: display Uniform(0,10);
Uniform(0, 10) = 1.89873

ampl: display round(Uniform(0,11)-0.49999);
round(Uniform(0, 11) - 0.49999, 0) = 10

ampl: display round(Uniform(0,11)-0.49999);
round(Uniform(0, 11) - 0.49999, 0) = 10

ampl: display round(Uniform(0,11)-0.49999);
round(Uniform(0, 11) - 0.49999, 0) = 1
```

图 A.7 随机函数用法示例

④ 参数的数据文件输入。

装入数据文件,命令格式如下:

data 文件名;

例 4 装入一维数据。

```
set N;
param a{N};
param b{N};
(预备文件 test.dat,如图 A.8 所示)
data test.dat;
display N, a, b;
```

执行结果如图 A.9 所示。

```
#文件 test.dat
param : N: a  b :=
1    18   2
2    19   7
3    22   9
4    99   3
5    49   4
6    20   6;
```

图 A.8 一维数据格式文件

```
public2020@station:~/000-XiaoYiyong$ ampl
ampl: set N;
ampl: param a{N};
ampl: param b{N};
ampl: data test.dat;
ampl: display N,a,b;
set N := 1 2 3 4 5 6;

:   a    b    :=
1   18   2
2   19   7
3   22   9
4   99   3
5   49   4
6   20   6
;

ampl:
```

图 A.9　装入一维数据文件示例

例 5　装入二维数据。

```
set M;
set N;
param  a{M,N};
(预备文件 test.dat,如图 A.10 所示)
data test.dat;
display a;
```

执行结果如图 A.11 所示。

```
#文件 test.dat
set M:=1,2,3,4,5;
set N:=1,2,3;
param a: 1  2  3  :=
1    18   22   9
2    19   37   89
3    22   69   55
4    99   73   12
5    8    67   18 ;
```

图 A.10　二维数据格式文件

```
public2020@station:~/000-XiaoYiyong$ ampl
ampl: set M;
ampl: set N;
ampl: param a{M,N};
ampl: data test.dat;
ampl: display a;
a :=
1 1   18
1 2   22
1 3    9
2 1   19
2 2   37
2 3   89
3 1   22
3 2   69
3 3   55
4 1   99
4 2   73
4 3   12
5 1    8
5 2   67
5 3   18
;

ampl:
```

图 A.11　装入二维数据文件示例

例 6　装入多维数据(以 4 维度为例)。

```
set M;
set N;
set R;
set Q;
param  a{M,N, R, Q};
(预备文件 test.dat,如图 A.12 所示)
data test.dat;
display a;
```

执行结果如图 A.13 所示。

```
#文件 test.dat
set M:=1,2;
set N:=1,2;
set R:=1,2,3;
set Q:=1,2,3,4;
param        a:=
[1,1,*,*]:   1 2 3 4      :=
1     21     32     22     83
2     20     32     76     2
3     8      68     76     18
[1,2,*,*]:   1 2 3 4      :=
1     75     39     43     48
2     97     22     85     84
3     22     64     55     10
[2,1,*,*]:   1 2 3 4 :=
1     2      18     35     27
2     28     18     18     80
3     8      7      10     65
[2,2,*,*]:   1 2 3 4 :=
1     56     56     10     53
2     40     98     65     98
3     31     38     69     37
;
```

图 A.12 多维数据格式文件

```
public2020@station:~/000-XiaoYiyong$ ampl
ampl: set M;
ampl: set N;
ampl: set R;
ampl: set Q;
ampl: param a{M,N,R,Q};
ampl: data test.dat;
ampl: display a;
a [1,1,*,*] (tr)
:    1    2    3     :=
1   21   20    8
2   32   32   68
3   22   76   76
4   83    2   18

 [1,2,*,*] (tr)
:    1    2    3     :=
1   75   97   22
2   39   22   64
3   43   85   55
4   48   84   10

 [2,1,*,*] (tr)
:    1    2    3     :=
1    2   28    8
2   18   18    7
3   35   18   10
4   27   80   65

 [2,2,*,*] (tr)
:    1    2    3     :=
1   56   40   31
2   56   98   38
3   10   65   69
4   53   98   37
;

ampl:
```

图 A.13 多维数据文件装入示例

例 7 装入多维数据的一种通用方法。

```
set M;
set N;
set R;
param  a{M,N, R};
(预备文件 test.dat,如图 A.14 所示)
data test.dat;
display a;
```

执行结果如图 A.15 所示。

```
#文件 test.dat
set M:=1,2;
set N:=1,2;
set Q:=1,2;
param      a:=
1  1  1  0.2
1  1  2  0.4
1  2  1  0.5
1  2  2  1.5
2  1  1  0.7
2  1  2  0.5
2  2  1  1.4
2  2  2  2.7
;
```

图 A.14　多维数据文件通用格式

```
public2020@station:~/000-XiaoYiyong$ ampl
ampl: set M;
ampl: set N;
ampl: set Q;
ampl: param a{M,N,Q};
ampl: data test.dat;
ampl: display a;
a :=
1 1 1   0.2
1 1 2   0.4
1 2 1   0.5
1 2 2   1.5
2 1 1   0.7
2 1 2   0.5
2 2 1   1.4
2 2 2   2.7
;

ampl:
```

图 A.15　通用格式的多维数据文件装入示例

5. 重置参数(即清空数据以便重新装入)

参数重置,命令格式如下:

reset data [参数名列表] ;

例 8　参数重置。

```
set M;               #定义集合
param a{M};          #定义参数
data  xxx.dat;       #装入数据文件 xxx.dat
……                   #计算、处理数据
reset data M, a;     #重置(清空)数据
data  yyy.dat;       #装入数据文件 yyy.dat
```

A.4.2　定义问题的决策变量

定义变量,命令格式如下:

var 变量名[集合] 类型 [值域范围]

例 9　定义问题的决策变量。

```
var  x;                      #定义一个连续变量,默认类型实数
var  y>=0;                   #定义一个非负连续变量
var  z>=0  integer ;         #定义一个非负整数变量
var  w  binary;              #定义一个 0/1 变量
set  M:={1..10};
var  u{M} binary;            #定义一集合 M 的 0/1 变量,成员从 u[1]到 u[10]
var  v{1..100} in M;         #定义一集合 100 个变量,变量取值于集合 M 中
set  N:={1,2,3};
var  p{M, N}>=0;             #定义二维矩阵的非负连续变量
```

变量的赋值操作与参数完全一样。但是变量通常不赋予初值,而是交由求解器来优化。即使赋予了初值,也会被无视掉。

定义变量注意事项:

① 变量名全局唯一,不能重复。

② 变量名大小写敏感,要区分字母大小写,可以多字母数字组合。

③ 变量的主要类型:实数(默认)、整数(integer)、0/1 变量(binary)。

④ 可以给变量设定取值范围,如:

```
var x integer > = 0, < = 100;          #x 仅取值 [0, 100]之间的整数
var y in {1,2,3,4,5,6};                #y 仅取值集合中的元素
var z in N;                            #z 仅取值集合 N 中的元素
```

⑤ 整数变量并非一定是整数,有一个精度范围,例如 1.000 001,在一定范围会被认为是整数;同样,0.999 99 也可能被认为是整数。

设置整数的精度参数:

```
option presolve_inteps  1.0e-10;                    #AMPL 环境默认:1e-6
option cplex_option,"integrality=1.6e-10";          #CPLEX 环境默认:1e-5
```

变量可看作一个对象,有多项后缀属性,如图 A.16 所示。

.astatus	AMPL status (A.11.2)
.init	current initial guess
.init0	initial initial guess (set by :=, data, or default)
.lb	current lower bound
.lb0	initial lower bound
.lb1	weaker lower bound from presolve
.lb2	stronger lower bound from presolve
.lrc	lower reduced cost (for var >= lb)
.lslack	lower slack (val - lb)
.rc	reduced cost
.relax	ignore integrality restriction if positive
.slack	min(lslack, uslack)
.sstatus	solver status (A.11.2)
.status	status (A.11.2)
.ub	current upper bound
.ub0	initial upper bound
.ub1	weaker upper bound from presolve
.ub2	stronger upper bound from presolve
.urc	upper reduced cost (for var <= ub)
.uslack	upper slack (ub - val)
.val	current value of variable

图 A.16 变量对象的后缀属性

A.4.3 定义问题的目标函数

定义目标函数,命令格式如下:

minimize/maximize 目标函数名: 表达式;

例 10 下面语法定义了 3 个不同的目标函数。

```
var x >= 0;
var y >= 0;
minimize Obj1: x + y;
maximize Obj2: x - y;
set N;
var z{N} >= 0;
maximize Obj3: sum{i in N}z[i];
```

设置当前目标函数，命令格式如下：

objective　目标函数名；

例 11　设置当前目标函数。

```
objective Obj1;              #将 Obj1 设置为优化目标函数
solve;                       #开始求解
display/print Obj1;          #显示求解后的目标函数
```

定义目标函数注意事项：

① 目标函数的表达式须是线性函数或(半)正定二次函数。

$$\begin{cases} \min\ x^2 + y^2 \\ \text{s.t.}\ \ x + 2y \geqslant 10 \\ \qquad x,\ y \geqslant 0 \end{cases}$$

计算结果截图如图 A.17 所示。

```
public2020@station:~$
public2020@station:~$ ampl
ampl: var x>=0;
ampl: var y>=0;
ampl: subject to con1:x+2*y>=10;
ampl: minimize obj1:x*x+y*y;
ampl: option solver cplex;
ampl: objective obj1;
ampl: solve;
CPLEX 12.9.0.0: optimal solution; objective 20.00000004
14 separable QP barrier iterations
No basis.
ampl: display obj1,solve_result,x,y;
obj1 = 20
solve_result = solved
x = 2
y = 4

ampl: 
```

图 A.17　二次规划求解示例

注：对于二次目标函数，CPLEX 计算前会检查 Hessian 矩阵。

② 可定义多个目标函数，轮流设定其中一个为当前目标函数，实现多目标优化(获得 1 个 Pareto 解)。例如：

$$\begin{cases}\min\ 2x+y+z \\ \max\ z+3y \\ \text{s. t.}\ \ x+y+z\geqslant 10 \\ \qquad x,\ y,\ z\geqslant 0\end{cases}$$

计算结果截图如图 A.18 所示。

```
public2020@station:~$
public2020@station:~$ ampl
ampl: var x>=0;
ampl: var y>=0;
ampl: var z>=0;
ampl: minimize obj1:2*x+y+z;
ampl: maximize obj2:z+3*y;
ampl: subject to con1:x+y+z>=10;
ampl: option solver cplex;
ampl: objective obj1;
ampl: solve;
CPLEX 12.9.0.0: optimal solution; objective 10
0 dual simplex iterations (0 in phase I)
ampl: print x,y,z,obj1;
0 0 10 10
ampl: subject to con2:2*x+y+z=10;
ampl: objective obj2;
ampl: solve;
CPLEX 12.9.0.0: optimal solution; objective 30
0 simplex iterations (0 in phase I)
ampl: print x,y,z,obj1,obj2;
0 10 0 10 30
ampl: █
```

图 A.18　多目标规划求解示例

③ 目标函数是一个特殊对象,有以下后缀属性值:

- absmipgap(与最好界绝对差异);
- astatus(in/drop);
- exitcode(最近求解状态);
- message(最近求解信息);
- no(下标号);
- relax(松弛);
- relmipgap(与最好界相对差异);
- result(等同 solve_result);
- sense(最大化 还是 最小化);
- sstatus;
- val(值)。

A.4.4　定义问题的约束条件

定义约束条件,命令格式如下:

subject to 约束条件名:　不等式(或等式)表达式;

例 12　定义问题的约束条件。

```
var x >= 0;
var y >= 0;
subject to Con1:  x>= y;                   #约束解释:x 必须大于或等于 y
subject to Con2:  x + y <= 10;             #约束解释:x + y 必须小于或等于 10
set M;
set N;
var z{M}>= 0;
var u{N}>= 0;
subject to Con3{i in M}: z[i] <= 100;      #约束解释:所有 z[i]都必须小于或等于 100
subject to Con4{i in M, j in N: i<j and (i>0 or j>0)}: z[i] <= u[j];
    #约束解释:当 i<j 且 (i>0 或 j>0)的时候,必须满足 z[i]<= u[j]
```

定义约束条件的注意事项:

① 约束条件的名称全局唯一,不能重复。

② 名称大小写敏感,即区分字母大小写,可以多字母数字组合。

③ 约束条件可以定义为数组,如"subject to Con1{i in N}:x[i]>=0;"表示产生约束组 Con1,成员包括 Con1[1],Con1[2],…,Con1[n]。

④ 约束条件有精度设置。例如:

```
subject to Con1: x + 0.000001 <= x;        #该约束会被判断成立
subject to Con1: x + 0.00001 <= x;         #该约束会被判断不成立
```

因此,变量取值的数量级差异不要太大!

⑤ 约束不能有">""<""≠"。例如下面是错误的:

```
subject to Con1: x>y;
subject to Con1: x<y;
subject to Con1: x<>y;
```

⑥ 定义了约束条件后可以令其失效(drop)或恢复(restore)。例如:

```
subject to Con1: x>= y;           #定义了 Con1
drop Con1;                        #令 Con1 约束失效
……                                #此时 Con1 不起约束作用
restore Con1;                     #恢复 Con1 约束
drop Con1[1];                     #令约束集合 Con1 中的第 1 个约束失效
```

⑦ 查看约束的状态:

```
Display 约束名.astatus ;          #约束状态有两种:drop/restore
```

约束也可作为一个对象,有多项后缀属性,如图 A.19 所示。

.astatus	AMPL status (A.11.2)
.body	current value of constraint *body*
.dinit	current initial guess for dual variable
.dinit0	initial initial guess for dual variable (set by :=, data, or default)
.dual	current dual variable
.lb	lower bound
.lbs	lb for solver (adjusted for fixed variables)
.ldual	lower dual value (for body >= lb)
.lslack	lower slack (body - lb)
.slack	min(lslack, uslack)
.sstatus	solver status (A.11.2)
.status	status (A.11.2)
.ub	upper bound
.ubs	ub for solver (adjusted for fixed variables)
.udual	upper dual value (for body <= ub)
.uslack	upper slack (ub - body)

图 A.19　约束对象的后缀属性

A.4.5　开始求解和输出结果

完成了问题定义之后，可调用求解器，开始求解：

```
option solver cplex;              #选用 cplex 作为求解器
objective Obj1;                   #选择 Obj1 作为本次优化的目标函数
solve;                            #开始求解
                                  #前面所定义变量和约束将全部起作用
```

检查求解状态：

```
display solve_result;             #若输出为 solved,则获得最优解
display Obj1;                     #输出目标函数值
display _solve_elapsed_time;      #输出求解所用时间
display Obj1.relmipgap;           #输出当前值与下界的差异,若为 0%则是最优解
```

命令格式：

printf"输出格式", 变量/参数名, 变量/参数名, 变量/参数名 [>> 文件名];

例 13　输出结果。

```
printf "The value of P1 is %d \n", P1;
printf "The values of (P1, P2, P3, P4) are ( %d, %d, %f, %s) \n", P1, P2, P3, P4;
#其中,%d 表示插入一个整数;%f 表示插入一个 6 位小数的浮点数;%5.3f 表示插入一个 5 位小数的
#浮点数,其中小数点后占 3 位;%e 表示插入一个科学计数法表示的浮点数; %s 表示插入一个
#字符串;\n\r 表示插入一个换行和回车符
printf "The values of (P1, P2, P3) are ( %d, %d, %f)\n", P1, P2, P3 >> myout.out;
#以追加模式输出到文件
printf "The values of (P1, P2, P3) are ( %d, %d, %f)\n", P1, P2, P3 > myout.out;
#以新文件输出到文件
```

A.5　AMPL 语言基础

A.5.1　循环程序设计

1. 循环语句:for{ }{ };

格式:

```
for{循环变量名 in  集合名}
{
    循环体;
}
```

例 14　输出 1～9 的平方数。

代码如下:

```
set N: = {1,2,3,4,5,6,7,8,9};
for{i in N}
{
    printf  "%d x %d =  %d\n", i, i, i * i;
}
```

例 15　输出九九乘法表。

代码如下:

```
for{i in 1..9, j in 1..9: i<j}
{
    printf  "%d x %d =  %d\n", i, j, i * j;
}
```

注意:for 中定义的循环变量仅在循环体中有效,循环体之外则无效。例如:

```
for{i in 1..9}
{
    display i * i;
}
let i: = 100;            #此句将报错
```

注意:for 循环变量的名称不能和已有变量名称重复。例如:

```
param i;
for{i in 1..9}           #此句将报错
{
    display i * i;
}
```

注意:循环体中不能定义变量。例如下面语法是错误的:

```
for{i in 1..20}
```

```
{
    param b;
}
```

2. 循环语句:repeat{ } while (true)

格式：

```
repeat
{
    循环体；
} while (条件=true)；
```

例 16 输出 100 以内数的平方。

代码如下：

```
param i;
let i: = 0;
repeat
{
    let i: = i + 1;
    printf "%d x %d =  %d \n", i, i, i * i;
} while (i < 100);
```

3. continue 语句:继续循环(跳过后面)

格式 1：

```
repeat
{
    循环体-part1；
    if 表达式=true then continue；            #跳过"循环体-part2"
    循环体-part2；
} while (条件=true)；
```

格式 2：

```
for{}
{
    循环体-part1；
    if  表达式= true then continue；            #跳过"循环体-part2"
    循环体-part2；
}
```

例 17 输出 100 以内奇数的平方。

代码如下：

```
param i;
let i: = 0;
repeat
```

```
{
    let i: = i + 1;
    if round(i/2,0) * 2  =  i then continue;    # 偶数则跳过,打印继续下一循环
    printf" %d x %d  =  %d \n", i, i, i * i;
} while (i < 100);
```

4. break 语句:中断循环(跳出循环外)

格式 1:

```
repeat
{
    循环体-part1;
    if 表达式=true then break;          # 跳出循环,转执行语句 a
    循环体-part2;
} while (条件=true);
    语句 a;
```

格式 2:

```
for{}
{
    循环体-part1;
    if 表达式=true then break;          # 跳出循环,转执行语句 b
    循环体-part2;
}
    语句 b;
```

A.5.2　条件逻辑判断

条件逻辑判断,格式如下:

```
if (逻辑判断表达式) then
  {
    语法体;
  };
```

例 18　产生一个(0,1)间随机数,大于 0.5 输出 Yes,反之输出 No。

代码如下:

```
if Uniform01( ) >0.5 then
{
    printf "Yes\n";
}
else
{
    printf "No\n";
};
```

逻辑运算符号：

- and　&&　与符号，例如：if a=b and i>j then{}；
- or　||　或符号，例如：if a=b || i>j then{}；
- not　!　非符号，例如：if not (a=b) then{}；
- =　==　等号，例如：if a=b then{}；
- <>　!=　不等号，例如：if a<>b then{}；
- >，>=　大于、大于或等于；
- <，<=　小于、小于或等于；
- in，not in　一个成员是否存在于(或不存在于)一个集合中；
- within，not within　一个集合是否属(或不属于)于另一个集合。

例 19　集合逻辑判断。

```
set M: = {1,2,3};
set N: = {1,2,3,4,5};
param  a: = 5;
if a in M then {print "Yes, a in M";} else print "No, a is not in M";
if a in N then {print "Yes, a in N";} else print "No, a is not in N";
if M within N then {print "Yes, M within N";} else print "No, M is not in N";
```

计算输出截图如图 A.20 所示。

```
public2020@station:~$
public2020@station:~$ ampl
ampl: set M:={1,2,3};
ampl: set N:={1,2,3,4,5};
ampl: param  a:=5;
ampl: if a in M then {print "Yes, a in M";} else print "No, a is not in M";
No, a is not in M
ampl: if a in N then {print "Yes, a in N";} else print "No, a is not in N";
Yes, a in N
ampl: if M within N then {print "Yes, M within N";} else print "No, M is not in N";
Yes, M within N
ampl: █
```

图 A.20　集合逻辑判断示例

几个常用运算指令：

(1) sum 指令：求和

格式：

sum {对于集合成员：条件}　表达式；

例 20　求 100 以内奇数的平方之和。

代码如下：

```
param a;
let a: =  sum{i in 1..100: i mod 2  =  1}i * i;
display a;
```

例 21　求 100 以内相邻奇数与偶数乘积之和，$1\times2+3\times4+5\times6+\cdots+99\times100$。

代码如下：

```
let a: =  sum{i in 1..100, j in 1..100: i mod 2  =  1 and j - i  =  1 }i * j;
display a;
```

例 22　求 10 以内所有不同的两数相乘的和。

代码如下：

```
let a: =  sum{i in 1..10, j in 1..10: i<>j}i * j;
display a;
```

例 23　求 10 以内所有不同的三数相乘的和。

代码如下：

```
let a: =  sum{i in 1..10, j in 1..10, k in 1..10: i<>j and i<>k and j<>k}i * j * k;
display a;
```

例 20～23 计算输出截屏如图 A.21 所示。

```
public2020@station:~$
public2020@station:~$ ampl
ampl: param a;
ampl: let a:= sum{i in 1..100: i mod 2 = 1}i*i;
ampl: display a;
a = 166650

ampl: let a:= sum{i in 1..100, j in 1..100: i mod 2 = 1 and j-i = 1 }i*j;
ampl: display a;
a = 169150

ampl: let a:= sum{i in 1..10, j in 1..10: i<>j}i*j;
ampl: display a;
a = 2640

ampl: let a:= sum{i in 1..10, j in 1..10, k in 1..10: i<>j and i<>k and j<>k}i*j*k;
ampl: display a;
a = 108900

ampl: █
```

图 A.21　sum 指令使用示例

(2) min/max 指令：求表达式的最小值/最大值

格式：

min/max {对于集合成员：条件}　表达式；

例 24　随机产生 100 个[0,1]间的数，求其中的最小值。

代码如下：

```
set N: = {1..100};
param a{N};
for{i in N}let a[i]: = Uniform01();
param b;
let b: = min{ i in N}a[i];
display b;
```

例 25　求 x^2-5x 的最小值，x 是整数。

代码如下：

```
let b: = min{x in - 100..100}(x^2 - 5 * x);
display b;
```

例 24、例 25 计算输出截屏如图 A.22 所示。

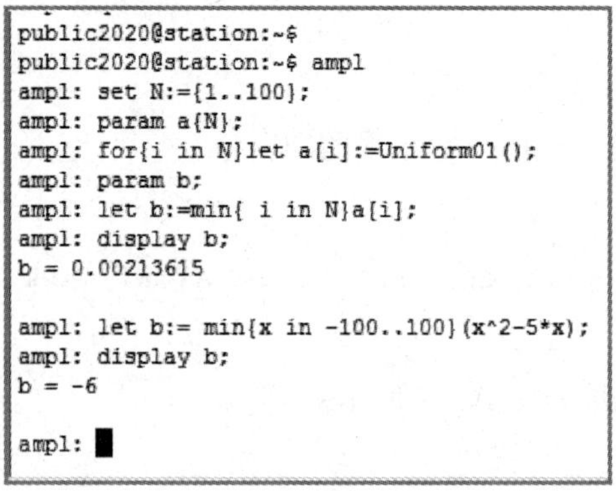

```
public2020@station:~$
public2020@station:~$ ampl
ampl: set N:={1..100};
ampl: param a{N};
ampl: for{i in N}let a[i]:=Uniform01();
ampl: param b;
ampl: let b:=min{ i in N}a[i];
ampl: display b;
b = 0.00213615

ampl: let b:= min{x in -100..100}(x^2-5*x);
ampl: display b;
b = -6

ampl: 
```

图 A.22　min/max 指令使用示例

(3) include 指令：引入其他文件的 AMPL 代码

格式：

include 文件名

例 26　include 指令的使用。

```
param a;
param b;
#建立文件 aaa.sh,其中包括赋值命令行：
#let a: = 123;
#let b: = 456;
include aaa.sh;
display a, b;
```

注意：include 插入某循环体时，文件中不能定义参数或变量。例如：

```
for {i in 1..10} include aaa.sh;            #文件 aaa.sh 中不能定义参数或变量
```

(4) fix/unfix 指令：对变量进行固定或取消固定

格式：

fix/unfix 变量名[下标];

例 27　fix/unfix 指令的使用。

```
var x{1..10} >= 0;                      #定义变量
for {i in 1..10} let x[i]: = i;         #变量赋值
for {i in 1..10 by 2} fix x[i];         #固定脚标为奇数的变量
minimize obj1: sum{i in 1..10}x[i];     #定义目标函数
```

```
option solver cplex;
objective obj1;
solve;                          #求解
display obj1, x;                #被固定的变量不会变化

unfix x;                        #取消固定
solve;                          #再优化求解
display obj1, x;                #全部变量被优化
```

计算输出如图 A.23 所示。

```
public2020@station:~$
public2020@station:~$ ampl
ampl: var x{1..10} >=0;
ampl: for {i in 1..10} let x[i]:=i;
ampl: for {i in 1..10 by 2} fix x[i];
ampl: minimize obj1: sum{i in 1..10}x[i];
ampl: option solver cplex;
ampl: objective obj1;
ampl: solve;
CPLEX 12.9.0.0: optimal solution; objective 25
0 dual simplex iterations (0 in phase I)
ampl: display obj1, x;
obj1 = 25

x [*] :=
 1  1
 2  0
 3  3
 4  0
 5  5
 6  0
 7  7
 8  0
 9  9
10  0
;
```

```
ampl: unfix x;
ampl: solve;
CPLEX 12.9.0.0: optimal solution; objective 0
0 simplex iterations (0 in phase I)
ampl: display obj1, x;
obj1 = 0

x [*] :=
 1  0
 2  0
 3  0
 4  0
 5  0
 6  0
 7  0
 8  0
 9  0
10  0
;

ampl: █
```

图 A.23 fix/unfix 指令使用示例

参考文献

[1] 陈宝林. 最优化理论与算法. 2 版. 北京:清华大学出版社,2005.

[2] 肖依永,常文兵,周晟瀚. 现代装备系统经济性工程. 北京:科学出版社, 2021.

[3] (美)罗纳德 L 拉丁. 运筹学. 肖勇波, 梁湧,译. 北京:机械工业出版社, 2018.

[4] Xiao Y, Konak A. The Heterogeneous Green Vehicle Routing and Scheduling Problem with Time-varying Traffic Congestion. Transportation Research Part E: Logistics and Transportation Review, 2016, 88:146-166.

[5] Xiao Y, et al. Optimal Mathematical Programming and Variable Neighborhood Search for k -modes Categorical Data Clustering. Pattern Recognition,2019, 90: 183-195.

[6] You M, et al. Optimal Mathematical Programming for the Warehouse Location Problem with Euclidean Distance Linearization. Computers & Industrial Engineering,2019,136: 70-79.

[7] Xiao Y, et al. Development of a Fuel Consumption Optimization Model for the Capacitated Vehicle Routing Problem. Computers & Operations Research, 2012, 39 (7): 1419-1431.

[8] Xiao Y, Konak A. A Variable Neighborhood Search with Exact local Search for Network Design Problem with Relay. Journal of Heuristics, 2017, 23(2-3):137-164.

[9] Kirkpatrick S, Gelatt C D, Vecchi M P. Optimization by Simulated Annealing. Science, 1983, 4598 (220): 6,71-80.

[10] Gutjahr W J. ACO Algorithm with Guaranteed Convergence to the Optimal Solution. Information Processing Letters, 2002, 82: 145-153.